全国高等院校应用型创新规划教材　计算机系列

Windows Server 2008 网络操作系统

刘永华　孟凡楼　孙建德　主　编

清华大学出版社
北　京

内 容 简 介

本书详细介绍了 Windows Server 2008 网络操作系统的配置与管理，并结合实际操作，深入浅出地讲解了该操作系统的各种应用和解决方案。

本书共分为 15 章，包括 Windows Server 2008 网络操作系统概述、安装 Windows Server 2008、配置 Windows Server 2008 的基本工作环境、Windows Server 2008 的账户管理、Windows Server 2008 域服务的配置与管理、组策略的管理与应用、NTFS 文件系统、磁盘管理、文件服务器的配置、打印服务器的配置、DHCP 服务器的配置、DNS 服务器的配置、Web 服务器的配置、搭建 FTP 服务器、备份与灾难恢复。本书每章后都提供了习题和实训练习，有助于对知识的巩固和掌握。

本书可作为普通高等学校网络工程专业、计算机科学与技术专业、软件工程专业、通信工程专业、数字媒体技术专业、自动化专业的应用型人才培养本科教材使用，也可作为各高校相关专业的专科及高等职业技术教育电子信息类专业教材使用，还可供从事网络管理的工程技术人员以及其他自学者学习和参考。

图书在版编目(CIP)数据

Windows Server 2008 网络操作系统/刘永华，孟凡楼，孙建德主编. —北京：清华大学出版社，2017（2025.1重印）
(全国高等院校应用型创新规划教材　计算机系列)
ISBN 978-7-302-48069-3

Ⅰ. ①W…　Ⅱ. ①刘…　②孟…　③孙…　Ⅲ. ①Windows 操作系统—网络服务器—高等学校—教材　Ⅳ. ①TP316.86

中国版本图书馆 CIP 数据核字(2017)第 207760 号

责任编辑：桑任松
装帧设计：杨玉兰
责任校对：宋延清
责任印制：宋　林
出版发行：清华大学出版社
　网　　址：https://www.tup.com.cn，https://www.wqxuetang.com
　地　　址：北京清华大学学研大厦 A 座　　**邮　　编：**100084
　社 总 机：010-83470000　　**邮　　购：**010-62786544
　投稿与读者服务：010-62776969, c-service@tup.tsinghua.edu.cn
　质量反馈：010-62772015, zhiliang@tup.tsinghua.edu.cn
　课件下载：https://www.tup.com.cn, 010-62791865
印 装 者：三河市铭诚印务有限公司
经　　销：全国新华书店
开　　本：185mm×260mm　　**印　张：**21.75　　**字　数：**488 千字
版　　次：2017 年 9 月第 1 版　　**印　次：**2025 年 1 月第 8 次印刷
定　　价：59.00 元

产品编号：074333-02

前　　言

本书是在作者多年的工作和教学经验基础上编写的，结构合理、案例丰富，全书语言简练易懂，内容广泛且实用。本书可作为普通高等学校网络工程专业、计算机科学与技术专业、软件工程专业、通信工程专业、数字媒体技术专业、自动化专业的应用型人才培养本科教材使用，也可作为各高校相关专业的专科及高等职业技术教育电子信息类专业的教材使用，还可供从事网络管理的工程技术人员以及其他自学者学习和参考。

Windows 系列服务器操作系统无疑是现阶段最强大、最易用的网络操作系统之一，具有安全、可管理与可靠等特点，非常适合于搭建中小型网络中的各种网络服务，尤其适合那些没有经过专业培训的非专业管理人员使用。Windows Server 2008 是微软较新的服务器操作系统，与 Windows Server 2003 相比，Windows Server 2008 具有更多的功能、更好的安全性和稳定性，更能发挥多核处理器和 64 位架构的潜力，适应未来的虚拟化应用，代表了下一代 Windows Server。

Windows Server 2008 保持了 Windows 操作系统的可操作性特点，除了提供友好的用户界面，还内置了许多向导程序。Windows Server 2008 可以充当不同功能的服务器角色，提高了可管理性。Windows Server 2008 支持高容量内存和多线程技术，可以在高配置的计算机上轻松分配可用资源。Windows Server 2008 通过使用多台服务器的丛集功能，来提高可用性，并且支持网络负载平衡。Windows Server 2008 减少了计划中的停机时间，使得在安装补丁、重新配置等操作中不会再要求重新启动计算机，从而具有更高的可靠性。Windows Server 2008 提供了完善的安全解决方案，可以有效地保护网络中共享文件夹的安全。

本书详细介绍 Windows Server 2008 网络操作系统的配置与管理，并结合实际操作，深入浅出地讲解该操作系统的各种应用和解决方案，实用性很强。

本书共分为 15 章，包括 Windows Server 2008 网络操作系统概述、安装 Windows Server 2008、配置 Windows Server 2008 的基本工作环境、Windows Server 2008 的账户管理、Windows Server 2008 域服务的配置与管理、组策略的管理与应用、NTFS 文件系统、磁盘管理、文件服务器的配置、打印服务器的配置、DHCP 服务器的配置、DNS 服务器的配置、Web 服务器的配置、搭建 FTP 服务器、备份与灾难恢复。本书每章后都提供了习题和实训练习，有助于对知识的巩固和掌握。

本书由刘永华、孟凡楼、孙建德主编。本书第 1～5 章由刘永华编写，第 6～10 章由孙建德编写，第 11～15 章由孟凡楼编写。陈茜、孙俊香、洪璐、张秀洁、黄忠义对本书的编写提出了宝贵的修改意见。全书由刘永华、孟凡楼统稿和整理。

由于作者水平有限，书中难免有疏漏之处，希望广大读者批评指正。

编　者

目　录

第 1 章　Windows Server 2008 网络操作系统概述

本章学习目标

本章主要介绍网络操作系统的概念、分类及功能，Windows Server 2008 的产生、版本差异和新功能特性。

通过本章的学习，应该实现如下目标:

- 掌握网络操作系统的基本概念。
- 掌握网络操作系统的分类与功能。
- 了解典型的网络操作系统。
- 了解 Windows Server 2008 的产生背景。
- 了解 Windows Server 2008 各版本之间的差异。
- 了解 Windows Server 2008 的新功能。

1.1　网络操作系统概述

1.1.1　网络操作系统的基本概念

网络操作系统(Network Operating System，NOS)是程序的组合，是在网络环境下，用户与网络资源之间的接口，用以实现对网络资源的管理和控制。

对网络系统来说，所有网络功能几乎都是通过其网络操作系统体现的，网络操作系统代表着整个网络的水平。随着计算机网络的不断发展，特别是计算机网络互连、异构网络互联技术及其应用的发展，网络操作系统朝着支持多种通信协议、多种网络传输协议、多种网络适配器的方向发展。

网络操作系统是使联网计算机能够方便而有效地共享网络资源，为网络用户提供所需的各种服务的软件与协议的集合。因此，网络操作系统的基本任务就是：屏蔽本地资源与网络资源的差异性，为用户提供各种基本网络服务功能，完成网络共享系统资源的管理，并提供网络系统的安全性服务。

计算机网络系统是通过通信媒体将多个独立的计算机连接起来的系统，每个连接起来的计算机各自独立地拥有自己的操作系统。网络操作系统建立在这些独立的操作系统之上，为网络用户提供使用网络系统资源的桥梁。

在多个用户争用系统资源时，网络操作系统进行资源调剂管理，它依靠各个独立的计算机操作系统对所属资源进行管理，协调和管理网络用户进程或程序与联机操作系统进行的交互作用。

1.1.2 网络操作系统的类型

网络操作系统一般可以分为两类：面向任务型与通用型。面向任务型网络操作系统是为某一种特殊网络应用要求设计的；通用型网络操作系统能提供基本的网络服务功能，支持用户在各个领域应用的需求。

通用型网络操作系统也可以分为两类：变形系统与基础级系统。变形系统是在原有的单机操作系统基础上，通过增加网络服务功能构成的；基础级系统则是以计算机硬件为基础，根据网络服务的特殊要求，直接利用计算机硬件与少量软件资源专门设计的网络操作系统。

纵观近十多年网络操作系统的发展，网络操作系统经历了从对等结构向非对等结构演变的过程，其演变过程如图 1-1 所示。

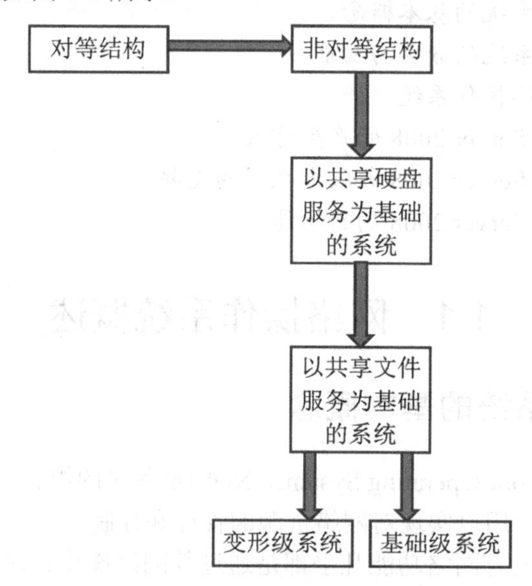

图 1-1 网络操作系统的演变过程

1. 对等结构网络操作系统

在对等结构网络操作系统中，所有的联网节点地位平等，安装在每个联网节点的操作系统软件相同，联网计算机的资源在原则上都可以相互共享。每台联网计算机都以前后台方式工作，前台为本地用户提供服务，后台为其他节点的网络用户提供服务。

对等结构的网络操作系统可以提供共享硬盘、共享打印机、电子邮件、共享屏幕与共享 CPU 服务。

对等结构网络操作系统的优点是：结构相对简单，网中任何节点之间均能直接通信。而其缺点是：每个联网节点既要完成工作站的功能，又要完成服务器的功能；即除了要完成本地用户的信息处理任务，还要承担较重的网络通信管理与共享资源管理任务。这都将加重联网计算机的负荷，因而信息处理能力明显降低。因此，对等结构网络操作系统支持的网络系统一般规模比较小。

2. 非对等结构网络操作系统

针对对等结构网络操作系统的缺点，人们进一步提出了非对等结构网络操作系统的设计思想，即把联网节点分为网络服务器(Network Server)和网络工作站(Network Workstation)两类。

非对称结构的局域网中，联网计算机有明确的分工。网络服务器采用高配置与高性能的计算机，以集中方式管理局域网的共享资源，并为网络工作站提供各类服务。网络工作站一般是配置较低的微型机系统，主要为本地用户访问本地资源和网络资源提供服务。

非对等结构网络操作系统软件分为两部分，一部分运行在服务器上，另一部分运行在工作站上。因为网络服务器集中管理网络资源与服务，所以网络服务器是局域网的逻辑中心。网络服务器上运行的网络操作系统的功能与性能，直接决定着网络服务功能的强弱以及系统的性能与安全性，构成网络操作系统的核心。

在早期的非对称结构网络操作系统中，人们通常在局域网中安装一台或几台大容量的硬盘服务器，以便为网络工作站提供服务。硬盘服务器的大容量硬盘可以作为多个网络工作站用户使用的共享硬盘空间。硬盘服务器将共享的硬盘空间划分为多个虚拟盘体，虚拟盘体一般可以分为三个部分：专用盘体、公用盘体和共享盘体。

专用盘体可以分配给不同的用户，用户可以通过网络命令将专用盘体链接到工作站，用户可以通过口令、盘体的读写属性和盘体属性，来保护存放在专用盘体的用户数据；公用盘体为只读属性，它允许多用户同时进行读操作；共享盘体的属性为可读写，它允许多用户同时进行读写操作。

共享硬盘服务系统的缺点是：用户每次使用服务器硬盘时，首先需要进行链接；用户需要自己使用 DOS 命令来建立专用盘体上的 DOS 文件目录结构，并且要求用户自己进行维护。因此，它使用起来很不方便，系统效率低，安全性差。

为了克服上述缺点，人们提出了基于文件服务的网络操作系统。这类网络操作系统分为文件服务器和工作站软件两部分。

文件服务器具有分时系统文件管理的全部功能，它支持文件的概念和标准的文件操作，提供网络用户访问文件、目录的并发控制和安全保密措施。因此，文件服务器具备完善的文件管理功能，能够对全网实行统一的文件管理，各工作站用户可以不参与文件管理工作。文件服务器能为网络用户提供完善的数据、文件和目录服务。

目前的网络操作系统基本都属于文件服务器系统，例如 Microsoft 公司的 Windows NT Server 操作系统与 Novell 公司的 NetWare 操作系统等。这些操作系统能提供强大的网络服务功能及优越的网络性能，它们的发展为局域网的广泛应用奠定了基础。

1.1.3　网络操作系统的功能

网络操作系统除了应具有一般操作系统的进程管理、存储管理、文件管理和设备管理等功能外，还应提供高效可靠的通信能力及多种网络服务功能。

1. 文件服务(File Service)

文件服务是最重要和最基本的网络服务功能。文件服务器以集中方式管理共享文件，

网络工作站可以根据所规定的权限，对文件进行读写以及其他各种操作，文件服务器为网络用户的文件安全与保密提供了必需的控制方法。

2. 打印服务(Print Service)

打印服务可以通过设置专门的打印服务器完成，或者由工作站或文件服务器来担任。通过网络打印服务功能，局域网中可以安装一台或几台网络打印机，用户可以远程共享网络打印机。打印服务实现对用户打印请求的接收、打印格式的说明、打印机的配置、打印队列的管理等功能。网络打印服务在接收用户打印请求后，本着先到先服务的原则，将用户需要打印的文件排队，用排队队列管理用户打印任务。

3. 数据库服务(Database Service)

随着计算机网络的迅速发展，网络数据库服务变得越来越重要。选择适当的网络数据库软件，依照客户机/服务器(Client/Server)工作模式，开发出客户端与服务器端的数据库应用程序，客户端就可以向数据库服务器发送查询请求，服务器进行查询后，将结果传送到客户端。它优化了局域网系统的协同操作模式，从而有效地改善了局域网应用系统的性能。

4. 通信服务(Communication Service)

局域网主要提供工作站与工作站之间、工作站与网络服务器之间的通信服务功能。

5. 信息服务(Message Service)

局域网可以通过存储转发方式或对等方式完成电子邮件服务。目前，信息服务已经逐步发展为文件、图像、数字视频与语音数据的传输服务。

6. 分布式服务(Distributed Service)

分布式服务将网络中分布在不同地理位置的资源，组织在一个全局性的、可复制的分布数据库中，网络中多个服务器都有该数据库的副本。用户在一个工作站上注册，便可与多个服务器连接。对于用户来说，网络系统中分布在不同位置的资源是透明的，这样就可以用简单方法去访问一个大型互联局域网系统。

7. 网络管理服务(Network Management Service)

网络操作系统提供了丰富的网络管理服务工具，可以提供网络性能分析、网络状态监控、存储管理等多种管理服务。

8. Internet/Intranet 服务(Internet/Intranet Service)

为了适应 Internet 与 Intranet 的应用，网络操作系统一般都支持 TCP/IP 协议，提供各种 Internet 服务，支持 Java 应用开发工具，使局域网服务器容易成为 Web 服务器，全面支持 Internet 与 Intranet 访问。

1.1.4 典型的网络操作系统

目前，局域网中主要有以下几类典型的网络操作系统。

1. Windows 类

微软公司的 Windows 系统在个人操作系统中占有绝对优势，在网络操作系统中也具有非常强劲的力量。由于它对服务器的硬件要求较高，且稳定性不是很好，所以一般用在中、低档服务器中，高端服务器通常采用 Unix、Linux 或 Solaris 等非 Windows 操作系统。在局域网中，微软的网络操作系统主要有 Windows NT 4.0 Server、Windows 2000 Server、Windows Server 2003、Windows Server 2008 等。

2. NetWare

NetWare 操作系统在局域网中已失去当年雄霸一方的气势，但是，因对网络硬件要求较低，而受到一些设备比较落后的中、小型企业，特别是学校的青睐。目前常用的版本有 3.11、3.12 和 4.10、4.11、5.0 等中英文版本。NetWare 服务器对无盘工作站和游戏的支持较好，常用于教学网和游戏厅。目前，这种操作系统的市场占有率呈下降趋势。

3. Unix

目前 Unix 系统常用的版本有 Unix SUR 4.0、HP-UX 11.0，Sun 的 Solaris 8.0 等，均支持网络文件系统服务，功能强大。这种网络操作系统的稳定性和安全性都非常好，但由于它多数是以命令方式来进行操作的，不容易掌握，特别是初级用户。正因如此，小型局域网基本不使用 Unix 作为网络操作系统，Unix 一般用于大型的网站或大型的企、事业局域网中。Unix 网络操作系统历史悠久，其良好的网络管理功能已为广大网络用户所接受，拥有丰富的应用软件的支持。Unix 本是针对小型机主机环境开发的操作系统，是一种集中式分时多用户体系结构。但因其体系结构不够合理，Unix 的市场占有率呈下降趋势。

4. Linux

Linux 是一种新型的网络操作系统，最大的特点是开放源代码，并可得到许多免费应用程序。目前有中文版本的 Linux，如 RedHat(红帽子)，红旗 Linux 等，其安全性和稳定性较好，在国内得到了用户的充分肯定。它与 Unix 有许多类似之处，目前这类操作系统主要用于中、高档服务器中。

总地来说，对特定计算环境的支持使得每一种操作系统都有适合于自己的工作场合。例如，Windows 2000 Professional、Windows XP、Window 7、Windows 8、Windows 10 等适用于桌面计算机，Linux 目前较适用于小型网络，Windows Server 2003、Windows Server 2008 等适用于中小型网络，而 Unix 则适用于大型网络。因此，对于不同的网络应用，需要我们有目的地选择合适的网络操作系统。

1.2　Windows Server 2008 的产生

Windows Server 2008 作为网络操作系统或服务器操作系统，高性能、高可靠性和高安全性是其必备要素，尤其是日趋复杂的企业应用和 Internet 应用，对其提出了更高的要求。

Windows Server 2008 的产生凝聚了微软多年来的技术积累，通过对 Windows 操作系统各个版本的回顾，我们可以对 Windows Server 2008 从技术与使用上有一个更准确的定位。

1.2.1 Windows 操作系统的发展历程

操作系统(Operating System，OS)是最基本、最重要的系统软件，它是用户与计算机的接口，是为了合理、方便地使用计算机系统而对其硬、软件资源进行管理的一种软件。在当前，市场占有率最高的操作系统非微软公司的 Windows 操作系统莫属。下面我们就来简单回顾一下 Windows 操作系统的发展历程。

1. Windows 1.0

1985 年，微软公司正式发布了第一代窗口式多任务系统——Windows 1.0。该操作系统的推出，标志着 PC 机开始进入了图形用户界面(GUI)时代，打破了以往人们用命令行来接受用户指令的方式，用鼠标点击就可以完成命令的执行。此外，日历、记事本、计算器、时钟等有用的工具开始出现，使得人们可以通过电脑管理简单的日常事务。

2. Windows 3.x

1990 年，微软推出了 Windows 3.0，随后首次发布了 Windows 3.2 中文版本。不论是图形操作系统的稳定性，还是友好性，Windows 3.x 都有了巨大的改进。

Windows 3.x 在界面人性化和内存管理上有了较大的改进：具备了模拟 32 位操作系统的功能，图片显示效果大有长进，对当时最先进的 386 处理器有良好的支持。这个系统提供的对虚拟设备驱动(VxDs)的支持，极大地改善了系统的可扩展性。

Windows 3.x 添加了对声音输入、输出的基本多媒体支持和 CD-ROM，1992 年推出的 Windows 3.2 版本可以播放音频、视频，并首次具备了屏幕保护程序。

3. Windows 95

上述的几个 Windows 操作系统版本虽然已让用户感受到图形用户界面的魅力，在功能上不断地完善，但它们的一个共同特点，就是都只能运行在 DOS 操作系统之下，作为 DOS 的附属品出现。1995 年 8 月 24 日，微软推出了具有里程碑意义的 Windows 95。

Windows 95 是第一个独立的 32 位操作系统，并实现了真正意义上的图形用户界面，使操作界面变得更加友好。Windows 95 使基于 Windows 的图形用户界面应用软件极大地得到丰富，让个人电脑步入了普及化的进程。另外，Windows 95 是单用户、多任务操作系统，它能够在同一个时间片中处理多个任务，充分利用了 CPU 的资源空间，并提高了应用程序的响应能力。同时，Windows 95 还集成了网络功能和即插即用(Plug and Play)功能。

4. Windows NT

Windows NT 是微软公司推出的面向工作站、网络服务器和大型计算机的多任务、多用户操作系统，其“NT”代表“New Technology(新技术)”。它主要面向商业用户，有服务器版和工作站版之分，即分为 NT Workstation 和 NT Server 两种产品。

Workstation 版本是直接面向用户的，它比 Windows 95 的效率更高，而且更少出错。Server 用于服务器端，它对局域网(LAN)的计算机提供各种系统服务和安全保障。Server 上如果加上 IIS，就可以提供 Web 服务。Windows NT 凭借其良好的兼容性及与 Windows 操作

系统类似的良好的图形界面，在网络操作系统市场上已经牢牢地站稳了脚跟。广大用户曾经使用最多的 Windows NT 网络操作系统版本为 4.0，它于 1996 年 8 月推出。对微软来说，NT 是一个非常重要的十字交叉点，这一产品使微软成功地从台式机领域扩张到了服务器领域。

5. Windows 98

1998 年 6 月，微软公司推出了 Windows 98。与 Internet 的紧密集成是 Windows 98 最重要的特性，它使用户能够在共同的界面上以相同方式简易、快捷地访问本机硬盘、Intranet 和 Internet 上的数据，让互联网真正走进个人应用。作为性能更佳及更稳定的操作系统平台，Windows 98 较 Windows 95 更易于安装，并提供全新的系统管理能力，可有效节省整体拥有成本(TCO)。比如，新增的系统管理工具 Windows 维护向导、增强版错误信息报告工具 Dr. Watson 等，使用户更容易诊断问题并改正错误，进行自我维护，提高使用效率。

Windows 98 内置了大量的驱动程序，基本上包括了市面上流行的各种品牌、各种型号硬件的最新驱动程序，而且硬件检测能力有了很大的提高。Windows 98 通过增设多种娱乐功能，真正使用户在“轻松工作”的同时，能享受“无穷乐趣”(Works Better, Plays Better)。它对高质量的图像、音响效果、数码影碟(DVD)、多媒体等硬件技术的全面支持，能让用户可以享受具备丰富图像效果的互动放映形式。

6. Windows 2000

Windows 2000 Professional 于 2000 年年初发布，是第一个基于 NT 技术的纯 32 位的 Windows 操作系统，实现了真正意义上的多用户，它是专为电子商务时代而设计的软件平台，主要是针对功能强大的台式电脑，以及运行数据库、电子邮件系统和互联网站的服务器开发的一种新的操作系统，被业内分析家称为“一个软件新世纪的开端”。

Windows 2000 可分成 4 个系统产品：Professional、Server、Advanced Server、Datacenter Server。其中，Professional(专业版)是面向各种桌面计算机和便携机开发的新一代操作系统，比 Windows 98 在安全性、稳定性方面表现更好，成为商业和家庭用户理想的桌面操作系统，Windows 2000 的另三种产品则属于网络操作系统，是面向服务器端的软件平台。

7. Windows XP

2001 年 10 月 25 日，Windows 家族中极具开创性的版本 Windows XP(Experience)面世。Windows XP 具有全新的用户图形界面，整合了更多更实用的功能：防火墙、即时通信、媒体播放器，加强了用户体验，促进了多媒体技术及数码设备的发展。增强的即插即用的特性，使许多硬件设备更易于在 Windows XP 上进行使用。Windows XP 具有全面为中国用户开发的中文技术及特性，更加满足了中国用户在数字时代的需求。

8. Windows Vista

Windows Vista，是美国微软公司开发代号为 Longhorn 的下一版本 Microsoft Windows 操作系统的正式名称。它是继 Windows XP 和 Windows Server 2003 之后的又一重要的操作系统。该系统带有许多新的特性和技术。2005 年 7 月 22 日太平洋标准时间早晨 6 点，微软正式公布了这一名字。

9. Windows 7

Windows 7是由微软公司开发的、具有革命性变化的操作系统。该系统旨在让人们的日常电脑操作更加简单和快捷，为人们提供高效易行的工作环境。在Windows的其他版本上做了很大的改进，不论是从视觉上，还是功能上，都得到了人们的认可。Windows 7正式版于2009年10月22日在美国发布，于2009年10月23日下午在中国正式发布。有简易版、家庭普通版、家庭高级版、专业版和旗舰版等多个版本。

10. Windows Server 2003

2003年初发布的Windows Server 2003是继Windows XP后微软发布的又一个最新产品，在当时，被号称是有史以来最快、最可靠和最安全的革命性产品——拥有价值数百万美元的安全机制，适用于关键的和高扩展性的应用程序以及针对安全性能要求很高的服务器操作系统。其目标很明确，把客户定位在高端服务器市场。作为一种高性能的网络操作系统，它旨在为用户提供稳定可靠的网络环境，缔造企业更大的产能，以成就企业降低成本和取得更多盈利的愿望。

从技术发展的角度来看，Windows Server 2003延续了Windows NT、Windows 2000 Server的行进路线，主导着企业市场。

11. Windows Server 2008

Windows Server 2008是微软最新一个服务器操作系统的名称，继承了Windows Server 2003。Windows Server 2008完全基于64位技术，在性能和管理等方面，系统的整体优势相当明显。Windows Server 2008完全基于64位的虚拟化技术，为未来服务器整合提供了良好的参考技术手段。有标准版、企业版、数据中心版、Web版等多个版本。

1.2.2 Windows Server 2008简介

Microsoft Windows Server 2008是较新一代网络操作系统，可以帮助信息技术(IT)专业人员最大限度地控制其基础结构，同时提供空前的可用性和管理功能，建立比以往更加安全、可靠和稳定的服务器环境。Windows Server 2008可确保任何位置的所有用户都能从网络获取完整的服务，从而为组织带来新的价值。Windows Server 2008还能对操作系统进行深入洞查和诊断，使管理员将更多时间用于业务价值创造。

Windows Server 2008用于在虚拟化工作负载、支持应用程序和保护网络方面向组织提供最高效的平台。它为开发和承载Web应用程序和服务提供了一个安全、易于管理的平台。从工作组到数据中心，Windows Server 2008都提供了令人兴奋且很有价值的新功能。

1. 更强的控制能力

使用Windows Server 2008，IT专业人员能够更好地控制服务器和网络基础结构，从而将精力集中在处理关键业务需求上。增强的脚本编写功能和任务自动化功能(例如，Windows PowerShell)可帮助IT专业人员自动执行常见IT任务。通过服务器管理器进行的基于角色的安装和管理，大大地简化了在企业中管理与保护多个服务器角色的任务。服务

器的配置和系统信息由服务器管理器控制台集中管理。IT 人员可以仅安装需要的角色和功能，向导会自动完成许多费时的系统部署任务。增强的系统管理工具(如性能和可靠性监视器)提供有关系统的信息，在潜在问题发生之前，向 IT 人员发出警告。

2. 增强的安全性

Windows Server 2008 提供了一系列全新或改进的安全技术，这些技术增强了对操作系统的保护，为企业的运营和发展奠定了坚实的基础。Windows Server 2008 提供了减小内核攻击面的安全创新，因而使服务器环境更安全、更稳定。通过保护关键服务器服务使之免受文件系统、注册表或网络中异常活动的影响，Windows 服务强化有助于提高系统的安全性。借助网络访问保护(NAP)、只读域控制器(RODC)、公钥基础结构(PKI)增强功能、Windows 服务强化、新双向 Windows 防火墙和新一代加密支持，Windows Server 2008 操作系统的安全性也得到了增强。

3. 更大的灵活性

Windows Server 2008 允许管理员修改其基础结构以适应不断变化的业务需求，同时保持此操作的灵活性。它允许用户从远程位置(如远程应用程序和终端服务网关)执行程序，这一技术为移动工作人员增强了灵活性。

Windows Server 2008 使用 Windows 部署服务(WDS)加速对 IT 系统的部署和维护，使用 Windows Server 虚拟化(WSv)帮助合并服务器。对于需要在分支机构中使用域控制器的组织，Windows Server 2008 提供了一个新配置选项——只读域控制器(RODC)，它可以防止在域控制器出现安全问题时暴露用户账户。

1.2.3 Windows Server 2008 版本

Windows Server 2008 操作系统发行版本主要有 9 个，即 Windows Server 2008 标准版、Windows Server 2008 企业版、Windows Server 2008 数据中心版、Windows Web Server 2008、Windows Server 2008 安腾版、Windows Server 2008 标准版(无 Hyper-V)、Windows Server 2008 企业版(无 Hyper-V)、Windows Server 2008 数据中心版(无 Hyper-V)和 Windows HPC Server 2008。除安腾版只有 64 位版本外，其余 8 个 Windows Server 2008 都包含 x86 和 64 位两个版本。

1. Windows Server 2008 标准版

Windows Server 2008 标准版，是最稳固的 Windows Server 操作系统，它内建了强化 Web 和虚拟化功能，是专为增加服务器基础架构的可靠性和弹性而设计的，可节省时间并降低成本。它包含功能强大的工具，拥有更佳的服务器控制能力，可简化设定和管理工作，而且增强的安全性功能可以强化操作系统，协助保护数据和网络，为企业提供扎实且可高度信赖的基础服务架构。

Windows 2008 Server 标准版最大可支持四路处理器，x86 版最多支持 4GB 内存，而 64 位版最大可支持 64GB 内存。

2. Windows Server 2008 企业版

Windows Server 2008 企业版为满足各种规模的企业的一般用途而设计，可以部署关键应用。其所具备的群集和热新增(Hot-Add)处理器功能可协助改善可用性，而整合的身份识别管理功能可协助改善安全性，利用虚拟化授权权限整合应用程序则可减少基础架构的成本，因此 Windows Server 2008 能提供高度动态、可扩充的 IT 基础架构。

Windows Server 2008 企业版在功能类型上与标准版基本相同，只是支持更高系统硬件配置，同时具有更优良的可伸缩性和可用性，并且添加了企业技术，例如 Failover Clustering 与活动目录联合服务等。

Windows Server 2008 企业版最多可支持 8 路处理器，x86 版最多支持 64GB 内存，而 64 位版最大可支持 2TB 内存。

3. Windows Server 2008 数据中心版

Windows Server 2008 数据中心版是为运行企业和任务所倚重的应用程序而设计的，可在小型和大型服务器上部署具业务关键性的应用程序及实现大规模的虚拟化。其所具备的集群和动态硬件分割功能，可改善可用性，支持虚拟化授权权限整合而成的应用程序，从而减少基础架构的成本。另外，Windows Server 2008 数据中心版还可以提供无限量的虚拟镜像应用。

Windows Server 2008 x86 数据中心版最多支持 32 路处理器和 64GB 内存，而 64 位版最多支持 64 路处理器和 2TB 内存。

4. Windows Web Server 2008

Windows Web Server 2008 专门为单一用途的 Web 服务器而设计，它建立在 Web 基础架构功能之上，并整合了经过重新设计架构的 IIS 7.0、ASP.NET 和 Microsoft .NET Framework，可以方便用户快速部署网页、网站、Web 应用程序和 Web 服务。

Windows Web Server 2008 最多支持 4 路处理器，32 位版最多支持 4GB 内存，而 64 位版最多支持 32GB 内存。

5. Windows Server 2008 安腾版

Windows Server 2008 安腾版专为 Intel Itanium 64 位处理器而设计，针对大型数据库、各种企业和自定义应用程序进行优化，可提供高可用性和扩充性，能符合高要求且具关键性的解决方案之需求。

Windows Server 2008 安腾版最多可支持 64 路处理器和最多 2TB 内存。

6. Windows HPC Server 2008

Windows HPC Server 2008 具备高效能运算(HPC)特性，可以建立高生产力的 HPC 环境。由于它建立在 Windows Server 2008 及 64 位技术上，因此，可有效地扩充至数以千计的处理核心，并可提供管理控制台，协助管理员主动监督和维护系统健康及稳定性。其所具备的工作进程互操作性和弹性，可让 Windows 和 Linux 的 HPC 平台间进行整合，亦可支持批次作业以及服务导向架构(SOA)工作负载，而增强的生产力、可扩充的效能以及使用容易等特色，则可使 Windows HPC Server 2008 成为同级中最佳的 Windows 环境。

除上述提到的 Windows Server 2008 的版本之外，不得不提一下 Windows Server 2008 R2，Windows Server 2008 R2 虽然与 Win 2008 没有本质的区别，基本特性当然也是相同的，但是 R2 版融入了一些非常吸引人的特性。

x64 平台：Windows Server 2008 分别提供了 32 位和 64 位版本，不过在 R2 中完全摒弃 32 位，只有 64 位版本。在服务器领域，32 位处理器已经是日落黄昏，将完全被 64 位处理器取代，所以 Windows Server 2008 R2 将完全建立于 x64 平台，也是微软首款只具有 64 位版本的操作系统。

支持 256 个逻辑处理器：在 2008 年的微软硬件大会(WinHEC)上，微软在介绍 Windows 7 特性时，表示 Win 7 最高可以支持 256 个逻辑处理器，还提到与 Windows 7 采用同样架构的 Windows Server 2008 R2 最高也可以支持 256 个逻辑处理器。当然，对于多个逻辑处理器的支持，在服务器端才更有意义。所谓逻辑处理器，是指物理处理器数目乘以核心数目以及线程数目。也就是说，Windows Server 2008 R2 可以支持 64 个物理处理器×2 个核心×2 个线程=256 个逻辑处理器。而 Windows Server 2008 最高可以支持 64 个逻辑处理器。

支持实时迁移(Live Migration)的 Hyper-V 2.0：在 Windows Server 2008 R2 中，微软的服务器虚拟化工具 Hyper-V 得到增强，新增了 Live Migration(实时迁移)技术，在几毫秒就可以实现对物理主机和虚拟机之间的实时迁移，而不会造成服务或用户链接的中断。数据中心也实现了真正的虚拟化，在很大程度上脱离了对软件和硬件的管理，所有的操作都在单一的操作系统框架内完成。Hyper-V 2.0 虚拟机对逻辑处理器和内存支持得到增强，目前的 Hyper-V 可以支持 24 个逻辑处理器，而 Hyper-V 2.0 中，每个虚拟机可以支持 32 个逻辑处理器和最高 64GB 的内存。

电源管理增强：Windows Server 2008 R2 中包含一个 Core Parking 功能，可以评估多核服务器的处理工作量，并且能够在某种情况下终止向这些内核发送新工作。然后，在内核闲置的时候，它可以让服务器进入睡眠状态，减少服务器的整个耗电量。

PowerShell 2.0：PowerShell 是微软公司于 2006 年第四季度正式发布的一款基于对象的 Shell，PowerShell 2.0 也已经以测试版和用户技术预览版的方式发布了，它将在 Windows Server 2008 R2 正式发布的时候完全融入到这个软件中。Windows Server 2008 R2 包括一系列新的服务器管理界面，这些均建立在 PowerShell 2.0 之上。它新增了 240 个 cmdlets 命令集，新的 PowerShell 图形用户界面也增添了开发功能，从而使用户能更简单地创建自己的命令行。而且，PowerShell 将能够安装到 Windows 服务器内核中。

IIS 7.0：Windows Server 2008 R2 中的 IIS 版本为 7.0，在最新的 PowerShell 2.0 的支持下，其功能更加强大，包括故障切换集群的更新以及一些最近流行的 IIS 扩展(比如 WebDAV 和 Administration Pack)，而且它也支持了更多的开发技术，如 SilverLight 和 PHP。

直接访问(Direct Access，DA)：Windows Server 2008 R2 中的直接访问功能允许用户在任何网络位置访问公司网络中的文件、数据或使用应用程序，而不必通过传统的手动连接 VPN。直接访问降低了终端用户的操作复杂性，并可以保证远程访问的安全性。

DHCP 故障转移：这是 Windows Server 2008 R2 中的新特性，当 DHCP 出现故障后，迁移到新的系统。DHCP 故障转移允许管理员通过 Windows DHCP 服务器计划和部署一个高弹性的 DHCP 环境。该特性还能作为一个用来构建 Windows IP 管理解决方案的平台，为

管理员在管理他们的 DHCP 架构时提供一个全面的体验。

从上面的几个主要新特性中，我们可以看到，Windows Server 2008 R2 为企业用户提供了更强大的企业应用支持。

1.3 Windows Server 2008 的新功能

以核心 Windows Server 操作系统进行改善的 Windows Server 2008，可提供具有价值的新功能和更进一步的改进，以协助各种规模的企业针对不断变化的企业需求，提升控制能力、可用性和弹性。

新的 Web 工具、虚拟化技术、改进的安全性以及管理公用服务功能，可帮助节省时间、降低成本，并为用户的 IT 基础架构提供稳固的基础。

1.3.1 稳固的基础

Windows Server 2008 除了可为用户所有的服务器工作负载和应用服务需求提供稳固的基础外，还具备易于部署和管理的特性。因此，只需要拥有可证明 Windows Server 的可靠性以及增强的高可用性特色的标志，即可确保关键的应用服务和资料能在需要时处在可使用的状态。

(1) Initial Configuration Tasks 将安装过程的互动式元件移到安装后再进行，即可让系统管理员在安装操作系统时无须与安装服务互动。

(2) Server Manager 是扩充的 Microsoft Management Console(MMC)，可使站式界面通过向导设定和监控服务器，简化共同的服务器管理工作。

(3) Windows PowerShell 属于选用的全新命令行和脚本语言，可让系统管理员将跨多部服务器的例行系统管理工作自动化。

(4) Windows Reliability and Performance Monitor 提供了功能强大的诊断工具，让用户能够持续深入探查物理和虚拟服务器环境，找出问题并快速解决。

(5) 服务器管理和资料复制达到最佳化，可对位于远程据点(例如分支机构)的服务器具有更好的控制能力。

(6) 组件化的服务器核心(Server Core)安装选项可让安装内容达到最少。也就是用户仅需安装需要的服务器角色和功能，即可减少服务器的维护需求和攻击表面。

(7) Windows Deployment Services(WDS)提供了简化且高度安全的方法，让用户能够通过网络安装，快速地在电脑上部署 Windows 操作系统。

(8) 一般 IT 人员在使用故障转移群集向导后，也可轻松地实施高可用性解决方案。目前，产品已完整地整合了 Internet 协议第 6 版(IPv6)，因此散布于各部分的群集节点已无须局限使用相同的 IT 子网络，或利用复杂的虚拟区域网络(VLAN)进行设定。

(9) 现在的网络负载平衡(NLB)已可支持 IPv6，并包含多重专属 IP 地址支持，可让多个应用服务存放于同一个 NLB 群集上。

(10) Windows Server Backup 包含快速备份技术和简化的资料或操作系统还原工作。

1.3.2　虚拟化

Windows Server Hyper-V 属于下一代 hypervisor-based 服务器虚拟化技术，可让用户整合服务器，以便能更有效地使用硬件，以及增强终端机服务(TS)功能，改善 Presentation Virtualization，并使用更简单的授权条款让用户能更直接地使用这些技术。

Windows Server 2008 Hyper-V 技术可让用户无须购买任何供应商的软件，即能将服务器角色虚拟化，使其成为在单一实体机器上执行的不同虚拟机器(VM)。

利用 Hyper-V 技术，即可在单一服务器上同时部署多个操作系统(例如 Windows、Linux 及其他操作系统)。

新的部署选项可为用户的环境部署最适合的虚拟化方法。

支持最新硬件式虚拟化技术，可执行高需求工作负载的虚拟化。

新的储存功能，如 pass-through 磁盘访问和动态储存增加(dynamic storage addition)，可让 VM 访问更多资料，而外部服务和服务亦可对存放在 VM 上的资料进行更多的访问。

Windows Server 虚拟化(WSv)主机或在 WSv 主机上执行的 VM 群集操作，以及 VM 的备份操作，皆可在系统运作中进行，因此可让虚拟化的服务器保持高可用性。

新的管理工具和性能计数器(Performance Counter)可使虚拟化环境的管理和监控变得更为容易。

终端机服务(TS)RemoteApp 和 TS Web Access 使得远程访问服务仅需单一点击动作即可开启，而且如同在用户本机电脑上使用，可以无缝地执行服务。

TS 关口(TS Gateway)无须使用虚拟私人网络(VPN)便可跨越防火墙，安全地从远程访问 Windows 服务。

TS Licensing Manager 具有新增功能，可追踪每一用户客户端访问许可(CAL)的 TS 发行状况。TS Licensing 内建于 Windows Server 2008 中，是一项影响较低的服务，可集中管理、追踪、报告每一用户 CAL 的 TS，并使采购更具效率。

1.3.3　增强的 Web 功能

Windows Server 2008 利用 Information Services 7.0(IIS 6.0 的重大升级版)，改进 Web 管理、诊断、开发和应用服务工具等功能，并整合了 Microsoft Web 发行平台，包括 IIS 7.0、ASP.NET、Windows Communication Foundation 以及 Windows SharePoint Services。

(1)　模块化的设计和安装选项可让用户只选择安装需要的功能，以减少攻击表面，并使修补操作的管理变得更为容易。

(2)　IIS Manager 除了具有以任务为基础的管理界面外，还提供了一个新的 appcmd.exe 命令行工具，使管理工作更加容易。

(3)　跨站部署功能让用户无须额外设定，即可轻松复制多部 Web 服务器的网站设定。

(4)　应用服务和网站的委派管理可让用户依据需求，将控制权交给 Web 服务器的不同部分。

(5)　整合式的 Web 服务器健康管理，具有全方位的诊断和故障排除工具，能更清楚地了解且更容易追踪在 Web 服务器上执行的要求。

(6) Microsoft.Web.Administration 是一套新的管理 API，可用以编辑 Web 服务器、网站或应用服务的 XML 配置文件，因此可计划性地通过 VM 或 Microsoft.Web.Administration 访问组件设置存储。

(7) 增强的应用服务池功能可隔离网站和应用服务，以达到更高的安全性与稳定性。

(8) 快速 CGI 能可靠地执行 PHP 应用服务、Perl 指令码和 Ruby 应用服务。

(9) 由于可与 ASP.NET 功能更紧密地整合，因此能将横跨 IIS 7.0 和 ASP.NET 的所有 Web 平台组件设定，皆存放在单一组件配置存储中。

(10) 具备扩展性的、灵活的模块化功能，可支持使用本地或受管理服务码，进行定制化(例如新增模块)。

1.3.4 安全性

已进行强化并整合部分身份识别和访问技术的 Windows Server 2008 操作系统，因包含了多项创新的安全性，而使得由策略驱动的网络更容易部署，并可协助保护用户的服务器基础架构、资料和企业。

(1) 安全性配置向导(Security Configuration Wizard，SCW)可协助系统管理员为已部署的服务器角色配置操作系统，以减少攻击表面范围，带来更稳固和更安全的服务器环境。

(2) 整合式“扩展的组策略(Expanded Group Policy)”能够更有效率地建立和管理“组策略(Group Policy)”，亦可扩大策略安全管理所涵盖的范围。

(3) 网络访问保护(Network Access Protection)可确保用户的网络和系统运作不会被健康状况不佳的电脑影响，并能隔离或修补不符合用户所设定的安全性原则的电脑。

(4) 用户账户控制(User Account Control)提供全新的验证架构，防范恶意软件。

(5) Cryptography Next Generation(CNG)是 Microsoft 创新的核心密码编译 API，由于具备了更好的加密灵活性，因此可支持密码编译标准并可供客户制订密码编译演算法，同时，也可更有效率地建立、储存和撷取密码金钥。

(6) 只读网域控制站(RODC)可提供更安全的方法，利用主要 AD 数据库的只读复本，为远程及分支机构的用户进行本机验证。

(7) Active Directory Federation Services(ADFS)利用在不同网络上执行的不同身份识别和访问目录，让合作伙伴之间更易于建立信任的合作关系，而且仅需安全的单一登录(SSO)动作，便可进入彼此的网络。

(8) Active Directory Certificate Services(ADCS)具有多项 Windows Server 2008 公钥基础结构(PKI)的强化功能，包括监控凭证授权单位(Certification Authorities，CAs)健康状况不佳的 PKIView，以及以更安全的全新 COM 控制取代 ActiveX，为 Web 注册认证。

(9) Active Directory Rights Management Services(ADRMS)与支持 RMS 的应用服务，可协助用户更轻松地保护公司的数据信息，并防范未经授权的用户。

(10) BitLocker Drive Encryption 可提供增强的保护措施，以避免在服务器硬件遗失或遭窃时，资料被盗取或外泄，并且在用户更换服务器时，可以更安全地删除资料。

本章小结

本章主要介绍了网络操作系统的概念、分类及功能，Windows Server 2008 的产生、版本差异和新功能特性。通过本章的学习，学习者应该掌握网络操作系统的基本概念、分类与功能；了解典型的网络操作系统；了解 Windows Server 2008 的产生背景；了解 Windows Server 2008 各版本之间的差异和 Windows Server 2008 的新功能。

习　　题

一、填空题

(1) 网络操作系统一般可以分为两类：__________与__________。

(2) 网络操作系统除了应该具备一般操作系统的功能外，还应提供高效可靠的通信能力及多种网络服务功能：文件服务、__________、__________、通信服务、__________、分布式服务、__________、Internet/Intranet 服务等。

(3) Windows Server 2008 具有如下几个方面的新功能：__________、__________、__________、安全性。

二、选择题

(1) 以下属于网络操作系统的是________。

A. DOS　　B. Windows 7

C. Windows 2000 Professional　　D. Windows Server 2008

(2) 以下的 Windows Server 2008 版本专为 Intel Itanium 64 位处理器而设计________。

A. Windows Server 2008 标准版　　B. Windows Server 2008 企业版

C. Windows Server 2008 数据中心版　　D. Windows Server 2008 安腾版

第2章　安装 Windows Server 2008

本章学习目标

本章主要介绍 Windows Server 2008 的安装模式、光盘安装 Windows Server 2008 的过程和利用虚拟机技术构建 Windows Server 2008 实验环境的方法和步骤。

通过本章的学习，应该实现如下目标:

- 了解 Windows Server 2008 的四种安装模式。
- 掌握光盘安装 Windows Server 2008 的方法。
- 熟练掌握虚拟机的安装与使用方法。

2.1　Windows Server 2008 的安装模式

Windows Server 2008 有多种安装模式，分别适用于不同的环境，用户可以根据实际需要选择合适的安装方式，从而提高工作效率。

除常规的使用光盘启动安装方式外，Windows Server 2008 还可以选择升级安装、远程安装以及 Server Core 安装。

2.1.1　全新安装

使用光盘启动安装方式，这是最基本的安装方式。对于一台新的服务器，一般都采用这种方式来安装。使用这种安装方式，用户根据提示信息适时插入 Windows Server 2008 安装光盘即可，在下节中，将详细介绍这种安装方式。

2.1.2　升级安装

如果需要安装 Windows Server 2008 的计算机已经安装了 Windows 2000 Server 或 Windows Server 2003 操作系统，则可以选择升级安装方式，而不需要卸载原有的操作系统。这种安装方式的优点是可以保留原操作系统的各种配置。

在 Windows 状态下，将 Windows Server 2008 安装光盘放入光驱，安装盘会自动运行，弹出“安装 Windows”对话框。单击“现在安装”按钮，即可启动安装向导，当出现“你想进行何种类型的安装”对话框时，选择“升级”链接，即可将原操作系统升级到 Windows Server 2008。

不同的 Windows Server 2003 版本可以升级到的 Windows Server 2008 版本也不同，如表 2-1 所示。

表 2-1　Windows Server 2008 的升级安装

当前系统版本	可以升级到的 Windows Server 2008 版本
Windows Server 2003 标准版(SP1) Windows Server 2003 标准版(SP2) Windows Server 2003 R2 标准版	Windows Server 2008 标准版 Windows Server 2008 企业版
Windows Server 2003 企业版(SP1) Windows Server 2003 企业版(SP2) Windows Server 2003 R2 企业版	Windows Server 2008 企业版

2.1.3　远程安装

如果网络中已经配置了 Windows 部署服务，则可通过网络以远程方式安装 Windows Server 2008。需要注意的是，使用这种安装方式必须确保计算机网卡具有 PXE(预启动执行环境)芯片，支持远程启动功能。否则需要使用 rbfg.exe 程序生成启动软盘来启动计算机，再执行远程安装。

使用 PXE 功能启动计算机时，会显示当前计算机所使用的网络的版本等信息，并根据提示信息按下引导键(一般为 F12 键)，启动网络服务引导。

2.1.4　Server Core 安装

Server Core 是 Windows Server 2008 的新功能之一。管理员在安装 Windows Server 2008 时，可以选择只安装执行 DHCP、DNS、文件服务器或域控制器角色所需的服务。这个新安装选项只安装必要的服务和应用程序，只提供基本的服务器功能，没有任何额外开销。虽然 Server Core 安装选项是操作系统的一个完整功能模式，支持指定的角色，但它不包含服务器图形用户界面(GUI)。由于 Server Core 安装只包含指定角色所需的功能，因此 Server Core 安装通常只需要较少的维护和更新，因为要管理的组件较少。换句话说，由于服务器上安装和运行的程序和组件较少，因此暴露在网络上的攻击界面也较少，从而减少了被攻陷的可能性。如果在没有安装的组件中发现了安全缺陷或漏洞，则不需要安装补丁。

2.2　光盘安装 Windows Server 2008 的过程

Windows Server 2008 安装过程的用户界面是非常友好的，安装过程基本是在一个图形用户界面(GUI)的环境下完成的，并且会为用户处理大部分初始化工作。

(1) 从光盘引导计算机。将计算机的 CMOS 设置为从光盘(DVD-ROM)引导，并将 Windows Server 2008 安装光盘置于光驱内重新启动，计算机就会从光盘启动。如果硬盘内没有安装任何操作系统，便会直接启动到安装界面；如果硬盘内安装有其他操作系统，则会显示“Press any key to boot from CD…”提示信息，这时候，在键盘上按任意键，即可从 DVD-ROM 启动。

(2) 安装启动后，打开“安装 Windows”窗口，选择安装语言、时间和货币格式、键盘和输入方法等设置。设置完毕后，单击“下一步”按钮，如图 2-1 所示。

(3) 接下来，安装向导会询问是否立即安装 Windows Server 2008，单击“现在安装”按钮开始安装，如图 2-2 所示。

图 2-1 语言、时间和货币、键和输入方法设置

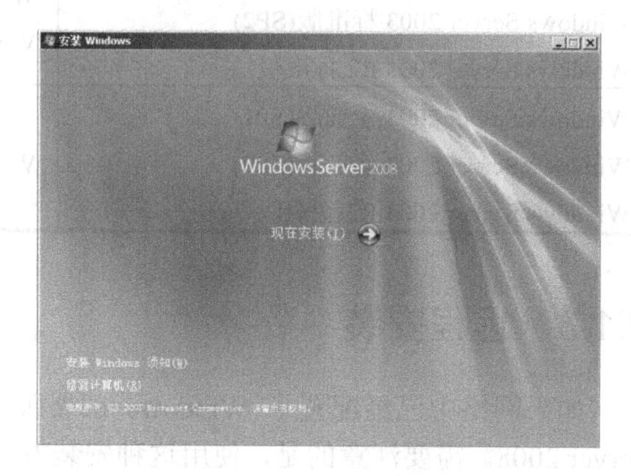

图 2-2 单击“现在安装”按钮

(4) 出现“选择要安装的操作系统”界面，在“操作系统”列表中列出了可以安装的操作系统。用户可根据需要安装合适的 Windows Server 2008 的发行版本。这里选择“Windows Server 2008 Enterprise(完全安装)”，单击“下一步”按钮，如图 2-3 所示。

(5) 在“请阅读许可条款”界面中，显示“MICROSOFT 软件许可条款”，只有接受该许可条款，方可继续安装，选中“我接受许可条款”复选框，单击“下一步”按钮，如图 2-4 所示。

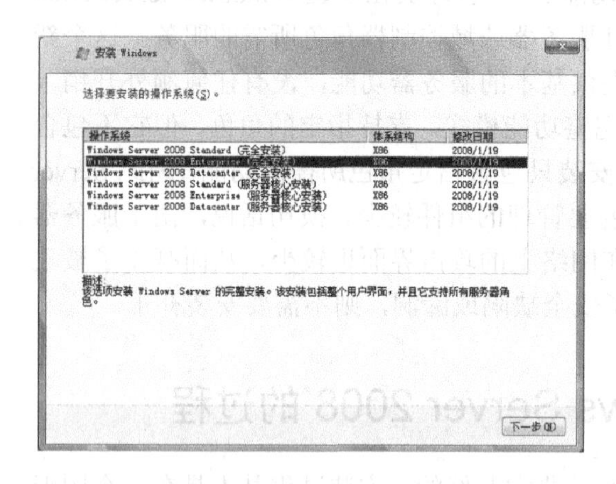

图 2-3 选择 Windows Server 2008 版本

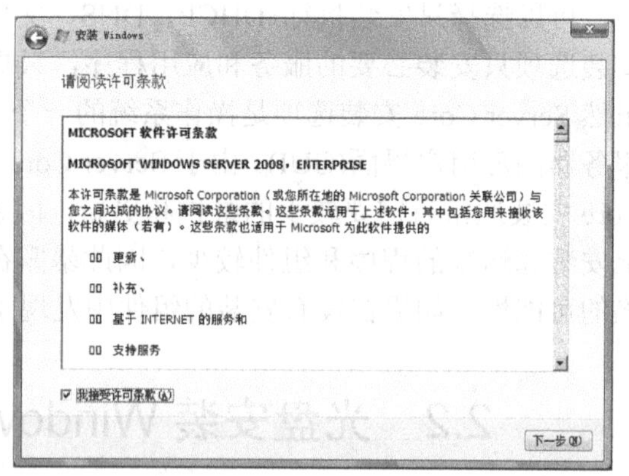

图 2-4 许可条款

(6) 在“您想进行何种类型的安装？”界面中，“升级”选项用于从旧版 Windows Server 2003 升级到 Windows Server 2008，如果计算机中没有安装任何操作系统，则该选项不可用。“自定义(高级)”选项用于全新安装，单击该选项进行全新安装，如图 2-5 所示。

(7) 在“您想将 Windows 安装在何处？”界面中，显示计算机上硬盘分区信息，图 2-6 所示的计算机只有一块硬盘，且没有分区。若计算机上安装了多块硬盘，则依次显示磁盘

1、磁盘 2……单击“驱动器选项(高级)”链接，对一块硬盘进行分区、格式化或删除已有分配等操作。

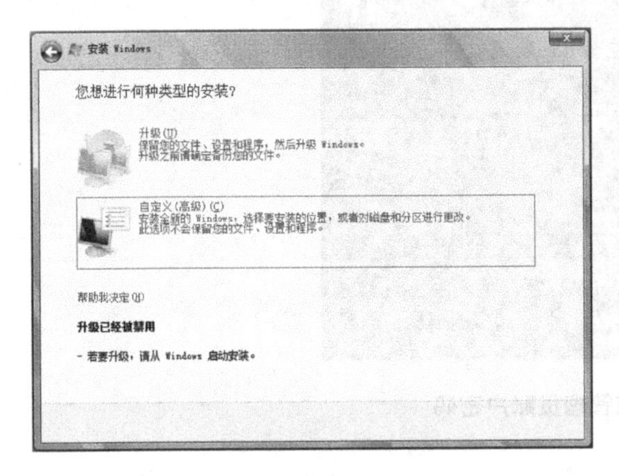

图 2-5　选择安装类型

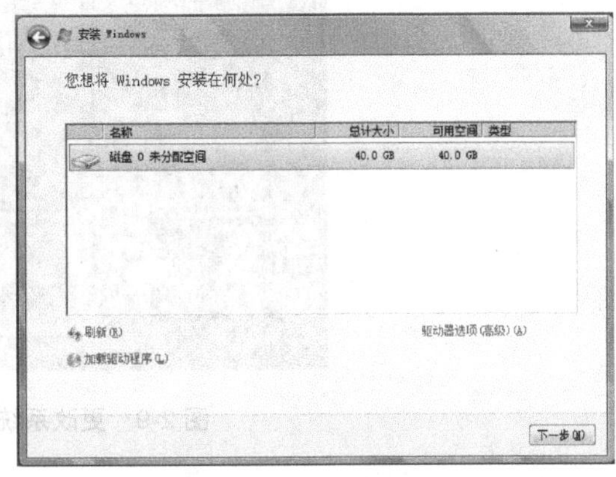

图 2-6　选择安装位置

(8)　在列表框中选择“磁盘 0 未分配空间”选项，单击“新建”按钮，在“大小”文本框中输入第一个分区的大小，如图 2-7 所示。主分区创建后，这时列表框中将出现两行磁盘分配信息，第一行为“磁盘 0 分区 1”，第二行仍为“磁盘 0 未分配空间”，但容量变小，再选择第二行，继续单击“新建”按钮，将剩余空间再划分给其他分区。所有分区都创建完成后，选中列表框的第一行“磁盘 0 分区 1”，单击“下一步”按钮将 Windows 安装在磁盘的第一个分区中，即 C 盘中。

(9)　出现“正在安装 Windows…”界面，开始复制文件，并安装 Windows Server 2008，如图 2-8 所示。

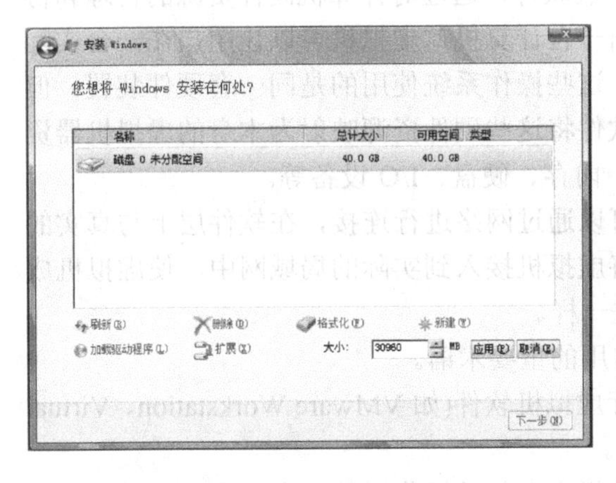

图 2-7　输入第一个分区的大小

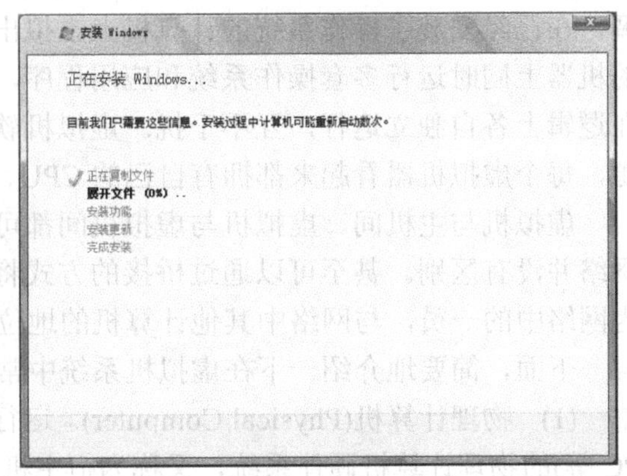

图 2-8　显示安装进度

(10) Windows Server 2008 安装完毕后，系统会根据需要重新启动。重新启动后，在第一次登录之前，要求用户必须更改系统管理员(Administrator)账户的密码，单击“确定”按钮设置系统管理员(Administrator)账户的密码，如图 2-9 所示。

图 2-9　更改系统管理员账户密码

2.3　利用虚拟机技术构建 Windows Server 2008 实验环境

对于 Windows Server 2008 学习者来说，最大的困难可能是没有一个实验环境。但是，自从有了虚拟机，这个问题就解决了。下面简要地介绍什么是虚拟机、虚拟机的特点以及如何利用虚拟机技术构建 Windows Server 2008 实验环境。

2.3.1　虚拟机简介

1. 什么是虚拟机

从本质上讲，虚拟机(Virtual Machine)是一套软件，通过对计算机硬件资源的管理和协调，在已经安装了操作系统的计算机上虚拟出一台计算机。虚拟机可以让用户在一台实际的机器上同时运行多套操作系统和应用程序，这些操作系统使用的是同一套硬件装置，但在逻辑上各自独立运行，互不干扰。虚拟机软件将这些硬件资源映射为本身的虚拟机器资源，每个虚拟机器看起来都拥有自己的 CPU、内存、硬盘、I/O 设备等。

虚拟机与主机间、虚拟机与虚拟机间都可以通过网络进行连接，在软件层上与真实的网络并没有区别。甚至可以通过桥接的方式将虚拟机接入到实际的局域网中，使虚拟机成为网络中的一员，与网络中其他计算机的地位一样。

下面，简要地介绍一下在虚拟机系统中常用的重要术语。

(1)　物理计算机(Physical Computer)。运行虚拟机软件(如 VMware Workstation、Virtual PC 等)的物理计算机硬件系统，又称为宿主机。

(2)　主机操作系统(Host OS)。在物理计算机上运行的操作系统，在这个系统中运行虚拟机软件。

(3)　客户操作系统(Guest OS)。运行在虚拟机中的操作系统，可以在虚拟机中安装能在标准 PC 上运行的操作系统及软件，如 Unix、Linux、Windows、NetWare 或 MS-DOS 等。

(4)　虚拟硬件(Virtual Hardware)。指虚拟机通过软件模拟出来的硬件系统，如 CPU、内存、硬盘等。

2. 虚拟服务器

虚拟服务器就是在计算机上建立一个或多个虚拟机，由虚拟机来做服务器的工作。它将服务器的功能(含操作系统)从硬件上剥离出来，使得服务器看起来就像一个软件或者文件，因而具有良好的可移植性和可恢复性。

在哪些地方可以用到虚拟服务器呢？在某些场合下，一个局域网中只有一台物理服务器，但需要提供多个功能，如果将所有的服务功能都放在同一台服务器上，不便于管理，也不安全，而且有的服务器本身存在漏洞，容易被恶意控制，这个时候，其他关键服务也会受到牵连。将不同安全级别的服务安放在不同的虚拟服务器上是个不错的主意。

又如，有些服务程序只能运行在特定的操作系统上，单独为这个服务配置一台服务器过于昂贵，这个时候，虚拟机就能经济、简单地解决这个问题。

另外，虚拟服务器的移植和恢复都非常快。管理员可以为虚拟服务器建立快照，就是将服务器当前的状态保存为一个文件。如果虚拟服务器死机了，只需要几十秒钟载入快照就能让它重新运行起来。如果虚拟机所在的真实计算机不能用了，将快照复制到别的计算机上，就能马上重新运行虚拟服务器了。

3. 常用的虚拟机软件

目前，主流虚拟机软件有 VMware、Microsoft Virtual PC/Server、Sun VirtualBox、Bochs 等，根据不同的应用平台，分为服务器版本和 PC 桌面版本。

(1) VMware 是一家提供虚拟机解决方案的软件公司，较常用的产品是 VMware Workstation。VMware 产品家族中的桌面产品使用非常简便，支持多种主流的操作系统。

VMWare Workstation 的优点是作为商用软件的稳定性和安全性，同时，功能相对强大，并且提供了多平台的版本(Windows/Linux)，而客户操作系统也是多平台的操作系统。但 VMware 不是免费软件或者开源软件。

(2) Virtual PC/Server 是微软公司的产品，对 Windows 系列操作系统的支持非常好。但是相对于 VMware 和 VirtualBox，Virtual PC 只能运行于 Windows 操作系统，并且其客户操作系统也只能为 Windows 操作系统，所以说，它是为 Windows 软件开发人员设计的虚拟机软件。

(3) Sun VirtualBox。无论是对于个人还是企业，VirtualBox 都是功能强大的虚拟产品，它不仅对于企业来说性能丰富、高效，对于个人用户来说，它还是一套开源软件，用户不仅可以免费使用，还能获得其源代码。它也支持多平台、多客户操作系统平台。

(4) Bochs 也是一套免费的开源软件，可以自行修改、编译源代码，Bochs 对 Linux 的支持非常好，但操作略显复杂，多用于 Linux 平台上。

另外，Windows Server 2008 操作系统本身也包括了 Windows Server virtualization (WSv)，这是一项功能强大的虚拟化网络管理技术，企业无须购买第三方软件，即可充分利用虚拟化的优势。Windows Server 2008 操作系统中创建虚拟机前，先要安装 Hyper-V 角色，然后再安装最新的 Hyper-V 补丁。

2.3.2　安装 VMware Workstation

VMware Workstation 虚拟机是一个在 Windows 或 Linux 计算机上运行的应用程序，它

可以模拟一个标准 PC 环境，这个环境与真实的计算机一样，都有芯片组、CPU、内存、显卡、声卡、网卡、软驱、硬盘、光驱、串口、并口、USB 控制器、SCSI 控制器等设备，提供这个应用程序的窗口就是虚拟机的显示器。这里以 VMware Workstation 10 中文版为例，说明虚拟机软件 VMware Workstation 的安装与配置过程。

(1) 在 VMware 官方网站上下载 VMware 安装文件，并申请注册序列号，其网址是 http://www.vmware.com。

(2) 双击 VMware Workstation 的安装文件，安装文件解压缩包后，将启动安装向导界面，单击“下一步”按钮继续，如图 2-10 所示。

(3) 在“许可协议”界面中，选择“我接受许可协议中的条款”单选按钮，单击“下一步”按钮继续，如图 2-11 所示。

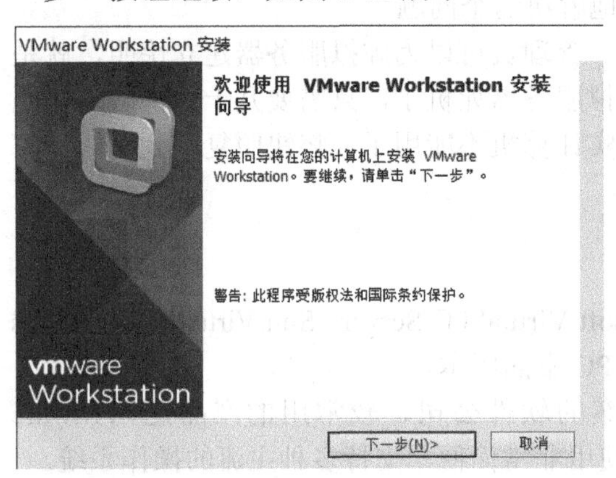

图 2-10 VMware Workstation 安装向导

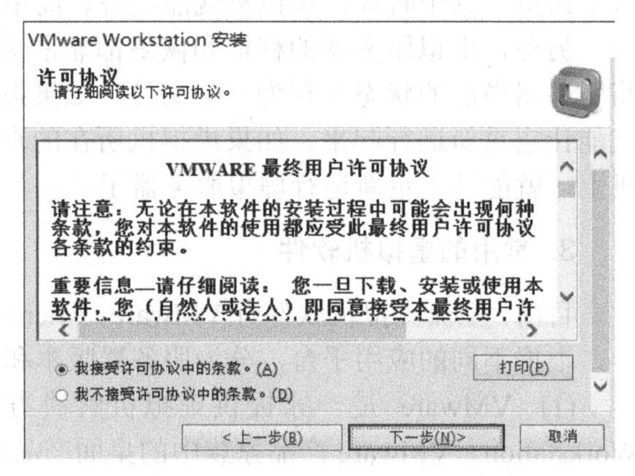

图 2-11 “许可协议”界面

(4) 在“安装类型”界面中，选择“典型”按钮，单击“下一步”按钮继续，如图 2-12 所示。

(5) 在“目标文件夹”界面中，选择虚拟机软件安装的路径。可单击“更改”按钮更改默认路径，修改完成后，单击“下一步”按钮继续，如图 2-13 所示。

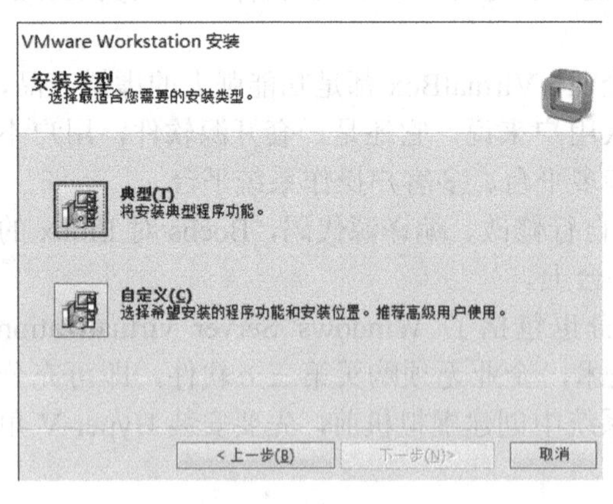

图 2-12 “安装类型”界面

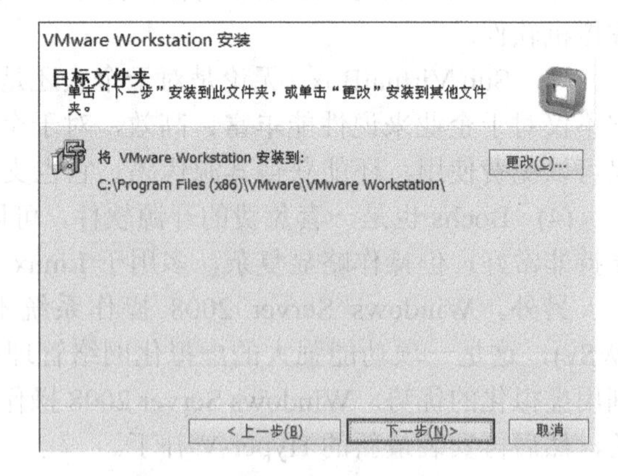

图 2-13 “目标文件夹”界面

(6) 在“软件更新”界面中，选择启动时是否检查产品更新，单击“下一步”按钮，如图 2-14 所示。

(7) 在“用户体验改进计划”界面中，选择是否帮助改善 VMware Workstion，单击“下一步”按钮，如图 2-15 所示。

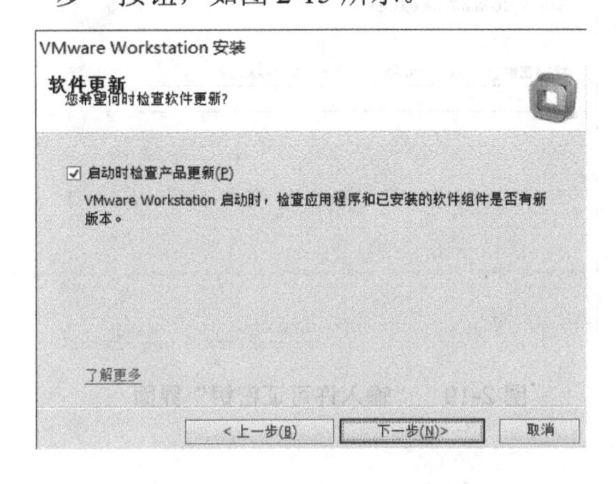

图 2-14　“软件更新”界面

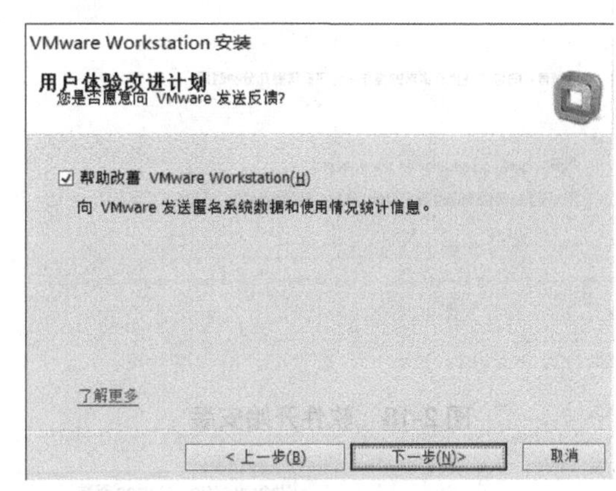

图 2-15　“用户体验改进计划”界面

(8) 在“快捷方式”界面中，选择是否创建桌面图标、开始菜单选项和快速启动图标。用户可根据需要勾选相应的复选框，单击“下一步”按钮继续，如图 2-16 所示。

(9) 在“已准备好执行请求的操作”界面中，单击“继续”按钮，开始安装进程，如图 2-17 所示。

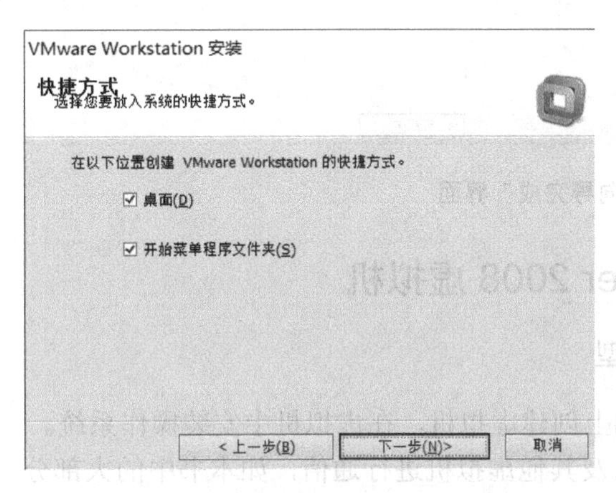

图 2-16　“快捷方式”界面

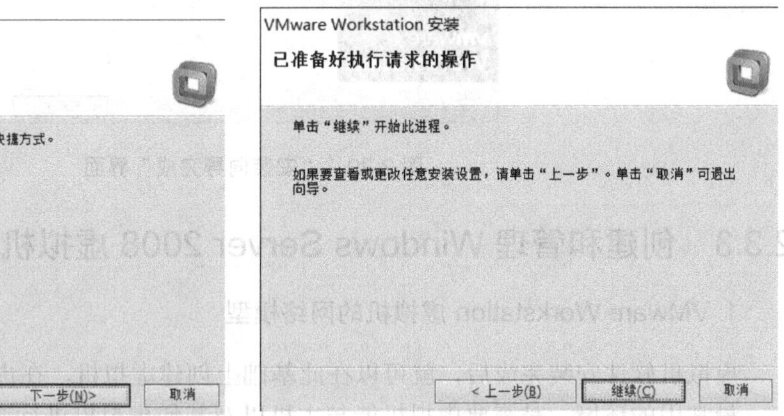

图 2-17　“已准备好执行请求的操作”界面

(10) 软件开始安装，并提示安装进行状态，如图 2-18 所示。这时不要轻易单击“取消”按钮，否则会终止安装过程。

(11) 在“输入许可证密钥”界面中，输入密钥，然后单击“输入”按钮继续，如图 2-19 所示。

(12) 显示安装已完成，单击“完成”按钮完成安装，如图 2-20 所示。

安装完成后，可能会要求重新启动计算机，以使一些配置生效。重新启动后，就能顺利使用 VMware 虚拟机软件了。

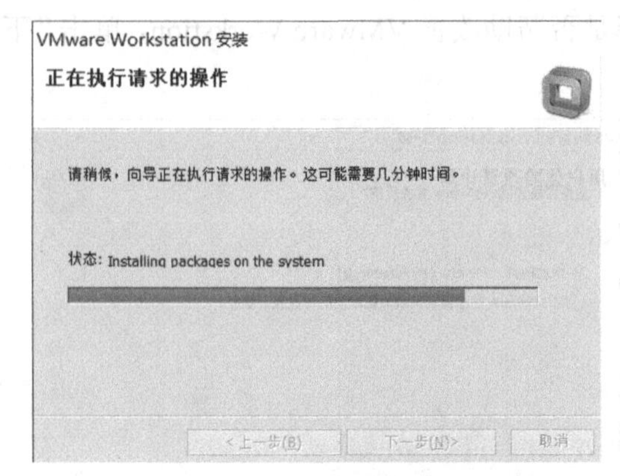

图 2-18　软件开始安装

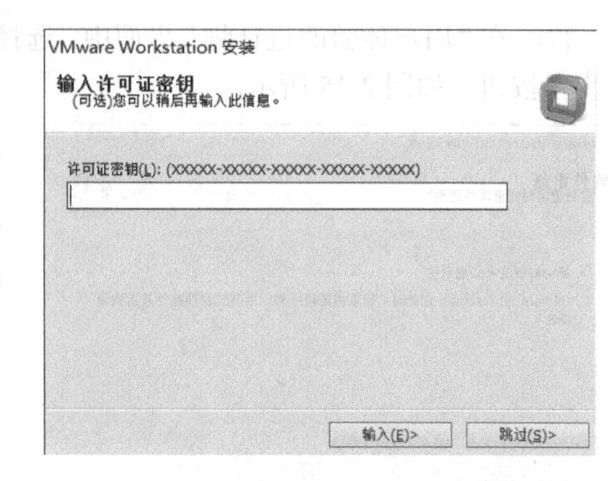

图 2-19　“输入许可证密钥”界面

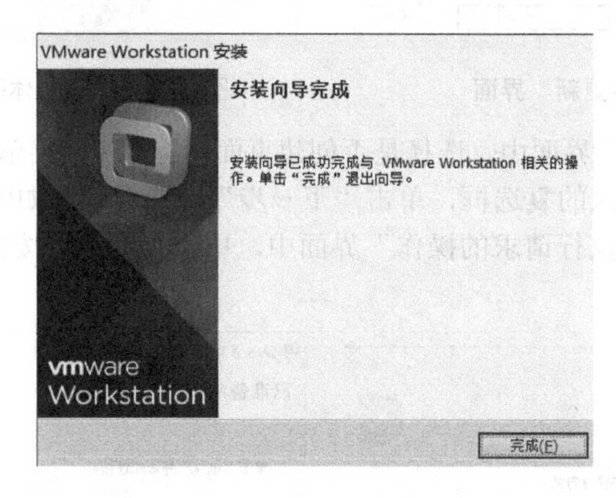

图 2-20　“安装向导完成”界面

2.3.3　创建和管理 Windows Server 2008 虚拟机

1. VMware Workstation 虚拟机的网络模型

虚拟机软件安装完成后，就可以在此基础上创建虚拟机，在虚拟机中安装操作系统。

最常用的环境，是需要虚拟机能与主机以及其他虚拟机进行通信，如本书中的大部分项目实训，均可以通过在宿主机中安装 Windows Server 2008 虚拟机，然后在宿主机与虚拟机之间相互通信来实现，这些通信是通过设置虚拟网卡来实现的。VMware Workstation 虚拟机主要有 3 种网络模型：Bridged 网络、NAT 网络和 Host-only 网络。

在介绍 VMware Workstation 虚拟机的网络模型之前，先有几个 VMware 虚拟设备的概念需要解释清楚。VMware Workstation 安装后，会生成几个虚拟网络设备，如图 2-21 所示。

在图 2-21 中，VMnet0 是 VMware 虚拟桥接网络下的虚拟交换机；VMnet1 是用于与 Host-only 虚拟网络进行通信的虚拟交换机；VMnet8 是主机用于与 NAT 虚拟网络进行通信的虚拟交换机。

为了使虚拟机能与宿主机进行通信，在宿主机中安装两个虚拟网卡，分别是 VMware Network Adapter VMnet1 和 VMware Network Adapter VMnet8，其中 VMware Network Adapter VMnet1 与 VMnet1 虚拟交换机互联，是宿主机与 Host-only 虚拟网络进行通信的虚

拟网卡；VMware Network Adapter VMnet8 与 VMnet8 虚拟交换机互联，是宿主机与 NAT 虚拟网络进行通信的虚拟网卡，如图 2-22 所示。

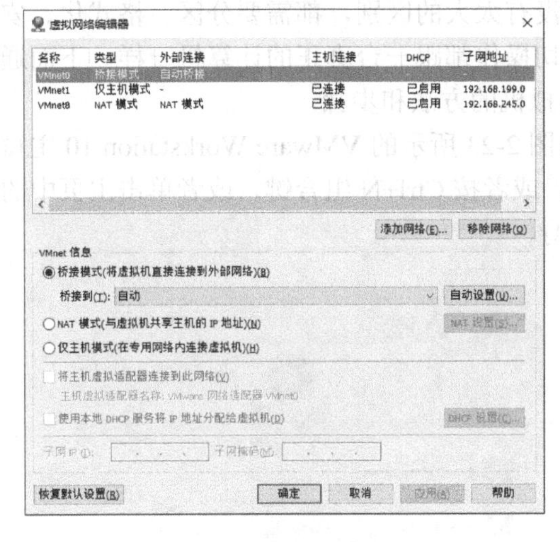

图 2-21　虚拟网络设备

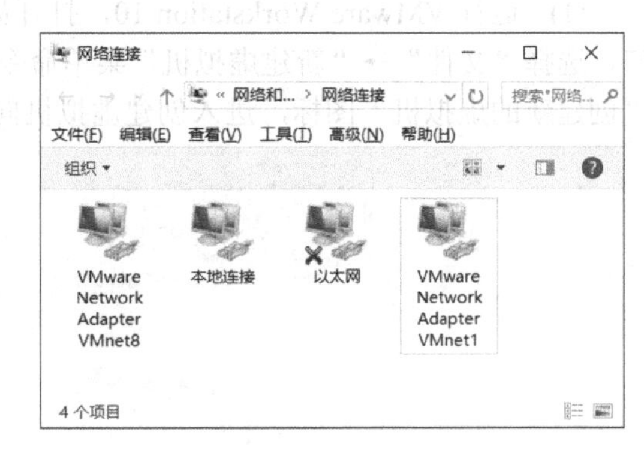

图 2-22　虚拟网卡

(1)　Bridged 网络。

Bridged(桥接)模型的网络是较为容易实现的一种虚拟网络，比较常用。Host 主机的物理网卡和 Guest 客户机的虚拟网卡在 VMnet0 上通过虚拟网桥进行连接，这也就是说，Host 主机的物理网卡和 Guest 客户机的虚拟网卡处于同等地位，此时的 Guest 客户机就好像 Host 主机所在的一个网段上的另外一台计算机。

如果 Host 主机网络存在 DHCP 服务器，那么 Host 主机和 Guest 客户机都可以把 IP 地址获取方式设置为 DHCP 方式。

(2)　NAT 网络。

NAT(Network Address Translation，网络地址转换)网络主要用来实现使虚拟机通过 Host 主机系统连接到互联网，也就是说，Host 主机能够访问互联网资源，同时，在该网络模型下的 Guest 客户机也可以访问互联网。Guest 客户机是不能自己连接互联网的，Host 主机必须对所有进出网络的 Guest 客户机系统收发的数据包进行地址转换。在这种方式下，Guest 客户机对外是不可见的。

在 NAT 网络中，会使用到 VMnet8 虚拟交换机，Host 上的 VMware Network Adapter VMnet8 虚拟网卡被连接到 VMnet8 交换机上，与 Guest 进行通信，但是 VMware Network Adapter VMnet8 虚拟网卡仅仅是与 VMnet8 网段通信用的，它并不为 VMnet8 网段提供路由功能，处于虚拟 NAT 网络下的 Guest 是使用虚拟的 NAT 服务器连接 Internet 的。

(3)　Host-only 网络。

Host-only 网络被用来设计成一个与外界隔绝的网络。其实，Host-only 网络与 NAT 网络非常相似，唯一不同的地方，就是在 Host-only 网络中，没有用到 NAT 服务，没有服务器为 VMnet1 网络做路由。

如果此时 Host 主机要与 Guest 客户机通信，该怎么办呢？当然是要用到 VMware Network Adapter VMnet1 这块虚拟网卡了。

2. 创建虚拟机

在使用上，这台虚拟机与真正的物理主机没有太大的区别，都需要分区、格式化、安装操作系统、安装应用程序和软件，总之，一切操作都跟一台真正的计算机一样。下面通过例子，介绍使用 VMware Workstation 创建虚拟机的方法和步骤。

(1) 运行 VMware Workstation 10，打开如图 2-23 所示的 VMware Workstation 10 主窗口，选择“文件”→“新建虚拟机”菜单命令，或者按 Ctrl+N 组合键，或者单击主页中的“创建新的虚拟机”图标，进入创建虚拟机向导。

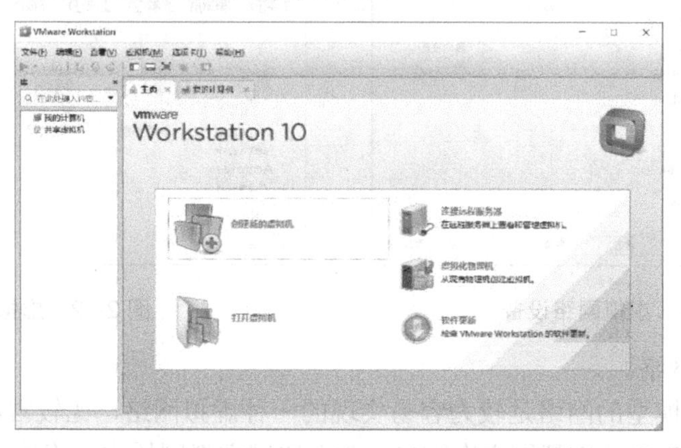

图 2-23　VMware Workstation 主窗口

(2) 在选择配置类型向导页中选择配置类型，配置类型有“典型”和“自定义”两种，如图 2-24 所示，典型设置十分方便，但无法在低版本的虚拟机软件上使用，这里选择“自定义”单选按钮，单击“下一步”按钮继续。

(3) 在“选择虚拟机硬件兼容性”向导页中，选择虚拟机的硬件格式，可以在“硬件兼容性”下拉列表框中进行选择。通常情况下选择默认的 Workstation 10.0 格式即可，因为新的虚拟机硬件格式支持更多的功能。选择好后单击“下一步”按钮，如图 2-25 所示。

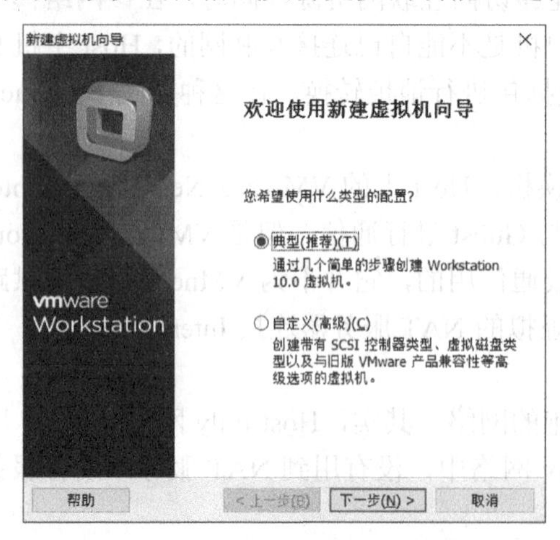

图 2-24　选择配置类型

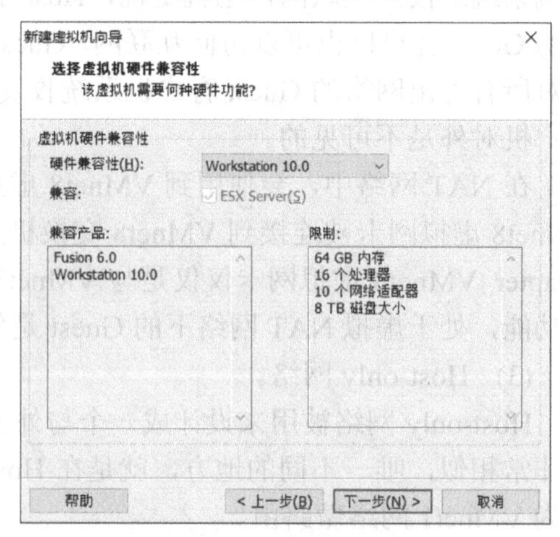

图 2-25　选择虚拟机硬件兼容性

(4) 在“安装客户机操作系统”向导页中，有三个选项：“安装程序光盘”、“安装程序光盘映像文件(iso)”、“稍后安装操作系统”。如果选择前两项，软件会根据选择的操作系统自动选择合适的硬件配置。在此，我们选择最后一项，单击“下一步”按钮继续，如图 2-26 所示。

(5) 在“选择客户机操作系统”向导页中，选择 Microsoft Windows 单选按钮，然后在“版本”下拉列表框中选择 Windows Server 2008 x64，单击“下一步”按钮继续，如图 2-27 所示。

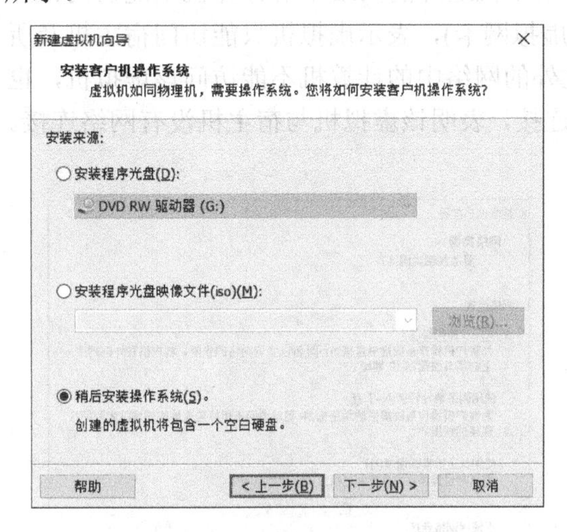

图 2-26　安装客户机操作系统

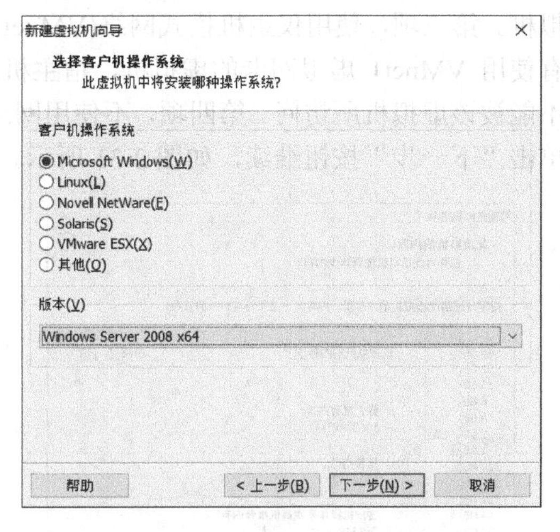

图 2-27　选择客户机操作系统

(6) 在“命名虚拟机”向导页中，为新建的虚拟机命名，并且选择它的保存路径。由于虚拟机文件会很大，应该指定到空余空间多的磁盘分区上，单击“下一步”按钮继续，如图 2-28 所示。

(7) 在“处理器配置”向导页中选择虚拟机中处理器的数量，如果选择 2，主机需要有两个 CPU 或者是超线程的 CPU，如图 2-29 所示。

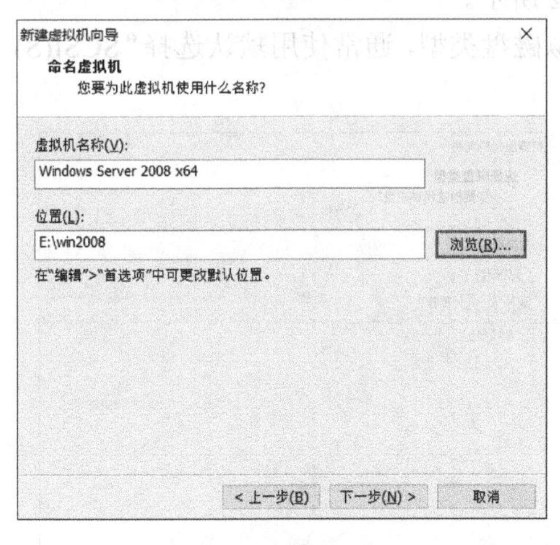

图 2-28　命名虚拟机

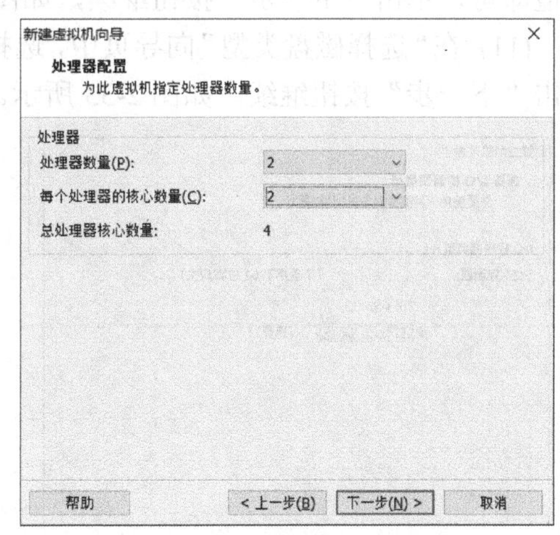

图 2-29　选择处理器的数量

(8) 在“此虚拟机的内存”界面中，设置虚拟机使用的内存。通常情况下，对于 Windows 98 及其以下的系统，可以设置 64MB；对于 Windows 2000/XP，最少可以设置 96MB；对

于 Windows Server 2003，最低为 128MB；对于 Windows Vista 或 Windows Server 2008 虚拟机，最低为 512MB。单击“下一步”按钮继续，如图 2-30 所示。

(9) 在“网络类型”向导页中，选择虚拟机网卡的联网类型。第一项，使用桥接网络(VMnet0 虚拟网卡)，表示当前虚拟机与主机(指运行 VMware Workstation 软件的计算机)在同一个网络中。第二项，使用网络地址转换(NAT)(VMnet8 虚拟网卡)，表示虚拟机通过宿主机单向访问宿主机及宿主机之外的网络，但宿主机之外的网络中的计算机不能访问该虚拟机。第三项，使用仅主机模式网络(VMnet1 虚拟网卡)，表示虚拟机只能访问宿主机及所有使用 VMnet1 虚拟网卡的虚拟机，宿主机之外的网络中的计算机不能访问该虚拟机，也不能被该虚拟机所访问。第四项，不使用网络连接，表明该虚拟机与宿主机没有网络连接。单击“下一步”按钮继续，如图 2-31 所示。

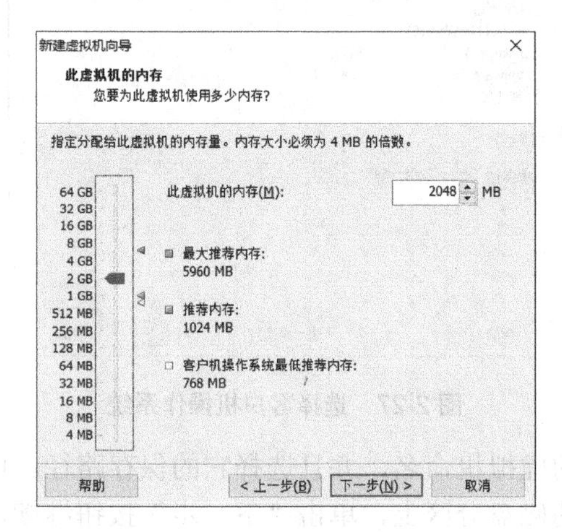

图 2-30　设置使用的内存

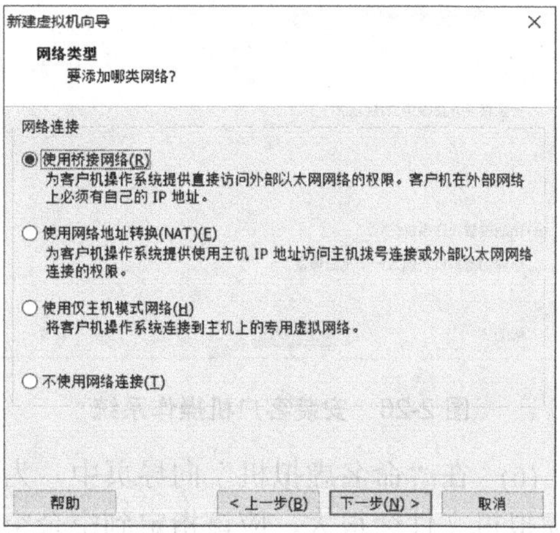

图 2-31　选择网络类型

(10) 在“选择 I/O 控制器类型”向导页中，选择虚拟机的 SCSI 卡的型号，通常选择默认值即可，单击“下一步”按钮继续，如图 2-32 所示。

(11) 在“选择磁盘类型”向导页中，选择虚拟磁盘类型，通常使用默认选择“SCSI(S)”，单击“下一步”按钮继续，如图 2-33 所示。

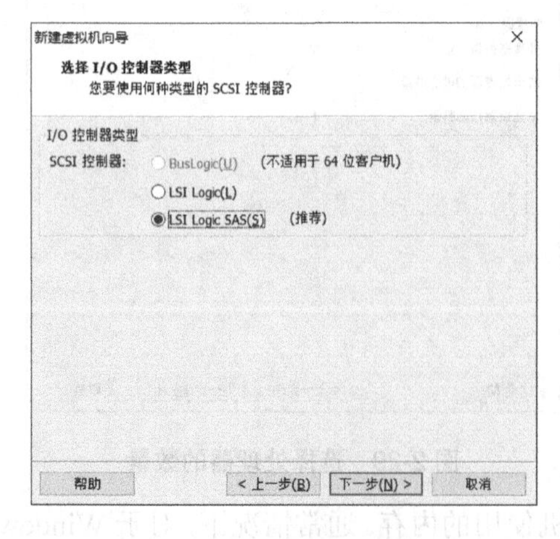

图 2-32　选择 I/O 控制器类型

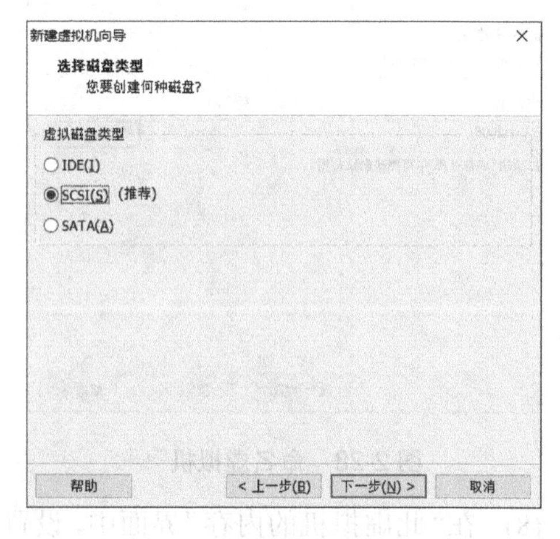

图 2-33　选择磁盘类型

(12) 在“选择磁盘”向导页中，选择“创建新虚拟硬盘”单选按钮，单击“下一步”按钮继续，如图 2-34 所示。

(13) 在“指定磁盘容量”向导页中设置虚拟磁盘大小。这里的大小只是允许虚拟机占用的最大空间，并不会立即使用这么大的磁盘空间。单击“下一步”按钮继续，如图 2-35 所示。

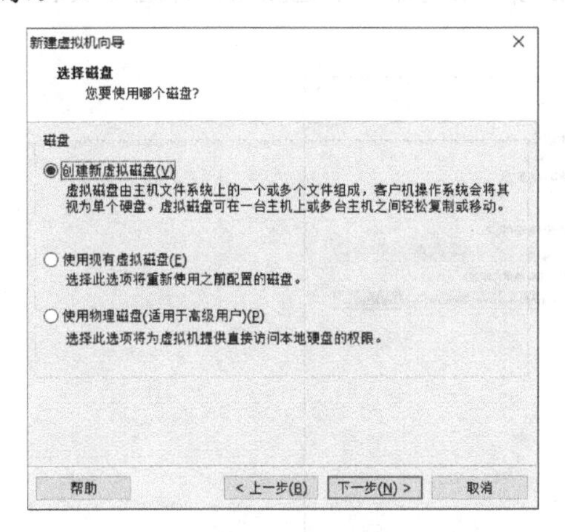

图 2-34　选择硬盘

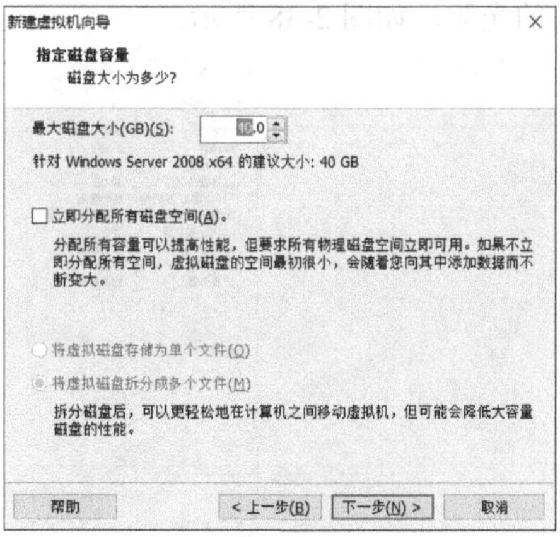

图 2-35　指定磁盘容量

(14) 在“指定磁盘文件”向导页的“磁盘文件”选项组中，设置虚拟磁盘文件名称。通常选择默认值即可，然后单击“下一步”按钮，如图 2-36 所示。

(15) 在“已准备好创建虚拟机”向导页中，列出了新建虚拟机的相应设置，可以单击“自定义硬件”按钮修改相应的设置，或单击“完成”按钮完成虚拟机的创建，如图 2-37 所示。

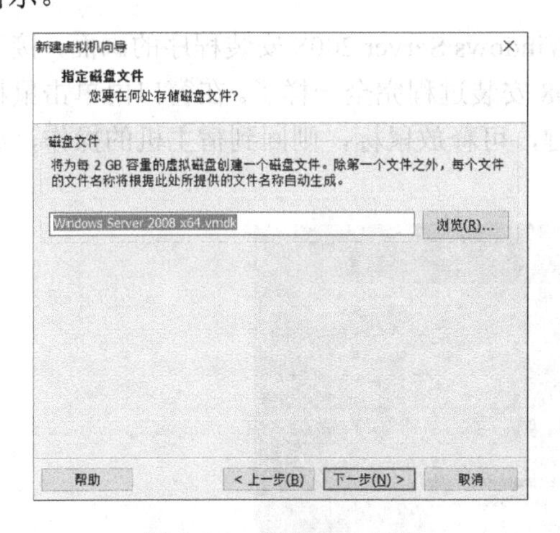

图 2-36　指定磁盘文件

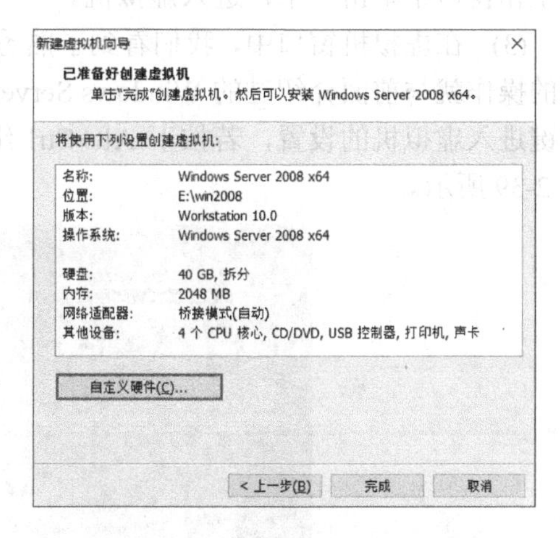

图 2-37　已准备好创建的虚拟机

3. 为虚拟机安装 Windows Server 2008 操作系统

在虚拟机中安装 Windows Server 2008 操作系统，与在真实的计算机中安装 Windows Server 2008 没有什么区别，但在虚拟机中安装 Windows Server 2008 操作系统，可以直接使用保存在主机上的 Windows Server 2008 安装光盘镜像作为虚拟机的光驱。

(1) 若使用安装光盘镜像来为虚拟机安装 Windows Server 2008 操作系统，可以单击“编辑虚拟机设置”链接，打开前面创建的 Windows Server 2008 虚拟机配置文件。在“虚拟机设置”对话框的“硬件”选项卡中，选择 CD/DVD(SATA)项，在“连接”选项区域内选中“使用 ISO 映像文件”单选按钮，然后浏览选择 Windows Server 2008 安装光盘镜像文件(ISO 格式)。如果使用安装光盘，则选择“使用物理驱动器”单选按钮，并选择安装光盘所在的光驱，如图 2-38 所示。

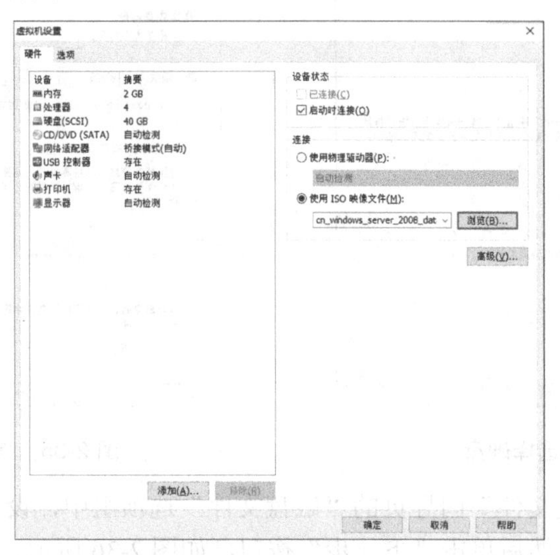

图 2-38　配置虚拟机光驱

(2) 选择光驱完成后，单击工具栏上的播放按钮，打开虚拟机的电源，用鼠标在虚拟机工作窗口中单击一下，进入虚拟机。

(3) 在虚拟机窗口中，我们看到了熟悉的 Windows Server 2008 安装程序的画面，接下来的操作就与前面介绍过的 Windows Server 2008 安装过程完全一样了。在窗口内单击鼠标左键进入虚拟机的设置，若按下 Alt+Ctrl 组合键，可释放鼠标，则回到宿主机的操作，如图 2-39 所示。

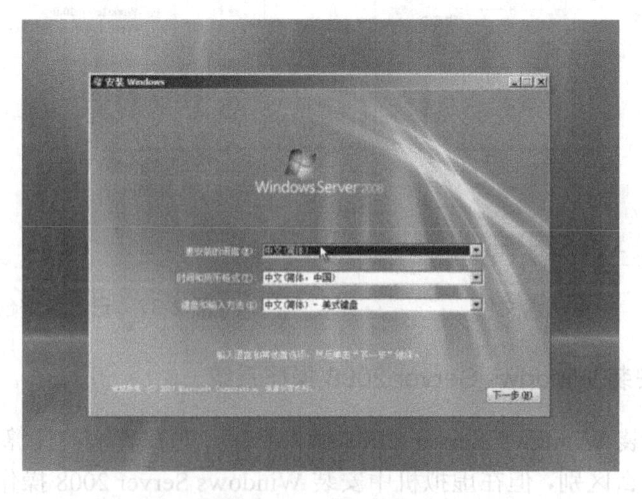

图 2-39　在虚拟机中安装 Windows Server 2008

2.3.4 虚拟机的操作与设置

1. 启动、关闭和挂起虚拟机

若要启动、关闭和挂起虚拟机，可以单击工具栏上的关机、开机、挂起、重置按钮来实现。需要说明的是，关闭虚拟机时，最好是用虚拟机操作系统中的正常关机方式关闭虚拟机，以免损坏系统和丢失数据。

2. 在虚拟机中使用 Ctrl+Alt+Del 组合键

Windows Server 2008 成功安装后，登录系统时，需要用户按下 Ctrl+Alt+Del 组合键，由于该组合键被宿主机操作系统使用了，在虚拟机中不能使用。

首先应在虚拟机主窗口中单击，使虚拟机获得焦点，然后按 Ctrl+Alt+Ins 组合键，或选择“虚拟机”→“发送 Ctrl+Alt+Del”菜单命令来实现。

3. 安装 VMware Tools

为了更好地使用虚拟机，可以为虚拟机的操作系统安装上 VMware Tools 工具包。

VMware Tools 相当于 VMware 虚拟机的主板芯片组驱动和显卡驱动、鼠标驱动。安装 VMware Tools 后，可增强虚拟机的性能。例如，可直接用鼠标在虚拟机和主机之间切换；可直接拖曳主机的文件或文件夹到虚拟机的桌面，从而达到复制文件的目的；可以提高虚拟机的显示性能等。安装 VMware Tools 的过程如下。

(1) 启动虚拟机后，执行虚拟机→安装 VMware Tools 菜单命令，在弹出的对话框中单击“安装”按钮。

(2) 进入虚拟机，安装程序将自动运行，若没有自动运行，可打开虚拟机的虚拟光驱，运行 Setup.exe 程序，接下来的操作按照向导执行即可。

4. 调整虚拟机配置

在测试环境中，可以定制虚拟机的网卡数，调整虚拟机使用的内存，或者给虚拟机添加多个硬盘。

若要调整虚拟机的硬件配置，必须先将虚拟机关机，然后单击“编辑虚拟机设置”链接，打开“虚拟机设置”对话框，如图 2-40 所示。

在“硬件”选项卡中，用户可单击“添加”按钮添加各种硬件，单击“移除”按钮可删除各种硬件。

在“选项”选项卡中，用户可以对虚拟机的选项进行设置，如修改虚拟机的名称、电源设置，将宿主机的某个文件夹设置为共享文件夹等，如图 2-41 所示。

5. 多重快照功能

有时，为了测试软件，需要保存安装软件之前的状态，这时可以通过快照功能来保存系统当前的状态。VMware Workstation 可以保存多个快照，而且还提供了快照管理功能。

(1) 要创建一个快照，可以选择“虚拟机”→“快照”→“拍摄快照”菜单命令，在打开的对话框中，输入快照的名称和描述，如图 2-42 所示。

图 2-40　虚拟机设置(“硬件”选项卡)

图 2-41　虚拟机设置(“选项”选项卡)

图 2-42　建立快照

(2) 要还原一个快照，可以选择“虚拟机”→“快照”→“恢复到快照”菜单命令，并在弹出的对话框中确认即可。

(3) 如果建立了多重快照，还可以打开快照管理窗口进行管理，其方法是选择“虚拟机”→“快照”→“快照管理器”菜单命令。在打开的窗口中，可以建立、删除、还原一个快照，如果虚拟机处于关闭状态，还可以克隆系统，如图 2-43 所示。

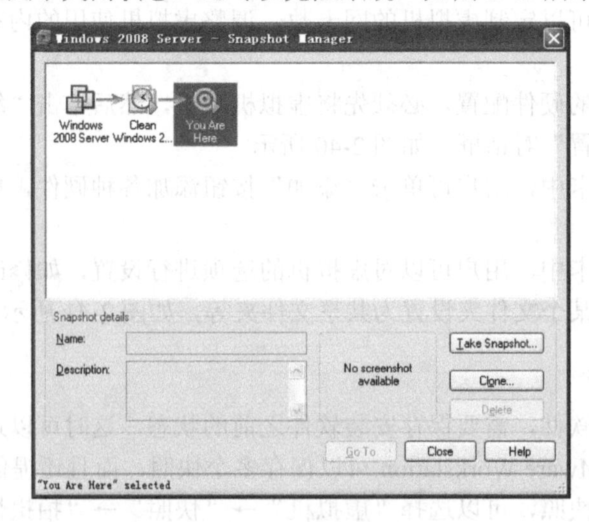

图 2-43　快照管理器

6. 克隆多个虚拟机

在以后的学习中，往往需要多个运行 Windows Server 2008 的虚拟机来模拟现实场景，如果已安装好一个 Windows Server 2008 虚拟机，就可以克隆出多个虚拟机，这样可省去安装操作系统的过程。克隆多个虚拟机可以在快照管理器中完成，也可使用菜单命令来实现。

(1) 关闭需要克隆的虚拟机。

(2) 选择“虚拟机”→“管理”→“克隆”菜单命令，或者在快照管理器中单击“克隆”按钮，打开克隆向导，单击“下一步”按钮继续。

(3) 在“克隆源”向导页中，选择克隆虚拟机的当前状态或克隆一个快照，并单击“下一步”按钮，如图 2-44 所示。

(4) 在“克隆类型”向导页中，选择建立链接克隆或完全克隆，通过创建链接克隆可以节省磁盘空间，单击“下一步”按钮，如图 2-45 所示。

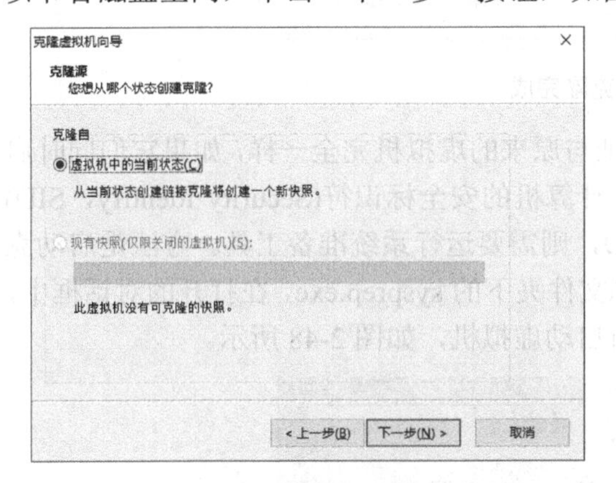

图 2-44　选择克隆源

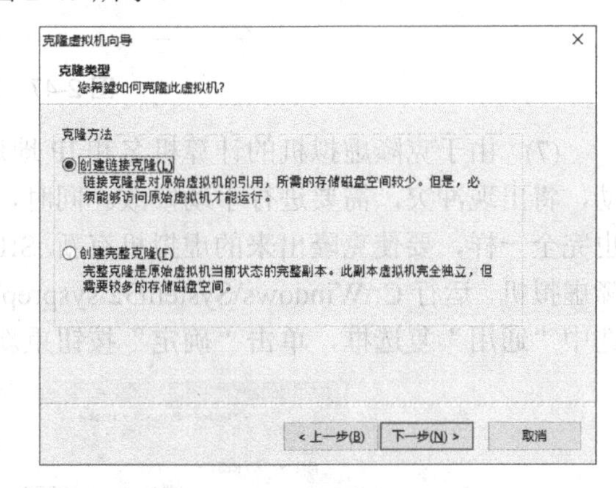

图 2-45　选择克隆类型

(5) 在“新虚拟机名称”向导页中，设置克隆系统名称和存放位置，设置完毕后单击“下一步”按钮，如图 2-46 所示。

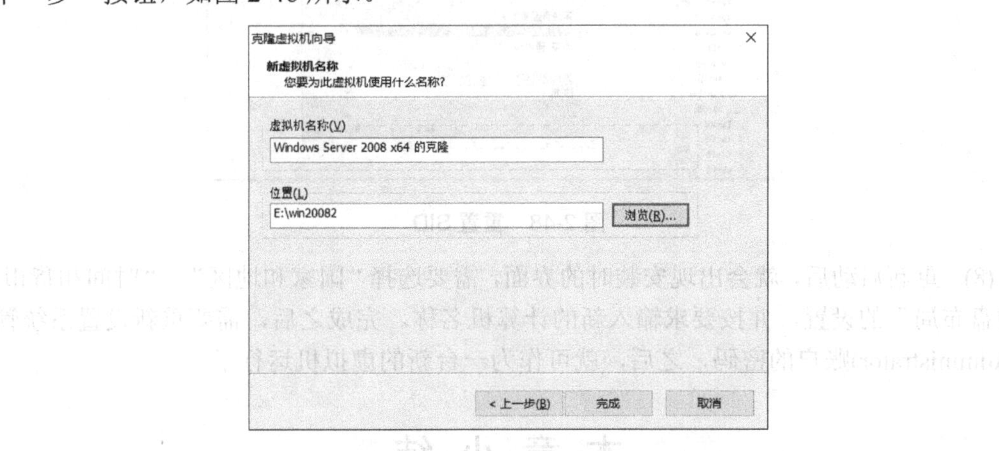

图 2-46　设置克隆系统的名称和存放位置

(6) 接下来，系统开始创建克隆，所需时间主要取决于克隆类型。克隆完成后，将在虚拟机管理器中看到两个虚拟机，如图 2-47 所示。

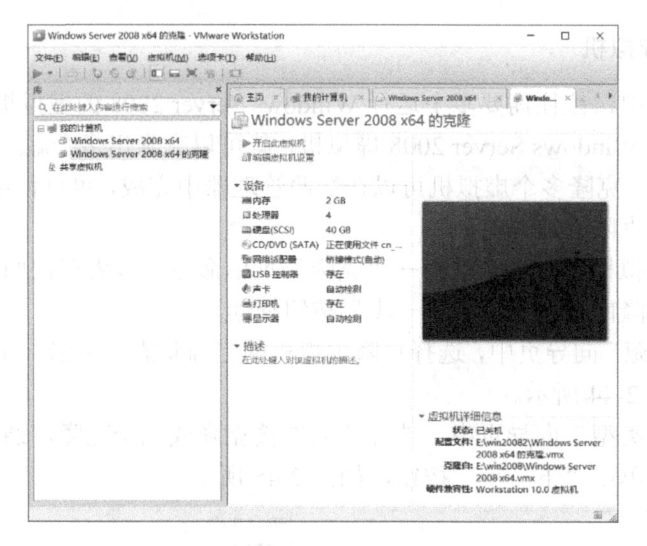

图 2-47　克隆完成

(7) 由于克隆虚拟机的计算机名和 IP 地址与原来的虚拟机完全一样，如果它们同时启动，将出现冲突，需要进行手动修改。同时，计算机的安全标识符(Security Identify，SID)也完全一样，要使克隆出来的虚拟机有新 SID，则需要运行系统准备工具。方法是启动克隆虚拟机，运行 C:\Windows\System32\sysprep\文件夹下的 sysprep.exe，在打开的对话框中，选中“通用”复选框，单击“确定”按钮重新启动虚拟机，如图 2-48 所示。

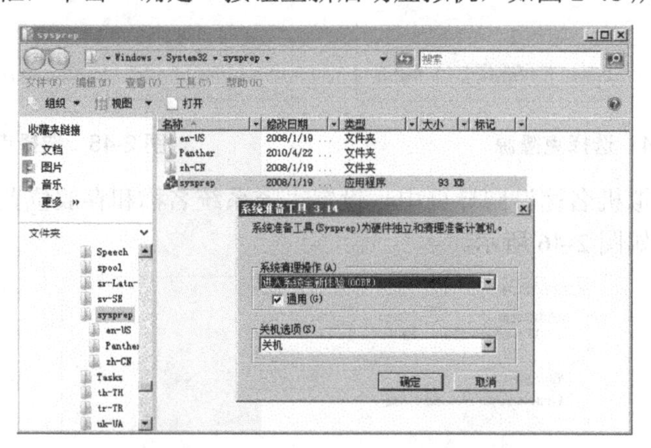

图 2-48　重置 SID

(8) 重新启动后，就会出现安装时的界面，需要选择“国家和地区”、“时间和货币”、“键盘布局”的设置，并按要求输入新的计算机名称。完成之后，需要重新设置系统管理员(Administrator)账户的密码，之后，就可作为一台新的虚拟机运行了。

本 章 小 结

本章主要介绍了 Windows 2008 的安装模式、从光盘安装 Windows Server 2008 的过程和利用虚拟机技术构建 Windows Server 2008 实验环境的方法和步骤。通过本章的学习，读者应该能够了解 Windows Server 2008 的四种安装模式；掌握从光盘安装 Windows Server 2008 的方法；熟练掌握虚拟机的安装和使用方法。

习题与实训

一、填空题

(1) Windows Server 2008 的安装方式有________、________、________、________等。

(2) VMware Workstation 虚拟机的网络模型有________、________和________。

(3) 在虚拟机中使用 Ctrl+Alt+Del 组合键时，使用________组合键代替；从虚拟机中返回到宿主机时，使用________组合键。

二、选择题

(1) 有一台服务器的操作系统是 Windows 2000 Server，文件系统是 NTFS，无任何分区，现要求对该服务进行 Windows Server 2008 的安装，保留原数据，但不保留操作系统，应使用下列________方法进行安装才能满足需求。

A. 在安装过程中进行全新安装并格式化磁盘

B. 对原操作系统进行升级安装，不格式化磁盘

C. 做成双引导，不格式化磁盘

D. 重新分区并进行全新安装

(2) 现要在一台装有 Windows 2003 Server 操作系统的机器上安装 Windows Server 2008，并做成双引导系统。此计算机硬盘的大小是 10.4GB，有两个分区：C 盘 4GB，文件系统是 FAT；D 盘 6.4GB，文件系统是 NTFS。为使计算机成为双引导系统，下列哪个选项是最好的方法？________

A. 安装时选择升级选项，并选择 D 盘作为安装盘

B. 安装时选择全新安装，并且选择 C 盘上与 Windows 相同的目录作为 Windows Server 2008 的安装目录

C. 安装时选择升级安装，并且选择 C 盘上与 Windows 不同的目录作为 Windows Server 2008 的安装目录

D. 安装时选择全新安装，并选择 D 盘作为安装盘

三、实训内容

(1) 安装 VMware 6.0 Workstation 虚拟机软件。

(2) 利用 VMware 6.0 Workstation 创建 Windows Server 2008 虚拟机。

(3) 在虚拟机中安装 Windows Server 2008 操作系统。

(4) 操作与设置虚拟机。

第 3 章　配置 Windows Server 2008 的基本工作环境

本章学习目标

本章主要介绍 Windows Server 2008 用户和系统环境的配置方法；管理硬件设备、配置计算机名与网络属性的方法和步骤；Windows Server 2008 管理控制台的使用方法；管理服务器的角色和功能的基本方法。

通过本章的学习，应该实现如下目标：

- 掌握 Windows Server 2008 用户和系统环境的配置方法。
- 掌握管理硬件设备的方法。
- 基本掌握 Windows Server 2008 管理控制台的使用方法。
- 掌握管理服务器的角色和功能的基本方法。

3.1　启动和使用 Windows Server 2008

Windows Server 2008 在安装完毕，并正确地设置系统管理员(Administrator)账户的密码后，就可以使用了。

(1)　如图 3-1 所示是 Windows Server 2008 启动之后出现的第一个界面，提示用户按下 Ctrl+Alt+Delete 组合键进入用户登录窗口。

(2)　在用户登录窗口中，输入正确的系统管理员(Administrator)账户密码，登录到 Windows Server 2008 系统中，如图 3-2 所示。

图 3-1　用户登录窗口

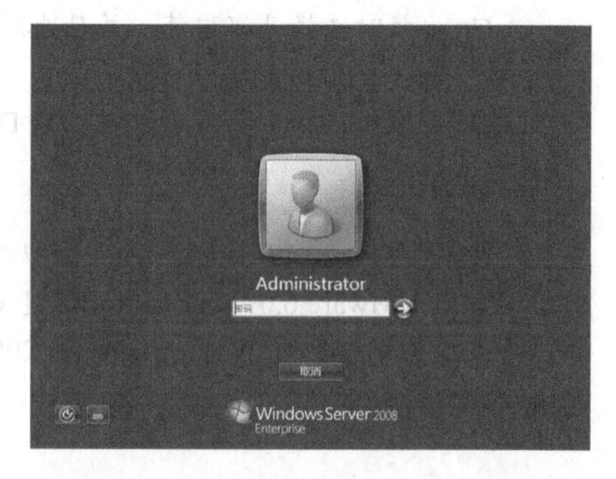

图 3-2　输入 Administrator 账户的密码

(3)　在安装 Windows Server 2008 系统时，与安装 Windows Server 2003 时的最大区别

就是，在整个安装过程中，不会提示用户设置计算机名、网络配置等信息，安装所需时间大大减少。但作为一台服务器，这些信息又必不可少，因此 Windows Server 2008 系统第一次启动时，默认地会打开“初始配置任务”窗口，要求管理员设置基本配置信息，如设置服务器的时区、将服务器加入现有域、为服务器启用远程桌面，以及启用 Windows 更新和 Windows 防火墙等。图 3-3 为 Windows Server 2008 中的“初始配置任务”窗口。

对于这些初始化配置参数的配置方法，将在本章后边的相关内容中介绍。

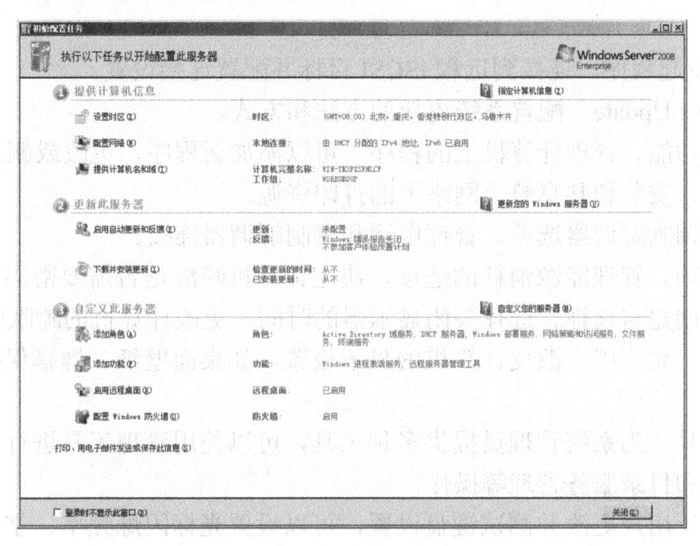

图 3-3　“初始配置任务”窗口

3.2　配置用户和系统环境

3.2.1　控制面板

控制面板(Control Panel)，如图 3-4 所示，是 Windows 图形用户界面的一部分，提供了一组特殊用途的管理工具。使用这些工具，可以配置 Windows 应用程序和服务环境。

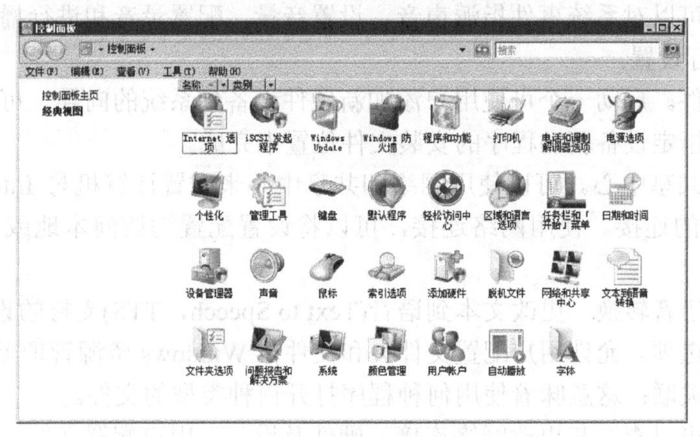

图 3-4　控制面板

在Windows Server 2008系统中，控制面板可从“开始”菜单直接访问，也可以通过运行“control”命令来打开。控制面板中包含了可用于常见任务的默认项，用户也可以在控制面板中插入用户安装的应用程序和服务的图标。

下面简要介绍Windows Server 2008控制面板中主要的配置工具。

(1) Internet选项。可以使用Internet选项来更改Internet Explorer设置。可以指定默认主页、修改安全设置、使用内容审查程序阻止访问不适宜资料，以及指定颜色和字体如何显示在网页上。

(2) iSCSI发起程序。连接到远程iSCSI目标并配置连接设置。

(3) Windows Update。配置系统更新的方法和方式。

(4) 程序和功能。管理计算机上的程序，可以添加新程序，更改或删除现有程序。

(5) 打印机。安装和共享整个网络上的打印资源。

(6) 电话和调制解调器选项。管理电话和调制解调器连接。

(7) 电源选项。管理能源消耗的选项，决定计算机唤醒是否需要密码、电源按钮的功能、电源计划的创建与选择、选择关闭显示器的时间、更改计算机的睡眠时间等。

(8) 个性化。允许用户改变计算机的显示设置，如桌面壁纸、屏幕保护程序、显示分辨率等。

(9) 管理工具。为系统管理员提供多种工具，可以使用管理工具进行系统管理、网络管理、存储管理和目录服务管理等操作。

(10) 键盘。让用户更改并测试键盘设置，可以设置光标闪烁频率、字符重复速率，或者修改键盘驱动程序设置。

(11) 区域和语言选项。更改Windows用来显示日期、时间、货币量、大数和带小数数字的格式。还可以选择使用很多输入语言和文字服务，例如其他键盘布局、输入方法编辑器以及语音和手写识别程序。

(12) 任务栏和“开始”菜单。更改任务栏和“开始”菜单的行为和外观。

(13) 日期和时间。允许用户更改存储于计算机BIOS中的日期和时间，更改时区，并通过Internet时间服务器同步日期和时间。

(14) 设备管理器。用于检查硬件状态并更新计算机上的设备驱动程序。

(15) 声音。可以对系统事件指派声音，设置音量，配置录音和进行播放的设置，以及对MIDI设备进行设置。

(16) 添加硬件。启动一个可使用户添加新硬件设备到系统的向导。可通过从一个硬件列表选择，或者指定设备驱动程序的安装文件位置来完成。

(17) 网络和共享中心。可以使用网络和共享中心来配置计算机与Internet、网络或另一台计算机之间的连接。使用网络连接，可以将设置配置为访问本地或远程的网络资源或功能。

(18) 文本到语音转换。更改文本到语音(Text to Speech，TTS)支持的设置。

(19) 文件夹选项。允许用户配置文件夹和文件在Windows资源管理器中的显示方式。修改文件类型的关联；这意味着使用何种程序打开何种类型的文件。

(20) 系统。可以查看和更改网络连接、硬件及设备、用户配置文件、环境变量、内存使用和性能等项的设置。

(21) 字体。显示所有安装到计算机中的字体。用户可以删除字体，安装新字体或者使用字体特征搜索字体。

3.2.2 设置用户工作环境

1. 设置用户的桌面环境

安装好 Windows Server 2008 后，桌面上只有一个“回收站”图标，显得空荡荡的。如果用户想在桌面上显示“计算机”、“网络”等图标，则可以通过个性化设置来完成。

(1) 双击“控制面板”中的“个性化”图标，或者右击桌面，在弹出的快捷菜单中选择“个性化”命令，如图 3-5 所示。

(2) 在“个性化”窗口中，可以设置 Windows 颜色和外观、桌面背景、屏幕保护程序、声音、鼠标指针、主题，以及进行显示设置。若要设置桌面图标，单击“更改桌面图标”链接，如图 3-6 所示。

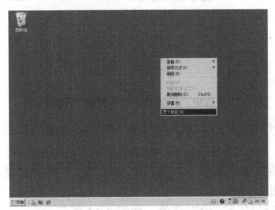

图 3-5　选择“个性化”命令

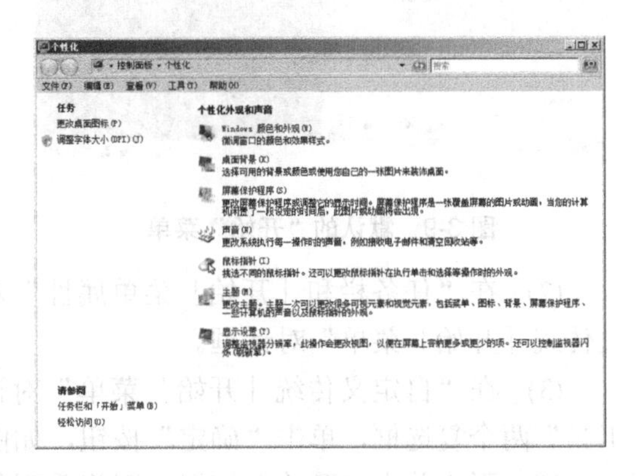

图 3-6　单击“更改桌面图标”链接

(3) 在“桌面图标设置”对话框中，选中需要放在桌面的图标的相应复选框，单击“确定”按钮，如图 3-7 所示。

(4) 此时，就可以在桌面上看到这些图标了，如图 3-8 所示。

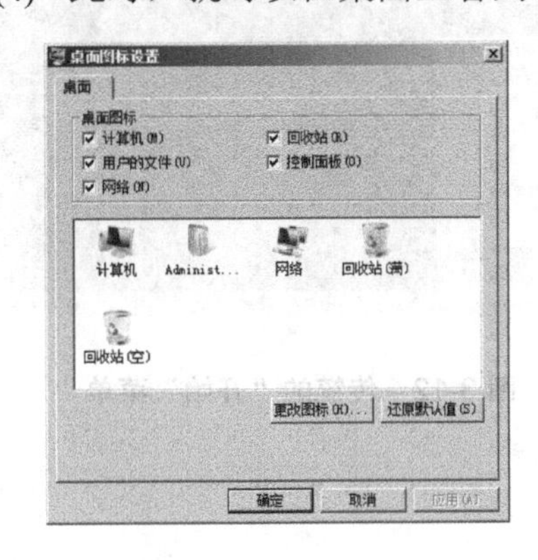

图 3-7　桌面图标设置

图 3-8　可以在桌面上看到这些图标

2. 自定义任务栏和开始菜单

当用户单击“开始”按钮时，会弹出如图 3-9 所示的默认“开始”菜单。如果不适合自己的使用习惯，则可将其改成经典模式，同时还可扩展“控制面板”和显示“管理工具”。

(1) 双击“控制面板”中的“任务栏和开始菜单”图标，或者右击任务栏或“开始”菜单，在弹出的快捷菜单中选择“属性”命令。在“任务栏和「开始」菜单属性”对话框中，选中“传统「开始」菜单”单选按钮，如图 3-10 所示。

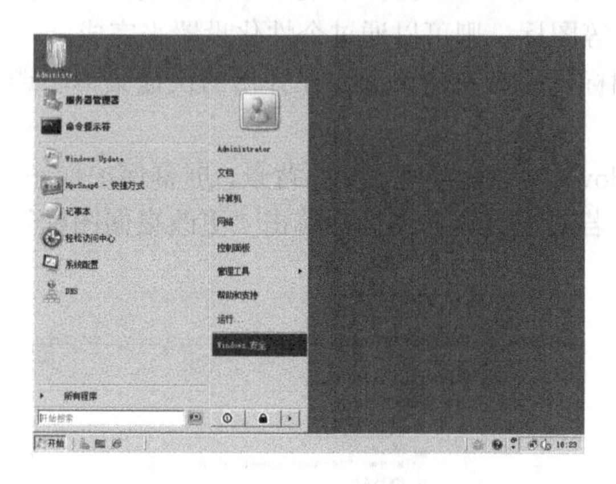

图 3-9　默认的“开始”菜单

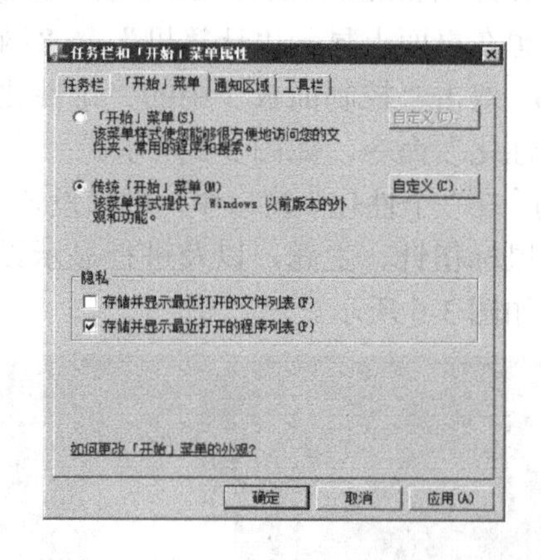

图 3-10　选中“传统「开始」菜单”单选按钮

(2) 在“任务栏和「开始」菜单属性”对话框中，单击“自定义”按钮，弹出“自定义传统「开始」菜单”对话框。

(3) 在“自定义传统「开始」菜单”对话框中，选中“扩展控制面板”、“显示管理工具”两个复选框，单击“确定”按钮，如图 3-11 所示。

(4) 再次单击“开始”按钮，则将看到传统的“开始”菜单，如图 3-12 所示。

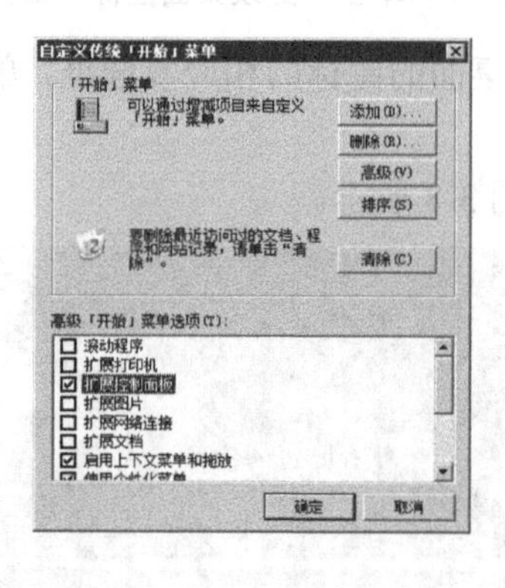

图 3-11　“自定义传统「开始」菜单”对话框

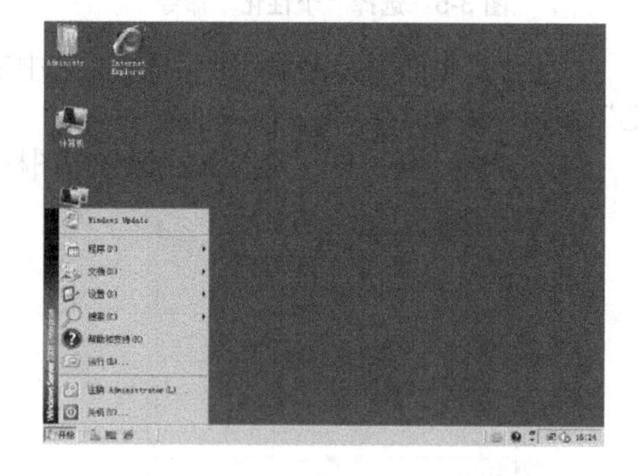

图 3-12　传统的“开始”菜单

3.2.3　管理环境变量

在安装了 Windows Server 2008 的计算机中，环境变量会影响计算机如何运行程序、如

何查找程序、如何分配内存等。

1. 查看现有环境变量

在“管理员：命令提示符”窗口中，执行 set 命令，即可检查计算机中现有的环境变量，如图 3-13 所示。在图 3-13 中，每一行都代表一个环境变量，等号(=)左边为环境变量的名称，右边为环境变量的值。例如，环境变量 COMPUTERNAME 的值为 DC-SERVER。

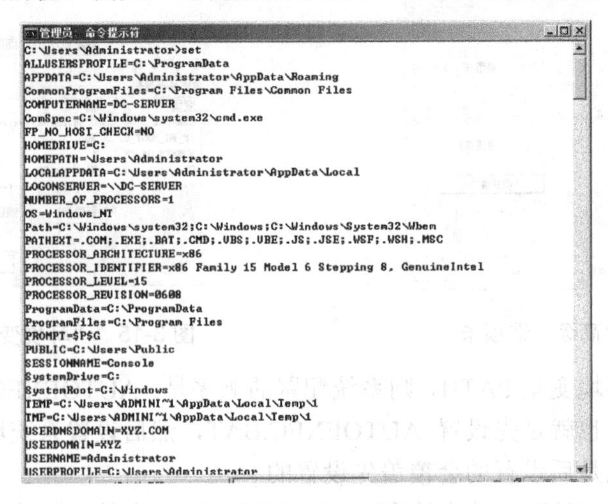

图 3-13　环境变量

又如，环境变量 PATH 用来指定查找程序的路径，当执行一个程序时，若当前工作文件夹没有找到，则按照环境变量 PATH 对应的路径，依次到相应的文件夹中进行查找。

2. 更改环境变量

环境变量分为系统环境变量和用户环境变量两种，其中，系统环境变量适用于每个在此台计算机登录的用户，也就是每个登录的用户的环境内都会有这些变量。只有具备 Administrator 权限的用户，才可以添加或修改系统环境变量。但是，建议最好不要随便修改该变量，以免导致系统不能正常工作。每个用户也可以自定义用户环境变量，这个变量只适用于该用户，不会影响到其他的用户。

添加、修改环境变量的步骤如下。

(1) 双击“控制面板”中的“系统”图标，打开“系统属性”对话框，切换到“高级”选项卡，如图 3-14 所示。

(2) 在“高级”选项卡中，单击“环境变量”按钮，打开“环境变量”对话框，其中上半部为用户环境变量区，下半部为系统环境变量区，如图 3-15 所示。

(3) 在“环境变量”对话框中，通过“新建”、“编辑”和“删除”按钮，对系统环境变量和用户环境变量进行设置。

需要说明的是，除了“系统环境变量”和“用户环境变量”之外，位于系统分区的根文件夹的 AUTOEXEC.BAT 文件内的环境变量也会影响这台计算机的环境变量设置。如果这 3 处的环境变量设置发生冲突，其设置的准则如下。

① 如果是环境变量 PATH，则系统配置的顺序是：系统环境变量→用户环境变量→

AUTOEXEC.BAT，也就是先设置系统环境变量，然后设置用户环境变量，最后设置AUTOEXEC.BAT，同时是后设置的附加在先设置的之后。

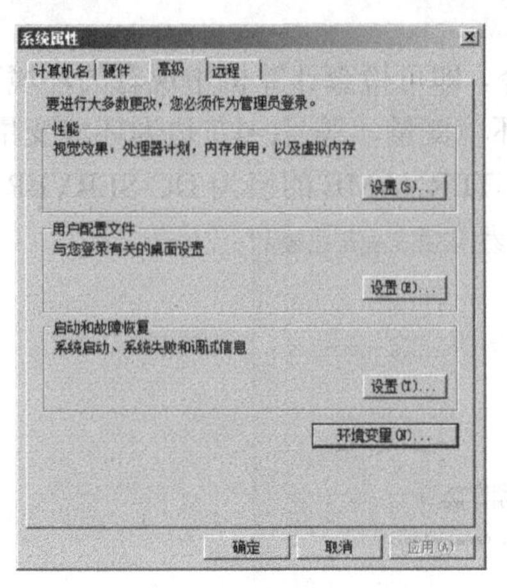

图 3-14 “高级”选项卡

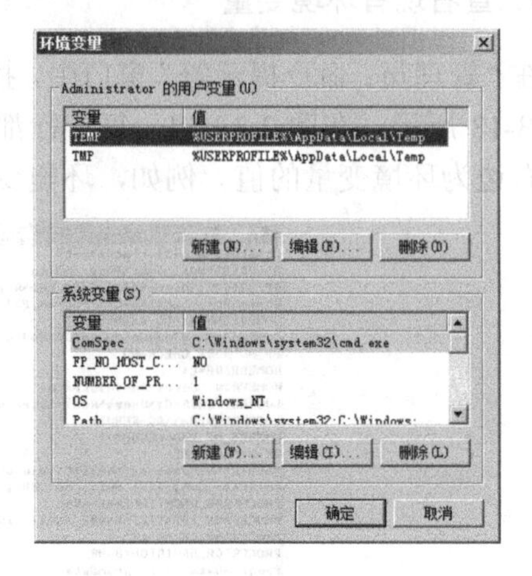

图 3-15 “环境变量”对话框

② 如果不是环境变量 PATH，则系统配置的顺序是：AUTOEXEC.BAT→系统环境变量→用户环境变量，也就是先设置 AUTOEXEC.BAT，然后设置系统环境变量，最后设置用户环境变量，并且是后设置的会覆盖先设置的。

③ 系统只有在启动时，才会读取 AUTOEXEC.BAT 文件，因此，如果在该文件内添加、修改了的环境变量，则必须重新启动计算机，这些变量才能发挥作用。

3. 使用环境变量

使用环境变量时，必须在环境变量的前后加上%，例如，%username%表示要读取用户账户名称，%windir%表示要读取 Windows 系统文件目录，如图 3-16 所示。

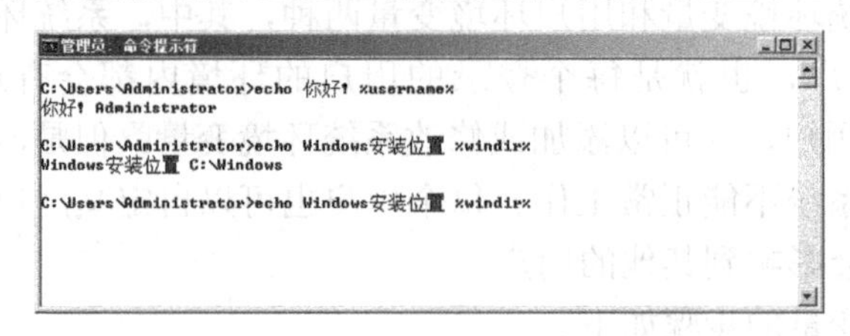

图 3-16 使用环境变量

对于特定的计算机来说，各个用户的环境变量各不相同，都是它们各自配置文件的组成部分。

3.3 管理硬件设备

硬件设备是指连接到计算机并由计算机控制的所有设备，例如打印机、游戏杆、网络适配器或调制解调器，以及任意其他外围设备。不但包括制造和生产时连接到计算机上的设备，还包括后来添加的外围设备。某些设备(例如网络适配器和声卡)连接到计算机内部的扩展槽中，另一些设备连接到计算机外部的端口上(例如打印机和扫描仪)。

3.3.1　安装新硬件

在大部分情况下，安装硬件设备是非常简单的，只要将设备安装到计算机即可，因为现在绝大部分的硬件设备都支持即插即用(Plug and Play，PnP)，而 Windows Server 2008 的即插即用功能会自动地检测到所安装的即插即用硬件设备，并且自动安装该设备所需要的驱动程序。如果 Windows Server 2008 检测到某个设备，却无法找到合适的驱动程序，则系统会显示相应的界面，要求提供驱动程序。

如果所安装的是最新的硬件设备，而 Windows Server 2008 也检测不到这个尚未被支持的硬件设备，或者硬件设备不支持即插即用，则可以双击“控制面板”中的“添加硬件”图标，打开“添加硬件向导”，按照向导提示，一步一步地操作即可。

3.3.2　查看已安装的硬件设备

通常，设备管理器用于检查硬件状态并更新计算机上的设备驱动程序。精通计算机硬件的高级用户也可以使用设备管理器的诊断功能来解决设备冲突或更改资源设置，但执行此操作时应非常谨慎。

用户可以利用“设备管理器”查看、禁用、启用计算机内已经安装的硬件设备，也可以用它针对硬件设备执行调试、更新驱动程序、回滚驱动程序等操作。

启动“设备管理器”最简单的方法是双击“控制面板”中的“设置管理器”图标。也可以在“计算机属性”对话框中切换到“硬件”选项卡，再单击“设备管理器”按钮打开“设备管理器”窗口，如图 3-17 所示。

若要查看隐藏的硬件设备，用户可以在“设备管理器”窗口中，通过“查看”菜单中的“显示隐藏的设备”命令查看被隐藏的设备，如图 3-18 所示。

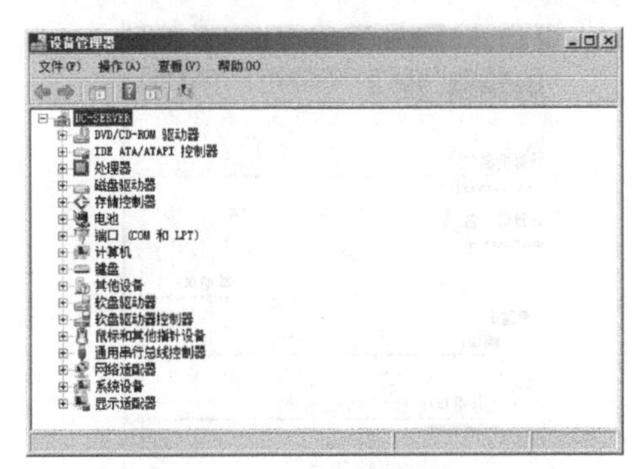

图 3-17　“设备管理器”窗口

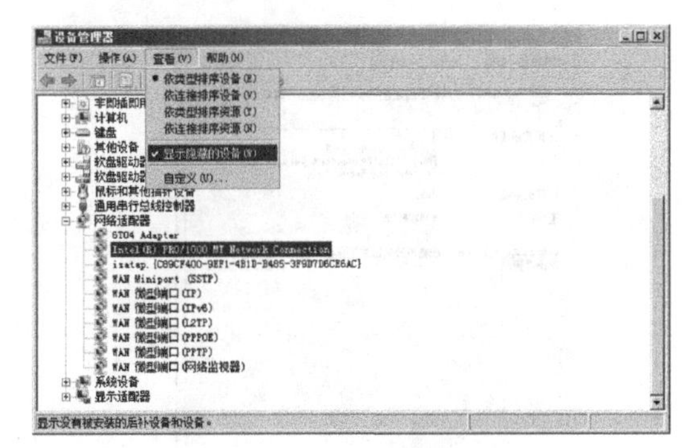

图 3-18　显示隐藏的设备

3.3.3　禁用、卸载与扫描检测新设备

如果要更新某个设备的驱动程序，则只要右击该设备，在弹出的快捷菜单中，选择相应的命令，即可禁用该设备、卸载该设备或者扫描是否有新的设备，如图 3-19 所示。

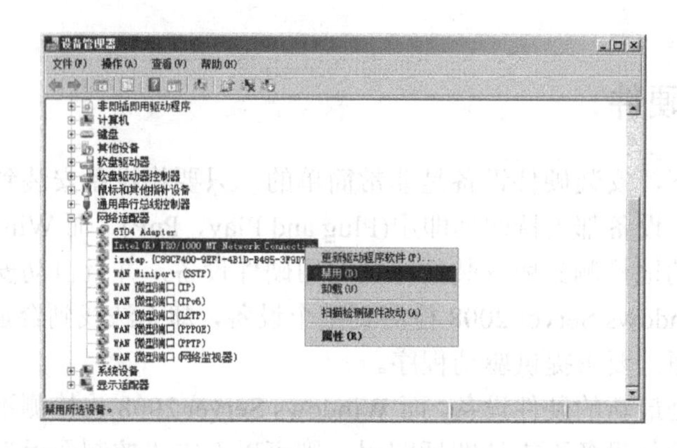

图 3-19　禁用、卸载与扫描检测新设备

3.4　配置 Windows Server 2008 网络

3.4.1　更改计算机名与工作组名

在安装 Windows Server 2008 系统的整个过程中，不需要用户设置计算机名，系统使用的是一长串随机字符串作为计算机名。为了更好地标识和识别计算机，在 Windows Server 2008 系统安装完毕后，最好还是将计算机名修改为易于记忆或具有一定意义的名称。

(1) 双击“控制面板”中的“系统”图标，打开“系统属性”对话框。

(2) 在“系统属性”对话框中，切换到“计算机名”选项卡，单击“更改”按钮，如图 3-20 所示。

(3) 在“计算机名/域更改”对话框的“计算机名”文本框中输入新的计算机名，在“工作组”文本框中输入计算机所处的工作组。设置完毕后，单击“确定”按钮，如图 3-21 所示。

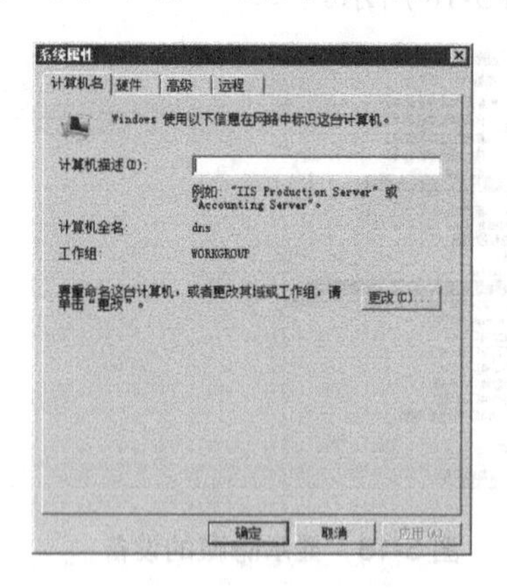

图 3-20　“计算机名”选项卡

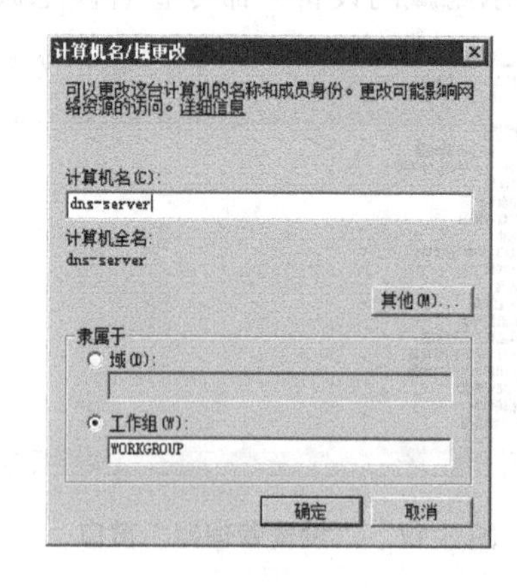

图 3-21　“计算机名/域更改”对话框

(4) 系统提示必须重新启动计算机才能使新的计算机名和组名生效。

(5) 返回到“系统属性”对话框后，再单击“确定”按钮，系统再次提示必须重新启动计算机以应用更改。若单击“立即重新启动”按钮，即可重新启动系统并应用新的计算机名和工作组名称。

3.4.2　设置 TCP/IP 属性

正确设置 TCP/IP 属性，是一台主机能否接入网络的关键。对 Windows Server 2008 系统设置 TCP/IP 属性的步骤如下。

(1) 选择“开始”→“服务器管理器”命令，打开“服务器管理器”窗口，在“计算机信息”区域中，单击“查看网络连接”链接，如图 3-22 所示。

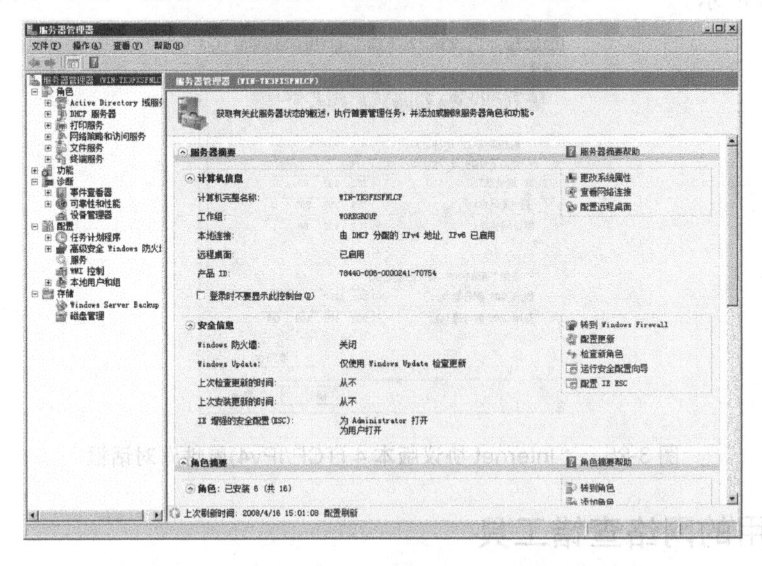

图 3-22　“服务器管理器”窗口

(2) 在“网络连接”窗口中双击“本地连接”图标，如图 3-23 所示。

(3) 在“本地连接属性”对话框中，显示系统已安装的网络程序和协议。在 Windows Server 2008 系统中，默认情况下已安装了 IPv4 和 IPv6 两个版本的 Internet 协议，并且默认都已启用。由于 IPv6 尚未广泛应用，网络中主要还是使用 IPv4，为了提高网络连接速度，建议取消 IPv6 功能。取消 IPv6 功能的方法，是在列表框中取消选中“Internet 协议版本 6 (TCP/IPv6)”复选框，并确认即可。若要设置 IPv4 的相关属性，可以选中“Internet 协议版本 4 (TCP/IPv4)”一行，再单击“属性”按钮，如图 3-24 所示。

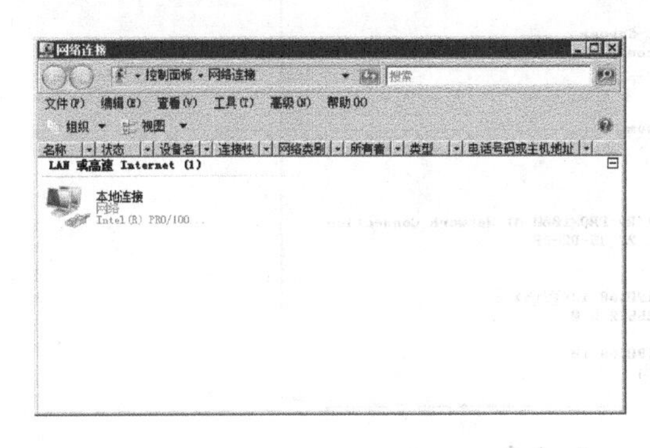

图 3-23　“网络连接”窗口

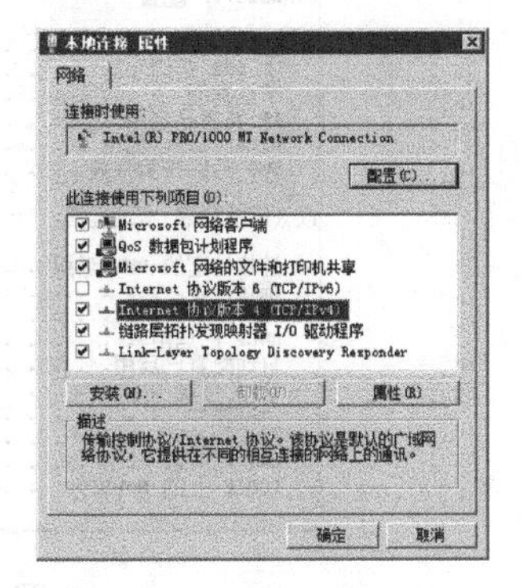

图 3-24　“本地连接 属性”对话框

(4) 在 Internet 网络中，每台主机都要分配一个 IP 地址。IP 地址可以动态获得，也可手动静态配置(注：关于这方面内容，将在第 11 章介绍 DHCP 服务时详细介绍)。在“Internet 协议版本 4 (TCP/IPv4)属性”对话框中，若要通过 DHCP 获得 IP 地址，则保留默认选择的“自动获得 IP 地址”单选按钮。但对于一台服务器来说，通常需要设置静态 IP 地址，此时可选中“使用下面的 IP 地址”单选按钮，并在相应的文本框中输入 IP 地址、子网掩码、默认网关和 DNS 服务器的 IP 地址。IP 地址等参数设置完毕后，单击“确定”按钮保存设置，如图 3-25 所示。

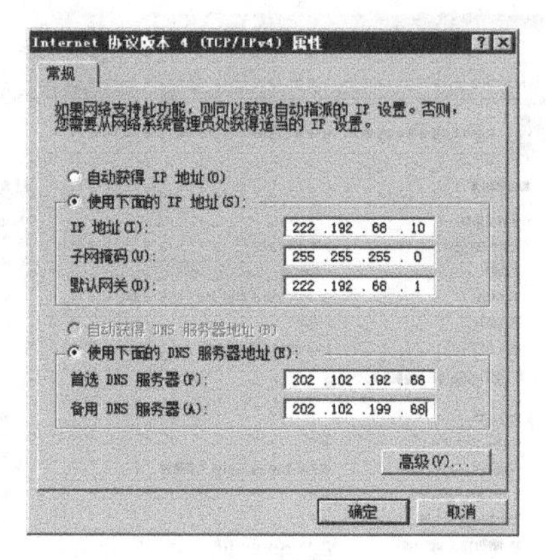

图 3-25 “Internet 协议版本 4 (TCP/IPv4)属性”对话框

3.4.3 常用的网络查错工具

1. 使用 ipconfig 命令确认 IP 地址配置

ipconfig 命令的作用是显示所有当前的 TCP/IP 网络配置值、刷新动态主机配置协议(DHCP)和域名系统(DNS)设置。使用不带参数的 ipconfig 可以显示所有适配器的 IP 地址、子网掩码、默认网关。若加上参数/all，可以显示所有适配器的完整 TCP/IP 配置信息，如图 3-26 所示。

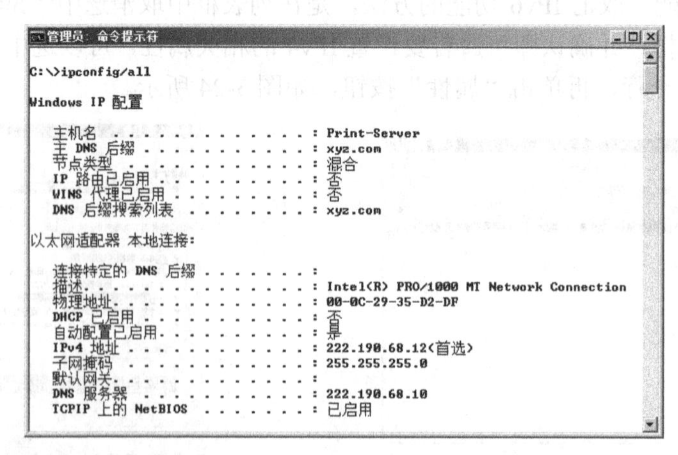

图 3-26 使用 ipconfig 命令

2. 使用 ping 命令测试网络的连通性

ping 命令通过发送“Internet 控制消息协议(ICMP)”回响请求数据包来验证与另一台 TCP/IP 计算机的 IP 级连接。回响应答消息的接收情况将和往返过程的次数一起显示出来。

ping 是用于检测网络连接性、可到达性和名称解析的疑难问题的主要 TCP/IP 命令，其命令格式是：

```
ping  [<命令选项>]  <目标 IP 地址或域名>
```

表 3-1 列出了一些常用的 ping 命令选项。

表 3-1　ping 命令选项

选　项	用　途
-t	指定在中断前 ping 可以持续发送回响请求信息到目的地。要中断并显示统计信息，按 Ctrl+Break 组合键，要中断并退出 ping，按 Ctrl+C 组合键
-a	指定对目的地 IP 地址进行反向名称解析。如果解析成功，ping 将显示相应的主机名
-n count	指定发送回响请求消息的次数，具体次数由 count 来指定。若不指定次数，则默认值为 4
-w timeout	调整超时(毫秒)。默认值是 1000(1 秒的超时)
-l size	指定发送的回响请求消息中“数据”字段的长度(以字节表示)。默认值为 32，最大值是 65527
-f	指定发送的回响请求消息带有“不要拆分”标志(所在的 IP 标题设为 1)。回响请求消息不能由目的地路径上的路由器进行拆分。该参数可用于检测并解决“路径最大传输单位(PMTU)”的故障

ping 是最常用的网络故障排除工具，ping 结束后，还显示统计信息。图 3-27 所示的是测试本机与 210.44.71.224 主机的连接性，ping 出 4 个 32 字节数据包，丢失了 0 个。

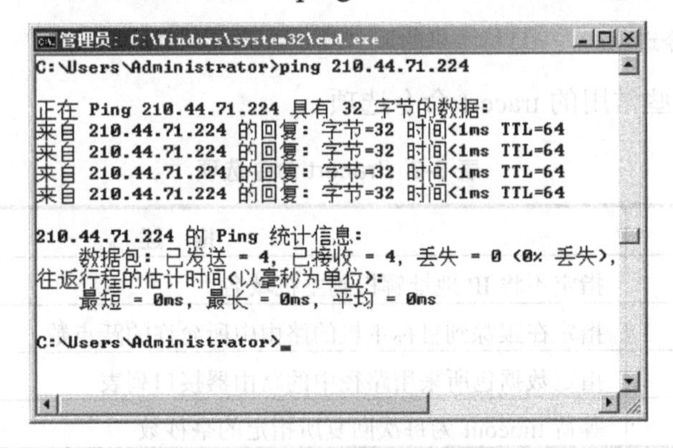

图 3-27　执行 ping 后的统计信息

如果执行 ping 命令不成功，故障可能出现在以下几个方面：网线故障、网络适配器配置不正确、IP 地址配置不正确等。如果执行 ping 命令成功而网络仍无法使用，那么可以证实从源点到目标之间所有物理层、数据链路层和网络层的功能都运行正常，问题很可能出在网络系统的软件配置方面。使用 ping 命令可以排除简单网络故障，其步骤如下。

(1) ping 环回地址(127.0.0.1)，以验证本地计算机上是否正确地配置了 TCP/IP，如果ping 命令执行失败，说明 TCP/IP 协议安装不正确。

(2) ping 本地计算机的 IP 地址，以验证其是否已正确地添加到网络中。如果 ping 命令执行失败，说明 IP 地址配置不正确，或没有连接到网络中。

(3) ping 默认网关的 IP 地址，以验证默认网关是否正常工作，以及是否可以与本地网络上的本地主机进行通信。如果 ping 命令执行失败，需要验证默认网关 IP 地址是否正确以及网关(路由器)是否运行。

(4) ping 远程主机的 IP 地址，以验证到远程主机(不同子网上的主机)IP 地址的连通性。如果 ping 命令失败，需要验证远程主机的 IP 地址是否正确，远程主机是否运行，以及该计算机和远程主机之间的所有网关(路由器)是否运行。

(5) ping 远程主机的域名。如果 ping IP 地址已成功，但 ping 命令失败，这可能是由于名称解析问题所致，需要验证 DNS 服务器的 IP 地址是否正确、DNS 服务器是否运行，以及该计算机与 DNS 服务器之间的网关(路由器)是否运行。

3. 使用 tracert 命令跟踪网络连接

tracert 是路由跟踪实用程序，用于确定 IP 数据报访问目标所采取的路径。tracert 命令用 IP 生存时间(TTL)字段和 ICMP 错误消息来确定从一个主机到网络上其他主机的路由。

在 TCP/IP 网络中，要求路径上的每个路由器在转发数据包之前至少将数据包上的 TTL 递减 1。tracert 的工作原理是通过向目标发送不同 IP 生存时间(TTL)值的“Internet 控制消息协议(ICMP)”回响请求数据包，确定到目标所采取的路由。当数据包上的 TTL 减为 0 时，路由器应该将“ICMP Time Exceeded”的消息发回源主机。tracert 首先发送 TTL 为 1 的回显数据包，并在随后的每次发送过程中将 TTL 递增 1，直到目标响应或 TTL 达到最大值，从而确定路由。

tracert 命令的格式是：

```
tracert  [<命令选项>]  <目标主机的域名或 IP 地址>
```

表 3-2 列出了一些常用的 tracert 命令选项。

表 3-2 tracert 命令选项

选　项	描　述
-d	指定不将 IP 地址解析到主机域名
-h maximum_hops	指定在跟踪到目标主机的路由中所允许的跃点数
-j host-list	指定数据包所采用路径中的路由器接口列表
-w timeout	等待 timeout 为每次回复所指定的毫秒数

在图 3-28 所示的例子中，数据包必须通过 9 个路由器才能到达主机 218.58.206.54，其中，中间 3 列时间表示发送 3 个数据包返回的时间，“*”表示这个包丢失了。

tracert 命令对于解决大型网络问题非常有用，可以确定数据包在网络上的停止位置、路由环路等问题。

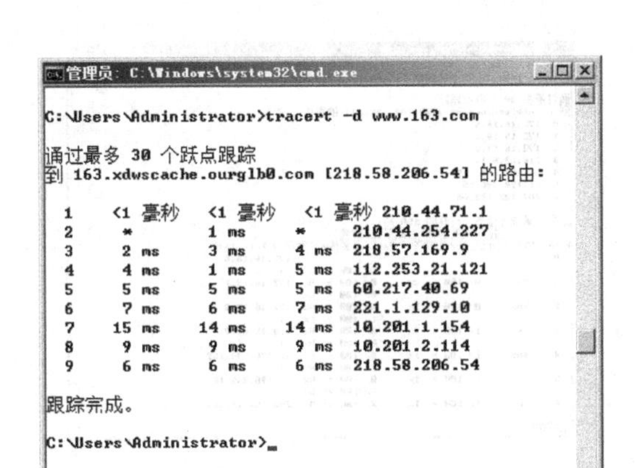

图 3-28　使用 tracert 命令

4. 使用 pathping 跟踪数据包的路径

pathping 命令是一个路由跟踪工具，它将 ping 和 tracert 命令的功能及这两个命令所不提供的其他信息结合起来。pathping 命令在一段时间内将数据包发送到最终目标的路径上的每个路由器，然后根据从每个跃点返回的数据包来计算结果。由于 pathping 命令显示数据包在任何给定路由器或链接上丢失的程度，因此可以很容易地确定导致网络问题的路由器或链接。

pathping 命令的格式为：

```
pathping [<命令选项>]  <目标主机的域名或 IP 地址>
```

表 3-3 列出了 pathping 命令的一些可用选项。

表 3-3　pathping 命令的选项

选　项	功　能
-n	不将地址解析成主机域名
-h maximum_hops	搜索目标的最大跃点数
-g host-list	沿着主机列表释放源路由
-p period	在 ping 之间等待的毫秒数
-q num_queries	每个跃点的查询数
-wtimeout	每次等待回复的毫秒数
-i address	使用指定的源地址
-4	强制 pathping 使用 IPv4
-6	强制 pathping 使用 IPv6

图 3-29 所示的是典型的 pathping 报告，跃点列表后所编辑的统计信息表明在每个独立路由器上丢失数据包的情况。

当运行 pathping 测试问题时，首先查看路由的结果。此路径与 tracert 命令所显示的路径相同。然后 pathping 命令在下一个 150 秒显示繁忙消息(此时间根据跃点计数而有所不同)。在此期间，pathping 从以前列出的所有路由器和它们之间的链接之间收集信息，结束后显示测试结果。

```
C:\Windows\system32\cmd.exe

C:\>pathping -n ns.ahhfptt.net.cn

通过最多 30 个跃点跟踪
到 ns.ahhfptt.net.cn [202.102.192.68] 的路由:
  0  172.16.18.6
  1  172.16.18.1
  2  172.16.99.2
  3  218.22.0.17
  4  61.190.246.169
  5  61.190.246.10
  6  202.102.192.68

正在计算统计信息，已耗时 150 秒...
            指向此处的源    此节点/链接
跃点  RTT    已丢失/已发送 = Pct  已丢失/已发送 = Pct  地址
  0                                           172.16.18.6
                                0/ 100 =  0%   |
  1    0ms     0/ 100 =  0%     0/ 100 =  0%  172.16.18.1
                                0/ 100 =  0%   |
  2    5ms     0/ 100 =  0%     0/ 100 =  0%  172.16.99.2
                                1/ 100 =  1%   |
  3    5ms     1/ 100 =  1%     0/ 100 =  0%  218.22.0.17
                                0/ 100 =  0%   |
  4    4ms     1/ 100 =  1%     0/ 100 =  0%  61.190.246.169
                                0/ 100 =  0%   |
  5    5ms     1/ 100 =  1%     0/ 100 =  0%  61.190.246.10
                                0/ 100 =  0%   |
  6    7ms     1/ 100 =  1%     0/ 100 =  0%  202.102.192.68

跟踪完成。
```

图 3-29　pathping 命令的结果报告

最右边的两栏“此节点/链接 已丢失/已发送=Pct”和“地址”，说明了数据包的丢失率。本例中，172.16.99.2(跃点 2)和 218.22.0.17(跃点 3)之间的链接正在丢失 1%的数据包，其他链接工作正常。在跃点 3、4、5、6 处的路由器也丢失转送到它们的数据包(如“指向此处的源”栏中所示)，但是该丢失不会影响转发路径。

对链接显示的丢失率(在最右边的栏中标记为“|”)表明沿路径转发丢失的数据包。该丢失表明链接阻塞。对路由器显示的丢失率(通过最右边栏中的 IP 地址显示)表明这些路由器的 CPU 可能超负荷运行。这些阻塞的路由器可能也是端对端问题的一个因素，尤其是在软件路由器转发数据包时。

5. 使用 netstat 显示连接统计

netstat 命令提供了有关网络连接状态的实时信息，以及网络统计数据和路由信息。该命令的一般格式为：

```
netstat [选项]
```

命令中各选项的含义如表 3-4 所示。

表 3-4　netstat 命令的选项

选　项	功　能
-a	显示所有的 Internet 套接字信息，包括正在监听的套接字
-i	显示所有网络设备的统计信息
-c	在程序中断前，连接显示网络状况，间隔为 1 秒
-e	显示以太网(Ethernet)统计信息
-n	以网络 IP 地址代替名称，显示出网络连接情形
-o	显示定时器状态、截止时间和网络连接的以往状态
-r	显示内核路由表，输出与 route 命令的输出相同
-s	显示每个协议的统计信息
-t	只显示 TCP 套接字信息，包括那些正在监听的 TCP 套接字
-u	只显示 UDP 套接字信息

不带选项的 netstat 命令会显示系统上的所有网络连接，首先是活动的 TCP 连接，之后

是活动的域套接字。

6. 使用 arp 命令显示和修改地址解析协议缓存

arp 命令用于显示和修改“地址解析协议(ARP)”缓存中的项目。ARP 缓存中包含一个或多个表，它们用于存储 IP 地址及其经过解析的以太网或令牌环物理地址。计算机上安装的每一个以太网或令牌环网络适配器都有自己单独的表。如果在没有参数的情况下使用，则 arp 命令将显示帮助信息，表 3-5 列出了 arp 命令的一些命令选项。

表 3-5　arp 命令选项

选　项	功　能
-a	显示所有接口的当前 ARP 缓存表
-d inet_addr	删除指定的 IP 地址项，此处的 inet_addr 代表 IP 地址
-s inet_addr eth_addr	向 ARP 缓存添加可将 IP 地址 InetAddr 解析成物理地址 eth_addr 的静态项

在表 3-5 中，IP 地址 InetAddr 使用点分十进制表示，物理地址 eth_addr 由 6 个字节组成，这些字节用十六进制记数法表示并且用连字符隔开，例如 00-AA-00-4F-2A-9C。

例如，要显示所有接口的 ARP 缓存表，可输入：

```
arp -a
```

再如，要添加将 IP 地址 10.0.0.80 解析成物理地址 00-AA-00-4F-2A-9C 的静态 ARP 缓存项，可输入：

```
arp -s 10.0.0.80 00-AA-00-4F-2A-9C
```

通过-s 参数添加的项属于静态项，它们在 ARP 缓存中不会超时，但终止 TCP/IP 协议后再启动，这些项会被删除。如果要创建永久的静态 ARP 缓存项，管理员需要在批处理文件中使用适当的 arp 命令并通过“计划任务程序”在启动时运行该批处理文件。

3.4.4　启用远程桌面功能

远程桌面是微软公司为了方便管理员管理、维护服务器而推出的一项服务。通过远程桌面管理，管理员可以使用 TCP/IP 连接对网络上的一台 Windows Server 2008 计算机进行远程管理，不但可以管理文件和进行打印共享，还可以编辑注册表，甚至进行任何一项操作，就好像坐在那台计算机的控制台前一样。

远程桌面管理终端服务是 Windows Server 2008 默认安装的功能，但在默认情况下，该功能并没有启用。启用该服务的配置过程非常简单。

(1)　双击“控制面板”窗口中的“系统”图标，打开“系统属性”对话框。

(2)　在“系统属性”对话框中，切换到“远程”选项卡，选中“远程桌面”选项组中的“允许运行任意版本远程桌面的计算机连接(较不安全)”单选按钮，如图 3-30 所示。

(3)　启用远程桌面管理终端服务后，计算机的系统管理员(Administrator)已具有远程访问的权限，若希望其他用户也具这种权限，可单击“选择用户”按钮，打开“远程桌面用户”对话框，单击“添加”按钮以增加新用户，如图 3-31 所示。

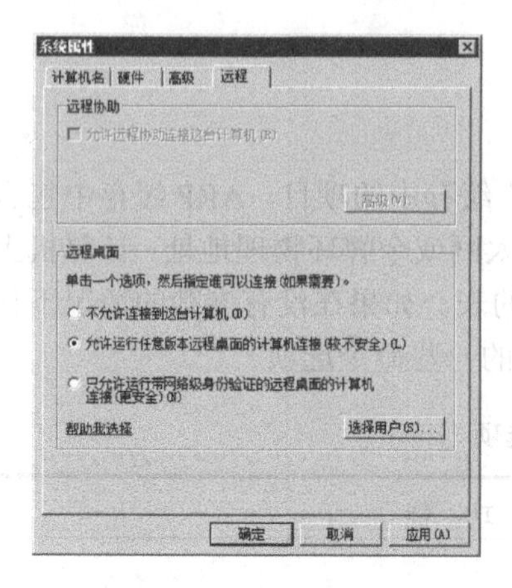

图 3-30 “远程”选项卡

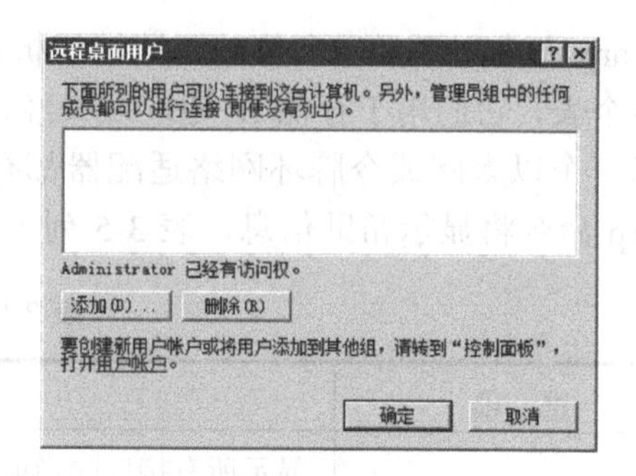

图 3-31 “远程桌面用户”对话框

(4) 启用远程桌面管理后，远程计算机就可以使用远程桌面客户连接到该服务器。此时，服务器的 3389 端口就被打开，用户可以通过 netstat -a 命令来查看，如 3-32 所示。

(5) 在远程计算机(以 Windows XP 为例)中，通过执行“开始”→“所有程序”→“附件”→“远程桌面连接”命令，启动“远程桌面连接”应用程序。在“计算机”下拉列表框中输入远程终端服务器的计算机名称或 IP 地址，单击“连接”按钮，如图 3-33 所示。

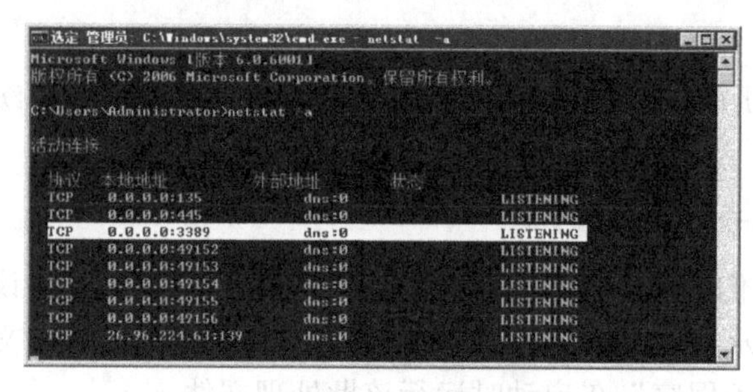

图 3-32 查看侦听端口

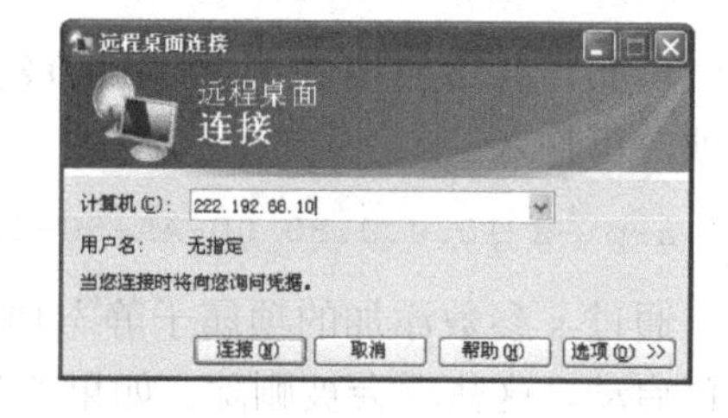

图 3-33 “远程桌面连接”对话框

(6) 通过用户验证后，用户就能正常连接远程终端服务器了，如图 3-34 所示。

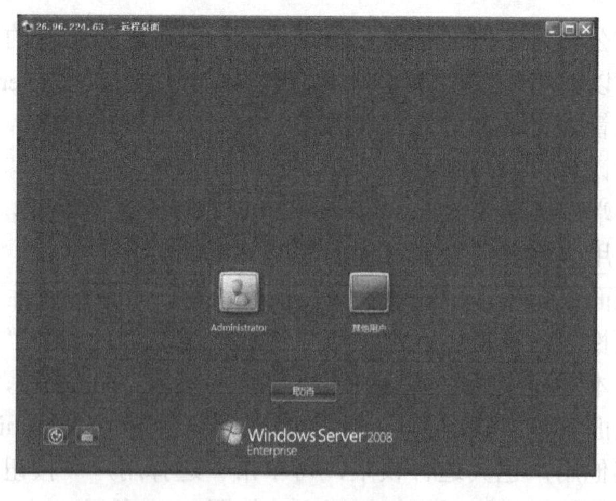

图 3-34 远程桌面

需要注意的是，启用远程桌面管理后，默认情况下，最多只允许两个管理员同时登录到服务器上，可以修改。

3.4.5　配置 Windows 防火墙

防火墙有助于防止黑客或恶意软件(如蠕虫)通过网络或 Internet 访问计算机。防火墙还有助于阻止本地计算机向其他计算机发送恶意软件。防火墙可以是软件，也可以是硬件，它能够检查来自 Internet 或网络的信息，然后根据设置来阻止或允许这些信息通过计算机。下面介绍 Windows 防火墙的配置过程。

(1) 双击“控制面板”窗口中的“Windows 防火墙”图标，或者在“网络和共享中心”窗口中，单击“Windows 防火墙”链接，如图 3-35 所示。

(2) 在“Windows 防火墙”窗口中，单击“启用或关闭 Windows 防火墙”链接启用防火墙。若要进行详细设置，可单击“更改设置”链接，如图 3-36 所示。

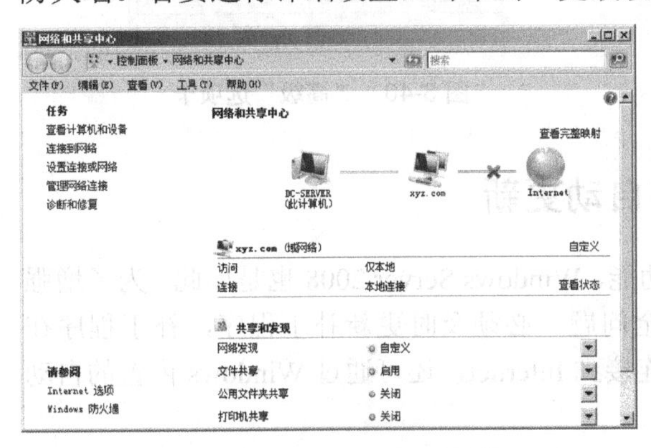

图 3-35　“网络和共享中心”窗口

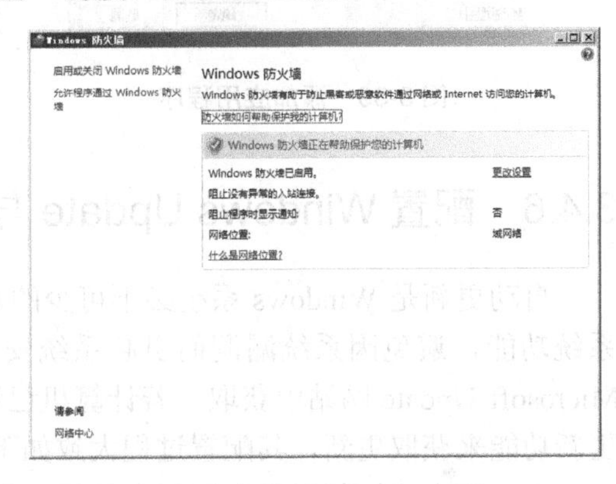

图 3-36　“Windows 防火墙”窗口

(3) 在“Windows 防火墙设置”对话框的“常规”选项卡中，可以启用防火墙，也可关闭防火墙，如图 3-37 所示。

(4) 切换到“例外”选项卡，可以开放一些端口，或允许一些程序侦听网络请求，如图 3-38 所示。比如用户的计算机对外提供 Web 服务，则需要单击“添加端口”按钮指定协议及服务所侦听的端口并通过“更改范围”按钮指定哪些地址段的计算机能够访问该端口。

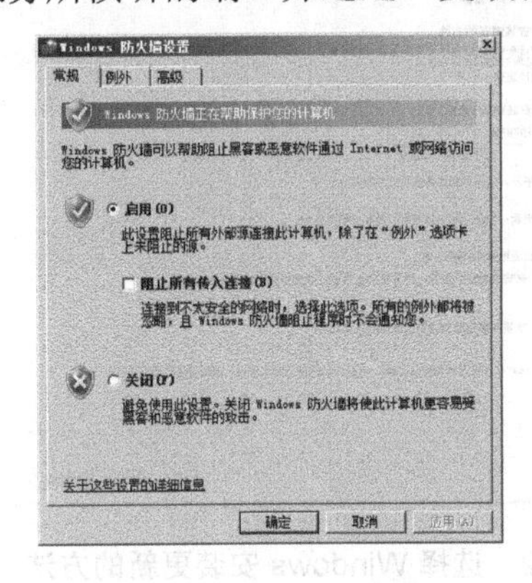

图 3-37　“常规”选项卡

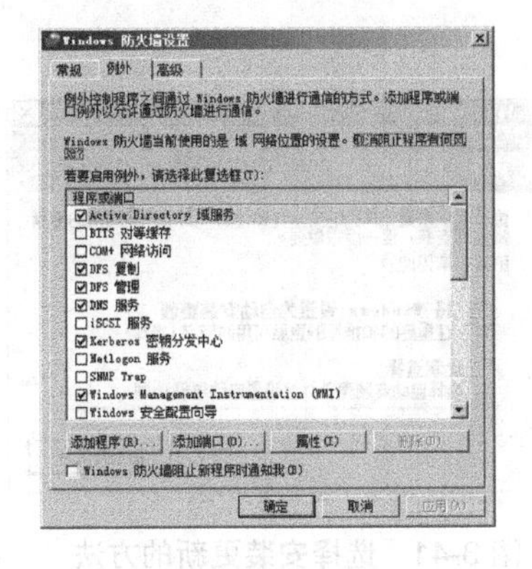

图 3-38　设置防火墙例外

(5) 如果用户不知道应用程序用的是什么端口，单击“添加程序”按钮，可以直接添加应用程序，如图 3-39 所示。

(6) 切换到“高级”选项卡，如果用户的计算机有多个网卡，可以指定防火墙应用到哪些网卡，如图 3-40 所示。

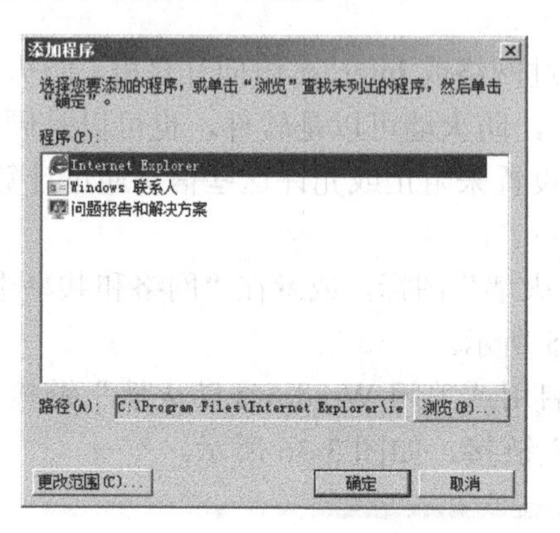

图 3-39 添加应用程序

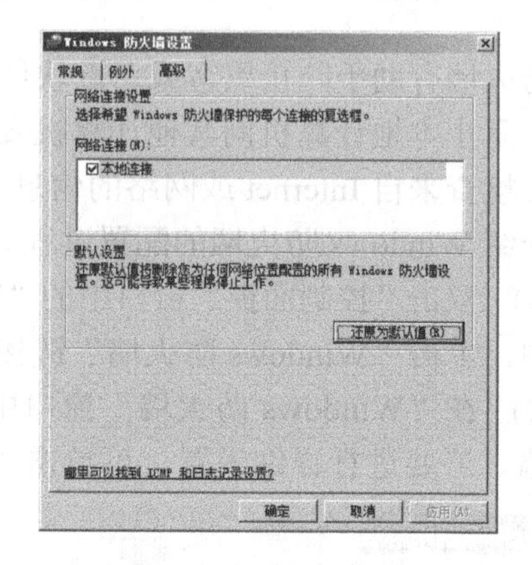

图 3-40 “高级”选项卡

3.4.6 配置 Windows Update 与自动更新

自动更新是 Windows 系统必不可少的功能，Windows Server 2008 也是如此。为了增强系统功能，避免因系统漏洞而引起系统安全问题，必须及时更新补丁程序，补丁程序在 Microsoft Update 网站中获取。若计算机已连接到 Internet，还可通过 Windows 内置的自动更新功能来获取更新，其配置过程大致如下。

(1) 双击“控制面板”窗口中的 Windows Update 图标。

(2) 在 Windows Update 对话框中，选择安装更新的方法，这里选择“让我选择”选项，如图 3-41 所示。

(3) 在“选择 Windows 安装更新的方法”窗口中，选择一种自动安装更新的方法，并单击“确定”按钮保存设置，如图 3-42 所示。

图 3-41 选择安装更新的方法

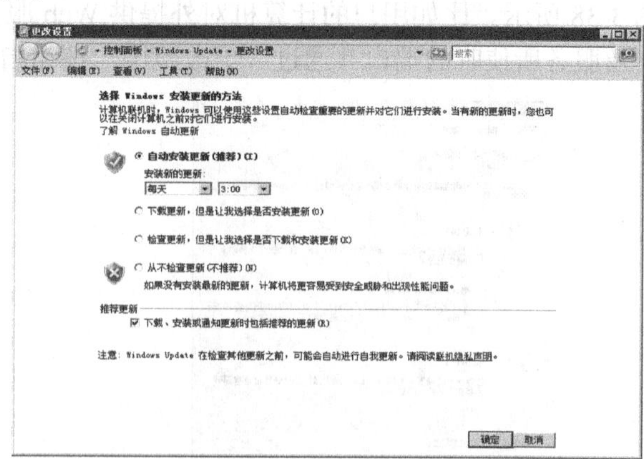

图 3-42 选择 Windows 安装更新的方法

此后，Windows Server 2008 会根据更新设置，自动地从 Microsoft Update 网站检测并下载更新。

3.5　Windows Server 2008 管理控制台

Windows Server 2008 具有完善的集成管理特性，这种特性允许管理员为本地和远程计算机创建自定义的管理工具。这个管理工具就是微软系统管理控制台(Microsoft Management Console，MMC)，它是一个用来管理 Windows 系统的网络、计算机、服务及其他系统组件的管理平台。

3.5.1　管理单元

MMC 不是执行具体管理功能的程序，而是一个集成管理平台工具。MMC 集成了一些被称为管理单元的管理程序，这些管理单元就是 MMC 提供用于创建、保存和打开管理工具的标准方法。

管理单元是用户直接执行管理任务的应用程序，是 MMC 的基本组件。Windows Server 2008 在 MMC 中有两种类型的管理单元：独立管理单元和扩展管理单元。其中，独立管理单元(我们常称为管理单元)，可以直接添加到控制台根节点下，每个独立管理单元提供一个相关功能；扩展管理单元，是为独立管理单元提供额外管理功能的管理单元，一般是添加到已经有了独立管理单元的节点下，用来丰富其管理功能。系统管理员可以通过添加或删除一些特定的管理单元，使不同的用户执行特定的管理任务。

MMC 窗口主要由两个窗格部分组成：左边显示的是“控制台根节点”，包含了多个管理单元的树状体系，显示了控制台中可以使用的项目；右边窗格为节点的详细资料内容，列出这些项目的信息和有关功能。随着单击控制台树中的不同项目，详细信息窗格中的信息也将变化。详细信息窗格可以显示不同的信息，包括网页、图形、图表、表格和列。每个控制台都有自己的菜单和工具栏，与主 MMC 窗口的菜单和工具栏分开，这有利于用户执行任务，如图 3-43 所示。

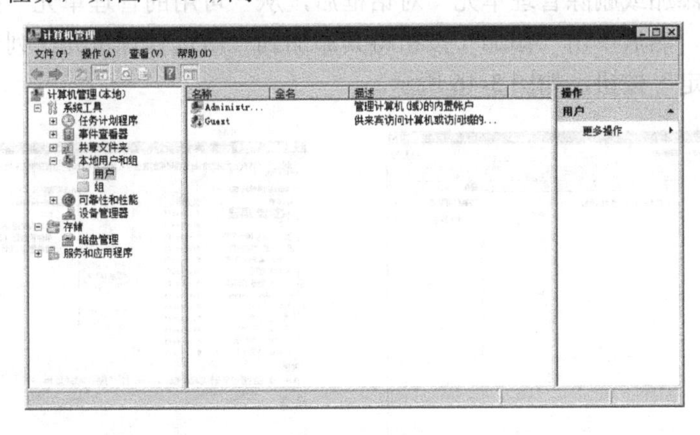

图 3-43　管理控制台

3.5.2 管理控制台的操作

管理控制台的操作主要包括打开 MMC、添加/删除管理单元。

1. 打开 MMC

执行以下任一操作可以打开 MMC。

(1) 选择“开始”→“运行”命令，在“运行”对话框中的“打开”文本框中输入 mmc 命令，如图 3-44 所示，然后单击“确定”按钮，即可打开 MMC 窗口。

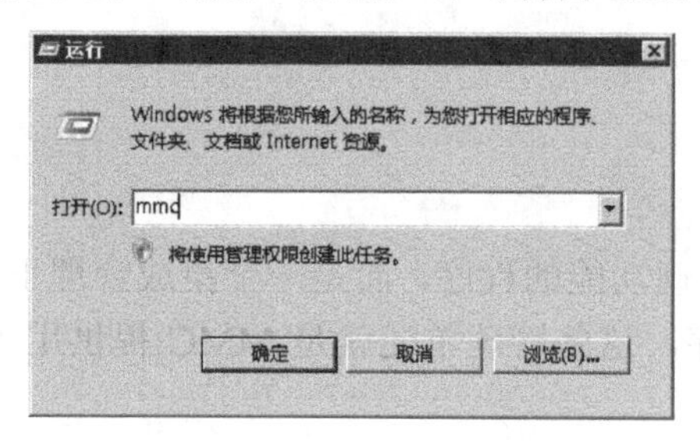

图 3-44 “运行”对话框

(2) 在“开始”菜单中的“开始搜索”文本框中输入 mmc 命令。

(3) 在命令提示符窗口中输入 mmc 命令，然后按 Enter 键。

2. 添加/删除管理单元

系统管理员通过创建自定义的 MMC，可以把完成单个任务的多个管理单元组合在一起，使用一个统一的管理界面来完成适合企业自身应用环境的大多数管理任务。

下面就介绍创建自定义的 MMC 的具体步骤。

(1) 打开 MMC 窗口。

(2) MMC 的初始窗口是空白的，如图 3-45 所示。选择“文件”→“添加/删除管理单元”菜单命令，向控制台添加新的管理单元(或删除已有的管理单元)。

(3) 弹出“添加或删除管理单元”对话框后，从“可用的管理单元”列表框中选择要添加的管理单元，然后单击“添加”按钮将其添加到“所选管理单元”列表框中，添加完毕后，单击“确定”按钮，如图 3-46 所示。

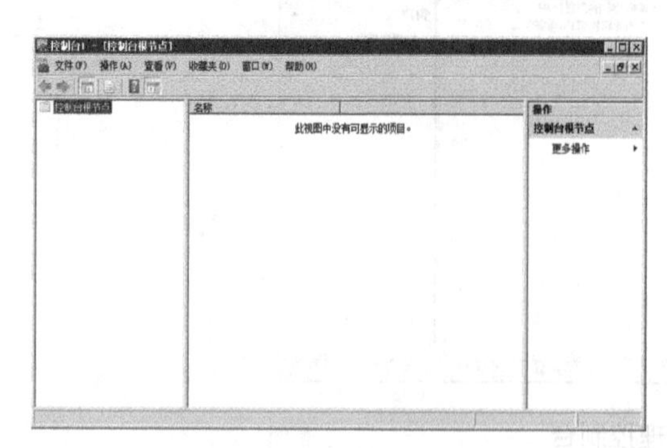

图 3-45 空白的管理控制台

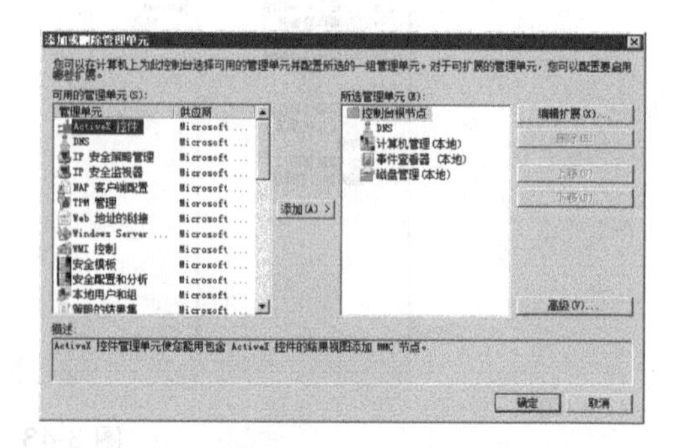

图 3-46 添加或删除管理单元

(4) MMC 不但可以管理本地计算机，也可以管理远程计算机。在添加“计算机管理”管理单元时，会打开“计算机管理”对话框，如图 3-47 所示，提示用户选择管理本地计算机还是远程计算机，若要管理远程计算机，需要选中“另一台计算机”单选按钮，并输入欲管理的计算机的 IP 地址或计算机名。

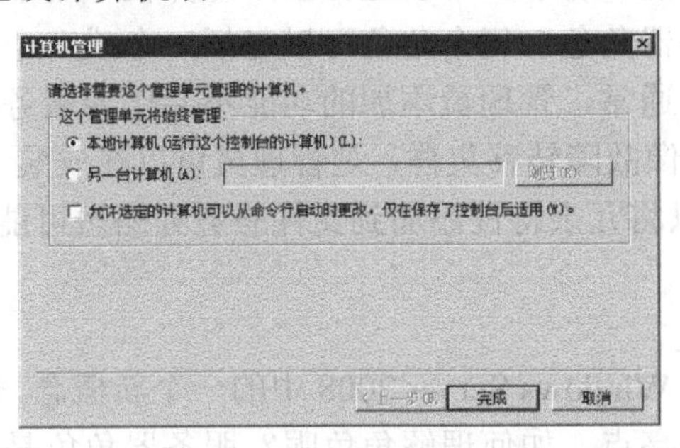

图 3-47 选择本地计算机还是远程计算机

(5) 图 3-48 所示是一个新创建的管理控制台。在该控制台下，就可以对这些管理单元进行管理了。

(6) 为了便于下次打开该管理单元，可以将新创建的 MMC 控制台保存起来。选择“文件”→“保存”命令，在“保存为”对话框中输入控制台文件的文件名，单击“保存”按钮，将新创建的控制台以“.msc”为扩展名进行存储，如图 3-49 所示。

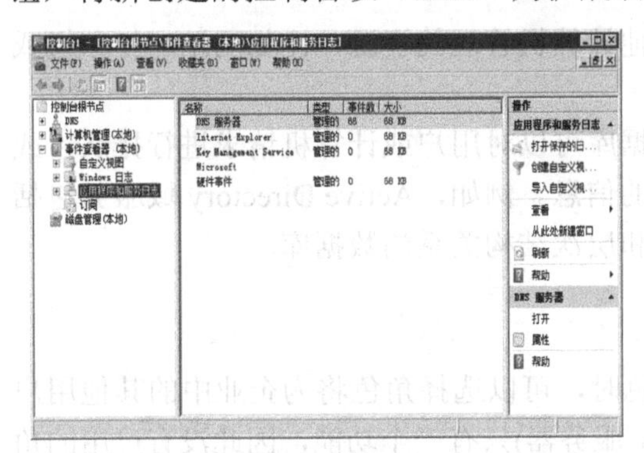

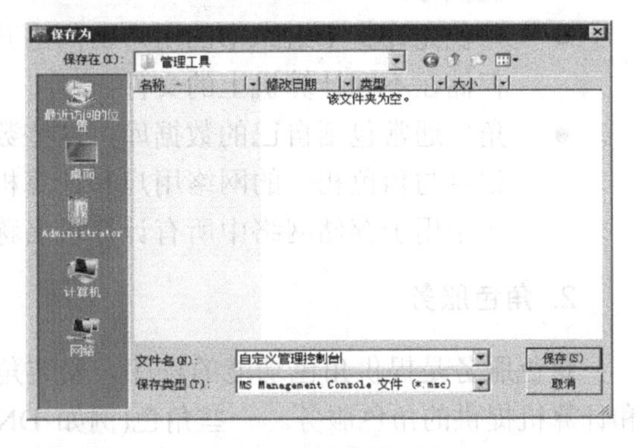

图 3-48 新创建的管理控制台　　图 3-49 保存控制台

3.6 管理服务器角色和功能

Windows Server 2008 中的角色和功能，相当于 Windows Server 2003 中 Windows 组件，重要的组件划分到 Windows Server 2008 角色，不太重要的服务和增加服务器的功能划分到 Windows Server 2008 功能。在 Windows Server 2008 中，随附了 17 个角色和 35 个功能。

3.6.1 服务器角色、角色服务和功能简介

Windows Server 2008 一个主要的亮点就是组件化，系统管理员用户通过添加、删除服务器管理器里的“角色”和“功能”，就可以实现几乎所有的服务器任务。像 DNS 服务器、

文件服务器、打印服务等被视为一种“角色”存在，而故障转移集群、组策略管理等这样的任务则被视为“功能”。

那么，在 Windows Server 2008 中，服务器的角色与功能到底有什么不同呢？服务器角色指的是服务器的主要功能，管理员可以选择整个计算机专用于一个服务器角色，或在单台计算机上安装多个服务器角色，每个角色可以包括一个或多个角色服务。而功能则提供对服务器的辅助或支持。通常，管理员添加的功能不会作为服务器的主要功能，但可以增强已安装的角色的功能。像故障转移集群，是管理员可以在安装了特定的服务器角色(如文件服务)后安装的功能，以将冗余特性添加到文件服务并缩短可能的灾难恢复时间。

1. 角色

角色(Roles)是出现在 Windows Server 2008 中的一个新概念，也是 Windows Server 2008 管理特性中很重要的一个亮点。如何理解角色呢？服务器角色是程序的集合，在安装并正确配置之后，允许计算机为网络内的多个用户或其他计算机执行特定功能。当一台服务器安装了某个服务后，其实就是赋予了这台服务器一个角色，这个角色的任务就是为应用程序、计算机或者整个网络环境提供该项服务。一般来说，角色具有下列共同特征：

- 角色描述计算机的主要功能、用途或使用。一台特定计算机可以专用于执行企业中常用的单个角色。如果多个角色在企业中均很少使用，则可以由一台特定计算机执行。
- 角色允许整个组织中的用户访问由其他计算机管理的资源，比如网站、打印机或存储在不同计算机上的文件。
- 角色通常包括自己的数据库，这些数据库可以对用户或计算机请求进行排队，或记录与角色相关的网络用户和计算机的信息。例如，Active Directory 域服务包括一个用于存储网络中所有计算机名称和层次结构关系的数据库。

2. 角色服务

角色服务是提供角色功能的程序。安装角色时，可以选择角色将为企业中的其他用户和计算机提供的角色服务。一些角色(例如 DNS 服务器)只有一个功能，因此没有可用的角色服务。其他角色(比如终端服务)可以安装多个角色服务，这取决于企业的应用需求。

3. 功能

功能虽然不直接构成角色，但可以支持或增强一个或多个角色的功能，或增强整个服务器的功能，而不管安装了哪些角色。例如，故障转移群集功能增强其他角色(比如文件服务和 DHCP 服务器)的功能，使它们可以针对已增加的冗余和改进的性能加入服务器群集；Telnet 客户端功能允许网络连接与 Telnet 服务器远程通信，从而全面增强服务器的通信功能。

3.6.2 服务器管理器简介

服务器管理器是一个扩展的 Microsoft 管理控制台(MMC)，提供一个服务器的综合视图，包括有关服务器配置、已安装角色的状态、添加和删除角色命令及功能的信息。服务器管理器的层次结构面板包含可展开节点，管理员可用来直接转到管理特定角色的控制台、疑难解答工具或备份和灾难恢复选项。图 3-50 所示是服务器管理器主窗口。

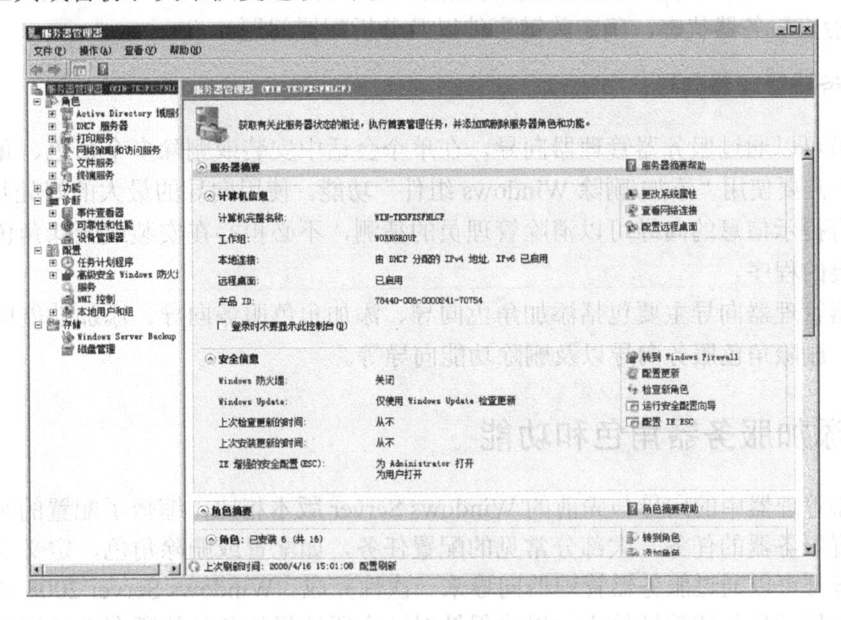

图 3-50　服务器管理器主窗口

1. 服务器管理器主窗口

服务器管理器主窗口包括以下 4 个可折叠部分。

(1)　服务器摘要。

服务器摘要部分包括计算机信息和安全信息。

①　计算机信息。显示计算机名称、域、网络连接、远程桌面状态和产品 ID 等信息。该组中的命令允许管理员设置或查看高级选项。

②　安全信息。显示 Windows 自动更新、Windows 防火墙、自动更新的检查与安装时间，以及是否启用了 Windows Internet Explorer 增强的安全配置。该组中的命令允许管理员设置或查看高级选项。

(2)　角色摘要。

角色摘要部分包括一个表，指明服务器上安装了哪些角色。该组中的命令允许管理员添加或删除角色，或转至可以管理特定角色的更详细的控制台。

(3)　功能摘要。

指明服务器上安装了哪些功能。该组中的命令允许管理员添加或删除功能。

(4)　资源和支持。

显示服务器是否参与客户体验改善计划和 Windows 错误报告，提供用于查找 Windows Server TechCenter 上联机可用的其他帮助和研究主题。

2. 服务器管理器的主要功能

服务器管理器允许管理员使用单个工具就可完成以下任务，从而使服务器管理更高效：

- 查看和更改服务器上安装的服务器角色和功能。
- 执行特定于服务器的管理任务，如启动或停止服务、管理本地用户账户等。

- 执行特定于服务器上所安装角色的管理任务。
- 检查服务器状态，确定关键事件以及分析配置问题。

3. 服务器管理器向导

管理员可以通过服务器管理器向导，在单个会话中安装或删除多个角色、角色服务或功能，而不需要使用“添加/删除 Windows 组件”功能。使用向导的最大的好处是简单、易用，而且有提示信息的向导可以消除管理员的猜测，不必担心在安装或删除角色和功能期间丢失重要的程序。

服务器管理器向导主要包括添加角色向导、添加角色服务向导、添加功能向导、删除角色向导、删除角色服务向导以及删除功能向导等。

3.6.3 添加服务器角色和功能

服务器管理器中的向导与先前的 Windows Server 版本相比，缩短了配置的时间，简化了企业配置服务器的任务。大部分常见的配置任务，如配置或删除角色，定义多个角色以及角色服务都可以通过服务器管理器向导来一次性完成。Windows Server 2008 会在用户使用管理器向导时执行依赖性检查，以确保针对一个所选择的角色的所有必要的角色服务都得到了设置，同时，其他角色或角色服务所需的内容不会被删除。

1. 添加服务器角色

下面以添加 DNS 服务器角色为例，说明利用服务器管理器向导添加服务器角色的过程(第 11 章介绍 DNS 服务时，DNS 服务的安装不再介绍)。其他角色的添加过程与本例大致相同。

(1) 打开“服务器管理器”窗口，选择左侧的“角色”节点，单击“添加角色”链接，如图 3-51 所示，将启动添加角色向导。

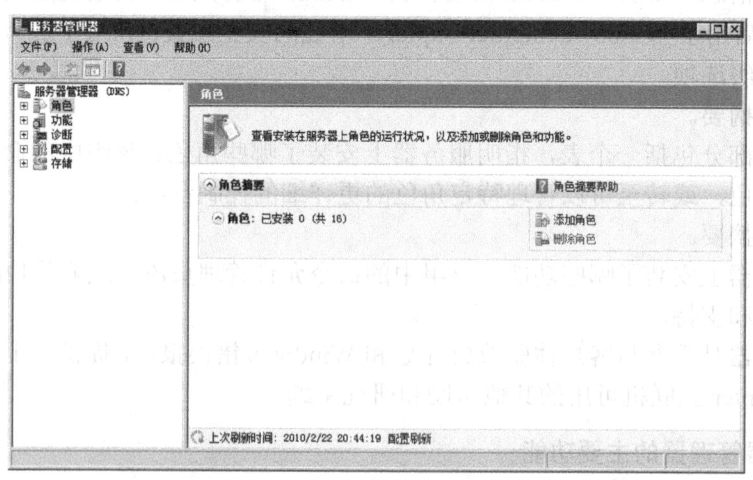

图 3-51 单击“添加角色”链接

(2) 在“开始之前”向导页中，提示此向导可以完成的工作，以及操作之前应注意的相关事项，单击“下一步”按钮继续，如图 3-52 所示。

(3) 在“选择服务器角色”向导页中，显示所有可以安装的服务器角色，如果角色前面的复选框没有被选中，表示该网络服务尚未安装，如果已选中，说明该服务已经安装。这里选中“DNS 服务器”复选框，单击“下一步”按钮继续，如图 3-53 所示。

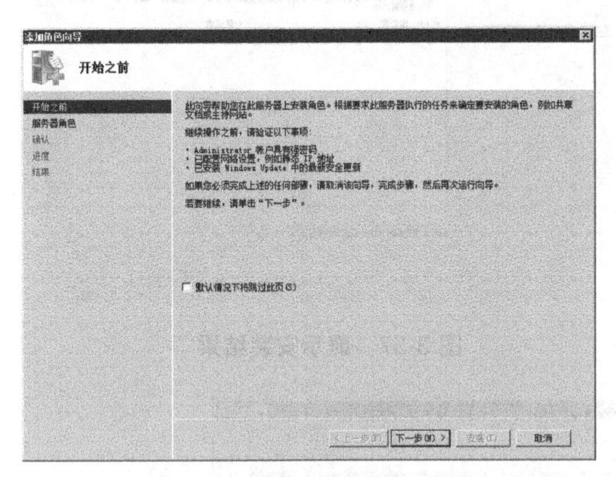

图 3-52　“开始之前”向导页

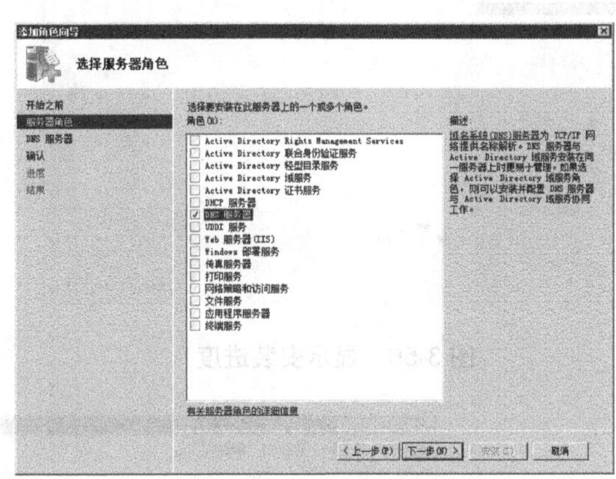

图 3-53　“选择服务器角色”向导页

(4) 在“DNS 服务器”向导页中，对 DNS 服务器的功能做简要介绍，单击“下一步”按钮继续，如图 3-54 所示。

(5) 在“确认安装选择”向导页中，要求确认所要安装的服务器角色，如果选择错误，可以单击“上一步”按钮返回。在这里，单击“安装”按钮，开始安装 DNS 服务器角色，如图 3-55 所示。

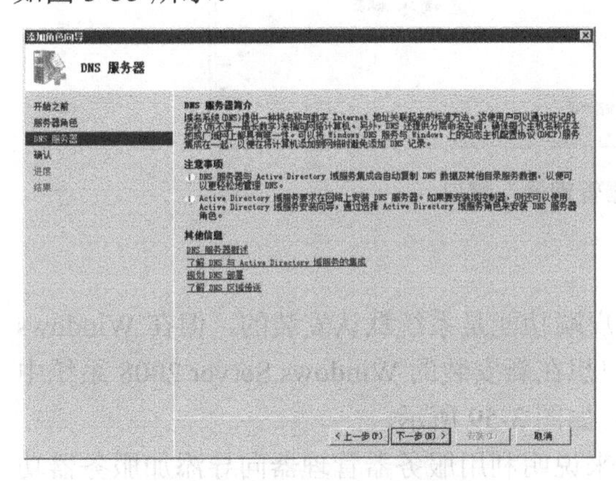

图 3-54　DNS 服务器简介

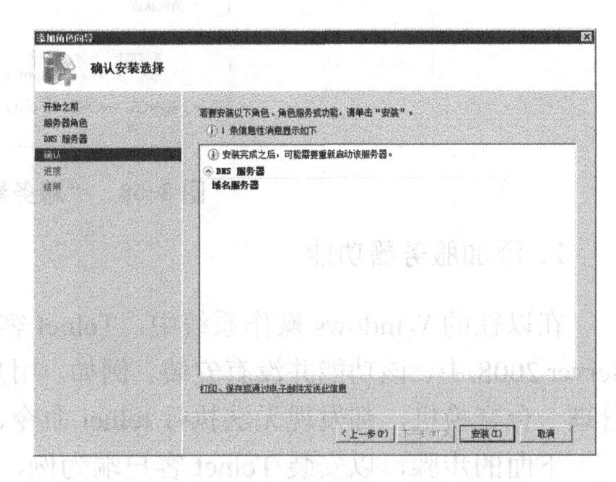

图 3-55　“确认安装选择”向导页

(6) 在“安装进度”向导页中，显示安装 DNS 服务器角色的进度，如图 3-56 所示。

(7) 在“安装结果”向导页中，显示安装 DNS 服务器角色已经完成，提示用户可以使用 DNS 管理器对 DNS 服务器进行配置。若系统未启用 Windows 自动更新，还提醒用户设置 Windows 自动更新，以及时给系统更新。单击“关闭”按钮，便完成了 DNS 服务的安装，如图 3-57 所示。

此时，在“服务器管理器”窗口中，将显示 DNS 服务器角色已经安装，并显示运行状态，如图 3-58 所示。

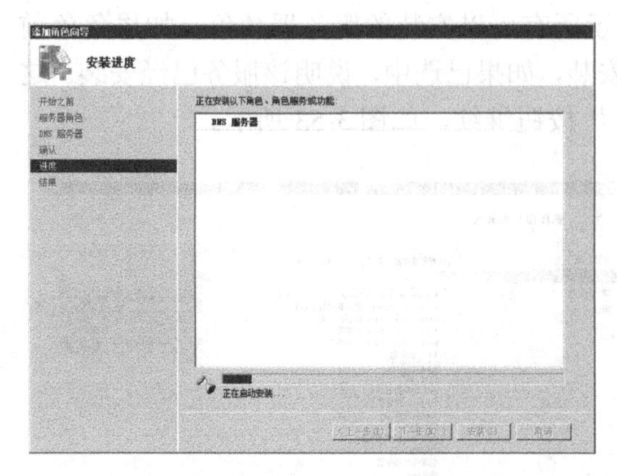

图 3-56　显示安装进度

图 3-57　显示安装结果

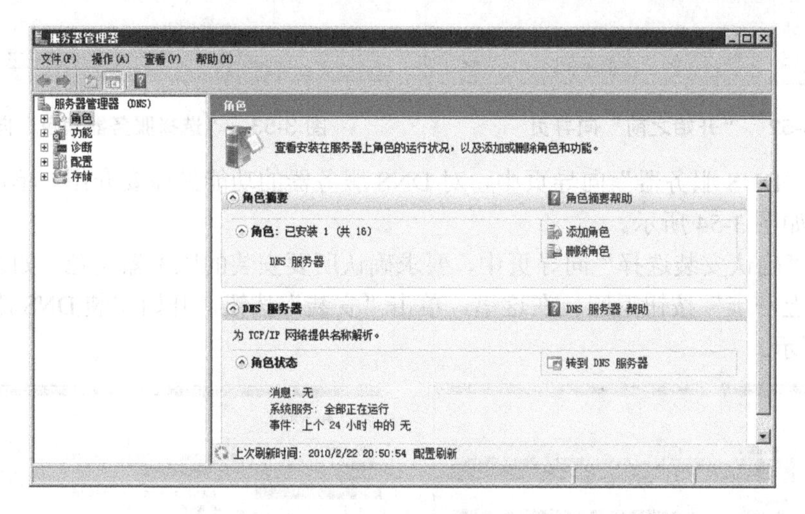

图 3-58　“服务器管理器”窗口

2. 添加服务器功能

在以往的 Windows 操作系统中，Telnet 客户端功能是系统默认安装的，但在 Windows Server 2008 中，该功能并没有安装。例如，用户想在新安装的 Windows Server 2008 系统中管理一台交换机，却发现无法执行 telnet 命令，如图 3-59 所示。

下面的步骤，以安装 Telnet 客户端为例，来说明利用服务器管理器向导添加服务器功能的过程。

(1) 打开“服务器管理器”窗口，选择左侧的“功能”，单击“添加功能”链接，如图 3-60 所示，启动添加功能向导。

(2) 在“选择功能”向导页中，显示所有可以安装的服务器功能，如果功能前面的复选框没有被选中，表示该网络服务尚未安装，如果已选中，说明该功能已经安装。这里选中“Telnet 客户端”复选框，单击“下一步”按钮继续，如图 3-61 所示。

(3) 在“确认安装选择”向导页中，要求确认所要安装的服务器角色，如果选择错误，可以单击“上一步”按钮返回，这里单击“安装”按钮开始安装，如图 3-62 所示。

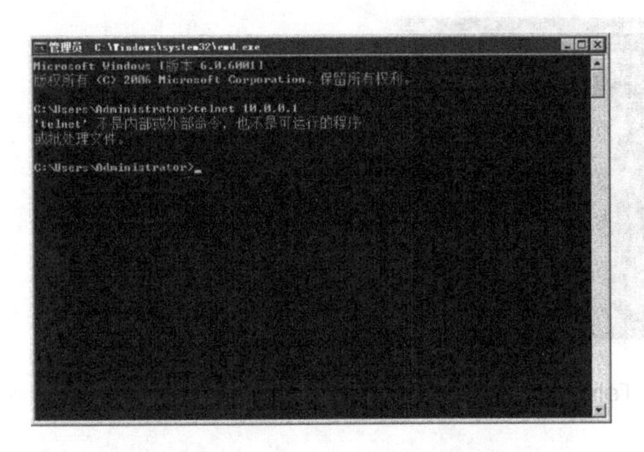

图 3-59　无 Telnet 客户端功能

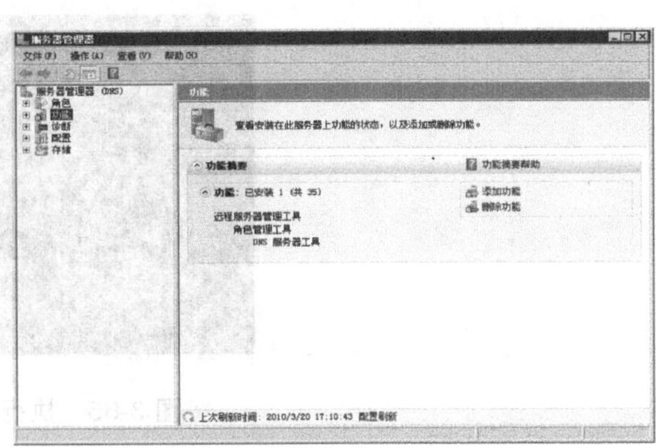

图 3-60　单击“添加功能”链接

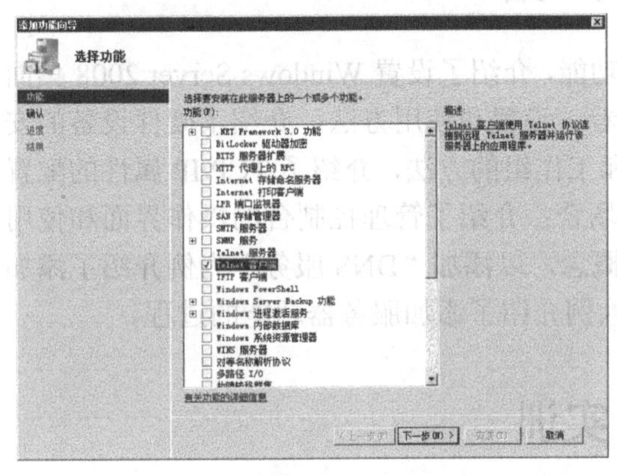

图 3-61　选择要安装的服务器功能

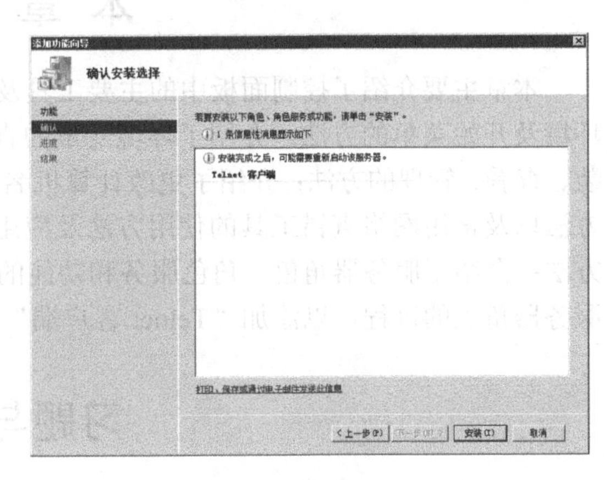

图 3-62　确认安装选择

(4) 在“安装进度”向导页中，显示安装 Telnet 客户端功能的进度，如图 3-63 所示。

(5) 在“安装结果”向导页中，显示安装 Telnet 客户端功能已经成功，单击“关闭”按钮，如图 3-64 所示。

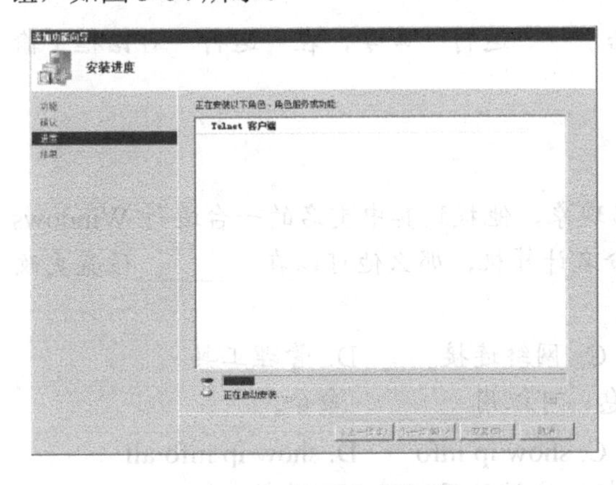

图 3-63　显示安装进度

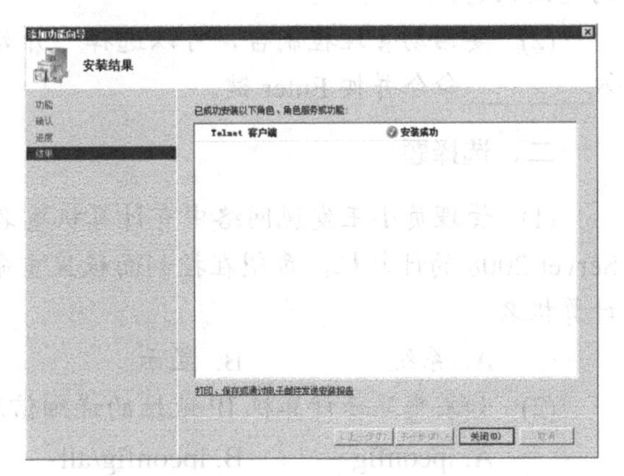

图 3-64　显示安装结果

Telnet 客户端功能安装完成后，在命令行窗口中再执行如图 3-65 所示的命令，此时就可以管理交换机了，说明 Telnet 客户端功能已安装成功。

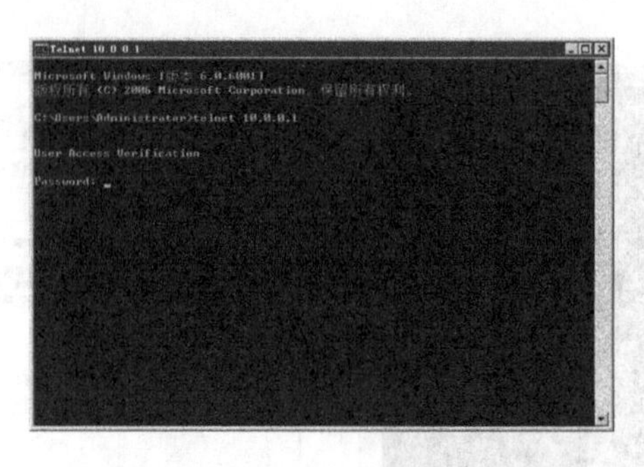

图 3-65　执行 Telnet 客户端

本 章 小 结

本章主要介绍了控制面板中的主要工具及功能，介绍了设置 Windows Server 2008 桌面环境及开始菜单的方法，介绍了环境变量的查看、设置和使用方法；介绍了硬件设备的安装、查看、管理的方法；介绍了更改计算机名和工作组的方法，介绍了 TCP/IP 属性的配置方法以及常用网络查错工具的使用方法及应用场合；介绍了管理控制台的操作界面和使用方法；介绍了服务器角色、角色服务和功能的概念，以添加“DNS 服务”为例介绍了添加服务器角色的过程，以添加“Telnet 客户端”为例介绍了添加服务器功能的过程。

习题与实训

一、填空题

(1) 在 Windows Server 2008 环境中，使用________命令可以打开系统配置实用程序，使用________命令可以查看缓存中的 ARP 信息地址，使用________命令可以查看网络当前的连接状态。

(2) 要启动管理控制台，可以选择“开始”→“运行”命令，在“运行”对话框中输入________命令并按 Enter 键。

二、选择题

(1) 管理员小王发现网络中有计算机重名现象，他找到其中重名的一台运行 Windows Server 2008 的计算机，希望在控制面板里重命名计算机，那么他可以在________位置更改计算机名。

A. 系统　　B. 显示　　C. 网络连接　　D. 管理工具

(2) 如果想显示计算机 IP 地址的详细信息，可以用________命令。

A. ipconfig　　B. ipconfig/all　　C. show ip info　　D. show ip info/all

(3) 如果让 ping 命令一直 ping 某一个主机，应该使用________参数。

A. -a　　B. -s　　C. -t　　D. -f

(4) 在 Windows Server 2008 操作系统中，默认情况下，ping 包的大小为 32B，但是有时为了检测大数据包的通过情况，可以使用参数改变 ping 包的大小。如果要 ping 主机

192.168.1.200 并且将 ping 包设置为 2000B，应该使用命令________。

A. ping -t 2000 192.168.1.200　　B. ping -a 2000 192.168.1.200

C. ping -n 2000 192.168.1.200　　D. ping -l 2000 192.168.1.200

(5) 如果要让用户看见 IP 数据报到达目的地经过的路由，就使用________命令。

A. ping　　B. tracert　　C. whoami　　D. ipconfig

(6) 在________命令行中，按协议的种类显示统计数据。

A. ipconfig　　B. netstat -s　　C. netstat -a　　D. netstat -e

(7) 在 Windows Server 2008 主机的命令提示符窗口中运行________命令，可以查看本机 ARP 表的内容。

A. arp -s　　B. arp -d　　C. arp -a　　D. arp -1

三、实训内容

(1) 设置用户工作环境。

(2) 查看和管理环境变量。

(3) 更改计算机名和工作组名。

(4) 配置 TCP/IP 属性，启用防火墙，启用远程桌面。

(5) 使用常用的网络排错工具。

(6) 使用 MMC 管理控制台。

(7) 添加服务器角色和功能。

第 4 章　Windows Server 2008 的账户管理

本章学习目标

本章主要介绍 Windows Server 2008 用户账户的类型、本地用户账户的创建与管理方法、本地组账户的创建与管理方法和本地用户账户的其他管理任务。

通过本章的学习，应该实现如下目标：

- 理解本地用户账户和域用户账户的区别。
- 熟悉内置本地用户账户及其功能。
- 掌握本地用户账户的创建与管理方法。
- 掌握本地组账户的创建与管理方法。
- 了解本地用户账户的其他管理任务。

4.1　用 户 账 户

4.1.1　用户账户简介

用户账户机制是维护计算机操作系统安全的基本而重要的技术手段。操作系统通过用户账户来辨别用户身份，让具有一定使用权限的人登录计算机、访问本地计算机资源或从网络访问计算机的共享资源。系统管理员根据不同用户的具体工作情景，指派不同用户、不同的权限，让用户执行并完成不同功能的管理任务。

运行 Windows Server 2008 系统的计算机，都需要有用户账户才能登录计算机，用户账户是 Windows Server 2008 系统环境中用户唯一的标识符。在 Windows Server 2008 系统启动运行之初或登录系统已运行的过程中，都将要求用户输入指定的用户名和密码。当系统比较用户输入的账户标识符和密码与本地安全数据库中的用户相关信息一致时，才允许用户登录到本地计算机，或从网络上获取对资源的访问权限。

Windows Server 2008 支持两种用户账户：本地账户和域账户。

(1)　本地账户。本地用户账户是指安装了 Windows Server 2008 的计算机在本地安全目录数据库中建立的账户。使用本地账户只能登录到建立该账户的计算机上，并访问该计算机上的资源。此类账户通常在工作组网络中使用，其显著特点是基于本机。当创建本地用户账户时，用户信息被保存在位于%Systemroot%\system32\config 文件夹下的安全数据库(SAM)中。

(2)　域账户。域账户是建立在域控制器的活动目录数据库中的账户。此类账户具有全局性，可以登录到域网络环境模式中的任何一台计算机，并获得访问该网络的权限。这需

要系统管理员在域控制器上为每个登录到域的用户创建一个用户账户。

4.1.2 内置的本地用户账户

Windows Server 2008 提供了一些内置用户账户，用于执行特定的管理任务或让用户能够访问网络资源。Windows Server 2008 系统的最常用的两个内置账户是 Administrator 和 Guest，如图 4-1 所示。

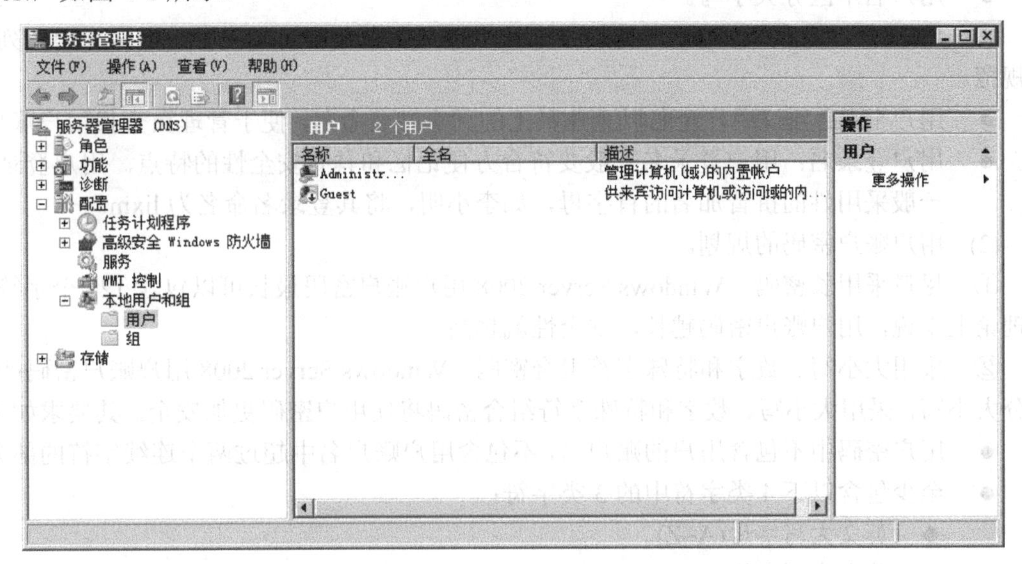

图 4-1 Windows Server 2008 的内置账户

(1) Administrator：即系统管理员，拥有最高的使用资源权限，可以对该计算机或域配置进行管理，如创建修改用户账户和组、管理安全策略、创建打印机、分配允许用户访问资源的权限等。在安装 Windows Server 2008 后，第一次启动过程中，就要求设置系统管理员账户密码。系统管理员账户默认的名称是 Administrator。为了安全起见，用户可以根据需要改变其名称，或禁用该账户，但无法删除它。

(2) Guest：即为临时访问计算机的用户而提供的账户。Guest 账户也是在系统安装中自动添加的，不能删除。在默认情况下，为了保证系统的安全，Guest 账户是禁用的，但在安全性要求不高的网络环境中，可以使用该账户，且通常分配给它一个密码。Guest 账户只拥有很少的权限，系统管理员可以改变其使用系统的权限。

4.2 本地用户账户管理

4.2.1 创建本地用户账户

1. 规划本地用户账户

在系统中创建本地用户账户之前，先制定用户账户规则或约定，这样可以更好地方便和统一账户的日后管理工作，提供高效、稳定的系统应用环境。

(1) 用户账户命名规划。

① 用户账户命名注意事项。一个好的用户账户命名策略有助于系统用户账户的管理，要注意以下的用户账户命名注意事项。

- 账户名必须唯一：本地账户必须在本地计算机系统中唯一。
- 账户名不能包含以下字符：?、+、*、/、\、[、]、=、<、>、【。
- 账户名称识别字符：用户可以输入超过20个字符，但系统只识别前20个字符。
- 用户名不区分大小写。

② 用户账户命名推荐策略。为加强用户管理，在企业应用环境中，通常采用下列命名规范。

- 用户全名：建议用户全名以企业员工的真实姓名命名，便于管理员查找用户账户。
- 用户登录名：用户登录名一般要符合方便记忆和具有安全性的特点。用户登录名一般采用姓的拼音加名的首字母，如李小明，将其登录名命名为lixm。

(2) 用户账户密码的规划。

① 尽量采用长密码。Windows Server 2008用户账户密码最长可以包含127个字符，从理论上来说，用户账户密码越长，安全性就越高。

② 采用大小写、数字和特殊字符组合密码。Windows Server 2008用户账户密码严格区分大小写，采用大小写、数字和特殊字符组合密码将使用户密码更加安全。其要求如下。

- 用户密码中不包含用户的账户名，不包含用户账户名中超过两个连续字符的部分。
- 至少包含以下4类字符中的3类字符：
  - ◆ 英文大写字母(A~Z)。
  - ◆ 英文小写字母(a~z)。
  - ◆ 10个阿拉伯数字(0~9)。
  - ◆ 非字母字符(如!、@、#、$、?)。

注意：用户可通过Windows Server 2008的本地安全策略中的账户策略来设置本地用户账户密码复杂性要求。

2. 使用服务器管理器或计算机管理窗口创建用户账户

用户必须拥有管理员权限，才可以创建用户账户。可以用“服务器管理器”或者“计算机管理”中的“本地用户和组”管理单元来创建本地用户账户。下面以“服务器管理器”为例，说明创建用户账户的主要步骤。

(1) 从“开始”菜单中打开“服务器管理器”窗口，展开左侧的“配置”→“本地用户和组”节点，右击“用户”节点，在弹出的快捷菜单中选择“新用户”命令，如图4-2所示。

(2) 在“新用户”对话框中，输入用户名、全名、用户描述信息和用户密码，指定用户密码选项，单击“创建”按钮新增用户账户。创建完用户后，单击“关闭”按钮，如图4-3所示。表4-1详细说明了各个用户密码选项的作用。

提示： 密码选项中的“用户下次登录时须更改密码”、“用户不能更改密码”及“密码永不过期”互相排斥，不能同时选中。

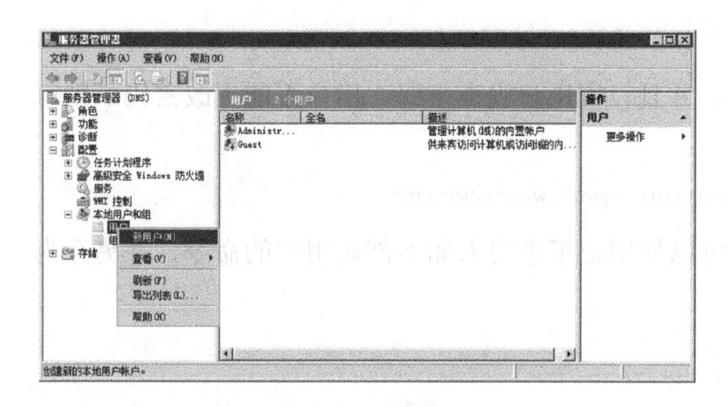

图 4-2　创建用户账户

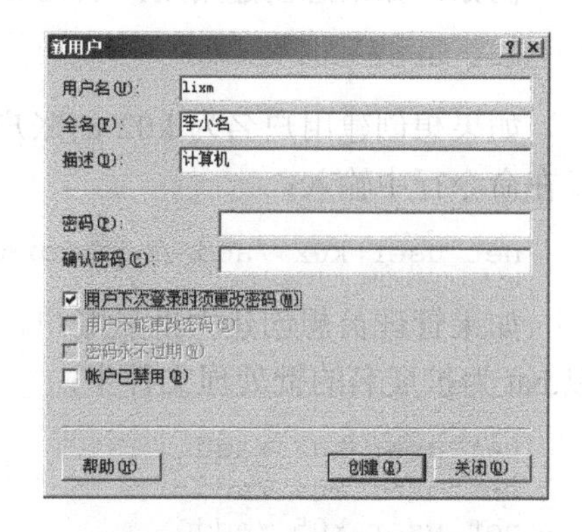

图 4-3　“新用户”对话框

表 4-1　用户账户密码选项的说明

选　项	说　明
用户下次登录时须更改密码	用户第一次登录系统会弹出修改密码的对话框，要求用户更改密码
用户不能更改密码	系统不允许用户修改密码，只有管理员能够修改用户密码。通常用于多个用户共用一个用户账户，如 Guest
密码永不过期	默认情况下，Windows Server 2008 操作系统用户账户密码最长可以使用 42 天，选择该项，用户密码可以突破该限制继续使用。通常用于 Windows Server 2008 的服务账户或应用程序所使用的用户账户
账户已禁用	禁用用户账户，让用户账户不能再登录。用户账户要登录，必须取消对该项的选择

Windows Server 2008 创建的用户账户是不允许相同的，并且系统内部使用安全标识符(Security Identifier，SID)来识别每个用户账户。每个用户账户都对应唯一的安全标识符，这个安全标识符在用户创建时由系统自动产生。系统指派权力、授权资源访问权限都需要使用这个安全标识符。用户登录后，可以在命令提示符状态下执行“whoami /logonid”命令查询当前用户账户的安全标识符，如图 4-4 所示。

图 4-4　查询当前账户的 SID

3. 使用 net user 命令创建用户账户

作为系统管理员，创建用户账户是其基本任务之一。虽然创建用户的步骤很简单，但如果要建几十个、几百个甚至上千个用户时，就会非常麻烦。在 Windows Server 2008 系统中，管理员可以通过 net user 命令来创建大批量用户。

例如，如果想创建用用户名为k01的账户，可以在命令行中输入：

```
net user k01 /add
```

如果想创建用户名为k02的账户，并且设置用户没有密码、用户不能更改密码，则可以在命令行中输入：

```
net user k02 /add /passwordchg:no /passwordreq:no
```

如果管理员想创建大批量账户，可以使用记事本写入如下创建用户的命令，并另存为以.bat为扩展名的批处理文件中：

```
net user k03 /add
net user k04 /add
net user k05 /add
```

然后再运行这个批处理文件，大批量账户将被创建。

4.2.2 管理本地用户账户属性

为了方便管理和使用，一个用户账户不应只包括用户名和密码等信息，还应包括其他一些属性，如用户隶属的用户组、用户配置文件、用户的拨入权限、终端用户设置等。可以根据需要对账户的这些属性进行设置。在“本地用户和组”窗口的右侧栏中，双击一个用户，打开其“属性”对话框，如图4-5所示。下面分别介绍常用的用户账户属性设置。

1. “常规”选项卡

在“常规”选项卡中，可以设置与账户有关的一些描述信息，包括全名、描述、账户及密码选项等。管理员通过设置密码选项，可以禁用账户，如果账户已经被系统锁定，管理员可以解除锁定，如图4-5所示。

2. “隶属于”选项卡

在“隶属于”选项卡中，可以设置该账户和组之间的隶属关系，把账户加入到合适的本地组中，或者将用户从组中删除，如图4-6所示。

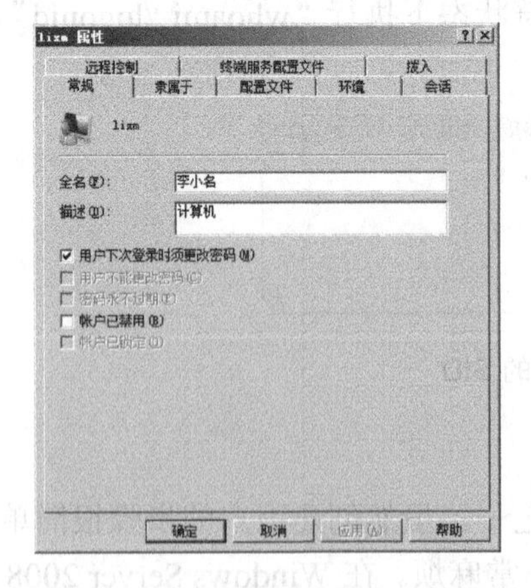

图4-5 用户属性(“常规”选项卡)

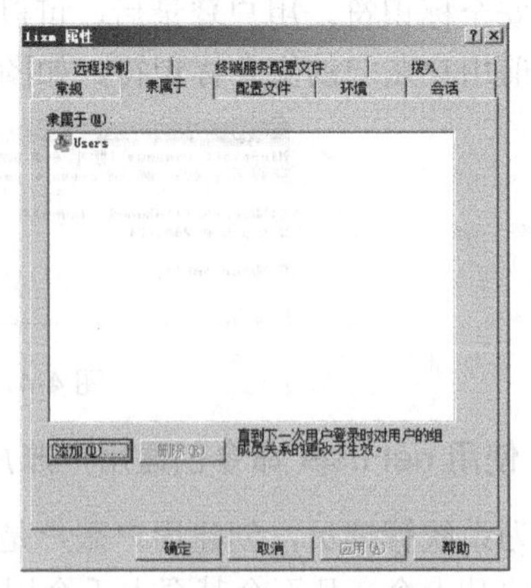

图4-6 “隶属于”选项卡

为了管理方便，通常把用户加入到组中，通过设置组的权限，统一管理用户的权限。根据需要对用户组进行权限的分配与设置，用户属于哪个组，用户就具有该用户组的权限。新增的用户账户默认地是加入到 Users 组，Users 组的用户一般不具备特殊权限，如安装应用程序、修改系统设置等。当要为这个用户分配一些其他权限时，可以将该用户账户加入到其他拥有这些权限的组。如果需要将用户从一个或几个用户组中删除，单击“删除”按钮即可完成。

下面以将 lixm 用户添加到管理员组为例，介绍添加用户到组的操作步骤。

(1) 在“隶属于”选项卡中，单击“添加”按钮，如图 4-6 所示。

(2) 在“选择组”对话框中，输入需要加入的组的名称，如输入管理员组的名称 Administrators。输入组名称后，单击“检查名称”按钮，检查名称是否正确，如果输入了错误的组名称，检查时，系统将提示找不到该名称。如果没有错误，名称会改变为“本地计算机名称\组名称”。若管理员不记得组名称，如图 4-7 所示，可以单击“高级”按钮，然后从组列表中选择要加入的组名称。

(3) 在展开后的“选择组”对话框中，单击“立即查找”按钮，则在“搜索结果”列表框中列出所有用户组，选择希望用户加入的一个和多个用户组，然后单击“确定”按钮，如图 4-8 所示。

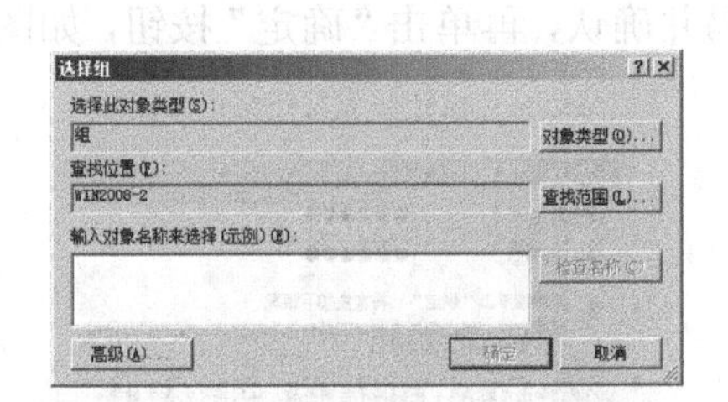

图 4-7 “选择组”对话框

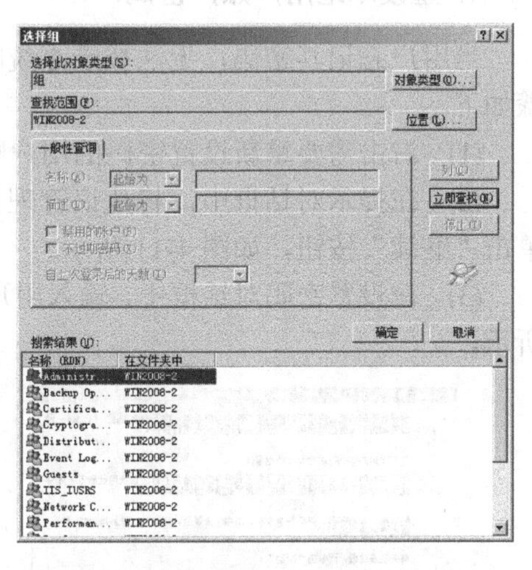

图 4-8 展开后的“选择组”对话框

(4) 切换到“隶属于”选项卡后，再单击“确定”按钮，如图 4-9 所示。

3. “配置文件”选项卡

在“配置文件”选项卡(见图 4-10)中，可以设置用户账户的配置文件路径、登录脚本和主文件夹路径。用户配置文件是存储当前桌面环境、应用程序设置以及个人数据的文件夹和数据的集合，还包括所有登录到某台计算机上所建立的网络连接。由于用户配置文件提供的桌面环境与用户最近一次登录到该计算机上所用的桌面相同，因此就保持了用户桌面环境及其他设置的一致性。当用户第一次登录到某台计算机上时，Windows Server 2008 自动创建一个用户配置文件并将其保存在该计算机上。本地用户账户的配置文件都是保存在本地磁盘的%userprofile%文件夹中。

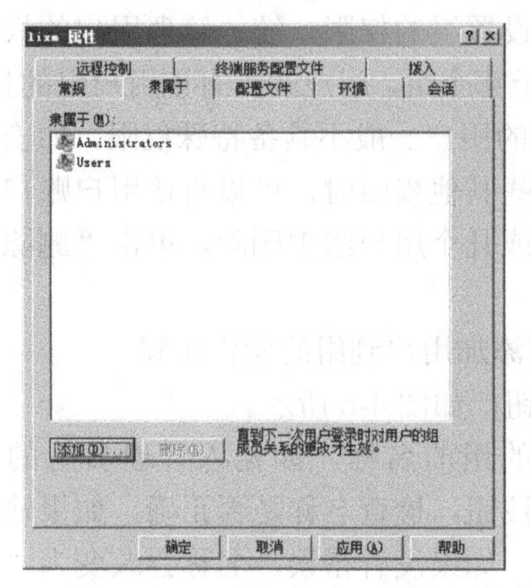

图 4-9 “隶属于”选项卡

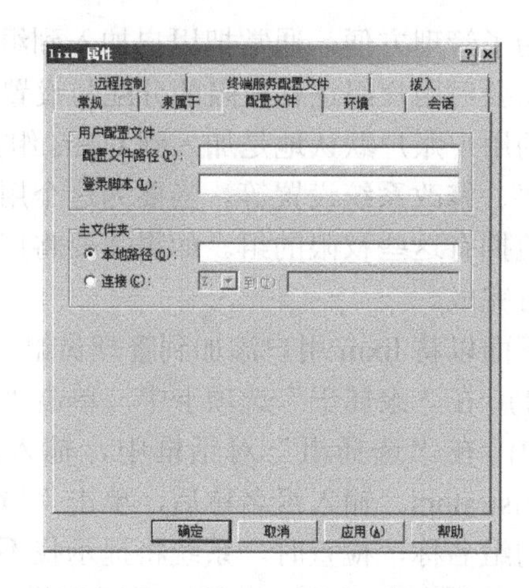

图 4-10 “配置文件”选项卡

4.2.3 本地用户账户的其他管理任务

1. 重设本地用户账户密码

当用户忘记其密码，无法登录系统时，就需要给该用户账户重新设置一个新密码，步骤如下。

(1) 右击需要重新设置密码的用户账户，在弹出的快捷菜单中选择“设置密码”命令。

(2) 在提示对话框中，将建议管理员不要重新设置密码，最好由用户自己更改密码，单击“继续”按钮，如图 4-11 所示。

(3) 在设置密码对话框中，输入用户的新密码并确认，再单击“确定”按钮，如图 4-12 所示。

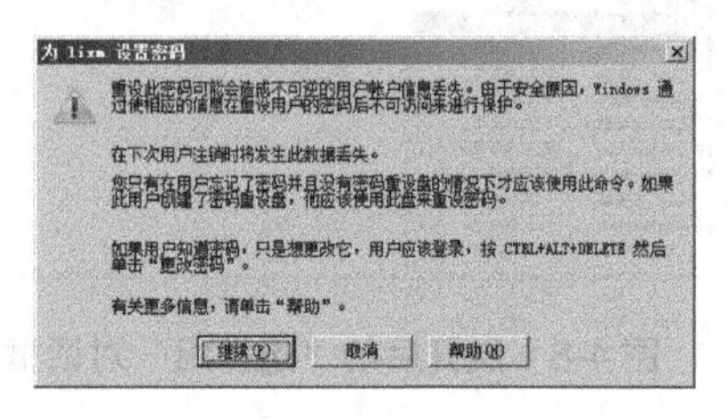

图 4-11 建议不要重设密码而要更改密码

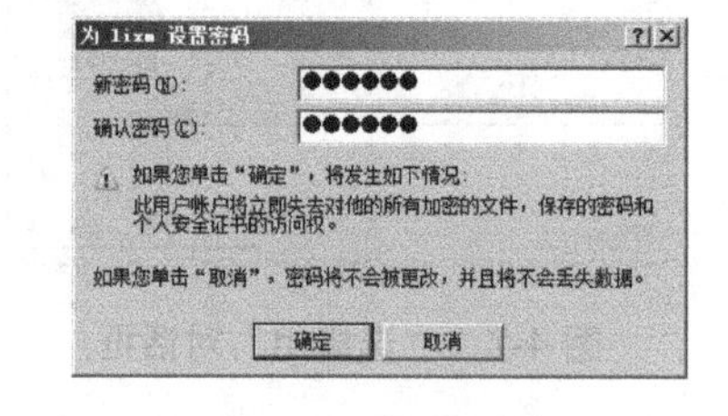

图 4-12 重设密码

2. 删除本地用户账户

对于不再需要的账户，可以将其删除。但在执行删除操作之前，应确认其必要性，因为删除用户账户会导致与该账户有关的所有信息遗失。

系统内置账户，如 Administrator、Guest 等，无法删除。

删除本地用户账户在服务器管理器或“计算机管理”控制台中进行。

(1) 右击需要删除的用户账户，在弹出的快捷菜单中选择“删除”命令。

(2) 在删除用户账户的确认对话框中，单击“确定”按钮，如图 4-13 所示。

应当注意的是，每个用户都有一个名称之外的唯一的安全标识符(SID)，SID 在新增账户时由系统自动产生。由于系统在设置用户权限、资源访问控制时，内部都使用 SID，所以一旦用户账户被删除，这些信息也就跟着消失了。即使重新创建一个名称相同的用户账户，也不能获得原先用户账户的权限。

3. 禁用或激活本地用户账户

如果管理员希望临时禁止某用户访问系统，可以不用删除该用户账号，仅需临时禁用该账号即可。当需要恢复该用户的使用权时，重新激活该用户账号。

(1) 右击需要禁用或激活的用户账户，在弹出的快捷菜单中选择“属性”命令。

(2) 在“常规”选项卡(见图 4-14)中，执行以下操作。

- 若要禁用所选的用户账户：选中“账户已禁用”复选框。
- 若要激活所选的用户账户：取消选中“账户已禁用”复选框。

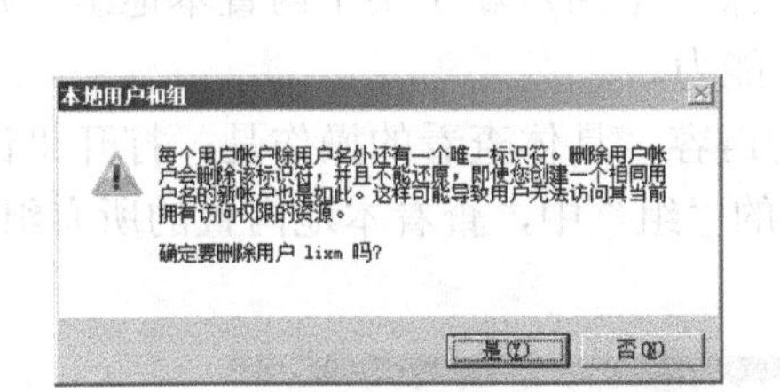

图 4-13　删除本地用户账户

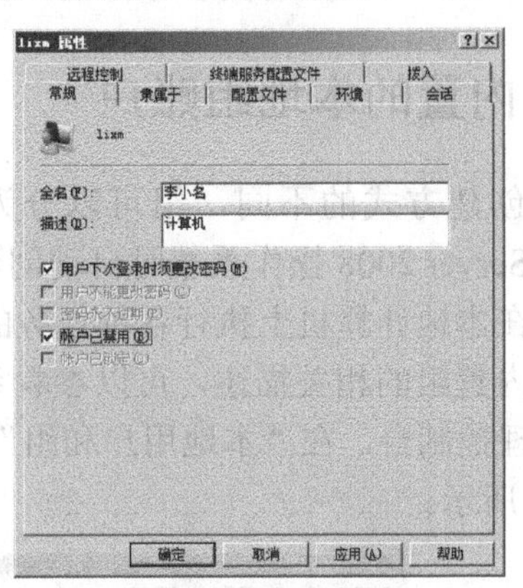

图 4-14　禁用或激活本地用户账户

4. 重命名

若某用户的用户名不符合命名规范，这时需要进行重命名。用户账号重命名只是修改登录时系统的标识，其用户账号的 SID 号并没有发生改变，因此其权限、密码都没有改变。本地用户账户的重命名步骤如下。

(1) 右键单击要重命名的用户账户，在弹出的快捷菜单中选择“重命名”命令。

(2) 输入新的用户名，然后按 Enter 键，如图 4-15 所示。

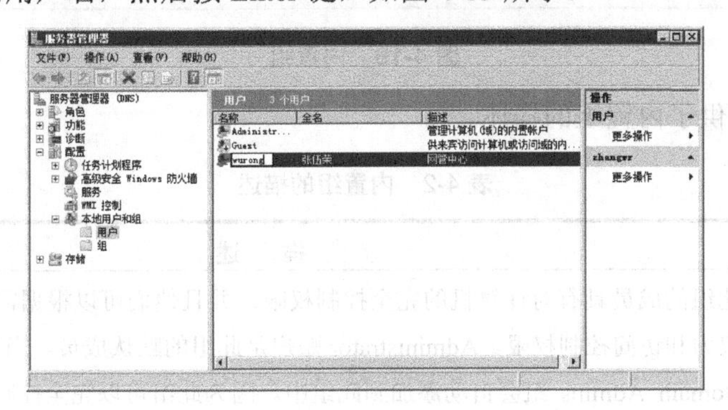

图 4-15　重命名本地用户账户

4.3 本地组账户的管理

4.3.1 组账户简介

组是多个用户、计算机账户、联系人和其他组的集合，也是操作系统实现其安全管理机制的重要技术手段，属于特定组的用户或计算机称为组的成员。使用组，可以同时为多个用户账户或计算机账户指派一组公共的资源访问权限和系统管理权力，而不必单独为每个账户指派权限和权力，从而可以简化管理，提高效率。

组账户并不是用于登录计算机操作系统，用户在登录到系统中时，只能使用用户账户，同一个用户账户可以同时为多个组的成员，这时，该用户的权限就是所有组权限的并集。

4.3.2 内置的本地组账户

根据创建方式的不同，组可以分为内置组和用户自定义组。内置本地组是在安装Windows Server 2008操作系统时自动创建的。如果一个用户属于某个内置本地组，则该用户就具有在本地计算机上执行各种任务的权力和能力。

关于内置组的相关描述，可以参看系统中的内容。具体查看的操作是：打开“计算机管理”管理控制台，在“本地用户和组”节点中的“组”中，查看本地内置的所有组账户，如图4-16所示。

图4-16 内置组

表4-2所示提供了内置组的描述。

表4-2 内置组的描述

默 认 组	描 述
Administrators	此组的成员具有对计算机的完全控制权限，并且他们可以根据需要向用户分配用户权力和访问控制权限。Administrator账户是此组的默认成员。当计算机加入域中时，Domain Admins组会自动添加到此组中。因为此组可以完全控制计算机，所以向其中添加用户时要特别谨慎

续表

默 认 组	描　述
Backup Operators	此组的成员可以备份和还原计算机上的文件，而无须理会保护这些文件的权限。这是因为执行备份任务的权力要高于所有文件权限。此组的成员无法更改安全设置
Cryptographic Operators	已授权此组的成员执行加密操作
Distributed COM Users	允许此组的成员在计算机上启动、激活和使用 DCOM 对象
Guests	该组的成员拥有一个在登录时创建的临时配置文件，在注销时，此配置文件将被删除。Guest 账户(默认情况下已禁用)也是该组的默认成员
IIS_IUSRS	这是 Internet 信息服务(IIS)使用的默认组
Network Configuration Operators	该组的成员可以更改 TCP/IP 设置，并且可以更新和发布 TCP/IP 地址。该组中没有默认的成员
Performance Log Users	该组的成员可以从本地计算机和远程客户端管理性能计数器、日志和警报
Performance Monitor Users	该组的成员可以从本地计算机和远程客户端监视性能计数器
Power Users	默认情况下，该组的成员拥有不高于标准用户账户的用户权力或权限。在早期版本的 Windows 中，Power Users 组专门为用户提供特定的管理员权力和权限，以执行常见的系统任务。在此版本 Windows 中，标准用户账户具有执行最常见配置任务的能力，例如更改时区。对于需要与早期版本的 Windows 相同的 Power User 权力和权限的旧应用程序，管理员可以应用一个安全模板，此模板可以启用 Power Users 组，以具有与早期版本的 Windows 相同的权力和权限
Remote Desktop Users	该组的成员可以远程登录计算机
Replicator	该组支持复制功能。Replicator 组的唯一成员应该是域用户账户，用于登录域控制器的复制器服务。不能将实际用户的用户账户添加到该组中
Users	该组的成员可以执行一些常见任务，例如运行应用程序、使用本地和网络打印机以及锁定计算机。该组的成员无法共享目录或创建本地打印机。默认情况下，Domain Users、Authenticated Users 以及 Interactive 组是该组的成员。因此，在域中创建的任何用户账户都将成为该组的成员

管理员可以根据自己的需要，向内置组添加成员或删除内置组成员，也可以重命名内置组，但不能删除内置组。

4.3.3　创建本地组账户

通常情况下，系统默认的用户组能够满足某些方面的系统管理需要，但无法满足安全

性和灵活性的需要，管理员必须根据需要新增一些组，即用户自定义组。这些组创建之后，就可以像管理系统默认组一样，赋予其权限和进行组成员的增加。

需要注意的是，只有本地计算机上的 Administrators 组和 Power Users 组成员有权创建本地组。

1. 规划本地组账户

本地组名不能与被管理的本地计算机上的任何其他组名或用户名相同。本地组名中不能含有 "、/、\、[、]、:、;、|、=、,、+、*、?、<、>、@ 等字符，而且组名不能只由句点(.)和空格组成。

2. 使用服务器管理器创建本地组账户

使用服务器管理器在本地计算机上创建本地组的步骤如下。

(1) 从“开始”菜单中打开“服务器管理器”窗口，展开左侧的“配置”→“本地用户和组”节点，然后右击“组”节点，在弹出的快捷菜单中选择“新建组”命令，如图 4-17 所示。

(2) 在“新建组”对话框中输入组名和描述，单击“添加”按钮(还可以为本组添加本地用户账户)，单击“创建”按钮即可完成创建，如图 4-18 所示。

图 4-17　新建组

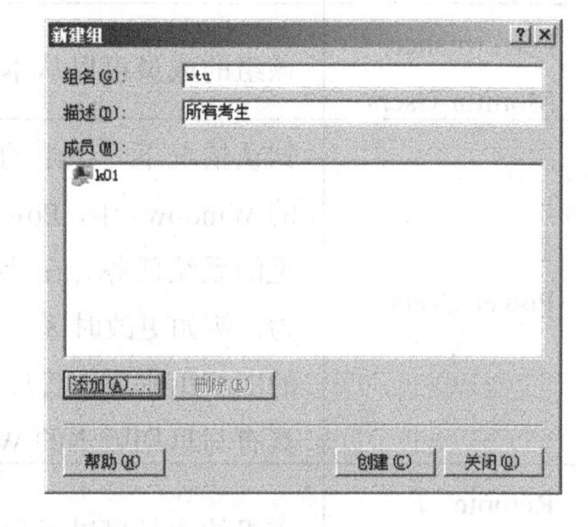

图 4-18　“新建组”对话框

3. 使用 net localgroup 命令创建本地组账户

与创建本地用户账户一样，也可以使用命令行来创建本地组，其步骤如下。

(1) 打开“命令提示符”窗口。

(2) 若要创建一个组，输入以下命令并按 Enter 键执行即可：

```
net localgroup  组名  /add
```

4.3.4　本地组账户的其他管理任务

1. 修改本地组成员

修改本地组成员通常包括向组中添加成员或从组中删除已有的成员。可以在创建用户组的同时向组中添加用户，也可以先创建用户组，再向组中添加用户。

(1) 双击欲添加成员的用户组，打开用户组的“属性”对话框，然后单击“添加”按钮，如图 4-19 所示。

(2) 在“选择用户”对话框中，可以在字段中输入成员名称，或者单击“高级”按钮查找用户，然后单击“确定”按钮，如图 4-20 所示。

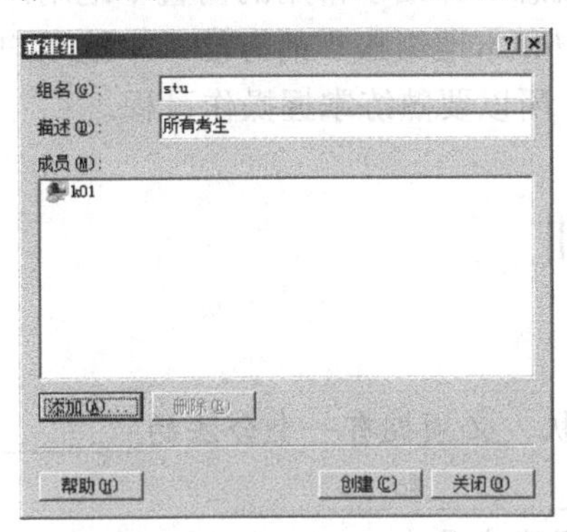

图 4-19　修改本地组成员

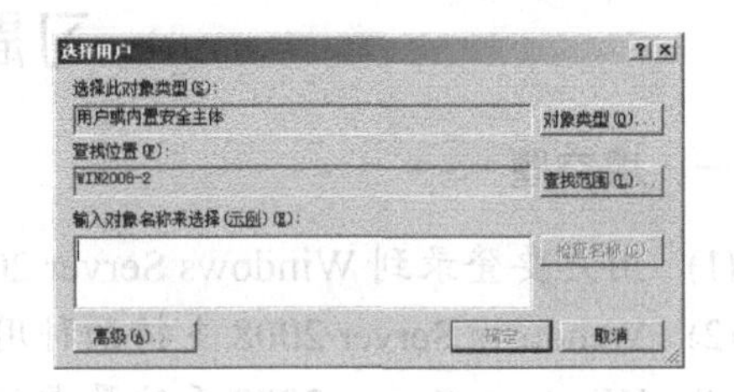

图 4-20　选择用户

如果要删除某组的成员，则双击该组的名称，选择相应的要删除成员，然后单击“删除”按钮即可。

2. 删除本地组账户

对于系统不再需要的本地组，系统管理员可以将其删除。但是，管理员只能删除自己创建的组，而不能删除系统提供的默认组。当管理员删除系统内置组时，系统将拒绝删除操作。删除本地组的方法如下。

(1) 在服务器管理器或“计算机管理”控制台中，选择要删除的组账户，用鼠标右键单击该组，在弹出的快捷菜单中选择“删除”命令。

(2) 在打开的确认对话框中，单击“是”按钮，如图 4-21 所示。

图 4-21　确认删除用户组

与用户账户一样，每个组都拥有一个唯一的安全标识符(SID)，一旦删除了用户组，就不能重新恢复，即使新建一个与被删除组有相同名字和成员的组，也不会与被删除组有相同的权限。

3. 重命名本地组账户

重命名组的操作与删除组的操作类似，只需要在弹出的快捷菜单中选择“重命名”命令，输入相应的名称即可。

本 章 小 结

本章主要介绍了本地用户账户和本地组账户的概念，介绍了常用的内置本地用户账户和本地组账户的作用，以及创建和管理本地用户账户和本地组账户的方法。本地用户账户和组账户是系统用户使用和管理本地资源的身份证，所以要熟练掌握操作过程。

习题与实训

一、填空题

(1) 用户要登录到 Windows Server 2008 的计算机，必须拥有一个合法的________。

(2) Windows Server 2008 支持两种用户账户：________和________。

(3) Windows Server 2008 系统最常用的两个内置账户是________和________。

(4) 使用________可以同时为多个用户账户指派一组公共权限。

(5) 用户必须拥有________权限，才可以创建用户账户。

(6) 用户登录后，可以在“命令提示符”窗口中输入________命令查询当前用户账户的安全标识符。

二、选择题

(1) 下列关于账户的说法，正确的是________。

A. 可以用用户账户或组账户中的任意一个登录系统

B. 一个用户账户删除后，通过重新建立同名的账户，可以获得与此账户先前相同的权限

C. 使用本地账户只能登录到建立该账户的计算机上，使用域用户账户，可以在域网络环境模式中的任何一台计算机上登录

D. Guest 账户不用时可以删除

(2) 如果将一个用户改名后，则该账户________。

A. 成为一个新用户，原来的权限都不存在了

B. 成为一个新用户，原来的权限部分存在

C. 还是原来的账户，原来的权限不存在了

D. 还是原来的账户，原来的权限没有变化

(3) 下列________账户名不是合法的账户名。

A. abc_123　　B. windowsbook　　C. dictionar*　　D. abdkeofFHEKLLOP

(4) 下面的密码符合复杂性要求的是________。

A. admin　　B. zhang.123@　　C. !@#$　12345　　D. Li1#

三、实训内容

通过上机实习，理解本地用户账户和本地组账户的概念，掌握创建和管理本地用户账户和本地组账户的方法。

第 5 章　Windows Server 2008 域服务的配置与管理

本章学习目标

本章主要介绍活动目录和域的相关概念，介绍 Active Directory 域的创建过程，介绍将计算机加入域的方法，介绍域内组织单位和用户账户的管理，介绍域内组账户的管理方法。

通过本章的学习，应该实现如下目标：

- 了解活动目录和域的相关概念。
- 掌握 Active Directory 域的创建过程。
- 掌握将计算机加入域并使用活动目录资源的方法。
- 掌握域内组织单位和域用户账户的管理方法。
- 掌握域组的创建与管理方法。

5.1　Active Directory 与域

在 Windows Server 2008 实现的系统环境中，Active Directory 及其服务占有非常重要的地位，是 Windows Server 2008 系统的精髓。系统管理员若想要管理好 Windows Server 2008 系统，为广大用户提供良好的网络环境，就应当很好地理解 Active Directory 的工作方式、结构特点以及基本的操作技能。

5.1.1　活动目录服务概述

目录服务用来存储网络中各种对象(如用户账户、组、计算机、打印机和共享资源等)的有关信息，并按照层次结构方式进行信息的组织，以方便用户的查找和使用，Active Directory(活动目录)是 Windows Server 2008 域环境中提供目录服务的组件。在微软平台上，目录服务从 Windows Server 2000 就开始引入，所以我们可以把 Active Directory 理解为目录服务在微软平台中的实现方式，当然，目录服务在非微软平台上也有相应的实现方式。

1. 工作组和域

Windows 有两种网络环境：工作组和域，默认是工作组网络环境，如图 5-1 所示。

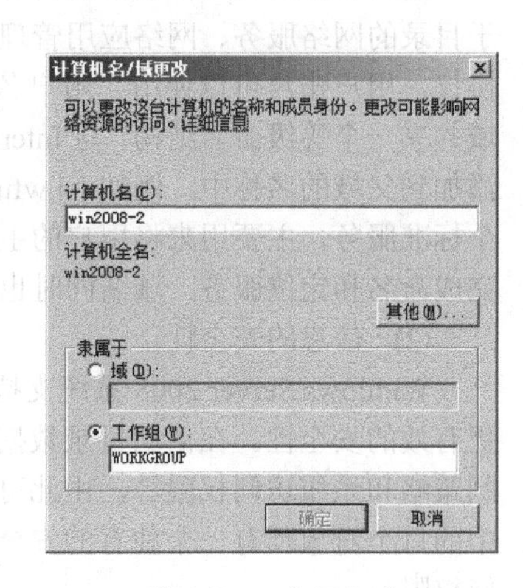

图 5-1　工作组和域

工作组网络也称为“对等式”网络，因为网络中每台计算机的地位都是平等的，它们的资源以及管理是分散在每台计算机上的，所以工作组环境的特点就是分散管理。工作组环境中的每台计算机都有自己的“本机安全账户数据库”，称为SAM数据库。这个SAM数据库是干什么用的呢？其实，平时我们登录系统时，输入账户和密码后，系统就检查这个SAM数据库，如果输入的账户存在于SAM数据库中，同时密码也正确，系统就允许用户登录。而这个SAM数据库默认就存储在%Systemroot%\system32\config文件夹中，这就是工作组环境中的登录验证过程。

假如有这样一种应用场景：有200台计算机的一家公司，希望某台计算机上的账户Bob可以访问每台计算机的资源或者可以在每台计算机上登录。那么在工作组环境中，必须在这200台计算机的各个SAM数据库中创建Bob这个账户。一旦Bob想要更换密码，必须更改200次！估计这个企业的管理员肯定会够受的了。现在只是200台计算机的公司，如果是有5000台计算机或者上万台计算机的公司呢，估计管理员会抓狂。这便是工作组环境的应用场景。

域环境与工作组环境最大的不同是，域内所有的计算机共享一个集中式的目录数据库(又称为活动目录数据库)，它包含着整个域内的对象(用户账户、计算机账户、打印机、共享文件等)和安全信息等，而活动目录负责目录数据库的添加、修改、更新和删除。所以我们要在Windows Server 2008上实现域环境，其实就是要安装活动目录。活动目录为我们实现了目录服务，提供对企业网络环境的集中式管理。比如前面这个例子，在域环境中，只需要在活动目录中创建一次Bob账户，就可以在任意一台计算机上以Bob登录，如果要为Bob账户更改密码，只需要在活动目录中更改一次就可以了。

2. 活动目录的特性

活动目录服务是一个完全可扩展、可伸缩的目录服务，系统管理员可在统一的系统环境下管理整个网络中的各种资源，较以往的应用中，Windows Server 2008有了更加突出的新特性，现介绍如下。

(1) 服务的集成性。

活动目录的集成性包括的内容更丰富，主要体现在3个方面：用户及资源的管理、基于目录的网络服务、网络应用管理。Windows Server 2008活动目录服务采用Internet标准协议，用户账户可以使用“用户名@域名”来表示，以进行网络登录。单个域树中所有的域共享一个等级命名结构，与Internet的域名空间结构一致。一个子域的名称就是将该名称添加到父域的名称中，例如jsj.wfu.edu.cn就是wfu.edu.cn域的子域。DNS是Internet的一个标准服务，主要用来将用户的主机名翻译成数字式的IP地址。活动目录使用DNS为域完成命名和定位服务，域名同时也是DNS名。

(2) 信息的安全性。

Windows Server 2008系统支持多种网络安全协议，使用这些协议，能够获得更强大、更有效的安全性。在活动目录数据库中存储了域安全策略的相关信息，如域用户口令的限制策略和系统访问权限等，由此可实施基于对象的安全模型和访问控制机制。在活动目录中的每个对象都有一个独有的安全性描述，主要是定义了浏览或更新对象属性所需要的访问权限。

(3) 管理的简易性。

活动目录以层次结构组织域中的资源。每个域中可有一台或多台域控制器，为了简化管理，用户可在任何域控制器上进行修改，这种更新能复制到所有其他域控制器中的活动目录数据库中。活动目录提供了对网络资源管理的单点登录，管理员可登录环境中的任意一台计算机，来管理网络中的任何计算机的被管理对象。为了使域控制器实现更高的可用性，活动目录允许在线备份。系统管理员通过部署、安装活动目录服务，可以使网络系统环境的管理工作变得更加容易、方便。

(4) 应用的灵活性。

活动目录具有较强的、自动的可扩展性。系统管理员可以将新的对象添加到应用框架中，并且将新的属性添加到现有对象上。活动目录中可实现一个域或多个域，每个域中有一个或多个域控制器，多个域可合并为域树，多个域树又可合并成为域林。

Windows Server 2008 中的活动目录不仅可以应用到局域网计算机系统环境中，还可以应用于跨地区的广域网系统环境中。

5.1.2　与活动目录相关的概念

活动目录是一个分布式的目录服务，由此管理的信息可以分散在多台计算机上，保证各个计算机的用户可以迅速访问，在用户访问处理信息数据时，为用户提供了统一的视图，便于理解和掌握。

1. 名称空间(Namespace)

名称空间是一个界定好的区域，比如我们把电话簿看成一个“名称空间”，就可以通过电话簿这个界定好的区域里面的某个人名，找到与这个人名相关的电话、地址以及其公司的名称等信息。而 Windows Server 2008 的活动目录就提供一个名称空间，我们通过活动目录里的对象的名称，就可以找到与这个对象相关的信息。活动目录的“名称空间”采用 DNS 的架构，所以活动目录的域名采用 DNS 的格式来命名。如把域名命名为 jsj.wfu.edu.cn、xk.wfu.edu.cn 等。

2. 对象(Object)和属性(Attribute)

对象，是对某具体主题事物的命名，如用户、打印机或应用程序等。对象的相关属性是用来识别对象的描述性数据。例如，一个用户的属性可能包括用户的 Name、E-mail 和 Phone 等。

3. 容器(Container)

容器，是活动目录名称空间的一部分，是代表存放对象的空间，不代表有形的实体，仅限于从对象本身所能提供的信息空间。

4. 域、域树、域林和组织单位

活动目录的逻辑结构包括域(Domain)、域树(Domain Tree)、域林(Forest)和组织单位(Organization Unit，OU)，如图 5-2 所示。

(1) 域。域(Domain)是 Windows Server 2008 活动目录的核心逻辑单元，是共享同一活动目录的一组计算机集合。从安全管理角度讲，域是安全的边界，在默认的情况下，一个域的管理员只能管理自己的域。一个域的管理员要管理其他的域，需要专门的授权。同时域也是复制单位，一个域可包含多个域控制器。当某个域控制器的活动目录数据库修改以后，其他所有域控制器中的活动目录数据库也将自动更新。

(2) 域树。域树(Domain Tree)是由一组具有连续名称空间的域组成的。例如，图 5-3 中最上层的域名为 wfu.edu.cn，这个域是这棵域树的根域(root domain)，此根域下面有两个子域，分别是 xk.wfu.edu.cn 和 jsj.wfu.edu.cn。从图 5-3 中我们可以看出，它们的命名空间具有连续性。例如，域 jsj.wfu.edu.cn 的后缀名包含着上一层父域的域名 wfu.edu.cn。

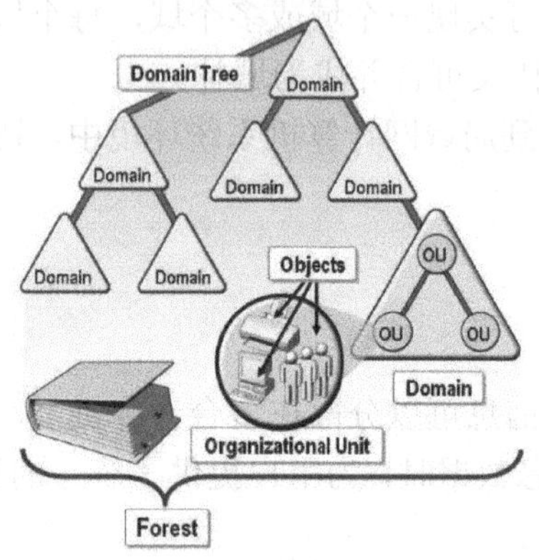

图 5-2 活动目录的逻辑结构

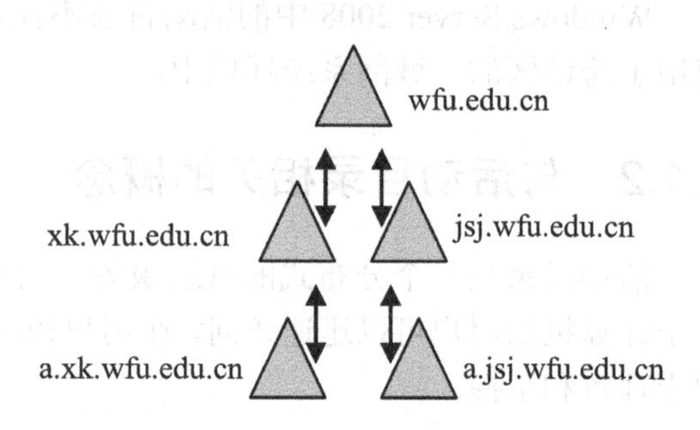

图 5-3 域树

如果多个域之间建立了关系，那么这些域就可以构成域树。域树是由若干具有共同模式、配置的域构成的，形成了一个临近的名称空间。在树中的域通过自动建立的信任关系连接起来。域树可以通过两种途径表示，一种是域之间的关系，另一种是域树的名称空间。

(3) 域林。域林(Forest)是由一棵或多棵域树组成的，每棵域树独享连续的名称空间，不同域树之间没有名称空间的连续性，如图 5-4 所示。域林中第一个创建的域称为域林根域，它不能删除、更改或重命名。

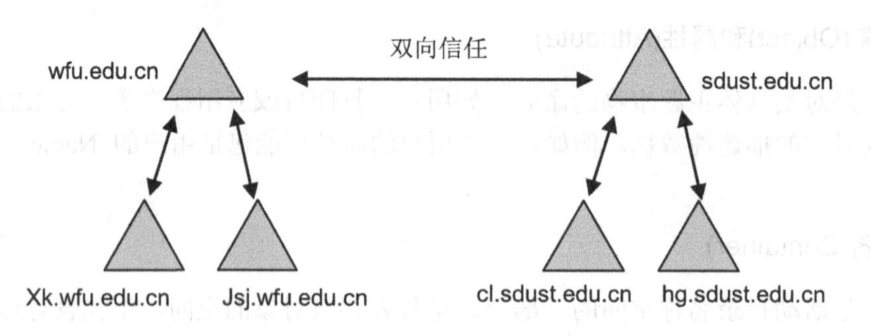

图 5-4 域林

(4) 组织单位。组织单位(OU)是组织、管理一个域内对象的容器，它能包容用户账户、用户组、计算机、打印机和其他的组织单位。组织单位具有很清楚的层次结构，系统管理员根据自身环境需求，可以定义不同的组织单位，帮助管理员将网络所需的域数量降到最

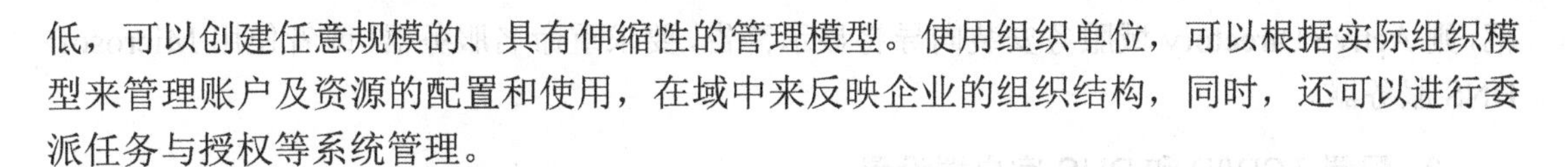

低，可以创建任意规模的、具有伸缩性的管理模型。使用组织单位，可以根据实际组织模型来管理账户及资源的配置和使用，在域中来反映企业的组织结构，同时，还可以进行委派任务与授权等系统管理。

5. 域控制器、站点和成员服务器

域是逻辑组织形式，它能够对网络中的资源进行统一管理。但在规划 Windows Server 2008 域模式的网络环境时，需要具体部署各种角色计算机来组织，这称为活动目录的物理结构。活动目录的物理结构由域控制器和站点组成。

(1) 域控制器。域控制器(Domain Controller)是安装、运行活动目录的 Windows Server 2008 服务器。在域控制器上，活动目录存储了域范围内的所有账户和策略信息(如系统的安全策略、用户身份验证数据和目录搜索)。账户信息可以是用户、服务器或计算机账户。

一个域中可以有一个或多个域控制器。通常，单个域网络的用户只需要一个域就能够满足要求。而在具有多个网络位置的大型网络或组织中，为了获得高可用性和较强的容错能力，可能在每个部分都需要增加一个或多个域控制器。当一台域控制器的活动目录数据库发生改动时，其他域控制器的活动目录数据库也将自动更新。

(2) 站点。站点(Site)在概念上不同于 Windows Server 2008 的域，站点代表网络的物理结构，而域代表组织的逻辑结构。站点是一个或多个 IP 子网地址的计算机集合，往往用来描述域环境网络的物理结构或拓扑。为了确保域内目录信息的有效交换，域中的计算机需要很好地连接，尤其是不同子网内的计算机，通过站点可以简化 Active Directory 内站点之间的复制、身份验证等活动，提高工作效率。

一个成员服务器就是一台在 Windows Server 2008 域环境中实现一定功能或提供某项服务的服务器，如通常使用的文件服务器、FTP 应用服务器、数据库服务器或者 Web 服务器。成员服务器不是域控制器，不执行用户身份验证并且不存储安全策略信息，这对网络中的其他服务具有更强的处理能力。

5.2 创建 Active Directory 域

5.2.1 创建域的必要条件

Windows Server 2008 初始默认安装是没有安装活动目录的。只有安装了活动目录，用户才能搭建域环境。在安装活动目录服务之前，应当明确一些必备的安装条件。

1. 一个 NTFS 硬盘分区

域控制器需要一个能够提供安全设置的硬盘分区来存储 SYSVOL 文件夹，而只有 NTFS 硬盘分区才具备安全设置的功能。SYSVOL 文件夹主要用于存储组策略对象和脚本，默认情况下，该文件夹位于%windir%目录中。

2. 合适的域控制器计算机名称

如果计划安装 Active Directory 域服务(AD DS)的服务器名称不符合域名系统(DNS)规

范，则 Active Directory 域服务安装向导将显示警告，要求重命名服务器，或者使用 Microsoft DNS 服务器。

3. 配置 TCP/IP 和 DNS 客户端设置

Active Directory 域服务依赖于正确配置 TCP/IP 协议参数和域名(DNS)客户端，而这些配置都是通过修改域控制器的所有物理网络适配器的 IP 属性来完成。然后，Active Directory 域服务安装向导将检测是否有任何 TCP/IP 或 DNS 客户端设置配置不正确。检测无误后，该向导才会继续进行安装。

对于 TCP/IP 协议参数，这意味着必须为域控制器的每个物理网络适配器分配一个有效的 IP 地址。因为动态主机配置协议(DHCP)服务器或 DHCP 服务可能不可用，或者 DHCP 服务器为域控制器指定不同的 IP 地址，所以，应始终对每个网络适配器使用静态 IP 地址，以使客户端可以继续查找域控制器。

4. 有一台具有允许动态更新 DC 定位器记录的 DNS 服务器

为了使域成员和其他域控制器能发现和使用正要安装的域控制器，必须向 DNS 服务器中添加允许动态更新的 DC 定位器记录。DNS 服务器管理员可以手动添加 DC 定位器记录，但对于初学者来说，最方便的方法是在安装第一台域控制器的时候同时安装 DNS 服务器，安装程序会自动配置 DNS 服务器，并在 DNS 服务器添加 DC 定位器记录。

5.2.2 创建网络中的第一台域控制器

用户可通过系统提供的活动目录安装向导来安装、配置自己的服务器。如果网络中没有其他域控制器，可新建域树或者新建子域，并将服务器配置为域控制器。

1. 安装 Active Directory 域服务

(1) 在“开始”菜单中选择“服务器管理器”命令。打开“服务器管理器”窗口后，选择左侧的“角色”节点，在右窗格的“角色摘要”部分中单击“添加角色”链接，如图 5-5 所示，启动添加角色向导。

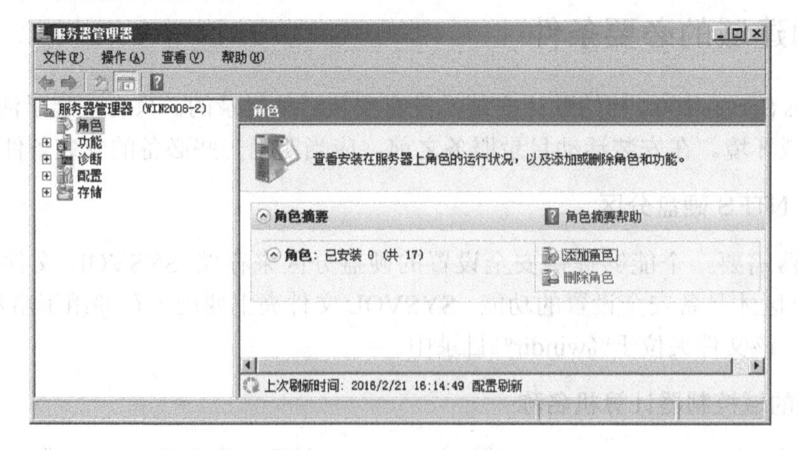

图 5-5 服务器管理器

(2) 在“开始之前”向导页中，提示此向导可以完成的工作，以及操作之前应注意的相关事项，单击“下一步”按钮继续，如图 5-6 所示。

(3) 在“选择服务器角色”向导页中，显示所有可以安装的服务器角色，如果角色前面的复选框没有被选中，表示该网络服务尚未安装，如果已选中，说明该服务已经安装。这里选中“Active Directory 域服务”复选框，单击“下一步”按钮继续，如图 5-7 所示。

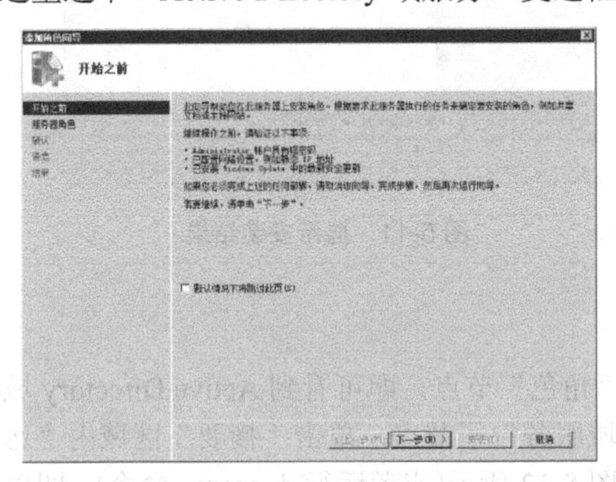

图 5-6　“开始之前”向导页

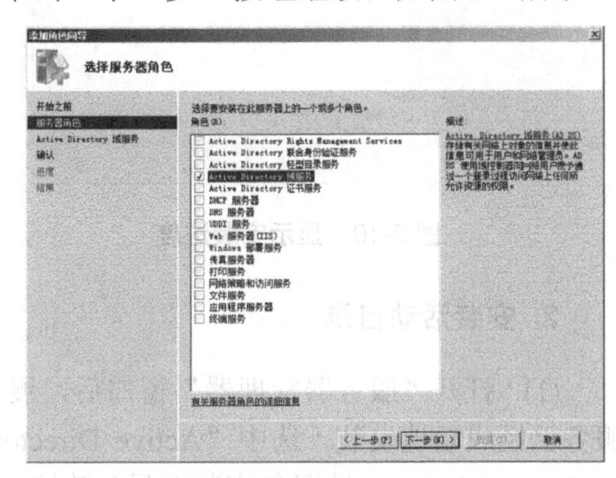

图 5-7　选择服务器角色

(4) 在“Active Directory 域服务”向导页中，简要介绍了 Active Directory 域服务的功能，单击“下一步”按钮继续，如图 5-8 所示。

(5) 在“确认安装选择”向导页中，要求确认所要安装的角色服务，如果选择错误，可以单击“上一步”按钮返回，这里单击“安装”按钮，开始安装 Active Directory 域服务角色，如图 5-9 所示。

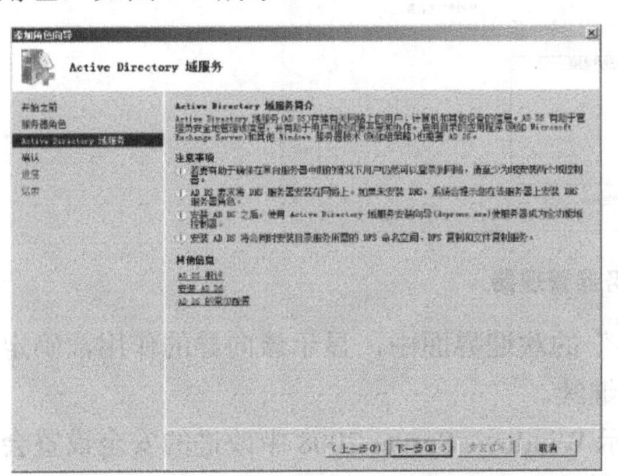

图 5-8　Active Directory 域服务功能简介

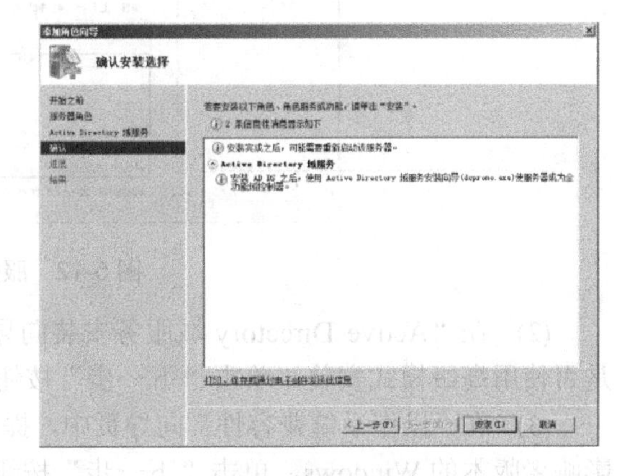

图 5-9　确认安装选择

(6) 在“安装进度”向导页中，显示安装 Active Directory 域服务的进度，如图 5-10 所示。

(7) 在“安装结果”向导页中，显示 Active Directory 域服务已经安装完成。若系统未启用 Windows 自动更新，还提醒用户设置 Windows 自动更新。单击“关闭”按钮便完成了角色安装，如图 5-11 所示。

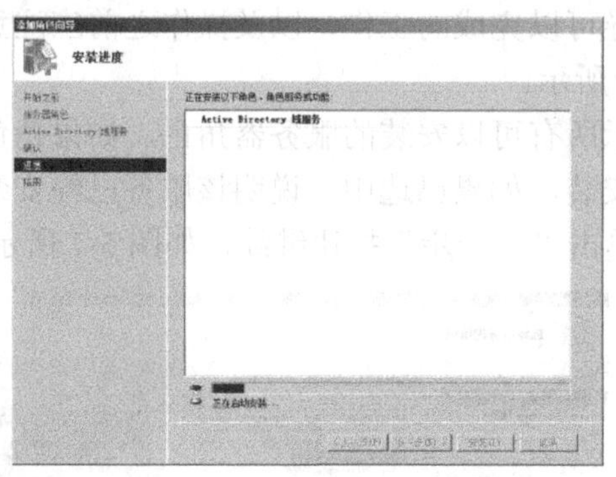

图 5-10　显示安装进度

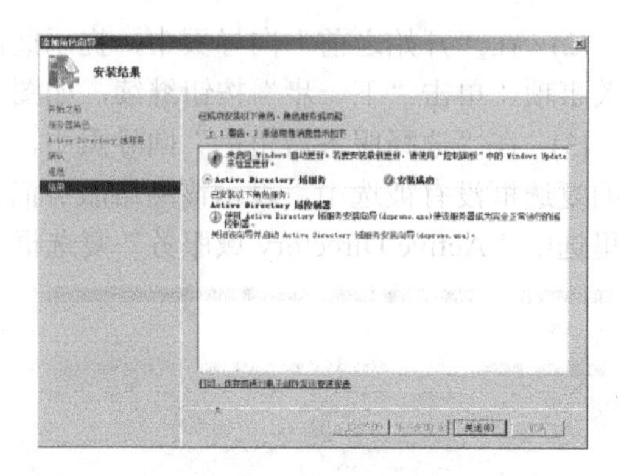

图 5-11　显示安装结果

2. 安装活动目录

(1) 打开“服务器管理器”窗口后，展开“角色”节点，即可看到Active Directory域服务已经成功地安装。选中“Active Directory域服务”子节点，单击“摘要”区域内“运行Active Directory域服务安装向导”链接，如图5-12所示(或者运行dcpromo命令)，即可启动Active Directory域服务安装向导。

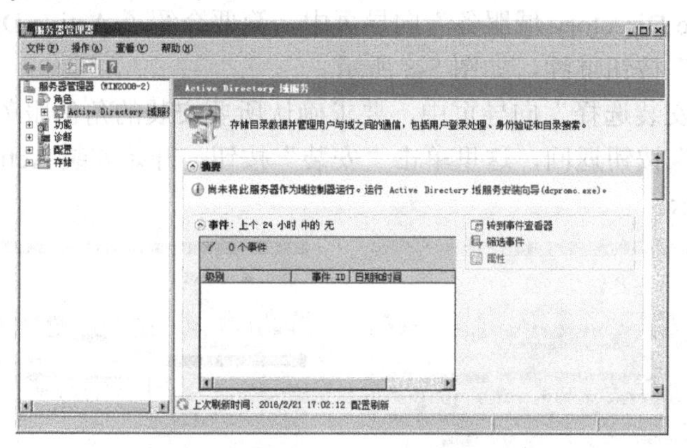

图 5-12　服务器管理器

(2) 在“Active Directory域服务安装向导”的欢迎界面中，显示该向导的作用，确定是否使用高级模式安装，单击“下一步”按钮继续。

(3) 在“操作系统兼容性”向导页中，提示Windows Server 2008中改进的安全设置会影响老版本的Windows，单击“下一步”按钮继续。

(4) 如果系统的TCP/IP配置中没有配置首选DNS服务器IP地址，将打开“配置域名系统客户端设置”向导页，提示必须配置DNS客户端。可以选中复选框，即在这个服务器中安装DNS服务，单击“下一步”按钮，如图5-13所示。

(5) 在“选择某一部署配置”向导页中，若要创建一台全新的域控制器，则选择“在新林中新建域”单选按钮；如果网络中已经存储了其他域控制器或林，则选择“现有林”单选按钮，再确定是“向现有域添加域控制器”还是“在现有林中新建域”。单击“下一步”按钮，如图5-14所示。如果Administrator系统管理员账户的密码不符合复杂度要求，则会弹出如图 5-15 所示的对话框。单击“确定”按钮后返回上一页(图 5-14)，待按要求修改 Administrator 账户密码后，再单击“下一步”按钮继续。

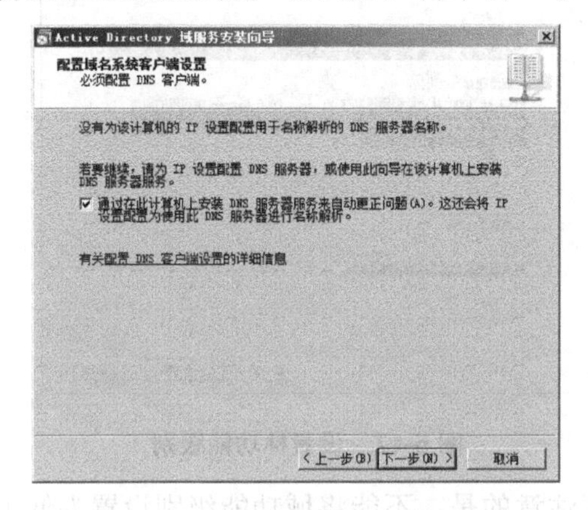

图 5-13　配置域名系统客户端设置

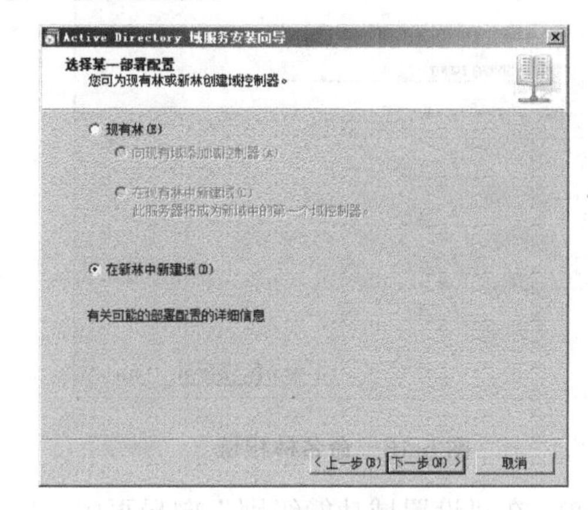

图 5-14　选择部署配置

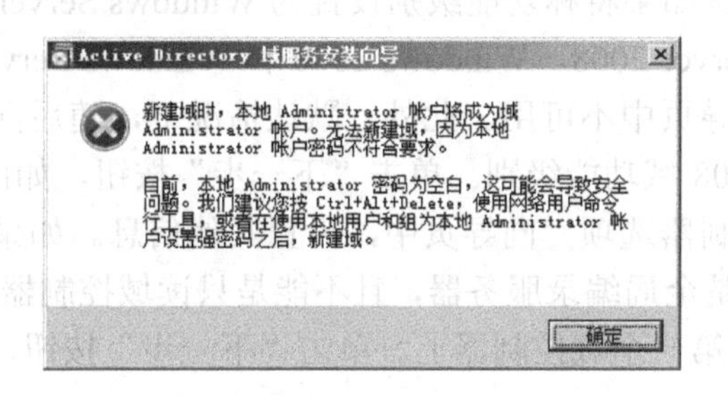

图 5-15　Administrator 密码不符合要求

注意： 如果域中已有一个域控制器，则可以向该域添加其他域控制器，以提高网络服务的可用性和可靠性。通过添加其他域控制器，有助于提供容错，平衡现有域控制器的负载，以及向站点提供其他基础结构支持。当域中有多个域控制器时，如果某个域控制器出现故障或必须断开连接，该域可继续正常工作。此外，多个域控制器使客户端在登录网络时可以更方便地连接到域控制器，从而提高性能。

(6) 在“命名林根域”向导页中，输入林根域的域名。单击“下一步”按钮，如图 5-16 所示。

(7) 在“设置林功能级别”向导页中，选择林功能级别。安装新的林时，系统会提示设置林功能级别，然后设置域功能级别。功能级别确定了在域或林中启用的 Active Directory 域服务的功能，限制哪些 Windows Server 操作系统可以在域或林中的域控制器上运行。例如选择 Windows 2000 林功能级别，将提供在 Windows Server 2000 中可用的所有 Active Directory 域服务功能。如果域控制器运行的是更高版本的 Windows Server，则当该林位于 Windows 2000 功能级别时，某些高级功能将在这些域控制器上不可用。一般情况下，创建新域或新林时，将域和林功能级别设置为环境可以支持的最高值。这样一来，就可以尽可能充分利用许多的 Active Directory 域服务功能。单击“下一步”按钮，如图 5-17 所示。

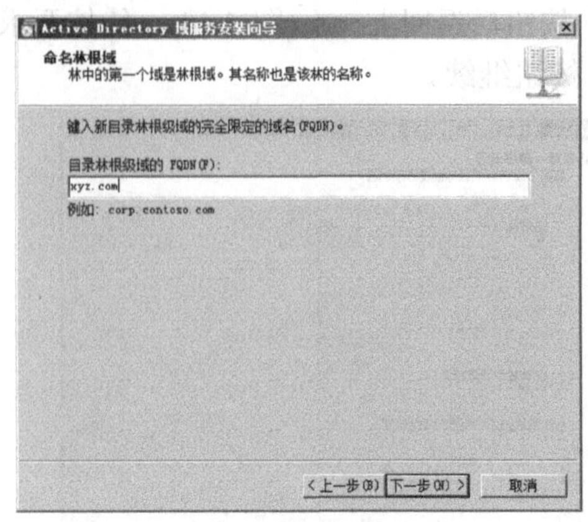

图 5-16　命名林根域

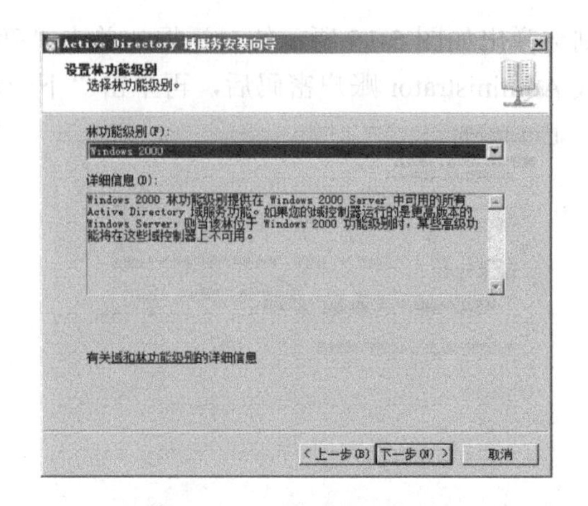

图 5-17　设置林功能级别

(8) 在“设置域功能级别”向导页中，需要注意的是，不能将域功能级别设置为低于林功能级别的值。例如，如果将林功能级别设置为 Windows Server 2008，则只能将域功能级别设置为 Windows Server 2008。Windows 2000 和 Windows Server 2003 域功能级别值在“设置域功能级别”向导页中不可用。此外，默认情况下，随后向该林添加的所有域都将具备 Windows Server 2008 域功能级别。单击“下一步”按钮，如图 5-18 所示。

(9) 在“其他域控制器选项”向导页中，设置其他信息。如果这台服务器是林中的第一个域控制器，则必须是全局编录服务器，且不能是只读域控制器(RODC)。同时，建议将 DNS 服务器服务安装在第一个域控制器上。单击“下一步”按钮，如图 5-19 所示。

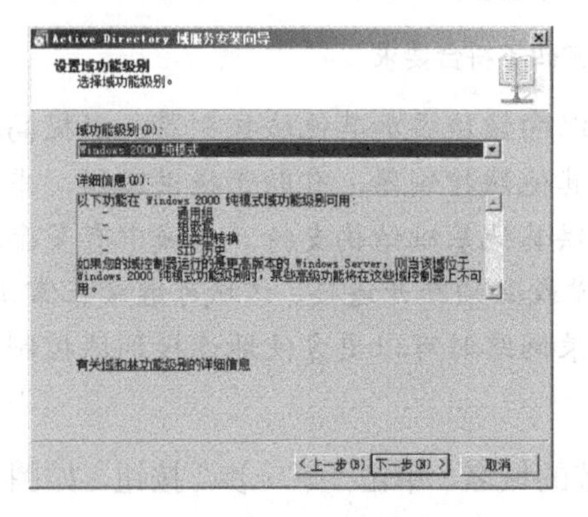

图 5-18　设置域功能级别

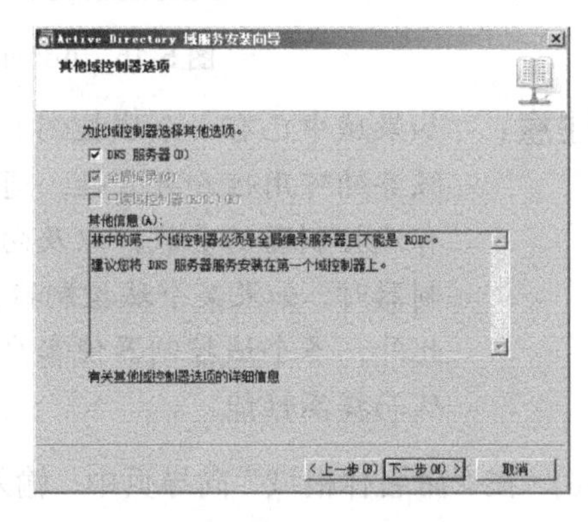

图 5-19　其他域控制器选项

(10) 安装向导开始检查 DNS 配置，并打开“Active Directory 域服务安装向导”警告框，提示无法创建 DNS 服务器的委派。单击“是”按钮，如图 5-20 所示。

(11) 在“数据库、日志文件和 SYSVOL 的位置”向导页中，指定 Active Directory 数据库、日志文件和 SYSVOL 文件夹在服务器上的存储位置。安装 Active Directory 域服务(AD DS)时，需要数据库存储有关用户、计算机和网络中的其他对象的信息。日志文件记录与 Active Directory 域服务有关的活动，例如，有关当前更新对象的信息。SYSVOL 存储组策略对象和脚本。默认情况下，SYSVOL 是位于%windir%目录中的操作系统文件的一部分。单击“下一步”按钮，如图 5-21 所示。

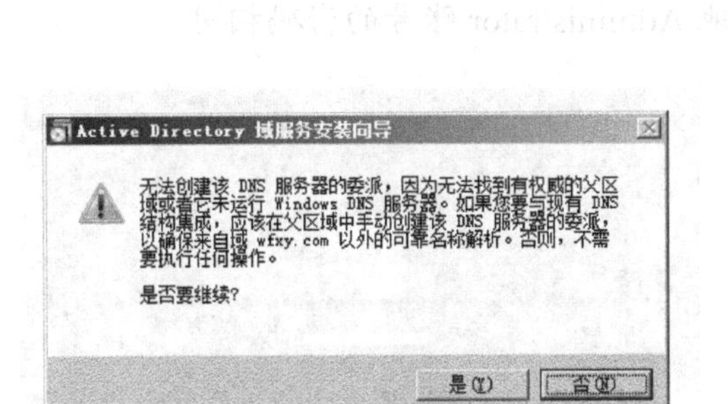

图 5-20　警告框

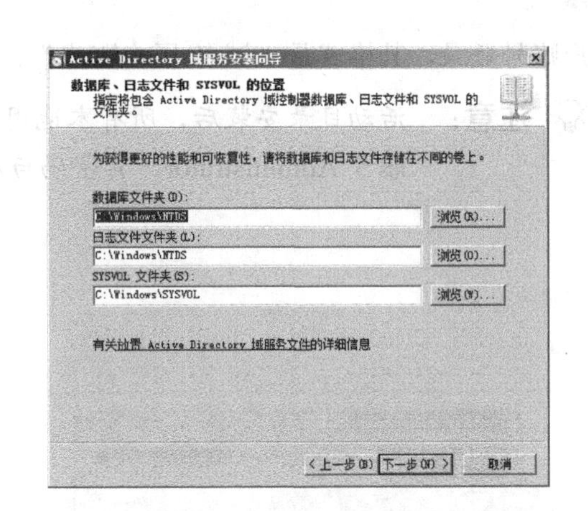

图 5-21　数据库、日志文件和 SYSVOL 的位置

(12) 在“目录服务还原模式的 Administrator 密码”向导页中，设置在目录服务还原模式(DSRM)下启动此域控制器的密码。这是当 Active Directory 域服务未运行时，登录域控制器所必需的密码。管理员务必保护好 DSRM 密码，默认情况下，必须提供包含大写和小写字母组合、数字和符号的强密码。单击“下一步”按钮，如图 5-22 所示。

(13) 在“摘要”向导页中，显示前面所进行的设置，以便用户检查。若设置不合适，可单击“上一步”按钮返回，进行修改。管理员还可单击“导出设置”按钮，将在该向导中指定的设置保存到应答文件中，然后使用该应答文件自动执行 Active Directory 域服务的后续安装。单击“下一步”按钮，如图 5-23 所示。

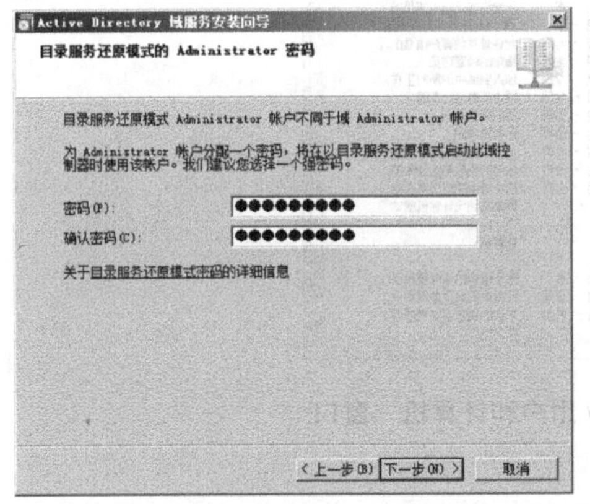

图 5-22　目录服务还原模式的 Administrator 密码

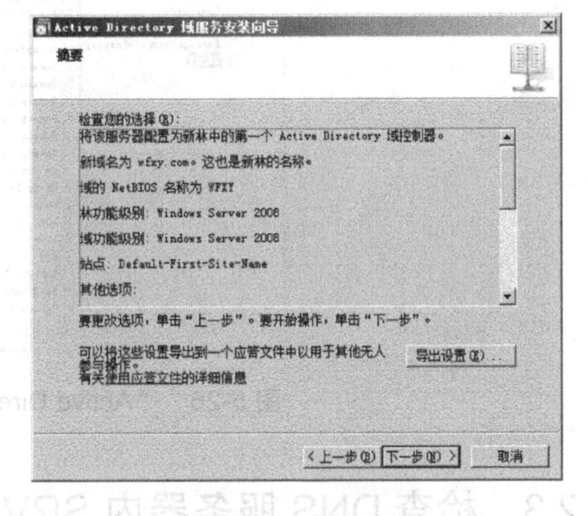

图 5-23　安装摘要

(14) 在“Active Directory 域服务安装向导”警告框中，提示正在根据所设置的选项配置 Active Directory，这个过程一般比较长。若选中“完成后重新启动”复选框，则安装完成后，计算机会自动重新启动。

(15) 配置完成后，出现“完成 Active Directory 域服务安装向导”向导页，安装完成。单击“完成”按钮。

(16) 在最后弹出的重启提示框中，单击“立即重新启动”按钮，以重新启动计算机，如图 5-24 所示。

(17) 重新启动计算机后，系统已升级为 Active Directory 域控制器，此时必须使用域用户账号登录，其格式是“域名\用户账户”，如图 5-25 所示。

💡 **注意：** 活动目录安装后，所有本地用户将不能再使用了，同时创建了一个域管理员账号 Administrator，其密码与本地 Administrator 账号的密码相同。

图 5-24　重启提示框

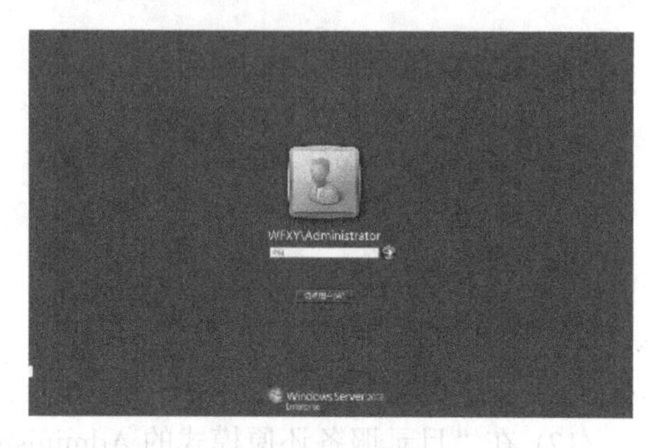

图 5-25　登录域控制器的界面

(18) 登录到系统后，选择“开始”→“管理工具”→“Active Directory 用户和计算机”命令，打开“Active Directory 用户和计算机”窗口，便可对域控制器进行管理了，如图 5-26 所示。至此，安装过程已经完成。

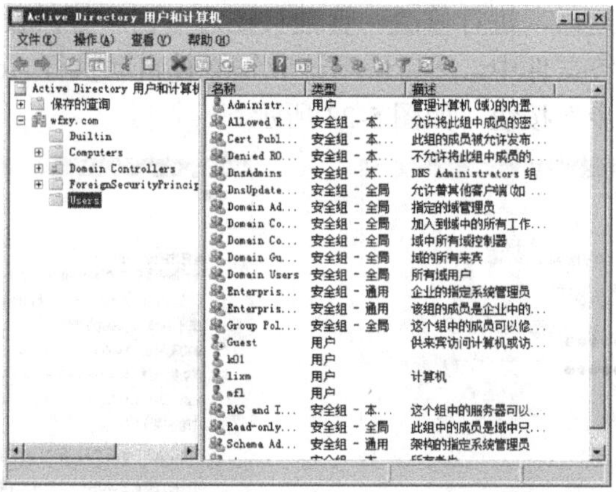

图 5-26　“Active Directory 用户和计算机”窗口

5.2.3　检查 DNS 服务器内 SRV 记录的完整性

为了使其他域成员和域控制器通过 SRV 记录发现此域控制器，必须在 DNS 服务器中检查域控制器注册的 SRV 记录是否完整。

(1)　在安装活动目录的同时也安装了 DNS 服务，系统会将首选的 DNS 自动指定为 127.0.0.1，在此，我们将首选 DNS 改成指向自己的 IP 地址，如图 5-27 所示。

(2)　选择“开始”→“管理工具”→“DNS”命令，打开“DNS 管理器”窗口，检查 DNS 服务器内的 SRV 记录是否完整，如图 5-28 所示。注意上面的区域内有 4 项，下面的区域内有 6 项。

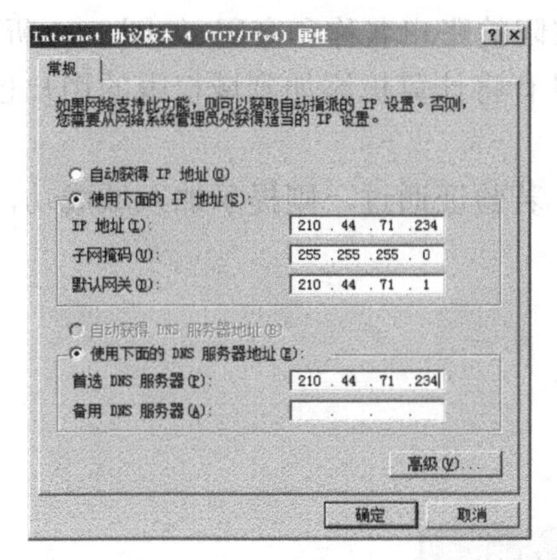

图 5-27　设置首选 DNS

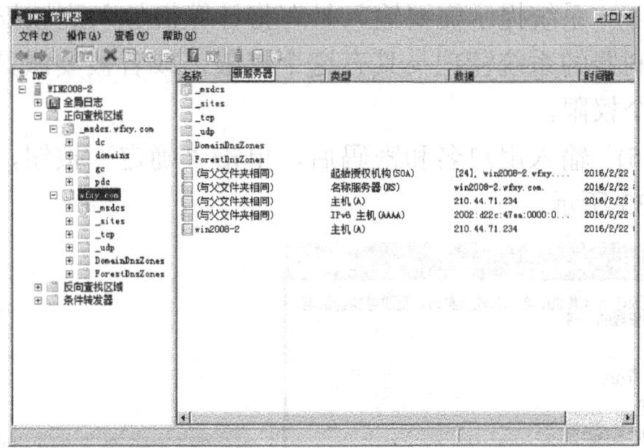

图 5-28　检查 DNS 服务器内 SRV 记录的完整性

5.3　将 Windows 计算机加入域

5.3.1　将客户端计算机加入域

客户端计算机必须加入到域中，才能接受域的统一管理和使用域中的资源。目前主流的 Windows 操作系统中，除 Home 版外，都能添加到域中。

下面将以 Windows XP Professional 系统作为例子，介绍将计算机添加到域的详细操作步骤。

(1) 在“Internet 协议(TCP/IP)属性”对话框中，指定 DNS 服务器的地址，如图 5-29 所示。如果域控制器采用默认的安装过程，则域控制器也是 DNS 服务器。

(2) 通过“控制面板”或桌面上的“我的电脑”，打开“系统属性”对话框，在“计算机名”选项卡中，单击“更改”按钮，如图 5-30 所示。

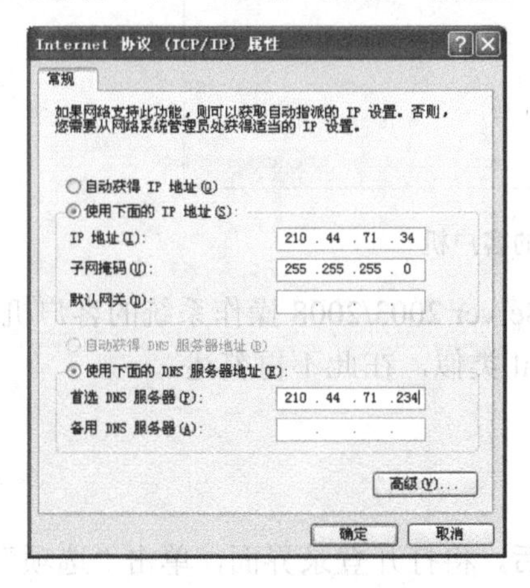

图 5-29　配置 DNS 服务器

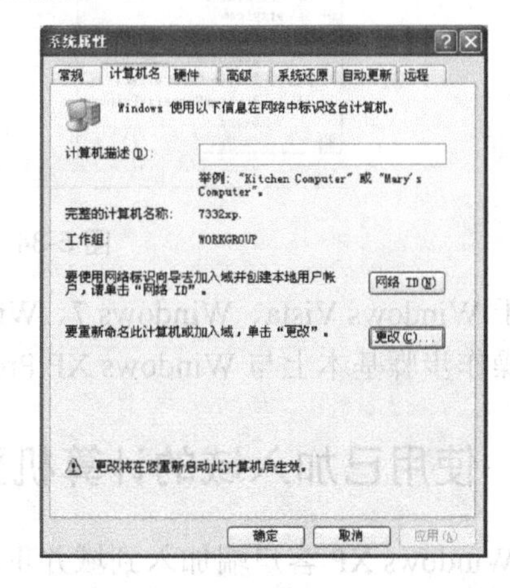

图 5-30　“系统属性”对话框

(3) 在“计算机名称更改”对话框中，选中“隶属于”选择区域的“域”单选按钮，并在文本框中输入要加入的域的名称，然后单击“确定”按钮，如图 5-31 所示。

(4) 系统提示需要输入具有将计算机加入到域权限的账户名称和密码，如图5-32所示。域控制器的系统管理员具有这个权限，或者被委派具有将计算机添加到域权限的用户也具有这个权限。

(5) 输入用户名和密码后，单击“确定”按钮，若验证通过，则提示加入域成功，如图5-33所示。

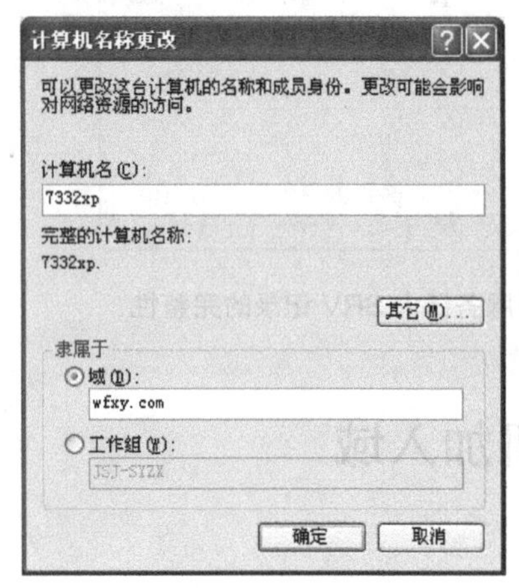

图5-31 更改域名

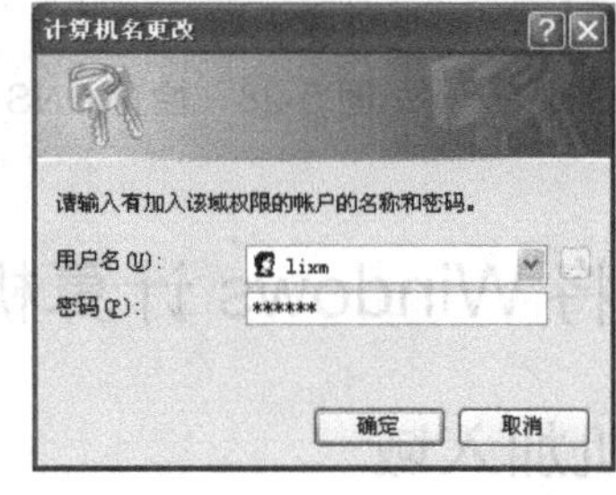

图5-32 加入域认证

图5-33 加入域成功

(6) 单击“确定”按钮，关闭“系统属性”对话框，系统提示重新启动计算机以便使用所做的改动。

(7) 重启后，回到域控制器上，打开“Active Directory用户和计算机”窗口，选择控制台树中的Computers节点，就可以看到新加入域的客户机了，如图5-34所示。

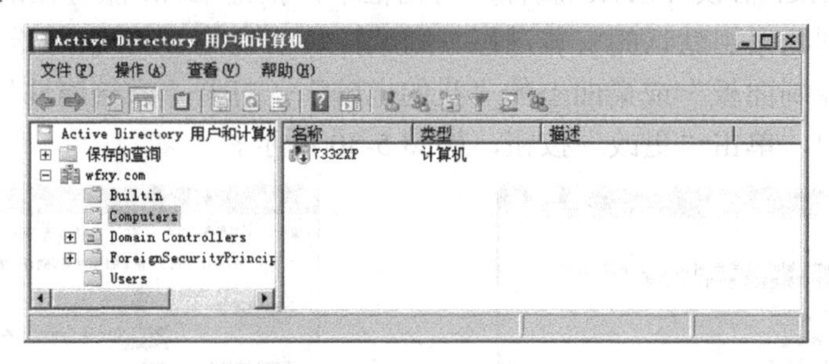

图5-34 新加入的客户机

对于Windows Vista、Windows 7、Windows Server 2003/2008操作系统的客户机，添加到域的操作步骤基本上与Windows XP Professional类似，在此不再赘述。

5.3.2 使用已加入域的计算机登录

当Windows XP客户端加入到域并重新启动后，将打开登录界面，单击“选项”按钮，在“登录到”下拉列表中选择当前计算机所加入到的域，然后在“用户名”和“密码”文本框中分别输入域用户名和密码，单击“确定”按钮，若验证通过便登录到域，如图5-35所示。

对于 Windows Vista、Windows 7、Windows Server 2008 客户端，登录到域的方法与 Windows XP 略有不同。启动到登录界面后，单击“切换用户”按钮，显示选择用户界面，单击“其他用户”按钮，打开如图 5-36 所示的界面。在“用户名”文本框中输入欲使用的域用户账户，其格式是：“用户名@域名”或“域名\用户名”，例如 Administrator@wfxy.edu.cn、wfxy.edu.cn\Administrator，此时提示信息会显示要登录到的域。在“密码”文本框中输入相应的密码，单击登录按钮或按下 Enter 键，即可登录到域。

图 5-35　Windows XP 客户端登录域

图 5-36　Windows Server 2008 登录域

5.3.3　使用活动目录中的资源

将 Windows 计算机加入域的目的，一方面是为了发布本机的资源到活动目录中，另一方面也方便用户在活动目录中查找资源。下面简要介绍在客户机查询活动目录资源的方法。

(1) 双击桌面上的“网上邻居”图标，打开“网上邻居”窗口，单击左侧的“搜索 Active Directory”链接，如图 5-37 所示。

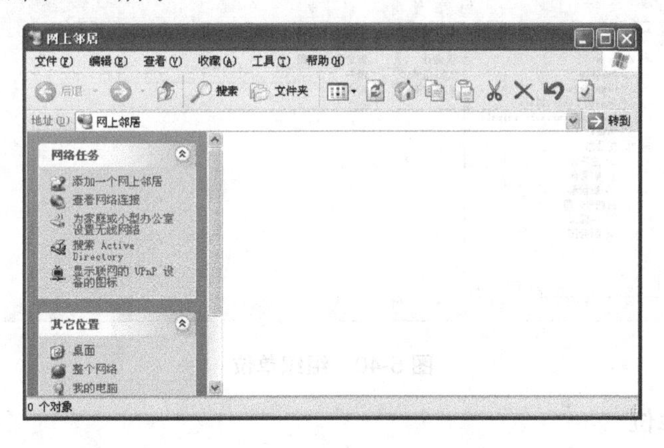

图 5-37　“网上邻居”窗口

(2) 出现“查找用户、联系人及组”对话框后，在“查找”下拉列表中选择需要查询的内容，例如“用户、联系人及组”、“计算机”、“打印机”、“共享文件夹”、“组织单位”等，单击“开始查找”按钮即可。也可以在“名称”文本框中输入查找名称，查找到符合条件的资源。图 5-38 所示是查询名字为“李小名”的用户。

(3) 双击该用户，便可列出该用户比较详细的信息，如图5-39所示。

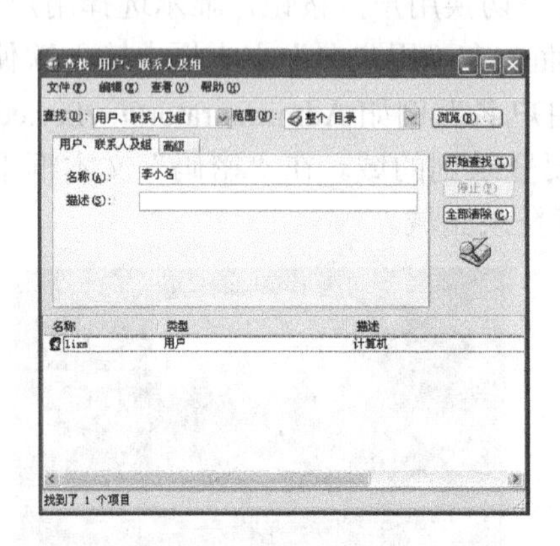

图5-38 查找资源

图5-39 用户信息

5.4 管理Active Directory内的组织单位和用户账户

5.4.1 管理组织单位

组织单位是组织和管理一个域内对象的容器，它能包容用户账户、用户组、计算机、打印机和其他的组织单位。为了管理方便，通常可以按照公司或企业的组织结构创建组织单位，图5-40所示是一个公司组织单位的结构。组织单位应当设置为有意义的名称，如"财务部"、"生产部"等，而且不要经常改变名称。

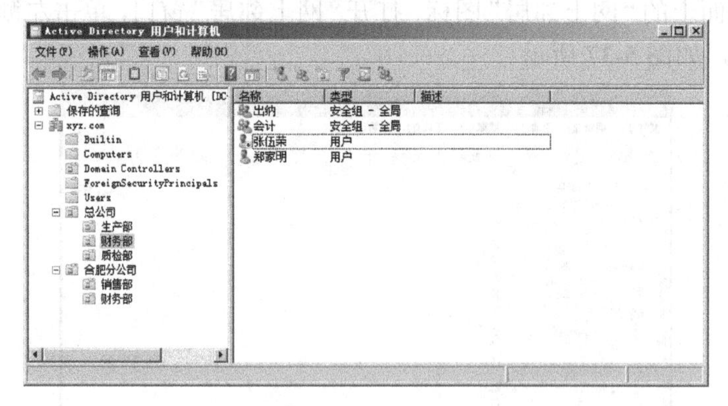

图5-40 组织单位

1. 新建组织单位

(1) 打开"Active Directory用户和计算机"窗口，在控制台目录树中，展开域根节点。右击要进行创建的组织单位或容器，从弹出的快捷菜单中选择"新建"→"组织单位"命令，弹出"新建对象-组织单位"对话框，如图5-41所示。

(2) 在"新建对象-组织单位"对话框中，输入组织单位的名称，单击"确定"按钮即可。默认情况下，"防止容器被意外删除"复选框为选中状态，其目的是防止管理员的误

操作而删除组织单位，以免造成组织单位内的所有对象被删除。

2. 设置组织单位的属性

组织单位除了有利于网络扩展外，另一大优点是它在管理方面的方便性和安全性，但是，如果不根据组织单位的实际情况设置其属性，是很难发挥这个优点的。所以，用户在创建组织单位之后，必须根据需要设置组织单位属性。要设置组织单位的属性，可遵循如下步骤。

(1) 打开“Active Directory 用户和计算机”窗口，右击要设置属性的组织单位，从快捷菜单中选择“属性”命令，打开该组织单位的属性对话框，如图 5-42 所示。

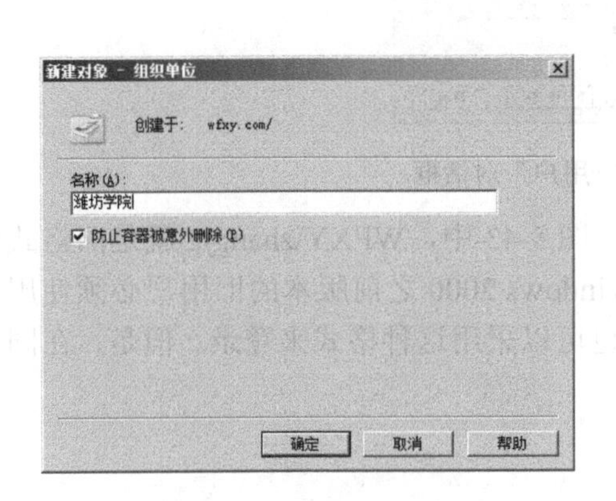

图 5-41　新建组织单位

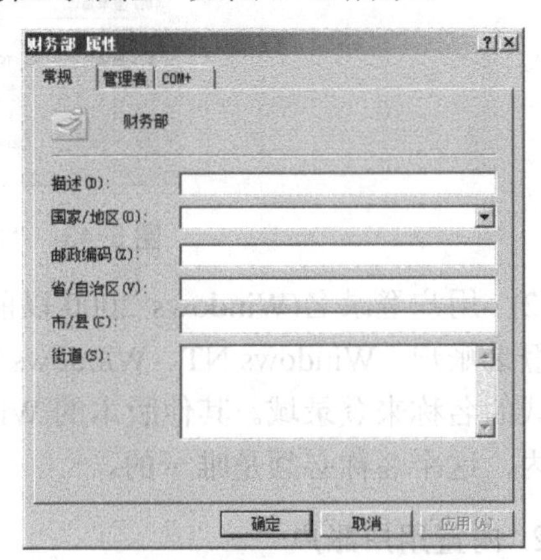

图 5-42　组织单位的属性

(2) 在“常规”选项卡中，可在“描述”文本框中为组织单位输入一段描述，在“省/自治区”、“市/县”等文本框中输入组织单位所在的位置。

(3) 切换到“管理者”选项卡，单击“更改”按钮，在“选择用户或联系人”对话框中选择一个用户作为管理者。更改管理者之后，单击“查看”按钮，即可打开所更改的管理者的属性对话框，管理员可对管理者的属性进行修改，如果要清除管理者，则单击“清除”按钮。

(4) 属性设置完毕，单击“确定”按钮保存设置并关闭属性对话框。

5.4.2　域用户账户概述

登录域的用户账户是建立在域控制器上的，也是活动目录中的使用者账户。以下讲述域模式下的用户账户。

1. 用户登录账户

用户账户是以“用户名”和“口令”来标识的。在域控制器建好之后，每个网络用户登录域之前，都会向域申请一个用户账户。用户在计算机上登录时，应当输入在域活动目录数据库中有效的用户名和口令，通过域控制器的验证和授权后，就能以所登录的身份和权限对域和计算机资源进行访问了。

用户登录名称格式有两种。

(1) 用户登录名(User Principal Name，UPN)。它的格式与电子邮件账户相同，如图5-43中的zhangjg@wfxy.com所示，此名称只能在Windows 2000、Windows XP、Windows Server 2003、Windows Vista、Windows Server 2008、Windows 7计算机上登录域时使用。在整个域林中，这个名称必须是唯一的，而且不会随着账户转移而改变。

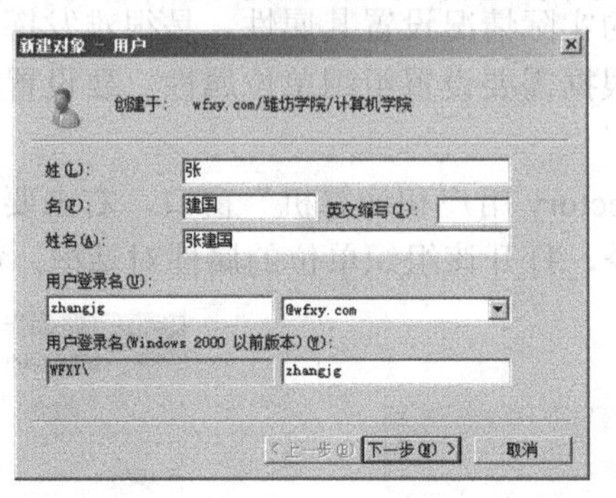

图5-43 “新建对象-用户”对话框

(2) 用户登录名(Windows 2000以前版本)。图5-43中，WFXY\zhangjg就是旧格式的用户登录账户。Windows NT、Windows 98等Windows 2000之前版本的旧用户必须使用这个格式的名称来登录域。其他版本的Windows也可以采用这种格式来登录。但是，在同一个域内，这个名称必须是唯一的。

2. 内置用户账户

活动目录安装完后有两个主要的内置用户账户：Administrator和Guest。Administrator账户对域具有最高级的权限和权力，是内置的管理账户，而Guest账户只有极其有限的权力和权限。表5-1列出了Windows Server 2008的域控制器上的内置用户账户。

表5-1 Windows Server 2008域控制器上的内置用户账户

内置用户账户	特 性
Administrator(管理员)	Administrator账户具有域内最高权力和权限，系统管理员使用这个账户可以管理域或者所有计算机上的资源，以及所有的账户信息数据库。例如，创建用户账户、组账户，设置用户权限和安全策略等
Guest(客户)	Guest账户默认状态是禁用的，如需使用，要将其打开。Guest账户是为临时登录域网络环境并使用网络中有限资源的用户提供的，它的权限非常有限

5.4.3 创建域用户账户

1. 新建域用户账户

当有新的用户需使用网络上的资源时，管理员必须在域控制器中为其添加一个相应的用户账户，否则该用户无法访问域中的资源。需要注意的是，具有新建等管理域用户账户

权限的账户是 Administrator，或者是 Administrators、Account Operators、Domain Admins、Power Users 组的成员账户。建立和管理域用户的具体操作步骤如下。

(1) 打开“Active Directory 用户和计算机”窗口，右击要添加用户的组织单位或容器，在弹出的快捷菜单中选择“新建”→“用户”命令，弹出“新建对象-用户”对话框。

(2) 在“姓”和“名”文本框中分别输入姓和名，并在“用户登录名”文本框中输入用户登录时使用的名字。单击“下一步”按钮(如图 5-43 所示)。

(3) 在新出现的界面中，在“密码”和“确认密码”文本框中输入用户密码。密码和确认密码中的字符最多 128 个，是区分大小的，并且还要符合密码复杂度的策略。如果希望用户下次登录时更改密码，可选中“用户下次登录时须更改密码”复选框；“用户不能更改密码”复选框的作用是确定用户能否自行修改自己的密码；如果希望密码永远不过期，可选中“密码永不过期”复选框；如果暂停该用户账户，可选中“账户已禁用”复选框。单击“下一步”按钮，如图 5-44 所示。

(4) 在新出现的界面中，显示账户设置摘要，如果需要对账户信息修改，单击“上一步”按钮返回。确认无误后，单击“完成”按钮完成新建域用户账户，如图 5-45 所示。

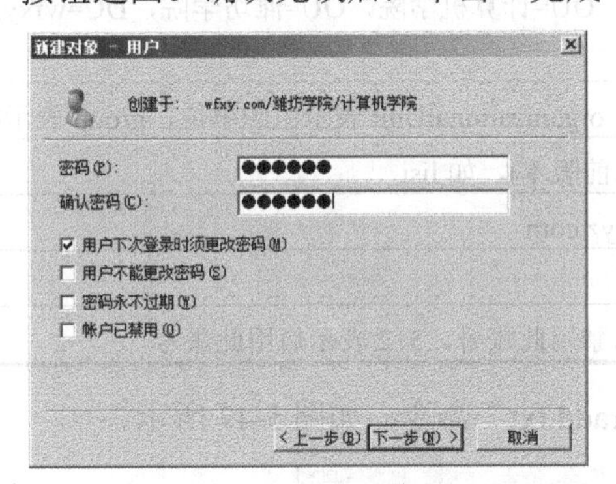

图 5-44　设置用户密码

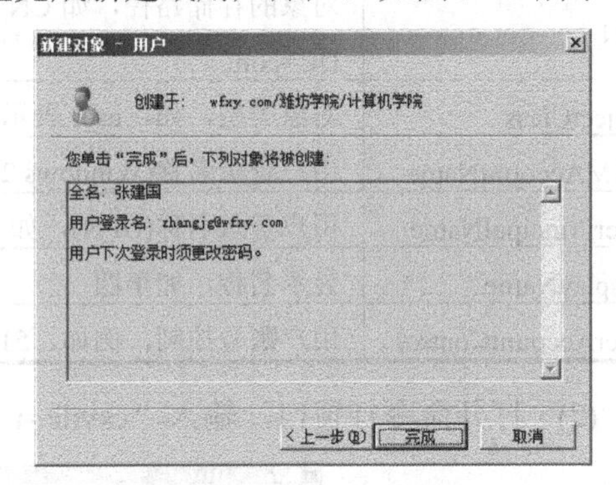

图 5-45　显示账户设置摘要

2. 用户账户的复制和修改

如果企业组织内拥有许多属性相同的账户，就可以先建立一个典型的代表用户账户，然后使用“复制”功能，就可建立这些用户账户。具体操作步骤是，先选中已经建立好的用户账户，单击鼠标右键，在弹出快捷菜单中选择“复制”命令，然后的操作类似于新建用户的步骤，就可快速建立多个相同性质的用户账户。

3. 批量创建域用户账户

如果需要建立大量的用户账户(或其他类型的对象)，可以事先利用文字编辑程序将这些用户账户属性编写到纯文本文件内，然后利用 Windows Server 2008 所提供的工具，从这个纯文本文件内将这些用户账户一次性输入到 Active Directory 数据库中。这样做的好处是无须利用“Active Directory 用户和计算机”窗口的图形界面来分别建立这些账户，可以提高工作效率。

(1) 利用可编辑纯文本文件的工具(如 Windows 操作系统中的记事本)，将用户账户数据输入到文件内并保存为 useradd.txt，如图 5-46 所示。

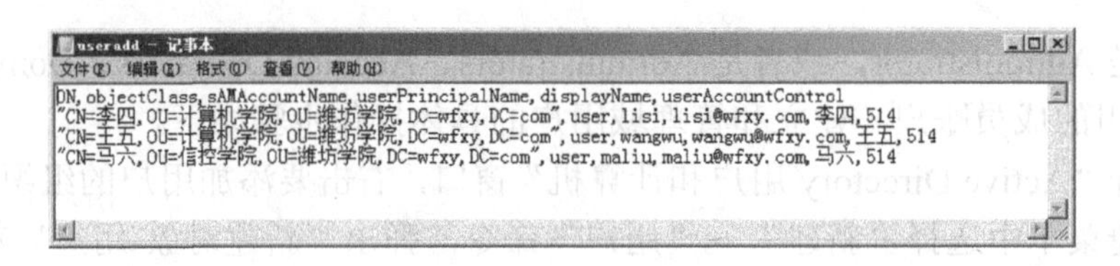

图 5-46 编辑账户数据

在图 5-46 中，第 1 行用于定义与第 2 行起相对应的每一个属性，从第 2 行开始都是建立的用户账户的属性数据，各属性数据之间用英文的逗号(,)隔开。

例如，第 1 行的第 1 个字段 DN(Distinguished Name)，表示第 2 行开始每行的第 1 字段，代表对象的存储路径；第 1 行的第 2 个字段 objectClass，表示第 2 行开始每行的第 2 字段，代表对象的对象类型。表 5-2 是以图 5-46 为例进行说明的。

表 5-2 批量创建域用户账户

属　性	说明与值
DN	对象的存储路径，如 CN=李四，OU=计算机学院，OU=潍坊学院，DC=wfxy，DC=com
objectClass	对象类型，如，user 表示用户，organizationalUnit 表示组织单位，group 表示组
sAMAccountName	用户登录名称(Windows 2000 以前版本)，如 lisi
userPrincipalName	用户登录名称(UPN)，如 lisi@xyz.com
displayName	显示名称，如李四
userAccountControl	用户账号控制，例如，514 表示禁用此账号，512 表示启用此账号

(2) 打开命令行窗口，输入“csvde -i -f useradd.txt”命令，如图 5-47 所示。

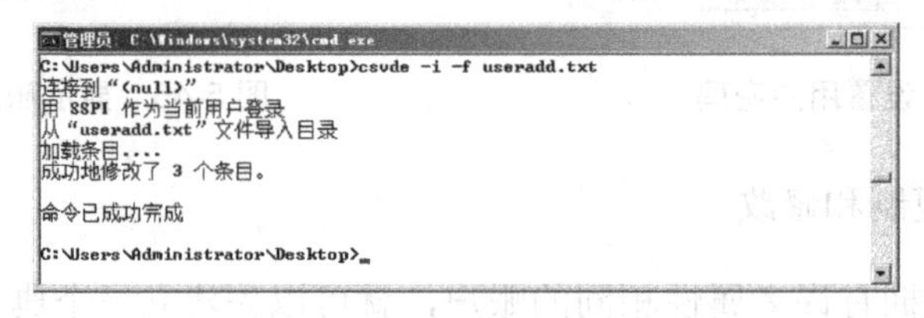

图 5-47 创建账户

(3) 此时，在“潍坊学院”→“计算机学院”组织单位内新创建了两个用户账号，在“潍坊学院”→“信控学院”组织单位内新创建了一个用户账号，如图 5-48 所示。

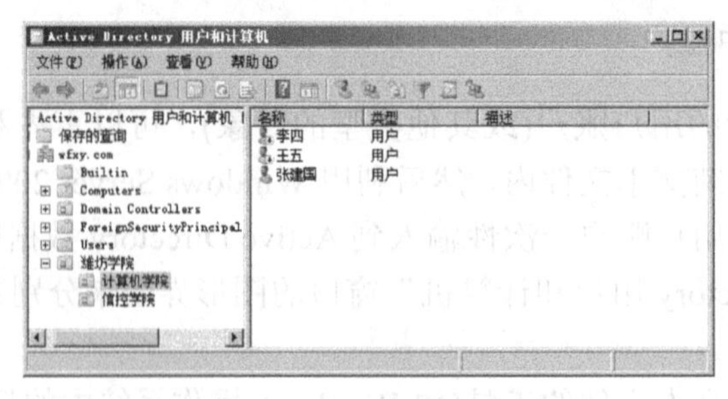

图 5-48 批量创建域用户账户

5.4.4　管理域用户账户

管理域用户账户的常用任务包括修改域用户账户的属性、禁用和启用用户账户、删除用户账户、重新设置用户账户密码、解除被锁定的账户、移动账户等。

1. 修改域用户账户的属性

(1) 打开“Active Directory 用户和计算机”窗口，右击需要修改的用户账户，在弹出的快捷菜单中选择“属性”命令，打开用户属性对话框，如图 5-49 所示。

(2) 在用户属性对话框中，可以选择并修改该账户的各项内容。例如，在“账户”选项卡中修改用户的登录时间，可以设定该用户许可的登录时间段，之后单击“确定”按钮，即可完成该属性的修改任务，如图 5-50 所示。

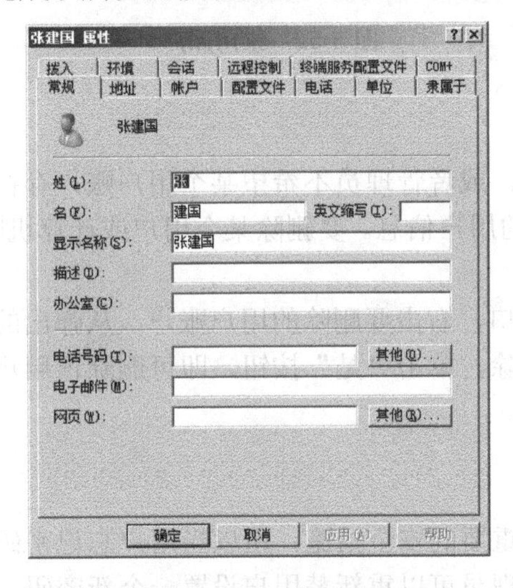

图 5-49　用户属性

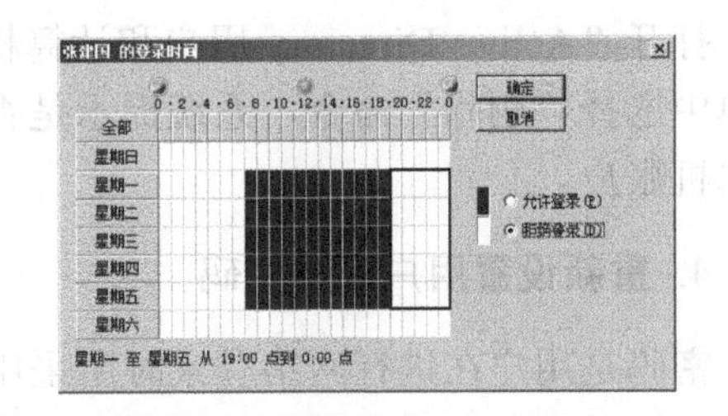

图 5-50　设置允许登录时间

(3) 如果对多个相同性质的用户账户进行某项相同属性参数的修改，也可以使用多用户账户的修改方法。具体操作可以是在“Active Directory 用户和计算机”窗口的容器中选择多个用户账户名称，在选中之后单击鼠标右键，在弹出的快捷菜单中选择“属性”命令，在“多个项目属性”对话框中，便可以进行相应的修改了，从而达到批量修改多用户账户属性的目的，如图 5-51 所示。

2. 禁用和启用用户账户

管理员可禁用暂时不用的用户账户。要禁用某用户账户，可遵循如下步骤。

打开“Active Directory 用户和计算机”窗口，右击要禁用的用户账户，选择“禁用账户”命令，出现提示信息后，随即禁用了该账户。

禁用后的用户或计算机账户上会显示一个向下图标，如图 5-52 所示。

如果要重新启用已禁用的用户或计算机账户，则再次右击该账户，弹出的快捷菜单中将出现“启用账户”命令，即可重新启用该账户了。

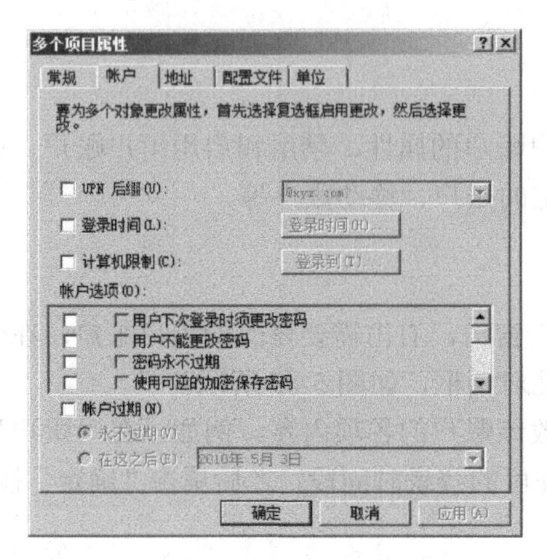
图 5-51　修改多用户账户属性

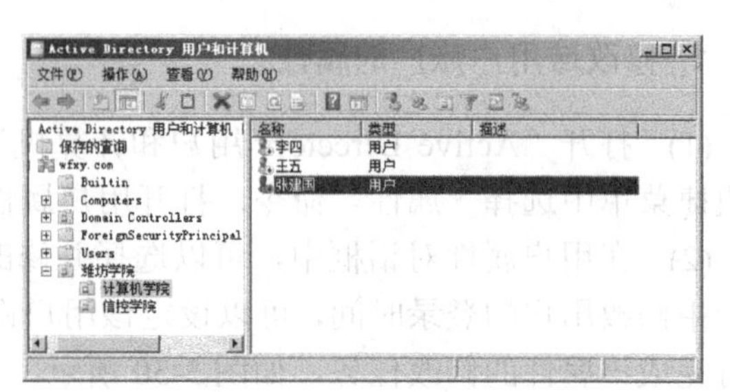
图 5-52　禁用账户

3. 删除用户账户

如果系统中的某一个用户账户不再被使用，或者管理员不希望某个用户账户存在于安全域中，则可删除该用户账户，以便更新系统的用户信息。要删除某个用户或计算机账户，可以遵循如下步骤。

打开“Active Directory 用户和计算机”窗口，右击要删除的用户账户，从弹出的快捷菜单中选择“删除”命令，系统提示是否要删除，单击“是”按钮，即可删除该用户或者计算机账户。

4. 重新设置用户账户密码

密码是用户在进行网络登录时所采用的最重要的安全措施，所以当用户忘记密码、密码使用期限到期，或者密码被泄露时，系统管理员可以重新替用户设置一个新密码。重新设置用户密码可遵循如下步骤。

(1) 打开“Active Directory 用户和计算机”窗口，右击要重新设置密码的用户账户，从弹出的快捷菜单中选择“重设密码”命令，打开“重置密码”对话框，如图 5-53 所示。

(2) 在“新密码”和“确认密码”文本框中输入要设置的新密码，单击“确定”按钮保存设置，同时，系统会提示确认信息，单击“确定”按钮即可完成设置。

5. 解除被锁定的账户

如果域管理员在账户策略内设定了用户锁定策略，当一个用户输入密码失败多次时，系统将自动锁定该账户登录，以达到安全的目的。用户账户被锁定后，系统管理员可以使用如下步骤来解除锁定。

(1) 打开“Active Directory 用户和计算机”窗口，从容器中选择需要解除锁定的账户，单击鼠标右键，在弹出的快捷菜单中选择“属性”命令，在弹出的对话框中切换到“账户”选项卡，如图 5-54 所示。

(2) 选中“解锁账户”复选框，单击“确定”按钮即可。

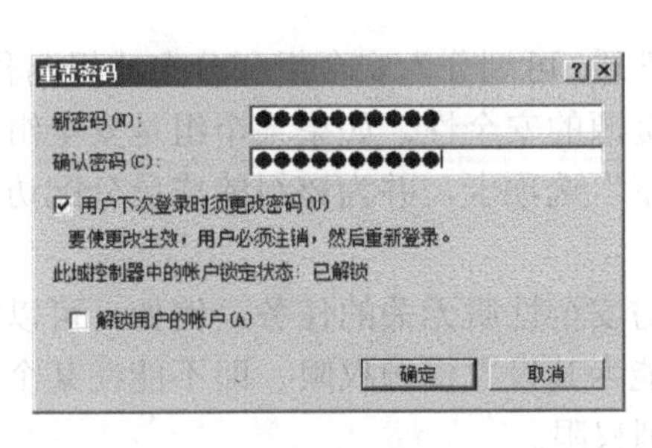

图 5-53　重置用户账户密码

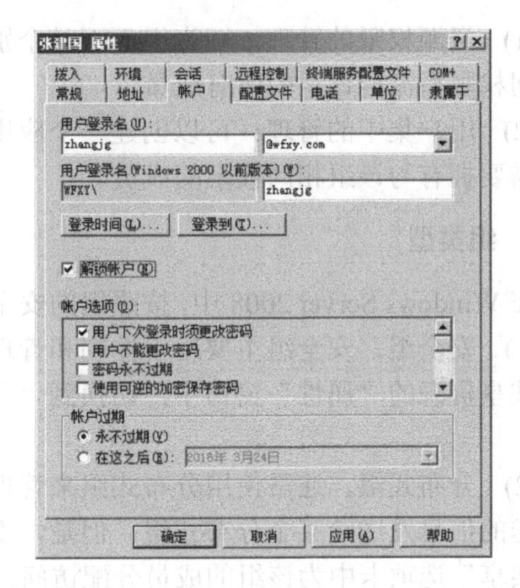

图 5-54　解锁账户

6. 移动账户

在大型网络，特别是企业网络中，为了便于管理，管理员经常需要将用户账户或计算机账户移到新的组织单位或容器中。

例如，公司某职员从技术部调到培训部，则应将其账户从技术部的组织单位中移动到培训部所在的组织单位中。账户被移动之后，用户或计算机仍可使用它们进行网络登录，不需要重新创建。但用户或计算机账户的管理人和组策略将随着组织单位的改变而改变。要移动用户或计算机账户，可遵循如下步骤。

打开“Active Directory 用户和计算机”窗口，右击要移动的用户账户，从弹出的快捷菜单中选择“移动”命令，弹出“移动”对话框，在“将对象移到容器”列表框中选择目标组织单位，单击“确定”按钮，即可完成移动。

当然了，管理员也可以像在资源管理器中移动文件一样，使用鼠标拖曳的方法，在“Active Directory 用户和计算机”窗口中移动用户或计算机账户。

5.5　管理 Active Directory 中的组账户

5.5.1　域模式的组账户概述

1. 域模式下组账户的作用

Windows Server 2008 作为多任务、多用户的操作系统，就是从安全和高效的角度来管理系统资源和信息的。使用组，可同时为多个账户指派一组公共的权限和权力，而不用单独为每个账户指派权限和权力，这样可简化管理。在 Windows Server 2008 的活动目录中，组是驻留在域控制器中的对象。活动目录在安装时自动安装了系列默认的内置组，它也允许以后根据实际需要创建组，管理员还可以灵活地控制域中的组和成员。通过对活动目录中的组进行管理，可以实现如下功能。

(1) 资源权限的管理：即为组而不是个别用户账户指派资源权限。这样可将相同的资源访问权限指派给该组的所有成员。

(2) 用户集中的管理：可以创建一个应用组，指定组成员的操作权限，然后向该组中添加需要拥有与该组相同权限的成员。

2. 组类型

在 Windows Server 2008 中，按照组的安全性质，可划分为安全组和分布式组两种类型。

(1) 安全组。安全组主要用于控制和管理资源的安全性。如果某个组是安全组，则可以在共享资源的“属性”窗口中，切换到“共享”选项卡，并为该组的成员分配访问控制权限。

(2) 分布式组。通常使用分布式组来管理与安全性质无关的任务。例如，可以将信使所发送的信息发送给某个分布式组。但是，不能为其设置资源权限，即不能在某个文件夹的“共享”选项卡中为该组的成员分配访问控制权限。

需要说明的一点是，用户建立的组和系统内置的组大多数都是安全组。

3. 组作用域

组都有一个作用域，用来确定在域树或域林中该组的应用范围。按组的作用域划分组，有 3 种组作用域：全局组、本地域组和通用组。

(1) 全局组。全局组主要用来组织用户，面向域用户，即全局组中只包含所属域的域用户账户。为了管理方便，系统管理员通常将多个具有相同权限的用户账户加入到一个全局组中。全局组之所以被称为全局组，是因为全局组不仅能够在创建它的计算机上使用，而且还能在域中的任何一台计算机上使用。只有在 Windows Server 2008 域控制器上能够创建全局组。

(2) 本地域组。本地域组主要是用来管理域的资源。通过本地域组，可以快速地为本地域和其他信任域的用户账户以及全局组的成员指定访问本地资源的权限。本地域组由该组所属域的用户账户、通用组和全局组组成，它不能包含非本域的本地域组。为了管理方便，管理员通常在本域内建立本地域组，并根据资源访问的需要，将适合的全局组和通用组加入到该组，最后为该组分配本地资源的访问控制权限。本地域组的成员仅限于本域的资源，而无法访问其他域内的资源。

(3) 通用组。通用组可以用来管理所有域内的资源。通用组可以包含任何一个域内的用户账户、通用组和全局组，但不能包含本地域组。一般在大型企业应用环境中，管理员常先建立通用组，并为该组的成员分配在各域内的访问控制权限。通用组的成员可以使用所有域的资源。

4. Active Directory 域内置的组

Windows Server 2008 创建活动目录域时，自动生成了一些默认的内置安全组。使用这些预定义的组，可以方便管理员控制对共享资源的访问，并委托特定域范围的管理角色。例如，Backup Operators 组的成员有权对域中的所有域控制器执行备份操作，当管理员将用户添加到该组中时，用户将接受指派给该组的所有用户权限，以及共享资源的所有权限。

5.5.2　组的创建与管理

1. 创建组

虽然系统提供了许多内置组用于权限和安全设置，但是它们不能满足特殊安全和灵活性的需要。所以，用户要想更好地管理用户或计算机账户，必须根据网络情况创建一些新组。新组创建之后，就可以像使用内置组一样使用它们，赋予权限和进行组成员的添加。创建新组的步骤如下。

(1) 打开“Active Directory 用户和计算机”窗口，在控制台目录树中，展开域根节点。右击要进行组创建的组织单位或容器，从弹出的快捷菜单中选择“新建”→“组”命令，打开“新建对象-组”对话框，如图 5-55 所示。

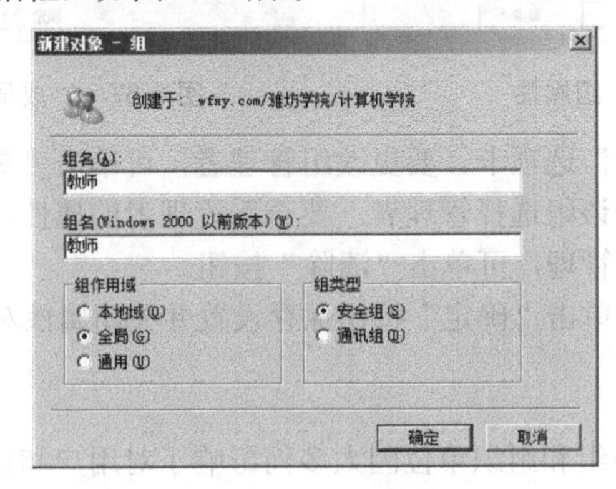

图 5-55　新建组

(2) 在“组名”文本框中输入要创建的组的名称，在“组作用域”选项组中选择组的作用范围；在“组类型”选项组中选择组类型。然后单击“确定”按钮，完成组的创建。

2. 设置组属性

一个新组被用户创建好之后，系统并没有设置该组的常规属性和权限，也没有为其指定组成员和管理人，该组几乎不发挥任何作用。如果要充分发挥组对用户账户和计算机账户的管理作用，管理员必须为该组设置属性和权限。要设置组属性，可遵循如下步骤。

(1) 打开“Active Directory 用户和计算机”窗口，右击要添加成员的组，选择“属性”命令，打开该组的属性对话框，如图 5-56 所示。

(2) 为了便于管理，在“描述”文本框和“注释”列表框中输入有关该组的注释信息；为了便于组管理员同组成员交换信息，在“电子邮件”文本框中输入组管理员的电子邮件地址。同时，还可以修改组的作用域和组的类型。

(3) 切换到“成员”选项卡，如图 5-57 所示。要添加成员，可单击“添加”按钮，打开“选择用户、联系人或计算机”对话框，选择要添加的成员。如要删除组成员，可在“成员”列表框中选择要删除的组成员，然后单击“删除”按钮即可。

(4) 用户主要是通过向新组添加内置组来设置权限，所以要设置组权限。切换到“隶属于”选项卡，单击“添加”按钮，打开“选择组”对话框，为创建的组选择内置组。如

要删除某个组权限，可在“隶属于”列表框中选择该组，单击“删除”按钮。

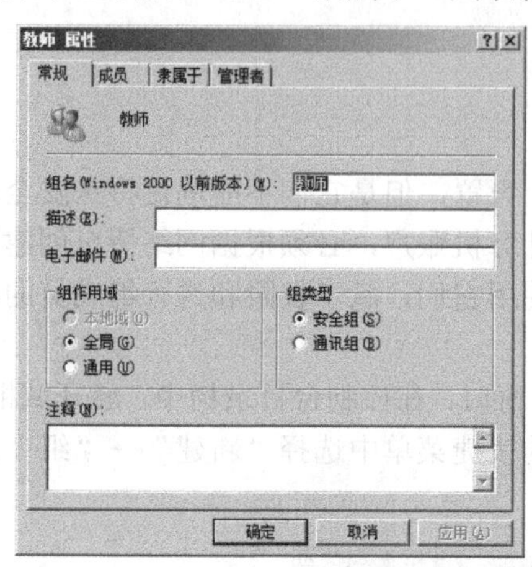

图 5-56　组属性

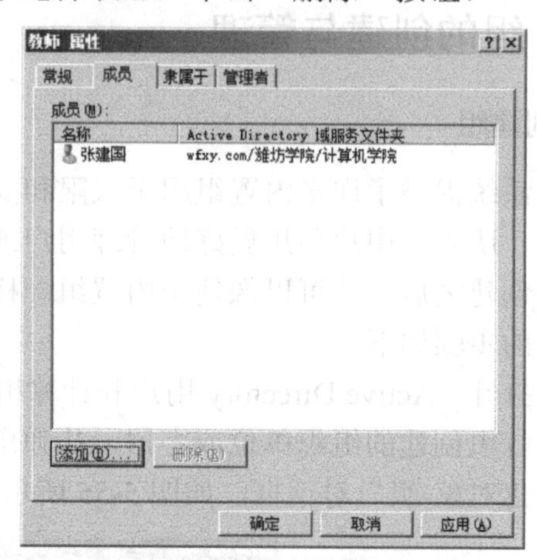

图 5-57　“成员”选项卡

(5)　切换到“管理者”选项卡。要更改组管理者，可单击“更改”按钮，打开“选择用户或联系人”对话框为该组选择管理者；要查看管理者的属性，可单击“查看”按钮；如果要清除管理者对组的管理，可单击“清除”按钮。

(6)　属性设置完毕，单击“确定”按钮保存设置并关闭属性对话框。

3. 删除组

Active Directory 中的组和组织单位因太多而影响了对用户和计算机账户的管理时，管理员可对其进行清理。例如，当目录中有长期不使用的组或者不符合网络安全的组，可将其删除。要删除组和组织单位，可遵循如下步骤。

(1)　打开“Active Directory 用户和计算机”窗口，在控制台目录树中，展开域节点。单击要删除的组或组织单位，检查窗格中列出的内容。

(2)　右击要删除的组或组织单位，从弹出的快捷菜单中选择“删除”命令，这时系统会提示是否要删除，单击“确定”按钮完成组或组织单位的删除。

注意： 管理员只能删除用户创建的组和组织单位，而不能删除由系统提供的内置组和组织单位。

本 章 小 结

本章主要介绍了 Active Directory 域的创建条件、安装与配置方法；介绍了将 Windows 计算机加入域和登录域的方法及使用活动目录中资源的方法；介绍了 Active Directory 内的组织单位的创建和管理方法及用户账户的创建和管理方法；介绍了域内组账户的类型和作用域；介绍了 Active Directory 内的组账户的创建和管理方法。

习题与实训

一、填空题

(1) 活动目录服务是 Windows Server 2008 中的一种目录服务，可以存储、管理网络中的各种资源对象，如__________、组、计算机和共享资源等相关信息。

(2) 活动目录服务的集成性主要体现在三个方面：__________、基于目录的网络服务和网络应用管理。

(3) 活动目录可以实现一个域或多个域，多个域可合并为域树，多个域树又可合并成为__________。

(4) 在域环境中，计算机的主要角色有__________、成员服务器和工作站等计算机。

(5) 活动目录中的站点是一个或多个__________的计算机集合，往往用来描述域环境网络的物理结构或拓扑。

(6) 活动目录对象只能够针对__________和__________设置权限，而无法针对组织单位来设置。

(7) 添加域成员计算机，在获得相应权限的情况下，先要设置客户机的__________。

二、选择题

(1) 以下__________不是域的工作特点。

A. 集中管理　　B. 便捷的网络资源访问
C. 一个账户只能登录到一台计算机　　D. 可扩展性

(2) 下面关于工作组的说法中，错误的是__________。

A. 每台计算机的地位是平等的　　B. 网络模型管理分散
C. 安全性高　　D. 适合于小型的网络环境

(3) 从活动目录的组成结构来看，域是活动目录中的__________。

A. 物理结构　　B. 拓扑结构　　C. 逻辑结构　　D. 系统架构

(4) 活动目录的物理结构包括__________。(选两项)

A. 域　　B. 组织单位　　C. 站点　　D. 域控制器

(5) 活动目录是由组织单元、域、__________和域林构成的层次结构。

A. 超域　　B. 域树　　C. 域控制器　　D. 团体

(6) 下面关于域、域控制器和活动目录，说法不正确的是__________。

A. 活动目录是一个数据库，域控制器是一台计算机，它们无关系
B. 域是活动目录中逻辑结构的核心单元
C. 要实现域的管理，必须有一个计算机安装活动目录
D. 安装了活动目录的计算机叫域控制器

(7) 组织单位是活动目录服务的一个称为__________的管理对象。

A. 容器　　B. 用户账户　　C. 组账户　　D. 计算机

(8) 下面__________不是安装活动目录时必需的条件。

A. 安装者必须具有本地管理员权限

B. 操作系统版本必须满足条件

C. 计算机上每个分区必须为 NTFS 文件系统的分区

D. 有相应的 DNS 服务器的支持

(9) 某公司有一个 Windows Server 2008 域 Benet.com，管理员小明想要将一台计算机加入该域，加入时出现"无法找到该域"的错误提示，小明使用 ping 命令可以 ping 通 DC 的 IP 地址，该计算机无法加入域的原因可能是__________。

A. 网络出现物理故障

B. 加入域时所使用的用户没有权限

C. 客户机没有配置正确的 DNS 地址

D. 客户机使用了与 DC 不同网段的 IP 地址

(10) 向域中批量添加用户的命令是__________。

A. csvde -i -p users1.txt　　B. csvde -i -f users1.txt

C. net user /add -i -f users1.txt　　D. net group /add -i -a users1.txt

(11) 在域中建立组时可以设置的组的类型包括__________。(选两项)

A. 安全组　　B. 全局组　　C. 分布式组　　D. 通用组

(12) __________是专门用来发送电子邮件的。

A. 本地组　　B. 全局组　　C. 通用组　　D. 安全组

(13) 在设置域账户属性时，__________项目不能被设置。

A. 账户登录时间　　B. 账户的个人信息

C. 账户的权限　　D. 指定账户登录域的计算机

三、实训内容

(1) Active Directory 域控制器的安装与配置。

(2) 将 Windows 计算机加入和登录域中，使用活动目录中的资源。

(3) 创建和管理组织单位。

(4) 创建和管理域用户账户。

(5) 创建和管理组账户。

第 6 章　组策略的管理与应用

本章学习目标

本章主要讲解 Windows Server 2008 网络操作系统中的组策略和各种安全策略的配置方法。

通过本章的学习，应该实现如下目标：

- 了解组策略的概念及结构。
- 掌握组策略对象的创建方法。
- 掌握组策略的配置方法。
- 掌握安全策略的配置使用方法。

6.1 组策略基础

6.1.1 组策略概述

组策略(Group Policy，GPO)是一组配置设置，组策略管理员可以将其应用于活动目录存储中的一个或多个对象，利用组策略控制用户的工作环境。组策略也可以控制在指定组织单位 OU 位置上的用户工作环境。另外，使用 Active Directory 站点和服务管理单元，组策略管理员可以在站点上设置组策略。

组策略包含一组设置，用来控制对象和子对象的行为。组策略管理员可以为用户提供一套完整的桌面环境，如定制的“开始”菜单项、自动发送到 My Documents 文件夹的文件等。

组策略还授予用户和组权力。组策略和本地需求之间可能存在冲突，例如，组策略可能限制用户访问在工作中需要使用的资源。当冲突发生时，必须请求组策略管理员解决冲突，如用户账号和组的权限设置等。组策略具有下列功能。

1. 保护用户环境

网络管理员对安全的要求较高，他可能希望为每台计算机创建一个锁定的工作环境。通过为指定用户实现相应的组策略设置，并结合 NTFS 权限、强制用户配置文件和其他 Windows Server 2003 安全特性，可以阻止用户安装软件和访问非授权程序或数据，还可以阻止用户删除对操作系统或应用程序功能有重要作用的文件。

2. 增强用户环境

使用组策略可以通过下列操作对用户环境进行增强：自动安装应用程序到用户的“开始”菜单；启动应用程序分发，方便用户在网络上找到并安装相应的应用程序；安装文件或快捷方式到网络上相应的位置或用户计算机上的特定文件夹；当用户登录或注销、计算

机启动或关闭时，自动执行任务或应用程序；重定向文件夹到网络位置，增强数据可靠性。

6.1.2 组策略结构

组策略是应用到活动目录存储中的一个或多个对象配置设置的集合。这些设置包含在组策略对象中。组策略对象在两个位置存储组策略的信息：容器和模板。

1. 组策略对象 GPO

GPO(Group Policy Object)中包含作用于站点、域和组织单位 OU 的组策略设置。其中包含写入存储在活动目录中的组策略容器(GPC)的属性信息；在称为组策略模板(GPT)的文件夹结构中存储组策略信息。通常情况下，管理员对这个 GPO 结构是隐藏的。

一个或多个 GPO 可以应用于站点、域或 OU。存储在活动目录中的一个或多个容器可以关联同一个 GPO，单一的容器可以关联多个 GPO。可以通过安全组成员的方式过滤 GPO 的作用域。通常，存储在 GPC 中的组策略数据很少并且不经常改变，而存储在 GPT 中的组策略数据很多并经常改变。

在每个 Windows Server 2008 计算机上都存在本地 GPO，而且在默认情况下只配置安全设置。本地 GPO 存储在 C:\Windows\system32\groupPolicy 文件夹下，并且具有下面的 ACL(访问控制列表)权限设置。

- Administrator：完全控制。
- System：完全控制。
- Authenticated User：读写，列出文件夹内容/读。

2. 组策略容器 GPC

GPC 是存储 GPO 属性并包含计算机和用户组策略信息子容器的活动目录对象。GPC 中包含信息的版本，来确保 GPC 中的信息与 GPT 中的信息同步，还包含用于识别 GPO 是否启动的状态信息。

GPC 存储用于配置应用程序的 Windows Server 2008 类存储信息。类存储信息是一个作用于应用程序、接口和 API 的基于服务器的存储库，提供应用程序指派和发布功能。

3. 组策略模板 GPT

GPT 是存储管理模板、安全设置、脚本文件和软件设置的组策略设置信息的容器。

6.2 组策略对象

组策略对象是配置组策略的基础，在配置组策略之前，必须创建一个或多个组策略对象，然后通过组策略编辑器(Group Policy Editor)设置所创建的组策略对象。

6.2.1 创建组策略对象

要对组策略进行管理，首先要创建组策略，创建组策略对象是创建组策略的第一步。

创建组策略对象的步骤如下。

(1) 单击“开始”菜单，在“管理工具”子菜单中选择“组策略管理”命令，打开“组策略管理”控制台窗口，逐级展开折叠按钮，右击要建立组策略对象的组织单位(例如“计算机学院”)，从弹出的快捷菜单中选择“在这个域中创建 GPO 并在此处链接”命令。如图 6-1 所示。

(2) 在弹出的“新建 GPO”对话框中输入名称，单击“确定”按钮，如图 6-2 所示。

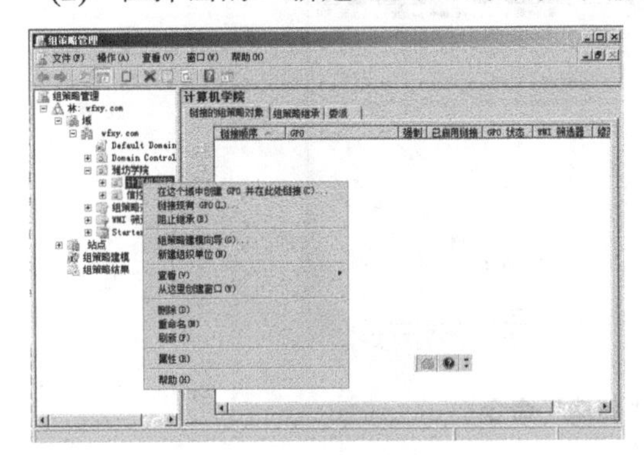

图 6-1　组策略管理控制台

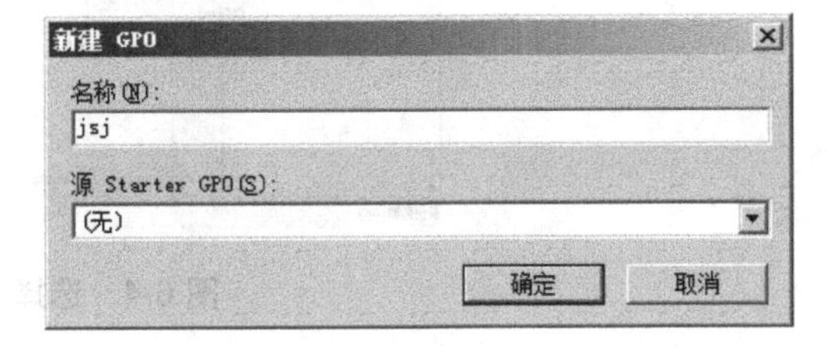

图 6-2　“新建 GPO”对话框

(3) 至此，完成了一个组策略对象的创建，如图 6-3 所示。

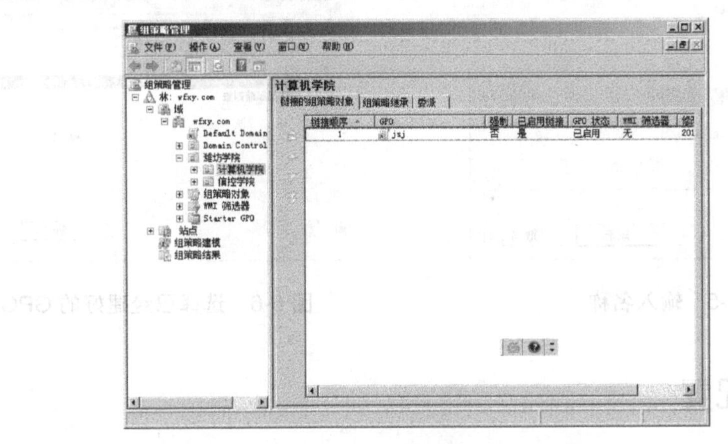

图 6-3　组策略对象创建完成

可以按上述方法继续创建 GPO，也可以删除已创建的 GPO。

除了上述创建 GPO 的方法外，还可以按以下步骤创建。

(1) 单击“开始”菜单，在“管理工具”子菜单中选择“组策略管理”命令，打开“组策略管理”控制台窗口，逐级展开折叠按钮，右击“组策略对象”，从弹出的快捷菜单中选择“新建”命令，如图 6-4 所示。

(2) 在弹出的“新建 GPO”对话框中输入名称，单击“确定”按钮，如图 6-5 所示。

(3) 至此，GPO jsj1 创建完成，但是 GPO jsj1 与用上一种方法创建的 GPO jsj 是有区别的，jsj 已经有了链接，即组织单位“计算机学院”，而 jsj1 还没有相应的链接，需要进入下一步。

(4) 右击要建立组策略对象的组织单位(如“计算机学院”)，从弹出的快捷菜单中选

择“链接现有GPO”命令，如图6-1所示。

(5) 在弹出的对话框中选择已经建好的GPO jsj1，单击“确定”按钮完成GPO与组织单位的链接，如图6-6所示。

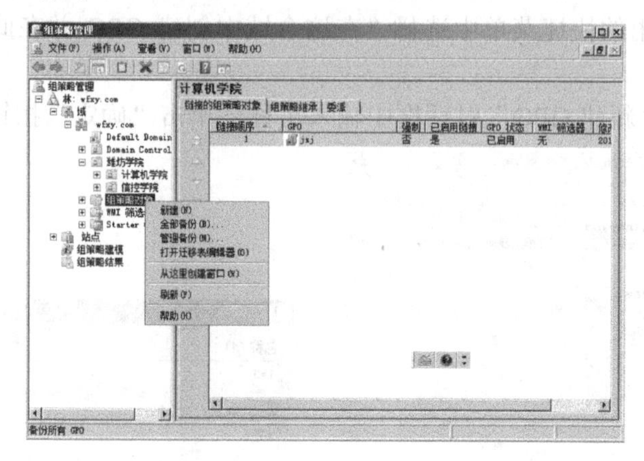

图6-4 选择“新建”命令

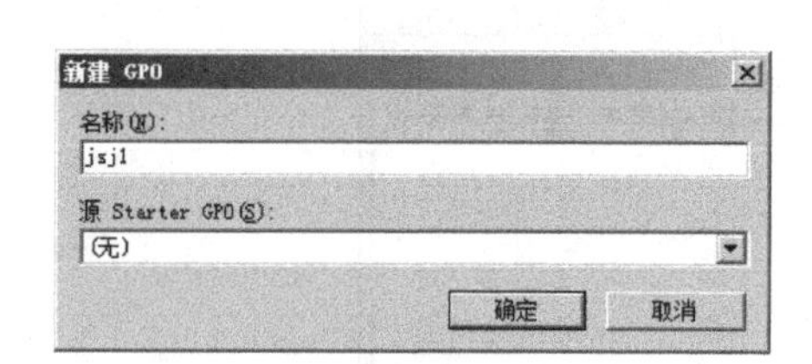

图6-5 输入名称

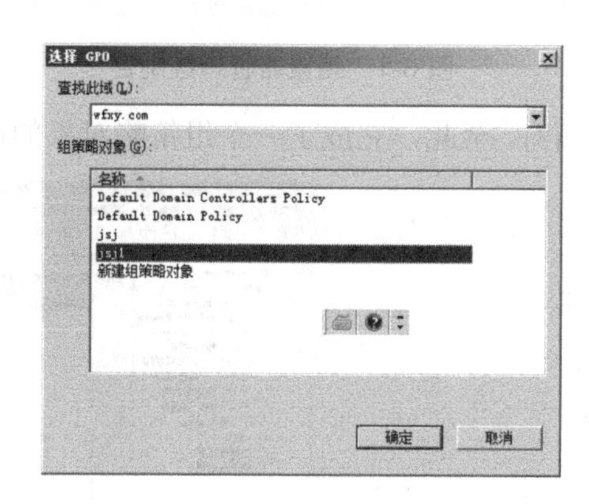

图6-6 选择已经建好的GPO jsj1

6.2.2 GPO配置

GPO创建完成后，需要进行一些相应的配置，有“作用域”、“详细信息”、“设置”、“委派”4个选项卡。下面以组策略对象jsj为例，做简单的说明。

在“组策略管理”对话框中，单击“组策略”容器中的相应GPO，如jsj，在右侧窗口中会看到有4个选项卡，如图6-7所示。

(1) “作用域”选项卡中有三项内容。

链接：是指本GPO所对应的作用范围。

安全筛选：组策略对象中的策略仅适用于对组策略对象有“读取”权限的用户。在此，可通过添加或删除用户或组账户来增加或减少对本GPO内的设置起作用的账户。

WMI筛选：选择对此GPO是否使用WMI筛选器。

(2) “详细信息”选项卡。

如图6-8所示，是GPO jsj的详细信息，此选项卡中可以设置本GPO的状态。

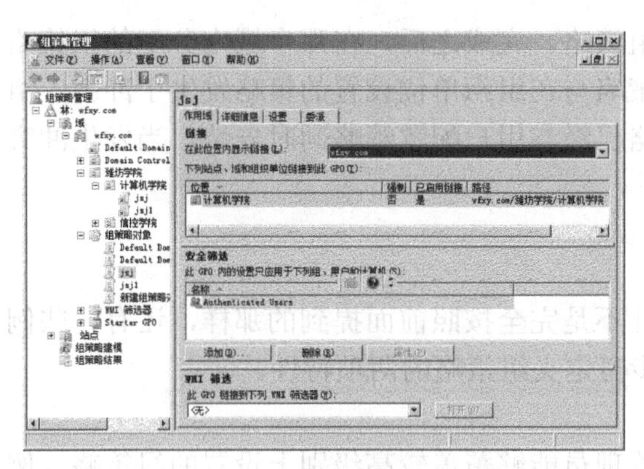

图 6-7　组策略管理对话框

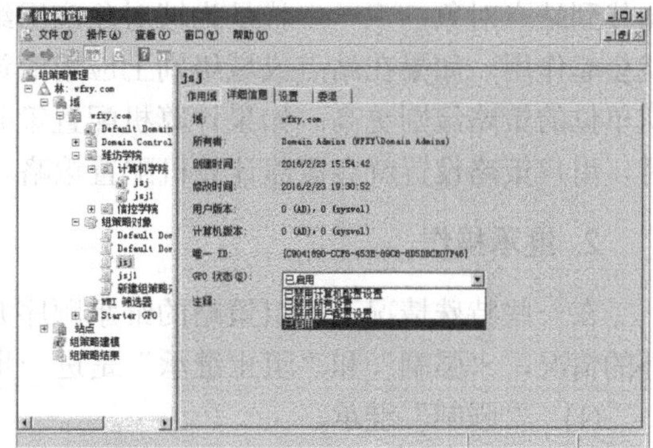

图 6-8　GPO“详细信息”选项卡

(3)　“设置”选项卡。

如图 6-9 所示，在此选项卡下显示的是本 GPO 的相应设置。

(4)　“委派”选项卡。

如图 6-10 所示，是 GPO jsj 的“委派”选项卡，本界面中所显示的组和用户是拥有此 GPO 的指定权限的组和用户，可以添加、删除，也可对权限进行修改。

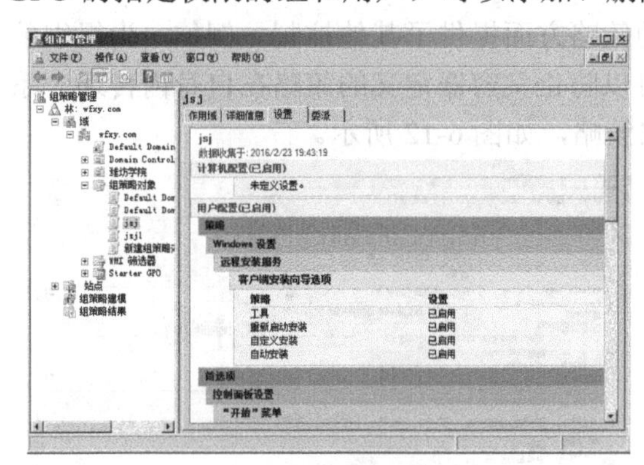

图 6-9　GPO“设置”选项卡

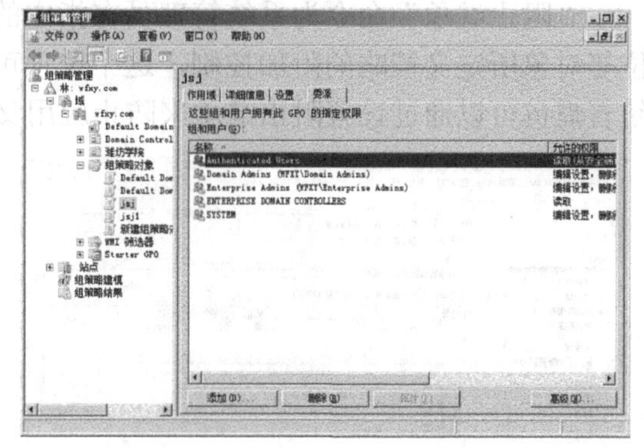

图 6-10　GPO“委派”选项卡

6.2.3　组策略的继承

默认情况下，组策略是根据继承顺序在 Active Directory 中指派的。组策略首先在站点应用，然后在域内应用，最后在组织单位内应用。在小型业务环境中，这个顺序可能工作得很好，但在企业环境中，可能需要更复杂的组策略设计。系统还提供了进一步自定义组策略指派的继承模型选项。

1. 继承顺序

当组策略应用到 Active Directory 内的对象时，在应用修改方面就使用继承顺序。根据继承应用的位置，继承顺序确定哪个策略将起作用。

组策略的继承顺序从用户或计算机对象的最远点开始应用。查看的第一个对象是站点对象，应用的策略也是通过“Active Directory 站点和服务”管理单元进行管理。一旦策略

加载到站点对象，下一步就是为域对象应用组策略。完成之后，在那个域内分配的组策略就会起作用。如果在站点或域级别上应用的策略与在组织单位设置的策略发生了冲突，组织单位的策略级别更高。如果计算机配置策略已经与用户配置策略同时安装，当发生冲突时，用户策略设置就会覆盖计算机配置策略。

2. 继承操作

在一些特殊情况下，组策略的继承顺序并不是完全按照前面提到的那样，还有一些例外的情况，“强制”和“阻止继承”是进一步自定义组策略的两项特性。

(1) “强制”继承。

由于组策略的继承顺序，低级别的系统管理员能够覆盖较高级别上设置的组策略。例如，域系统管理员可以为所有用户在域级别中配置一个组策略。按默认设置，域内组织单位的系统管理员可以用他们自己的组策略来覆盖这些设置。通过选中“强制”命令，就可以确保在域级别上定义组策略不会被组织单位级别的组策略所取消。需要时，这个选项可以在单个策略对象上设置。系统管理员可以通过安装审核策略来监视这些冲突，如图 6-11 所示。

(2) 阻止继承。

“阻止继承”命令为系统管理员在指定的策略方面提供了其他控制。例如，为组织单位等对象所定义策略的附加控制。这个选项可以防止父容器定义的策略在自身内传递。系统管理员可以通过设置阻止继承来防止应用父策略，如图 6-12 所示。

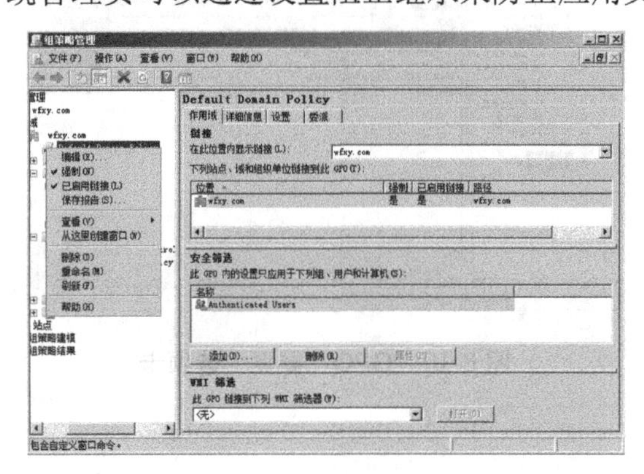

图 6-11 “强制”继承

图 6-12 阻止继承

在这里，如果使用“强制”继承安装强制策略，阻止继承策略就不起作用了。

6.3 编辑组策略对象

6.3.1 组策略设置内容

配置组策略有两个选项：计算机配置和用户配置，如图 6-13 所示。

组策略的配置类型都有类似的选项，但在实施时可能应用在不同的方面。

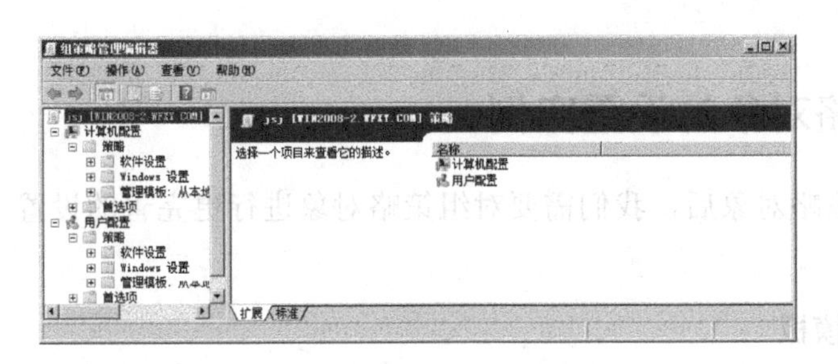

图 6-13 组策略管理编辑器

1. 计算机配置

计算机配置设置有管理控制计算机特定项目的策略。这些项目包括桌面外观、安全设置、操作系统运行、文件部署、应用程序分配和计算机启动及其关机脚本的执行。该可选的配置选项是用来与访问特定计算机的用户一起使用的。当操作系统启动时，就会应用计算机配置组策略。

2. 用户配置

用户配置设置用于管理控制更多用户特定项目的管理策略。这些项目中包括应用程序配置、桌面特性、分配和发行的应用程序、安全配置及登录、注销的用户脚本。每当用户登录到计算机时，就会应用用户配置组策略。

3. 配置子文件夹

图 6-13 中，在“计算机配置”和“用户配置”节点下有 3 个不同的子文件夹。虽然这些子文件夹都是很相似的，但每个设置应用的方法是由配置类型决定的，有一定的差别。子文件夹默认有“软件设置”、“Windows 设置”和“管理模板”。

(1) 软件设置。

软件设置用于管理软件分发组件。该组件是为计算机和用户安装的。计算机配置的软件设置存储在“计算机配置\软件设置”中，而用户配置的软件设置存储在“用户配置\软件设置”中。“软件安装”子文件夹用来管理应用程序的配置。

(2) Windows 设置。

Windows 设置是为了管理用户环境设置，该设置是为计算机和用户安装的。计算机配置的 Windows 设置是存储在“计算机配置\Windows 设置”中的，而用户配置的 Windows 设置则存储在“用户配置\Windows 设置”中。在计算机配置的 Windows 设置中，有“脚本”、“安全设置”和“基于策略的 QoS”三个子文件夹。在用户配置的 Windows 设置中有 6 个子文件夹，除了以上三个子文件夹外，还有“文件夹重定向”、“远程安装服务”和“IE 维护”子文件夹。

(3) 管理模板。

管理模板包含了基于注册表的策略信息。注册表内每个配置、计算机和用户都维持着自己的信息。用户配置信息存储在 HKEY_CURRENT_USER 中，计算机配置信息存储在 HKEY_LOCAL_MACHINE 中。策略用注册表存储的信息包含在这部分内，包括操作系统组件和应用程序。每个配置类型的模板都存储在名为 Registry.pol 的单个文件中。

6.3.2 组策略对象的设置实例

在创建了组策略对象后，我们需要对组策略对象进行更完善的设置，以便更好地发挥组策略的优势。

1. 使用管理模板

管理模板是扩展名为.adm 的文件，用于标识注册表的设置。通过使用“组策略”管理单元，可以修改注册表的设置。在“管理模板”中有两个位置可以写入。应用于“计算机配置”的设置写在注册表的 HKEY_LOCAL_MACHINE 部分中，应用于“用户配置”的设置写在注册表的 HKEY_CURRENT_USER 部分中。在管理模板中，所有的设置项已给出，只是初始状态都是“未配置”，用户只须对模板中需要的项目进行配置即可。

通常，指派基于注册表的策略意味着使用组策略 MMC 管理单元。例如，系统管理员可以通过组策略来为域内的每个用户指定配置选项。下面以用户配置密码保护的屏幕保护程序为例，说明组策略的应用过程。

通过管理模板应用组策略的具体操作步骤如下。

(1) 系统管理员以 Administrator 身份登录到服务器上，单击“开始”菜单，在“管理工具”子菜单中选择“组策略管理”命令，打开“组策略管理”对话框，在左侧窗格中的对象位置找到相应的 GPO，如 jsj，右击，在弹出的快捷菜单中选择“编辑”命令。在打开的“组策略管理编辑器”窗口中依次展开“用户配置”→“策略”→“管理模板”→“控制面板”→“显示”节点，这时将会在右边的窗格中看到详细的选项，通过这些选项，可以设置与“显示”项目有关的配置，如图 6-14 所示。

(2) 在“显示”项目的设置选项中，选择“可执行的屏幕保护程序名称”选项，打开该选项的“属性”对话框，选择“已配置”单选按钮，在“可执行的屏幕保护程序的名称”文本框中输入“logon.src”，然后单击“确定”按钮，如图 6-15 所示。

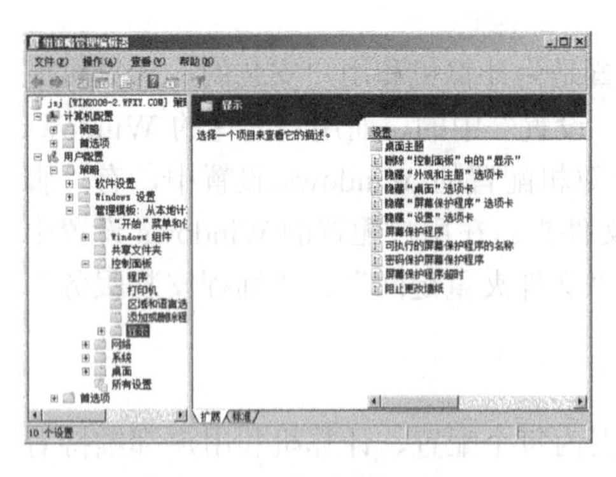

图 6-14 应用组策略窗口

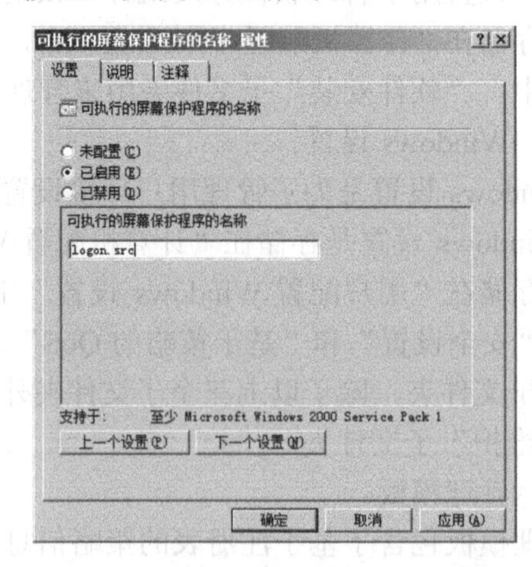

图 6-15 “可执行的屏幕保护程序的名称 属性”对话框

(3) 然后，在“显示”项目的设置选项中选择“密码保护屏幕保护程序”选项，打开该选项的“属性”对话框，启用该策略。这样就启用了这两个策略。策略一旦被启用，就

会立即起作用。

2. 使用脚本

脚本用于管理用户环境。Windows Server 2008 支持的脚本有计算机启动、关机、用户登录、用户注销。

计算机网络初始化连接后，计算机启动脚本开始运行，并且在终止网络连接之前计算机关机脚本开始运行。因为启动脚本或者关机脚本以上述的方法运行，管理员就必须保证脚本可以访问网络资源。在计算机启动脚本运行之后，用户登录脚本执行；在计算机关机脚本运行之后，用户注销脚本执行。

计算机启动脚本和关机脚本都以本地计算机账户的环境运行。用户登录和用户注销脚本都在用户的环境中运行。可以通过在“计算机配置”和“用户配置”的“脚本”节点中添加脚本来进行设置。

添加脚本到组策略中的具体操作步骤如下。

(1) 在“组策略管理编辑器”对话框中，依次展开“计算机配置”→“策略”→“Windows 设置”节点，选择“脚本”选项，这时，在右边的窗格中会看到详细的选项设置，如图 6-16 所示。

(2) 在右边窗格的选项中右击“启动”选项，从弹出的快捷菜单中选择“属性”命令，打开其“属性”对话框，如图 6-17 所示。

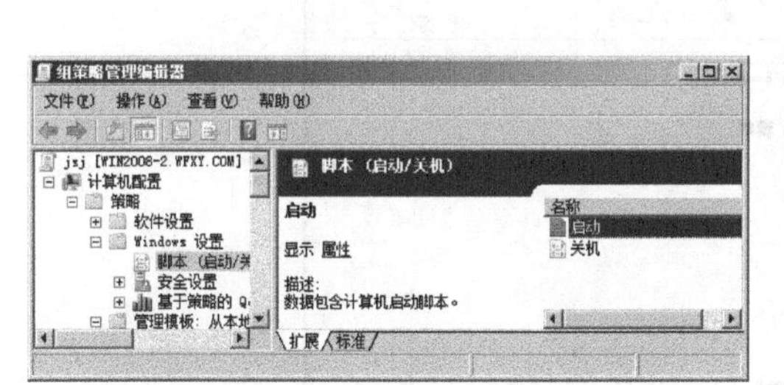

图 6-16 “脚本”的具体设置选项

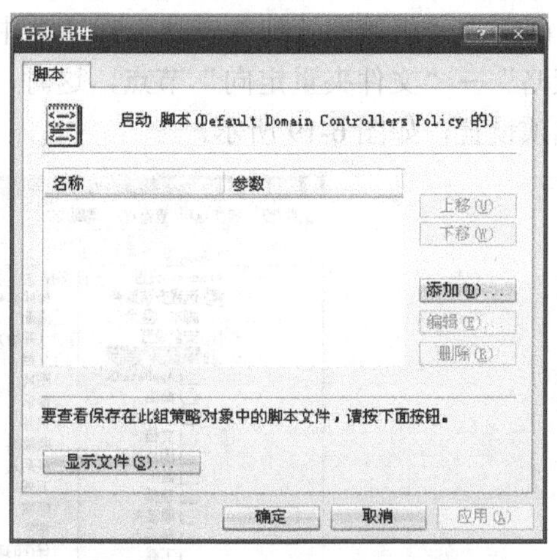

图 6-17 “启动属性”对话框

(3) 在“脚本”选项卡中单击“添加”按钮，在“添加脚本”对话框的“脚本名”和“脚本参数”文本框中输入相应的脚本文件名，也可以单击“浏览”按钮选择本文件，然后单击“确定”按钮确认输入。添加脚本后的“启动属性”对话框如图 6-18 所示。

3. 文件夹重定向

用“文件夹重定向”可以把位于用户配置文件中的多个文件夹重定向到其他位置。例如，网络共享的位置。这些文件夹是 AppData(Roaming)、桌面、“开始”菜单、文档、图片、音乐、视频、收藏夹、联系人、下载、链接、搜索、保存的游戏。这样，如果我们把用户的“文档”文件夹重定向到\\server\username，那么，当用户从一台计算机漫游到另一

台计算机时，其“文档”文件夹仍然可以使用；而且这样也允许用户对文档进行备份。文件夹重定向的好处，还在于当用户从网络脱机时，通过使用“脱机文件夹”，用户还可以使用“文档”。

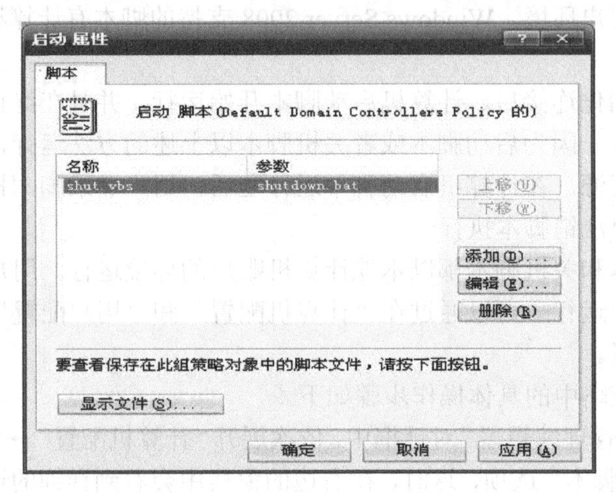

图 6-18 添加脚本后的“启动属性”对话框

使用“文件夹重定向”，是从“用户配置”节点完成的。为用户重定向文件夹的步骤如下。

(1) 在“组策略管理编辑器”对话框中依次展开“用户配置”→“Windows 设置”→“策略”→“文件夹重定向”节点，这时，会在右边的窗格中看到“文件夹重定向”的详细选项设置，如图 6-19 所示。

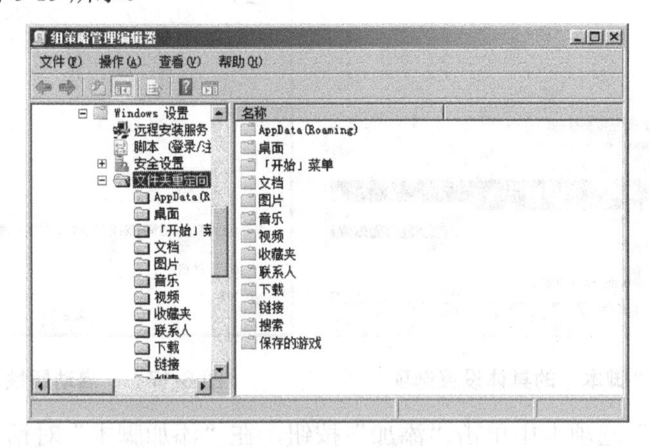

图 6-19 “文件夹重定向”的详细选项

(2) 从“文件夹重定向”选项中右击“文档”选项，从弹出的快捷菜单中选择“属性”命令，打开其“属性”对话框，如图 6-20 所示。

(3) 在“属性”对话框的“目标”选项卡的“设置”下拉列表中，可以选择“基本-将每个人的文件夹重定向到同一个位置”选项，然后在“目标位置”的下拉列表框中选择“在根路径下为每一用户创建一个文件夹”，在“根路径”处单击“浏览”按钮，或直接输入重定向的网络位置，单击“确定”按钮继续，如图 6-21 所示。如果在“设置”下拉列表框中选择“高级-为不同的用户指定位置”，则要根据本设置进行相应的设置。

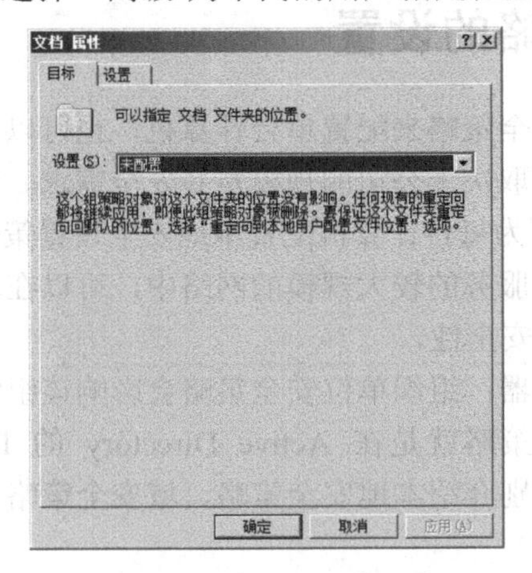

图 6-20　“属性”对话框

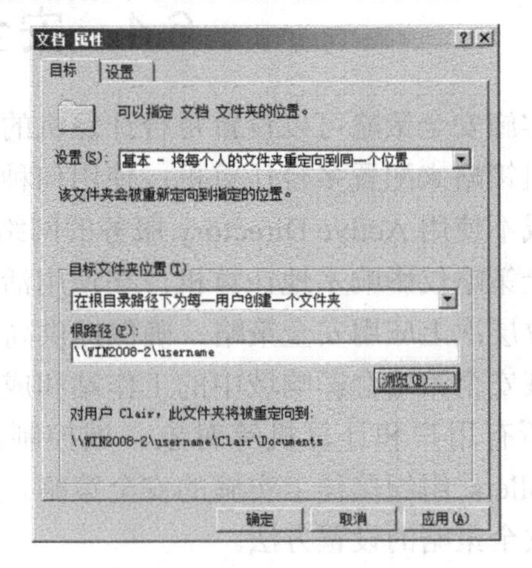

图 6-21　“目标”选项卡

(4) 在“目标”选项卡选择相应的选项后，选择“设置”选项卡，从中选中“授予用户对文档的独占权限”复选框。同时在“策略删除”选项区域中选择“策略被删除时，将文件留在新位置”单选按钮，这样，删除策略时用户的文档不会也被删除，如图 6-22 所示。

(5) 单击“确定”按钮，显示警告：“如果有任何不适用于 Windows 2000、Widows 2000 Server、Windows XP 和 Windows Server 2003 操作系统的设置，则不再可以从这些操作系统更改此 GPO 中的任何文件夹重定向设置。是否继续？”，如图 6-23 所示，这是由于早期的 Windows 版本和 Windows Server 2008 在文件夹存储结构方面有差异。单击“是”按钮，即可完成为“文档”的文件夹重定向设置了。

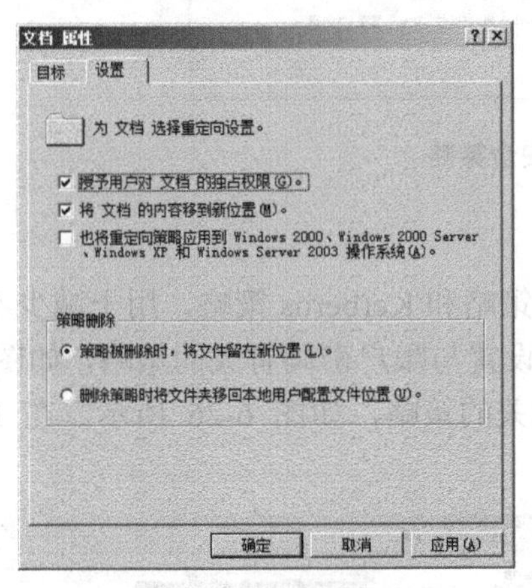

图 6-22　“设置”选项卡

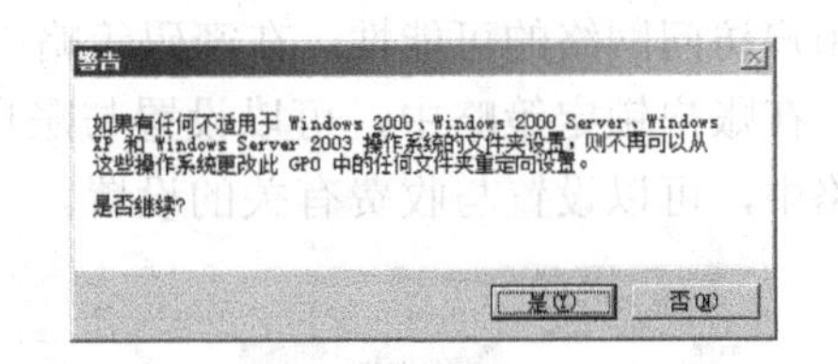

图 6-23　不兼容警告

注意： 用户在选择设置文件夹重定向的“设置”选项卡时，要特别慎重。如果重定向策略被删除时，重定向策略指定文件夹将重定向返回本地用户配置文件位置，但是没有指定重定向期间该内容会移动，则用户可能再也不能看见该文件夹的内容了。在这种情况下，用户文件保存在策略仍然有效时指定的位置。

6.4 安全策略的设置

实施安全策略可以设置每台计算机的本地安全策略来配置单台计算机，也可以设置域中的组策略来配置多台计算机；使用何种方式，取决于公司的规模及其安全需求。在较小规模或不使用 Active Directory 服务的网络中，可为每台计算机配置本地安全设置策略，这些安全策略仅影响本地计算机。在使用活动目录服务的较大规模的网络中，可以在域、组织单位层次上应用安全策略，确保提供高级别的安全性。

域安全策略会影响域中的工作站和成员服务器；组织单位安全策略会影响该组织单位内的所有用户和计算机等对象，域控制器安全策略就是在 Active Directory 的 Domain Controllers 组织单位上实施的安全策略。以下分别介绍本地安全策略、域安全策略和域控制器安全策略的设置方法。

6.4.1 本地安全策略的设置

在域控制器的计算机上，选择“开始”→“管理工具”→“本地安全策略”命令，打开如图 6-24 所示的“本地安全策略”对话框。安全策略主要包括账户策略、本地策略、高级安全 Windows 防火墙、网络列表管理器策略、公钥策略、软件限制策略、IP 安全策略等。

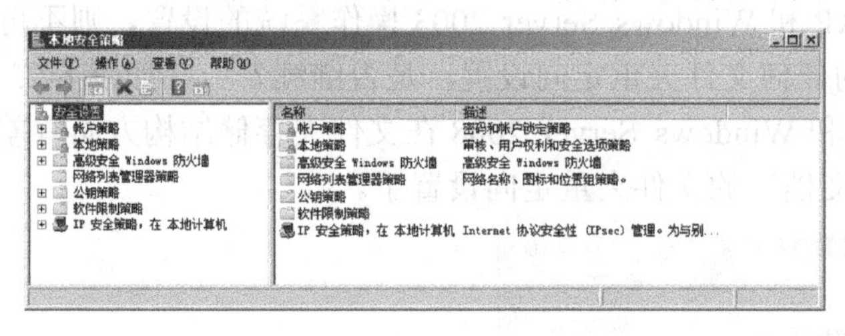

图 6-24 本地安全策略

1. 账户策略的设置

在账户策略中可以配置密码策略、账户锁定策略和 Kerberos 策略，用于减少不经授权的用户访问网络的可能性。在密码策略中，可以设置与账户密码有关的策略，如图 6-25 所示。在账户锁定策略中，可以设置与账户锁定相关的策略，如图 6-26 所示。在 Kerberos 策略中，可以设置与收费有关的设置。

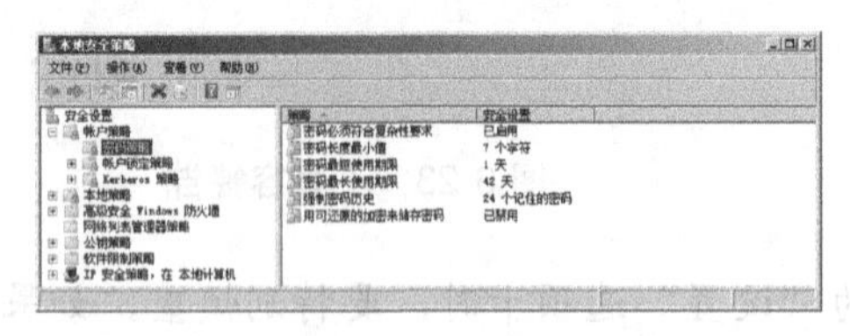

图 6-25 密码策略

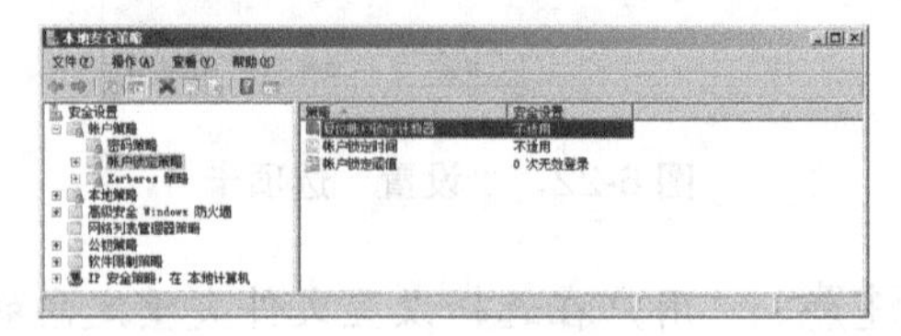

图 6-26 账户锁定策略

2. 本地策略

本地策略包括：用户权限分配、安全选项、审核策略。在此仅介绍前两项。

(1) 用户权限分配。

在用户权限分配中，可以将执行特殊任务的权限分配给用户或组，如图 6-27 所示。

要将执行特殊任务的权限配给用户或组，双击某策略项或右击某策略项，设置其属性。例如，要给某用户或组分配“从远程系统强制关机”的权限，在出现如图 6-28 所示的对话框时，单击“添加用户或组”按钮，添加要授予该权限的用户或组即可。

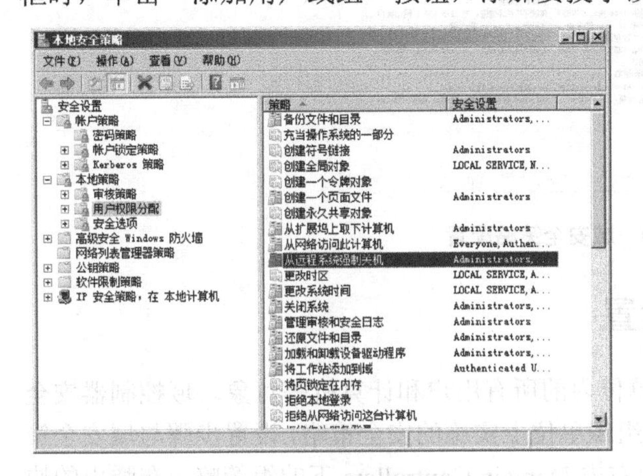

图 6-27　用户权限分配

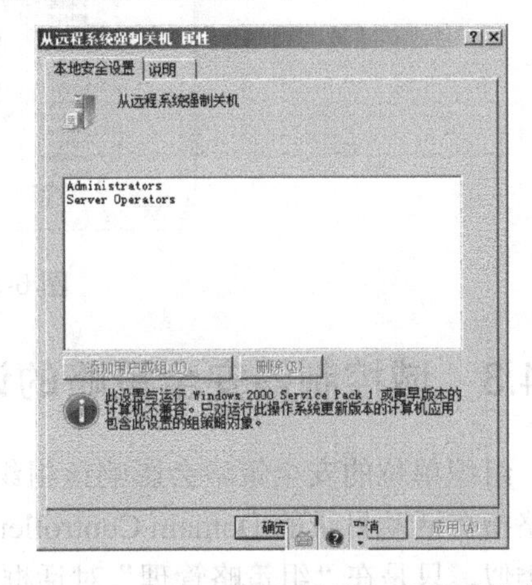

图 6-28　从远程系统强制关机的策略设置

(2) 安全选项。

在安全选项中，可以启用或禁用计算机的一些安全设置，如图 6-29 所示。

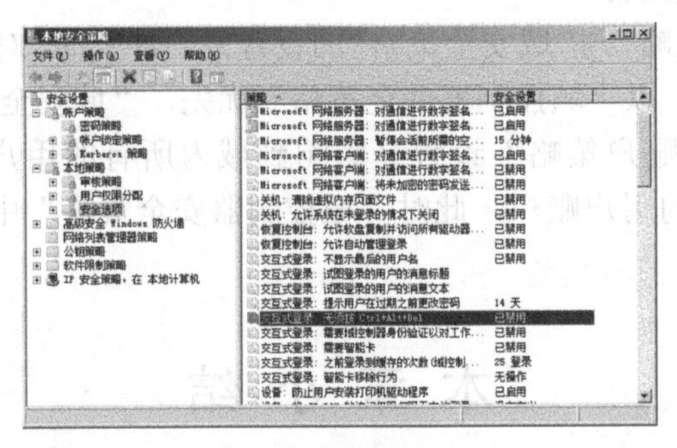

图 6-29　安全选项

6.4.2　域安全策略的设置

在域控制器上，域安全策略的设置要通过组策略管理打开。选择“开始”→“管理工具”→“组策略管理”命令，右击域 wfxy.com 的组策略，在弹出的快捷菜单中选择“编辑”命令，弹出“组策略管理编辑器”对话框，依次展开“计算机配置”→“策略”→“Windows 设置”→“安全设置”项目，如图 6-30 所示，在此可对域 wfxy.com 的相应安全选项进行设置。域安全策略会影响域中的工作站和成员服务器。

域安全策略的设置与本地计算机策略的设置大致相同。需要注意的是：域内任何一台计算机都会受到域安全策略的影响；如果域内计算机的“本地安全策略”设置与“域安全策略”设置冲突，则以“域安全策略”的设置为准。只有在域安全策略的设置没有定义时，

本地安全策略的设置才有效。

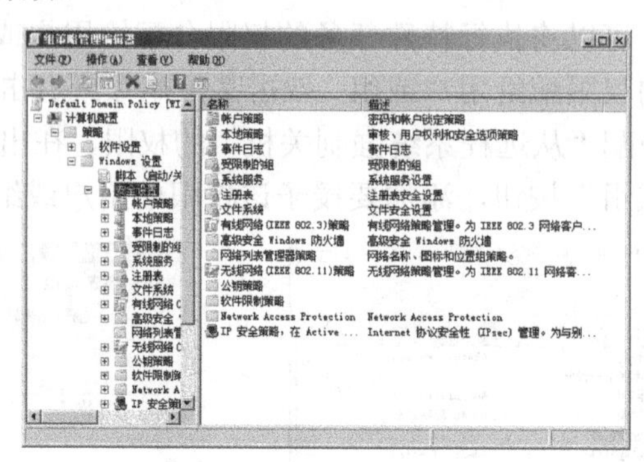

图 6-30　域安全策略配置

6.4.3　域控制器安全策略的设置

组织单位的安全策略会影响该组织单位内的所有用户和计算机等对象。域控制器安全策略指在活动目录的 Domain Controllers 组织单位上实施的安全策略，设置步骤与域安全策略类似，只是在“组策略管理”对话框中右击 Domain Controllers 下的组策略，在弹出的快捷菜单中选择“编辑”命令，之后的步骤就与域安全策略的步骤相同了。域控制器安全策略只会影响位于 Domain Controllers 组织单位内的对象，位于其他容器或组织单位内的计算机并不会受到该策略的影响。

当“域控制器安全策略”与“域安全策略”的设置发生冲突时，对位于 Domain Controllers 组织单位内的对象来讲，以“域控制器安全策略”优先，“域安全策略”无效。例外的是，“域安全策略”中的“账户策略”设置会影响到域内所有的用户，也包括位于 Domain Controllers 组织单位内的用户账户，此时“域控制器安全策略”中的“账户策略”设置对域控制器无效。

本 章 小 结

本章主要介绍了 Windows Server 2008 操作系统中组策略的概念及结构，介绍了组策略对象的创建、配置及编辑方法，最后介绍了本地安全策略、域安全策略和域控制器安全策略的配置方法和注意事项。

习题与实训

一、填空题

(1) 组策略的功能有________________、________________。

(2) 组策略对象在两个位置存储组策略信息：____________ 和 ____________。

(3) GPO 创建完成后，需要进行一些相应的配置，有____________、____________、____________、____________4 个选项卡。

(4) 默认情况下，组策略是根据继承顺序在Active Directory中指派的。组策略首先在站点应用，然后在________应用，最后在________应用。

(5) 配置组策略有两个选项：________和________。

(6) 组策略管理模板中，应用于“计算机配置”的设置是写在注册表的________部分，应用于“用户配置”的设置是写在注册表的________部分。

(7) 组策略脚本用于管理用户环境。Windows Server 2008支持的脚本有________、________、________、________。

(8) 本地策略包括：________、________、审核策略。

二、选择题

(1) 组策略可以应用于如下对象。(　　)

A. 域　　B. 组织单位OU　　C. 站点　　D. 以上都可以

(2) (　　)是配置组策略的基础。

A. AD　　B. GPT　　C. GPO　　D. GPC

(3) 如下配置中，用于设置GPO所对应的作用范围的是(　　)。

A. 链接　　B. 安全筛选　　C. WMI筛选　　D. 以上都不是

(4) 通过选中如下哪个命令，就可以确保在域级别上定义的组策略不会被组织单位级别的组策略取消？(　　)

A. 阻止继承　　B. 覆盖继承　　C. 强制　　D. 继承

三、实训内容

(1) 在域控制器上新建组织单位jsj，创建组织单位jsj的组策略，并进行各种配置。

(2) 进行本地策略、域安全策略和域控制器安全策略的配置练习，验证多种策略冲突时，哪种策略有效。

第 7 章　NTFS 文件系统

本章学习目标

本章主要介绍 FAT、FAT32、NTFS 三种文件系统，NTFS 文件系统的权限及设置方法，磁盘及文件压缩和加密文件系统。

通过本章的学习，应该实现如下目标：

- 明确 FAT、FAT32、NTFS 三种文件系统的概念及区别。
- 掌握 NTFS 文件系统的权限设置方法。
- 掌握 NTFS 文件系统的压缩和加密文件的方法。

7.1　FAT、FAT32 和 NTFS 文件系统

文件系统是操作系统在存储设备上按照一定原则组织、管理数据所用的结构和机制。文件系统规定了计算机对文件和文件夹进行操作处理的各种标准和机制，用户对于所有的文件和文件夹的操作都是通过文件系统来完成的。

磁盘或分区与操作系统所包括的文件系统是不同的，在所有的计算机系统中，都存在一个相应的文件系统。FAT、FAT32 格式的文件系统是随着计算机各种软、硬件的发展而成长的文件系统，它们所能管理的磁盘簇大小、文件的最大尺寸以及磁盘空间总量都有一定的局限性。从 Windows NT 开始，采用了一种新的文件系统格式——NTFS，它比 FAT、FAT32 功能更加强大，在文件大小、磁盘空间、安全可靠等方面都有了较大的进步。在日常工作中，我们常会听到这种说法："我的硬盘是 FAT 格式的"、"C 盘是 NTFS 格式的"，这是不准确的，NTFS 或 FAT 是管理文件的系统类型。一般刚出厂的硬盘是没有任何类型文件系统的，在使用之前必须首先利用相应的磁盘分区工具对其进行分区，并进一步格式化后，才会有一定类型的文件系统，才可正常操作使用。由此可见，无论硬盘有一个分区，还是有多个分区，文件系统都是对应分区，而不是对应硬盘。Windows Server 2008 的磁盘分区一般支持三种格式的文件系统：FAT、FAT32 和 NTFS。

用户在安装 Windows Server 2008 之前，应该先决定选择的文件系统。Windows Server 2008 支持使用 NTFS、FAT 或 FAT32 文件系统。下面对这三种文件系统进行简单介绍。

7.1.1　FAT

FAT(File Allocation Table)是"文件分配表"的意思，是用来记录文件所在位置的表格。FAT 文件系统最初用于小型磁盘和简单文件结构的简单文件系统。FAT 文件系统得名于它的组织方法，即放置在分区起始位置的文件分配表。为确保正确装卸启动系统所必需的文件，文件分配表和根文件夹必须存放在磁盘分区的固定位置。文件分配表对于硬盘的使用

是非常重要的，假若丢失文件分配表，硬盘上的数据就会因为无法定位而不能使用了。

FAT 通常使用 16 位的空间来表示每个扇区(Sector)配置文件的情形，FAT 由于受到先天的限制，因此每超过一定容量的分区之后，它所使用的簇(Cluster)大小就必须扩增，以适应更大的磁盘空间。所谓簇，就是磁盘空间的配置单位，就像图书馆内一格一格的书架一样。每个要存到磁盘的文件都必须配置足够数量的簇，才能存放到磁盘中。通过使用命令提示符下的 format 命令，用户可以指定簇的大小。一个簇存放一个文件后，其剩余的空间不能再被其他文件利用。所以在使用磁盘时，无形中都会或多或少损失一些磁盘空间。

在运行 MS-DOS、OS/2、Windows 95/98 之类以前版本操作系统的计算机上，FAT 文件系统格式是最佳的选择。不过，需要注意的是，在不考虑簇大小的情况下，使用 FAT 文件系统的分区不能大于 2GB，因此 FAT 文件系统最好用在较小分区上。由于 FAT 额外开销的原因，在大于 512MB 的分区内不推荐使用 FAT 文件系统。

7.1.2 FAT32

FAT32 使用了 32 位的空间来表示每个扇区配置文件的情形。利用 FAT32 所能使用的单个分区，最大可达到 2TB(2048GB)，而且各种大小的分区所能用到的簇的大小，也更恰如其分，这些优点，让使用 FAT32 的系统在硬盘使用上有更高的效率。例如，两个分区容量都为 2GB，一个分区采用了 FAT 文件系统，另一个分区采用了 FAT32 文件系统。采用 FAT 分区的簇大小为 32KB，而 FAT32 分区的簇只有 4KB，那么 FAT32 就比 FAT 的存储效率要高很多，通常情况下可以提高 15%。

FAT32 文件系统可以重新定位根目录，另外，FAT32 分区的启动记录包含在一个含有关键数据的结构中，减少了计算机系统崩溃的可能性。

7.1.3 NTFS

NTFS(New Technology File System)是 Windows Server 2008 推荐使用的高性能的文件系统，支持许多新的文件安全、存储和容错功能，而这些功能正是 FAT/FAT32 所缺少的，它支持文件系统大容量的存储媒体、长文件名。NTFS 文件系统的设计目标，就是用来在很大的硬盘上能够很快地执行，如读写、搜索文件等标准操作。NTFS 还支持文件系统恢复这样的高级操作。

NTFS 是以卷为基础的，卷建立在磁盘分区之上。分区是磁盘的基本组成部分，是一个能够被格式化和单独使用的逻辑单元。当以 NTFS 格式来格式化磁盘分区时，就创建了 NTFS 卷。一个磁盘可以有多个卷，一个卷也可以由多个磁盘组成。Windows Server 2003、Windows Server 2008 和 Windows 2000/XP 常使用 FAT 分区和 NTFS 卷。需要注意的是，当用户从 NTFS 卷移动或复制文件到 FAT 分区时，NTTS 文件系统权限和其他特有属性将会丢失。

Windows Server 2008 采用的是新版本的 NTFS 文件系统。NTFS 使用户不但可以方便、快捷地操作和管理计算机，同时，也可享受到 NTFS 所带来的系统安全性。NTFS 的特点主要体现在以下 5 个方面。

(1) NTFS 是一个日志文件系统，这意味着除了向磁盘中写入信息，该文件系统还会

为所发生的所有改变保留一份日志。这一功能让NTFS文件系统在发生错误的时候(如系统崩溃或电源供应中断)更容易恢复，也让系统更加健壮。在NTFS卷上，用户很少需要运行磁盘修复程序，NTFS通过使用标准的事务处理日志和恢复技术来保证卷的一致性。当发生系统失败事件时，NTFS使用日志文件和检查点信息自动恢复文件系统的一致性。

(2) 良好的安全性是NTFS另一个引人注目的特点，也是NTFS成为Windows网络中常用文件系统的最主要原因。NTFS的安全系统非常强大，可以对文件系统的对象访问权限(允许或禁止)做非常精细的设置。在NTFS分区上，可以为共享资源、文件夹以及文件设置访问许可权限。许可权限的设置包括两方面的内容：一是允许哪些组或用户对文件夹、文件和共享资源进行访问；二是获得访问许可的组或用户可以进行什么级别的访问。访问许可权限的设置，不但适用于本地计算机的用户，同样也适用于通过网络的共享文件夹对文件进行访问的网络用户。与FAT32文件系统下对文件夹或文件进行的访问相比，其安全性要高得多。另外，在采用NTFS文件系统的Windows Server 2008中，用审核策略可以对文件夹、文件以及活动目录对象进行审核，审核结果记录在安全日志中。通过安全日志，就可以查看组或用户对文件夹、文件或活动目录对象进行了什么级别的操作，从而发现系统可能面临的非法访问，通过采取相应的措施，将这种安全隐患降到最低。这些在FAT32文件系统下是不能实现的。

(3) NTFS文件系统支持对卷、文件夹和文件的压缩。任何基于Windows的应用程序对NTFS卷上的压缩文件进行读写时不需要事先由其他程序进行解压缩，当对文件进行读取时，文件将自动进行解压缩，文件关闭或保存时会自动对文件进行压缩。

(4) 在NTFS文件系统下可以进行磁盘配额管理。磁盘配额就是管理员为用户所能使用的磁盘空间进行配额限制，每一用户只能使用最大配额范围内的磁盘空间。设置磁盘配额后，可以对每一用户的磁盘使用情况进行跟踪和控制，通过监测，可以标识出超过配额报警阈值和配额限制的用户，从而采取相应的措施。磁盘配额管理功能的提供，使得管理员可以方便、合理地为用户分配存储资源，避免由于磁盘空间使用的失控造成的系统崩溃，提高了系统的安全性。

(5) 对大容量的驱动器有良好的扩展性。在磁盘空间使用方面，NTFS的效率非常高。NTFS采用了更小的簇，可以更有效率地管理磁盘空间。相比之下，NTFS可以比FAT32更有效地管理磁盘空间，最大限度地避免了磁盘空间的浪费。NTFS中最大驱动器的尺寸远远大于FAT格式，而且NTFS的性能和存储效率并不像FAT那样随着驱动器尺寸的增大而降低。

7.1.4 将FAT32转换为NTFS文件系统

Windows Server 2008中提供的系统工具可以很轻松地把分区转化为新版本的NTFS文件系统，即使以前使用的是FAT或FAT32。可以在安装Windows Server 2008时在安装向导的帮助下完成所有操作，安装程序会检测现有的文件系统格式，如果是旧版本NTFS，则自动转换为新版本；如果是FAT或FAT32，会提示安装者是否转换为NTFS。用户也可以在安装完毕之后使用convert.exe来把FAT或FAT32的分区转化为NTFS分区。无论是在运行安装程序中，还是在运行安装程序之后，这种转换都不会使用户的文件受到损害。

例如，某台 Windows Server 2008 服务器的 E 卷是 FAT32 分区，需要转换成为 NTFS 分区。

打开命令行窗口，输入“convert e:/fs:ntfs”命令，如果要转换的 FAT32 分区设置有卷标，则需要输入卷标，如图 7-1 所示。

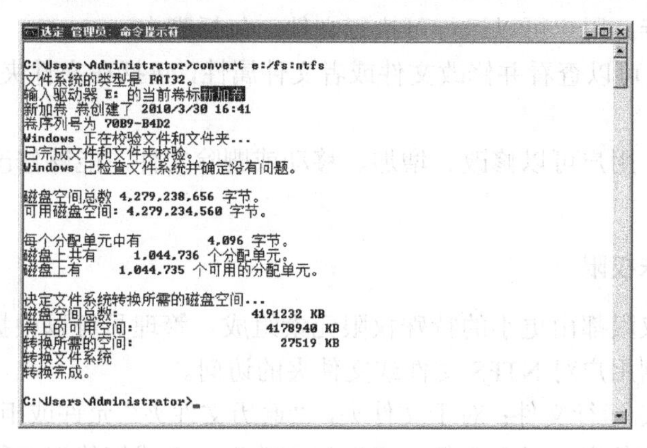

图 7-1　文件系统转换

注意： 若转换的卷是系统卷，或卷内有虚拟内存文件，则需要重新启动计算机，系统在启动时转换。另外，这种转换为单向，用户不能把 NTFS 转换成 FAT32。

7.2　NTFS 权限

Windows Server 2008 在 NTFS 格式的卷上提供了 NTFS 权限，允许为每个用户或者组指定 NTFS 权限，以保护文件和文件夹资源的安全。通过允许、禁止或是限制访问某些文件和文件夹，NTFS 权限提供了对资源的保护。不论用户是访问本地计算机上的文件、文件夹资源，还是通过网络来访问，NTFS 权限都是有效的。

7.2.1　NTFS 权限简介

NTFS 权限可以实现高度的本地安全性，通过对用户赋予 NTFS 权限，可以有效地控制用户对文件和文件夹的访问。NTFS 卷上的每一个文件和文件夹都有一个列表，称为访问控制列表(Access Control List，ACL)，该列表记录了每一用户和组对该资源的访问权限。当用户要访问某一文件资源时，ACL 必须包含该用户账户或组的入口，入口所允许的访问类型与所请求的访问类型一致时，才允许用户访问该文件资源。如果在 ACL 中没有一个合适的入口，那么，该用户就无法访问该项文件资源。

Windows Server 2008 的 NTFS 许可权限包括了普通权限和特殊权限。

1. NTFS 的普通权限

NTFS 的普通权限有读取和写入、读并且执行、修改、完全控制等。

(1)　读取：允许用户查看文件或文件夹的所有权、权限和属性，可以读取文件内容，

但不能修改文件内容。

(2) 列出文件夹内容：仅文件夹有此权限，允许用户查看文件夹下的子文件和文件夹属性及权限，读文件夹下子文件的内容。

(3) 写入：允许授权用户对文件进行写操作。

(4) 读并且执行：用户可以运行可执行文件，包括脚本。

(5) 修改：用户可以查看并修改文件或者文件属性，包括在文件夹下增加或删除文件，以及修改文件属性。

(6) 完全控制：用户可以修改、增加、移动或删除文件，能够修改所有文件和文件夹的权限。

2. NTFS 的特殊权限

NTFS 的普通权限都由更小的特殊权限元素组成。管理员可以根据需要，利用 NTFS 特殊权限进一步控制用户对 NTFS 文件或文件夹的访问。

(1) 遍历文件夹/运行文件：对于文件夹，“遍历文件夹”允许或拒绝通过文件夹移动，以到达其他文件或文件夹，对于文件，“运行文件”允许或拒绝运行程序文件。设置文件夹的“遍历文件夹”权限不会自动设置该文件夹中所有文件的“运行文件”权限。

(2) 列出文件夹/读取数据：允许或拒绝用户查看文件夹内容列表或数据文件。

(3) 读取属性：允许或拒绝用户查看文件或文件夹的属性，如只读或者隐藏，属性由 NTFS 定义。

(4) 读取扩展属性：允许或拒绝用户查看文件或文件夹的扩展属性。扩展属性由程序定义，可能因程序而变化。

(5) 创建文件/写入数据：“创建文件”权限允许或拒绝用户在文件夹内创建文件(仅适用于文件夹)。“写入数据”允许或拒绝用户修改文件(仅适用于文件)。

(6) 创建文件夹/附加数据：“创建文件夹”允许或拒绝用户在文件夹内创建文件夹(仅适用于文件夹)。“附加数据”允许或拒绝用户在文件的末尾进行修改，但是不允许用户修改、删除或者改写现有的内容(仅适用于文件)。

(7) 写入属性：允许或拒绝用户修改文件或者文件夹的属性，如只读或者是隐藏，属性由 NTFS 定义。“写入属性”权限不表示可以创建或删除文件或文件夹，它只包括更改文件或文件夹属性的权限。要允许(或者拒绝)创建或删除操作，可参阅“创建文件/写入数据”、“创建文件夹/附加数据”、“删除子文件夹及文件”和“删除”内容的描述。

(8) 写入扩展属性：允许或拒绝用户修改文件或文件夹的扩展属性。扩展属性由程序定义，可能因程序而变化。“写入扩展属性”权限不表示可以创建或删除文件或文件夹，它只包括更改文件或文件夹属性的权限。

(9) 删除子文件夹及文件：允许或拒绝用户删除子文件夹和文件。

(10) 删除：允许或拒绝用户删除子文件夹和文件(如果用户对于某个文件或文件夹没有删除权限，但是拥有删除子文件夹和文件权限，仍然可以删除文件或文件夹)。

(11) 读取权限：允许或拒绝用户对文件或文件夹的读权限，如完全控制、读或写权限。

(12) 修改权限：允许或拒绝用户修改该文件或文件夹的权限分配，如完全控制、读或写权限。

(13) 获得所有权：允许或拒绝用户获得对该文件或文件夹的所有权。无论当前文件或文件夹的权限分配状况如何，文件或文件夹的拥有者总是可以改变他的权限。

(14) 同步：允许或拒绝不同的线程等待文件或文件夹的句柄，并与另一个可能向它发信号的线程同步。该权限只能用于多线程、多进程程序。

上述权限设置中，比较重要的是修改权限和获得所有权，通常情况下，这两个特殊权限要慎重使用，一旦赋予了某个用户修改权限，该用户就可以改变相应文件或者文件夹的权限设置。同样，一旦赋予了某个用户获得所有权权限，该用户就可以作为文件的所有者对文件做出查阅并更改。

7.2.2　设置标准权限

只有 Administrators 组内的成员、文件和文件夹的所有者、具备完全控制权限的用户，才有权更改文件或文件夹的 NTFS 权限。下面以文件夹对象为例，说明设置标准权限的操作方法。对于文件对象，操作方法大致相同，只不过权限种类要少一些。

1. 添加/删除用户组

要控制某个用户或用户组对一个文件夹的访问权限，首先要把这个用户或用户组加入文件夹访问控制列表(ACL)中，或者是从 ACL 中删除。

(1) 打开“资源管理器”或“我的电脑”窗口，找到一个 NTFS 卷上要设置 NTFS 权限的文件夹，用鼠标右键单击，在弹出的快捷菜单中选择“属性”命令。

(2) 在“属性”对话框中，切换到“安全”选项卡，在该选项卡中显示各用户/用户组对该文件夹或文件的 NTFS 权限，若要修改、删除或更改 NTFS 权限，可单击“编辑”按钮，如图 7-2 所示。

(3) 进行 NTFS 权限设置实际上就是设置“谁”有“什么”权限。如图 7-3 所示为文件夹权限编辑对话框，窗口的上端和按钮用于选取用户和组账户，解决“谁”的问题，窗口的下端列表框用于为上面窗口中选中的用户或组设置相应的权限，解决“什么”的问题。

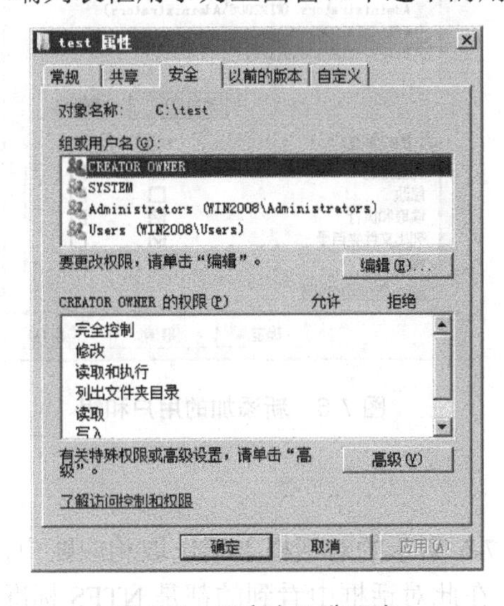

图 7-2　“安全”选项卡

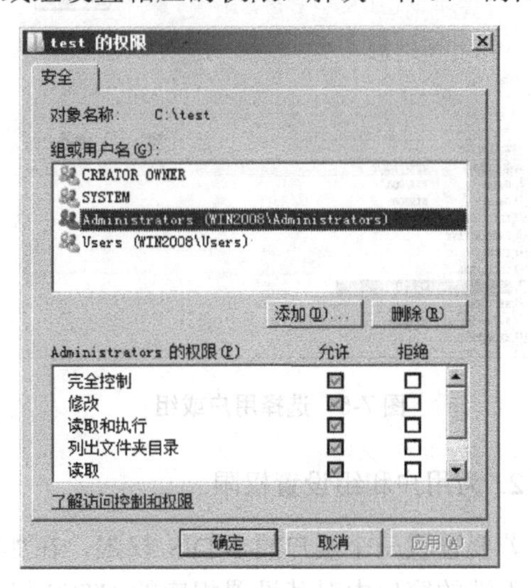

图 7-3　设置权限

(4) 添加权限用户。单击“添加”按钮，打开“选择用户或组”对话框，在这个对话框中，可以直接在文本框中输入账户名称或用户组名称，再单击“检查名称”按钮，对该名称进行核实。如果输入错误，检查时系统将提示找不到对象，如果没有错误，名称会改变为“本地计算机名称\账号名”或“本地计算机名称\组名称”格式。若管理员不记得用户或组名称，可以单击“高级”按钮，如图 7-4 所示。

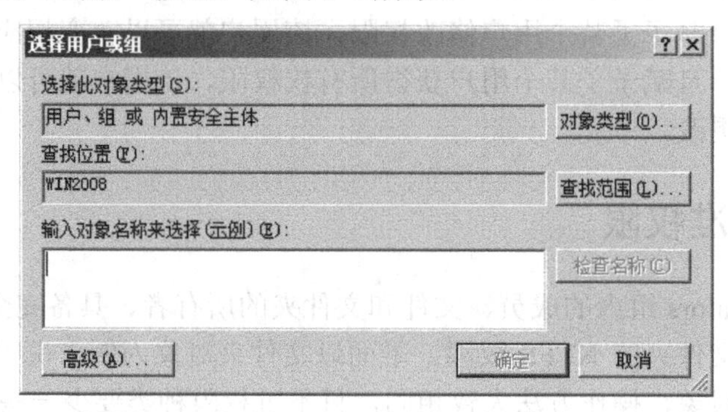

图 7-4 “选择用户或组”对话框

(5) 在展开后的“选择用户或组”对话框中，单击“立即查找”按钮，则在“搜索结果”列表框中列出所有用户和用户组账号。用鼠标选取需要的用户或组账户，选取账户时可以按住 Shift 键连续选取或者按住 Ctrl 键间隔选取多个账户，最后单击“确定”按钮，如图 7-5 所示。返回后，再次单击“确定”按钮完成账户选取操作。

(6) 此时，“组或用户名”列表框中已经可以看到新添加的用户和组，如图 7-6 所示。若要删除权限用户，在“组或用户名”列表框中选择这个用户，单击“删除”按钮即可。

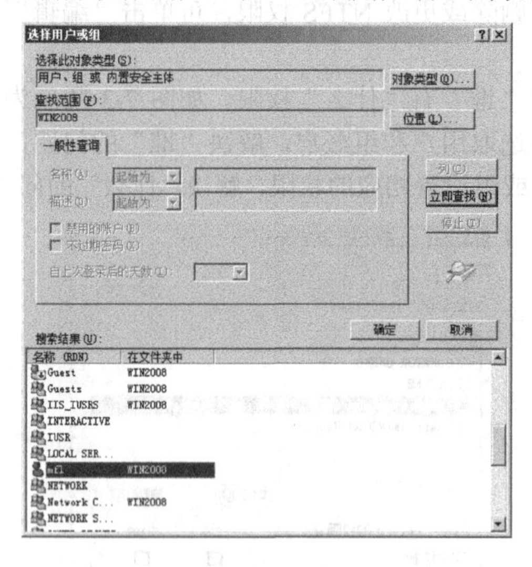

图 7-5 选择用户或组

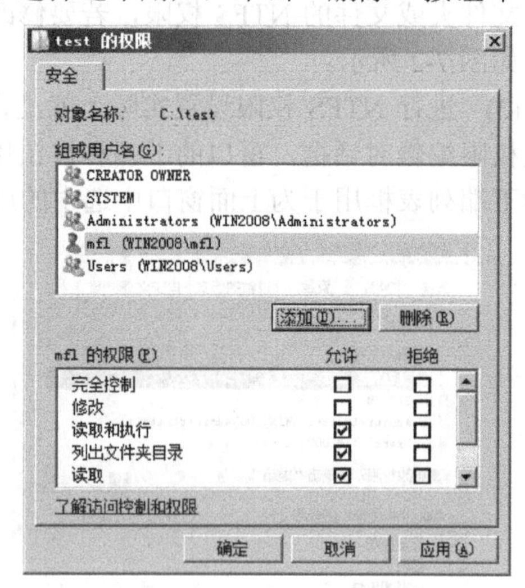

图 7-6 新添加的用户和组

2. 为用户和组设置权限

若要设置一个账户的 NTFS 权限，在如图 7-6 所示的对话框上端选取相应账户，就可以在下端的窗口中对其设置相应的 NTFS 权限。在此对话框中看到的都是 NTFS 标准权限，对于每一种标准权限，都可以通过勾选“允许”或勾选“拒绝”访问权限，可根据实际情况勾选相应的复选框，设置完毕后单击“确定”按钮。

另外，如果有的权限前已经用灰色的对勾选中，这种默认的权限设置是从父对象继承的，即它表明选项继承了该用户或组对该文件或文件夹所在上一级文件夹的 NTFS 权限。

7.2.3　设置特殊权限

如果需要设置特殊权限，可以在“属性”对话框的“安全”选项卡(见图 7-2)中，单击“高级”按钮，打开高级安全设置对话框，如图 7-7 所示。

在高级安全设置对话框中，详细地列出了所有用户/用户组对该资源对象的权限、权限来源以及应用范围，若要修改，可单击“编辑”按钮，打开可编辑的高级安全设置对话框，如图 7-8 所示。

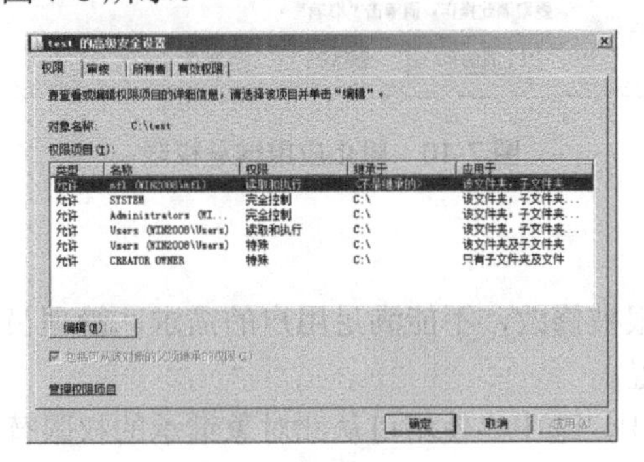

图 7-7　高级安全设置

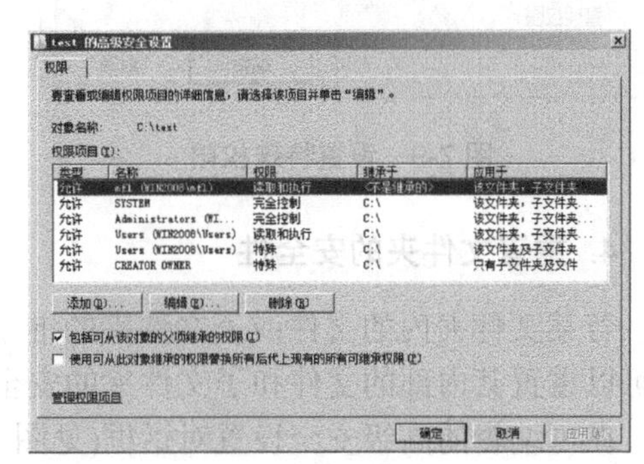

图 7-8　可编辑的高级安全设置对话框

1. 添加/删除用户组

在如图 7-3 所示的对话框中，也可以向 ACL 中添加、删除用户或用户组账号，其方法与设置标准权限时完全一样，在此不再赘述。

2. 为用户和组设置特殊权限

在如图 7-8 所示的修改特殊权限对话框中，选择需要设置特殊权限的用户或用户组，单击“编辑”按钮，打开权限项目对话框，如图 7-9 所示。在这个对话框中包含所有 NTFS 特殊权限，它比图 7-3 所示标准权限的种类要多得多。根据实际情况选中相应的复选框，设置完毕后单击“确定”按钮。

3. 阻止应用继承权限

在如图 7-8 所示的修改特殊权限对话框中，我们发现许多权限不是用户设置的，而是从上级文件夹中继承过来的，如果要阻止应用继承权限，可以取消选中“包括可从该对象的父项继承的权限”复选框，打开“Windows 安全”对话框，如图 7-10 所示。

在“Windows 安全”对话框中，若单击“复制”按钮，将会保留所有继承的权限，用户可以编辑这些权限，若单击“删除”按钮，将删除所有继承的权限，此时，就需要添加用户或用户组，并重新设置权限。

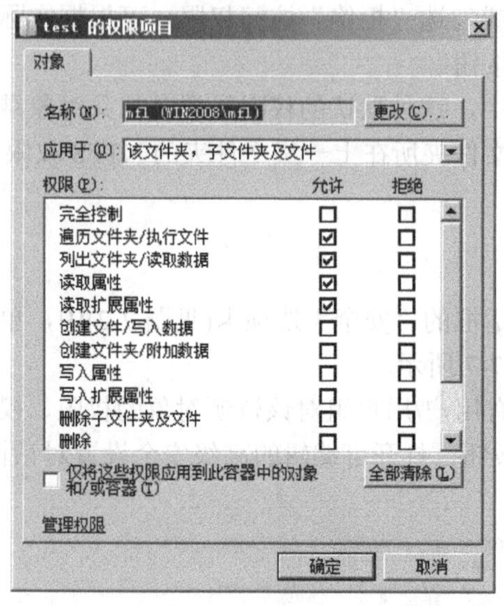

图 7-9 设置特殊权限

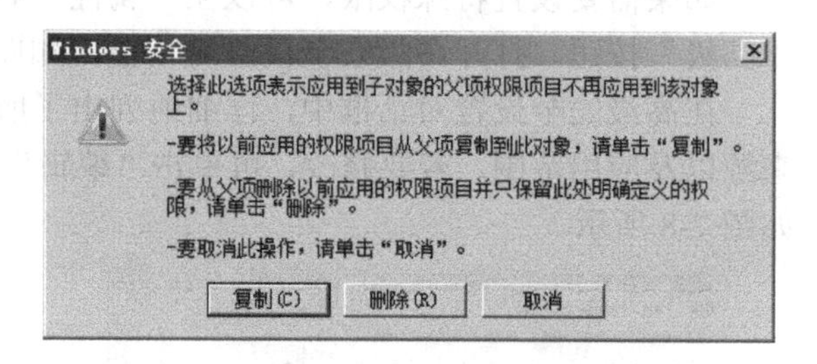

图 7-10 阻止应用继承权限

4. 重置文件夹的安全性

若某文件夹内的文件或子文件夹的继承权限被修改，不能满足用户的需求，管理员还以可以重置其内部的文件和子文件夹的安全设置。

在可编辑的高级安全设置对话框(见图 7-8)中，选中“使用可从此对象继承的权限替换所有后代上现有的所有可继承权限”复选框，单击“应用”按钮，弹出“Windows 安全”对话框，等待管理员的确认，如图 7-11 所示。

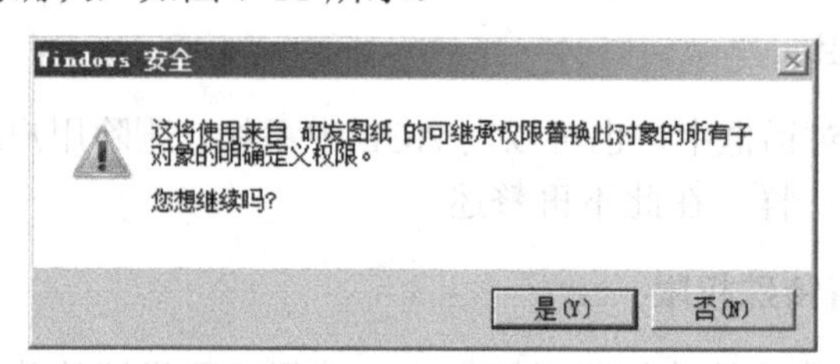

图 7-11 重置文件夹的安全性

7.2.4 有效权限

1. 有效权限简介

管理员可以根据需要赋予用户访问 NTFS 文件或文件夹的权限，同时，管理员也可以赋予用户所属组访问 NTFS 文件或文件夹的权限。用户访问 NTFS 文件或文件夹时，其有效权限必须通过相应的应用原则来确定。NTFS 权限应用遵循以下几个原则。

(1) NTFS 权限是累积的。用户对某个 NTFS 文件或文件夹的有效权限，是用户对该文件或文件夹的 NTFS 权限和用户所属组对该文件或文件夹的 NTFS 权限的组合。如果一个用户同时属于两个组或者多个组，而各个组对同一个文件资源有不同的权限，这个用户会得到各个组的累加权限。假设有一个用户 Henry，属于 A 和 B 两个组，A 组对某文件有读取权限，B 组对此文件有写入权限。Henry 自己对此文件有修改权限，那么 Henry 对此文件的最终权限为“读取+写入+修改”。

(2) 文件权限超越文件夹权限。当一个用户对某个文件及其父文件夹都拥有 NTFS 权限时，如果用户对其父文件夹的权限小于文件的权限，那么该用户对该文件的有效权限是以文件权限为准。例如，folder 文件夹包含 file 文件，用户 Henry 对 folder 文件夹有列出文件夹内容权限，对 file 有写的权限，那么 Henry 访问 file 的有效权限则为写入。

(3) 拒绝权限优先于其他权限。管理员可以根据需要拒绝指定用户访问指定文件或文件夹，当系统拒绝用户访问某文件或文件夹时，不管用户所属组对该文件或文件夹拥有什么权限，用户都无法访问文件。假设用户 Henry 属于 A 组，管理员赋予 Henry 对一文件的拒绝写的权限，赋予 A 组对该文件完全控制的权限，那么 Henry 访问该文件时，其有效权限则为读。

再比如 Henry 属于 A 和 B 两个组，假设 Henry 对文件有写入权限、A 组对此文件有读取权限，但是 B 组对此文件为拒绝读取权限，则 Henry 对此文件只有写入权限。如果 Henry 对此文件只有写入权限，此时 Henry 写入权限有效吗？答案很明显，Henry 对此文件的写入权限无效，因为无法读取是不可能写入的。

(4) 文件权限的继承。当用户对文件夹设置权限后，在该文件夹中创建的新文件和子文件夹将自动默认继承这些权限。从上一级继承下来的权限是不能直接修改的，只能在此基础上添加其他权限。也就是说，不能把权限上的钩去掉，只能添加新的钩。灰色的框为继承的权限，是不能直接修改的，白色的框是可以添加的权限。

如果不希望它们继承权限，在为父文件夹、子文件夹或文件设置权限时，设置为不继承父文件夹的权限，这样，子文件夹或文件的权限将改为用户直接设置的权限，从而避免了由于疏忽或者没有注意到传播反应，导致后门大开，让一些人有机可乘的情况。

(5) 复制或移动文件或文件夹时权限的变化。文件和文件夹资源的移动、复制操作对权限继承是有些影响的，主要体现在以下方面。

① 在同一个卷内移动文件或文件夹时，此文件和文件夹将会保留原位置的一切 NTFS 权限；在不同的 NTFS 卷之间移动文件或文件夹时，文件或文件夹将会继承目的文件夹的权限。

② 当复制文件或文件夹时，无论是复制到同一卷内还是不同卷内，都将继承目的文件夹的权限。

③ 当从 NTFS 卷向 FAT/FAT32 分区中复制或移动文件和文件夹时，都将导致文件和文件夹的权限丢失。

2. 查看有效权限

要查看某个对象的有效权限，步骤如下。

(1) 打开“资源管理器”，找到要修改 NTFS 权限的文件或文件夹。

(2) 右击文件或文件夹，选择“属性”，然后切换到“安全”选项卡，如图 7-2 所示。

(3) 单击“高级”按钮，打开高级安全设置对话框，如图 7-7 所示，然后从高级安全设置对话框中切换到“有效权限”选项卡。

(4) 单击“选择”按钮，在打开的“选择用户或组”对话框(见图 7-4)中，选择要查询的用户或用户组，此时将在“有限权限”列表框中显示该用户或用户组的有效权限，每一行前面有对钩的均表示有这个权限，如图 7-12 所示。

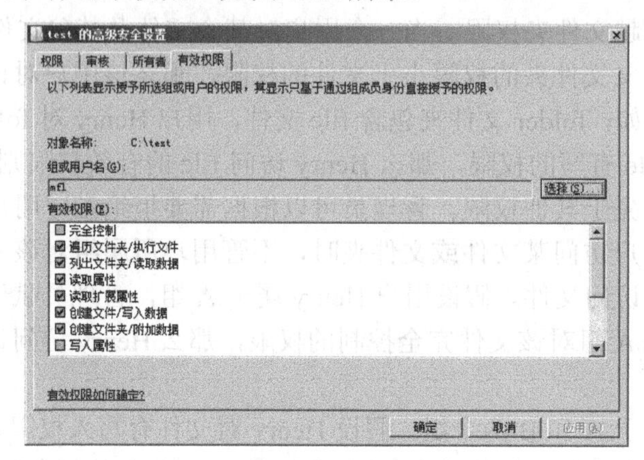

图 7-12 有效权限

7.2.5 所有权

1. 所有权简介

在 Windows Server 2008 的 NTFS 卷上，每个文件和文件夹都有其“所有者”，我们称之为“NTFS 所有权”，当用户对某个文件或文件夹具有所有权时，就具备了更改该文件或文件夹权限设置的能力。默认情况下，创建文件或文件夹的用户就是该文件或文件夹的所有者。

更改所有权的前提条件，是进行此操作的用户必须具备“所有权”的权限，或者具备获得“取得所有权”这个权限的能力。Administrators 组的成员拥有“取得所有权”的权限，可以修改所有文件和文件夹的所有权设置。对于某个文件夹具备读取权限和更改权限的用户，就可以为自身添加“取得所有权”权限，也就是具备获得“取得所有权”的权限能力。

2. 更改文件夹的所有权

要获得或更改对象的所有权，步骤如下。

(1) 打开“资源管理器”或“我的电脑”窗口，找到要修改 NTFS 权限的文件或文件夹。

(2) 右击文件或文件夹，从快捷菜单中选择“属性”命令，在弹出的对话框中切换到“安全”选项卡。

(3) 单击“高级”按钮，在高级安全设置对话框中切换到“所有者”选项卡。该选项卡中，显示了该对象的所有者。若要更改对象的所有者，可以单击“编辑”按钮，如图 7-13 所示。

(4) 在如图 7-14 所示的可编辑对话框中，如果要将所有权转移给其他用户或组，可以单击“其他用户或组”按钮，在打开的“选择用户或组”对话框中选择将获得所有权的用户或组的账户名称。如果还需要同时修改文件夹中所包含的文件和子文件夹的所有权，可以先选中“替换子容器和对象的所有者”复选框，然后单击“确定”按钮。

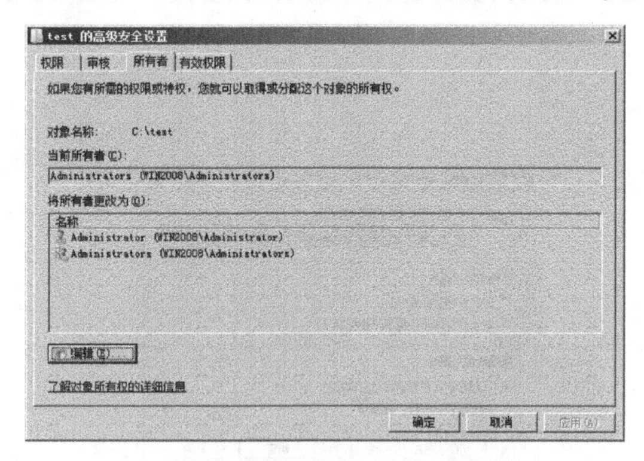

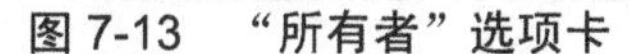
图 7-13　“所有者”选项卡

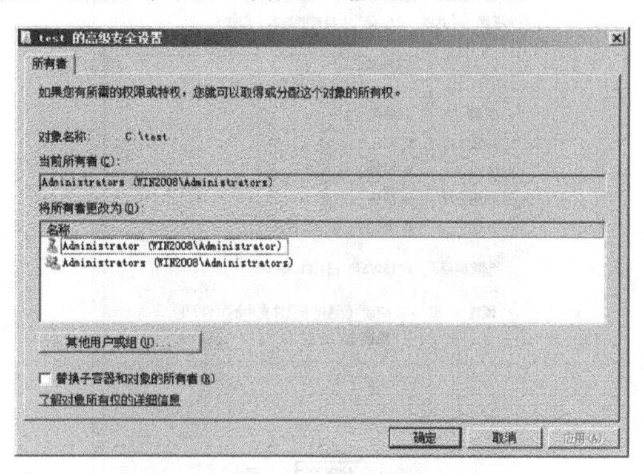

图 7-14　更改所有者

7.3　NTFS 文件系统的压缩

7.3.1　NTFS 压缩简介

优化磁盘的一种方法是使用压缩，压缩文件、文件夹和程序可以减少其大小，同时减少它们在驱动器或可移动存储设备上所占用的空间。Windows Server 2008 的数据压缩功能是 NTFS 文件系统的内置功能，该功能可以对单个文件、整个目录或卷上的整个目录树进行压缩。

NTFS 压缩只能在用户数据文件上执行，而不能在文件系统元数据上执行。NTFS 文件系统的压缩过程和解压缩过程对于用户而言是完全透明的(与第三方的压缩软件无关)，用户只要对文件数据应用压缩功能即可。当用户或应用程序使用压缩过的数据文件时，操作系统会自动在后台对数据文件进行解压缩，无须用户干预。利用这项功能，可以节省一定的硬盘使用空间。

7.3.2　压缩文件或文件夹

使用 Windows Server 2008 NTFS 压缩文件或文件夹的步骤如下。

(1) 打开“资源管理器”窗口，找到要压缩的文件或文件夹。用鼠标右键单击文件或文件夹，然后在弹出的快捷菜单中选择“属性”命令。

(2) 在属性对话框中，切换到“常规”选项卡，单击“高级”按钮，如图 7-15 所示。如果没有出现“高级”按钮，说明所选的文件或文件夹不在 NTFS 驱动器上。

(3) 在“高级属性”对话框中，选中“压缩内容以便节省磁盘空间”复选框，然后单击“确定”按钮，如图 7-16 所示。

注意： NTFS 的压缩和后面将要介绍的加密属性是互斥的，也就是说，文件加密后就不能再压缩，压缩后就不能再加密。

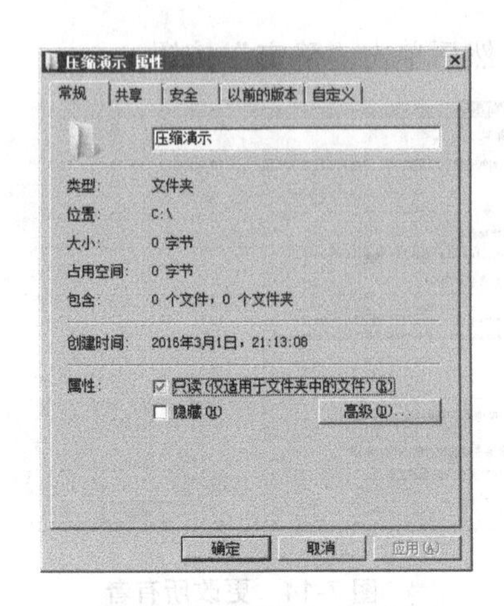

图 7-15 “常规”选项卡

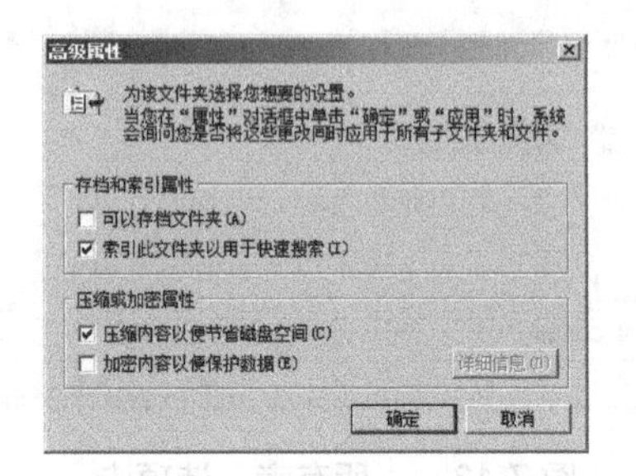

图 7-16 启用压缩属性

(4) 返回属性对话框后，再单击“确定”按钮或“应用”按钮，将打开“确认属性更改”对话框，如图 7-17 所示。选中“仅将更改应用于此文件夹”单选按钮，系统将只对文件夹压缩，里面的内容并没经过压缩，但是在其中创建的文件或文件夹将被压缩。选中“将更改应用于此文件夹、子文件夹和文件”单选按钮，则文件夹内部的所有内容被压缩。

(5) 在默认情况下，被压缩后的文件或文件夹将使用蓝色字体标识，如图 7-18 所示。

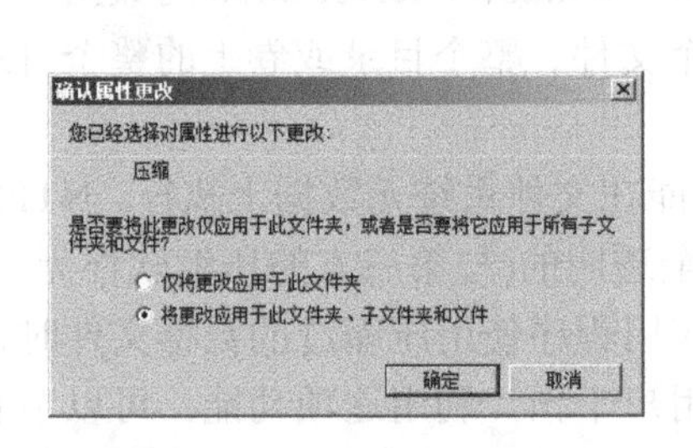

图 7-17 确认压缩属性更改

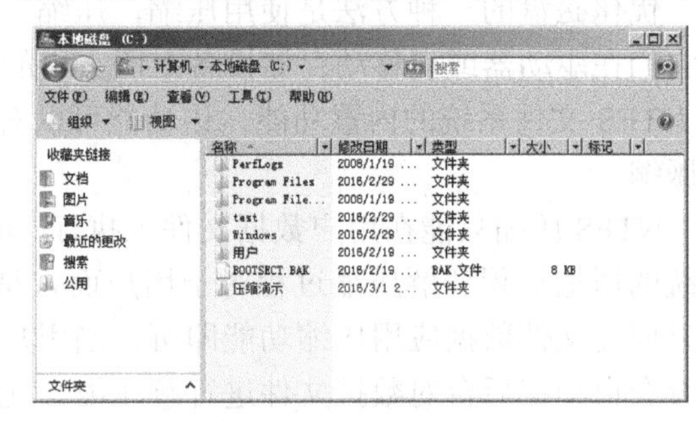

图 7-18 压缩后的文件或文件夹

7.3.3 复制或移动压缩文件或文件夹

在 Windows Server 2008 操作系统的 NTFS 卷内或卷间复制、移动 NTFS 卷或文件夹时，文件或文件夹的 NTFS 压缩属性会发生相应的变化。

(1) 不管是在 NTFS 卷内或卷间复制文件或文件夹，系统都将目标文件作为新文件对待，文件将继承目的地文件夹的压缩属性。

(2) 同一磁盘分区内移动文件或文件夹时，文件或文件夹不会发生任何变化，系统只更改磁盘分区表中指向文件或文件夹的头指针位置，保留压缩属性。

(3) 在 NTFS 卷间移动 NTFS 文件或文件夹时，系统将目标文件作为新文件对待。文件将继承目标文件夹的压缩属性。

(4) 任何被压缩的 NTFS 文件移动或复制到 FAT/FAT32 分区时，将自动解压，不再保留压缩属性。

7.4　加密文件系统

7.4.1　加密文件系统简介

加密文件系统(Encrypting File System，EFS)提供一种核心文件加密技术。EFS 仅用于 NTFS 卷上的文件和文件夹加密。EFS 加密对用户是完全透明的，当用户访问加密文件时，系统自动解密文件，当用户保存加密文件时，系统会自动加密该文件，不需要用户任何手动交互动作。EFS 是 Windows 2000、Windows XP Professional(Windows XP Home 不支持 EFS)、Windows Server 2003 和 Windows Server 2008 的 NTFS 文件系统的一个组件。EFS 采用高级的标准加密算法实现透明的文件加密和解密，任何不拥有合适密钥的个人或者程序都不能读取加密数据。即使是物理上拥有驻留加密文件的计算机，加密文件仍然受到保护，甚至是有权访问计算机及其文件系统的用户，也无法读取这些数据。

7.4.2　实现 EFS 服务

用户可以使用 EFS 加密、解密、访问、复制文件或文件夹。下面介绍如何实现文件的加密服务。

1. 加密文件或文件夹

使用 Windows Server 2008 NTFS 加密文件或文件夹的步骤如下。

(1) 打开“资源管理器”窗口，找到要加密的文件或文件夹。用鼠标右键单击文件或文件夹，然后在弹出的快捷菜单中选择“属性”命令。

(2) 在属性对话框中，切换到“常规”选项卡，单击“高级”按钮，如图 7-19 所示。

(3) 在“高级属性”对话框中，选中“加密内容以便保护数据”复选框，然后单击“确定”按钮，如图 7-20 所示。

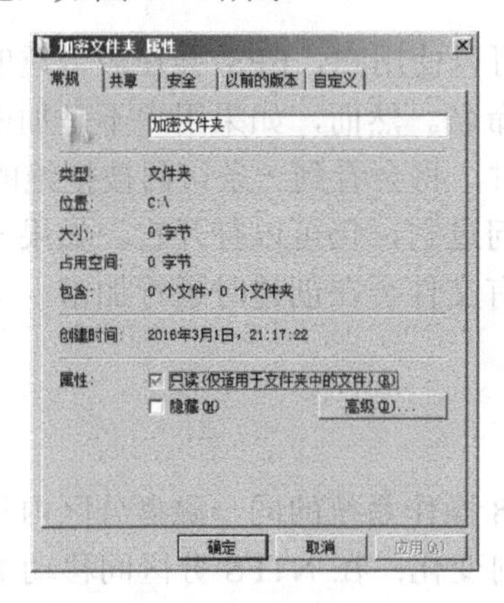

图 7-19　“常规”选项卡

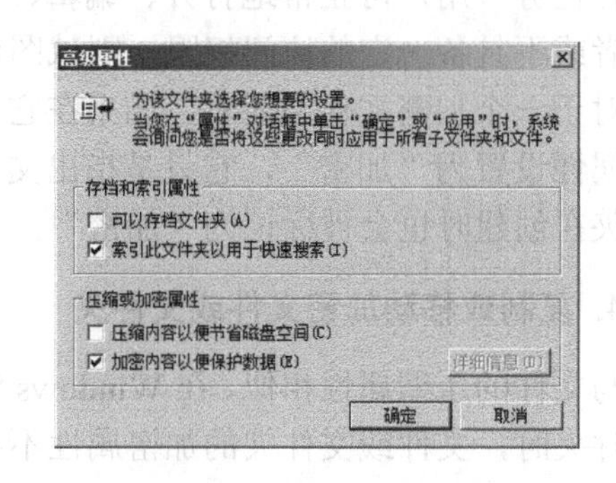

图 7-20　启用加密属性

(4) 返回属性对话框后，再单击“确定”或“应用”按钮，将打开“确认属性更改”对话框，如图 7-21 所示。选中“仅将更改应用于此文件夹”单选按钮，系统将只对文件夹加密，里面的内容并没经过加密，但是在其中创建的文件或文件夹将被加密。选中“将更改应用于此文件夹、子文件夹和文件”单选按钮，则文件夹内部的所有内容被加密。

(5) 在默认情况下，被加密后的文件或文件夹将使用绿色字体标识，如图 7-22 所示。

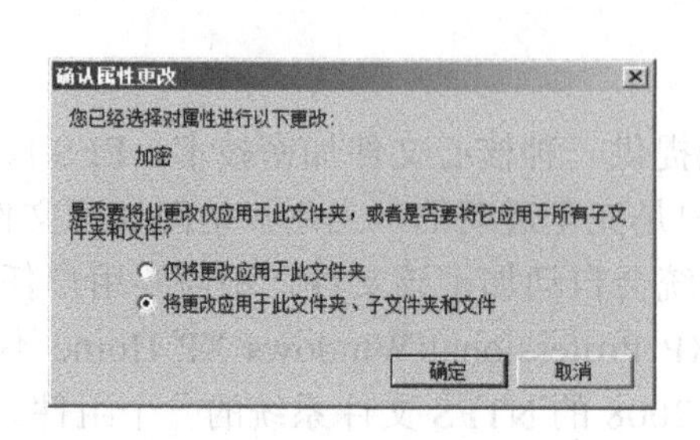

图 7-21 确认加密属性更改

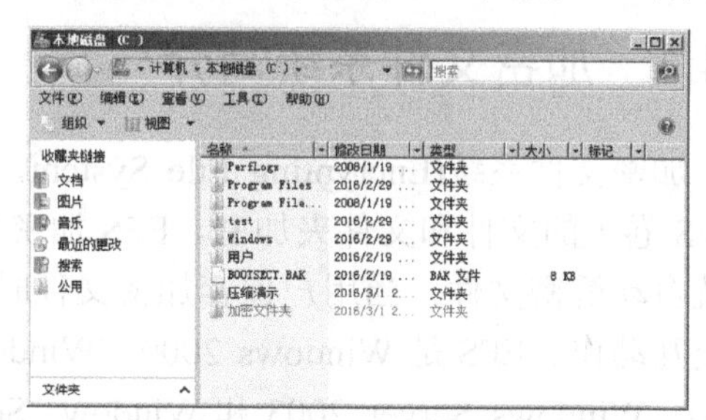

图 7-22 加密后的文件或文件夹

2. 解密文件或文件夹

用户也可以使用与加密相似的方法对文件夹进行解密，而且一般无须解密即可打开文件进行编辑——EFS 在用户面前是透明的。如果正式解密一个文件，会使其他用户随意访问该文件。下面是解密文件或文件夹的具体步骤。

(1) 打开“资源管理器”或“我的电脑”窗口，找到要压缩的文件或文件夹。右键单击文件或文件夹，然后在弹出的快捷菜单中选择“属性”命令。

(2) 在属性对话框中，切换到“常规”选项卡，单击“高级”按钮。

(3) 在“高级属性”对话框中，取消选中“加密内容以便保护数据”复选框，然后单击“确定”按钮。

(4) 返回属性对话框后，再单击“确定”按钮或“应用”按钮，将打开“确认属性更改”对话框。选择是对文件夹及其所有内容进行解密，或者只解密文件夹本身。默认情况下是对文件夹进行解密。最后单击“确定”按钮即可。

3. 使用加密文件或文件夹

作为当初加密一个文件的用户，不需要解密就可以使用它，EFS 会在后台透明地为用户执行任务。用户可正常地打开、编辑、复制和重命名。然而，如果用户不是加密文件的创建者或不具备一定的访问权限，则试图访问文件时，将会看到一条访问被拒绝的消息。

对于一个加密文件夹而言，如果在它加密前访问过它，仍可以打开它。如果一个文件夹的属性设置为“加密”，它只是指出文件夹中所有文件会在创建时进行加密。另外，子文件夹在创建时也会被标记为“加密”。

4. 复制或移动加密文件或文件夹

与文件的压缩属性相似，在 Windows Server 2008 操作系统的同一磁盘分区内移动文件或文件夹时，文件或文件夹的加密属性不会发生任何变化；在 NTFS 分区间移动 NTFS 文件或文件夹时，系统将目标文件作为新文件对待。文件将继承目的文件夹的加密属性。另外，任何已经加密的 NTFS 文件移动或复制到 FAT/FAT32 分区时，文件将丢失加密属性。

7.4.3 几点说明

用户在使用 EFS 加密文件(文件夹)时，需要注意以下几点。

(1) 加密功能主要用于个人文件夹的，不要加密系统文件夹和临时目录，否则会影响到系统的正常运行。

(2) 使用 EFS 加密后，应尽量避免重新安装系统，重新安装前，应先将文件解密。为了防止因突发事件造成系统崩溃，重装系统后无法打开 EFS 文件的事故，需要及时备份 EFS 证书。备份可通过 IE 属性对话框来完成，也可以通过“控制面板”→“用户账户”→“管理您的文件加密证书”来完成，限于篇幅，这里就不做详细介绍了。

(3) 加密只是在文件系统中，文件在传输过程是不加密的。

本章小结

本章主要介绍了 FAT、FAT32、NTFS 三种文件系统及其区别，介绍了 NTFS 文件系统权限及设置方法，介绍了在 NTFS 文件系统中对文件夹或文件进行压缩的方法，介绍了加密文件系统的概念及在 NTFS 文件系统中对文件夹或文件进行加密的方法。

习题与实训

一、填空题

(1) __________是文件系统分配磁盘的基本单元。

(2) FAT 是________的缩写，FAT16 文件系统的分区不能超过________。

(3) Windows Server 2008 支持________、________和________等文件系统，Windows Server 2008 的文件夹权限设置、EFS 等功能都是基于________文件系统的。

(4) 将 FAT/FAT32 分区转换为 NTFS 分区可以使用______________命令。

(5) NTFS 权限有 6 个基本的权限，即完全控制、________、________、列出文件夹目录、________和________。

二、选择题

(1) 在不丢失磁盘上原有文件夹的前提下，将 NTFS 文件系统转换成 FAT 文件系统的命令为__________。

A. convert　　B. format
C. fdisk　　D. 没有命令可以完成该功能

(2) 在 Windows Server 2008 系统中，下列__________功能不是 NTFS 文件系统特有的。

A. 文件加密　　B. 文件压缩
C. 设置共享权限　　D. 磁盘配额

(3) 下面不是 NTFS 的普通权限的是__________。

A. 读取　　B. 写入　　C. 删除　　D. 完全控制

(4) 关于NTFS权限应用遵循的原则，描述错误的是__________。

A. 文件夹的权限超越文件权限

B. 拒绝权限优先于其他权限

C. 属于不同组的同一个用户会得到各个组对文件的累加权限

D. 文件权限是继承的

(5) 在下列__________情况下，文件或文件夹的NTFS权限会保留下来。

A. 复制到同分区的不同目录中　　B. 移动到同分区的不同目录中

C. 复制到不同分区的目录中　　D. 移动到不同分区的目录中

(6) 下列说法正确的是__________。

A. 移动文件或文件夹不会影响其NTFS权限

B. 在同一个卷内移动文件或文件夹时，此文件和文件夹会保留原来的NTFS权限

C. 只有从NTFS卷向FAT分区移动文件或文件夹才会对其NTFS权限造成影响

D. 在不同的卷间移动文件或文件夹时，此文件和文件夹会保留原来的NTFS权限

(7) 关于权限继承的描述，__________是不正确的。

A. 所有的新建文件夹都继承上级的权限

B. 父文件夹可以强制子文件夹继承它的权限

C. 子文件夹可以取消继承的权限

D. 如果用户对子文件夹没有任何权限，也能够强制其继承父文件夹的权限

(8) 下列说法正确的是__________。

A. 可以同时压缩和加密一个文件

B. 移动文件或文件夹不会影响其压缩属性

C. 如果将非加密文件移动到加密文件夹中，则这些文件将在新文件夹中自动加密

D. 移动文件或文件夹不会影响其加密属性

(9) 下列不是Windows Server 2008操作系统的EFS具有的特征的是__________。

A. 只能加密NTFS卷上的文件或文件夹

B. 如果将加密文件移动到非加密文件夹中，则这些文件将在新文件夹中自动解密

C. 无法加密标记为“系统”属性的文件

D. 在允许进行远程加密的远程计算机上可以加密或解密文件及文件夹

(10) 要启用磁盘配额管理，Windows Server 2003驱动器必须使用__________文件系统。

A. FAT16或FAT32　　B. NTFS

C. NTFS或FAT32　　D. FAT32

三、实训内容

(1) 熟练掌握NTFS文件系统权限设置方法。

(2) 掌握文件及文件夹的压缩与加密属性的操作方法。

第 8 章　磁 盘 管 理

本章学习目标

本章主要讲述 Windows Server 2008 磁盘管理方面的内容。

通过本章的学习，应该实现如下目标:

- 了解基本磁盘与动态磁盘、MBR 与 GPT 硬盘类型。
- 掌握基本磁盘的分区管理方法。
- 掌握动态磁盘的卷的管理方法。
- 了解磁盘的检查和整理方法。
- 掌握磁盘配额及磁盘挂接方法。
- 了解常用磁盘命令的功能。

8.1　磁盘管理概述

8.1.1　什么是磁盘管理

用户可以使用 Windows 系列操作系统中的磁盘管理来执行与磁盘相关的任务，如创建与格式化分区和卷、分配驱动器号。当我们在计算机中安装一块新磁盘时，Windows Server 2008 将这块磁盘作为一块基本磁盘来进行配置。基本磁盘在 Windows Server 2008 中是默认的存储介质。

磁盘管理程序是用于管理硬盘、卷或它们所包含的分区的系统实用工具。利用磁盘管理，可以初始化磁盘、创建卷、使用 FAT、FAT32 或 NTFS 文件系统格式化卷以及创建容错磁盘系统。磁盘管理可以在不需要重新启动系统或中断用户的情况下执行多数与磁盘相关的任务；大多数配置更改将立即生效。

在 Windows Server 2008 中的磁盘管理具备以下几个新特点。

(1) 基本和动态磁盘存储。基本磁盘包含有基本卷，例如主磁盘分区和扩展分区中的逻辑驱动器。动态磁盘包含动态卷，动态卷提供的功能要比基本卷多。

(2) 本地和远程磁盘管理。使用磁盘管理，可以管理运行 Windows 2000、Vista 或 Windows Server 2008 家族操作系统的任何远程计算机。

(3) 装入驱动器。使用磁盘管理，可以在本地 NTFS 卷的任何空文件夹中连接或装入本地驱动器。装入的驱动器使数据更容易访问，并赋予用户基于工作环境和系统使用情况管理数据存储的灵活性。

(4) 支持 MBR 和 GPT 磁盘。磁盘管理在基于 x86 的计算机上能够提供对主启动记录(MBR)磁盘的支持，以及在基于 Itaninum 的计算机中提供对 MBR 和 GUID 分区表(GPT)磁盘的支持。

(5) 支持存储区域网络(SANs)。为了在 Windows Server 2008 Enterprise Edition 和 Windows Server 2008 Datacenter Edition 之间的存储区域网络有良好的互操作性，新磁盘上的卷加入系统时，不默认自动装入和分配驱动器符。

我们可以用磁盘管理来配置和管理计算机的存储空间和执行所有的磁盘管理任务，也可以使用磁盘管理来转换磁盘的存储类型，创建和扩展卷以及其他的磁盘管理工作，例如管理驱动器盘符和路径。

8.1.2 磁盘类型

1. 基本磁盘

基本磁盘是一种可由 MS-DOS 和所有基于 Windows 的操作系统访问的物理磁盘。是以分区方式组织和管理磁盘空间。基本磁盘可包含多达 4 个主磁盘分区，或 3 个主磁盘分区加一个具有多个逻辑驱动器的扩展磁盘分区。

在使用基本磁盘之前，必须使用 FDISK、PQMagic 等工具对磁盘分区，基本磁盘最多只能包含 4 个磁盘分区。

基本磁盘上的分区类型可以有主磁盘分区和扩展磁盘分区两种。

(1) 主磁盘分区。

主磁盘分区就是通常用来启动操作系统的分区。磁盘上最多可以有 4 个主磁盘分区。如果基本磁盘上包含有两个以上的主磁盘分区，可以在不同的分区里安装不同操作系统，系统将默认由第一个主磁盘分区作为启动分区。

(2) 扩展磁盘分区。

扩展磁盘分区是基本磁盘中除主磁盘分区之外剩余的硬盘空间。不能用来启动操作系统。一个硬盘中只能存在一个扩展磁盘分区。也就是说，一个基本磁盘中最多可以由 3 个主磁盘分区和一个扩展磁盘分区组成。系统管理员可根据实际需要在扩展磁盘分区上创建多个逻辑驱动器。

注意： 这里对于基本磁盘分区个数的限制是针对 MBR 硬盘格式的，而对于 GPT 硬盘格式来说，支持最多 128 个分区。

2. 动态磁盘

动态磁盘是 Windows 2000/XP/2003 之后的 Windows 系统所支持的一种特殊的磁盘类型，这种磁盘类型不能在早期的某些操作系统中使用。在动态磁盘上不再采用基本磁盘的主磁盘分区和含有逻辑驱动器的扩展磁盘分区，而是采用卷来组织和管理磁盘空间。动态磁盘可以提供一些基本磁盘不具备的功能，例如创建可跨多个磁盘的卷(跨区卷和带区卷)和创建具有容错能力的卷(镜像卷和 RAID-5 卷)。所有动态磁盘上的卷都是动态卷。

动态磁盘的卷分为以下 5 种卷类型。

(1) 简单卷。简单卷是在单独的动态磁盘中的一个卷，它与基本磁盘的分区较相似，但是，它没有空间的限制以及数量的限制。当简单卷的空间不够用时，可以扩展卷到同一动态磁盘上连续的或非连续的空间上，不会影响原来卷中保存的数据。

(2) 跨区卷。跨区卷是一个包含多块磁盘上的空间的卷(最多 32 块)，向跨区卷中存储数据信息的顺序是存满第一块磁盘再逐渐向后面的磁盘中存储。通过创建跨区卷，我们可以将多块物理磁盘中空余的、大小不等的空间分配成同一个卷，充分利用了资源。跨区卷不能提高性能和容错。

(3) 带区卷。带区卷是由两个或多个磁盘中的空余空间组成的卷(最多 32 块磁盘)，在向带区卷中写入数据时，数据被分割成 64KB 的数据块，然后同时向阵列中的每一块磁盘写入不同的数据块。这个过程显著提高了磁盘效率和性能，但不具备容错能力。

(4) 镜像卷。镜像卷是一个带有一份完全相同的副本的简单卷，它需要两块磁盘，一块存储运行中的数据，一块存储完全一样的副本，当一块磁盘故障时，另一块磁盘可以立即使用，避免了数据丢失。镜像卷提供了容错性，但是，它不提供性能的优化。

(5) RAID-5 卷。RAID-5 卷就是含有奇偶校验值的带区卷，Windows Server 2008 为卷集中的每一个磁盘添加一个奇偶校验值，这样，在确保了带区卷优越性能的同时，还提供了容错性。RAID-5 卷至少包含 3 块磁盘，最多 32 块，阵列中任意一块磁盘出现故障时，都可以由其他磁盘中的校验信息做运算，并将故障磁盘中的数据恢复。

使用动态磁盘，与基本磁盘相比，优点表现在如下几个方面。

第一，便于更改磁盘容量。

动态磁盘：在不重新启动计算机的情况下可更改磁盘容量大小，而且不会丢失数据。

基本磁盘：分区一旦创建，就无法更改容量大小，除非借助于特殊的磁盘工具软件，如 PQMagic 等。

第二，磁盘空间的限制。

动态磁盘：可被扩展到磁盘中，包括不连续的磁盘空间，还可以创建跨磁盘的卷集，将几个磁盘合为一个大卷集。

基本磁盘：必须是同一磁盘上的连续的空间才可分为一个区，分区最大的容量也就是磁盘的容量。

第三，卷或分区个数。

动态磁盘：在一个磁盘上可创建的卷个数没有限制。

基本磁盘：最多只能建立 4 个磁盘分区。

3. GPT 和 MBR

磁盘存在的分区形式分为 MBR 磁盘和 GPT 磁盘。

MBR 磁盘是标准的传统形式。其磁盘分区表存储在 MBR(主引导记录)中，MBR 位于磁盘的最前端，计算机启动时，主板上的 BIOS 会先读取 MBR，将控制权交给 MBR 内的程序，由程序来完成后续的启动工作。

GPT 磁盘是基于 Itanium 计算机中的可扩展固件接口(EFI)使用的磁盘分区架构，磁盘分区表存储在 GPT 内，也位于磁盘的最前端，它有主分区表和备份磁盘分区表，可提供故障转移功能。GPT 通过 EFI 作为硬件与操作系统之间的桥梁，EFI 所承担的角色相当于 MBR 磁盘的 BIOS。

在磁盘没有创建分区或卷之前，可以在磁盘管理中将 MBR 磁盘转换为 GPT 磁盘，也可以将 GPT 磁盘转换为 MBR 磁盘。另外，利用 DOS 命令“convert gpt”或其他磁盘管理工具，在不清除磁盘数据的情况下，可以将 MBR 磁盘转换为 GPT 磁盘。

8.2 基本磁盘管理

基本磁盘管理的主要内容，是浏览基本磁盘的分区情况，并根据实际需要添加、删除、格式化分区，修改分区信息。下面介绍如何利用磁盘管理器对基本磁盘进行管理。

选择“开始”菜单中“管理工具”级联菜单中的“计算机管理”命令，可以打开“计算机管理”窗口，单击左侧窗格中的“磁盘管理”，在右侧窗格中显示计算机的磁盘信息。如图 8-1 所示。以下操作步骤都是从“计算机管理”窗口开始的。

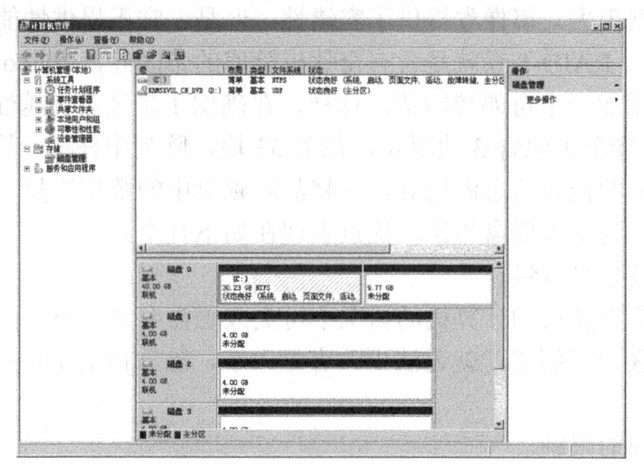

图 8-1　“计算机管理”窗口

8.2.1 添加分区

1. 新建主磁盘分区

(1) 在磁盘管理器中，右击磁盘 0 的未指派区域，在快捷菜单中选择“新建简单卷”命令，如图 8-2 所示(注意：在 Windows Server 2008 中，在基本磁盘上创建简单卷等同于早期版本的分区)。

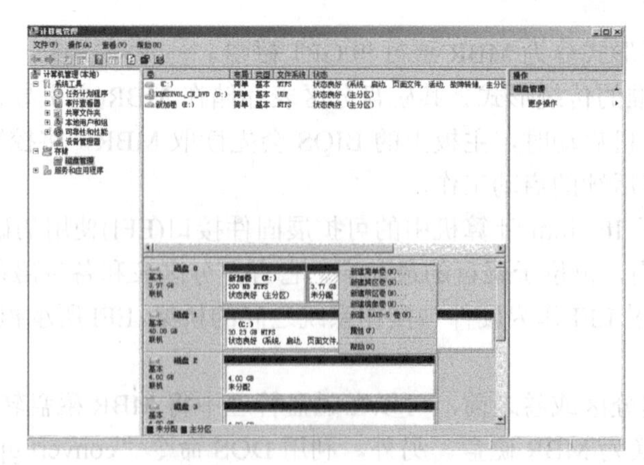

图 8-2　新建磁盘分区

(2) 弹出“新建简单卷向导”对话框，如图 8-3 所示，单击“下一步”按钮。

(3) 出现“指定卷的大小”界面，如图 8-4 所示。输入新建简单卷的容量，然后单击“下一步”按钮。

(4) 出现“分配驱动器号和路径”界面，如图 8-5 所示。指派一个驱动器号给新建的分区，单击“下一步”按钮。

(5) 出现“格式化分区”界面，如图 8-6 所示。如果要立刻格式化分区，可指定文件系统、分配单位、卷标等信息，然后单击“下一步”按钮。

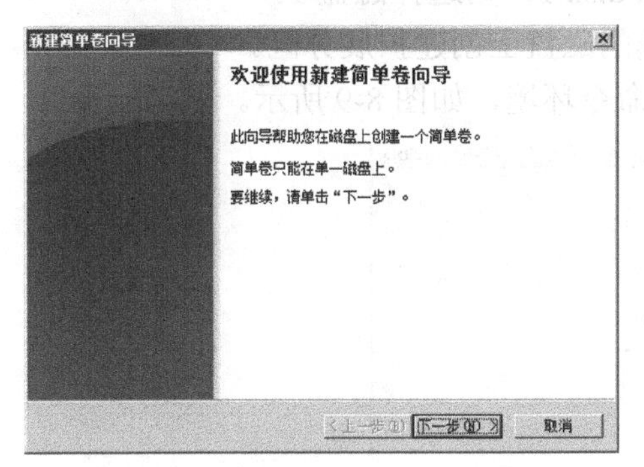

图 8-3　“新建简单卷向导”对话框

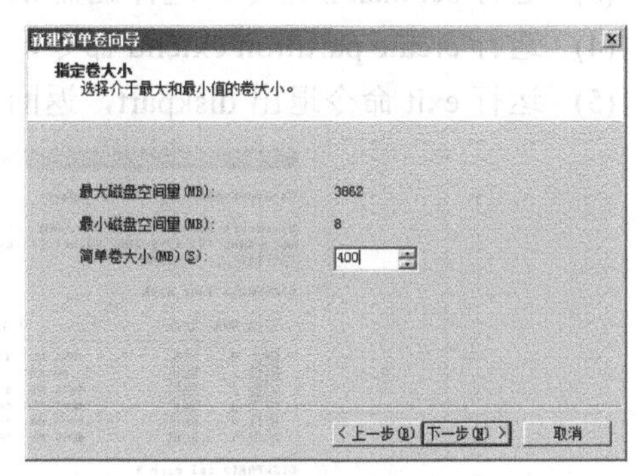

图 8-4　指定卷的大小

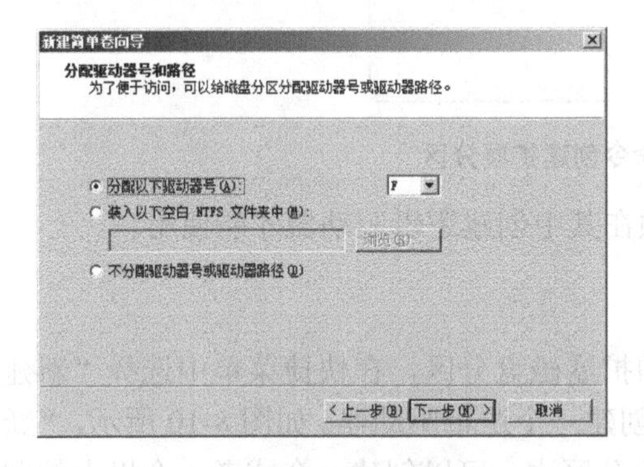

图 8-5　分配驱动器号和路径

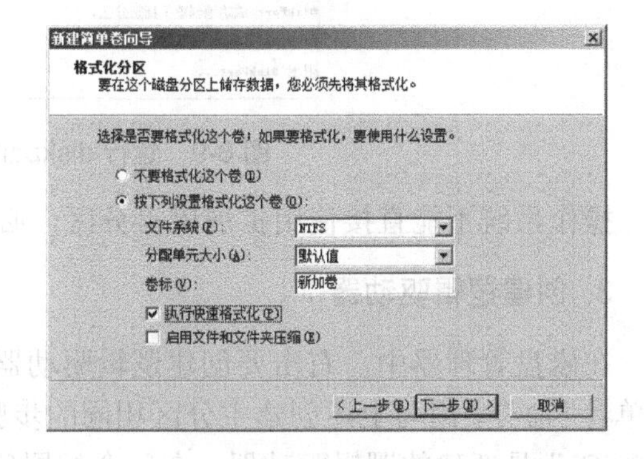

图 8-6　格式化分区

(6) 系统将显示你所创建的分区(简单卷)信息，如图 8-7 所示，单击“完成”按钮，完成磁盘分区向导。“新加卷 F：”为新建的主磁盘分区，如图 8-8 所示。

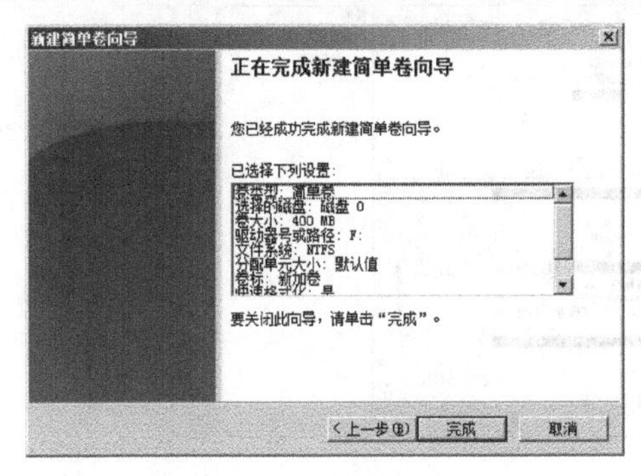

图 8-7　完成磁盘分区向导

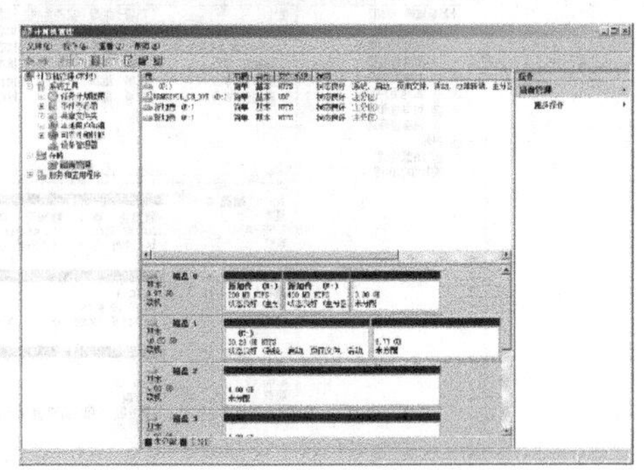

图 8-8　新建的主磁盘分区

2. 创建扩展磁盘分区

在 Windows Server 2008 磁盘管理器窗口中，为基本磁盘创建分区，只能以创建简单卷的形式创建主分区，要创建扩展分区，需要借助于 diskpart 命令。步骤如下。

(1) 在 DOS 命令窗口中运行命令 diskpart，进入 diskpart 命令状态。

(2) 运行 list disk 命令，浏览一下当前的磁盘状态。

(3) 运行 sel disk n 命令，选择磁盘 n，如 sel disk 1，则选择磁盘 1。

(4) 运行 create partition extend 命令，在所选的磁盘上创建扩展分区。

(5) 运行 exit 命令退出 diskpart，返回 DOS 命令环境，如图 8-9 所示。

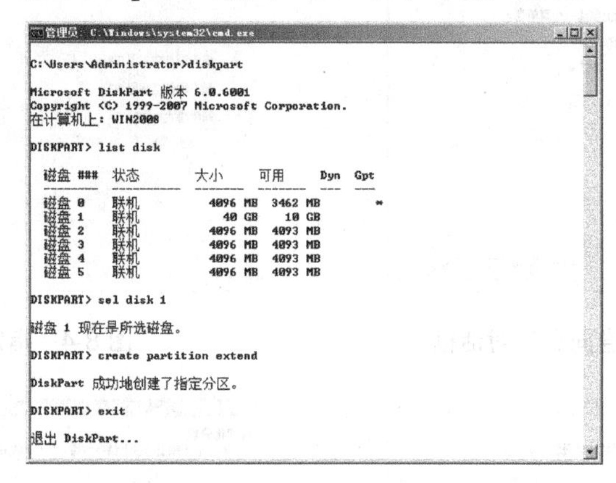

图 8-9 运行 diskpart 命令创建扩展分区

操作系统不能直接使用扩展磁盘分区，必须在其中创建逻辑驱动器才能使用。

3. 创建逻辑驱动器

在磁盘管理器中，右击要创建逻辑驱动器的扩展磁盘分区，在快捷菜单中选择“新建简单卷”命令，用与上述创建主分区相同的步骤创建一个逻辑驱动器。如图 8-10 所示，“新加卷(G)”是新建的逻辑驱动器。在一个扩展磁盘分区中，可以创建一个或者一个以上的逻辑驱动器。

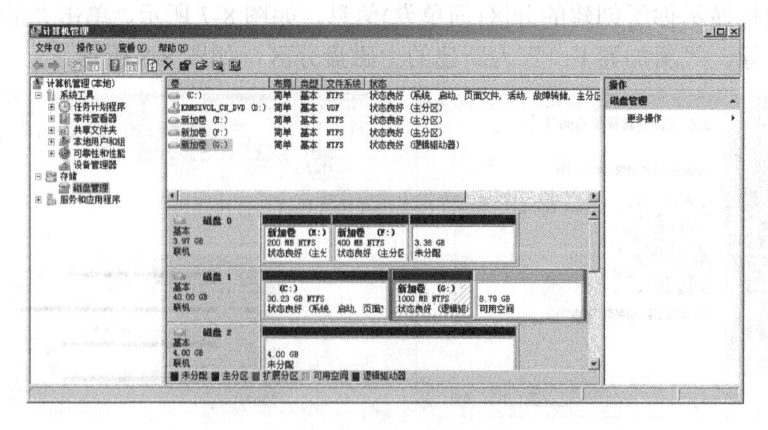

图 8-10 新建的逻辑驱动器

8.2.2　格式化分区

磁盘分区只有格式化后才能使用，在创建分区时，就可以选择要使用的文件系统，并且创建完成任务之后，立刻就会格式化。还可以在任何时候对分区进行格式化，右击需要格式化的驱动器，从弹出的快捷菜单中选择“格式化”命令，弹出“格式化”对话框，如图 8-11 所示，选择要使用的文件系统，当格式化完成之后，这个驱动器将是一个完全“空白”的可用空间。

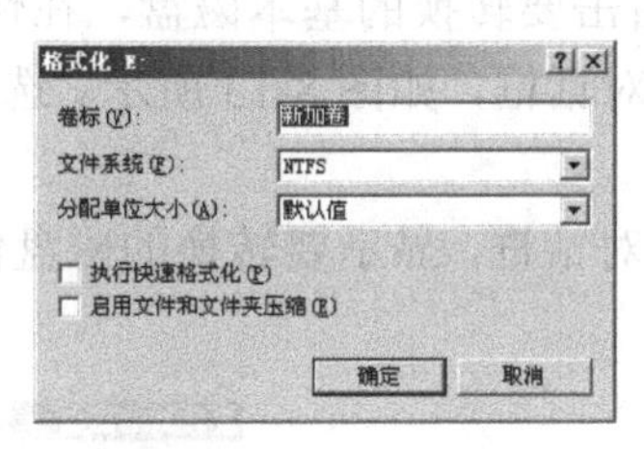

图 8-11　格式化分区

8.2.3　删除分区

如果某一个分区不再使用了，可以选择删除。在磁盘管理器中，右击需要删除的分区，从弹出的快捷菜单中选择“删除磁盘分区”命令，按照向导提示完成操作即可。删除分区后，原来在这个分区上的数据将全部丢失，并且不能恢复。如果要删除的分区是扩展磁盘分区的话，要先把扩展磁盘分区上的逻辑驱动器删除，才能完成删除分区的操作。删除逻辑驱动器的方法与删除分区的方法基本相同。

8.2.4　修改分区信息

要更改驱动器号和路径，可在磁盘管理器中，右击要更改驱动器号和路径的分区名称，在快捷菜单中选择“更改驱动器号和路径”命令，弹出“更改驱动器号和路径”对话框，如图 8-12 所示。选择要指派的驱动器号，单击“确定”按钮。

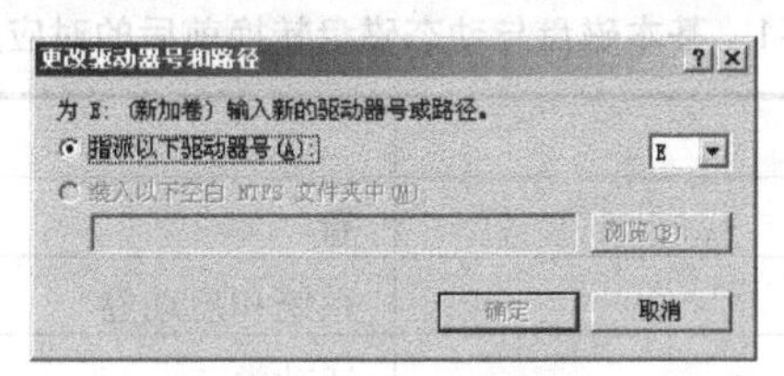

图 8-12　更改驱动器号

8.3　动态磁盘管理

Windows Server 2008 提供的动态磁盘管理，可以实现一些基本磁盘不具备的功能，可以更有效地利用磁盘空间和提高磁盘性能。

8.3.1 磁盘类型转换

1. 基本磁盘转换为动态磁盘

通过前面的学习，我们知道 Windows Server 2008 安装完成后默认的磁盘类型是基本磁盘，我们在使用这些功能之前，首先要把基本磁盘转换为动态磁盘。操作步骤如下。

(1) 打开如图 8-1 所示的磁盘管理界面。

(2) 在磁盘管理界面中，右击要转换的基本磁盘，在快捷菜单中选择“转换到动态磁盘”，弹出“转换为动态磁盘”对话框，如图 8-13 所示。选择要转换为动态磁盘的磁盘号，单击“确定”按钮。

(3) 弹出“要转换的磁盘”对话框，显示要转换的磁盘信息，如图 8-14 所示。单击“转换”按钮，完成转换。

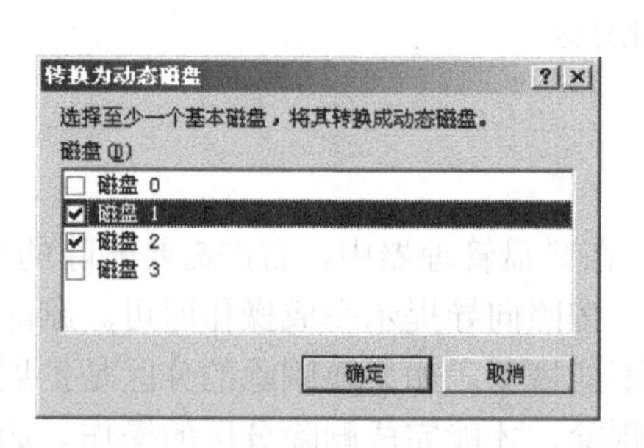

图 8-13 “转换为动态磁盘”对话框

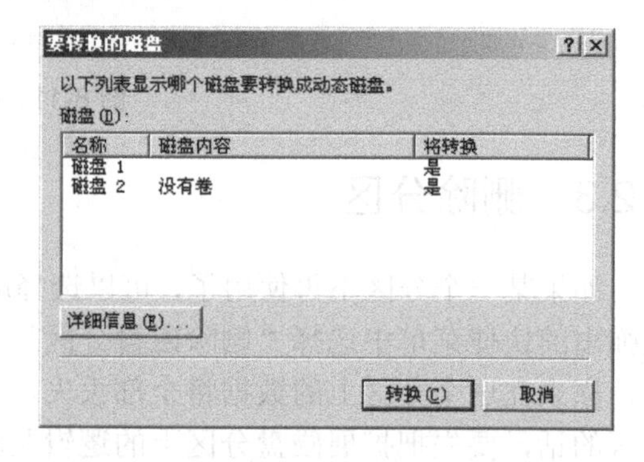

图 8-14 显示要转换的磁盘信息

如果要转换的基本磁盘上有分区存在，并安装有其他可启动的操作系统，转换前系统会给出警告提示“转换后，其他操作系统将不能再启动，原分区的文件系统也要被卸下。”

无论是主磁盘分区，还是扩展磁盘分区上的逻辑驱动器，都将被转换为简单卷，而且数据并不丢失。

表 8-1 给出了基本磁盘与动态磁盘转换前后的对应关系。

表 8-1 基本磁盘与动态磁盘转换前后的对应关系

基本磁盘	动态磁盘
分区	卷
系统和启动分区	系统和启动卷
活动分区	活动卷
扩展磁盘分区	卷和未分配空间
逻辑驱动器	简单卷
卷标设置	跨区卷
带设置	带区卷
镜像设置	镜像卷

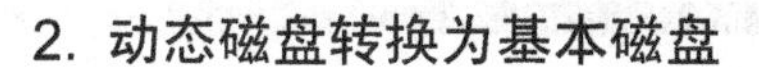

2. 动态磁盘转换为基本磁盘

在动态磁盘转换为基本磁盘时，如果不删除动态磁盘上所有的卷，转换操作就不能执行，因此，首先要进行删除卷的操作。在磁盘管理器中，右击要转换成基本磁盘的动态磁盘上的每个卷，在每个卷对应的快捷菜单中，单击“删除卷”命令。

各个卷被删除后，右击该磁盘，在快捷菜单中单击“转化为基本磁盘”命令。根据向导提示完成操作。动态磁盘转换为基本磁盘后，原磁盘上的数据将全部丢失，不能恢复。

8.3.2　创建和扩展简单卷

1. 创建简单卷

简单卷是由单个动态磁盘的磁盘空间所组成的动态卷。简单卷可以由磁盘上的单个区域或同一磁盘上链接在一起的多个区域组成。

简单卷不能提升读写性能，不能提供容错功能。创建简单卷的步骤与上一节基本磁盘管理中创建主分区的步骤完全相同，此处不再赘述。

例如，在磁盘 2 上新建一新加卷 H:后，磁盘管理界面如图 8-15 所示，“新加卷 H:”就是新创建的简单卷。

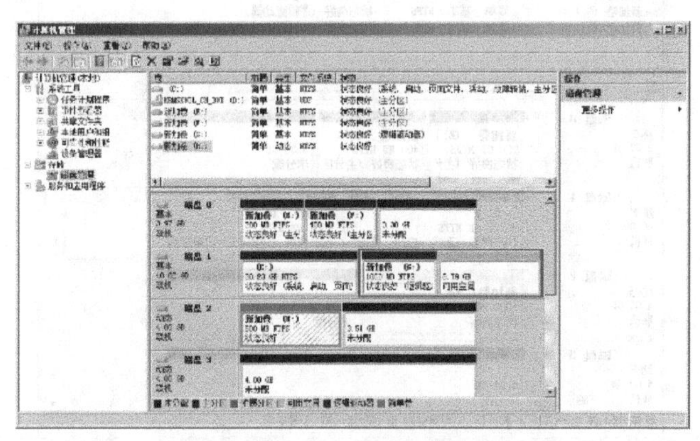

图 8-15　新建的简单卷

2. 扩展简单卷

简单卷扩展要满足以下条件，首先这个简单卷不是由基本磁盘中的分区转换而来，而是在磁盘管理中新建的；其次，这个简单卷一定是采用了 NTFS 文件系统，文件系统是 FAT 和 FAT32 的简单卷不能被扩展。

扩展简单卷的具体步骤如下。

(1)　在磁盘管理器中，右击要扩展的简单卷，在快捷菜单中选择“扩展卷”命令，打开“扩展卷向导”对话框，如图 8-16 所示，单击“下一步”按钮。

(2)　出现“选择磁盘”界面，选择与简单卷在同一动态磁盘上的空间，确定需扩展的空间量，如图 8-17 所示，单击“下一步”按钮。

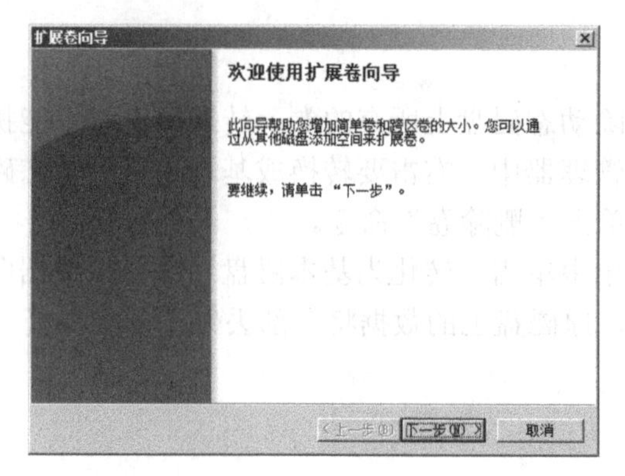

图 8-16　扩展卷向导

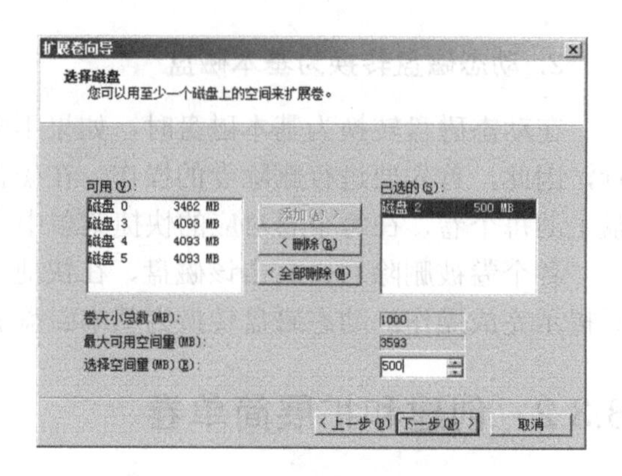

图 8-17　选择动态磁盘和空间量

(3) 完成扩展卷向导。扩展后的简单卷如图 8-18 所示，"新加卷 H:"就是扩展后的简单卷。

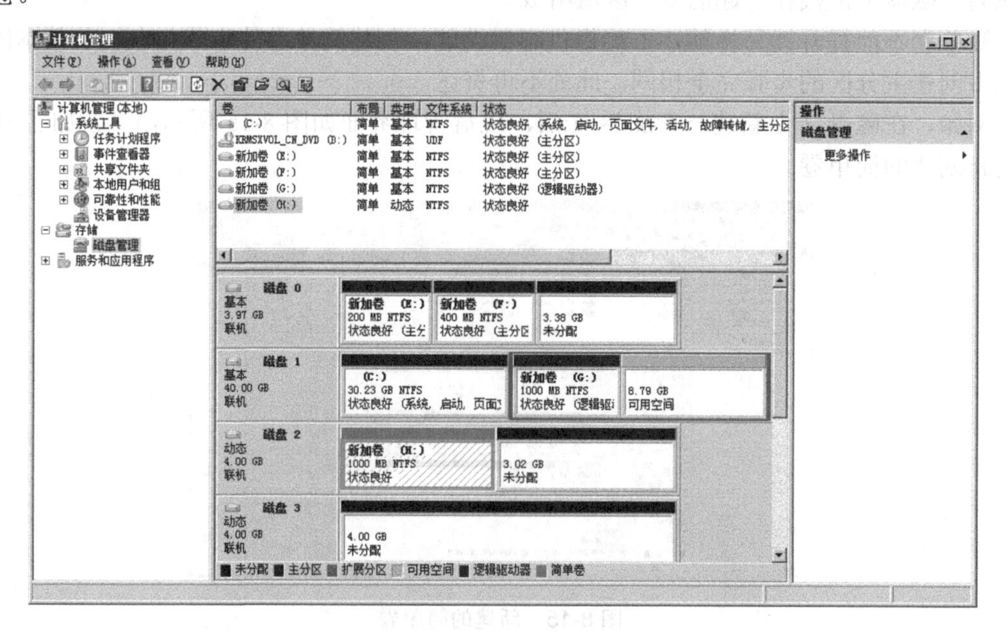

图 8-18　扩展后的简单卷

8.3.3　创建跨区卷

跨区卷是由多个物理磁盘上的磁盘空间组成的卷。可以通过向其他动态磁盘扩展，来增加跨区卷的容量。只能在动态磁盘上创建跨区卷。跨区卷不能容错，也不能被镜像。建立跨区卷的首要条件，是要有两个及以上的动态磁盘。

要建立跨区卷，可以按照以下步骤进行。

(1) 在磁盘管理器中，右击要创建跨区卷的某个动态磁盘中的未分配空间，在弹出的快捷菜单中选择"新建跨区卷"命令，如图 8-19 所示。将弹出"新建跨区卷"向导对话框，如图 8-20 所示。单击"下一步"按钮。

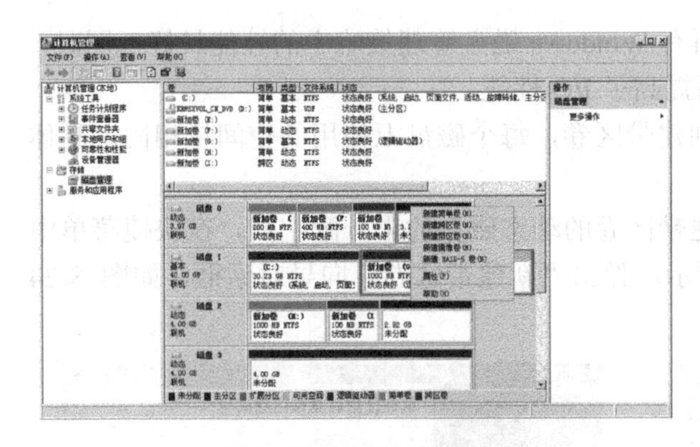

图 8-19　磁盘管理-新建跨区卷

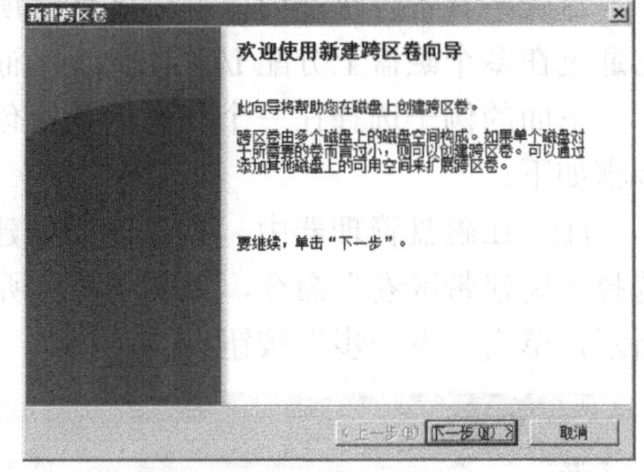

图 8-20　“新建跨区卷”向导

(2) 出现“选择磁盘”界面，如图 8-21 所示。选择创建跨区卷的动态磁盘，并指定动态磁盘上的卷空间量，各个动态磁盘上的空间量可以是不同的，然后指派驱动器号和路径并为卷区选择文件系统，格式化卷区，完成创建新卷向导。图 8-22 中的“G:”卷即为新建的跨区卷。

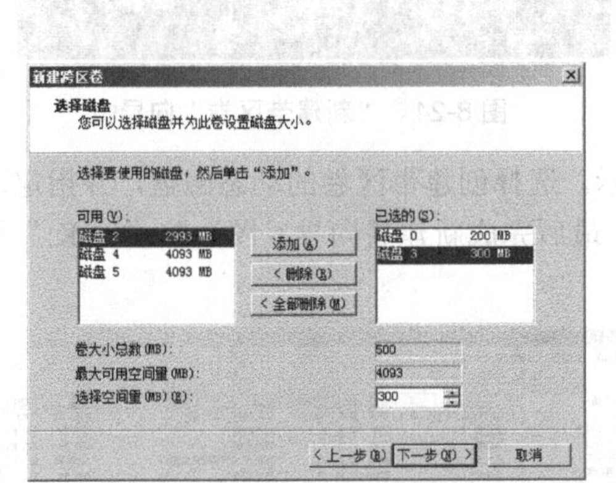

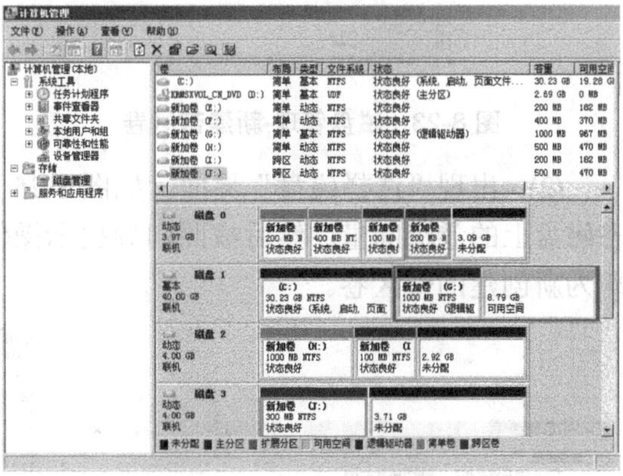

图 8-21　为跨区卷选择动态磁盘和空间量

图 8-22　新建的跨区卷

如果在扩展简单卷时，在扩展卷向导中选择与简单卷不在同一动态磁盘上的空间，并确定扩展卷的空间量，扩展卷向导完成后，原来的简单卷将成为一个新的跨区卷。

跨区卷也可以利用扩展简单卷的方法扩展卷的空间量。

8.3.4　创建带区卷

带区卷是通过将两个或更多磁盘上的可用空间区域合并到一个逻辑卷而创建的，可以在多个磁盘上分布数据。带区卷不能被扩展或镜像，并且不提供容错。如果包含带区卷的其中一个磁盘出现故障，则整个卷就无法工作了。当创建带区卷时，最好使用相同大小、型号和制造商的磁盘。

利用带区卷，可以将数据分块并按一定的顺序在阵列中的所有磁盘上分布数据，与跨区卷类似。带区卷可以同时对所有磁盘进行写数据操作，从而可以相同的速率向所有磁盘写数据。

尽管不具备容错能力，但带区卷在所有 Windows 磁盘管理策略中的性能最好，同时，它通过在多个磁盘上分配 I/O 请求，从而提高了 I/O 性能。

下面的例子选择在三个动态磁盘上创建带区卷，每个磁盘上使用的空间量相同。具体步骤如下。

(1) 在磁盘管理器中，右击需要创建带区卷的动态磁盘的未分配空间，在快捷菜单中选择“新建带区卷”命令，如图 8-23 所示。弹出“新建带区卷”向导对话框，如图 8-24 所示，单击“下一步”按钮。

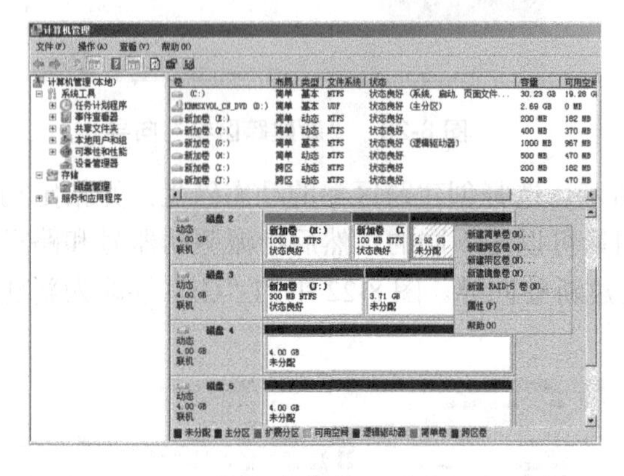

图 8-23 磁盘管理-新建带区卷

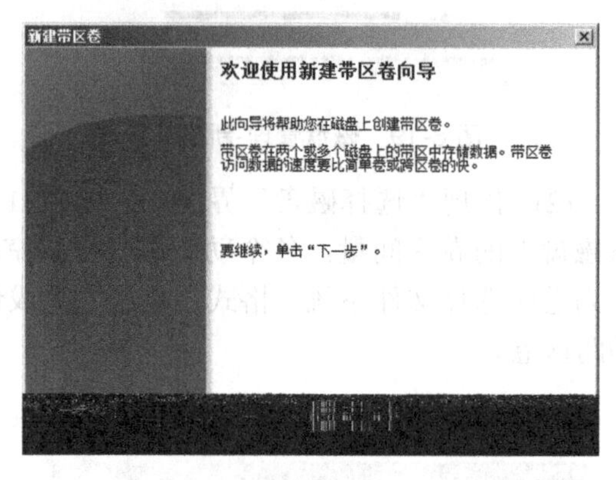

图 8-24 “新建带区卷”向导

(2) 出现“选择磁盘”界面，如图 8-25 所示。选择创建带区卷的动态磁盘，并指定动态磁盘上的卷空间量，然后按照向导提示操作，最后完成新建卷向导。图 8-26 中“K:”卷即为新创建的带区卷。

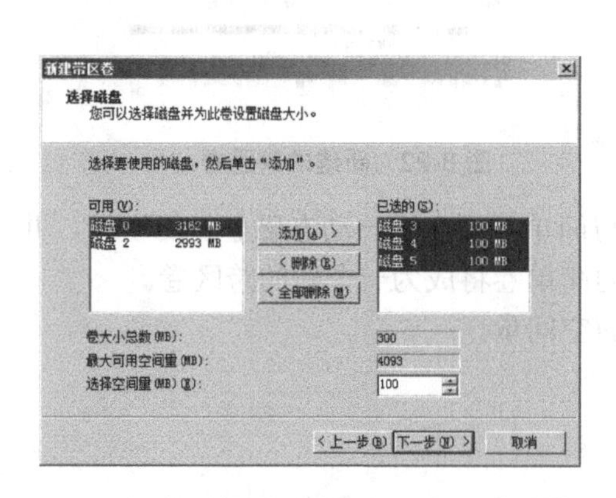

图 8-25 为带区卷指定动态磁盘和空间量

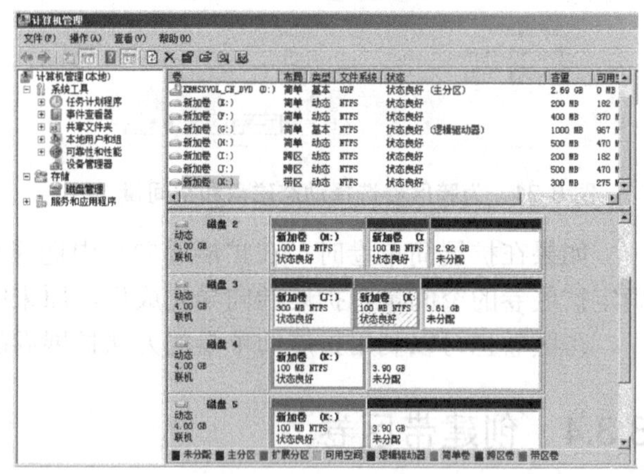

图 8-26 新建的带区卷

8.3.5 创建镜像卷

镜像卷是具有容错能力的卷，它通过使用卷的两个副本或镜像复制存储在卷上的数据，从而提供数据冗余性。写入到镜像卷上的所有数据都写入到位于独立的物理磁盘上的两个镜像中。

如果其中一个物理磁盘出现故障，则该故障磁盘上的数据将不可用，但是，系统可以使用未受影响的磁盘继续操作。当镜像卷中的一个镜像出现故障时，则必须将该镜像卷中断，使得另一个镜像成为具有独立驱动器号的卷，然后可以在其他磁盘中创建新镜像卷，该卷的可用空间应与之相同或更大。当创建镜像卷时，最好使用大小、型号和制造商都相同的磁盘。

1. 创建镜像卷

要创建镜像卷，可以按照以下步骤进行。

(1) 在磁盘管理器中，右击要创建镜像卷的某个动态磁盘上的未分配空间，在弹出的快捷菜单中选择“新建镜像卷”命令，将弹出“新建镜像卷”向导对话框，单击“下一步”按钮。

(2) 出现“选择磁盘”界面，如图 8-27 所示，添加镜像卷所在的磁盘，选择空间量后单击“下一步”按钮。以后的步骤与创建其他类型卷类似，按照向导提示进行操作，完成新建镜像卷向导。图 8-28 中的“L:”卷即为新创建的镜像卷。

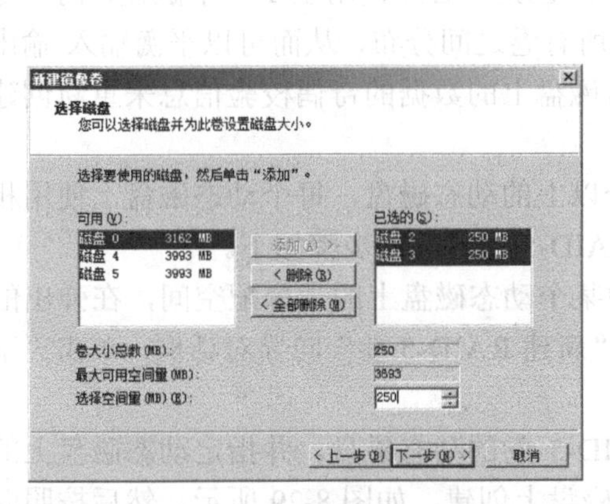

图 8-27　新建镜像卷-选择磁盘

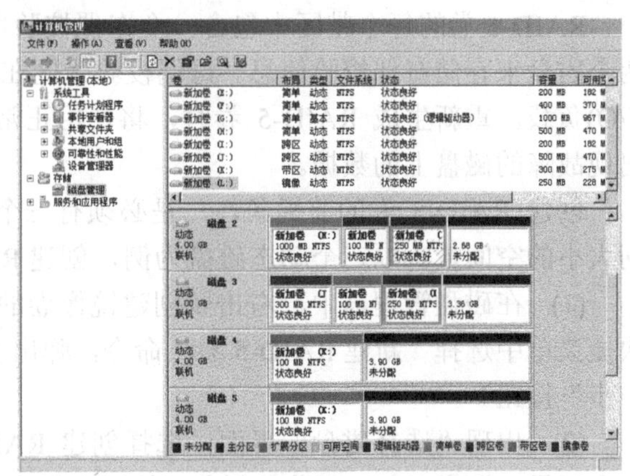

图 8-28　新创建的镜像卷

2. 为简单卷添加镜像

镜像卷是一个带有一份完全相同副本的简单卷，所以可以为一个简单卷添加一个镜像，使之变为镜像卷。为简单卷添加镜像的操作步骤是：在磁盘管理器中，右击一个简单卷，在弹出的快捷菜单中选择“添加镜像”命令，在“添加镜像”对话框中为其镜像选择一个动态磁盘，单击“添加镜像”命令按钮。命令执行完成后，就为简单卷创建了一个镜像，简单卷也就变为镜像卷了。

3. 中断镜像

在磁盘管理器中，右击镜像卷，在弹出的快捷菜单中选择“中断镜像卷”命令，确认后，原来的镜像卷就变成了两个简单卷，而且两个简单卷中保留了原来卷中的数据。

4. 删除镜像

在磁盘管理器中，右击镜像卷，在弹出的快捷菜单中选择“删除镜像”命令，按照屏

幕提示完成操作后，已删除镜像中的所有数据都将被删除，被删除的镜像也变为未分配空间，而且剩余镜像已经变成不再具备容错能力的简单卷。

镜像卷的实际可利用空间是卷总空间量的 50%。

8.3.6 创建 RAID-5 卷

RAID-5 卷是数据和奇偶校验间断分布在三个或更多物理磁盘的容错卷。如果物理磁盘的某一部分失败，可以用余下的数据和奇偶校验重新创建磁盘上失败的那一部分上的数据。对于多数活动由读取数据构成的计算机环境中的数据冗余来说，RAID-5 卷是一种很好的解决方案。

与镜像卷相比，RAID-5 卷具有更好的读取性能。然而，当其中某个成员丢失时(例如当某个磁盘出现故障时)，由于需要使用奇偶信息恢复数据，因此读取性能会降低。对于需要冗余和主要用于读取操作的程序，建议该策略要优先于镜像卷。奇偶校验计算会降低写性能。

RAID-5 卷的每个带区中包含一个奇偶校验块。因此，必须使用至少三个磁盘，而不是两个磁盘来存储奇偶校验信息。奇偶校验带区在所有卷之间分布，从而可以平衡输入/输出(I/O)负载。重新生成 RAID-5 卷时，将使用正常磁盘上的数据的奇偶校验信息来重新创建出现故障的磁盘上的数据。

创建 RAID-5 卷的前提条件，是必须有三个以上的动态磁盘，每个动态磁盘上使用相同大小的空间量。以三个动态磁盘为例，创建 RAID-5 卷的具体步骤如下。

(1) 在磁盘管理器中，右击要创建镜像卷的某个动态磁盘上的未分配空间，在弹出的快捷菜单中选择“新建 RAID-5 卷”命令，弹出“新建 RAID-5 卷”向导对话框，单击“下一步”按钮。

(2) 出现“选择磁盘”界面，选择创建 RAID-5 卷的动态磁盘，并指定动态磁盘上的卷空间量，注意 RAID-5 卷必须在三块以上动态磁盘上创建，如图 8-29 所示。然后按照向导提示操作，最后完成新建卷向导。图 8-30 中的“N:”卷即为新创建的 RAID-5 卷。

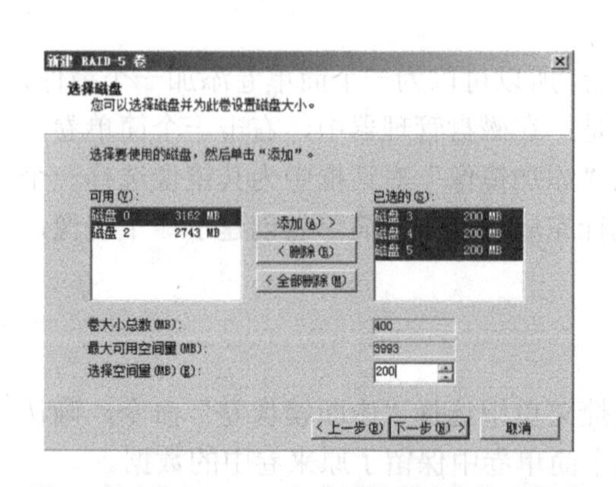

图 8-29 为 RAID-5 卷选择动态磁盘和空间量

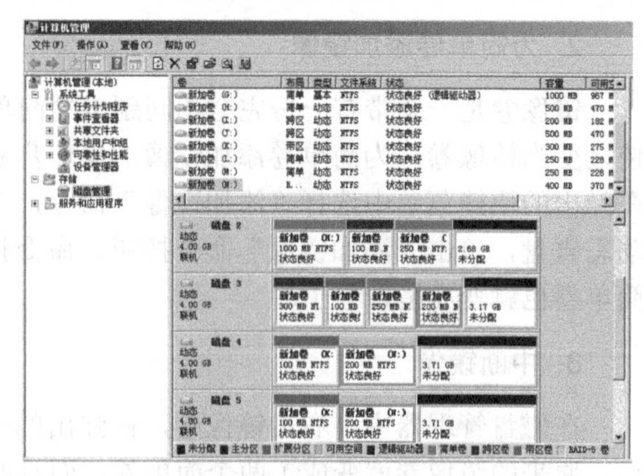

图 8-30 新建的 RAID-5 卷

RAID-5 卷提供容错能力，需要为该卷额外增加一个磁盘用于奇偶校验。所以一个 RAID-5 卷的可利用空间是：(n−1)×每个磁盘上使用的空间(其中，n 代表磁盘的数量)。

8.3.7 删除卷

删除卷的方法如下：在磁盘管理器中，右击要删除的卷，在弹出的快捷菜单中选择“删除卷”命令。系统弹出对话框，提示用户确认删除操作。然后按照屏幕提示完成操作。

删除简单卷、跨区卷、带区卷、镜像卷或 RAID-5 卷的同时，也将删除这些卷上的所有数据。已删除的卷不能恢复。

8.3.8 压缩卷

如果卷的空间太大，可以压缩。方法如下。

在磁盘管理器中，右击要压缩的卷，在弹出的快捷菜单中选择“压缩卷”命令，在弹出的窗口中输入压缩空间量，单击“压缩”按钮即可。压缩完成后，除了卷的容量相应减少外，对卷及其中的数据没有任何其他方面的影响。

但要注意，不是所有类型的卷都能压缩，只有简单卷、跨区卷可以进行压缩操作，而带区卷、镜像卷和 RAID-5 卷都不能进行压缩操作。

8.4 磁盘检查与整理

Windows Server 2008 操作系统与早期的操作系统一样，总是企图为每一个文件分配连续的磁盘存储空间，如果不能提供连续空间供文件使用，则势必造成文件碎片过多，降低读写的效率，使系统性能下降。磁盘的检查和整理可以发现并修复文件系统的错误，减少磁盘碎片，提高读写的效率。要对磁盘进行检查与整理，可以利用以下方法来操作。

在“我的电脑”或“磁盘管理器”中右击需要检查与整理的磁盘，在弹出的快捷菜单中选择“属性”命令，弹出“属性”对话框，选择“工具”选项卡，如图 8-31 所示。利用“查错”、“碎片整理”两种工具，可以实现对磁盘的检查与整理，因为这两种工具的使用方法与 Windows Server 2008 之前的操作系统中的使用方法完全相同，这里就不再做详细的讲解了。

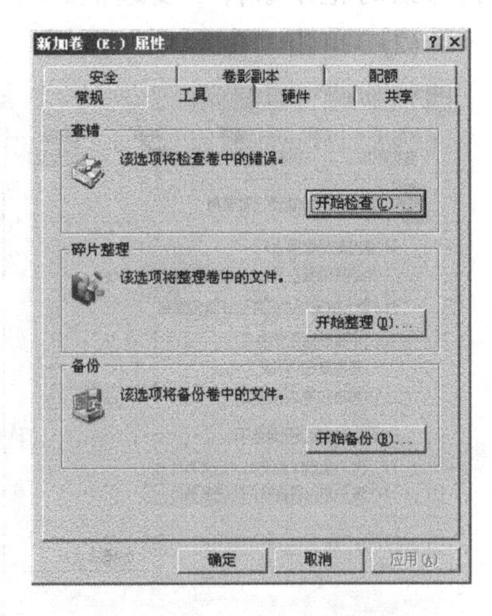

图 8-31　“工具”选项卡

8.5 高级磁盘管理

8.5.1 磁盘配额

Windows Server 2008 可以对不同用户使用的磁盘空间进行容量限制，这就是磁盘配额。

磁盘配额对于网络的系统管理员来说至关重要，管理员可以通过磁盘配额功能，为各用户分配磁盘空间。当用户使用的空间超过了配额的允许后，会收到系统的警报，并且不能再使用更多的磁盘空间。

磁盘配额监视个人用户对卷的使用情况，因此，每个用户对磁盘空间的利用都不会影响同一卷上的其他用户的磁盘配额。

在启用磁盘配额时，可设置两个值：磁盘配额限制和磁盘配额警告级别。

系统管理员可以像下面这样配置 Windows。

当用户超过了指定的磁盘空间限制(也就是允许用户使用的磁盘空间量)时，防止进一步使用磁盘空间，并记录事件。当用户超过了指定的磁盘空间警告级别(也就是用户接近其配额限制的点)时，记录事件。

系统管理员还可以指定用户能超过其配额限度。如果不想拒绝用户对卷的访问，但想跟踪每个用户的磁盘空间使用情况，可以启用配额而且不限制磁盘空间的使用。也可指定不管用户超过配额警告级别还是超过配额限制时，是否要记录事件。

启用卷的磁盘配额后，系统从那时起，将自动跟踪所有用户对卷的使用。

要为用户分配磁盘配额，可以按照以下步骤进行。

(1) 在“我的电脑”或“磁盘管理器”中右击磁盘，在弹出的快捷菜单中选择“属性”命令，弹出“属性”对话框，选择“配额”选项卡，如图 8-32 所示。选中“启用配额管理”复选框后，可以设置配额其他的选项。比如，将磁盘空间限制为 1KB，选中“用户超过警告等级时记录事件”复选框。

(2) 单击“配额项”按钮，会弹出磁盘配额项窗口，如图 8-33 所示。

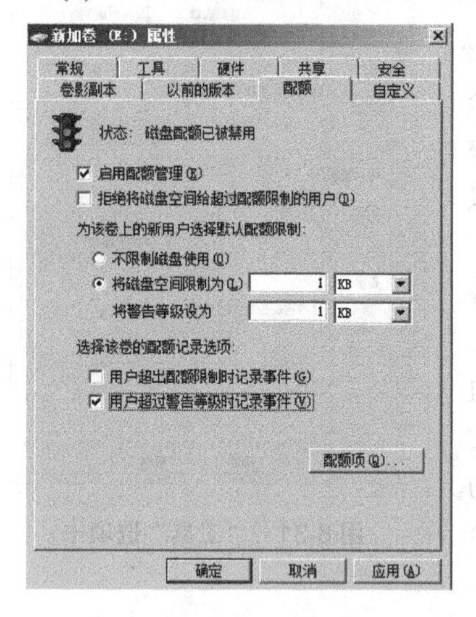

图 8-32　启用磁盘配额

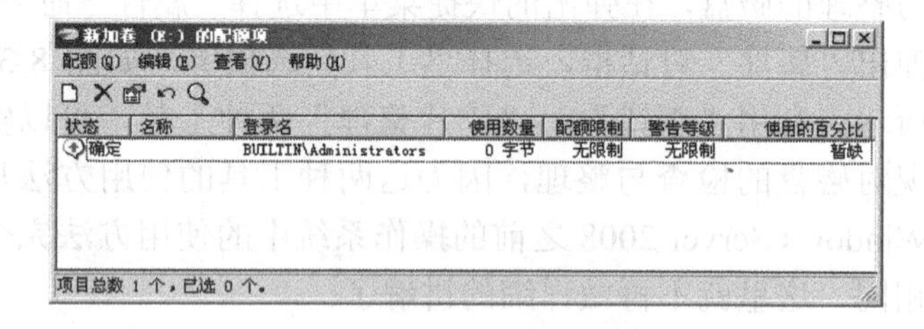

图 8-33　磁盘配额项窗口

(3) 选择“配额”菜单中的“新建配额”命令，弹出“选择用户”对话框，选择要限制配额的用户。在输入对象名称时，一定要确定为本机的合法用户名，以用户 test 为例，如图 8-34 所示。单击“确定”按钮，为用户添加新配额项，如：将磁盘空间限制为 20MB、将警告等级设为 19MB，如图 8-35 所示。单击“确定”按钮完成磁盘配额。

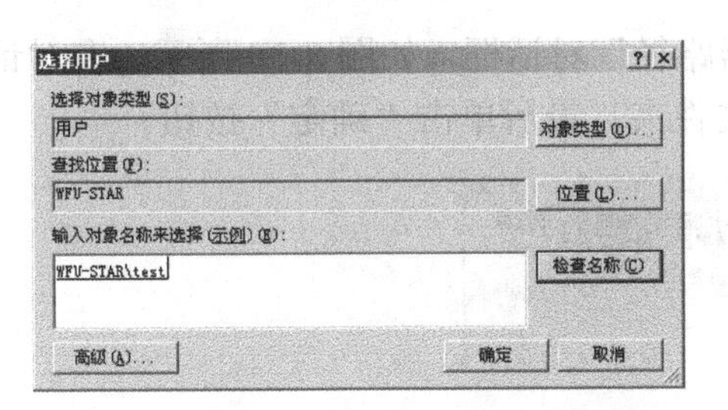

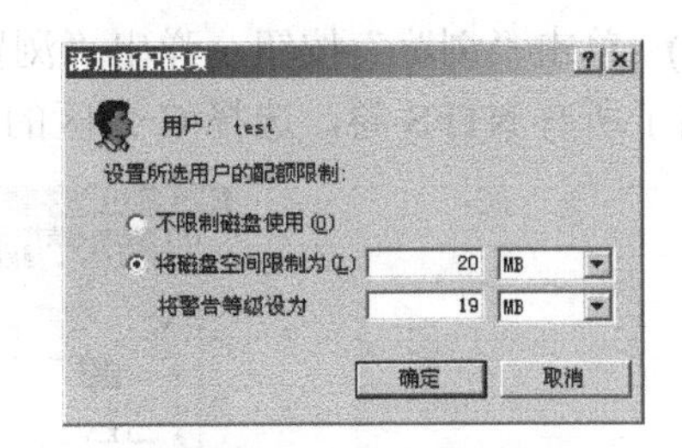

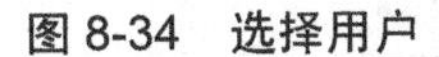

图 8-34　选择用户　　　　图 8-35　添加新配额项

(4) 对于创建完毕的配额项，可以在“磁盘配额项”窗口查看或监控用户使用空间的情况，如图 8-36 所示。

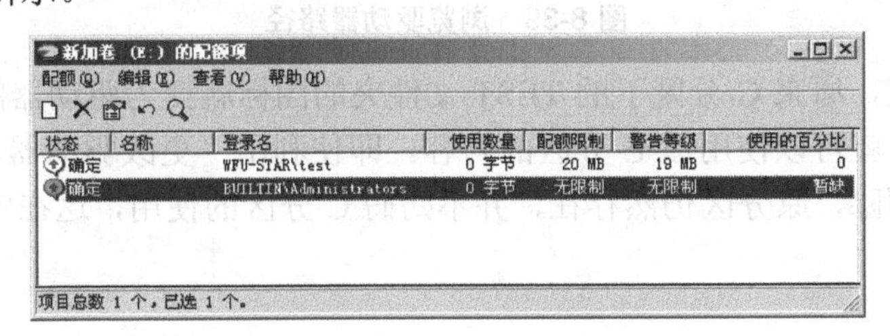

图 8-36　查看并监控配额项

8.5.2　磁盘挂接

磁盘挂接技术是 Windows Server 2000/XP/2003 之后操作系统具有的新功能，当服务器上有多个硬盘且分区很多时，可用来解决盘符不够用的问题，也可用来向某一已有数据区域追加空间等。

挂接文件夹必须放在使用 NTFS 文件系统的磁盘分区或动态卷上，且该文件夹必须为空文件夹，这样可以使用单一的目录结构访问所有的分区，而且可以节省驱动器号。

例如，利用 E 磁盘分区的空间扩大服务器上的 C 磁盘分区的空间，就可以采用磁盘挂接技术来实现。具体的操作步骤如下。

(1) 使用“我的电脑”或资源管理器，在 C 盘上创建一个文件夹 TEST。

(2) 打开“计算机管理”窗口，在磁盘管理器中，右击 E 分区，在弹出的快捷菜单中选择“更改驱动器名或路径”命令，弹出“更改驱动器名或路径”对话框，如图 8-37 所示。

(3) 单击“添加”按钮，弹出“添加驱动器号或路径”对话框，如图 8-38 所示。选中“装入以下空白 NTFS 文件夹中”单选按钮。

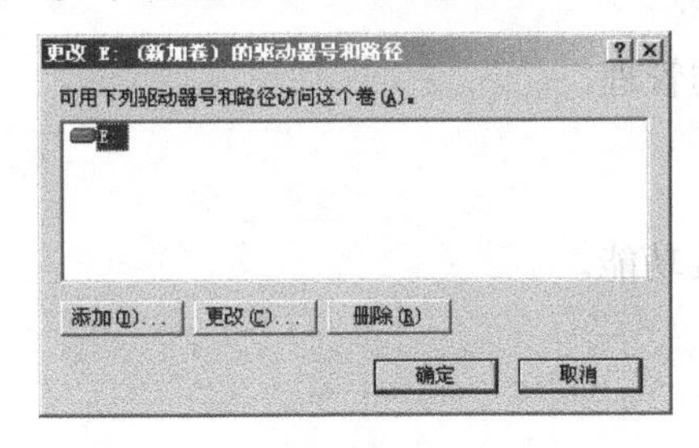

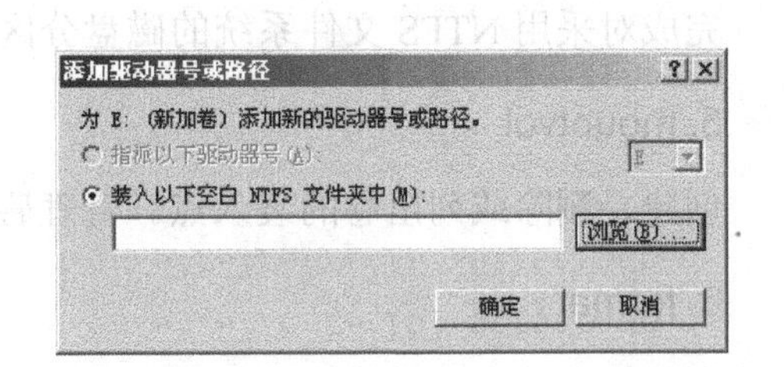

图 8-37　更改驱动器名或路径　　　　图 8-38　添加驱动器号或路径

(4) 单击“浏览”按钮，弹出“浏览驱动器路径”对话框，如图 8-39 所示。在对话框中列出了所有 NTFS 卷，选择 C 分区的 TEST 文件夹，最后单击“确定”按钮。

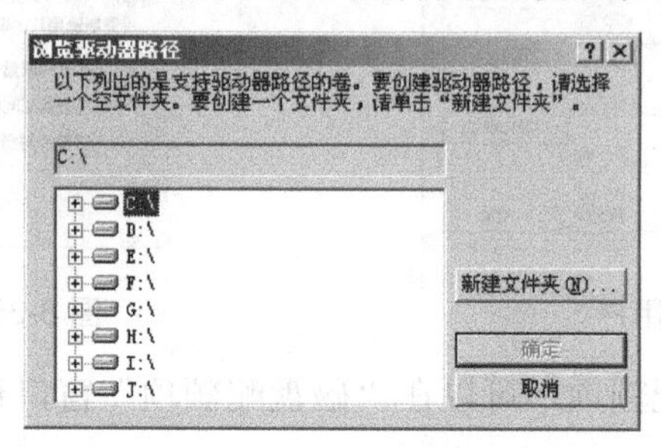

图 8-39　浏览驱动器路径

通过以上设置，原来 C 分区下的 TEST 文件夹的图标就变为驱动器的图标。通过文件夹的挂接，C 分区就可以使用原 E 分区的内容。即使利用“更改驱动器名和路径”，把 E 分区的驱动器名删除，原分区仍然存在，并不妨碍 C 分区的使用，这在实质上增加了 C 分区的容量。

8.6　常用的磁盘管理命令

Windows Server 2008 提供了丰富的命令行工具来管理磁盘，管理员通过执行这些命令，也能够实现使用磁盘管理器可以实现的功能。常用的命令介绍如下。

1. chkdsk

创建和显示磁盘的状态报告。如果不带任何参数，chkdsk 将只显示当前驱动器中磁盘的状态，而不会修复任何错误。要修复错误，必须包括/f 参数。

2. diskpart

通过使用脚本或从命令提示符直接输入来管理磁盘、分区、卷，使用 diskpart 命令行工具完全可以实现对以上对象的创建、删除等全部操作。

3. convert

将 FAT 或 FAT32 文件系统格式的分区或卷转化为 NTFS 文件系统格式的分区或卷。

4. fsutil

完成对采用 NTFS 文件系统的磁盘分区和卷的管理。

5. mountvol

创建、删除或列出卷的装入点。管理磁盘挂接功能。

6. format

利用指定的文件系统格式化磁盘分区或卷。

以上为常用的磁盘管理命令，具体每一个命令的参数及使用方法，可以在命令提示符下输入命令加/?或者输入 HELP，系统会显示详细的说明。例如显示 chkdsk 的参数及使用方法，如图 8-40 所示。使用 chkdsk/?与 help chksk 的执行结果是一样的。

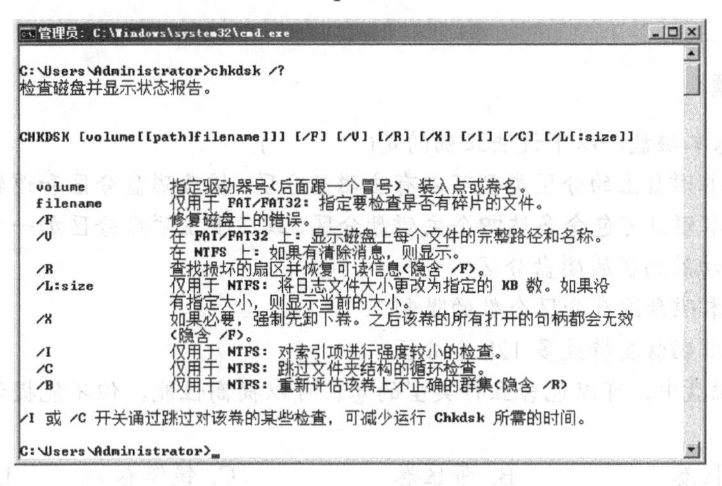

图 8-40 chkdsk 命令参数与使用方法

本 章 小 结

本章主要介绍了 Windows Server 2008 磁盘管理工具的功能和磁盘类型，介绍了基本磁盘分区的建立、删除等管理方法，介绍了动态磁盘卷的类型、卷的创建等管理功能，最后介绍了如何在 Windows Server 2008 中管理磁盘配额、磁盘挂接以及常用磁盘管理命令。

习题与实训

一、填空题

(1) Windows Server 2008 中，磁盘分为______________和______________两大类。

(2) 基本磁盘以______________方式组织和管理磁盘空间。基本磁盘可包含多达__________个主磁盘分区，或__________个主磁盘分区加__________个具有多个逻辑驱动器的扩展磁盘分区。

(3) 动态磁盘不再采用基本磁盘的主磁盘分区和含有逻辑驱动器的扩展磁盘分区，而是采用__________来组织和管理磁盘空间。

(4) 动态磁盘支持五种类型的卷，分别是简单卷、__________、__________、__________、RAID-5 卷。

(5) 磁盘存在的分区形式分为 MBR 磁盘和__________磁盘。

(6) 在 Windows Server 2008 磁盘管理器窗口中，为基本磁盘创建分区，只能以创建简单卷的形式创建主分区，要创建扩展分区，需要借助于__________命令。

(7) 跨区卷最多可以跨越__________块物理磁盘。

(8) 创建 RAID-5 卷至少使用__________块物理磁盘。

(9) 如果发现卷的空间有点大，可以采用______________的方法调小卷的空间。

(10) 当服务器上有多个硬盘且分区很多时，可用来解决盘符不够用的问题的方法是________________。

二、选择题

(1) 对于基本磁盘，以下说法正确的是(　　)。

A. 基本磁盘上的分区类型可以有主磁盘分区、扩展磁盘分区和逻辑磁盘分区三种

B. 基本磁盘可包含多达四个主磁盘分区，或三个主磁盘分区加一个具有多个逻辑驱动器的扩展磁盘分区

C. 基本磁盘没有分区个数的限制

D. 基本磁盘支持最多 128 个分区

(2) 动态磁盘中，可以包含五种类型的卷。可以提高性能，但不能提供容错能力的卷是(　　)。

A. 跨区卷　　B. 带区卷　　C. 镜像卷　　D. RAID-5 卷

(3) 动态磁盘中，可以包含五种类型的卷。既不能提高性能也不能提供容错能力的卷是(　　)。

A. 跨区卷　　B. 带区卷　　C. 镜像卷　　D. RAID-5 卷

(4) 动态磁盘中可以包含五种类型的卷，能提供容错能力的卷是(　　)。

A. 跨区卷　　B. 带区卷　　C. 镜像卷　　D. 简单卷

(5) 以下磁盘命令中，用于将 FAT 或 FAT32 文件系统格式的分区或卷转化为 NTFS 文件系统格式的分区或卷的命令是(　　)。

A. chkdsk　　B. diskpart　　C. convert　　D. format

三、实训内容

为 Windows Server 2008 虚拟机安装 3~4 块虚拟硬盘，然后利用“磁盘管理”工具完成如下实训任务。

(1) 基本磁盘的分区管理。

(2) 基本磁盘转换到动态磁盘。

(3) 创建并扩展简单卷。

(4) 创建跨区卷、带区卷。

(5) 创建镜像卷、RAID-5 卷，并对其容错能力进行验证。

(6) 练习磁盘配额功能。

第 9 章　文件服务器的配置

本章学习目标

本章主要介绍文件夹共享权限及其设置方法，共享文件夹的管理与访问方法，文件服务器的安装与管理方法，分布式文件系统及其管理。

通过本章的学习，应该实现如下目标：

- 明确共享文件夹的方式及选择，掌握共享权限的设置方法。
- 掌握共享文件夹的管理与访问方法。
- 掌握文件服务器的安装与管理方法。
- 掌握分布式文件系统及安装配置方法。

9.1　共享文件夹概述

共享可以使资源被其他用户使用。共享资源是指可由多个程序或其他设备使用的任何设备、数据或程序。对于 Windows 操作系统而言，共享资源是指网络用户可以使用的任何资源，如文件夹和文件等，也可以指服务器上网络用户可用的资源。共享文件夹可帮助用户在网络中集中管理文件资源，使用户能够通过网络远程访问需要的文件。通过计算机网络，用户不仅可以访问局域网中的资源，还可以访问广域网中的资源。

9.1.1　共享方式及选择

Windows 提供了两种共享文件夹的方法：一是通过公用文件夹，二是通过计算机上的任何文件夹。使用哪种方法，取决于要保存共享文件夹的位置，要与哪些用户共享，以及对文件的控制程度。两种方法均可实现与同一网络中的其他计算机用户共享文件或文件夹。

1. 共享方式

(1)　通过公用文件夹共享文件。

通过这种共享方法，可将文件复制或移动到公用文件夹中，并通过该公用文件夹共享文件。如果对公用文件夹进行了文件共享，那么网络中的所有人，无论是否具有相应的用户账户和密码，都可以看到公用文件夹和其子文件夹中的所有文件。虽然不能限制用户只能查看公用文件夹中的某些文件，但是，可以设置权限以完全限制用户访问公用文件夹，或限制用户更改文件和创建新文件。

如果计算机启用了密码保护，那么会使具有计算机用户账户和密码的用户才具有公用文件夹的网络访问权限。在默认情况下，将关闭对公用文件夹的网络访问，除非启用它。

(2)　通过文件夹共享文件。

通过这种共享方法，可以决定哪些人可以访问共享文件，以及具备什么样的访问权限。

可以通过设置共享权限进行操作。可以将共享权限授予同一网络中的单个用户或一组用户。例如，可以允许某些人只能查看共享文件，而允许其他人既可查看又能更改文件。共享用户将只能看到与其所共享的那些文件夹。

当使用其他计算机时，还可以使用此共享方法来访问共享文件，因为用户也可以通过其他计算机查看与其他人共享的任何文件。

2. 共享方式的选择

在决定通过任何文件夹共享文件或通过公用文件夹共享文件时，有几个因素需要考虑。

(1) 以下情况可考虑通过文件夹共享文件：

- 倾向于直接从文件的保存位置(一般是 Documents、Pictures 或 Music 文件夹)共享文件夹，且不希望将其保存到公用文件夹中。
- 希望能够为网络中的某些用户而不是所有人设置共享权限。
- 需要共享大量数字图片、音乐或其他大文件，而将这些文件复制到单独的文件夹会很麻烦。不希望这些文件在计算机上的两个不同位置占用空间。
- 经常创建新文件或更新文件进行共享，并认为将其复制到公用文件夹会很麻烦。

(2) 以下情况可考虑通过公用文件夹共享：

- 更喜欢通过计算机的单个位置共享文件和文件夹所带来的方便。
- 希望只通过查看公用文件夹即可快速查看与其他人共享的所有文件。
- 希望将共享的文件与自己的 Documents、Music 和 Pictures 文件夹分开。
- 希望为网络上所有人设置共享权限，而不必专门为某些用户设置共享权限。

注意： Windows Server 2008 操作系统只允许共享文件夹，不能共享单个的文件。也就是说，工作组或成员在使用共享文件之前，必须将包含这些文件的文件夹共享，这样才可以继续访问此文件夹中的文件等。

9.1.2 共享文件夹的权限和 NFTS 权限

1. 共享权限

共享权限有三种：读取、更改和完全控制。

(1) 读取权限。主要包括查看文件名和子文件夹名、查看文件中的数据、运行程序文件。

(2) 更改权限。更改权限除允许所有的读取权限外，还增加了以下权限：添加文件和子文件夹、更改文件中的数据、删除子文件夹和文件，但是不能删除其他用户添加的数据。

(3) 完全控制权限。完全控制权限除允许全部读取权限外，还具有更改权限。

在早期的 Windows 版本中，设置共享权限时只能设置上述 3 种权限。从 Windows Vista 开始，为了便于使用者理解，根据使用共享文件夹用户的身份不同决定其访问共享文件夹的权限，并且设置了 4 个权限级别，分别是读者、参与者、所有者和共有者。

读者。读者拥有读取权限，只能查看共享文件的内容，如查看文件名和子文件夹名、查看文件中的数据和运行程序文件。

参与者。参与者拥有更改权限，可以查看文件、添加文件，以及删除他们自己添加的文件，但是不能删除其他用户添加的数据。

所有者。所有者拥有完全控制权限，通常指派给本机上的 Administrators 组。

共有者。共有者拥有完全控制权限，可以查看、更改、添加和删除所有的共享文件，具备对文件资源的最高访问权限。默认情况下，指派给具有该文件夹的所有权的用户或用户组。

2. NTFS 权限与共享权限的组合权限

NTFS 权限与共享权限都会影响用户访问共享文件夹的能力。共享权限只对共享文件夹的安全性进行控制，只对通过网络访问的用户有效，不但适合 NTFS 文件系统，也适合 FAT 和 FAT32 文件系统。NTFS 权限则对所有文件和文件夹进行安全控制，无论访问来自本地还是网络，它都只适用于 NTFS 文件系统。

当用户通过本地计算机直接访问文件夹的时候，不受共享权限的约束，只受 NTFS 权限的约束。

当用户通过网络访问一个存储在 NTFS 文件系统上的共享文件夹时，会受到两种权限的约束，而有效权限是最严格的权限(也就是两种权限的交集)。同样，这里也要考虑到两个权限的冲突问题。例如，共享权限为读取，NTFS 权限是写入，那么最终权限是拒绝，这是因为这两个权限的组合权限是个空集。

共享权限有时需要和 NTFS 权限配合(如果分区是 FAT/FAT32 文件系统，则不需要考虑)才能严格控制用户的访问。

当一个共享文件夹被设置了共享权限和 NTFS 权限时，就要受到两种权限的控制。例如，我们希望用户能够完全控制共享文件夹，首先要在共享权限中添加此用户(组)，并设置完全控制的权限，然后在 NTFS 权限设置中添加此用户(组)，并设置完全控制的权限。只有两个地方都设置了完全控制权限，才能最终拥有完全控制权限。

9.2 新建与管理共享文件夹

9.2.1 新建共享文件夹

如果希望服务器上的程序和数据能够被网络上的其他用户所使用，必须创建共享文件夹。创建共享文件夹的方法有多种，以下将分别介绍创建共享文件夹的几种常用的方法。

1. 在资源管理器中创建共享文件夹

在资源管理器中右击要设置为共享的文件夹，在弹出的快捷菜单中选择“属性”命令，打开属性对话框后切换到“共享”选项卡，如图 9-1 所示。

用户可以单击“共享”或“高级共享”按钮进行设置，前者只能简单地设置共享，后者可设置较多参数(如描述、用户数限制、自定义权限等)，还可以设置多个共享。权限设置方法也不同，前者使用读者、参与者、共有者和所有者 4 个权限级别设置，后者使用读取、更改和完全控制 3 个权限来设置。下面分别进行介绍。

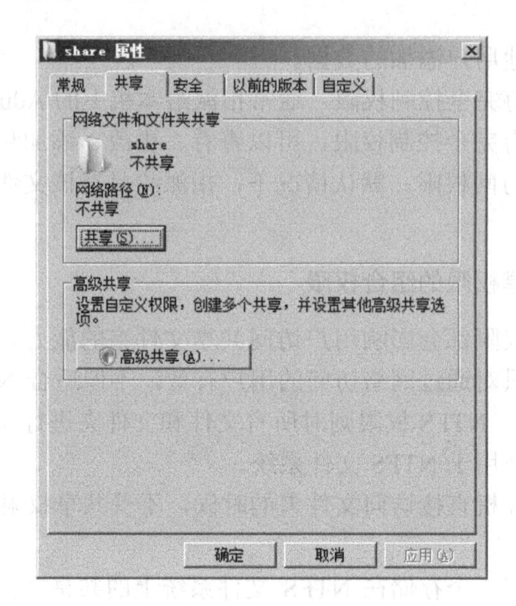

图 9-1 “共享”选项卡

(1) 简单共享。

① 在“共享”选项卡中单击“共享”按钮。

② 在“选择要与其共享的用户”向导页中，从下拉列表选择用户，单击“添加”按钮将其加入下面的列表框中，并设置权限级别。设置完成后单击“共享”按钮，如图 9-2 所示。

③ “您的文件夹已共享”向导页中显示了文件夹的共享名和访问方法，单击“完成”按钮即可，如图 9-3 所示。

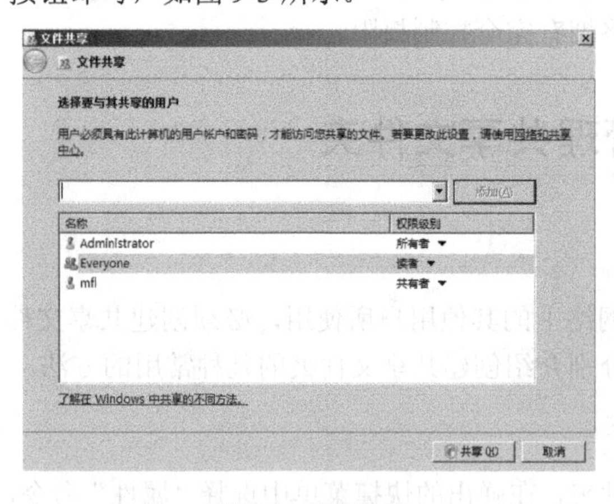

图 9-2 简单共享

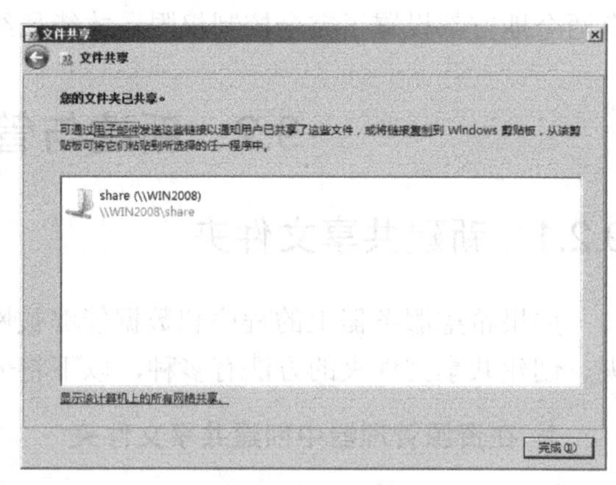

图 9-3 完成共享

(2) 高级共享。

① 在“共享”选项卡中单击“高级共享”按钮。

② 在“高级共享”对话框中选中“共享此文件夹”复选框后，其他设置选项将由灰色转为可编辑状态，同时，该文件夹名作为默认的共享名称自动填写到“共享名”下拉列表框中，如图 9-4 所示。

③ 在“高级共享”对话框中设置共享名、注释和用户数限制。“共享名”可以设置为希望的共享名称；“注释”可为该共享文件夹进行简单描述。默认状态下，并不限制通过网络同时访问共享文件夹的用户数量，因此它是一个非常大的数值，可根据需要设置一个比较小的值加以限制。

④ 在默认情况下，一个文件夹设置共享属性后，Everyone 组中的用户(即所有用户)都具有读取权限，用户可根据情况设置共享权限。在“高级共享”对话框中单击“权限”按钮，打开共享文件夹的权限对话框，如图 9-5 所示。在这里，用户可以根据需要设置共享权限。如果要赋予其他用户权限，则单击“添加”按钮，打开“用户和组”对话框，选择允许有权限的用户。如果要删除某用户的共享权限，则选择相应的用户，单击“删除”按钮。如果要修改用户权限，则选择相应的用户，然后设置其共享权限。

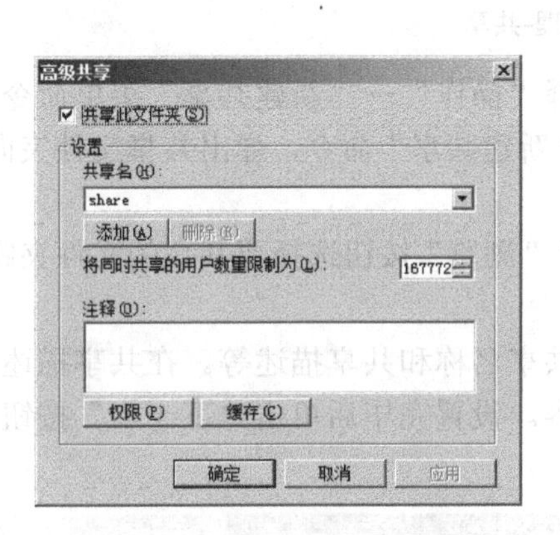

图 9-4　“高级共享”对话框

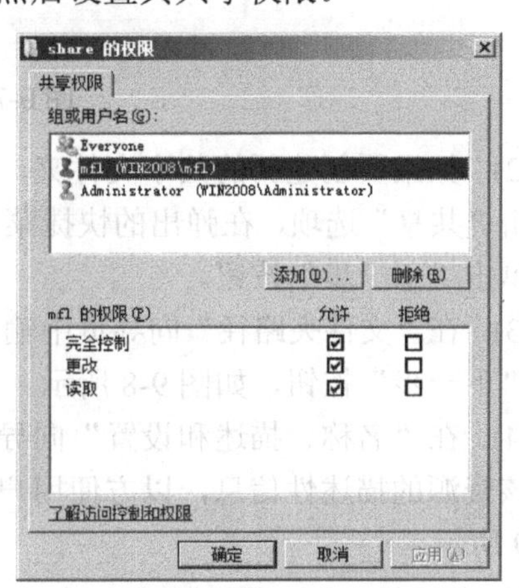

图 9-5　权限对话框

⑤ 设置完毕后，单击“确定”按钮。

(3) 为一个文件夹创建多个共享。

当一个文件夹需要以多个共享文件夹的形式出现在网络中时，可以为共享文件夹添加多个共享。操作步骤如下。

① 在“高级共享”对话框中单击“添加”按钮。

② 在“新建共享”对话框中设置新共享的共享名、描述和用户数限制，如图 9-6 所示。也可单击“权限”按钮，为新建的共享设置用户访问权限。

③ 设置完毕后，单击“确定”按钮。

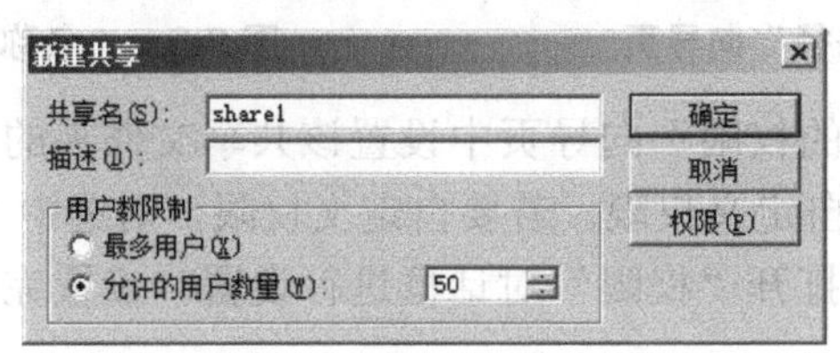

图 9-6　“新建共享”对话框

2. 利用计算机管理控制台创建共享文件夹

(1) 选择“开始”→“管理工具”→“计算机管理”命令，打开“计算机管理”窗口。

在左窗格中展开“共享文件夹”→“共享”选项，在窗口的右边显示出了计算机中所有共享文件夹的信息，如图 9-7 所示。

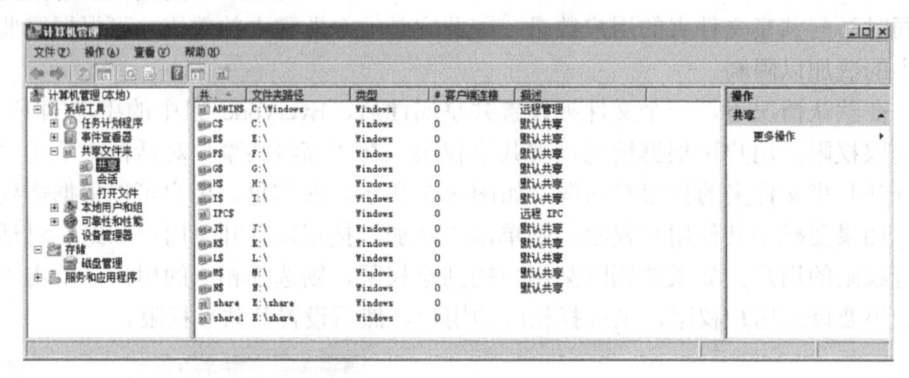

图 9-7 计算机管理-共享

(2) 如果要创建新的共享文件夹，可通过选择“操作”→“新建共享”菜单命令，或者右击“共享”选项，在弹出的快捷菜单中选择“新建共享”命令，弹出共享文件夹向导，然后单击“下一步”按钮。

(3) 在“文件夹路径”向导页中输入，或通过“浏览”按钮选择要共享的文件夹路径，单击“下一步”按钮，如图 9-8 所示。

(4) 在“名称、描述和设置”向导页中输入共享名称和共享描述等。在共享描述中输入对该资源的描述性信息，以方便用户了解其内容。设置完毕后单击“下一步”按钮，如图 9-9 所示。

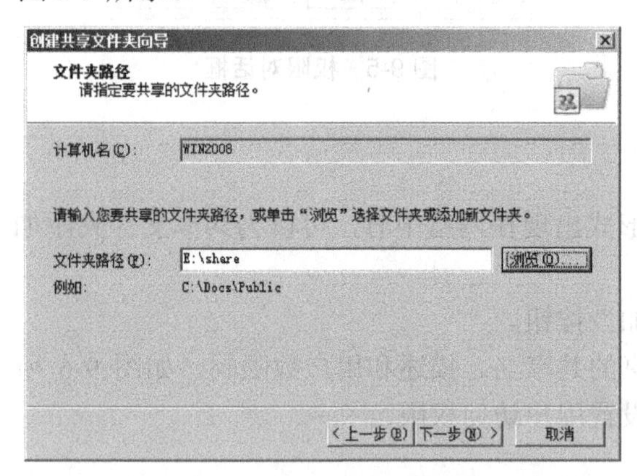

图 9-8 “文件夹路径”向导页

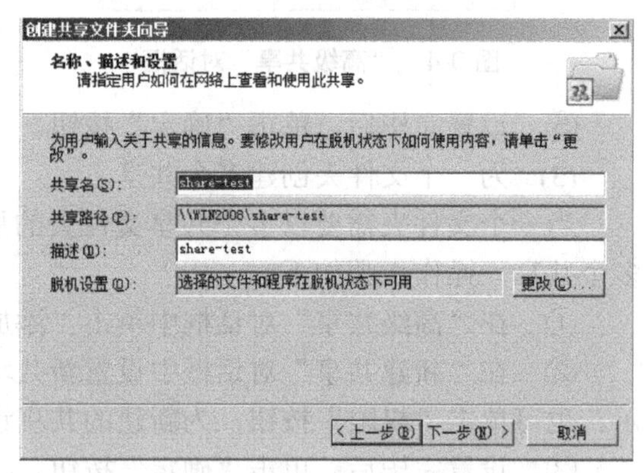

图 9-9 “名称、描述和设置”向导页

(5) 在“共享文件夹的权限”向导页中设置该共享文件夹的共享权限，管理员可以选定预定义的权限，也可以自定义权限。若要自定义权限，则选中“自定义权限”单选按钮，并单击“自定义”按钮，打开“权限”对话框进行设置。设置完毕后单击“完成”按钮，如图 9-10 所示。

(6) 在“共享成功”向导页中，单击“完成”按钮，即可完成共享文件夹的设置，如图 9-11 所示。

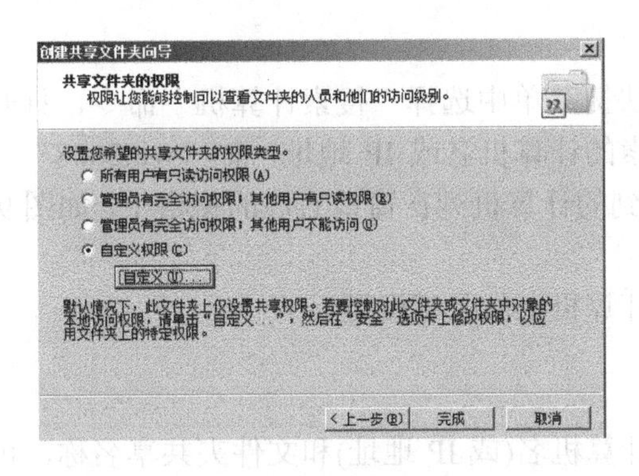

图 9-10 “共享文件夹的权限”向导页

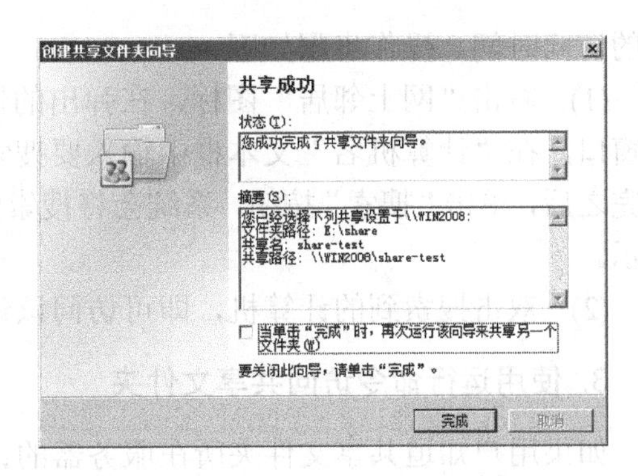

图 9-11 “共享成功”向导页

9.2.2　在客户端访问共享文件夹

共享文件夹创建后，当用户知道计算机网络中的某台计算机上有需要的共享信息时，就可在本地计算机上像使用本地资源一样使用这些共享资源了。连接 Windows Server 2008 共享文件夹有多种方法，如查看工作组计算机、搜索计算机、运行窗口、资源管理器、映射网络驱动器和创建网络资源的快捷方式等，用户可以根据实际需要进行选择。下面以客户端使用 Windows XP 操作系统为例，分别进行详细的介绍。

1. 查看工作组计算机

在定位需要访问的网络资源时，如果用户计算机和有共享文件夹的计算机在同一工作组中，那么可以使用查看工作组计算机的方式来找到共享文件夹。操作步骤如下。

(1) 双击桌面上的“网上邻居”图标，在打开的窗口中单击左侧的“查看工作组计算机”超链接，即可显示工作组中的所有计算机，如图 9-12 所示。

(2) 双击有共享文件夹的计算机，即可看到该计算机中的所有共享文件夹，如图 9-13 所示。再双击需要的共享文件夹，即可看到共享文件夹下的文件和子文件夹。

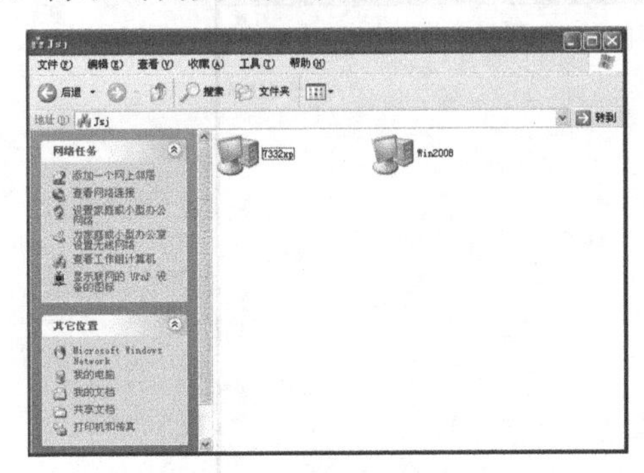

图 9-12　网上邻居窗口

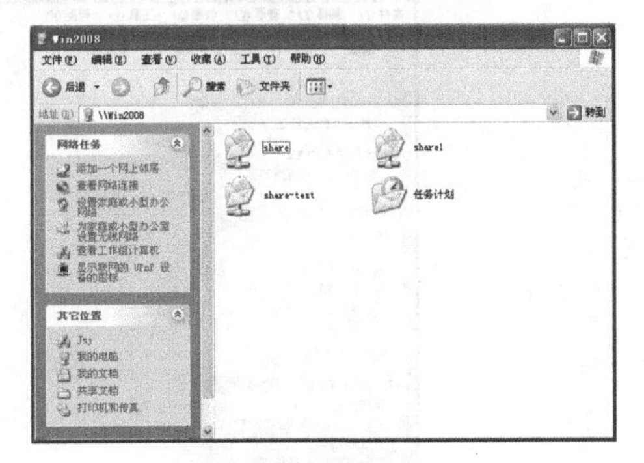

图 9-13　共享文件夹

2. 搜索计算机

当用户要访问某个计算机时，如果知道该计算机的名称，可以直接利用“网上邻居”的搜索功能在整个网络中进行搜索，而不必根据它的位置进行查找，这样可以节约对计算

机的访问时间。操作步骤如下。

(1) 右击“网上邻居”图标，在弹出的快捷菜单中选择“搜索计算机”命令，打开搜索窗口，在“计算机名”文本框中输入要搜索的计算机名或 IP 地址，如“win2008”。输入完之后，单击“搜索”按钮，系统会将搜索到的计算机列在窗口右边的窗格中，如图 9-14 所示。

(2) 双击搜索到的计算机，即可访问该计算机上的共享资源。

3. 使用运行命令访问共享文件夹

如果用户知道共享文件夹所在服务器的计算机名(或 IP 地址)和文件夹共享名称，可以打开“运行”对话框，然后直接输入 UNC 路径(“\\<计算机名或 IP 地址>\共享名”)，这样也可以访问共享文件夹，如图 9-15 所示。使用这种方法的优点是速度快，而且可以访问特殊共享和隐藏的共享文件夹。

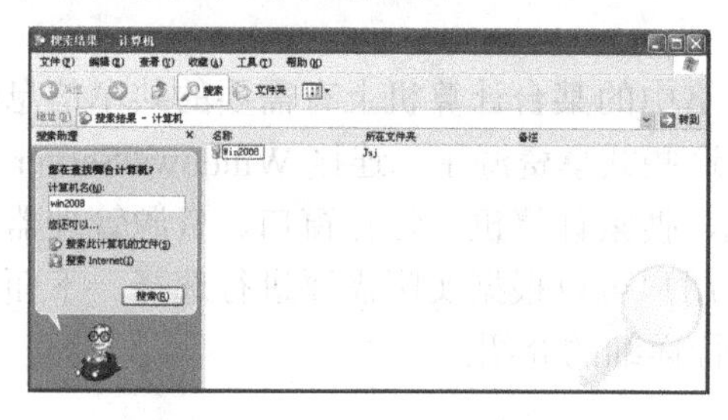

图 9-14　搜索计算机

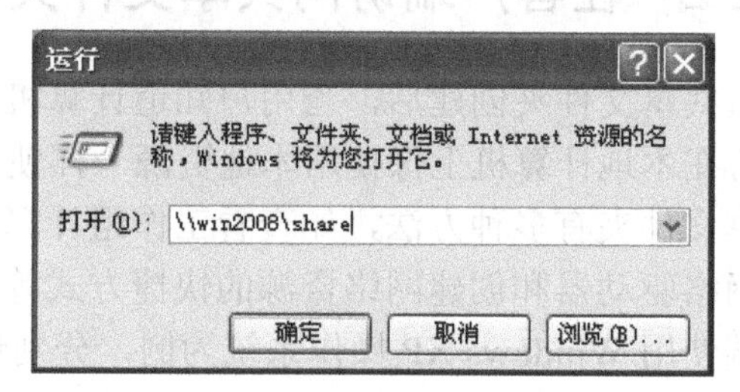

图 9-15　使用运行命令访问共享资源

4. 使用资源管理器访问共享文件夹

使用资源管理器也可以快速地访问共享文件夹，其方法是在资源管理器窗口的地址栏中直接输入 UNC 路径，如图 9-16 所示。使用这种方法也可以访问特殊共享和隐藏的共享文件夹。

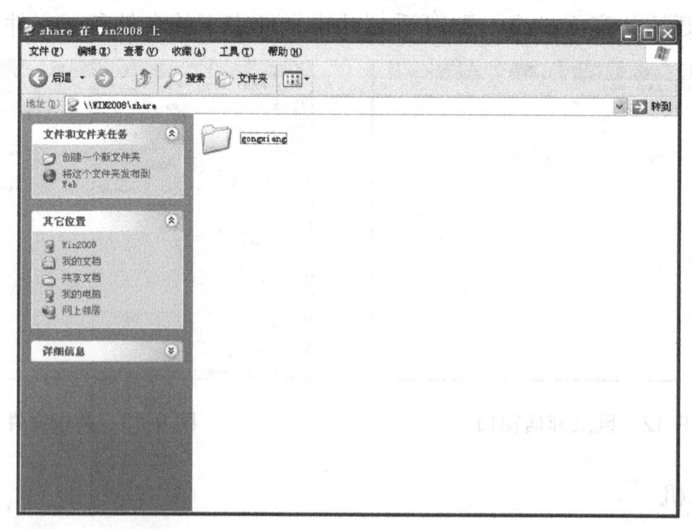

图 9-16　使用资源管理器访问共享资源

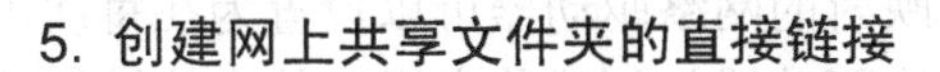

5. 创建网上共享文件夹的直接链接

通过允许用户创建与共享资源的直接链接，以便实现对共享资源的快速访问。对于用户经常需要访问的共享文件或文件夹而言，创建直接链接是非常有用的。因为创建共享资源的直接链接之后，在网上邻居窗口中，就会出现一个相应的文件夹图标，双击该文件夹图标，即可打开直接链接的这个文件或文件夹，并且访问其中的内容，而不必在整个网络中寻找，这就大大地提高了用户访问网络资源的速度，提高了用户利用网络资源的效率。创建网上资源的直接链接的操作步骤如下。

(1) 在“网上邻居”窗口中单击“添加一个网上邻居”超链接，打开“添加网上邻居向导”对话框，然后根据向导提示，单击“下一步”按钮。

(2) 出现“正在从 Internet 下载信息”向导页后，显示向导正在下载有关服务提供商的信息。根据连接速度的快慢，这个过程可以要花几分钟时间。

(3) 在“要在哪儿创建这个网上邻居”向导页中选择一个服务提供商，并单击“下一步”按钮，如图 9-17 所示。

(4) 在“这个网上邻居的地址是什么”向导页中，直接输入共享文件夹的 UNC(Universal Naming Convention，通用命名约定)路径，或单击“浏览”按钮打开浏览网络资源对话框，从中选择一个服务器(共享文件夹所在的计算机)，并单击“确定”按钮退出，然后单击“下一步”按钮，如图 9-18 所示。

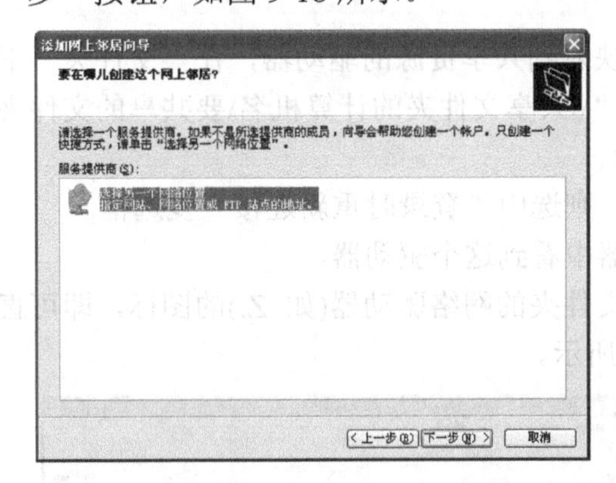

图 9-17 “要在哪儿创建这个网上邻居”向导页

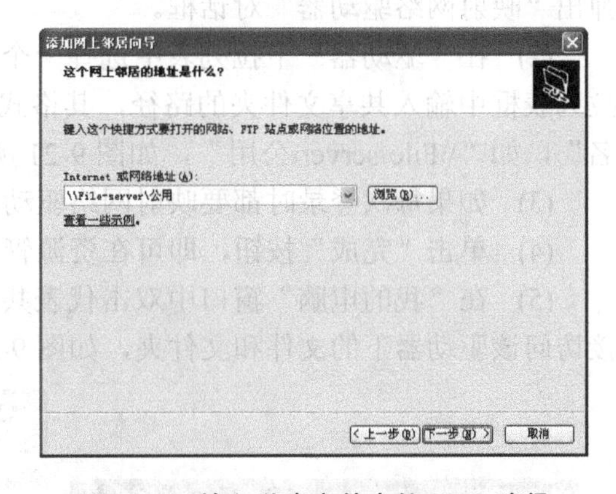

图 9-18 输入共享文件夹的 UNC 路径

(5) 在“这个网上邻居的名称是什么”向导页中，可以为这个网上邻居命名，然后单击“下一步”按钮，如图 9-19 所示。

(6) 在“正在完成添加网上邻居向导”向导页中，单击“完成”按钮，即可创建共享文件夹的直接链接。

(7) 此后，只要打开“网上邻居”窗口，此共享文件夹就会显示在窗口中，如图 9-20 所示。

6. 映射和断开网络驱动器

共享文件夹可以被映射为一个驱动器(如 Z:)，映射之后，访问驱动就是访问相应的共享文件夹。网络驱动器中的内容与共享文件夹的内容是完全一致的，并和其他驱动器一样，

可以进行文件的剪切、复制、粘贴和删除。由于映射的网络驱动器可以设置为在每次用户登录时自动进行连接，因此速度比较快。映射网络驱动器与创建共享资源的直接链接的作用相似，不同的是映射的网络驱动器存放在“我的电脑”窗口和资源管理器中，而共享文件或文件夹的直接链接存放在“网上邻居”窗口中。

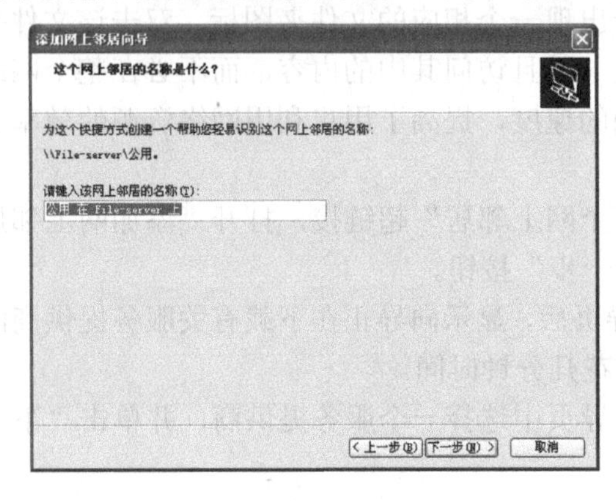

图 9-19 网上邻居的名称

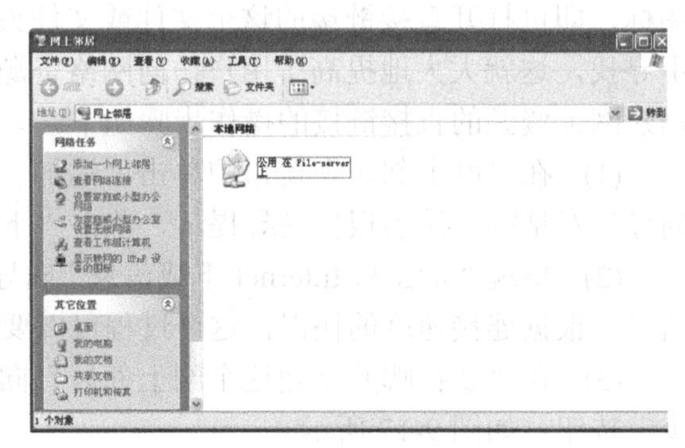

图 9-20 共享文件夹

映射网络驱动器的操作步骤如下。

(1) 打开“我的电脑”窗口或资源管理器，选择“工具”→“映射网络驱动器”命令，弹出“映射网络驱动器”对话框。

(2) 在“驱动器”下拉列表中选择一个要映射到共享资源的驱动器，在“文件夹”下拉列表框中输入共享文件夹的路径，其格式是“\\共享文件夹的计算机名\要共享的文件夹名”，如“\\File-server\公用”，如图 9-21 所示。

(3) 如果每次登录时都要映射网络驱动器，则选中“登录时重新连接”复选框。

(4) 单击“完成”按钮，即可在资源管理器中看到这个驱动器。

(5) 在“我的电脑”窗口中双击代表共享文件夹的网络驱动器(如 Z:)的图标，即可直接访问该驱动器下的文件和文件夹，如图 9-22 所示。

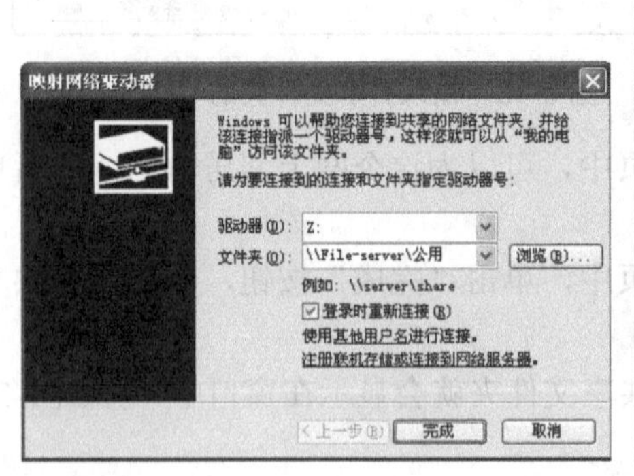

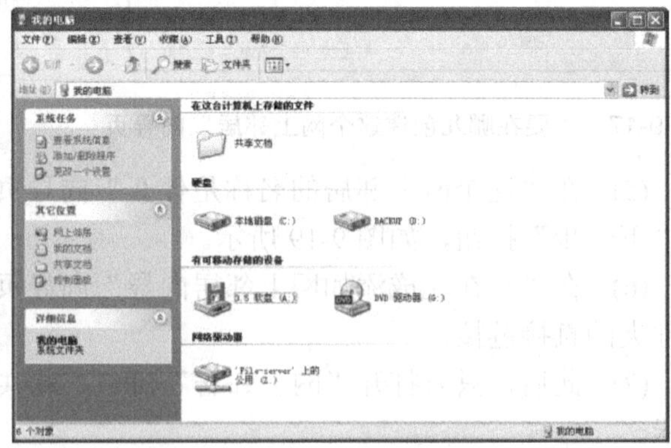

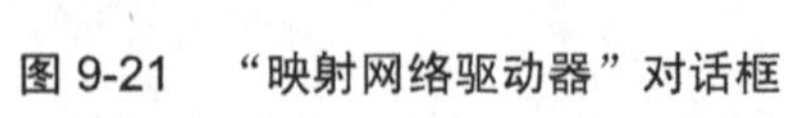

图 9-21 “映射网络驱动器”对话框　　　图 9-22 网络驱动器

需要断开网络驱动器时，双击桌面上的“我的电脑”图标，选择“工具”→“断开网络驱动器”菜单命令，然后选取要断开连接的网络驱动器，并单击“确定”按钮即可，如图 9-23 所示。

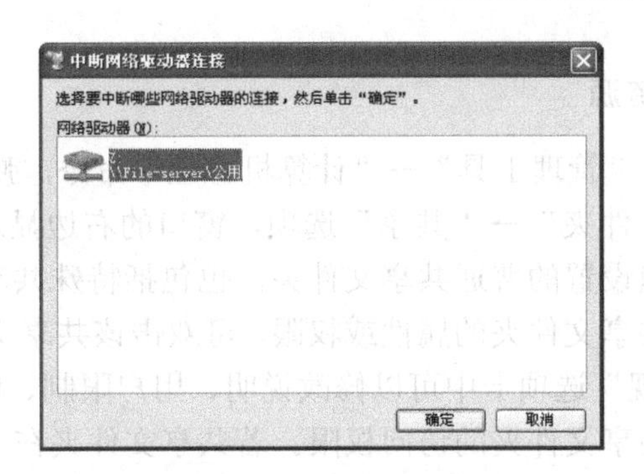

图 9-23　断开网络驱动器

9.2.3　特殊共享和隐藏的共享文件夹

根据计算机配置的不同，系统将自动创建特殊共享资源，以便于管理和系统本身使用。在“我的电脑”窗口里，这些共享资源是不可见的，但通过使用“共享文件夹”，可查看它们。事实上，Windows Server 2008 系统内有许多自动创建的隐藏共享文件夹，例如，每个磁盘分区都被默认设置为隐藏共享文件夹，这些隐藏的磁盘分区共享是 Windows Server 2008 出于管理目的而设置的，不会对系统和文件的安全造成影响，如图 9-24 所示。

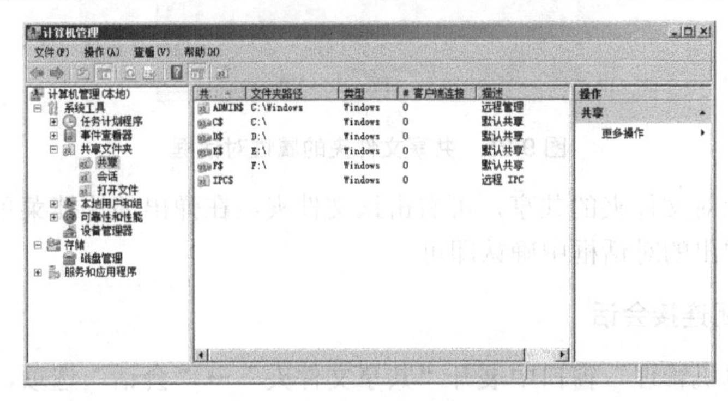

图 9-24　特殊共享和隐藏的共享文件夹

有时需要将一个文件夹共享于网络中，但是出于安全因素等方面的考虑，又不希望这个文件夹被人们从网络中看到，这就需要以隐藏方式共享文件夹。若要隐藏其他共享资源，可在共享名的最后一位字符中输入$($也成为资源名称的一部分)。同样，这些共享资源在“我的电脑”窗口里是不可见的，但通过使用“共享文件夹”可查看它们。

特殊共享和隐藏的共享文件夹只能在“运行”对话框或资源管理器地址栏中通过 UNC 路径访问，通过搜索功能是看不到这些共享文件夹的。

9.2.4　管理和监视共享文件夹

在“计算机管理”的共享文件夹窗口中不但可以创建共享文件夹，修改共享文件夹的共享属性，还能监视共享文件夹的使用情况。

1. 查看和管理共享资源

(1) 选择“开始”→“管理工具”→“计算机管理”命令，弹出“计算机管理”窗口。在左窗格中展开“共享文件夹”→“共享”选项，窗口的右边显示计算机中所有共享文件夹的信息，不但包括管理设置的普通共享文件夹，也包括特殊共享和隐藏的共享文件夹。

(2) 若要修改一个共享文件夹的属性或权限，可双击该共享文件夹，打开属性对话框，如图 9-25 所示，在“常规”选项卡中可以修改说明、用户限制、脱机设置等。在“共享权限”选项卡中可以设置共享文件夹的访问权限。若共享文件夹在 NTFS 分区中，还可以通过“安全”选项卡来设置文件夹的 NTFS 权限。

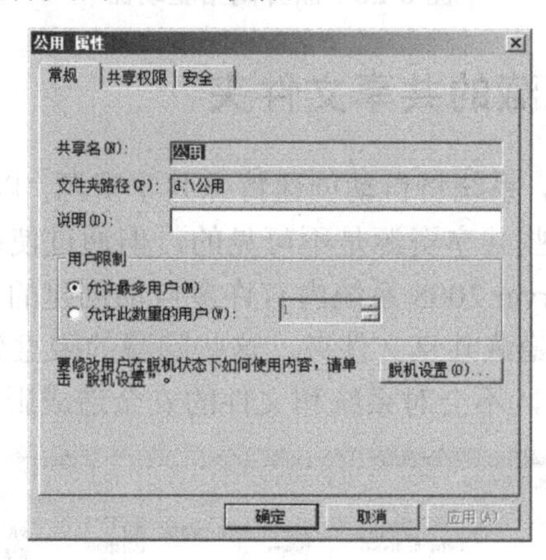

图 9-25　共享文件夹的属性对话框

(3) 若要停止对文件夹的共享，可右击该文件夹，在弹出的快捷菜单中选择“停止共享”命令，并在弹出的对话框中确认即可。

2. 查看和关闭连接会话

(1) 在“计算机管理”窗口中展开“共享文件夹”→“会话”选项，可以查看哪些用户正在访问该计算机的共享文件夹，以及打开的文件数、连接时间、空闲时间等信息，如图 9-26 所示。

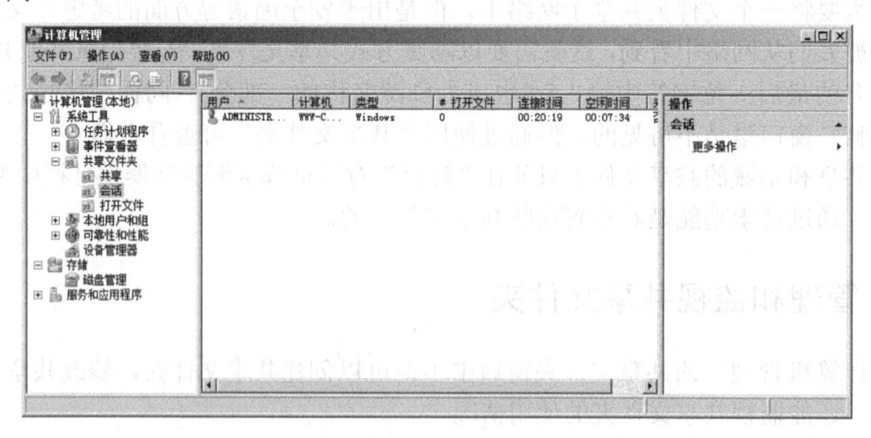

图 9-26　共享会话

(2) 若要断开某用户的访问，则右击该用户，在弹出的快捷菜单中选择“关闭会话”命令并在弹出的对话框中确认即可。

3. 查看和关闭打开的共享文件

(1) 在“计算机管理”窗口中展开“共享文件夹”→“打开文件”选项，可以查看哪些文件被打开、被谁打开、是否锁定以及打开方式等信息，如图 9-27 所示。

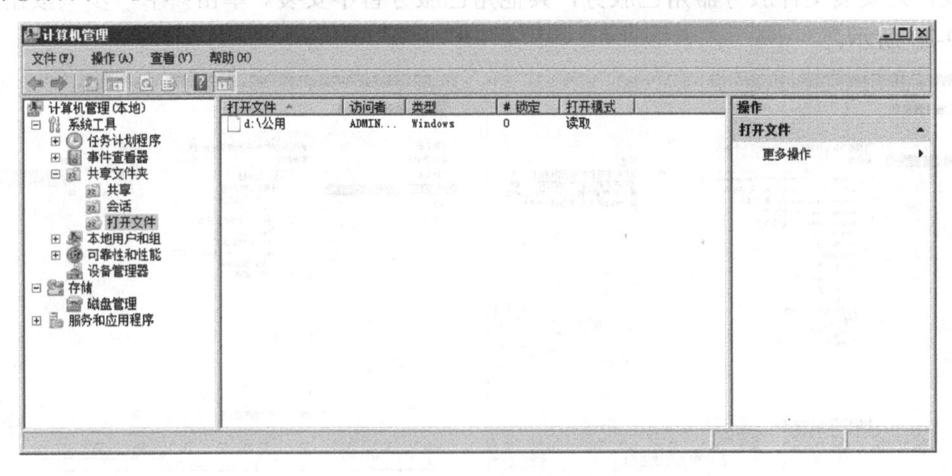

图 9-27　打开的共享文件

(2) 若要强制关闭其他用户对文件的访问，则右击该文件，在弹出的快捷菜单中选择“将打开的文件关闭”命令并在弹出的对话框中确认即可。

9.3　文件服务器的安装与管理

如果一台服务器专门用于文件共享，那么，可以在服务器中安装文件服务器角色，这样，不仅可以通过“服务器管理器”窗口对共享文件夹实施更有效的管理和控制，还可以将其发布到基于域的分布式文件系统(DFS)中。

9.3.1　安装文件服务器角色

在 Windows Server 2008 中，文件服务器的安装主要是通过添加服务器角色向导的方式来完成的。在安装过程中，用户可以完成服务器的一些基本设置，并选择安装所需的组件，不必要的组件可以不进行安装，这在很大程度上减小了服务器的安全隐患，从而保证了服务器的安全。文件服务器的安装步骤如下。

(1) 选择“开始”→“管理工具”→“服务器管理器”命令，打开“服务器管理器”窗口后，选择左侧的“角色”选项，在右窗格的“角色摘要”区域中单击“添加角色”超链接，启动添加角色向导。

(2) “开始之前”向导页中提示了此向导可以完成的工作，以及操作之前应注意的相关事项，单击“下一步”按钮。

(3) “选择服务器角色”向导页中显示了所有可以安装的服务器角色。如果角色前面

的复选框没有被选中，则表示该网络服务尚未安装，如果已选中，则说明该服务已经安装。这里选中“文件服务”复选框，然后单击“下一步”按钮，如图 9-28 所示。

(4) 在“文件服务”向导页中，对文件服务的功能进行了简要介绍，单击“下一步”按钮继续。

(5) 出现“选择角色服务”向导页后，在“角色服务”列表框中选中“文件服务器”复选框，只安装文件服务器角色服务，其他角色服务暂不安装。单击“下一步”按钮继续，如图 9-29 所示。

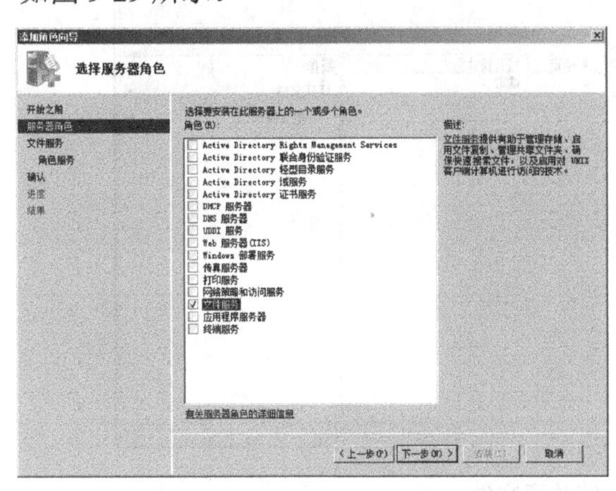

图 9-28 选择服务器角色

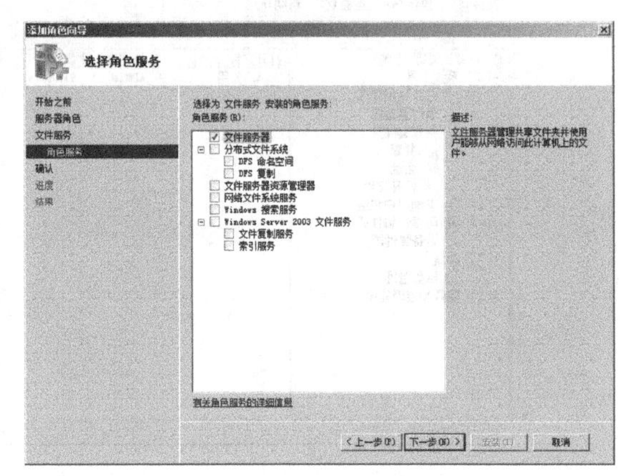

图 9-29 选择角色服务

(6) 在“确认安装选择”向导页中，要求用户确认所要安装的角色服务。如果选择错误，可以单击“上一步”按钮返回，这里单击“安装”按钮，开始安装文件服务器角色。

(7) “安装进度”向导页中显示了安装文件服务器角色的进度。

(8) “安装结果”向导页中显示了文件服务器角色已经安装完成。若系统未启用 Windows 自动更新，则会提醒用户设置 Windows 自动更新，以及时给系统打上补丁。单击“完成”按钮关闭“添加角色向导”，便完成了文件服务器的安装。

9.3.2 在文件服务器中设置共享资源

文件服务器角色安装完成后，就可以在文件服务器中设置共享资源了。

管理员可以通过“服务器管理器”控制台来管理文件服务器，也可以通过“共享和存储管理”控制台来管理文件服务器，二者的操作方法基本相同，下面以后者为例，说明设置共享资源的操作过程。

(1) 选择“开始”→“管理工具”→“共享和存储管理”命令，打开“共享和存储管理”窗口，如图 9-30 所示。该窗口由 3 个窗格组成，中间窗格显示了当前系统所共享的文件夹列表，右窗格列出了共享和存储管理时常用的操作命令。若要新建一个共享文件夹，可在“操作”窗格中单击“设置共享”超链接，启动设置共享文件夹向导。

(2) 打开“设置共享文件夹向导”后，在“位置”文本框中输入设置为共享的文件夹的路径，或单击“浏览”按钮，浏览设置为共享的文件夹的路径。用户也可以根据实际需要新建一个共享文件夹，并将其设置为共享。“可用卷”列表框中列出了当前系统中可用的卷，选择相应的卷即可。如果列表中没有合适的卷，用户可以自己创建一个卷。操作完毕后单击“下一步”按钮，如图 9-31 所示。

(3) 在“NTFS 权限”向导页中指定 NTFS 权限，以控制具体用户和组如何在本地访问该文件夹，这样，当网络中的用户访问该文件夹时，就会以登录的用户的权限来访问该文件夹。若选中“否，不更改 NTFS 权限”单选按钮，将会以该文件夹自己的 NTFS 设置来控制允许访问的用户。若选中“是，更改 NTFS 权限”单选按钮，单击“编辑权限”按钮，即可根据需要设置该文件夹的访问权限。设置完毕，单击“下一步”按钮，如图 9-32 所示。

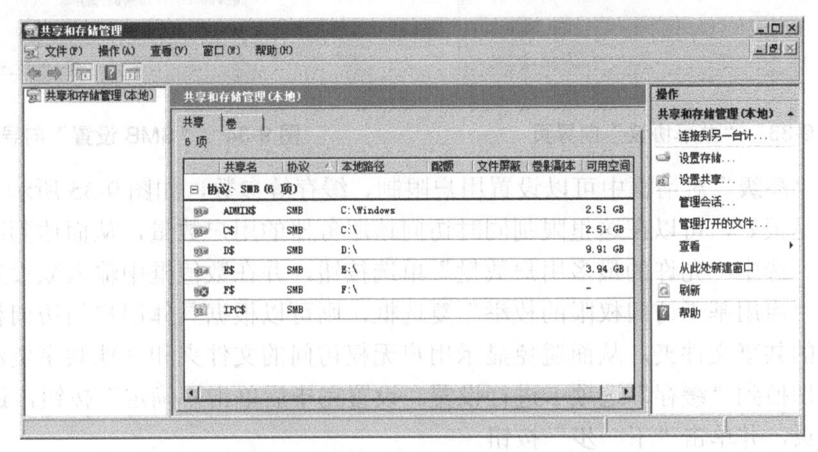

图 9-30　“共享和存储管理”窗口

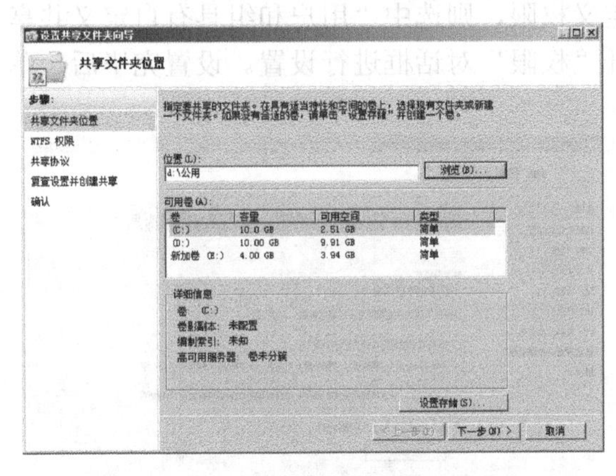

图 9-31　“共享文件夹位置”向导页

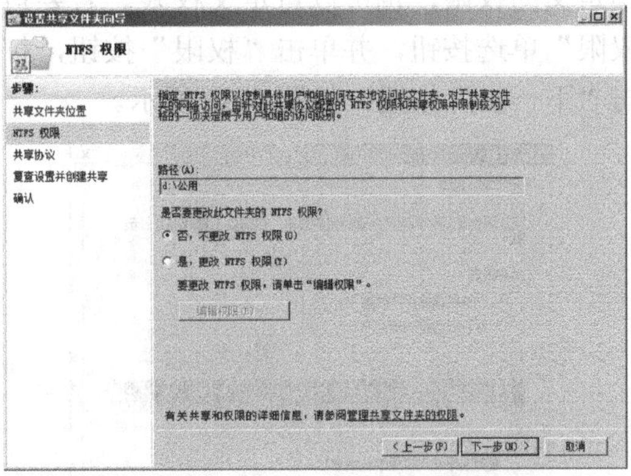

图 9-32　“NTFS 权限”向导页

(4) 在“共享协议”向导页中，根据需要选择可访问该共享文件夹的协议。若系统没有安装网络文件系统(NFS)功能，则 NFS 选项为不可用状态。选中 SMB 复选框，在“共享名”文本框中输入欲让用户看到的文件夹名称。设置完毕后，单击“下一步”按钮，如图 9-33 所示。

(5) 在“SMB 设置”向导页中，指定客户端如何通过 SMB 协议访问此文件夹，用户可以在描述中添加如何使用该共享文件夹的信息。在“高级设置”选项组中可以设置允许的最大连接数、基于访问权限的枚举和脱机设置，如图 9-34 所示。若要进行高级设置，可单击“高级”按钮。

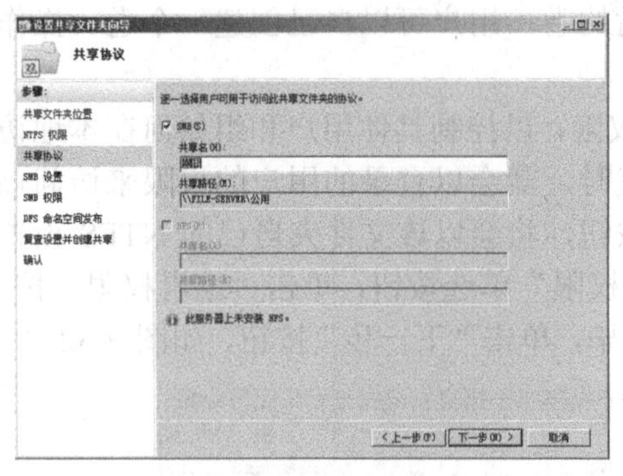

图 9-33 “共享协议”向导页

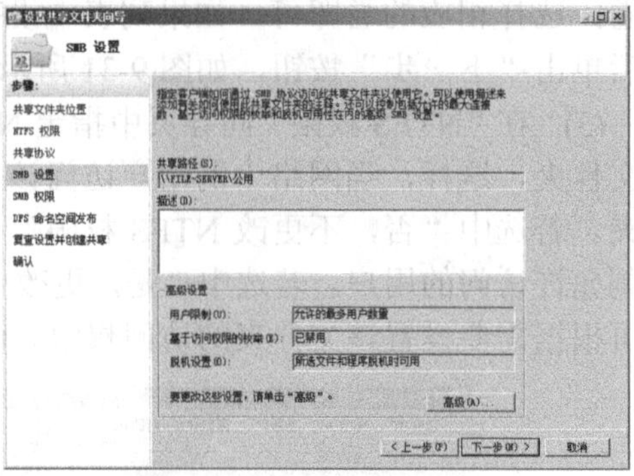

图 9-34 “SMB 设置”向导页

(6) 在“高级”对话框中可以设置用户限制、缓存等参数，如图 9-35 所示。如果服务器的性能不是很好，可以在这里限制同时访问该服务器的用户数量，从而达到减小服务器负荷的目的。选中“允许的最多用户数量”单选按钮，并在数值框中输入欲设置的用户数量。若选中“启用基于访问权限的枚举”复选框，则可以根据具体用户的访问权限筛选用户可以看到的共享文件夹，从而避免显示用户无权访问的文件夹和其他共享资源。若要设置缓存，可切换到“缓存”选项卡进行设置。设置完毕后单击“确定”按钮，返回“SMB 设置”向导页，并单击“下一步”按钮。

(7) 在“SMB 权限”向导页中，可以设置该共享文件夹的共享权限。管理员可以选定预定义的权限，也可以自定义权限。若要自定义权限，则选中“用户和组具有自定义共享权限”单选按钮，并单击“权限”按钮，打开“权限”对话框进行设置。设置完毕后，单击“下一步”按钮，如图 9-36 所示。

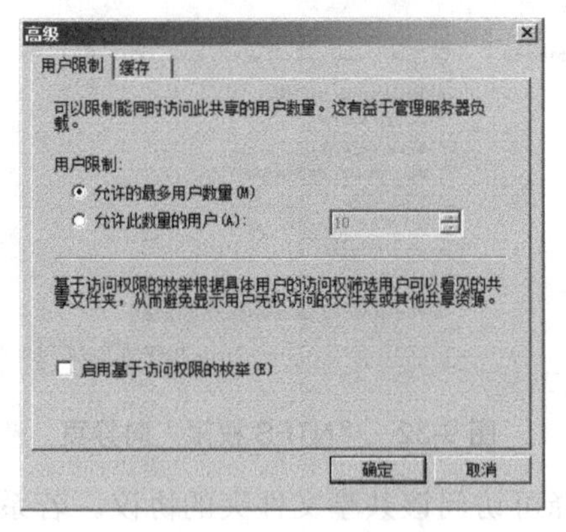

图 9-35 高级设置

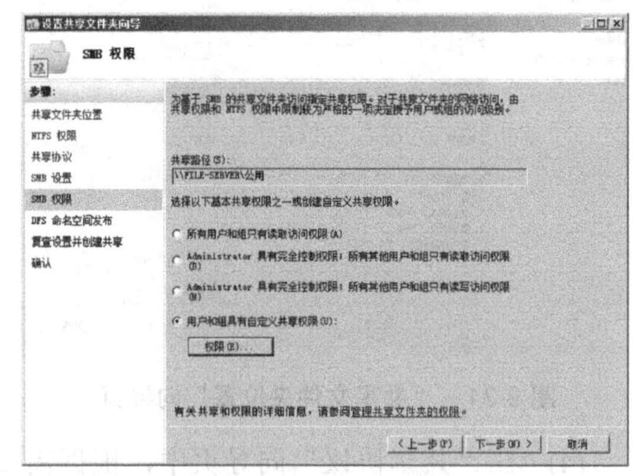

图 9-36 “SMB 权限”向导页

(8) 在“DFS 命名空间发布”向导页中，指定现有的 DFS 命名空间以及欲在该命名空间创建的文件夹，并将该共享文件夹发布到命名空间中。具体关于 DFS 命名空间的内容，我们将在后面的内容中进行详细的介绍，这里保持默认设置，然后单击“下一步”按钮，如图 9-37 所示。

(9) 出现“复查设置并创建共享”向导页后，在共享文件夹设置中检查前面所做的设置是否正确。单击“上一步”按钮，可返回重新设置。单击“创建”按钮，系统将进行创建操作，如图 9-38 所示。

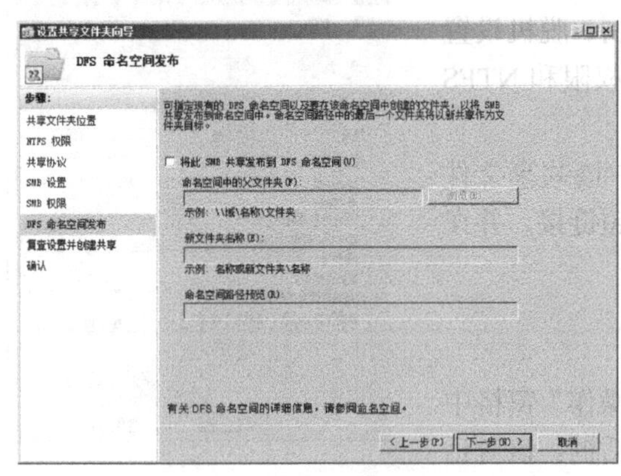

图 9-37　“DFS 命名空间发布”向导页

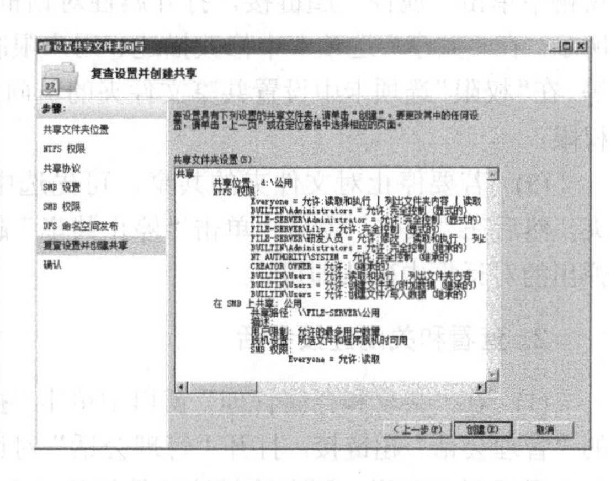

图 9-38　“复查设置并创建共享”向导页

(10) 创建成功后，打开确认向导页，单击“关闭”按钮，即可完成在文件服务器中设置共享的操作。此时，新建的共享将显示在服务器管理器窗口中。

9.3.3　在文件服务器中管理和监视共享资源

同样，管理员也可以使用“共享和存储管理”窗口修改共享文件夹的共享属性，监视共享文件夹的使用情况。

1. 查看和管理共享资源

(1) 选择“开始”→“管理工具”→“共享和存储管理”命令，弹出“共享和存储管理”窗口，如图 9-39 所示。该窗口由 3 个窗格组成，中间窗格显示了当前系统所共享的文件夹列表，不但包括管理设置的普通共享文件夹，也包括特殊共享和隐藏的共享文件夹。右窗格中列出了共享和存储管理时常用的操作命令。

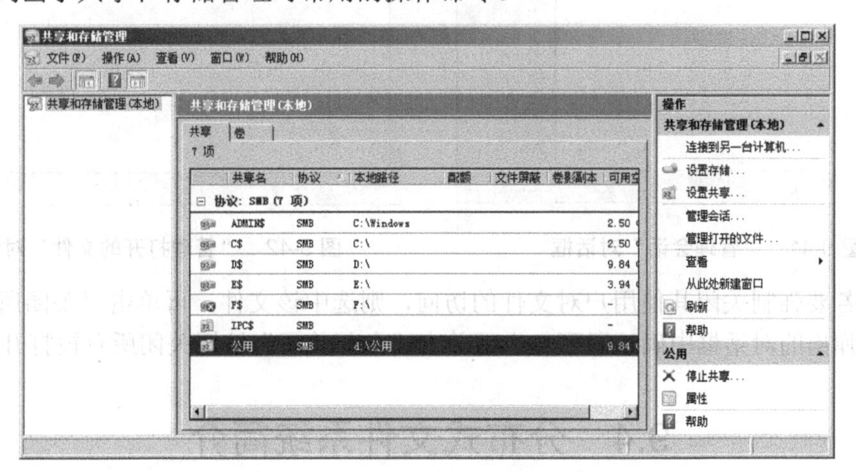

图 9-39　“共享和存储管理”窗口

(2) 若要修改一个共享文件夹的属性或权限，可先选中该共享文件夹，再在“操作”

窗格中单击“属性”超链接，打开属性对话框，如图 9-40 所示。在“共享”选项卡中修改描述、用户限制、脱机设置等。在“权限”选项卡中设置共享文件夹的访问权限和 NTFS 权限。

(3) 若要停止对文件夹的共享，可先选中该共享文件夹，然后在“操作”窗格中单击“停止共享”超链接，并在弹出的对话框中确认即可。

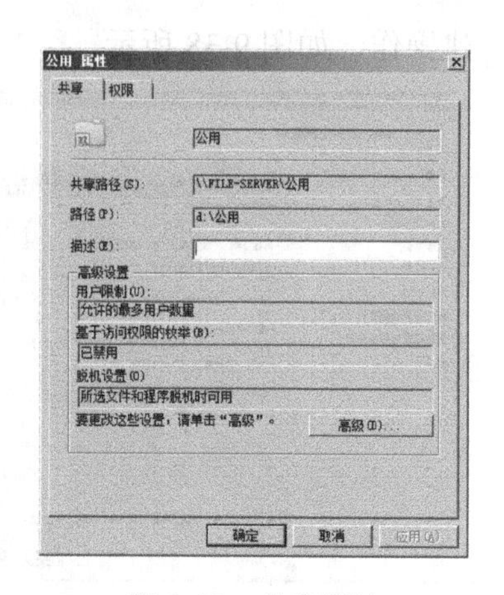

图 9-40 共享属性

2. 查看和关闭连接会话

(1) 在“共享和存储管理”窗口中单击“操作”窗格中的“管理会话”超链接，打开“管理会话”对话框。该对话框中显示了哪些用户正在访问该计算机的共享文件夹，以及打开的文件数、连接时间和空闲时间等信息，如图 9-41 所示。

(2) 若要断开某个会话连接，可选中该会话连接，再单击“关闭所选文件”按钮并在弹出的对话框中确认即可。也可单击“全部关闭”按钮关闭所有的连接会话。

3. 查看和关闭打开的共享文件

(1) 在“共享和存储管理”窗口中单击“操作”窗格中的“管理打开的文件”超链接，打开“管理打开的文件”对话框。该对话框中显示了哪些文件被打开、被谁打开、是否锁定以及打开方式等信息，如图 9-42 所示。

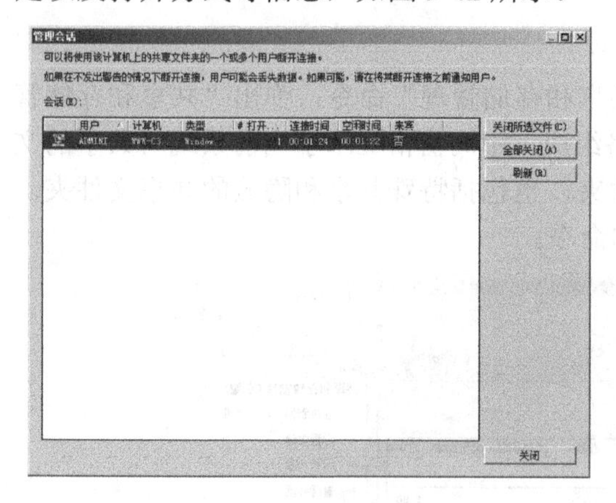

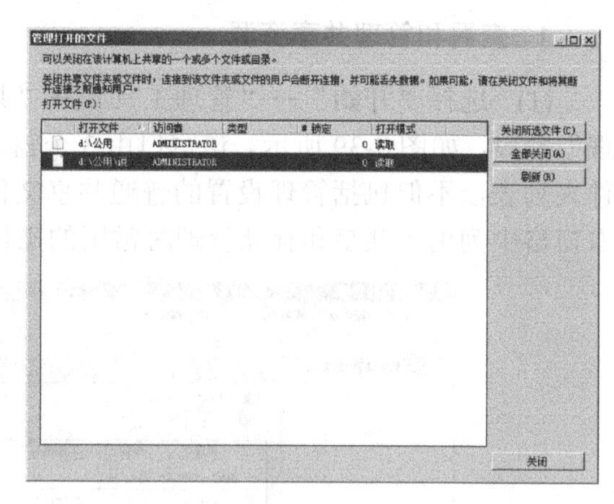

图 9-41 “管理会话”对话框

图 9-42 “管理打开的文件”对话框

(2) 若要强制关闭其他用户对文件的访问，则选中该文件，再单击“关闭所选文件”按钮并在弹出的对话框中确认即可。也可单击“全部关闭”按钮关闭所有被打开的文件。

9.4 分布式文件系统简介

分布式文件系统(Distributed File System，DFS)，是 Windows Server 2008 系统为用户更好地共享网络资源而提供的一个功能强大的工具。通过 DFS，可以使分布在多个服务器上的文件如同位于网络上的同一位置一样显示在用户面前，用户在访问文件时，无须知道文件的实际物理位置。

例如，XYZ 公司有许多共享资源(如技术资料、销售资料和原材料采购资料等)供用户使用，但这些资源分布在不同的服务器中，也由不同部门来维护。为了避免用户为查找它们需要的信息而访问网络上的多个位置，公司决定使用分布式文件系统(DFS)为整个企业网络上的共享资源提供一个逻辑树结构，用户只需要从一个入口就能找到他们需要的数据。例如，XYZ 公司的产品标准是员工经常使用的技术资料，它由技术部负责维护。技术部将最新标准及更新上传到技术部服务器(Research-Server)中，并自动复制到公司的文件服务器(File-Server)中，用户访问时都是通过“\\xyz.com\技术资料\标准”这一路径来访问，如图 9-43 所示。

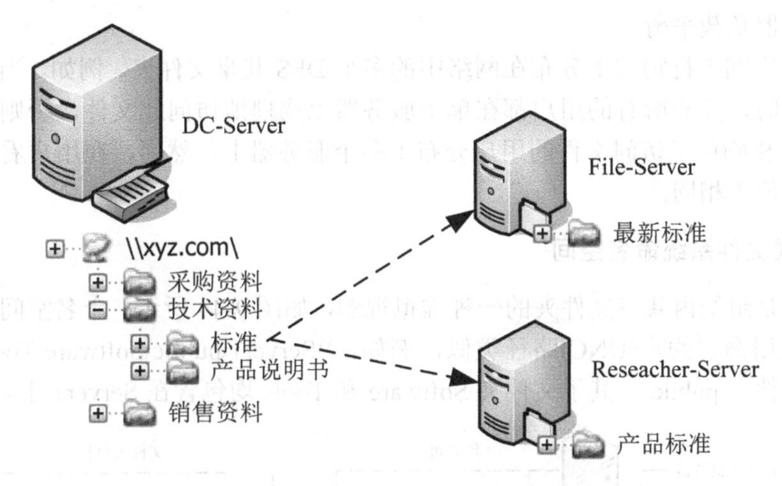

图 9-43　XYZ 公司的共享资源

这样做的好处有两点，一是实现了负载均衡，当多个用户同时访问时，系统可均匀地定位到这两台服务器上，二是容错，当一台服务器出现故障时，并不影响用户使用。

9.4.1　分布式文件系统概述

分布式文件系统是一种全新的文件系统，使用它，可以让用户访问和管理物理上跨网络分布的文件，可以集中管理分散的共享资源。用户可以抛开文件的实际物理位置，仅通过一定的逻辑关系就可以查找和访问网络中的共享资源，用户能够像访问本地文件一样访问分布在网络上的多个服务器上的文件。

1. 分布式文件系统的特性

分布式文件系统主要有以下 3 方面的特性。

(1)　访问文件更加容易。

分布式文件系统使用户可以更容易地访问文件。共享文件可能在物理上跨越多个服务器，但用户只需要转到网络上的一个位置即可访问文件。当更改共享文件夹的物理位置时不会影响用户访问文件夹。因为文件的位置看起来仍然相同，所以用户仍然能够以相同的方式访问文件夹，而不再需要多个驱动器映射。文件服务器的维护、软件升级和其他任务(一般需要服务器脱机的任务)可以在不中断用户访问的情况下完成，这对 Web 服务器特别有用。通过选择 Web 站点的根目录作为 DFS 命名空间，可以在分布式文件系统中移动资源，而不会断开任何 HTML 链接。

(2) 可用性。

基于域的 DFS 以两种方法确保用户对文件的访问。一是 Windows Server 2008 自动将 DFS 拓扑发布到 Active Directory 中，这样便确保了 DFS 拓扑对域中所有服务器上的用户总是可见的；二是用户可以复制 DFS 命名空间和 DFS 共享文件夹。复制意味着域中的多个服务器上可以存在 DFS 命名空间和 DFS 共享文件夹，即使这些文件驻留的一个物理服务器不可用，用户将仍然可以访问此文件。

(3) 服务器负载平衡。

DFS 命名空间支持物理上分布在网络中的多个 DFS 共享文件夹。例如，当用户将频繁访问某一文件时，并非所有的用户都在单个服务器上物理地访问此文件，否则将增加服务器的负担，DFS 确保了访问文件的用户分布于多个服务器上。然而，在用户看来，文件驻留在网络上的位置相同。

2. 分布式文件系统命名空间

命名空间是组织内共享文件夹的一种虚拟视图，如图 9-44 所示。命名空间的路径与共享文件夹的通用命名约定(UNC)路径类似，例如，\\Server1\public\Software\Tools。在本示例中，共享文件夹 public 及其子文件夹 Software 和 Tools 均包含在 Server1 上。

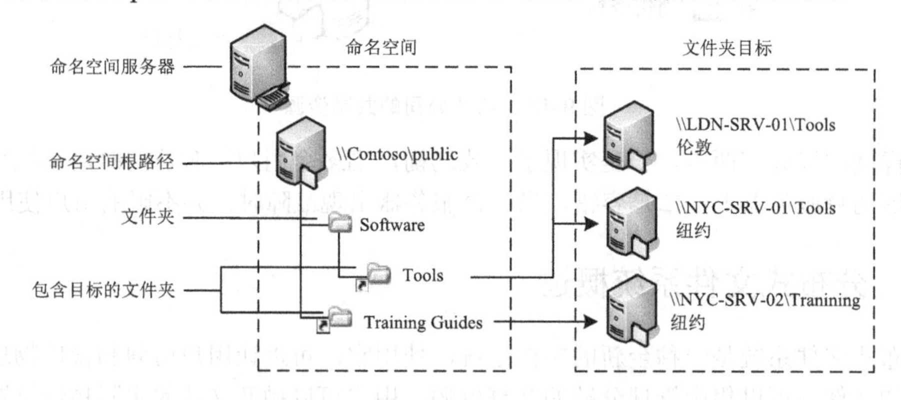

图 9-44 分布式文件系统的命名空间

如果希望为用户指定查找数据的单个位置，但出于可用性和性能目的的考虑，希望在其他服务器上承载数据，则可以部署与图 9-44 中所示的命名空间类似的命名空间。此命名空间的元素的说明如下。

(1) 命名空间服务器。命名空间服务器承载命名空间。命名空间服务器可以是成员服务器或域控制器。

(2) 命名空间根路径。命名空间根路径是命名空间的起点。在图 9-44 中，根路径的名称为 public，命名空间的路径为\\Contoso\public。此类型命名空间是基于域的命名空间，因为它以域名开头(如 Contoso)，并且其元数据存储在 Active Directory 域服务(AD DS)中。尽管图 9-44 中显示了单个命名空间服务器，但是，基于域的命名空间可以存放在多个命名空间服务器上，从而可以提高命名空间的可用性。

(3) 文件夹。没有文件夹目标的文件夹将结构和层次结构添加到命名空间，具有文件夹目标的文件夹为用户提供实际内容。用户浏览命名空间中包含文件夹目标的文件夹时，客户端计算机将收到透明地将客户端计算机重定向到一个文件夹目标的引用。

(4) 文件夹目标。文件夹目标是共享文件夹或与命名空间中的某个文件夹关联的另一个命名空间的 UNC 路径。文件夹目标是存储数据和内容的位置。在图 9-44 中，名为 Tools 的文件夹包含两个文件夹目标，一个位于伦敦，一个位于纽约，而名为 Training Guides 的文件夹包含一个文件夹目标，位于纽约。浏览到\\Contoso\public\Software\Tools 的用户将透明地重定向到共享文件夹\\LDN-SVR-01\Tools 或\\NYC-SVR-01\Tools(取决于用户当前所处的位置)。

3. 命名空间的类型

创建命名空间时，必须选择两种命名类型之一，即独立命名空间或基于域的命名空间。此外，如果选择基于域的命名空间，必须选择命名空间模式，即 Windows 2000 Server 模式或 Windows Server 2008 模式。

(1) 独立命名空间。

独立命名空间的实施方法，是在网络中的一台计算机上以一个共享文件夹为基础，创建一个 DFS 命名空间，通过这个命名空间，将分布于网络中的许多共享资源组织起来，构成虚拟共享文件夹。如果一个组织未使用 Active Directory 域服务(AD DS)，那么，只能选择独立命名空间。如果希望使用故障转移群集提高命名空间的可用性，那么，也可使用独立命名空间。

(2) 域命名空间。

域 DFS 命名空间不仅可以提供 DFS 文件夹的容错，而且可以提供命名空间服务器的容错。若 DFS 命名空间创建在一台计算机上，那么，当这台计算机出现问题时，则难以达到让共享资源绝对地被访问到的要求。域命名空间可以提供命名空间服务器的同步和容错功能，但要求存储命名空间服务器的计算机必须是域成员。

如果选择基于域的命名空间，则必须选择使用 Windows 2000 Server 模式或是 Windows Server 2008 模式。Windows Server 2008 模式包括对基于访问权限的枚举的支持以及增强的可伸缩性。Windows 2000 Server 中引入的基于域的命名空间目前被称为“基于域的命名空间(Windows 2000 Server 模式)”。若要使用 Windows Server 2008 模式，则域和命名空间必须满足下列两个要求：一是域使用 Windows Server 2008 域功能级别；二是所有命名空间服务器运行的均是 Windows Server 2008。创建新的基于域的命名空间时，如果环境支持，则选择 Windows Server 2008 模式。此模式提供附加功能和可伸缩性，同时消除需要从 Windows 2000 Server 模式迁移命名空间的可能。

4. 分布式文件系统(DFS)的安全性

除了创建必要的管理员权限之外，分布式文件系统(DFS)服务不实施任何超出 Windows Server 2008 系统所提供的其他安全措施。指派到 DFS 命名空间或 DFS 文件夹的权限可以决定添加新 DFS 文件夹的指定用户。

共享文件的权限与 DFS 拓扑无关。例如，有一个名为 Link 的 DFS 文件夹，并且有适当的权限可以访问该链接所指定 DFS 共享文件夹。在这种情况下，就可以访问该 DFS 文件夹组中所有的 DFS 共享文件夹，而不考虑是否有访问其他共享文件夹的权限。然而，访问这些共享文件夹的权限决定了用户是否可以访问文件夹中的信息，此访问由标准的 Windows Server 2008 安全控制台决定。

总之，当用户尝试访问 DFS 共享文件夹和它的内容时，FAT/FAT32 格式文件系统提供文件上的共享级安全，而 NTFS 格式文件系统则提供完整的 Windows Server 2008 安全。

9.4.2　安装分布式文件系统

分布式文件系统涉及多个服务器，包括命名空间服务器和 DFS 成员服务器，每台服务器都需要安装文件服务角色。在如图 9-43 所示的例子中，命名空间服务器使用的是 XYZ 公司的域控制器(DC-Server)，在该服务器中需要文件服务器、DFS 命名空间和 DFS 复制等角色服务；XYZ 公司的文件服务器(File-Server)和开发部服务器(Research-Server)都包含了 DFS 的文件夹目标，因此这两台服务器上也需要安装文件服务器和 DFS 复制等角色服务。

1. 安装命名空间服务器

在安装命名空间服务器时，可以在安装过程中创建一个命名空间，并向命名空间添加文件夹，也可在安装完成后再创建命名空间。

(1) 打开“服务器管理器”窗口后，展开“角色”节点，选中“文件服务”节点，在右窗格中单击“添加角色服务”超链接，如图 9-45 所示。将启动添加角色服务向导。

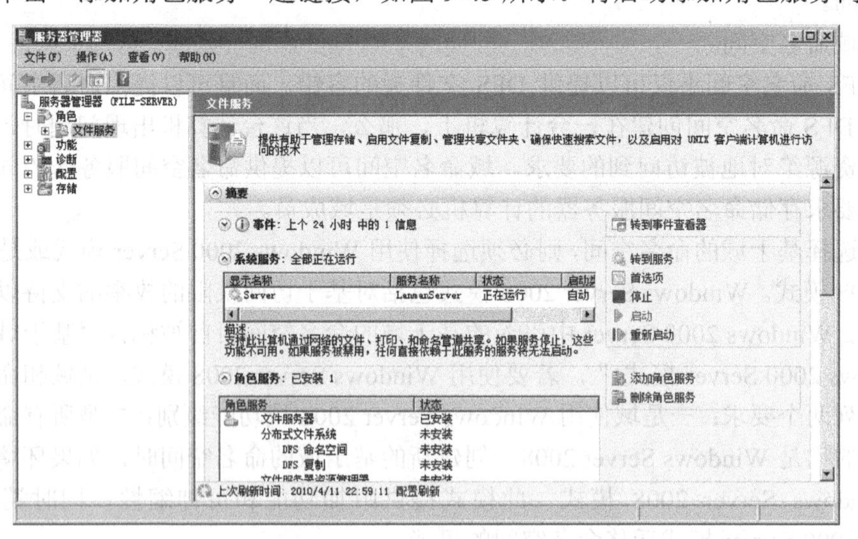

图 9-45　“服务器管理器”窗口

(2) 出现“选择角色服务”向导页，在“角色服务”列表框中选中“分布式文件系统”复选框，然后单击“下一步”按钮，如图 9-46 所示。

(3) 在“创建 DFS 命名空间”向导页中，选择立即创建命名空间，还是以后创建命名空间。若立即创建，则需要输入命名空间的名称。操作完成后单击“下一步”按钮，如图 9-47 所示。

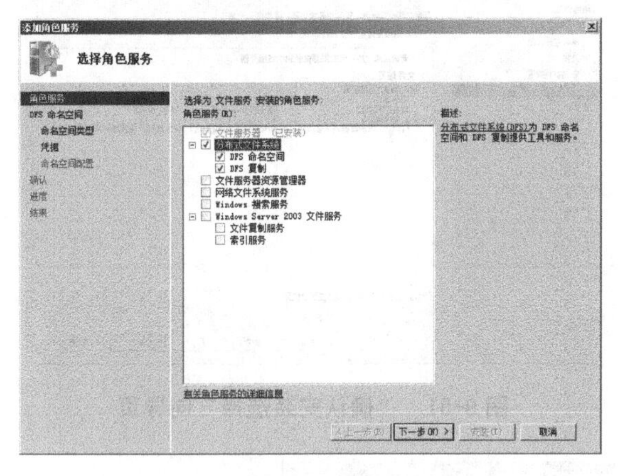

图 9-46　“选择角色服务”向导页

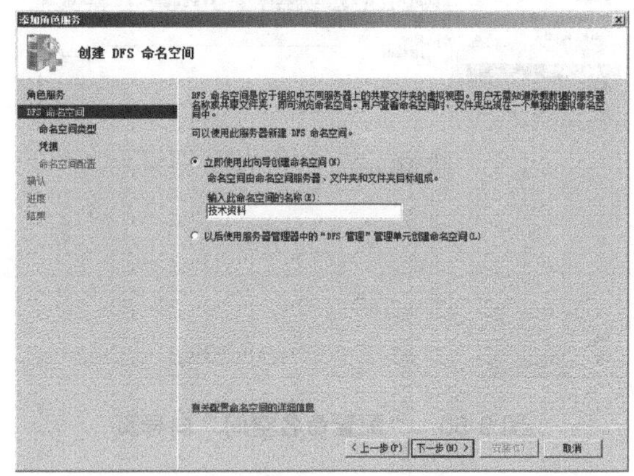

图 9-47　“创建 DFS 命名空间”向导页

(4) 在“选择命名空间类型”向导页中，确定是使用“基于域的命名空间”还是使用“独立命名空间”，单击“下一步”按钮继续，如图 9-48 所示。

(5) 若上一步选择的是“基于域的命名空间”，则打开“提供创建命名空间的凭据”向导页。单击“选择”按钮，然后输入域管理员的用户名和密码。单击“下一步”按钮继续，如图 9-49 所示。

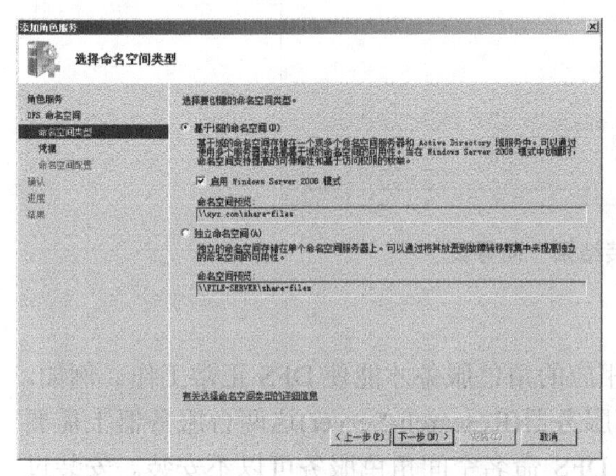

图 9-48　“选择命名空间类型”向导页

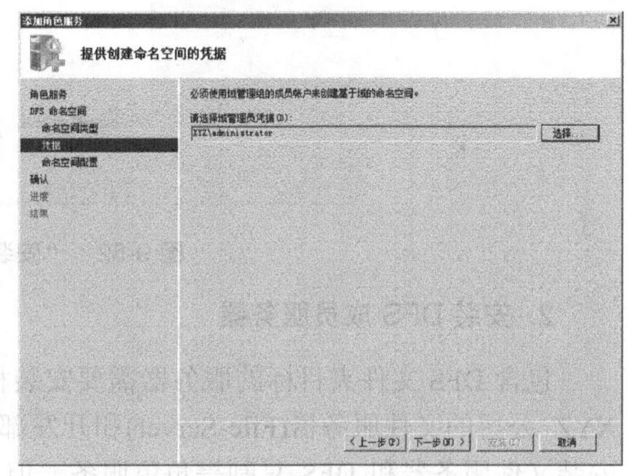

图 9-49　“提供创建命名空间的凭据”向导页

(6) 在“配置命名空间”向导页中，可以向命名空间中添加位置不同的服务器上的共享文件夹。单击“添加”按钮，便可添加共享文件夹。这里保持默认设置，在 DFS 安装完成后再进行详细设置。单击“下一步”按钮继续，如图 9-50 所示。

(7) “确认安装选择”向导页中显示了前面步骤中所做的设置，然后检查设置是否正确。若不正确，可单击“上一步”按钮返回前面的对话框中进行修改。检查无误后，单击“安装”按钮，即可开始安装，如图 9-51 所示。

(8) 安装完成后，出现“安装结果”向导页，单击“关闭”按钮即可，如图 9-52 所示。

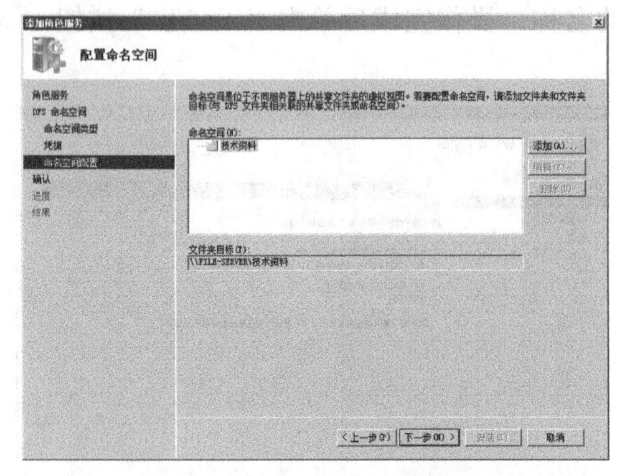

图 9-50 “配置命名空间”向导页

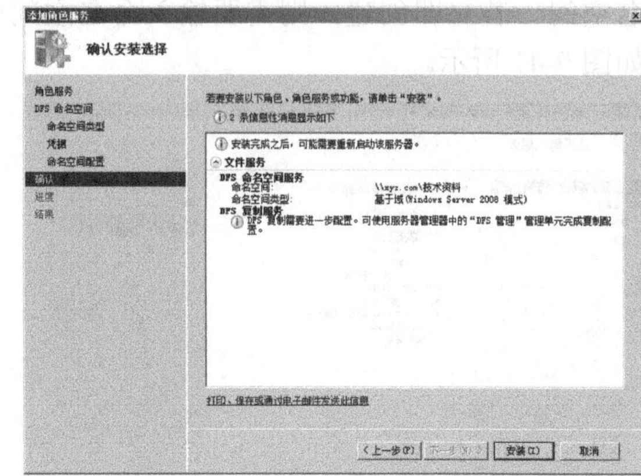

图 9-51 “确认安装选择”向导页

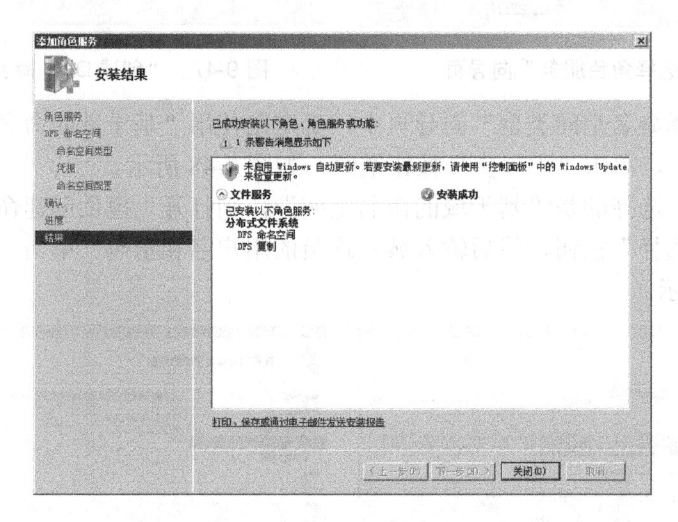

图 9-52 “安装结果”向导页

2. 安装 DFS 成员服务器

包含 DFS 文件夹目标的服务器需要安装相应的角色服务才能使 DFS 正常工作。例如，XYZ 公司的文件服务器(File-Server)和开发部服务器(Research-Server)这两台服务器上需要安装文件服务器和 DFS 复制等角色服务，但 DFS 命名空间角色服务可以不安装。安装过程非常简单，无须赘述。

9.4.3 管理分布式文件系统

要在 Windows Server 2008 中使用 DFS，首先需要创建 DFS 命名空间，根据 DFS 类型的不同，需要创建不同类型的命名空间。域 DFS 需创建域的命名空间，独立 DFS 需创建独立的命名空间。

1. 添加多个命名空间

在一个 DFS 中，可以有多个命名空间，前面的内容中，在安装分布式文件系统时已创建了一个命名空间，用户还可以使用 DFS 管理工具创建和管理 DFS 命名空间。添加命名空间的操作步骤如下。

(1) 如果文件服务器已加入了域，则以域管理员身份登录；若文件服务器是独立服务器，则以本地系统管理员身份登录。

(2) 选择“开始”→“管理工具”→“DFS Management”命令，弹出“DFS 管理”窗口，如图 9-53 所示。

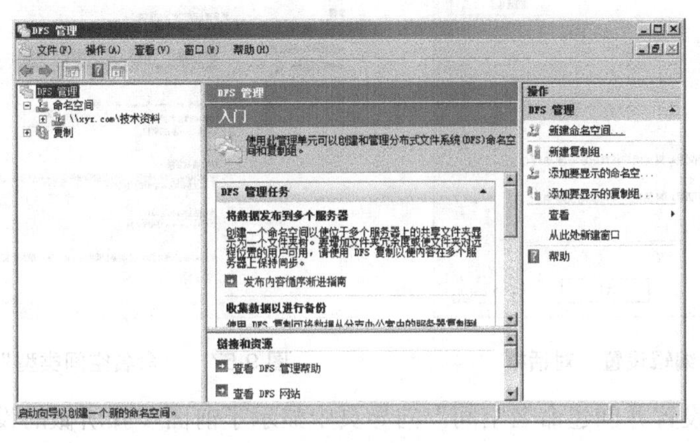

图 9-53　“DFS 管理”窗口

(3) 在“DFS 管理”窗口中单击“操作”窗格中的“新建命名空间”超链接，打开新建命名空间向导。

(4) 在“命名空间服务器”向导页中，输入承载命名空间的服务器名称，也可单击“浏览”按钮选择。操作完成后，单击“下一步”按钮，如图 9-54 所示。

(5) 在“命名空间名称和设置”向导页中输入命名空间的名称。这个名称将显示在命名空间路径中的服务器名或域名之后，如图 9-55 所示。

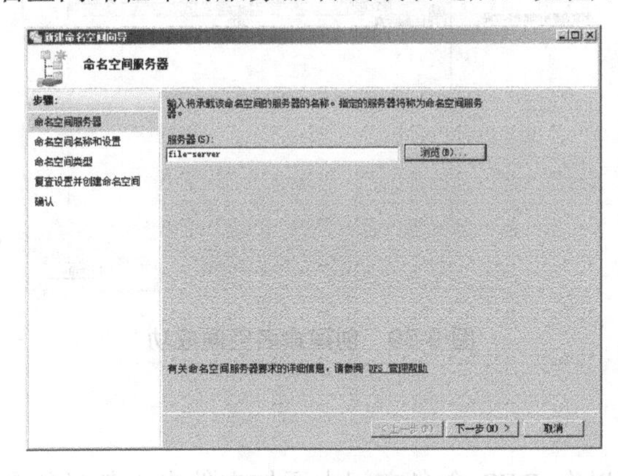

图 9-54　“命名空间服务器”向导页

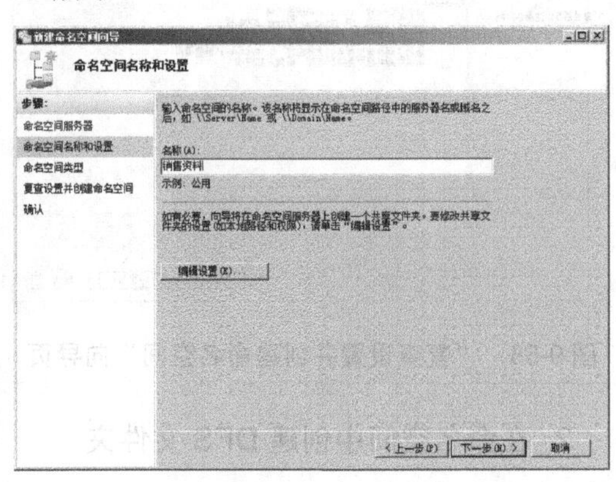

图 9-55　“命名空间名称和设置”向导页

(6) 若要设置共享文件夹的位置以及权限等，可单击“编辑设置”按钮。弹出“编辑设置”对话框后，可以设置共享文件夹的位置以及共享文件夹的权限。设置完毕后，单击“确定”按钮，如图 9-56 所示。回到“命名空间名称和设置”向导页后，单击“下一步”按钮。

(7) 在“命名空间类型”向导页中，选择域的命名空间类型，然后单击“下一步”按钮，如图 9-57 所示。

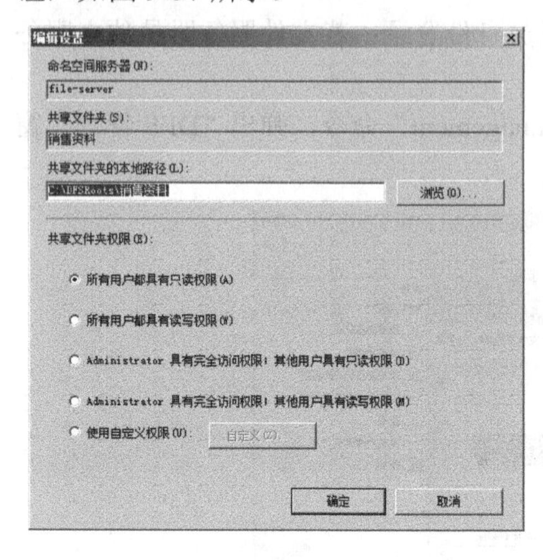

图 9-56 “编辑设置”对话框

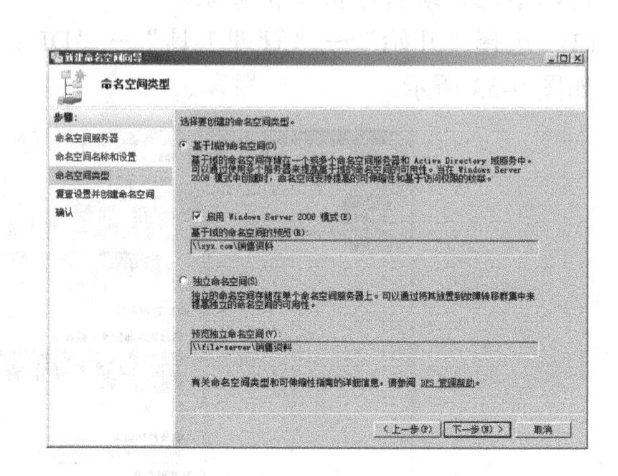

图 9-57 “命名空间类型”向导页

(8) “复查设置并创建命名空间”向导页中显示了前面步骤所做的设置。如果这些设置正确，则单击“创建”按钮，开始新建命名空间。若要更改设置，则单击“上一步”按钮返回，进行修改，如图 9-58 所示。

(9) “确认”向导页中显示了创建过程。创建完成后，显示创建命名空间成功，单击“关闭”按钮即可，如图 9-59 所示。

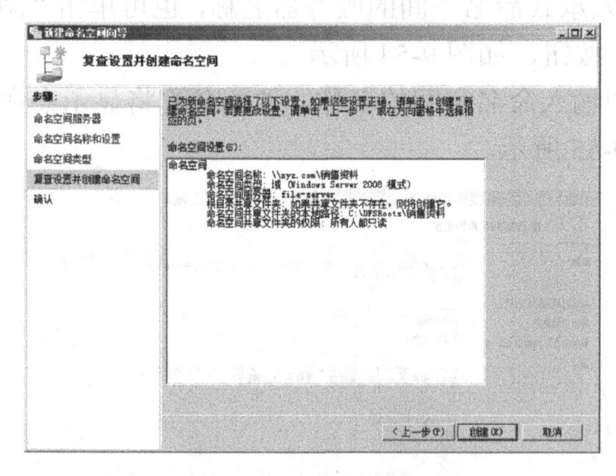

图 9-58 “复查设置并创建命名空间”向导页

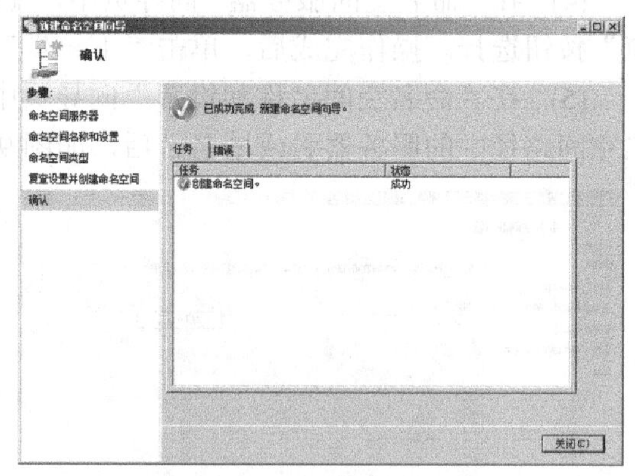

图 9-59 创建命名空间成功

2. 在命名空间中创建 DFS 文件夹

完成创建 DFS 命名空间的工作以后，可以在 DFS 命名空间中添加文件夹，其目的是使 DFS 命名空间与指定的共享文件夹之间建立联系。DFS 文件夹是从 DFS 命名空间到一个或多个 DFS 共享文件夹、其他 DFS 命名空间或者是基于域的卷连接。将网络中的其他共享文件夹添加到 DFS 文件夹中，通过 DFS 文件夹，用户可以访问网络中指定的共享文件夹，这些资源可以位于网络中的任何地点。这样，用户无须知道共享资源的网络路径，通过一个 DFS 命名空间，即可访问多个共享资源了。

添加 DFS 文件夹的操作步骤如下。

(1) 打开“DFS 管理”窗口，在左侧的控制树中选中需要创建文件夹的命名空间，然后单击“操作”窗格中的“新建文件夹”超链接，如图 9-60 所示。

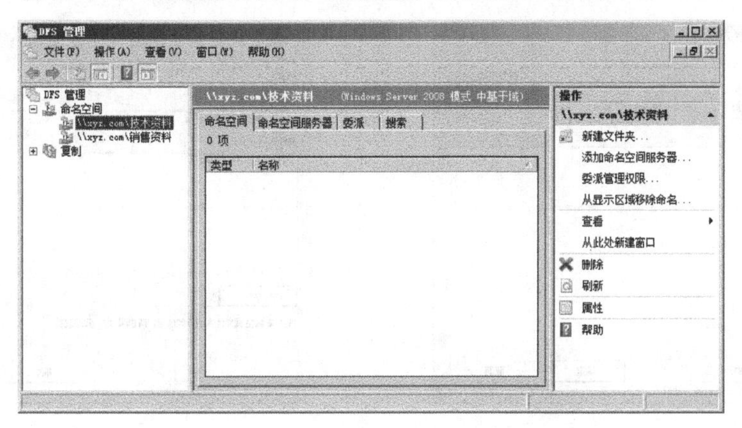

图 9-60　“DFS 管理”窗口

(2) 弹出“新建文件夹”对话框后，在“名称”文本框中输入文件夹名称，如图 9-61 所示。

(3) 单击“添加”按钮，弹出“添加文件夹目标”对话框。如果已经知道共享文件夹的 UNC，可按照示例进行输入，若不清楚，可单击“浏览”按钮进行选择。这里单击“浏览”按钮，如图 9-62 所示。

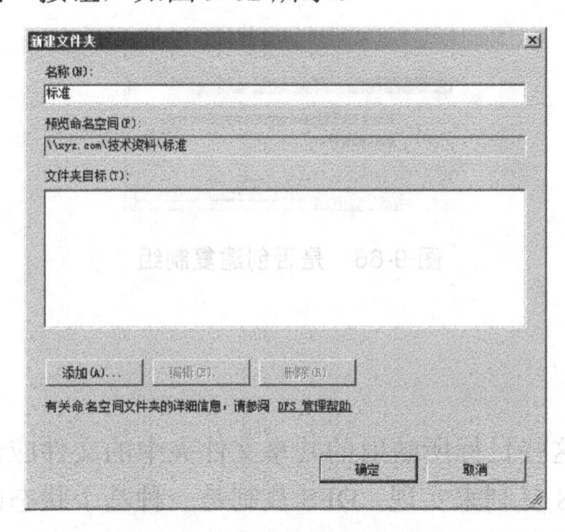

图 9-61　新建 DFS 文件夹

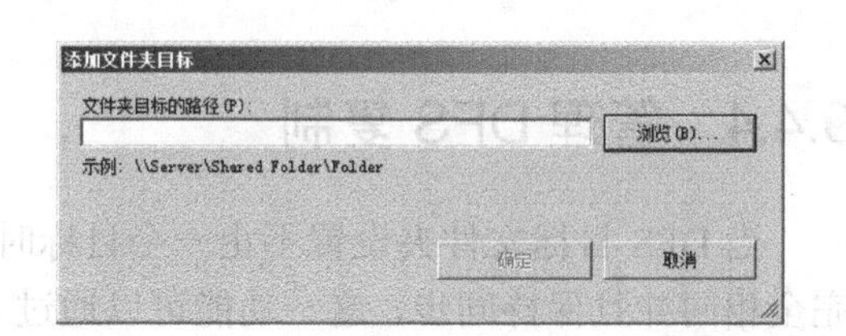

图 9-62　“添加文件夹目标”对话框

(4) 弹出“浏览共享文件夹”对话框后，在“服务器”文本框中输入共享文件夹所在服务器的名称，或者单击“浏览”按钮选择服务器。服务器确定后，将显示这台服务器中所有的共享文件夹，选择某个共享文件夹，然后单击“确定”按钮，如图 9-63 所示。

(5) “添加文件夹目录”对话框中显示了添加的目标路径，单击“确定”按钮。此时目录文件夹将显示在“新建文件夹”对话框的列表框中，如图 9-64 所示。

(6) 如果新建文件夹的目标在其他服务器上还有副本，可重复上述步骤，再添加多个目标文件夹，如图 9-65 所示。

(7) 如果添加了多个文件夹目标，则单击“确定”按钮，此时将弹出“复制”提示框，询问是否同步上述目标文件夹的内容，如图 9-66 所示。如果单击“是”按钮，将弹出“复制文件夹向导”对话框。对于创建复制组的操作，可参见后面的介绍。

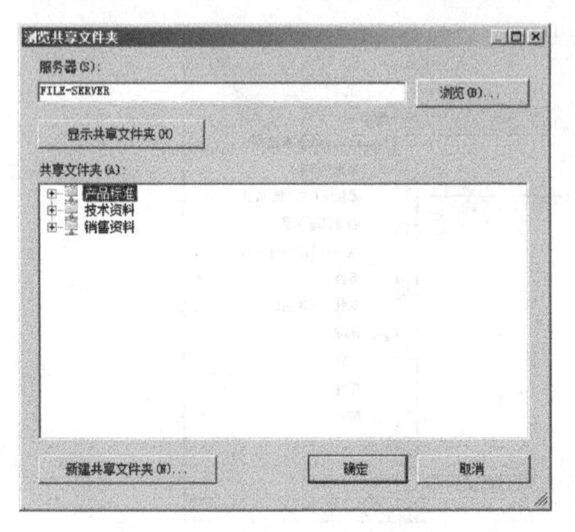

图 9-63　“浏览共享文件夹”对话框

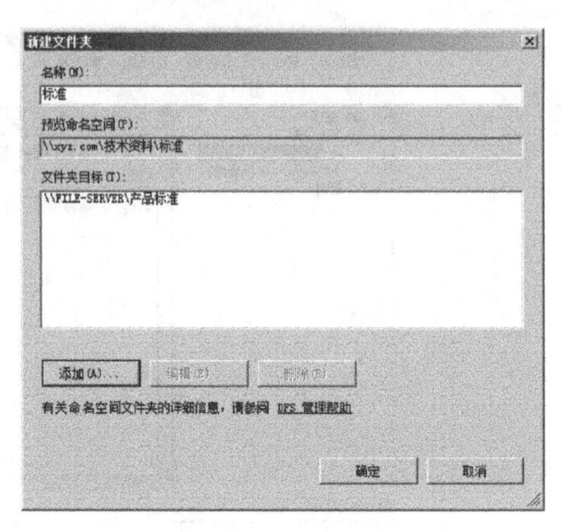

图 9-64　新建 DFS 文件夹

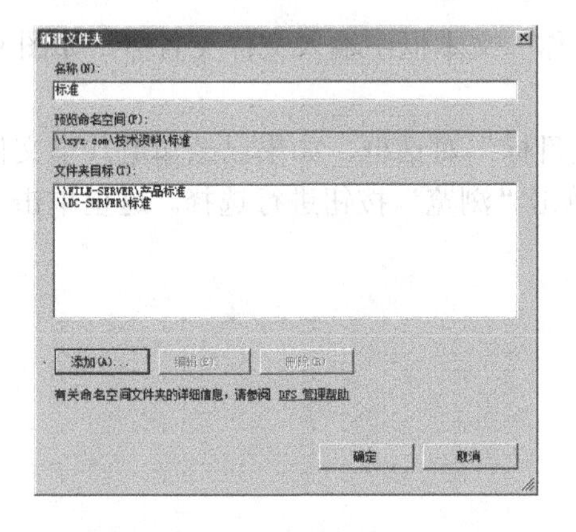

图 9-65　添加多个文件夹目标

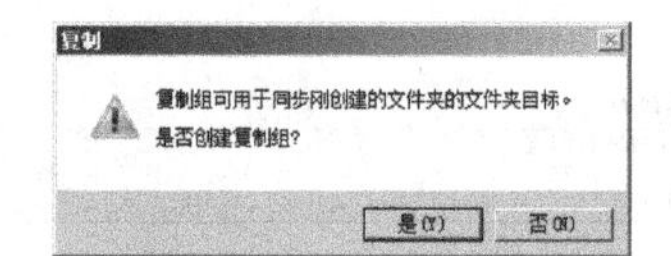

图 9-66　是否创建复制组

9.4.4　管理 DFS 复制

当 DFS 目标文件夹设置不止一个目标时，这些目标所映射的共享文件夹中的文件应该完全相同并且保持同步，这一功能可以通过 DFS 复制来实现。DFS 复制是一种基于状态的新型多主机复制引擎，它使用了许多复杂的进程来保持多个服务器上的数据同步，在一个成员服务器上进行任何更改，都将复制到复制组中的其他成员上。

1. 复制拓扑

DFS 文件夹的多个目标中，任何一个发生变化，都会引发其他目标的同步，然而，这种同步的具体方式则是由复制拓扑来决定的。

(1) 集散：类似于网络拓扑的星状拓扑。指定一个目标为集中器，其他目标都与之相连，但彼此不相连。同步复制在集中器与其他目标间进行，却不能在任意两个非集中器目标间直接进行。此种拓扑要求复制组中包含 3 个或 3 个以上成员。

(2) 交错：类似于网络拓扑的网状拓扑。所有目标彼此相连，任意一个目标都可以直接同步复制到其他目标。

(3) 自定义：手动设定各目标之间的复制方式。例如，允许从一个目标到另一目标的复制，却禁用反向的复制，以便保证以其中一个目标的修改为标准。

2. 创建 DFS 复制组

要使用 DFS 复制发布数据，首先需要创建一个复制组。

(1) 如果在图 9-66 中单击“是”按钮，将弹出复制文件夹向导。管理员也可以在“DFS 管理”窗口的“复制”选项卡中单击“复制文件夹向导”超链接来启动该向导，如图 9-67 所示。

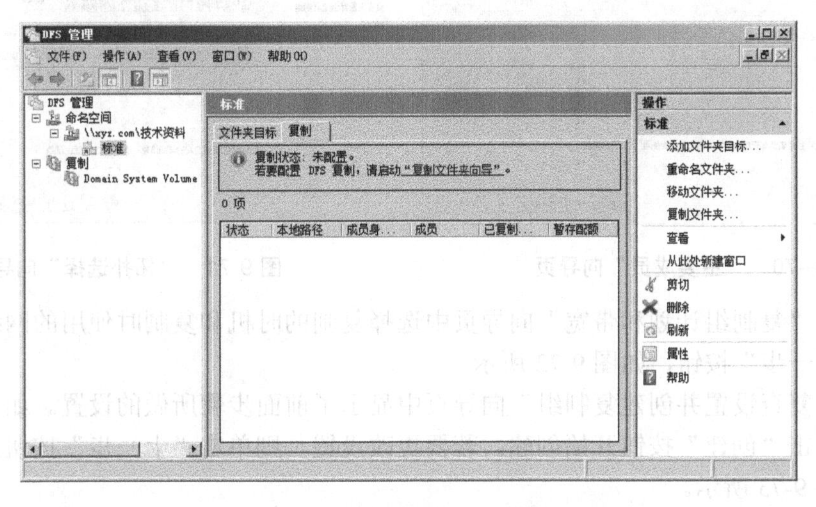

图 9-67　启动复制文件夹向导

(2) 在“复制组和已复制文件夹名”向导页中设置复制组名称和已复制文件夹名，然后单击“下一步”按钮，如图 9-68 所示。

(3) “复制合格”向导页中显示了 DFS 复制组的成员，单击“下一步”按钮即可，如图 9-69 所示。

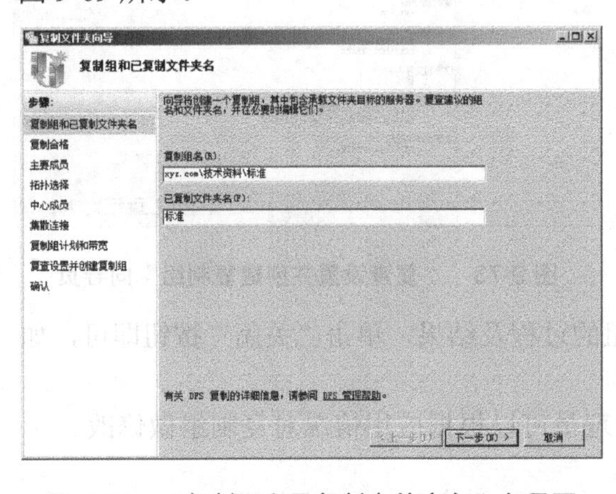

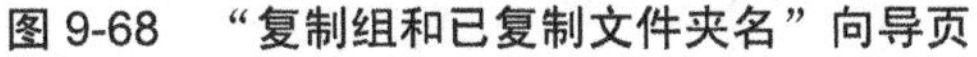

图 9-68　“复制组和已复制文件夹名”向导页

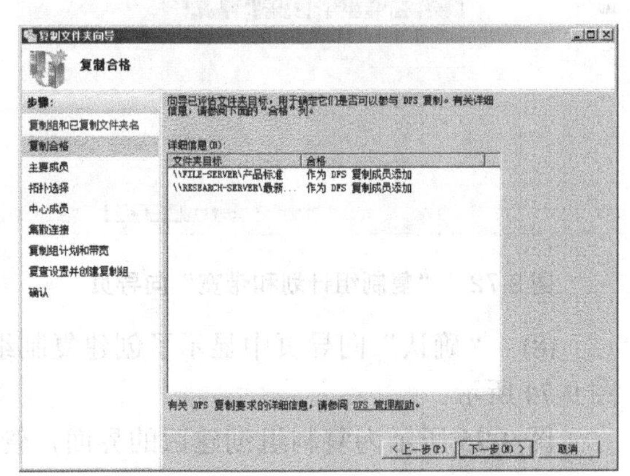

图 9-69　“复制合格”向导页

(4) 在“主要成员”向导页中选择初次复制时的权威服务器。例如，XYZ公司的“标准”是由开发部维护的，它的数据是权威的，因此选择Research-Server服务器作为主要成员。操作完成后单击“下一步”按钮，如图9-70所示。

(5) 在“拓扑选择”向导页中选择复制时的拓扑结构，然后单击“下一步”按钮，如图9-71所示。

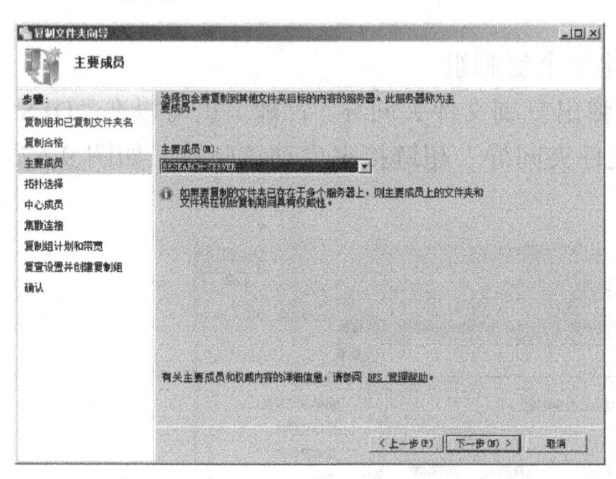

图9-70 “主要成员”向导页

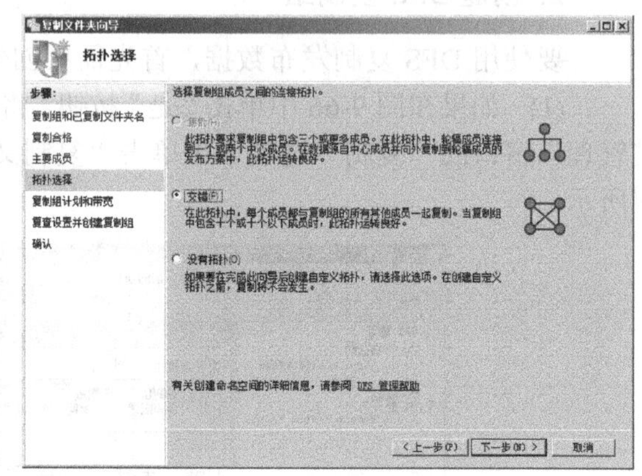

图9-71 “拓扑选择”向导页

(6) 在“复制组计划和带宽”向导页中选择复制的时机和复制时使用的网络带宽，然后单击“下一步”按钮，如图9-72所示。

(7) “复查设置并创建复制组”向导页中显示了前面步骤所做的设置。如果这些设置正确，则单击“创建”按钮开始创建。若要更改设置，则单击“上一步”按钮返回，进行修改，如图9-73所示。

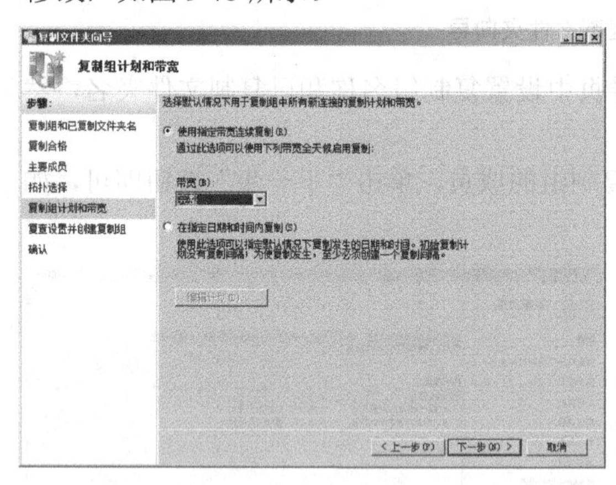

图9-72 “复制组计划和带宽”向导页

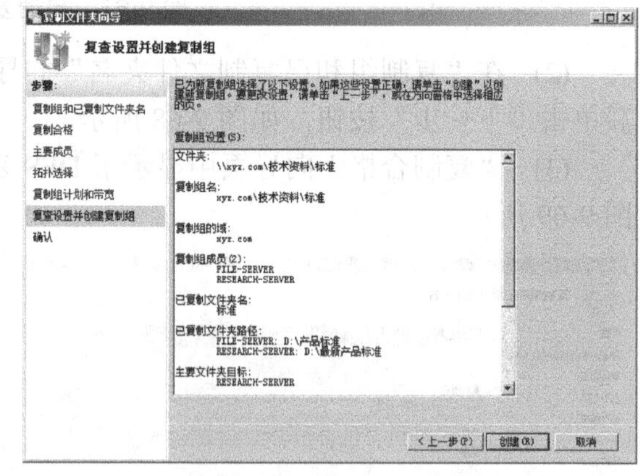

图9-73 “复查设置并创建复制组”向导页

(8) “确认”向导页中显示了创建复制组的过程及结果，单击“关闭”按钮即可，如图9-74所示。

图9-75所示为复制组创建后的界面，管理员可以根据应用情况对复制组做修改。

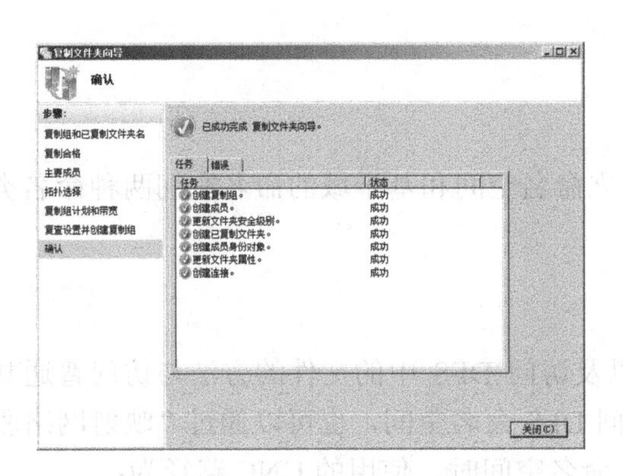

图 9-74　“确认”向导页

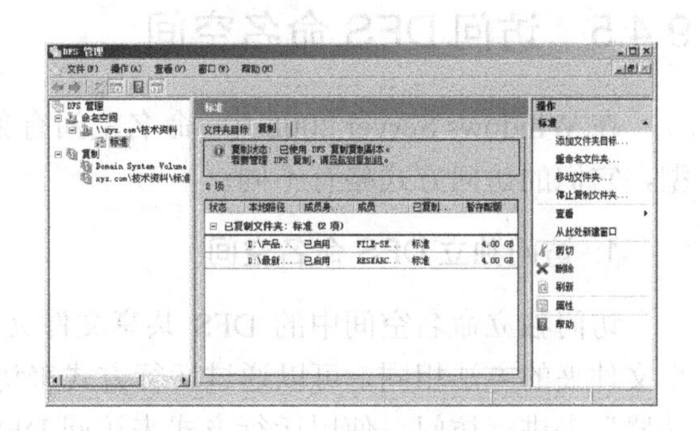

图 9-75　复制组创建完成

3. 验证复制

DFS 复制组创建完成后，首次复制时，主要成员上的文件夹和文件具有权威性。为了验证复制组是否正常工作，可以向主要成员服务器的共享文件夹中添加一个文件，然后查看添加的文件是否复制到了其他服务器的共享文件夹中。例如，在上面的例子中，可以向开发部服务器(Research-Server)的共享文件夹中添加一些文件，然后查看文件服务器(File-Server)上是否也存有副本。

4. 配置 DFS 复制计划

由于 DFS 复制可能需要占用大量的网络带宽，如果是生产性服务器，那么 DFS 复制可能会影响到正常业务的运行，因此，需要配置 DFS 复制的时机和复制时使用的网络带宽，使之不影响正常业务。

DFS 复制计划可以在创建 DFS 复制组时配置，在图 9-72 中，选中“在指定日期和时间内复制”单选按钮，并单击“编辑计划”按钮，弹出“编辑计划”对话框。对于一个已创建好的复制组而言，可以在“DFS 管理”窗口中展开“复制”节点，右击要修改的复制组，在弹出的快捷菜单中选择“编辑复制组计划”命令，打开“编辑计划”对话框。单击“详细信息”按钮，展开该对话框，如图 9-76 所示。

在“编辑计划”对话框中单击“添加”按钮，打开“添加计划”对话框。在该对话框中选择 DFS 复制的时间和网络带宽的使用率，如图 9-77 所示。

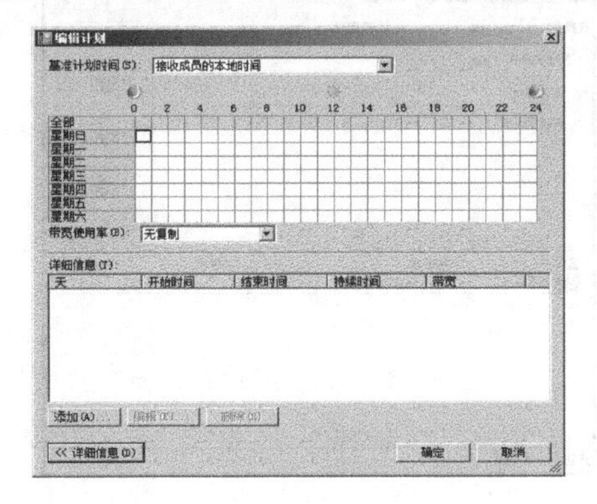

图 9-76　“编辑计划”对话框

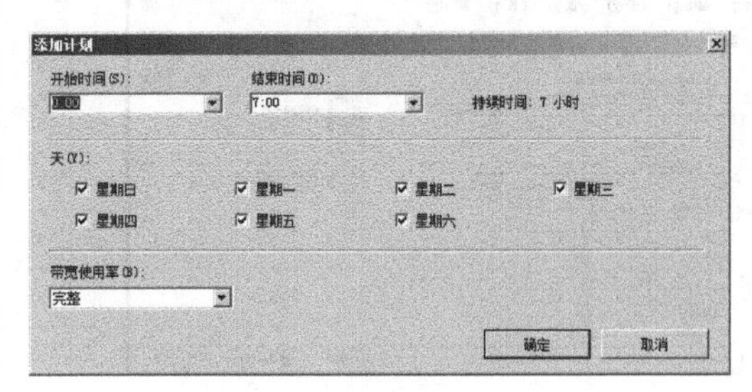

图 9-77　“添加计划”对话框

9.4.5 访问 DFS 命名空间

在 Windows Server 2008 中，命名空间有独立命名空间和基于域的命名空间两种命名类型，它们的访问方式略有不同。

1. 访问独立 DFS 命名空间

访问独立命名空间中的 DFS 共享文件夹以及访问 DFS 中的文件的方法与访问普通共享文件夹的方法相同，可以通过运行方式来访问 DFS 命名空间，也可以通过“映射网络驱动器”来进行访问。使用运行方式来访问 DFS 命名空间时，使用的 UNC 路径为：

```
\\命名空间服务器的名称\命名空间\
```

2. 访问基于域的 DFS 命名空间

若要访问基于域的命名空间中的 DFS 共享文件夹，不但可以使用上述的 UNC 路径，还可以使用域名：

```
\\域名\命名空间
```

例如，我们要访问 XYZ 公司的“技术资料”命名空间，可以在“运行”对话框中输入“\\xyz.com\技术资料”，如图 9-78 所示。

图 9-78 “运行”对话框

图 9-79 所示为“标准”目标文件夹中的内容。

基于域的命名空间创建后，会自动地发布到活动目录中去。若使用活动目录来查找 DFS 文件夹则更方便，如图 9-80 所示。

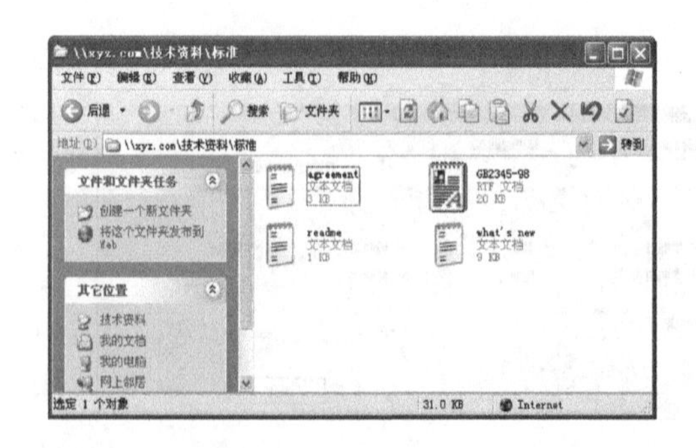

图 9-79 访问 DFS

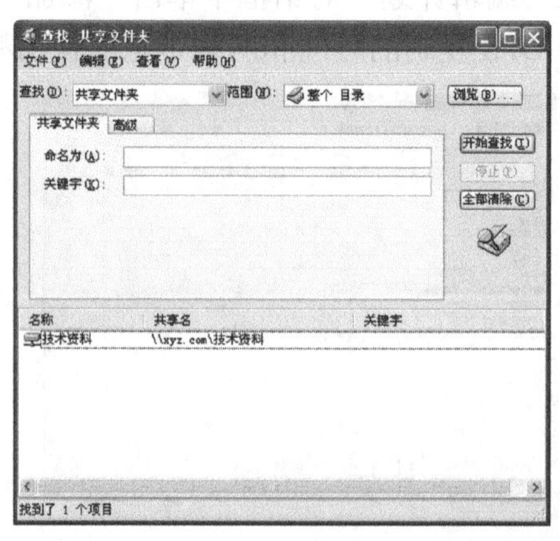

图 9-80 使用活动目录来查找 DFS 文件夹

本 章 小 结

本章主要介绍了共享文件夹的方式及选择；介绍了共享权限以及与 NTFS 权限的组合权限的设置方法；介绍了共享文件夹的管理与访问方法；介绍了文件服务器的安装与管理方法；介绍了分布式文件系统及安装配置方法。

习题与实训

一、填空题

(1) Windows Server 2008 默认的共享权限是 Everyone 组具有______权限。

(2) 在共享文件夹的共享名后加上________符号后，当用户通过“网上邻居”窗口浏览计算机时，共享文件夹会被隐藏。

(3) 分布式文件系统命名空间有两种类型，它们分别是___________命令空间，以及___________的命令空间。

(4) 分布式文件系统主要有___________、___________和___________3 方面特性。

二、选择题

(1) 共享文件夹不具备的权限类型有_________。

A. 读取　　B. 更改　　C. 完全控制　　D. 列文件夹内容

(2) 共享文件夹完全控制权限包括_________。

A. 更改权限，取得所有权　　B. 修改权限

C. 取得所有权　　D. 遍历文件夹

(3) 对网络访问和本地访问都有用的权限是_________。

A. 共享文件夹权限　　B. NTFS 权限

C. 共享文件夹及 NTFS 权限　　D. 无

(4) 下列方式中，不能访问网络中的共享文件夹的方式是通过_________。

A. 网上邻居　　B. UNC 路径

C. Telnet　　D. 映射网络驱动器

(5) 你是公司的网络管理员。财务部经理 Lee 平时处理很多的文件，你给他设置了各个文件的 NTFS 权限。当 Lee 离开公司后，新员工 Bill 来接替他的工作。为了让 Bill 访问这些文件，采用下列_________方法比较容易实现。

A. 将 Lee 以前拥有的所有权限为 Bill 逐项设置

B. 让 Bill 将这些文件复制到 FAT32 的分区上

C. 将 Lee 的用户名更改为 Bill，并重设密码

(6) 你是一台安装有 Windows Server 2008 操作系统的计算机的系统管理员，你正在设置一个 NTFS 文件系统的分区上的文件夹的用户访问权限，如下表所示:

	本地 NTFS 权限	共享权限
Administrators	读	完全控制
Everyone	完全控制	读

当 Administrator 通过网络访问该文件夹时，其权限是________。

A. 读　　B. 完全控制　　C. 列出文件夹目录　　D. 读取和运行

(7) 你是 test king 网络的管理员，网络包括一个简单的活动目录，域名为 Test.net。所有的网络服务器运行的都是 Windows Server 2008。你的网络上包含一个名叫 TestDocs 的共享文件夹，这个文件夹是不能被在浏览名单看见的。但是，用户报告，他们能看到 TestDocs 共享文件夹。要使他们不能浏览该共享文件夹，应该怎样解决这个问题呢？

A. 修改 TestDocs 的共享权限，从用户组中移除读的权限

B. 修改 TestDocs 的 NTFS 权限，从用户组中移除读的权限

C. 更改配额名字为 TestDocs #

D. 更改共享名字为 TestDocs $

三、实训内容

(1) 新建并访问共享文件夹。

(2) 安装文件服务器。

(3) 使用文件服务器管理和监视共享资源。

(4) 创建和使用分布式文件系统(DFS)。

第 10 章　打印服务器的配置

本章学习目标

本章主要介绍打印服务的相关概念，讲解安装与设置打印服务器的方法，共享网络打印机的步骤，打印服务器的管理及 Internet 打印安装与使用方法。

通过对本章的学习，应该实现如下学习目标：

- 理解打印服务的相关概念。
- 掌握安装与设置打印服务器的方法。
- 掌握共享网络打印机的方法。
- 掌握打印服务器的管理方法。
- 掌握安装与使用 Internet 打印的方法。

10.1　打印服务概述

10.1.1　打印系统的相关概念

打印系统是网络管理的重要组成部分，在介绍网络打印的配置和管理之前，我们先了解打印系统的相关概念。这些概念主要包括打印设备、打印机、打印服务器和打印驱动程序，它们的关系如图 10-1 所示。

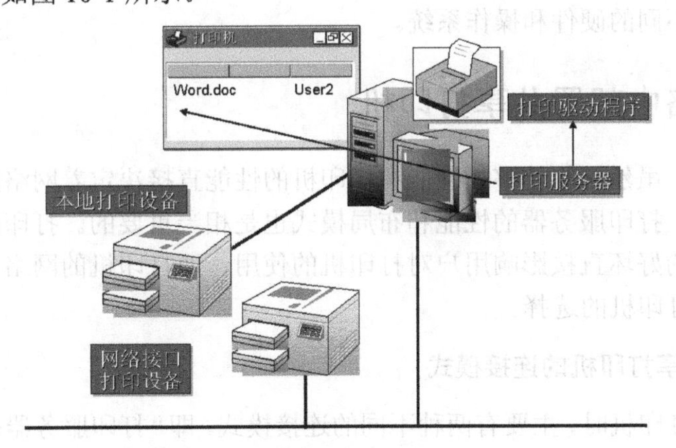

图 10-1　打印系统

1. 打印设备(Printer Device)

打印设备是指我们常说的打印机，它是实际执行打印的物理设备，可以分为本地打印设备和带有网络接口的打印设备。若根据使用的打印技术来分，打印设备可以分为针式打印设备、喷墨打印设备和激光打印设备。

2. 打印机(Printer)

在 Windows 网络中，所谓的“打印机”并不是指物理的打印设备，而只是一种逻辑打印机。打印机是操作系统与打印设备之间的软件接口。打印机定义了文档将从何处到达打印设备(也就是说，是到一个本地端口、一个网络连接端口还是到达一个文件)，何时进行，以及如何处理打印过程的各个方面。在用户与打印机进行连接时，使用的是打印机名称，它指向一个或者多个打印设备。

3. 打印服务器(Printer Server)

打印服务器是对打印设备进行管理并为网络用户提供打印功能的计算机，负责接收客户机传送来的文档，然后将其送往打印设备打印。打印服务器既可以由通用计算机担任，也可以由专门的打印服务器担任。如果网络规模比较小，则可以采用普通计算机担任服务器，操作系统可以采用 Windows 2000/XP/Vista/7 等桌面操作系统。如果网络规模较大，则应当采用专门的服务器，操作系统应当采用 Windows Server 2003/2008 等服务器操作系统，从而便于对打印权限和打印队列进行管理，并适应繁重的打印任务。

与打印服务器相对应的，是打印客户机(Printer Client)，它是向打印服务器提交文档、请求打印功能的计算机。

4. 打印机驱动程序(Printer Driver)

打印机驱动程序由一个或多个文件组成，这些文件包含 Windows Server 2008 将打印命令转换为特殊的打印机语言所需要的信息。在打印服务器接收到要打印的文件后，打印机驱动程序会负责将文件转换为打印设备所能够识别的模式，以便将文件送往打印设备打印。

通常，打印机驱动程序不是跨平台兼容的，因此，必须将各种驱动程序安装在打印服务器上，才能支持不同的硬件和操作系统。

10.1.2 在网络中部署共享打印机

在网络打印中，虽然网络的整体性能和打印机的性能直接决定着网络用户对于共享打印机的使用，但是，打印服务器的性能和布局模式也是相当重要的。打印服务器是打印服务的中心，其性能的好坏直接影响用户对打印机的使用，而打印机的网络布局则直接影响着网络用户对网络打印机的选择。

1. 网络中的共享打印机的连接模式

在网络中共享打印机时，主要有两种不同的连接模式，即“打印服务器+本地打印设备”模式和“打印服务器+网络打印设备”模式。

(1) “打印服务器+本地打印设备”模式。该模式是将一台普通打印机连接在打印服务器上，通过网络共享该打印机，供局域网中的授权用户使用。采用计算机作为打印服务器时的网络拓扑结构如图 10-2 所示。

针式打印机、喷墨打印机和激光打印机都可以充当共享打印机。由于喷墨打印机和激光打印机的打印速度快，且可以批量放置纸张，因此，在使用时更加方便。由于针式打印机无法自动进纸，最好选用连续纸，而且打印速度比较慢，打印精度也较差，因此，除非是复写式打印，否则最好不要使用针式打印机。

(2)　“打印服务器+网络打印设备”模式。该模式是将一台带有网卡的网络打印机接入局域网，并为它设置 IP 地址，使网络打印机成为网络上的一个不依赖于其他计算机的独立节点。在打印服务器上对该网络打印机进行管理，用户就可以使用网络打印机进行打印了。网络打印机模式的拓扑结构如图 10-3 所示。

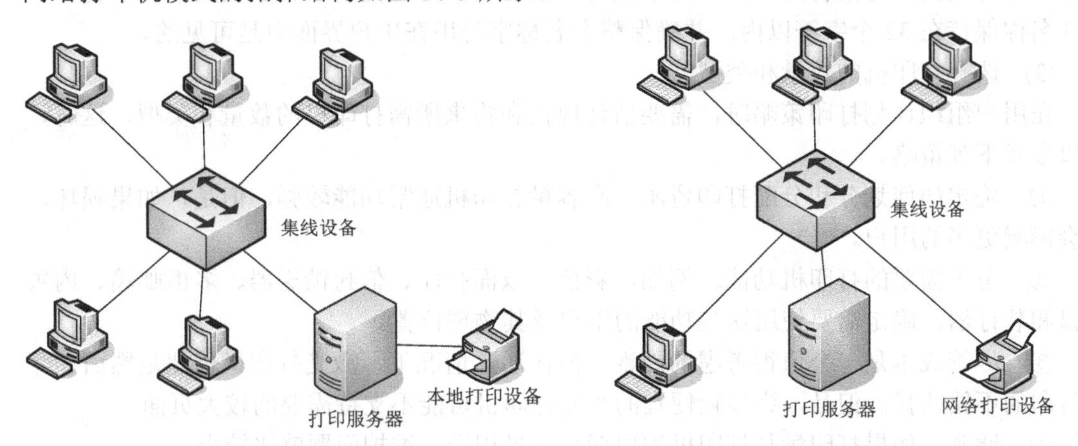

图 10-2　打印服务器+本地打印设备　　　图 10-3　打印服务器+网络打印设备

由于计算机的端口有限，因此使用普通打印机时，打印服务器所能管理的打印机数量也较少。网络打印机采用以太网端口接入网络，一台打印服务器可以管理数量非常多的网络打印机，因此更适合大型网络的打印服务。

2. 设置网络打印机的准则

作为系统管理员，首先应检查打印工作量并估计需要的容量，以满足各种条件下的需求。还需建立可简化打印环境安装、使用和支持的命名约定。其次，还需确定网络所需的打印服务器的数量，以及分配给每台服务器的打印机的台数。最后，必须确定要购买的打印机、作为打印服务器的计算机、放置打印机的位置以及打印机的通信管理。

(1)　选择合适的打印机名称和共享名称。

Windows XP 和 Windows Server 2008 支持使用长打印机名称。这允许用户创建包括空格和特殊字符的打印机名。但是，如果在网络上共享打印机，某些客户端将无法识别或不能正确处理长名称，并且用户可能会遇到打印问题。而且某些程序不能打印到名称超过 32 个字符的打印机。所以要注意以下几点。

①　如果与网络上的许多客户端共享打印机，应使用 32 个或更少的字符作为打印机名称，而且在名称中不能包括空格和特殊字符。

②　如果与 MS-DOS 计算机共享打印机，则不要使用超过 8 个字符的打印机共享名。

③　如果打印机名的长度超过一定的字符数，一些 Windows 3.x 版本的程序将无法打印到打印机。如果试图打印，将产生访问冲突或其他错误信息。如果默认打印机的名称太长，其他程序可能无法打印到任何打印机，即使是具有短名称的打印机。要解决这些问题，则需用短名称更改程序使用的打印机名称，并将更名后的打印机作为默认打印机。

(2) 为打印机位置确定命名约定。

要使用打印机位置跟踪，如在启用打印机位置跟踪中所描述的那样，需要使用下列规则来设置打印机的命名约定。

① 名称可以由除斜杠(/)之外的任意字符组成，名称的等级数限制为256。

② 因为位置名称由最终用户使用，所以位置名称应当简单且容易识别。避免使用只有设备管理人员知道的特殊名称。为了使可读性更好，应避免在名称中使用特殊字符，最好让名称保持在32个字符以内，并确保整个名称字符串在用户界面中是可见的。

(3) 选择打印机的数量和类型。

在用户组织计划打印策略时，需要估计现在和将来所需打印机的数量和类型，这时，可以参考下列策略。

① 确定如何划分和分配打印资源。高容量打印机通常功能较强，但是，如果损坏，则会影响更多的用户。

② 考虑需要的打印机功能。例如，彩色、双面打印、信封馈送器、多柜邮箱、内置磁盘和装订器。确定需要使用这些功能的用户及其物理位置。

③ 尽管成本是一个值得考虑的因素，但在通常情况下，激光打印机仍然是黑白和彩色打印的不错选择。但是，许多较便宜的激光打印机可能不支持需要的较大页面。

④ 通常，如果打印量与打印机的周期负荷量相当，维护问题就比较少。

⑤ 考虑需要的图形类型。Windows TrueType和其他技术使得在多数打印机上打印复杂、精致的图形和字体都成为可能。

⑥ 考虑打印速度的要求。通常，用网卡直接连接到网络的打印机与用并行总线连接的打印机相比，可提供更高的吞吐率。但是，打印吞吐率还取决于网络流量、网卡类型和所用的协议，而不仅仅取决于打印机的类型。

⑦ 要确认打印机适用于该操作系统，需要参阅支持资源中的兼容性信息。

(4) 确定放置打印机的位置。

需要将打印机放置在将要使用它们的用户附近。但是，还需确定打印机相对于网络中的打印服务器和用户计算机的位置。另一个目标是要使对网络环境中的打印影响减到最低。

检查网络的基础结构，尽量防止打印作业跳过多个互联网络设备。如果有一组需要较高打印量的用户，可以让他们只使用其所在网络段中的打印机，来将其隔离，使其对别的用户的影响减到最低。

(5) 调整和选择打印服务器。

在调整和选择打印服务器时，需要考虑下列问题。

① 打印服务器可以是运行Windows Server 2003/2008或Windows XP/Vista/7 Professional产品的任何计算机。

② 运行桌面操作系统的打印服务器限制为最多只能有10个来自其他计算机的并发连接，而且不支持来自Macintosh和NetWare客户端的打印。

③ 对用于文件和打印服务的Windows Server 2008服务器而言，其最低配置足以满足管理少数几台打印机，而且针对打印数据量不是很大的打印服务器的需求。要管理大量打印机或许多大的文档，就需要有更多的内存、磁盘空间以及功能更强大的计算机。

④ 在同时提交了许多较大的打印文档的情况下，打印服务器必须有足够的磁盘空间，

以便在后台打印所有文档。如果需要保存所打印文档的副本，则必须提供额外的磁盘空间。

⑤ 如果将 Windows Server 2008 服务器同时用于文件与打印共享，则文件操作拥有较高的优先级，因此，打印机将不会降低对文件访问的速度。如果将打印机直接连接到服务器上，则串行端口和并行端口通常是主要的瓶颈。

⑥ 通过串行或并行端口直接连接到打印服务器上的打印机，要求更多的 CPU 时间。最好使用通过网卡直接连接到网络的打印机。

⑦ 要使打印服务器的吞吐量最大并管理多个打印机，或打印许多大文档，则应当提供一个专门用于打印的 Windows Server 2008 服务器。

⑧ 要增大服务器的吞吐量，可更改后台打印文件夹的位置。要达到最佳效果，可将后台打印文件夹移动到在其上没有任何共享文件(包括操作系统的页面文件)的专用磁盘驱动器上。

10.2　安装与设置打印服务器

10.2.1　安装和共享本地打印设备

如果采用“打印服务器+本地打印设备”模式连接共享打印机，首先要在打印服务器上安装和共享本地打印设备，操作步骤如下。

(1) 在“控制面板”窗口中双击“打印机”图标，在打开的“打印机”窗口中单击“添加打印机”按钮，启动打印机安装向导。

(2) 在“选择本地或网络打印机”向导页中，选择是安装本地打印设备，还是网络上的打印设备。选择“添加本地打印机”选项，如图 10-4 所示。

(3) 在“选择打印机端口”向导页中，选择打印设备所在的端口，如果端口不在列表中，则用户可以选中“创建新端口”单选按钮，并创建新端口。操作完成后，单击“下一步”按钮，如图 10-5 所示。

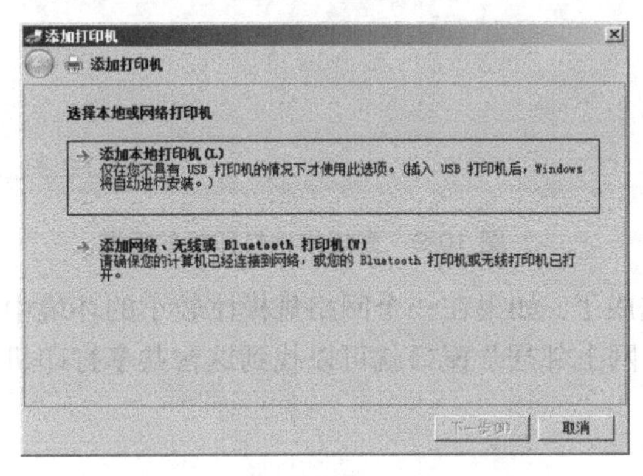

图 10-4　选择本地或网络打印机

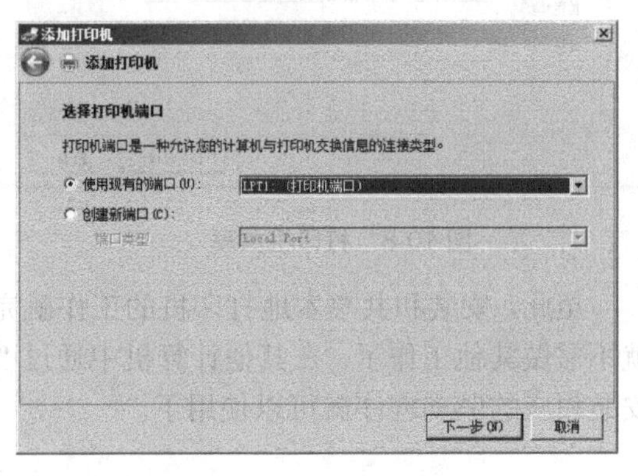

图 10-5　选择打印机端口

(4) 在“安装打印机驱动程序”向导页中，选择打印设备生产厂家和型号。若列表中没有所使用的打印机型号，可单击“从磁盘安装”按钮，手动安装打印机驱动程序。操作完成后单击“下一步”按钮，如图 10-6 所示。

(5) 在“键入打印机名称”向导页中输入打印机名，以便标识和管理。用户还可以根据自己的需要，选择是否将这台打印机设置为默认打印机。操作完成后，单击“下一步”按钮，如图 10-7 所示。

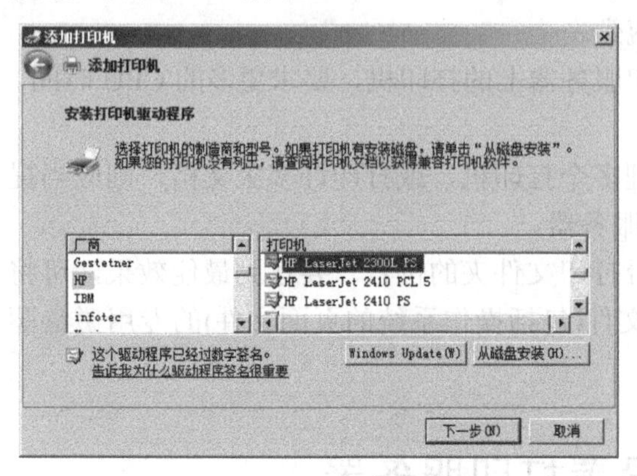

图 10-6　安装打印机驱动程序

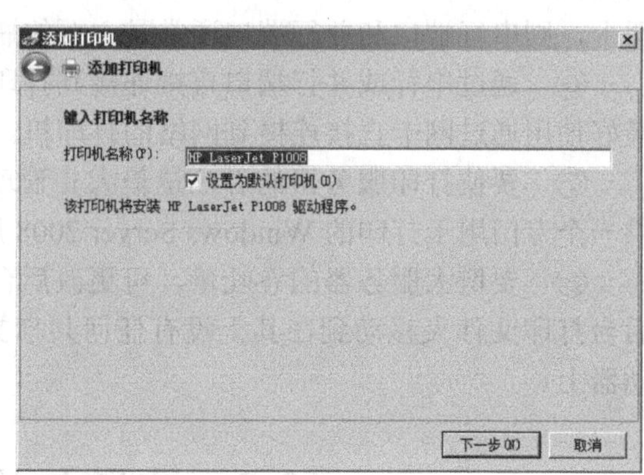

图 10-7　键入打印机名称

(6) 出现“打印机共享”向导页后，在“共享名称”文本框中输入网络中的用户可以看到的共享名，在“位置”和“注释”文本框中分别输入描述打印机位置及功能的文字。单击“下一步”按钮，如图 10-8 所示。

(7) 系统提示已成功安装打印机，单击“打印测试页”按钮，可以打印测试页，来确认打印机设置是否成功。确认设置无误后，单击“完成”按钮，如图 10-9 所示。

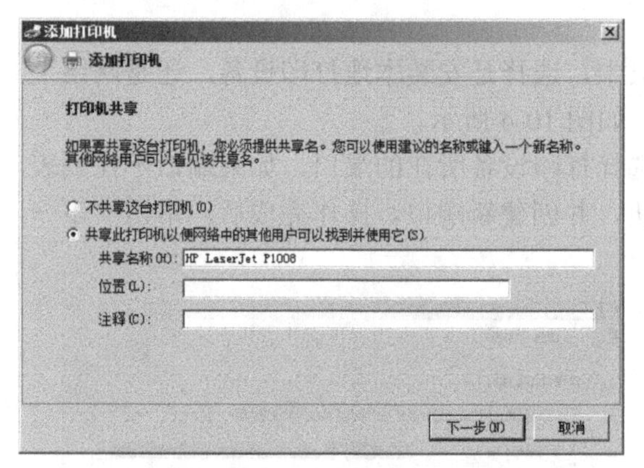

图 10-8　打印机共享

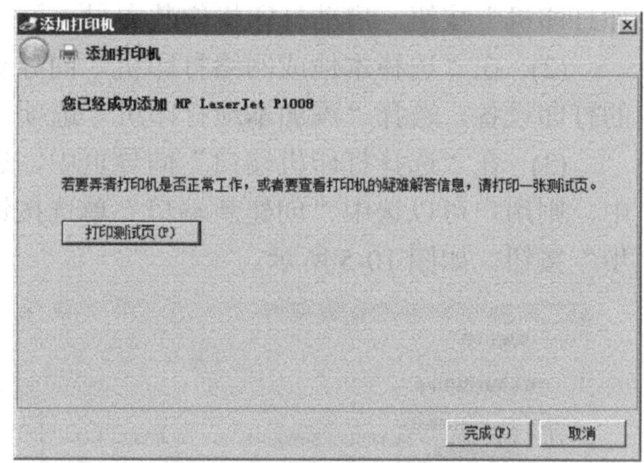

图 10-9　完成本地打印机的安装

至此，安装和共享本地打印机的工作就完成了。如果在一个网络规模比较小的环境中，就不需做其他工作了。在其他计算机中通过“网上邻居”窗口就可以找到这台共享打印机，安装相应的驱动程序就可以使用了。

10.2.2　安装打印服务器角色

如果所在的网络规模较大，打印任务繁重，需要对打印权限和打印队列进行管理时，就需要有专门的服务器来管理打印作业了，这时，需要安装打印服务器角色。

在 Windows Server 2008 中，打印服务器角色的安装主要是通过添加服务器角色的方式来完成的。在安装过程中，用户可以完成服务器的一些基本设置，并选择安装所需的组件，不必要的组件可以不进行安装，这在很大程度上减小了服务器的安全隐患。打印服务器的安装步骤如下。

(1) 选择“开始”→“管理工具”→“服务器管理器”命令，弹出“服务器管理器”窗口后，选择左侧的“角色”节点，在右窗格的“角色摘要”选择区域中单击“添加角色”超链接，启动添加角色向导。

(2) “开始之前”向导页中提示了此向导可以完成的工作，以及操作之前应注意的相关事项，单击“下一步”按钮继续。

(3) “选择服务器角色”向导页中显示了所有可以安装的服务器角色。如果角色前面的复选框没有被选中，表示该网络服务尚未安装，如果已选中，说明该服务已经安装。这里选中“打印服务”复选框，单击“下一步”按钮继续，如图 10-10 所示。

(4) “打印服务”向导页中对打印服务的功能进行了简要介绍，单击“下一步”按钮继续。

(5) 出现“选择角色服务”向导页后，在“角色服务”列表框中选中“打印服务器”复选框，只安装打印服务器角色服务，其他角色服务暂不安装。单击“下一步”按钮继续，如图 10-11 所示。

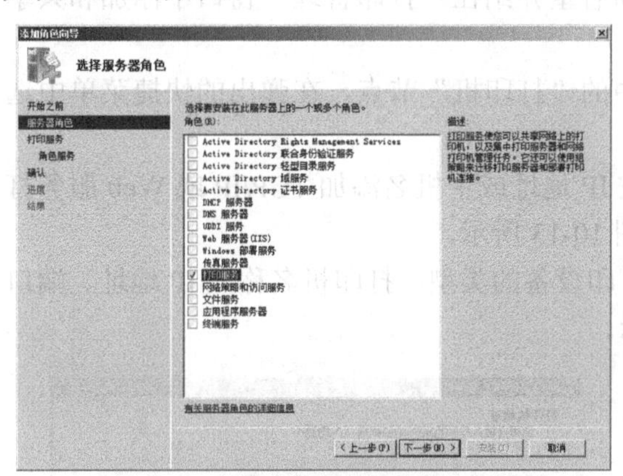

图 10-10　选择服务器角色

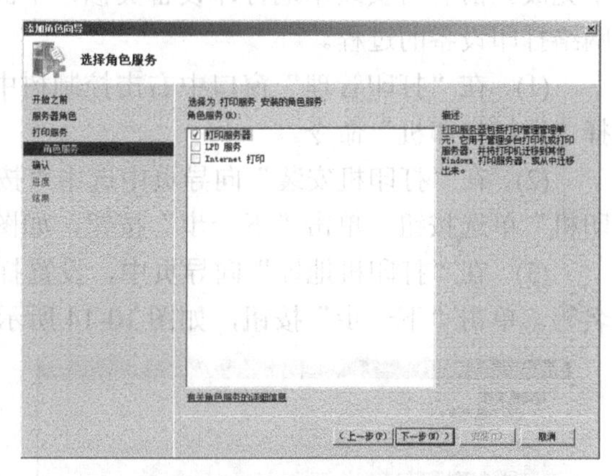

图 10-11　选择角色服务

(6) 在“确认安装选择”向导页中，要求确认所要安装的角色服务。如果选择错误，可以单击“上一步”按钮返回。这里单击“安装”按钮，开始安装打印服务器角色。

(7) “安装进度”向导页中显示了安装打印服务器角色的进度。

(8) “安装结果”向导页中显示了打印服务器角色已经安装完成。若系统未启用 Windows 自动更新，还会提醒用户设置 Windows 自动更新，以便能及时地给系统打上补丁。单击“完成”按钮关闭添加角色向导，便完成了打印服务的安装。

(9) 完成打印服务器角色的安装后，在“管理工具”菜单中就多了一项“打印管理”。选择“打印管理”命令，便可打开“打印管理”窗口，选中控制树中的“打印机”节点，就可以看到已创建好的打印机了，如图 10-12 所示。

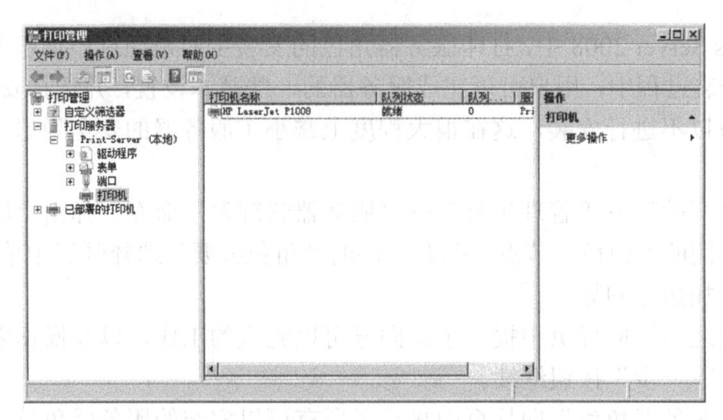

图 10-12 “打印管理”窗口

10.2.3 向打印服务器添加网络打印设备

如果采用“打印服务器+网络打印设备”模式连接共享打印机，还需要向打印服务器中添加网络打印设备，并将其设置为共享。

网络打印设备的添加，可以使用打印机安装向导来完成，也可以在“打印管理”窗口中完成。前者与安装本地打印设备类似，下面着重介绍在“打印管理”窗口中添加和共享网络打印设备的过程。

(1) 在“打印管理”窗口中右击控制树中的“打印机”节点，在弹出的快捷菜单中选择“添加打印机”命令。

(2) 在“打印机安装”向导页中选中“按 IP 地址或主机名添加 TCP/IP 或 Web 服务打印机”单选按钮。单击“下一步”按钮，如图 10-13 所示。

(3) 在“打印机地址”向导页中，设置打印设备的类型、打印机名称或 IP 地址、端口名等。单击“下一步”按钮，如图 10-14 所示。

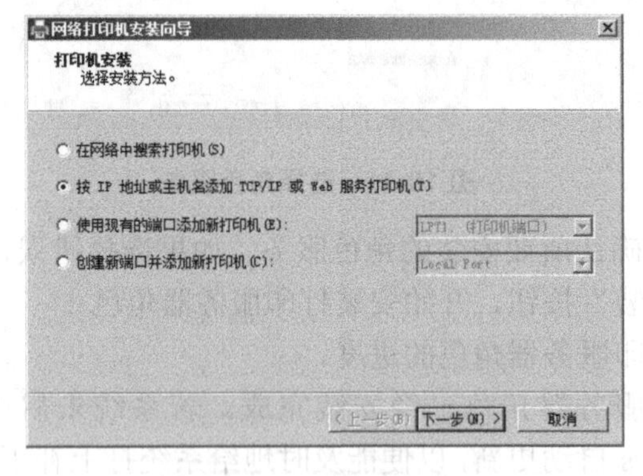

图 10-13 选择安装方法

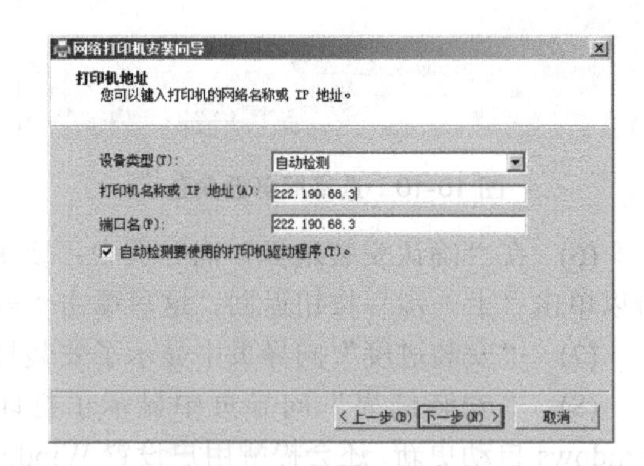

图 10-14 输入打印机地址

(4) 在“需要额外端口信息”向导页中，选择打印设备的接口类型，单击“下一步”按钮，如图 10-15 所示。

(5) 出现“打印机名称和共享设置”向导页后，设置打印机名称、共享名称、位置及注释等信息。单击“下一步”按钮，如图 10-16 所示。

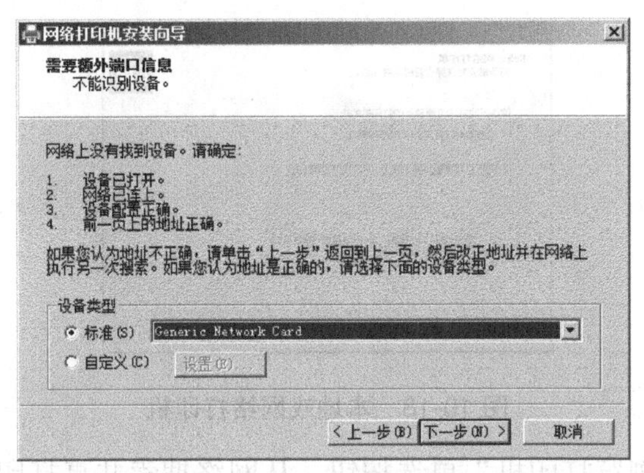

图 10-15　“需要额外端口信息”向导页

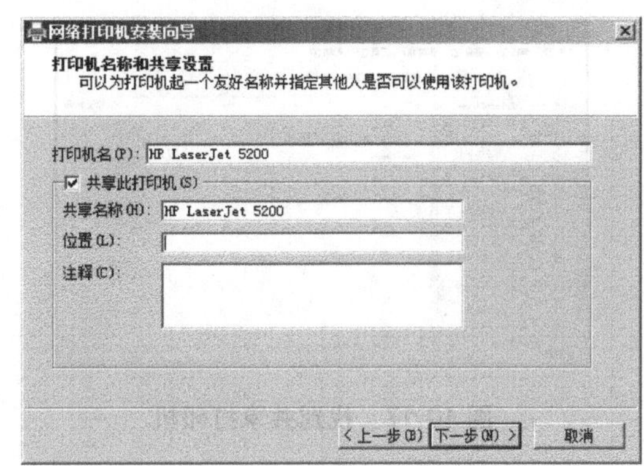

图 10-16　打印机名称和共享设置

(6) “找到打印机”向导页中显示了网络打印设备的相关信息。

(7) “正在完成网络打印机安装向导”向导页中显示网络打印机安装成功，单击“完成”按钮即可。

10.3　共享网络打印机

打印服务器设置成功后，网络用户就可以使用网络打印服务了。在使用之前，先要安装共享打印机。共享打印机的安装与本地打印机的安装过程类似，都可以借助于添加打印机向导来完成。当在打印服务器上为所有操作系统安装打印机驱动程序后，在客户端安装共享打印时，就不需要再提供打印机驱动程序了。

10.3.1　在工作组环境中安装和使用网络打印机

在工作组环境中安装和使用网络打印机，与在工作组环境中使用共享文件夹的方法类似。可以使用查看工作组计算机、搜索计算机、运行窗口和资源管理器等方式打开打印服务器，然后双击该服务器中的共享打印并确认，这样即可安装好网络打印机，如图 10-17 所示。

用户也可以像安装本地打印机一样使用添加打印机向导来连接打印服务器与共享打印机。如果客户机是 Window Vista、Window 7 和 Window Server 2008 操作系统，则安装方法与 10.2.1 小节中介绍的安装和共享本地打印设备的方法类似，需要在图 10-4 中选择“添加网络、无线或 Bluetooth 打印机”选项，并按照向导一步一步操作即可。下面以 Windows XP 为例，说明使用添加打印机向导来连接打印服务器与共享打印机的操作步骤。

(1) 在“控制面板”窗口中双击“打印机和传真”图标，打开“打印机和传真”窗口后，单击窗口左侧的“添加打印机”超链接，打开添加打印机向导，然后单击“下一步”按钮。

(2) 在“本地或网络打印机”向导页中选择网络打印机，然后单击“下一步”按钮，如图 10-18 所示。

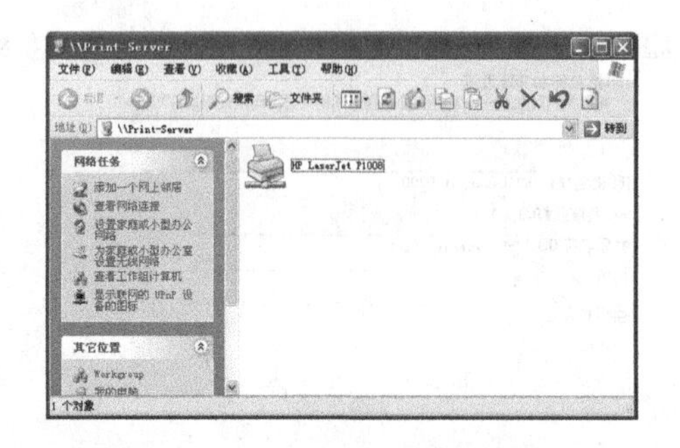

图 10-17　找到共享打印机

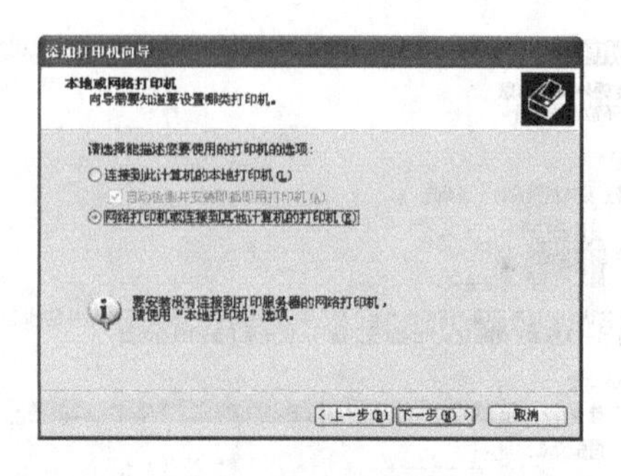

图 10-18　本地或网络打印机

(3) 在“指定打印机”向导页中选中“浏览打印机”单选按钮，从网络搜索共享打印机；或者选中“连接到这台打印机(或者浏览打印机，选择这个选项并单击“下一步”)”单选按钮，直接输入共享打印机名称，格式是“\\服务器\打印机共享名”。设置完毕后，单击“下一步”按钮，如图 10-19 所示。

(4) 如果客户机已安装了其他打印，将打开“默认打印机”向导页，询问是否将该网络打印机设置为默认打印机。确认后，单击“下一步”按钮，如图 10-20 所示。

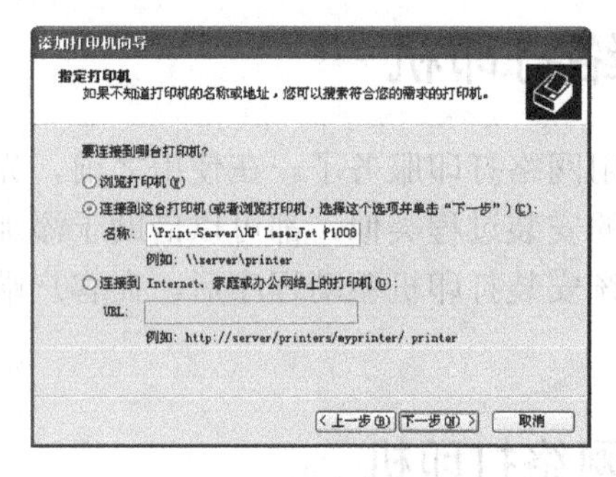

图 10-19　指定打印机

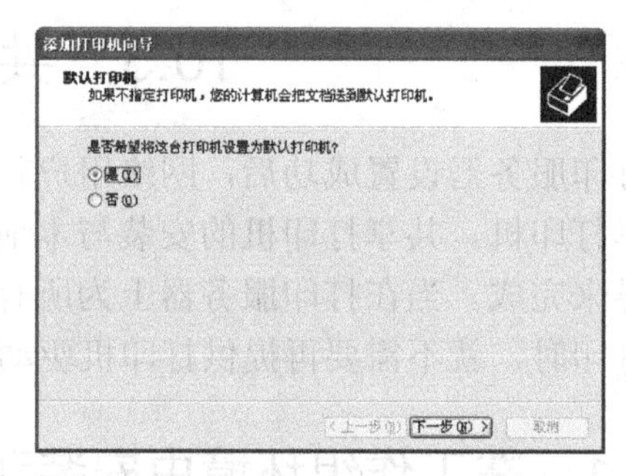

图 10-20　设置为默认打印机

(5) 在“正在完成添加打印机向导”向导页中确认设置无误后，单击“完成”按钮即可。此时，打印机图标将被添加到“打印机和传真”窗口中，如图 10-21 所示。

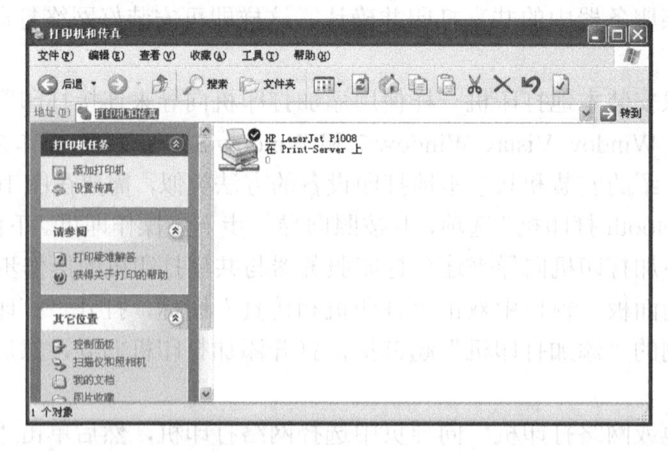

图 10-21　完成了打印机的添加

10.3.2　在活动目录环境中发布和使用网络打印机

为了方便域用户查找打印机，管理员可以将打印服务器上的打印机发布到活动目录中，这样，域用户就可以使用搜索功能找到活动目录中的共享打印机了。

1. 在活动目录中发布打印机

(1)　将打印服务器加入域中，加入方法参见 5.3 节的介绍。

(2)　在打印服务器上打开“打印管理”窗口，选中控制树中的“打印机”节点，右击需要发布到活动目录中的打印机，在弹出的快捷菜单中选择“在目录中列出”命令，如图 10-22 所示。

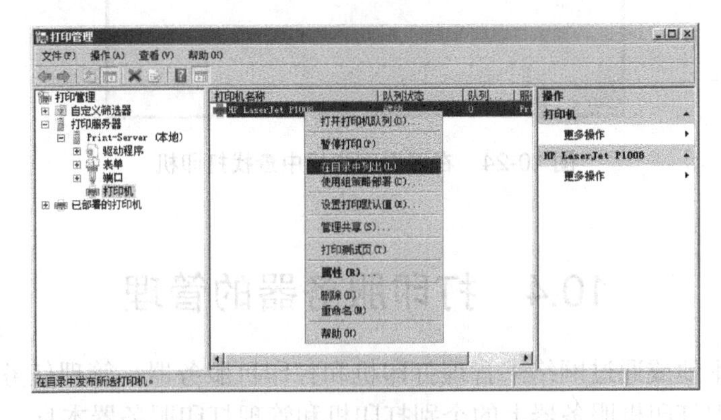

图 10-22　在活动目录中发布打印机

(3)　在域控制器服务器中，打开“Active Directory 用户和计算机”窗口，展开打印服务器所在的容器，再展开打印服务器，就可以看到在活动目录中发布的共享打印机了，如图 10-23 所示。

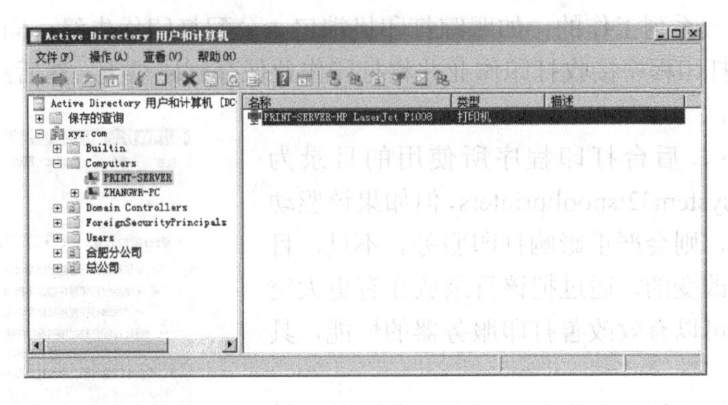

图 10-23　“Active Directory 用户和计算机”窗口

(4)　如果需要，可以将共享打印机对象移动到其他容器中。

2. 在域内客户机中查找打印机

将共享打印机发布到活动目录中后，在域内客户机中，就很容易搜索到共享打印机。以 Windows XP 为例，选择“开始”→“搜索”→“打印机”命令，在打开的“查找 打印

机”对话框中，单击“开始查找”按钮，即可看到共享打印机，如图 10-24 所示。

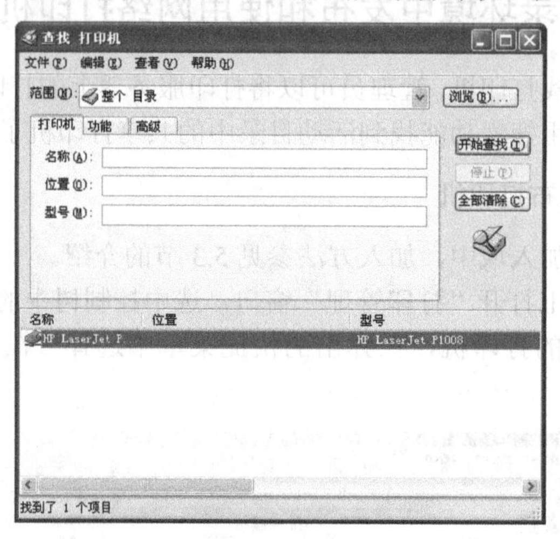

图 10-24 在域内客户机中查找打印机

10.4 打印服务器的管理

用户可以在本地或通过网络来管理打印机和打印机服务器。管理任务包括管理打印队列中的文档、管理打印机服务器上的个别打印机和管理打印服务器本身。

10.4.1 设置后台打印

后台打印(Print Spooler)程序是一种软件，有时也称为假脱机服务，是用于在文档被送往打印机时完成一系列工作的，如跟踪打印机端口、分配打印优先级、向打印设备发送打印作业等。后台打印程序接收打印作业并将打印作业保存到磁盘上，然后经过打印处理后，再发往打印设备。

默认情况下，后台打印程序所使用的目录为%SystemRoot%\system32\spool\printers，但如果该驱动器磁盘空间不足，则会严重影响打印服务。不过，目录的位置是可以改变的，通过把该目录放在有更大空间的驱动器上，可以有效改善打印服务器的性能，具体操作步骤如下。

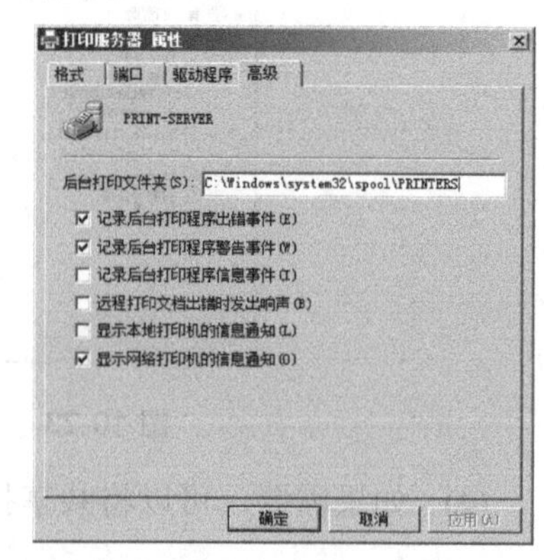

图 10-25 “打印服务器 属性”对话框

(1) 打开“打印管理”窗口，右击打印服务器的计算机名，在弹出的快捷菜单中选择“属性”命令。

(2) 在打开的“打印机服务器 属性”对话框中切换到“高级”选项卡，在相应的文本框中输入一个新位置，然后单击“确定”按钮，如图 10-25 所示。

10.4.2　管理打印机驱动程序

不同的打印机在不同的硬件平台和不同的操作系统中所使用的驱动程序各不相同，因此，为了能够满足网络中不同客户端的要求，应将所有共享打印机的不同硬件平台、不同操作系统的驱动全部安装到服务器上供用户使用。安装后，Windows Server 2008 能够识别传入的打印请求的硬件平台和操作系统版本，并自动将相应的驱动程序发送到客户端。

(1)　打开“打印管理”窗口(见图 10-12)，在控制树中选中“驱动程序”节点，可以看到当前打印服务器上所安装的驱动程序。

(2)　若要安装新的驱动程序，可右击“驱动程序”节点，在弹出的快捷菜单中选择“添加驱动程序”命令，弹出“添加打印机驱动程序向导”对话框，然后单击“下一步”按钮。

(3)　在“处理器和操作系统选择”向导页中，选中相应的复选框，然后单击“下一步”按钮，如图 10-26 所示。

(4)　在“打印机驱动程序选项”向导页中，选择厂商和打印机的型号。若列表中没有需要的厂商和打印机的型号，可单击“从磁盘安装”按钮。操作完成后，单击“下一步”按钮，如图 10-27 所示。

(5)　在“正在完成添加打印机驱动程序向导”向导页中，单击“完成”按钮，即可完成打印机驱动程序的安装。

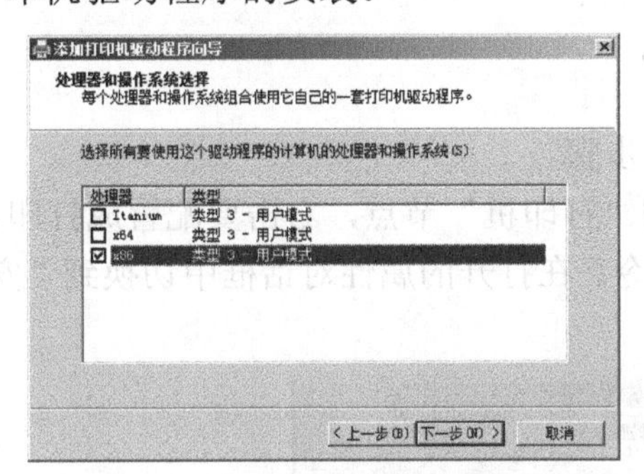

图 10-26　处理器和操作系统选择

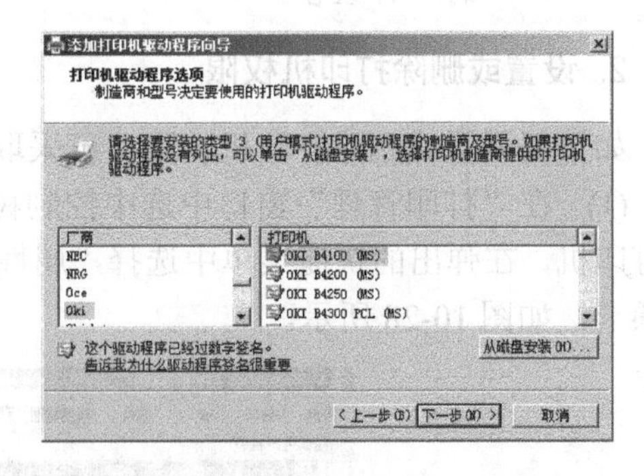

图 10-27　打印机驱动程序选项

10.4.3　管理打印机权限

出于安全方面的考虑，Windows Server 2008 允许管理员指定权限来控制打印机的使用和管理。通过使用打印机权限，可以控制由谁来使用打印机，还可以使用打印机权限将特殊打印机的负责权委派给不是管理员的用户。

1. 打印机权限的类别

Windows 提供了三种等级的打印安全权限，即打印、管理打印机和管理文档。每种权限都有“允许”和“拒绝”两个选项。当应用了“拒绝”选项时，它将优先于其他任何权限。当给一组用户指派了多个权限时，将应用限制性最少的权限。

(1)　打印权限。允许或拒绝用户连接到打印机，并将文档发送到打印机。默认情况下，

“打印”权限将指派给 Everyone 组中的所有成员。

(2) 管理打印机权限。允许或拒绝用户执行与“打印”权限相关联的任务，并且具有对打印机的完全管理控制权。当一个用户具有管理打印机权限时，可以暂停和重新启动打印机、更改打印后台处理程序的设置、共享打印机以及调整打印机权限，还可以更改打印机属性。默认情况下，“管理打印机”权限将指派给 Administrators 组和 Power Users 组的成员。Administrators 组和 Power Users 组的成员拥有完全访问权限，这些用户拥有打印、管理文档以及管理打印机的权限。

(3) 管理文档权限。允许或拒绝用户暂停、继续、重新开始和取消由其他所有用户提交的文档，还可以重新安排这些文档的顺序。但是，用户无法将文档发送到打印机或控制打印机状态。默认情况下，“管理文档”权限指派给 Creator Owner 组的成员。当用户被指派“管理文档”权限时，用户将无法访问当前等待打印的现有文档。此权限只应用于在该权限被指派给用户之后发送到打印机的文档。

注意： 默认情况下，Windows Server 2008 将打印机权限指派给 6 组用户。这些组包括 Administrators(管理员)、Creator Owner(创建者所有者)、Everyone(每个人)、Power Users(特权用户)、Print Operators(打印操作员)和 Server Operators(服务器操作员)，每组都会被指派“打印”、“管理文档”和“管理打印机”权限的一种组合。

2. 设置或删除打印机权限

如果要设置或删除打印机权限，可采取以下步骤。

(1) 在“打印管理”窗口中选中控制树中的“打印机”节点，右击要配置成打印机池的打印机，在弹出的快捷菜单中选择“属性”命令。在打开的属性对话框中切换到“安全”选项卡，如图 10-28 所示。

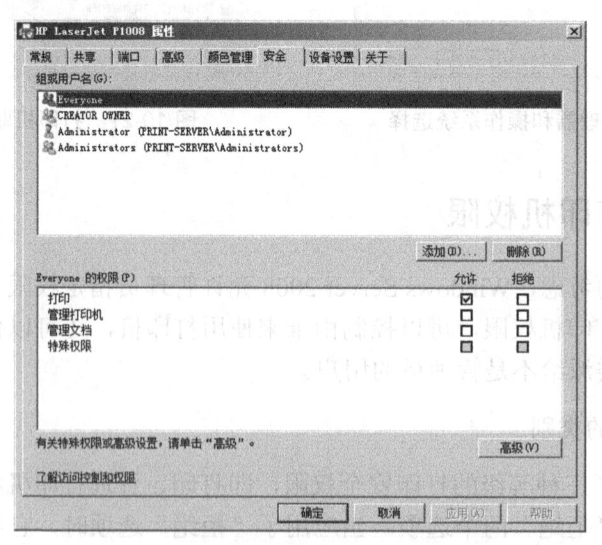

图 10-28　“安全”选项卡

(2) 执行以下任意一种操作。

① 要更改或删除已有用户(或组)的权限，则单击组或用户的名称。

② 要设置新用户或组的权限，则单击“添加”按钮。在“选择用户”对话框中输入要为其设置权限的用户或组的名称，然后单击“确定”按钮关闭对话框。

(3) 若要查看或更改构成打印操作、管理打印机和管理文档的基本权限，则单击“高级”按钮。

(4) 设置完毕后，单击“确定”按钮保存设置。

3. 打印机的所有权

在默认情况下，打印机的拥有者是安装打印机的用户。如果这个用户不再管理这台打印机，就应将其所有权交给其他用户。以下用户或组能够成为打印机的所有者：一是由管理员定义的具有管理打印机权限的用户或组成员；二是系统提供的 Administrators(管理员)、Power Users(特权用户)、Print Operators(打印操作员)和 Server Operators(服务器操作员)组成员。

如果要修改打印机的所有者，首先要使该用户或组具有管理打印机的权限，或者加入上述的内置组，然后执行如下步骤。

(1) 在“打印管理”窗口中选中控制树中的“打印机”节点，右击要配置成打印机池的打印机，在弹出的快捷菜单中选择“属性”命令。在打开的属性对话框中切换到“安全”选项卡，然后单击“高级”按钮。

(2) 在打印机的高级安全设置对话框中的列表框中选择一个用户或组。如果列表框中没有需要的用户或组，可单击“其他用户或组”按钮进行选择，如图 10-29 所示。

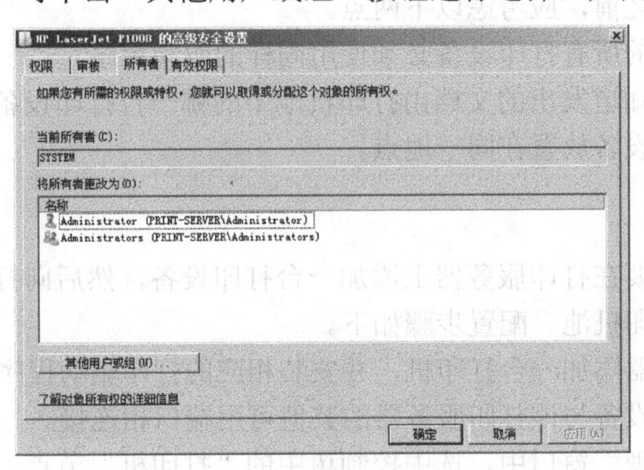

图 10-29　设置打印机的所有权

(3) 设置完毕后，单击“确定”按钮保存设置。

10.4.4　配置打印机池

若单位中有多台打印设备可以完成打印任务，则可以将这些打印设备配置成打印机池。这样，当用户将打印作业发送到打印机上后，打印机会在打印机池中自动地为文档选择一台空闲的打印设备打印，用户无须干预。

1. 打印池的工作原理

打印池(Printer Pool)是一台逻辑打印机，通过打印服务器上的多个端口与多个打印设备相连。这些打印设备可以是本地的，也可以是网络打印设备。图 10-30 所示为连接到 3 个打印设备的打印机池。

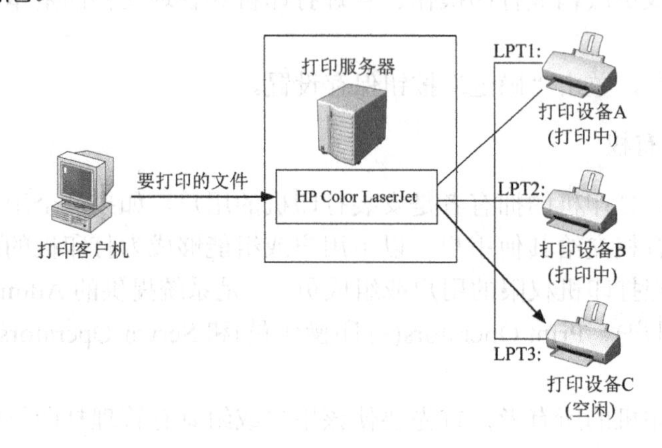

图 10-30 打印机池

创建了打印机池之后，用户在打印文档时，不再需要查找哪一台打印设备目前可用，哪一台处于空闲状态的打印设备可以接收发送到逻辑打印机的下一份文档。这对于打印量很大的网络非常有帮助，可以减少用户等待文档的时间。同时，打印机池也简化了管理，可以通过打印服务器上的同一台逻辑打印机来管理多台打印设备。

在设置打印机池之前，应考虑以下两点。

(1) 打印机池中的所有打印设备必须使用同样的驱动程序。

(2) 由于用户不知道发出的文档由打印机池中的哪一台打印设备打印，因此，应将打印机池中的所有打印设备放置在同一地点。

2. 配置打印机池

配置打印机池需要在打印服务器上添加一台打印设备，然后向打印服务器添加其他的打印设备，并组成打印机池。配置步骤如下。

(1) 为打印服务器添加一台打印机，并安装相应的打印驱动程序。

(2) 将其他打印设备与该打印服务器的其他可用端口相连接。

(3) 在“打印管理”窗口中，选中控制树中的“打印机”节点，右击要配置成打印机池的打印机，在弹出的快捷菜单中选择“属性”命令。在打开的属性对话框中，切换到“端口”选项卡。

(4) 在“端口”选项卡中，选中“启用打印机池”复选框，再在列表框中选择打印服务器中连接各台打印设备的端口，单击“确定”按钮即可，如图 10-31 所示。

注意： 添加打印设备时，首先添加连接到快速打印设备的端口，这样可以保证发送到打印机的文档在被分配给打印机池中的慢速打印机前以最快的速度打印。

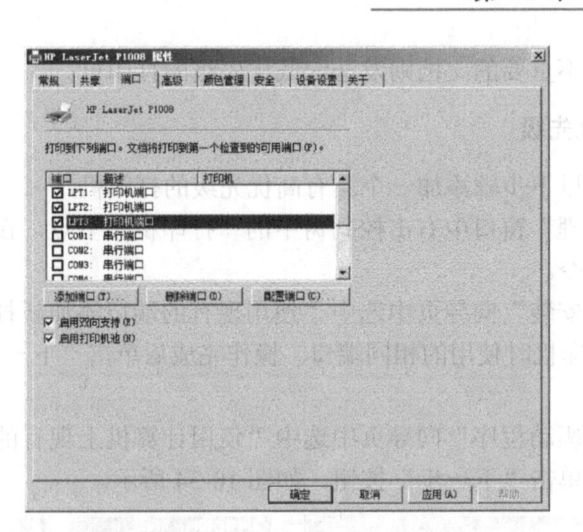

图 10-31　“端口”选项卡

10.4.5　设置打印机的优先级

在公司打印设备不多的情况下，高层主管跟基层员工经常需要使用同样的打印设备。而大部分情况下，高层主管都希望自己的打印优先。怎样才能按实际的需求来编排打印优先级呢？

1. 打印机优先级的实现原理

要在打印机之间设置优先级，需要将两个或者多个打印机指向同一个打印设备，即同一个端口。这个端口可以是打印服务器上的物理端口，也可以是指向网络打印设备的端口。为每一个与打印设备连接的打印机设置不同的优先级(1~99，数字越大，优先级越高)，然后将不同的用户分配给不同的打印机，或者让用户将不同的文档发送给不同的打印机，如图 10-32 所示。

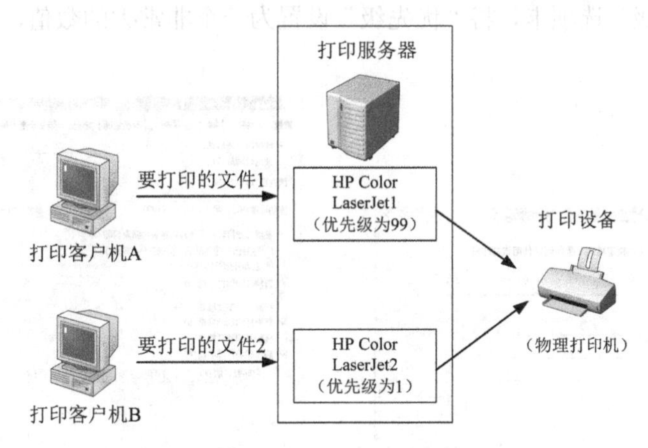

图 10-32　打印优先级

如果设置了打印机之间的优先级，则在将几组文档都发送到同一个打印设备时，可以区分它们的优先次序。指向同一个打印设备的多个打印机允许用户将重要的文档发送给高

优先权的打印机，而不重要的文档则发送给低优先级的打印机。

2. 配置打印机优先级

管理员可以通过以下步骤添加一个具有高优先级的打印机。

(1) 在“打印管理”窗口中右击控制树中的“打印机”节点，在弹出的快捷菜单中选择“添加打印机”命令。

(2) 在“打印机安装”向导页中选中“使用现有的端口添加新打印机”单选按钮，并选择与上一次添加打印机时使用的相同端口。操作完成后单击“下一步”按钮，如图 10-33 所示。

(3) 在“打印机驱动程序”向导页中选中“使用计算机上现有的打印机驱动程序”单选按钮。操作完成后单击“下一步”按钮，如图 10-34 所示。

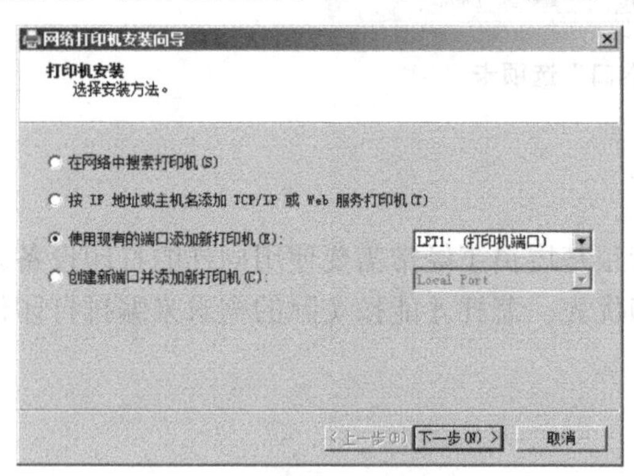

图 10-33 选择打印机安装方法

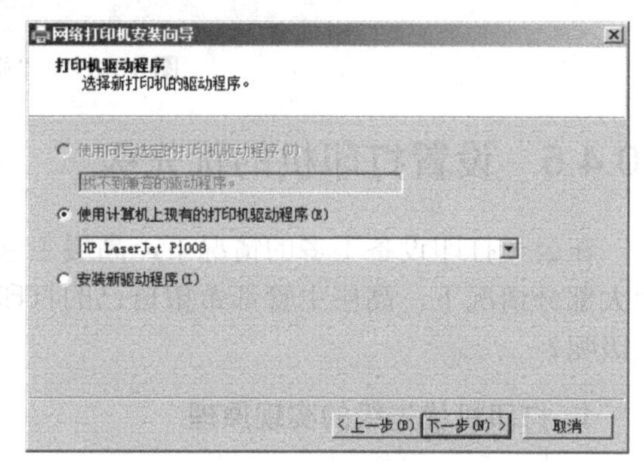

图 10-34 选择打印机驱动程序

(4) 在“打印机名称和共享设置”向导页中指定打印机名称、共享名称及注释，然后单击“下一步”按钮，如图 10-35 所示。继续单击“下一步”按钮，直至安装完成。

(5) 右击刚才添加的打印机，在弹出的快捷菜单中选择“属性”命令。打开属性对话框后，切换到“高级”选项卡，将“优先级”设置为一个非常大的数值，如 99，如图 10-36 所示。

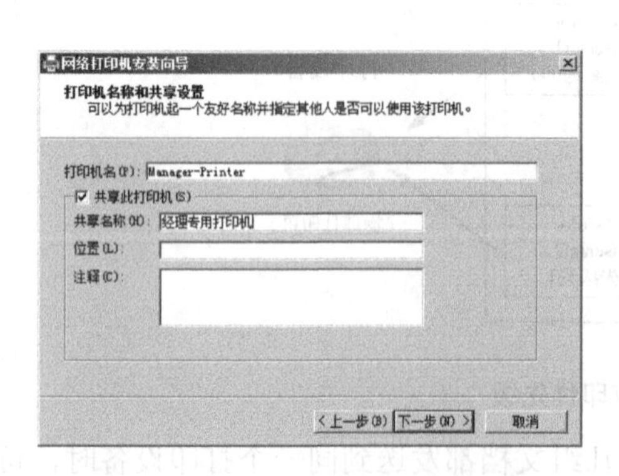

图 10-35 打印机名称和共享设置

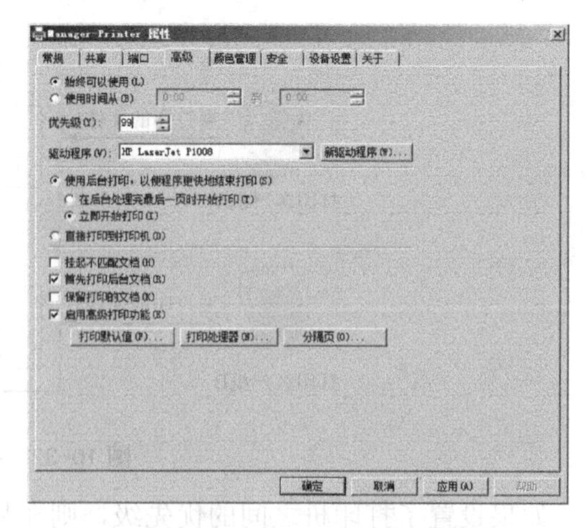

图 10-36 设置优先级

(6) 切换到“安全”选项卡，删除 Everyone 的打印权限，添加需要使用高优先级的用户或用户组，并赋予其打印权限，如图 10-37 所示。

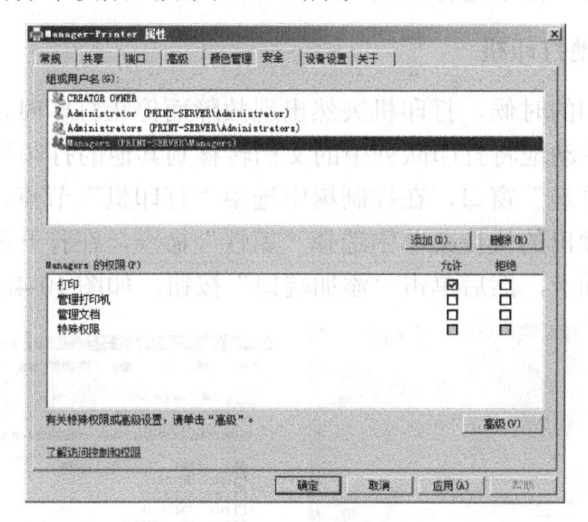

图 10-37　设置权限

10.4.6　管理打印文档

打印队列是存放等待打印的文件的地方。当应用程序选择了“打印”命令后，Windows 就会创建一个打印工作且开始处理。若打印机这时正在打印另一项打印作业，则在后台打印文件夹中形成一个打印队列，保存所有等待打印的文件。

1. 管理打印作业

在管理打印作业时，用户可以进行如下操作：查看打印队列中的文档、暂停和继续打印一个文档、暂停和重新启动打印机打印作业、清除打印文档、调整打印文档的顺序。

管理打印作业的方法与我们使用本地打印机的方法基本相同，下面简要地介绍一下管理方法。

(1) 打开“打印管理”窗口，在控制树中选中“打印机”节点，在中间窗格中右击相关的打印机，在弹出的快捷菜单中选择“打开打印机队列”命令，打开打印作业管理器窗口。该窗口中列出了打印队列中的所有文档以及它们的状态，如图 10-38 所示。

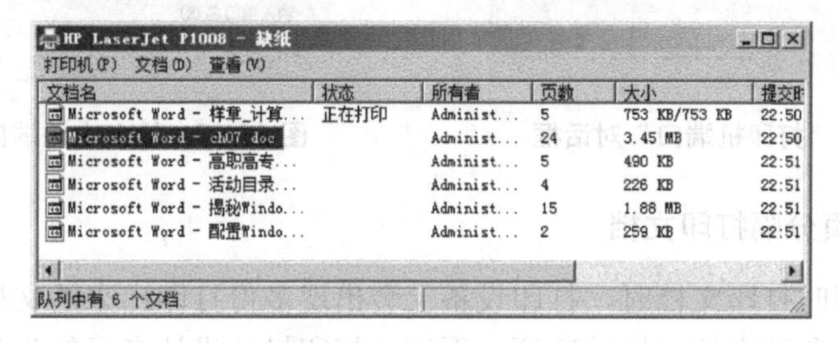

图 10-38　打印作业

(2) 若暂停或继续打印文档、重新开始打印文档、删除文档，可右击相应的文档，在弹出的快捷菜单中选择相应的命令即可。

(3) 若要查看并更改文档的各种设置(如文档优先级和文档打印时间)，可双击该文档，在打开的文档的属性对话框中进行修改，如图 10-39 所示。

2. 转移文档到其他打印机

当一份文档在打印的时候，打印机突然出现故障而停止打印时，如果没有设置打印机池，这时需要管理员手动地将打印队列中的文档转移到其他的打印机上，操作步骤如下。

(1) 打开“打印管理”窗口，在控制树中选中“打印机”节点，在中间窗格中右击出现故障的打印机，在弹出的快捷菜单中选择“属性”命令，在打开的打印机的属性对话框中切换到“端口”选项卡，然后单击“添加端口”按钮，如图 10-40 所示。

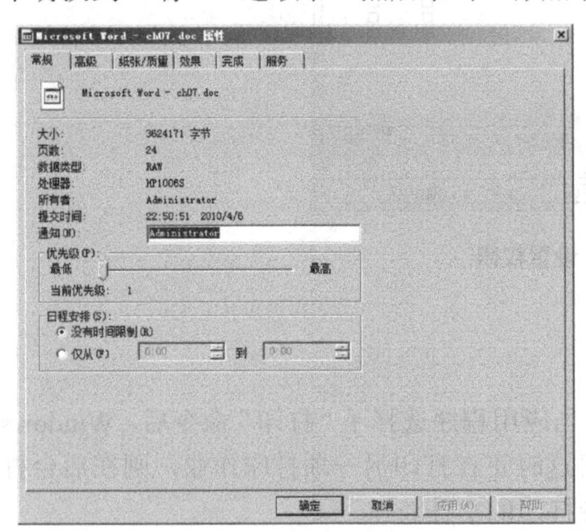

图 10-39 打印文档属性

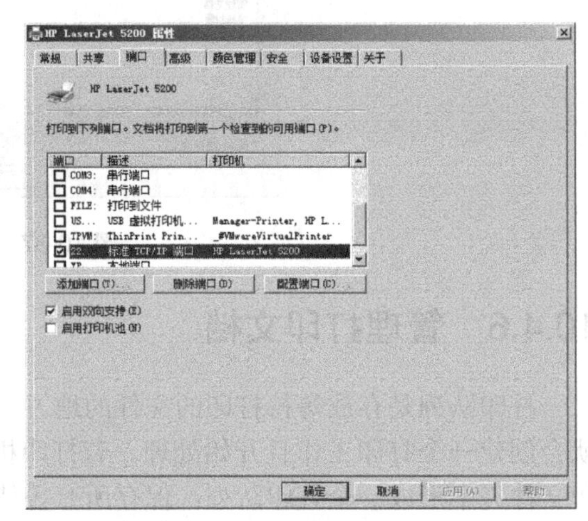

图 10-40 “端口”选项卡

(2) 在“打印机端口”对话框中选择将打印设备连接在本地端口或网络端口，然后单击“新端口”按钮，如图 10-41 所示。

(3) 若选择的是本地端口，则需要输入本地端口的端口号，如图 10-42 所示。

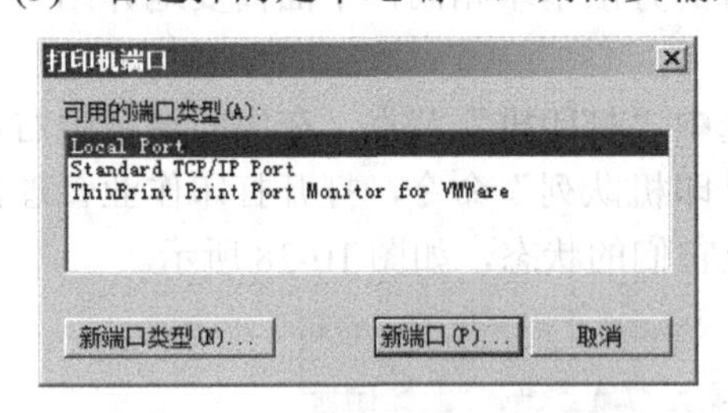

图 10-41 “打印机端口”对话框

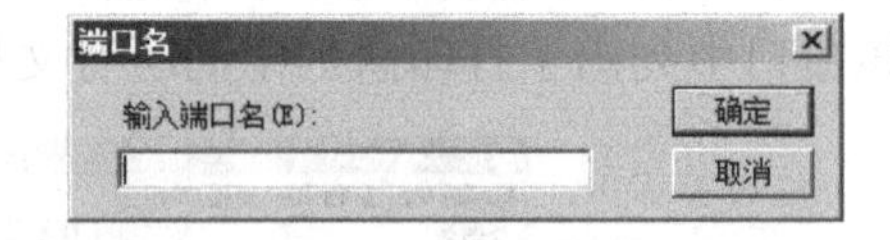

图 10-42 输入本地端口的端口号

3. 利用分隔页分隔打印文档

在多个用户同时打印文档时，打印设备上会出现多份打印出来的文档，需要用户手动去分开每个人所打印的文档，比较麻烦。不过，打印机的设计者已经为我们考虑到了这个问题。我们可以通过设置分隔页来分隔每份文档。分隔页工作的过程是，在打印每份文档之前，先打印该分隔页的内容，分隔页的内容可以包含该文档的用户名、打印日期和打印时间等。设置分隔页的过程如下。

(1) 创建分隔页。用户可以通过记事本编辑分隔页文档。Windows Server 2008 也带了几个标准的分隔页文档，它们位于%Systemroot%\System32 文件夹内，如 sysprint.sep(适用于与 PostScript 兼容的打印机)和 pcl.sep(适用于与 PCL 兼容的打印机)。图 10-43 所示为 pcl.sep 的内容。

(2) 选择分隔页。打开“打印管理”窗口，在控制树中选中“打印机”节点，在中间窗格中右击需要设置分隔页的打印机，在快捷菜单中选择“属性”命令，在打开的打印机的属性对话框中切换到“高级”选项卡，然后单击“分隔页”按钮，如图 10-44 所示。

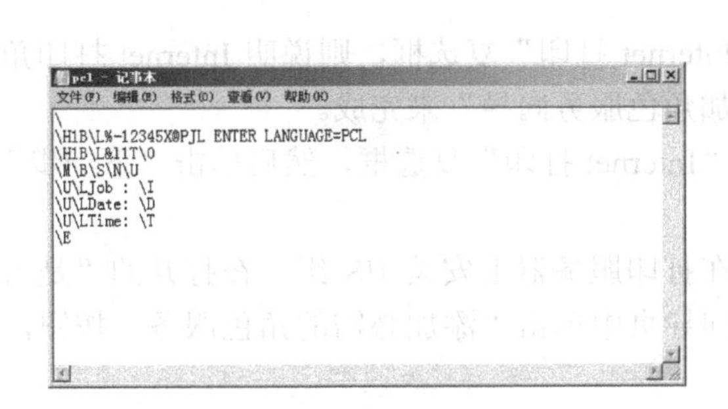

图 10-43　分隔页文档

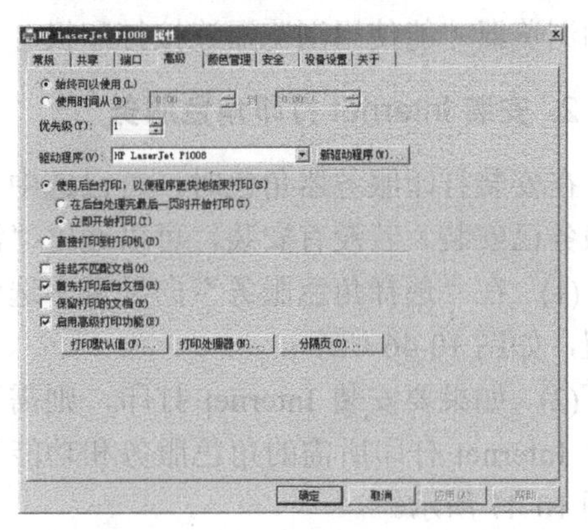

图 10-44　“高级”选项卡

(3) 在“分隔页”对话框中输入分隔页文档或单击“浏览”按钮选择分隔页文档，如图 10-45 所示。

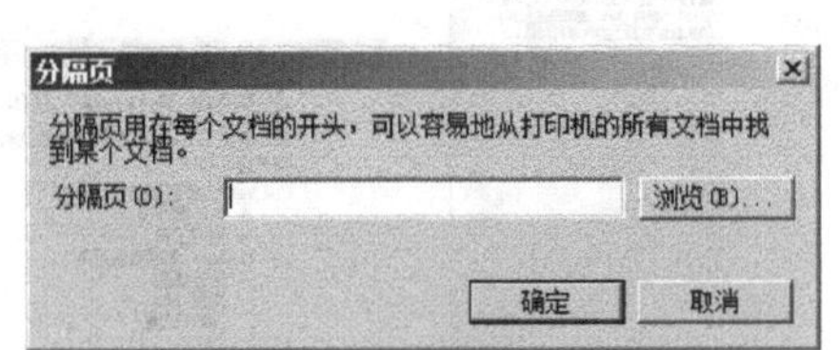

图 10-45　选择分隔页文档

10.5　安装与使用 Internet 打印

Internet 打印指的是通过 Web 浏览器在 Internet 或内部网上使用打印机打印。用户只要具备打印机的 URL 和适当的权限，就可以使用 Internet 打印，并把打印作业提交到 Internet 上的任何打印机。

10.5.1　安装 Internet 打印服务

1. Internet 打印的条件

使用 Internet 打印时，必须具备以下条件。

(1) 要使运行 Windows Server 2008 家族操作系统和 Windows XP 的计算机处理包含 URL 的打印作业，计算机必须运行 Microsoft Internet 信息服务(IIS)。

(2) Internet 打印使用“Internet 打印协议(IPP)”作为底层协议，该协议封装在用作传输载体的HTTP 内部。当通过浏览器访问打印机时，系统首先试图使用 RPC(在 Intranet 和LAN 上)进行连接，因为 RPC 快速而且有效。

(3) 打印服务器的安全由 IIS 保证。要支持所有的浏览器以及所有的 Internet 客户，管理员必须选择基本身份验证。作为可选项，管理员也可以使用 Microsoft 质询/响应或Kerberos 身份验证，这两者都被 Microsoft Internet Explorer 所支持。

(4) 可以管理来自任何浏览器的打印机，但是必须使用 Internet Explorer 4.0 或更高版本的浏览器才能使用浏览器连接打印机。

2. 安装 Internet 打印角色服务

在安装打印服务器角色时，若已选中“Internet 打印”复选框，则说明 Internet 打印角色服务已安装。若没有安装，可以通过“添加角色服务向导”来完成。

(1) 在“选择角色服务”向导页中选中“Internet 打印”复选框，然后单击“下一步”按钮，如图 10-46 所示。

(2) 如果要安装 Internet 打印，则需要在打印服务器上安装 IIS 组。在打开的“是否添加 Internet 打印所需的角色服务和功能”向导页中单击“添加必需的角色服务”按钮，如图 10-47 所示。

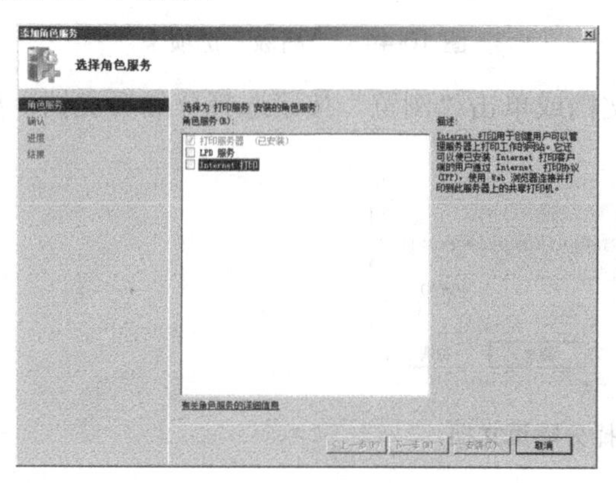

图 10-46　选择角色服务

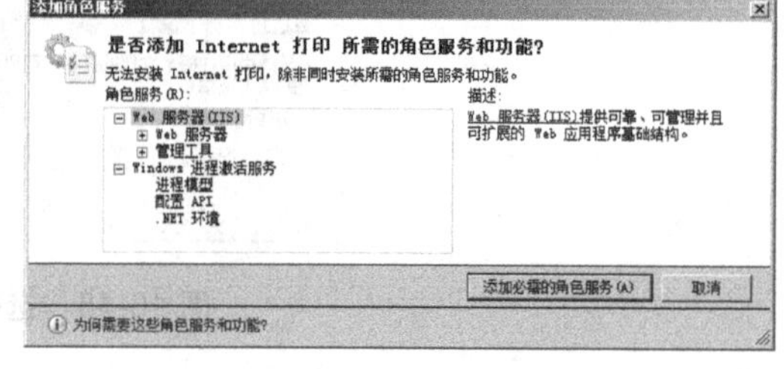

图 10-47　添加必需的角色服务

(3) “Web 服务器简介(IIS)”向导页中对 IIS 做了简要的介绍，单击“下一步”按钮即可。

(4) “选择角色服务”向导页中默认选中了 Internet 打印所必需的组件，用户还可以根据需要添加其他组件。操作完成后单击“下一步”按钮，如图 10-48 所示。

(5) 在“确认安装选择”向导页中，列表框中显示了所选择的角色。若设置不正确，则单击“上一步”按钮返回。单击“安装”按钮即可开始安装所显示的角色服务，如图 10-49 所示。

(6) 安装完成后，出现“安装结果”界面，其中显示所选择安装的角色服务安装成功，单击“关闭”按钮即可。

Internet 打印角色服务和 IIS 安装成功后，系统会在默认的 Web 站点中创建一个 Printers 虚拟目录，如图 10-50 所示。Printers 虚拟目录指向文件夹%systemroot%\web\printers，它的设置属性包括虚拟目录、文档、目录安全性、HTTP 头、自定义错误和 BITS 服务扩展等。Printers 虚拟目录属性的设置与 Web 站点属性的设置基本相同。

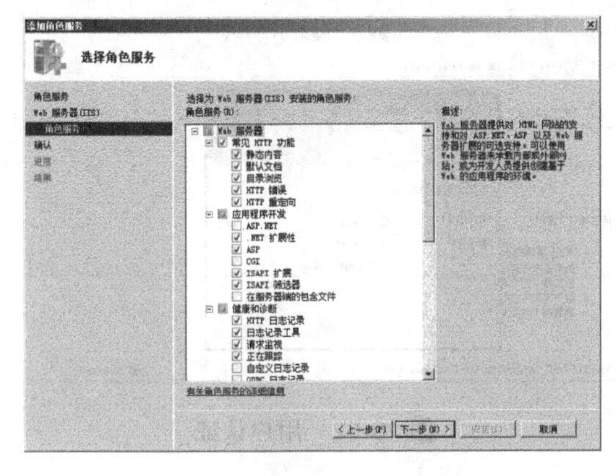

图 10-48　单击“下一步”按钮

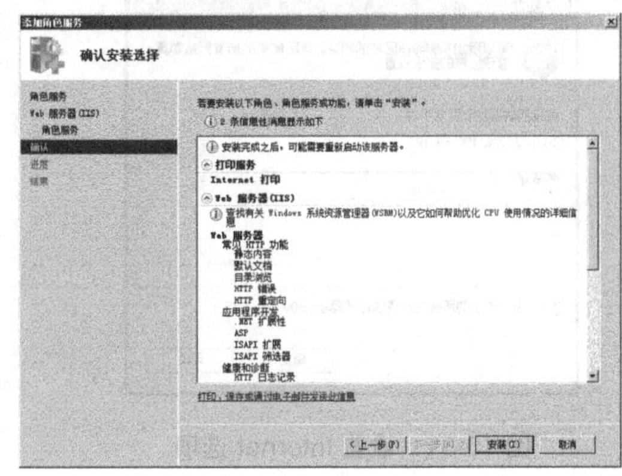

图 10-49　确认选择

图 10-50　IIS 管理器

10.5.2　使用 Web 浏览器连接打印服务器和共享打印机

如果知道打印机的 URL，而且拥有适当的权限，就可以通过 Internet 或内部网使用打印机进行打印。要使用 Web 浏览器连接打印服务器，可以执行以下步骤。

(1) 设置 Internet 选项，将打印服务器加入可信站点中，如图 10-51 所示。

(2) 在 IE 浏览器的地址栏中输入“http://<打印机服务器域名或 IP 地址>/printers”，然后按 Enter 键打开用户认证对话框。输入具有访问权限的用户账户和密码，单击“确定”按钮即可，如图 10-52 所示。

(3) 认证通过后，在浏览器中显示打印服务器上可用的打印机，单击要连接的打印机的链接，如图 10-53 所示。

(4) 出现如图 10-54 所示的网页，若用户有打印机的管理权限，便可对打印机进行管理。若要使用该 Internet 打印机，可在“打印操作”选择区域中单击“连接”超链接。

(5) 在弹出的“添加打印机连接”对话框中确认是否连接了 Internet 打印机。确认后，客户端自动从打印机服务器下载相应的打印机驱动程序，完成后即可实现 Internet 打印，如

图10-55所示。

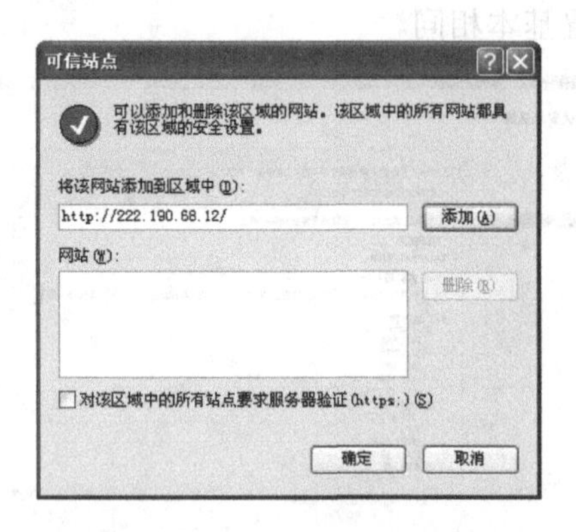

图10-51 设置Internet选项

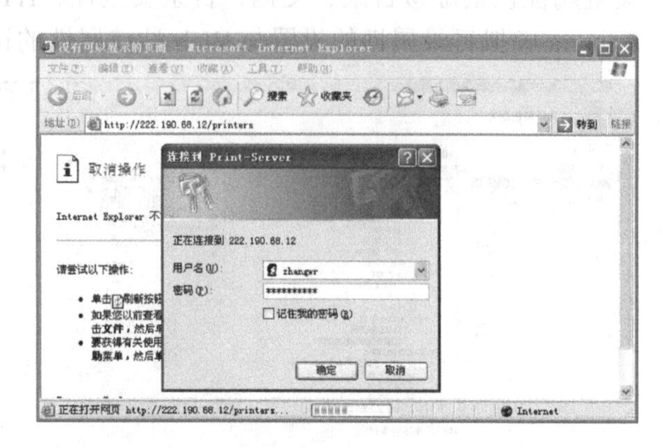

图10-52 用户认证

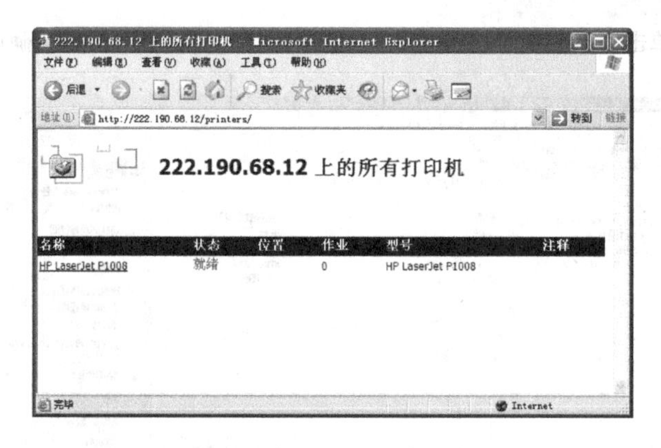

图10-53 Internet打印机

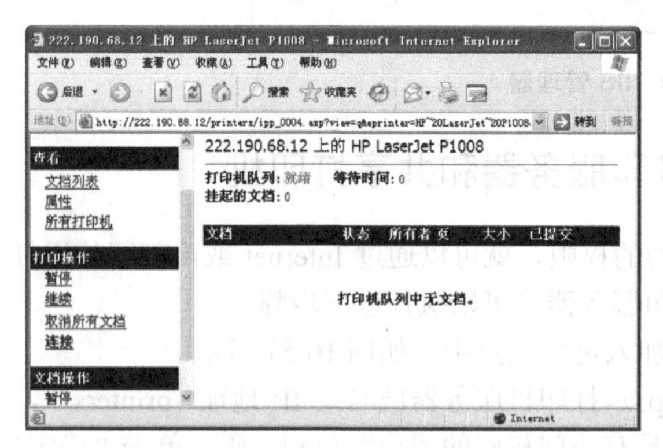

图10-54 打印机状态

图10-55 连接Internet打印机

本 章 小 结

本章主要介绍了打印设备、打印机、打印服务器和打印驱动程序等打印系统的相关概念，介绍了网络共享打印机的连接方式和部署准则；介绍了本地打印设备的安装和共享方法、打印服务器角色的安装过程、向打印服务器添加网络打印设备的操作过程；介绍了在工作组和域模式下使用共享打印的方法；介绍了后台打印、打印机驱动程序、打印机权限和所有权、打印文档的管理方法；介绍了打印机池和打印优先级的用途和实际原理，以及打印机池和打印优先级的配置方法；介绍了 Internet 打印的设置和使用过程。

习题与实训

一、填空题

(1) Windows Server 2008 系统提供的打印机权限包括__________、__________和__________。

(2) 一台打印服务器上连接多个同型号的物理打印设备，为了让这些打印设备能协同工作，应该将打印服务器设置为________。

(3) 可以通过设置打印机的________，从而使某些用户优先使用打印设备。

二、选择题

(1) 某公司新购置了一台使用 USB 接口的彩色喷墨打印机，并将该打印机安装到了公司网络中的一台打印服务器上。平面设计部的一名员工想要使用这台打印机，那么，在他用添加打印机向导安装打印机时，应该选择安装的类型为________。

A. 安装本地打印机　　B. 安装 USB 驱动程序

C. 自动检测并安装本地打印机　　D. 安装网络打印机

(2) 打印出现乱码的原因是________。

A. 计算机的系统硬盘空间(C 盘)不足

B. 打印机驱动程序损坏或选择了不符合机种的错误驱动程序

C. 使用应用程序所提供的旧驱动程序或不兼容的驱动程序

D. 以上都不对

(3) 下列________不是 Windows Server 2008 系统提供的打印机权限。

A. 打印　　B. 管理文档　　C. 管理打印机池　　D. 管理打印机

(4) 你在一个 Windows Server 2008 网络中配置了打印服务器，在打印权限中拥有“管理文档”权限的用户可以进行的操作有________。

A. 连接并向打印机发送打印作业　　B. 暂停打印机

C. 暂停打印作业　　D. 管理打印机的状态

(5) 你是公司的网络管理员，负责维护公司的打印服务器。该服务器连接一台激光打印机，公司的销售部员工共同使用这台打印机设备。你想使销售部经理较普通员工优先打印，应该如何实现？________(选两项)

A. 在打印服务器上创建两台逻辑打印机，并分别将其共享给销售部经理和普通员工

B. 在打印服务器上创建一台逻辑打印机，并将其共享给销售部经理和普通员工

C. 设置销售部经理共享的逻辑打印机的优先级为 99，普通员工共享的逻辑打印机优先级为 1

D. 设置销售部经理共享的逻辑打印机的优先级为 1，普通员工共享的逻辑打印机

优先级为 99

(6) 下列关于打印机优先级的叙述，正确的是__________。(选两项)

A. 在打印服务器上设置优先级

B. 在每个员工的机器上设置优先级

C. 设置打印机优先级时，需要一台逻辑打印机对应两台或多台物理打印机

D. 设置打印机优先级时，需要一台物理打印机对应两台或多台逻辑打印机

(7) 公司有一台系统为 Windows Server 2008 的打印服务器，管理员希望通过设置不同的优先级来满足不同人员的打印需求，下面__________不是合法的打印优先级。

A. 1　　B. 80　　C. 90　　D. 0

(8) 你在一个 Windows Server 2008 网络中的一台打印服务器上连接了多个同型号的物理打印设备，为了能让这些打印设备协同工作，你应该为打印服务器设置__________。

A. 打印队列　　B. 打印优先级　　C. 打印机池　　D. 打印端口

(9) 你是公司的网络管理员，公司新买了 3 台 HP 喷墨打印机，为了提高打印速度和合理分配打印机的使用效率，你可以通过__________方法使用这 3 台打印设备。

A. 打印机池　　B. 打印机优先级

C. 打印队列长度　　D. 打印队列范围

(10) 关于打印机池的描述，不正确的是__________。

A. 一台逻辑打印机对应多台物理打印设备

B. 可以提高打印速度

C. 多台逻辑打印机对应一台物理打印设备

D. 需要使用相同型号或兼容的打印设备

三、实训内容

(1) 安装与共享本地打印设备。

(2) 安装打印服务角色。

(3) 在活动目录中发布及使用共享打印机。

(4) 管理打印机权限。

(5) 配置打印机优先级。

(6) 配置和使用 Internet 打印。

第 11 章　DHCP 服务器的配置

本章学习目标

本章主要介绍 DHCP 服务器的工作原理和安装配置过程。

通过对本章的学习，应该实现如下学习目标：

- 掌握网络 IP 地址的分配方式及 DHCP 的工作原理。
- 掌握 DHCP 服务器的安装配置过程。
- 掌握 DHCP 客户端的配置方法。

11.1　DHCP 概述

在 TCP/IP 协议的网络上，每一台主机必须拥有唯一的 IP 地址，并且通过该 IP 地址与网络上的其他主机进行通信。为了简化 IP 地址分配，我们可以通过 DHCP(Dynamic Host Configuration Protocol，动态主机配置协议)服务器，为网络中的其他主机自动配置 IP 地址和相关的 TCP/IP 设置。

11.1.1　IP 地址的配置

在 TCP/IP 协议网络中，每一台主机可采用以下两种方式获取 IP 地址和相关配置，一种是手动配置，另一种是自动向 DHCP 服务器获取。

1. 手动配置和动态配置

在网络管理中，为网络客户机分配 IP 地址是网络管理员的一项复杂的工作，因为每个客户计算机都必须拥有一个独立的 IP 地址，以免出现重复的 IP 地址而引起网络冲突。如果网络规模较小，管理员可以分别对每台机器进行配置。但是，在大型网络中，管理的网络包含成百上千台计算机，那么，为客户端管理和分配 IP 地址的工作会需要大量的时间和精力，如果以手动方式设置 IP 地址，不仅管理效率低，而且非常容易出错。

DHCP 是从 BOOTP 协议发展而来的一个简化主机 IP 地址分配管理的 TCP/IP 标准协议。通过 DHCP，网络用户不再需要自行设置网络参数，而是由 DHCP 服务器来自动配置客户所需要的 IP 地址及相关参数(如默认网关、DNS 和 WINS 的设置等)。在使用 DHCP 分配 IP 地址时，整个网络至少有一台服务器上安装了 DHCP 服务，其他要使用 DHCP 功能的客户机也必须设置成利用 DHCP 获得 IP 地址，如图 11-1 所示。

2. DHCP 的优点

(1) 安全而可靠。DHCP 避免了手动设置 IP 地址等参数所产生的错误，同时也避免了把一个 IP 地址分配给多台工作站所造成的地址冲突。

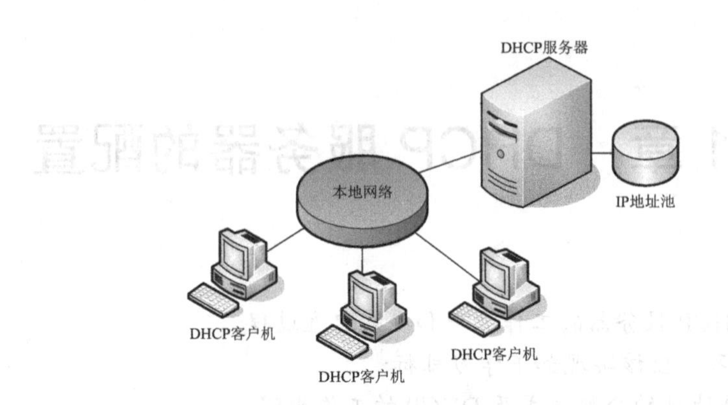

图 11-1　DHCP 服务器的工作原理

(2) 网络配置自动化。使用 DHCP 服务器，大大缩短了配置或重新配置网络中的工作站所花费的时间。

(3) IP 地址的变更自动化。DHCP 地址租约的更新过程将有助于用户确定哪个客户的设置需要经常更新(如使用笔记本式计算机的客户经常更换地点)，且这些变更由客户机与 DHCP 服务器自动完成，无须网络管理员干涉。

3. 动态 IP 地址分配方式

当 DHCP 客户端启动时，它会自动与 DHCP 服务器进行沟通，并且要求 DHCP 服务器为自己提供 IP 地址及其他网络参数。而 DHCP 服务器在收到 DHCP 客户端的请求后，会根据自身的设置，决定如何提供 IP 地址给客户端。

(1) 永久租用。当 DHCP 客户端向 DHCP 服务器租用到 IP 地址后，这个地址就永远分派给这个 DHCP 客户端使用。

(2) 限定租期。当 DHCP 客户端向 DHCP 服务器租用到 IP 地址后，暂时使用这个地址一段时间。如果原 DHCP 客户端又需要 IP 地址，它可以向 DHCP 服务器重新租用另一个 IP 地址。

11.1.2 DHCP 的工作原理

DHCP 是基于客户机/服务器模型设计的，DHCP 客户端通过与 DHCP 服务器的交互通信，以获得 IP 地址租约。

DHCP 协议使用端口 UDP 67(服务器端)和 UDP 68(客户端)进行通信，并且大部分 DHCP 协议通信使用广播进行。

1. 初始化租约过程

DHCP 客户机首次启动时，会自动执行初始化过程，以便从 DHCP 服务器获得租约，租约过程如图 11-2 所示。DHCP 客户端和 DHCP 服务器的这四次通信分别代表不同阶段。

(1) 发现阶段(DHCP DISCOVER)。

DHCP 客户端发起 DHCP DISCOVER(发现信息)广播消息，向所有 DHCP 服务器获取 IP 地址租约。此时，由于 DHCP 客户端没有 IP 地址，因此在数据包中使用 0.0.0.0 作为源

IP 地址，使用广播地址 255.255.255.255 作为目的地址。在此请求数据包中同样会包含客户端的 MAC 地址和计算机名，以便 DHCP 服务器进行区分。网络上每一台安装了 TCP/IP 协议的主机都会接收到这种广播信息，但只有 DHCP 服务器才会做出响应。

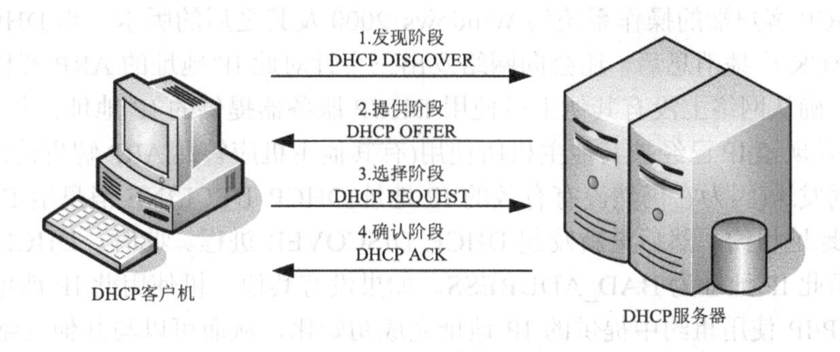

图 11-2　DHCP 初始化租约过程

当发送第一个 DHCP DISCOVER 广播消息后，DHCP 客户端将等待 1 秒，如果在此期间没有 DHCP 服务器响应，DHCP 客户端将分别在第 9 秒、第 13 秒和第 16 秒重复发送 DHCP DISCOVER 广播消息。如果仍没有得到 DHCP 服务器的应答，将再隔 5 分钟广播一次，直到得到应答为止。

(2)　提供阶段(DHCP OFFER)。

所有接收到 DHCP 客户端发送的 DHCP DISCOVER 广播消息的 DHCP 服务器会检查自己的配置，如果具有有效的 DHCP 作用域和富余的 IP 地址，则 DHCP 服务器发起 DHCP OFFER(提供信息)广播消息，来应答发起 DHCP DISCOVER 广播的 DHCP 客户端，此消息包含的内容有客户端 MAC 地址、DHCP 服务器提供的客户端 IP 地址、DHCP 服务器的 IP 地址、DHCP 服务器提供的客户端子网掩码、其他作用域选项(如 DNS 服务器、网关和 WINS 服务器等)以及租约期限等。

由于 DHCP 客户端没有 IP 地址，因此，DHCP 服务器同样使用广播进行通信，源 IP 地址为 DHCP 服务器的 IP 地址，而目的 IP 地址为 255.255.255.255。同时，DHCP 服务器为此客户端保留它提供的 IP 地址，从而不会为其他 DHCP 客户端分配此 IP 地址。如果有多个 DHCP 服务器给予此 DHCP 客户端回复 DHCP OFFER 消息，则 DHCP 客户端接受它接收到的第一个 DHCP OFFER 消息中的 IP 地址。

(3)　选择阶段(DHCP REQUEST)。

当 DHCP 客户端接受 DHCP 服务器的租约时，它将发起 DHCP REQUEST(请求消息)广播消息，告诉所有 DHCP 服务器自己已经做出选择，接受了某个 DHCP 服务器的租约。

在此，DHCP REQUEST 广播消息中包含了 DHCP 客户端的 MAC 地址、接受的租约中的 IP 地址、提供此租约的 DHCP 服务器地址等。其他的 DHCP 服务器将收回它们为此 DHCP 客户端所保留的 IP 地址租约，以给其他 DHCP 客户端使用。

此时，由于没有得到 DHCP 服务器最后的确认，DHCP 客户端仍然不能使用租约中提供的 IP 地址，因此，在数据包中仍然使用 0.0.0.0 作为源 IP 地址，广播地址 255.255.255.255 作为目的地址。

(4)　确认阶段(DHCP ACK)。

提供的租约被接受的DHCP服务器在接收到DHCP客户端发起的DHCP REQUEST广播消息后，会发送DHCP ACK(确认消息)广播消息进行最后的确认，在这个消息中，同样包含了租约期限及其他TCP/IP选项信息。

如果DHCP客户端的操作系统为Windows 2000及其之后的版本，当DHCP客户端接收到DHCP ACK广播消息后，还会向网络发出三个针对此IP地址的ARP解析请求，以执行冲突检测，确认网络上没有其他主机使用DHCP服务器提供的IP地址，从而避免IP地址冲突。如果发现该IP已经被其他主机所使用(有其他主机应答此ARP解析请求)，则DHCP客户端会广播发送(因为它仍然没有有效的IP地址)DHCP DECLINE消息给DHCP服务器以拒绝此IP地址租约，然后重新发起DHCP DISCOVER进程。此时，DHCP服务器管理窗口中会显示此IP地址为BAD_ADDRESS。如果没有其他主机使用此IP地址，则DHCP客户端的TCP/IP使用租约中提供的IP地址完成初始化，从而可以与其他网络中的主机进行通信。至于其他TCP/IP选项，如DNS服务器和WINS服务器等，本地手动配置将覆盖从DHCP服务器获得的值。

2. DHCP客户机重新启动

DHCP客户端在成功租约到IP地址后，每次重新登录网络时，就不需要再发送DHCP DISCOVER了，而是直接发送包含前一次所分配的IP地址的DHCP REQUEST。当DHCP服务器收到这一信息后，它会尝试让DHCP客户机继续使用原来的IP地址，并回答一个DHCP ACK。如果此IP地址已无法再分配给原来的DHCP客户机使用(比如此IP地址已分配给其他DHCP客户机使用)，则DHCP服务器给DHCP客户机回答一个DHCP NACK(否认信息)。当原来的DHCP客户机收到此DHCP NACK后，它就必须重新发送DHCP DISCOVER来请求新的IP地址。

3. 更新IP地址的租约

DHCP服务器向DHCP客户机出租的IP地址一般都有租借期限，期满后，DHCP服务器便会收回出租的IP地址。如果DHCP客户机要延长其IP租约，则必须更新其IP租约。

DHCP服务器将IP地址提供给DHCP客户端时，包含租约的有效期，默认租约期限为8天(691200秒)。除了租约期限外，还具有两个时间值T1和T2，其中T1定义为租约期限的一半，默认情况下是4天(345600秒)，而T2定义为租约期限的7/8，默认情况下为7天(604800秒)。

当到达T1定义的时间期限时，DHCP客户端会向提供租约的原始DHCP服务器发起DHCP REQUEST，请求对租约进行更新，如果DHCP服务器接受此请求，则回复DHCP ACK消息，包含更新后的租约期限。

如果DHCP服务器不接受DCHP客户端的租约更新请求(如此IP已经从作用域中去除)，则向DHCP客户端回复DHCP NACK消息，此时，DHCP客户端立即发起DHCP DISCOVER进程以寻求IP地址。

如果DHCP客户端没有从DHCP服务器得到任何回复，则继续使用此IP地址，直到到达T2定义的时间限制。此时，DHCP客户端再次向提供租约的原始DHCP服务器发起DHCP REQUEST，请求对租约进行更新，如果仍然没有得到DHCP服务器的回复，则发起

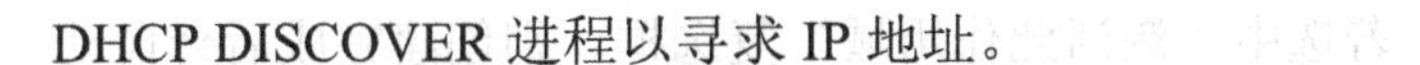

DHCP DISCOVER 进程以寻求 IP 地址。

11.2　添加 DHCP 服务

11.2.1　架设 DHCP 服务器的需求和环境

DHCP 服务器只能安装到 Windows 的服务器操作系统(如 Windows 2000 Server、Windows Server 2003 和 Windows Server 2008 等)中，Windows 的客户端操作系统(如 Windows 2000 Professional 和 Windows XP 等)都无法扮演 DHCP 服务器的角色。

重要的是，由于 DHCP 服务器需要固定的 IP 地址与 DHCP 客户端计算机进行通信，因此，DHCP 服务器必须配置为使用静态 IP 地址，它的 IP 地址、子网掩码、默认网关和 DNS 服务器等网络参数必须是手动配置，不能通过 DHCP 方式获取。

另外，还要事先规划好出租给客户端计算机所用的 IP 地址池(也就是 IP 作用域、范围)。

11.2.2　安装 DHCP 服务器角色

Windows Server 2008 系统内置了 DHCP 服务组件，但默认情况下并没有安装，需要管理员手动安装并配置，从而为网络提供 DHCP 服务。将一台运行 Windows Server 2008 的计算机配置成 DHCP 服务器，最简单的方法是使用服务器管理器添加 DHCP 服务器角色，其过程如下。

(1) 通过“开始”菜单打开“服务器管理器”窗口，选择左侧的“角色”节点，单击“添加角色”超链接，启动添加角色向导。

(2) “开始之前”向导页中提示了此向导可以完成的工作，以及操作之前应注意的相关事项，单击“下一步”按钮继续。

(3) “选择服务器角色”向导页中显示了所有可以安装的服务器角色。如果角色前面的复选框没有被选中，则表示该网络服务尚未安装。如果已选中，则说明该服务已经安装。这里选中“DHCP 服务器”复选框，单击“下一步”按钮继续。

(4) “DHCP 服务器”向导页中，对 DHCP 服务器的功能做了简要介绍，单击“下一步”按钮继续。

(5) 在“选择网络连接绑定”向导页中，选择此 DHCP 服务器将用于向客户端提供服务的网络连接，单击“下一步”按钮继续，如图 11-3 所示。

(6) 在“指定 IPv4 DNS 服务器设置”向导页中，指定客户用于名称解析的父域名，以及客户端用于域名解析的 DNS 服务器 IP 地址，单击“下一步”按钮继续，如图 11-4 所示。

(7) 在“指定 IPv4 WINS 服务器设置”向导页中，选择是否使用 WINS 服务，单击“下一步”按钮继续，如图 11-5 所示。

(8) 在“添加或编辑 DHCP 作用域”向导页中，可以添加 DHCP 作用域。只有指定了作用域，DHCP 服务器才能向客户端分配 IP 地址、子网掩码和默认网关等。现在可以不指定，等 DHCP 安装完成后再添加。若现在指定，可单击“添加”按钮，如图 11-6 所示。

(9) 在“添加作用域”对话框中设置作用域的名称、起始 IP 地址、结束 IP 地址、子

网掩码、默认网关以及子网类型。若选中“激活此作用域”复选框，则创建完成后会自动激活，如图 11-7 所示。设置完成后，单击“确定”按钮，返回上一步操作后，单击“下一步”按钮继续。

(10) 在“配置 DHCPv6 无状态模式”向导页中，选择启用还是禁用服务器的 DHCPv6 无状态模式。选中“对此服务器禁用 DHCPv6 无状态模式”单选按钮，单击“下一步”按钮继续，如图 11-8 所示。

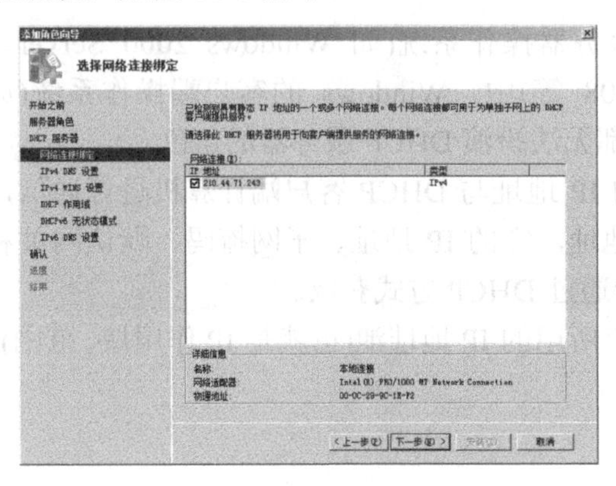

图 11-3　选择网络连接绑定

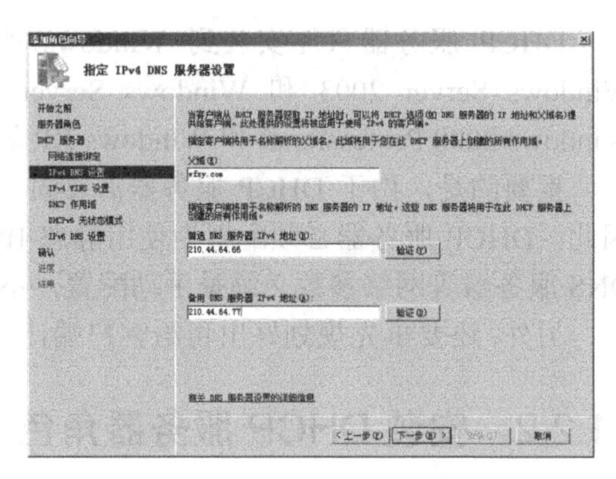

图 11-4　指定 IPv4 DNS 服务器设置

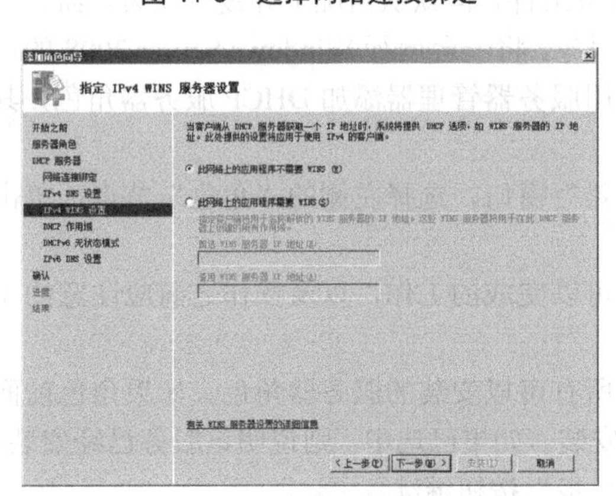

图 11-5　指定 IPv4 WINS 服务器设置

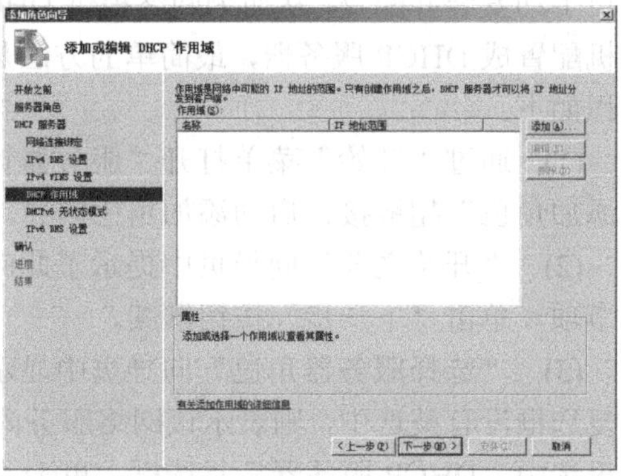

图 11-6　添加或编辑 DHCP 作用域

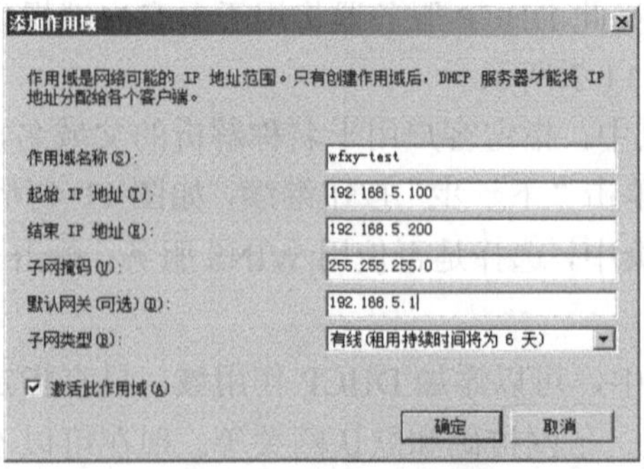

图 11-7　添加作用域

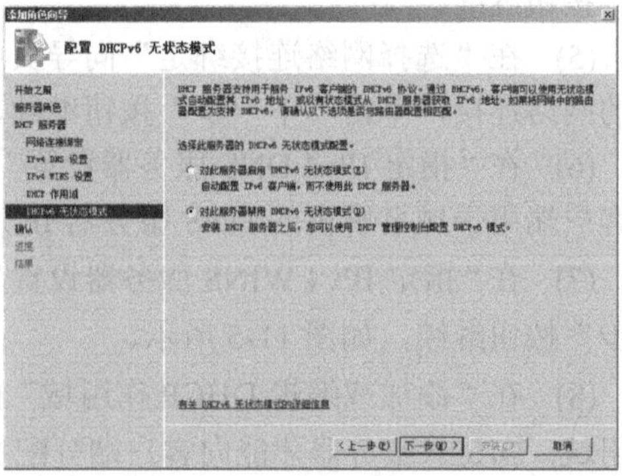

图 11-8　配置 DHCPv6 无状态模式

(11) 若 DHCP 服务器已加入了域，还会打开“授权 DHCP 服务器”向导页，若没有加入域，则不会出现此向导页。为 DHCP 服务器授权必须具有域管理员的权限，若当前没有以域管理员身份登录到域，则选中“使用备用凭据”单选按钮，然后单击“指定”按钮，输入域管理员的用户名及密码。单击“下一步”按钮继续，如图 11-9 所示。

(12) 在“确认安装选择”向导页中，要求确认所要安装的服务器角色及配置情况，如果配置错误，可以单击“上一步”按钮返回。单击“安装”按钮，即可开始安装 DHCP 服务器角色，如图 11-10 所示。

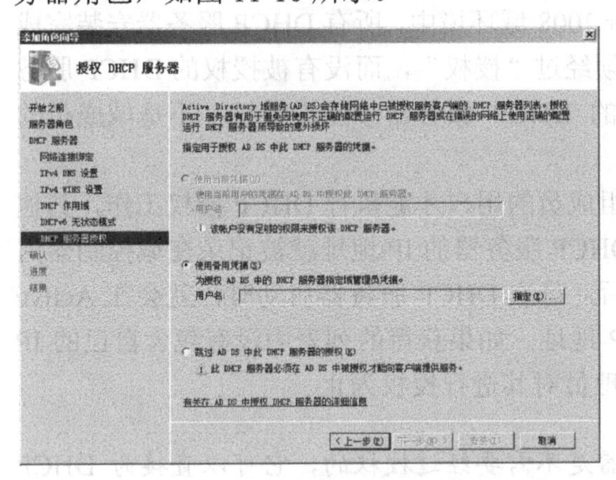

图 11-9　授权 DHCP 服务器

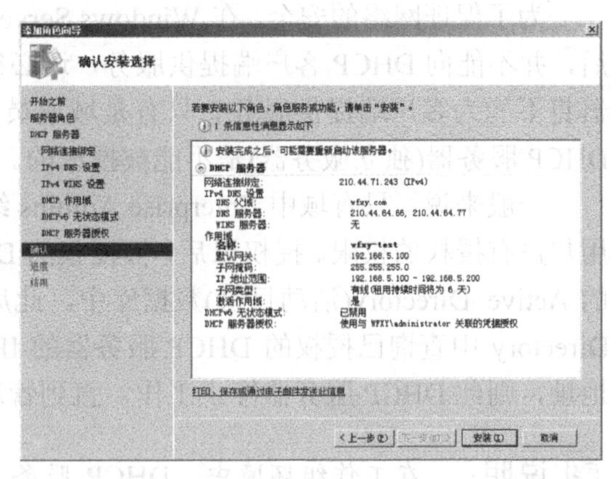

图 11-10　确认安装选择

(13) “安装进度”对话框中显示了安装 DHCP 服务器角色的进度，需耐心等待。

(14) “安装结果”对话框中显示 DHCP 服务器角色已经安装完成，提示用户可以使用 DHCP 管理器对 DHCP 服务器进行配置。若系统未启用 Windows 自动更新，还提醒用户设置 Windows 自动更新，以便即时给系统打上补丁。单击“完成”按钮关闭添加角色向导，便完成了 DHCP 服务器的安装。

DHCP 服务器安装完毕后，可以通过选择“开始”→“管理工具”→“DHCP”命令打开 DHCP 管理器，通过 DHCP 窗口，可以管理本地或远程的 DHCP 服务器，如图 11-11 所示。

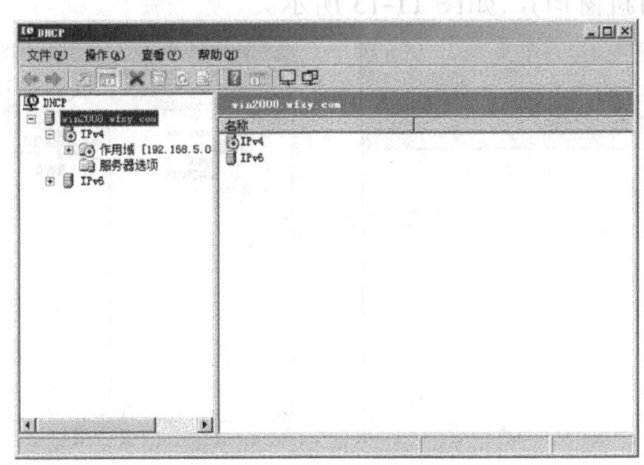

图 11-11　DHCP 管理器

11.2.3 在活动目录域控制器中为 DHCP 服务器授权

1. DHCP 授权的原理

用户可以在任何一台安装了 Windows Server 2008 的计算机中安装 DHCP 服务，如果一些用户随意安装了 DHCP 服务，并且所提供的 IP 地址是随意乱设的，那么 DHCP 客户端可能在这些非法的 DHCP 服务器上租约了不正确的 IP 地址，从而无法正常访问网络资源。

为了保证网络的安全，在 Windows Server 2008 域环境中，所有 DHCP 服务器安装完成后，并不能向 DHCP 客户端提供服务，还必须经过“授权”，而没有被授权的 DHCP 服务器将不能为客户端提供服务。只有是域成员的 DHCP 服务器才能被授权，不是域成员的 DHCP 服务器(独立服务器)是不能被授权的。

一般来说，只有域中 Enterprise Admins 组成员的用户才能执行 DHCP 授权工作，其他用户没有授权的权限。授权以后，被授权的 DHCP 服务器的 IP 地址就被记录在域控制器内的 Active Directory(活动目录)数据库中。此后，每次 DHCP 服务器启动时，就会在 Active Directory 中查询已授权的 DHCP 服务器的 IP 地址。如果获得的列表中没有包含自己的 IP 地址，则此 DHCP 服务器停止工作，直到管理员对其进行授权为止。

说明： 在工作组环境中，DHCP 服务器是不需要经过授权的，它可以直接为 DHCP 客户端提供 IP 地址的租约。

2. 管理 DHCP 授权

管理 DHCP 授权的操作非常简单，可以通过以下两种方式来对 DHCP 服务器进行授权，其操作步骤如下。

(1) 选择“开始”→“程序”→“管理工具”→“DHCP”命令，打开 DHCP 窗口。右击要授权的 DHCP 服务器的图标，在弹出的快捷菜单中选择“授权”命令，如图 11-12 所示。

(2) DHCP 服务器被授权以后，服务器图标中红色朝下的箭头会变为绿色朝上的箭头(若没变化，按 F5 键刷新窗口)，如图 11-13 所示。

图 11-12 选择“授权”命令

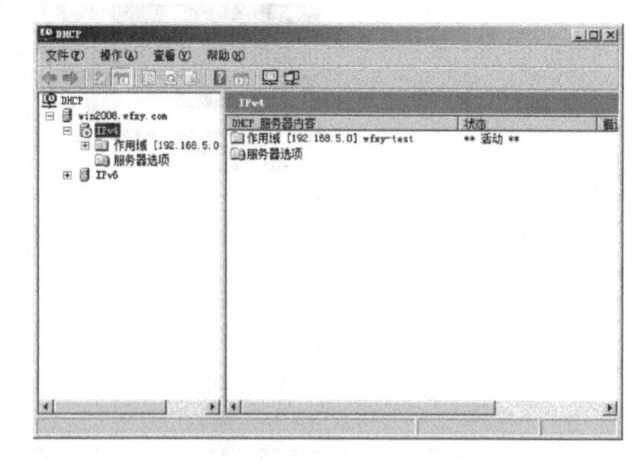

图 11-13 已授权 DHCP 服务器

(3) 若要解除授权，则右击 DHCP 服务器的图标，从弹出的快捷菜单中选择“撤消授权”命令。

(4) 用户还可以在控制树中右击 DHCP 根节点，从弹出的快捷菜单中选择“管理授权的服务器”命令，如图 11-14 所示。

(5) 在“管理授权的服务器”对话框中，用户可以解除对已经被授权的 DHCP 服务器的授权，同时，也可以为新的 DHCP 服务器进行授权，如图 11-15 所示。单击“授权”按钮后，系统将打开“授权 DHCP 服务器”对话框。

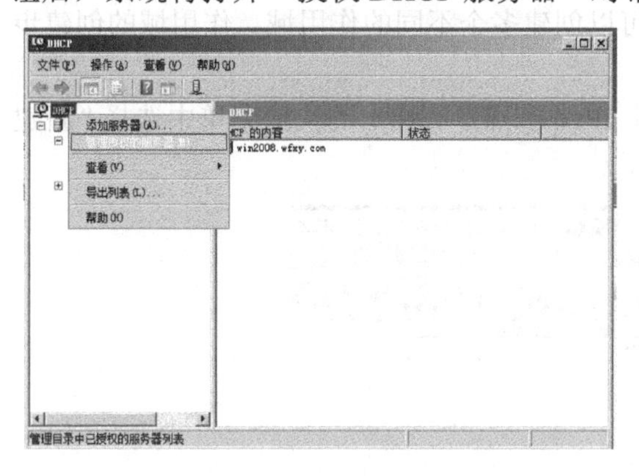

图 11-14 选择“管理授权的服务器”命令

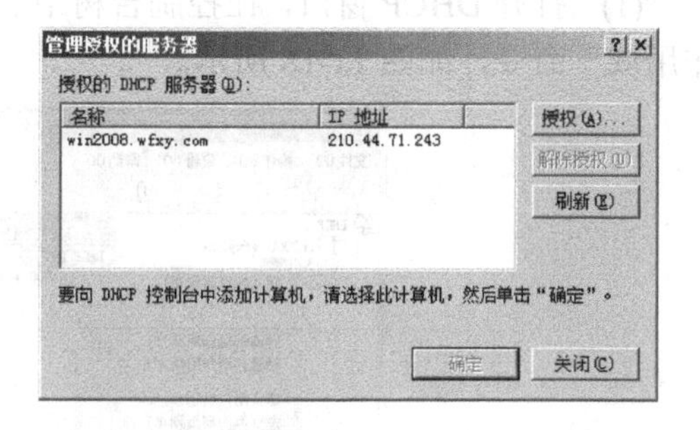

图 11-15 “管理授权的服务器”对话框

(6) 在“授权 DHCP 服务器”对话框中，用户需要在“名称或 IP 地址”文本框中输入刚刚添加的 DHCP 服务器的名称或 IP 地址，也可以输入本机的计算机名称，然后单击“确定”按钮，如图 11-16 所示。

(7) 在“确认授权”对话框中，系统将显示出用户指定的主机的名称及该主机的 IP 地址信息，以便用户确认将要授权的 DHCP 服务器的正确性，如图 11-17 所示。单击“确定”按钮后，系统将返回到“管理授权的服务器”对话框。授权的 DHCP 服务器已经被加入到了“授权的 DHCP 服务器”列表框中，单击“关闭”按钮关闭对话框即可。

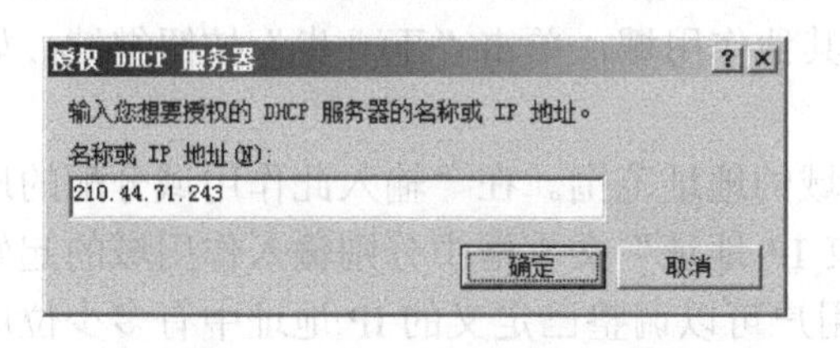

图 11-16 “授权 DHCP 服务器”对话框

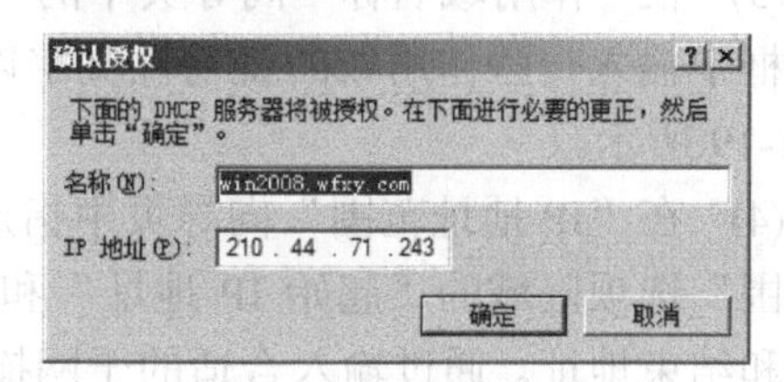

图 11-17 确认授权

11.3 DHCP 服务器的基本配置

11.3.1 DHCP 作用域简介

要让 DHCP 服务器正确地为 DHCP 客户端提供 IP 地址等网络配置参数，必须在 DHCP 服务器内创建一个 IP 作用域(IP Scope)。当 DHCP 客户端在向 DHCP 服务器请求 IP 地址租约时，DHCP 服务器就可以从这个作用域内选择一个还没有被使用的 IP 地址，并将其分配

给 DHCP 客户端，同时，还告诉 DHCP 客户端一些其他网络参数(如子网掩码、默认网关和 DNS 服务器等)。

11.3.2 创建 DHCP 作用域

在 Windows Server 2008 中，作用域可以在安装 DHCP 服务的过程中创建，也可在 DHCP 窗口中创建。同时，一台 DHCP 服务器中还可以创建多个不同的作用域。作用域的创建步骤如下。

(1) 打开 DHCP 窗口，在控制台树中右击 IPv4 节点，从弹出的快捷菜单中选择“新建作用域”命令，如图 11-18 所示。

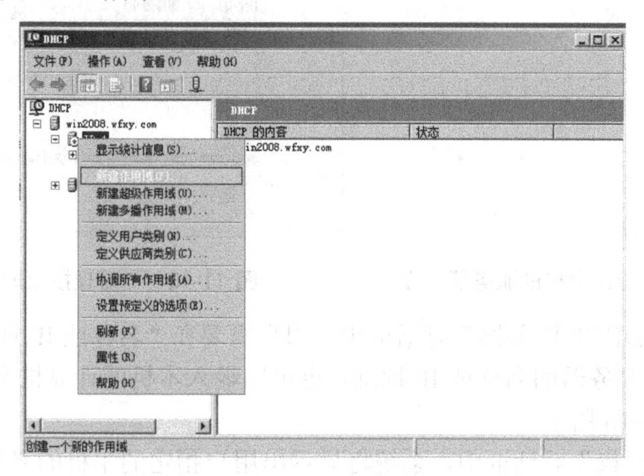

图 11-18 新建作用域

(2) 在“欢迎使用新建作用域向导”对话框中单击“下一步”按钮继续。

(3) 在“作用域名称”向导页中的“名称”文本框中输入作用域的名称，并在“描述”文本框中输入一些作用域的说明性文字以区别其他作用域，单击“下一步”按钮继续，如图 11-19 所示。

(4) 在“IP 地址范围”向导页中指定作用域的地址范围。在“输入此作用域分配的地址范围”选项区域的“起始 IP 地址”和“结束 IP 地址”文本框中分别输入作用域的起始地址和结束地址。通过输入合适的子网掩码，用户可以调整已定义的 IP 地址中有多少位用作网络的 ID 及多少位用作主机的 ID。用户还可以通过调整“长度”数值框中的数值来完成子网掩码的设置。配置完成后，单击“下一步”按钮继续，如图 11-20 所示。

(5) 在“添加排除”向导页中定义服务器不分配的 IP 地址。排除范围应当包括所有手动分配给其他服务器、非 DHCP 客户端等的 IP 地址。如果有要排除的 IP 地址，则输入“起始 IP 地址”和“结束 IP 地址”，单击“添加”按钮，将其添加到“排除的地址范围”列表框中。配置完成后，单击“下一步”按钮继续，如图 11-21 所示。

(6) 在“租约期限”向导页中设置 IP 地址租约期限。租约期限指定了客户端使用 DHCP 服务器所分配的 IP 地址的时间，即两次分配同一个 IP 地址的最短时间。当一个工作站断开后，如果租约期没有满，服务器不会把这个 IP 分配给别的计算机，以免引起混乱。如果网络中的计算机更换比较频繁，租约期应设置短一些，不然，IP 地址很快就不够用了。设置好租约期限后，单击“下一步”按钮继续，如图 11-22 所示。

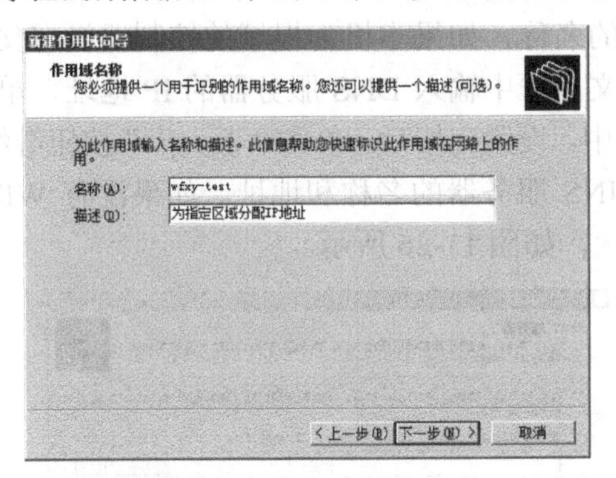

图 11-19　DHCP-作用域名称

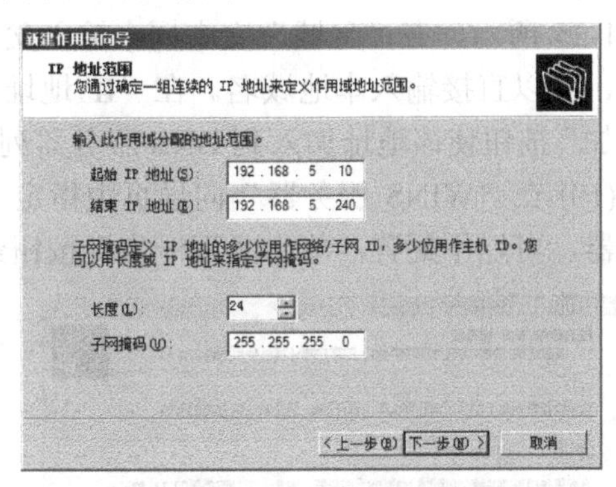

图 11-20　DHCP-IP 地址范围

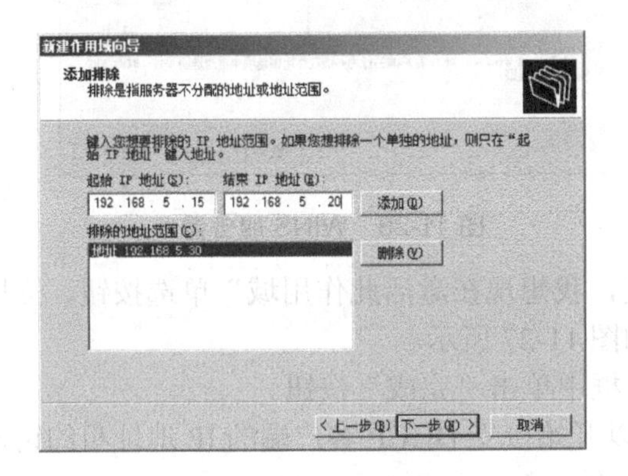

图 11-21　添加排除

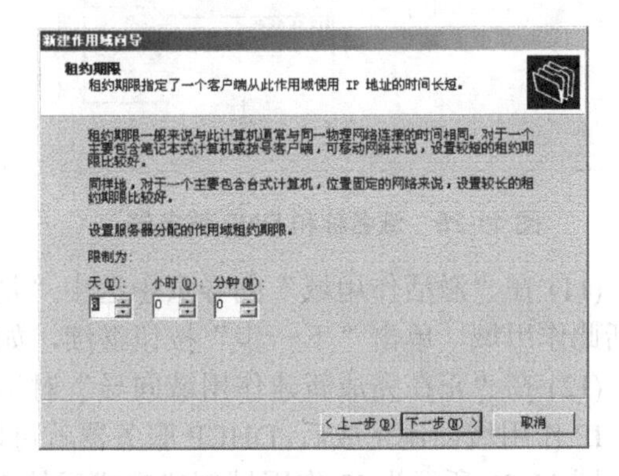

图 11-22　租约期限

(7) DHCP 服务器不仅能为计算机分配 IP 地址，还能告诉 DHCP 客户端默认网关和 DNS 服务器的地址等网络参数。在“配置 DHCP 选项”向导页中选中“是，我想现在配置这些选项”单选按钮，单击“下一步”按钮继续，如图 11-23 所示。

(8) 在“路由器(默认网关)”向导页中配置作用域的网关(或路由器)。在“IP 地址”文本框中输入网关地址，并单击“添加”按钮将网关地址加入到列表框中。设置完毕，单击“下一步”按钮继续，如图 11-24 所示。

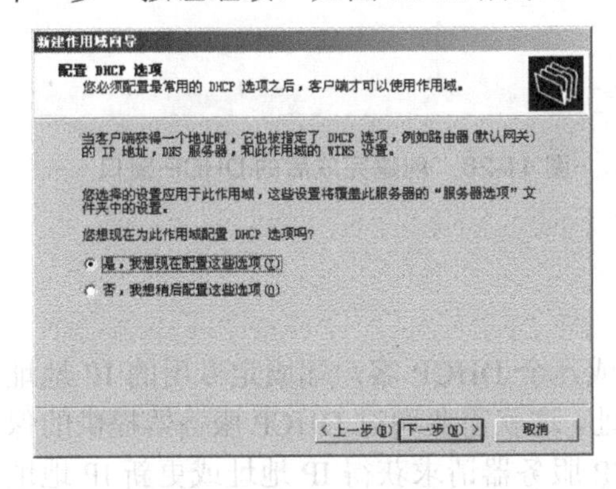

图 11-23　配置 DHCP 选项

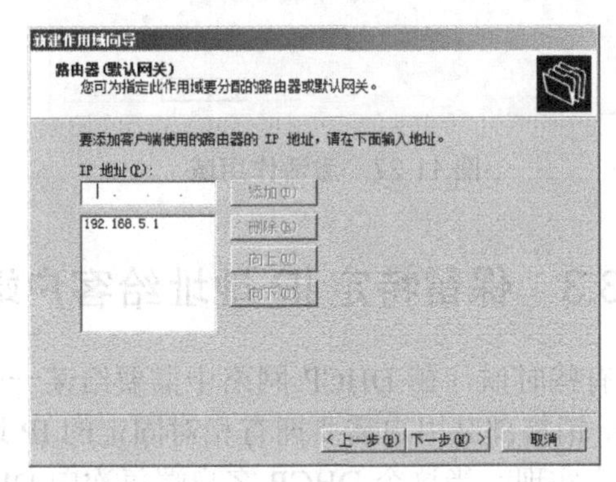

图 11-24　路由器(默认网关)

(9) 在“域名称和 DNS 服务器”向导页中指定父域的名称和服务器的 IP 地址，如图 11-25 所示。在“父域”文本框中输入父域的名称，如果本机为根域的控制器没有父域存在，可以直接输入本地域名。在“IP 地址”文本框中输入 DNS 服务器的 IP 地址，单击“添加”按钮使该地址加入到 DNS 服务器列表中。设置完毕后，单击“下一步”按钮继续。

(10) 在“WINS 服务器”向导页中指定 WINS 服务器的名称和地址。如果没有 WINS 服务器，可以不配置，单击“下一步”按钮继续，如图 11-26 所示。

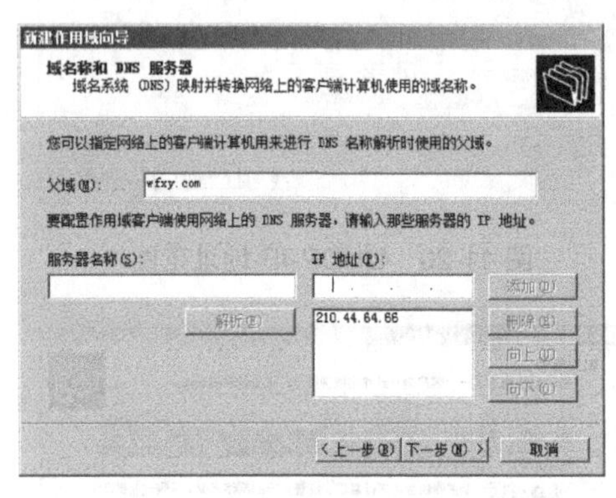

图 11-25　域名称和 DNS 服务器

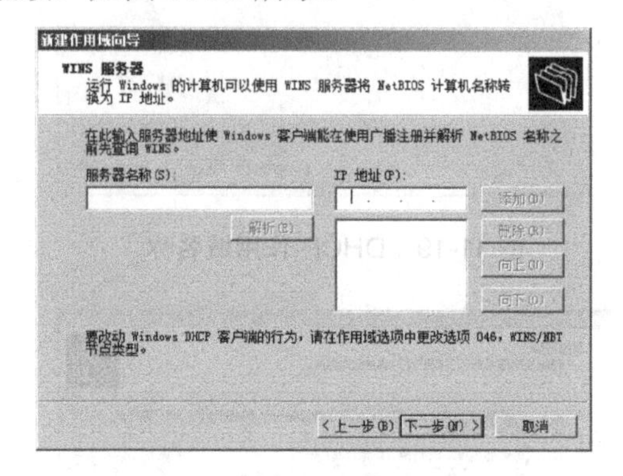

图 11-26　WINS 服务器

(11) 在“激活作用域”向导页中选中“是，我想现在激活此作用域”单选按钮，立即激活此作用域，单击“下一步”按钮继续，如图 11-27 所示。

(12) 在“正在完成新建作用域向导”对话框中单击“完成”按钮。

IP 作用域创建完成后，DHCP 服务器就可以开始接受 DHCP 客户端的 IP 地址租约请求了。图 11-28 所示为 IP 作用域创建完成后的界面。

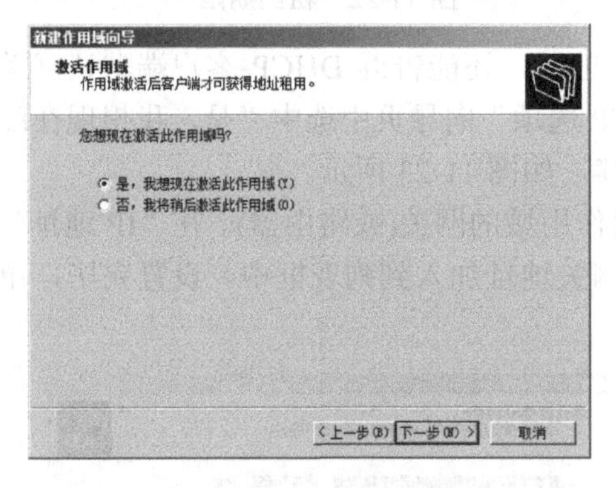

图 11-27　激活作用域

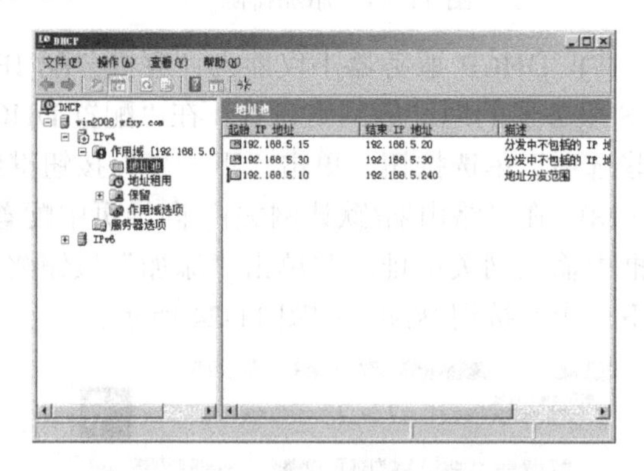

图 11-28　创建完成后的 DHCP 窗口

11.3.3　保留特定 IP 地址给客户端

有些时候，在 DHCP 网络中需要给某一个或几个 DHCP 客户端固定专用的 IP 地址，例如，销售部某用户需要拥有相对固定的 IP 地址，这就需要通过 DHCP 服务器提供的保留功能来实现。当这个 DHCP 客户端每次向 DHCP 服务器请求获得 IP 地址或更新 IP 地址租期时，DHCP 服务器都会给该 DHCP 客户端分配一个相同的 IP 地址。保留特定 IP 地址的操作步骤如下。

(1) 打开 DHCP 窗口，在控制树中单击服务器节点并展开“作用域”节点及其子节点。右击“保留”节点，在弹出的快捷菜单中选择“新建保留”命令。

(2) 在“新建保留”对话框中输入保留名称、IP 地址、MAC 地址、描述并选择支持的类型。输入完毕后，单击“添加”按钮，如图 11-29 所示。如图 11-30 所示为配置完毕后的界面。

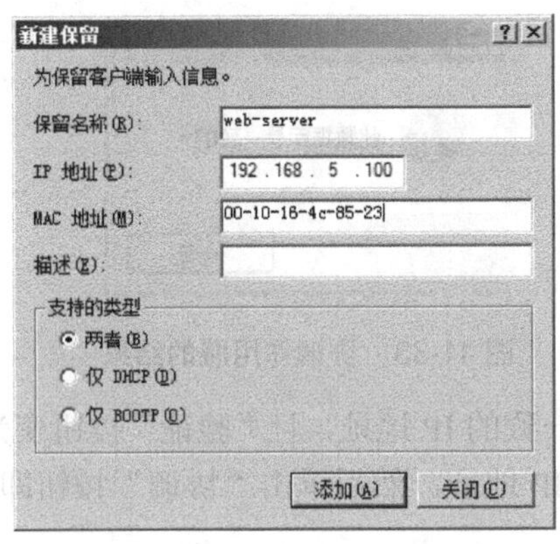

图 11-29　“新建保留”对话框

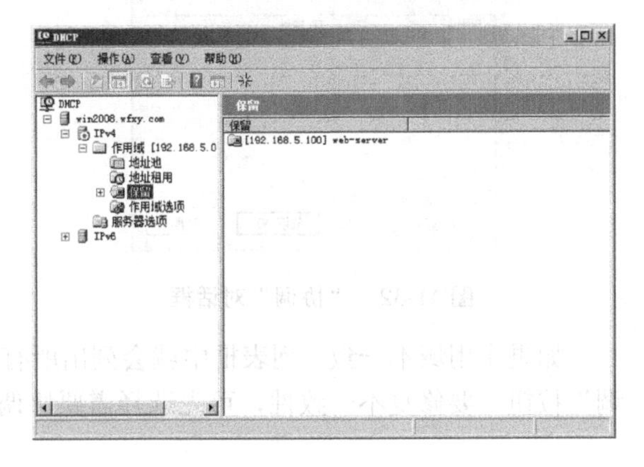

图 11-30　保留 IP 列表

注意： 每个网卡都有一个全球唯一的 MAC 地址(或称为物理地址)。在运行 Windows 95/98/Me 的计算机上，可以利用 winipcfg 测试工具获得。在运行 Windows NT/2000/XP/2003 之后系统的客户端，需要进入 DOS 提示符下输入 ipconfig/all 命令来获得。

11.3.4　协调作用域

协调作用域信息是协调 DHCP 数据库中的作用域信息与注册表中的相关信息的一致性。如果不一致，系统将提示管理员修复错误，将其协调一致，以免出现地址分配错误的现象。协调作用域的操作步骤如下。

(1) 打开 DHCP 窗口，在控制树中展开要协调作用域的服务器。右击要协调的作用域，从弹出的快捷菜单中选择“协调”命令，如图 11-31 所示。

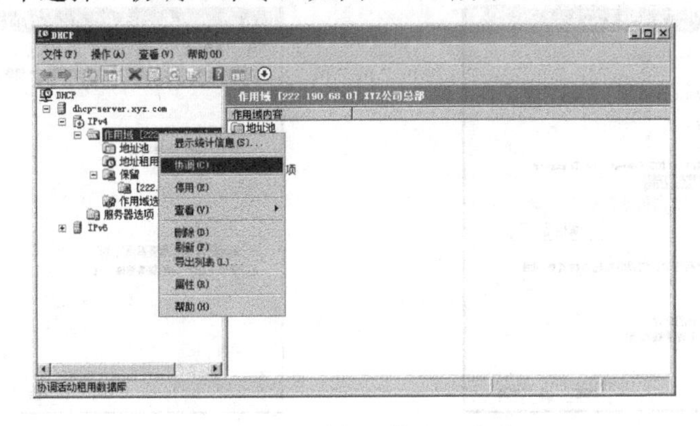

图 11-31　选择“协调”命令

(2) 在“协调”对话框中单击“验证”按钮，如图 11-32 所示。

(3) 将数据库中的作用域信息与注册表中的信息比较，如果一致，则打开 DHCP 对话框，单击“确定”按钮即可，如图 11-33 所示。

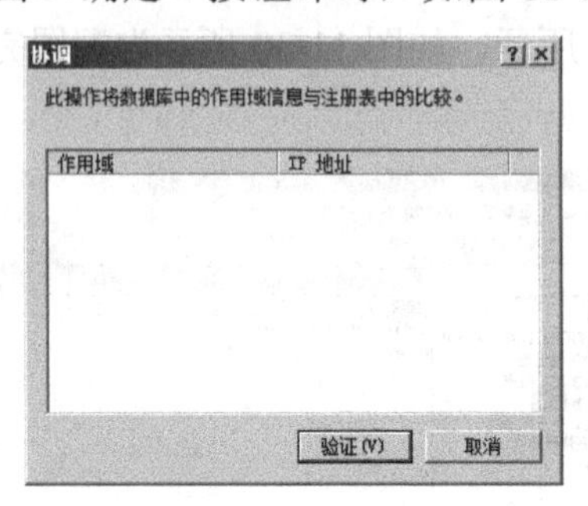

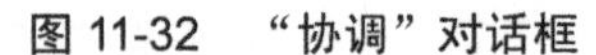

图 11-32　“协调”对话框

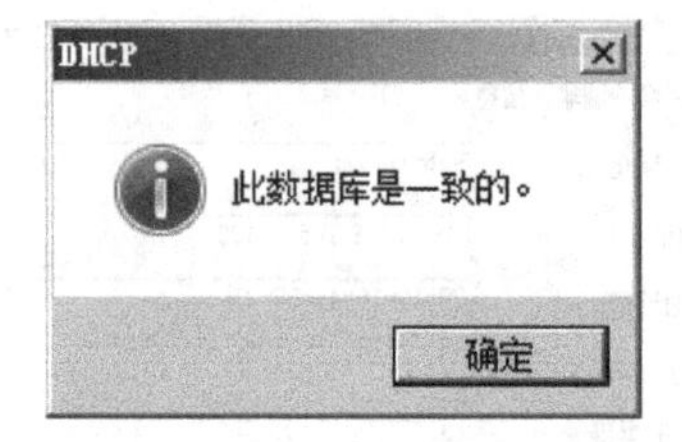

图 11-33　协调作用域的结果

如果作用域不一致，列表框中就会列出所有不一致的 IP 地址，且“验证”按钮变为“协调”按钮。要修复不一致性，可先选择需要协调的 IP 地址，然后单击“协调”按钮即可。

11.4　配置和管理 DHCP 客户端

11.4.1　配置 DHCP 客户端

DHCP 服务器配置完成后，客户端计算机只要接入网络并设置为“自动获取 IP 地址”，即可自动从 DHCP 服务器获取 IP 地址等信息，不需要人为干预。这里以一台安装有 Windows XP 系统的计算机为例，说明配置 DHCP 客户端的操作步骤。

(1) 选择“开始”→“控制面板”命令，在打开的“控制面板”窗口中双击“网络连接”图标，在打开的窗口中右击“本地连接”图标，从弹出的快捷菜单中选择“属性”命令。在打开的对话框的列表框中选择“Internet 协议(TCP/IP)”选项，再单击“属性”按钮，如图 11-34 所示。

(2) 在“Internet 协议(TCP/IP)属性”对话框中选中“自动获得 IP 地址”和“自动获得 DNS 服务器地址”两个单选按钮，然后单击“确定”按钮，如图 11-35 所示。

图 11-34　“本地连接 属性”对话框

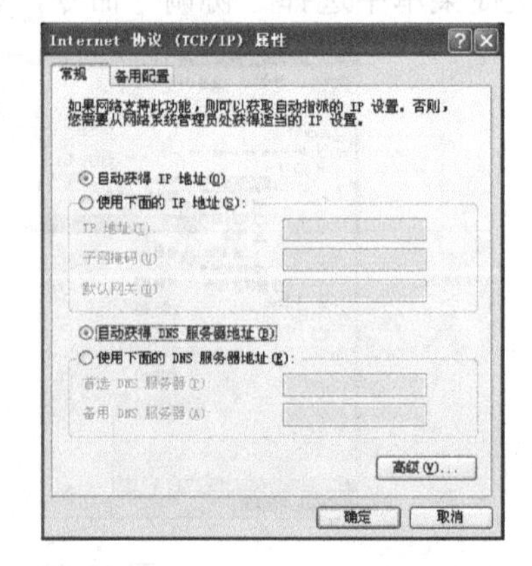

图 11-35　“Internet 协议(TCP/IP)属性”对话框

(3) 配置完成后，还需要检查客户端计算机是否能正确获取 IP 地址等参数。方法是打开“命令提示符”窗口，在提示符后执行 ipconfig /all 命令，这样，就可以看到该客户端的 IP 地址的租约情况，如图 11-36 所示。

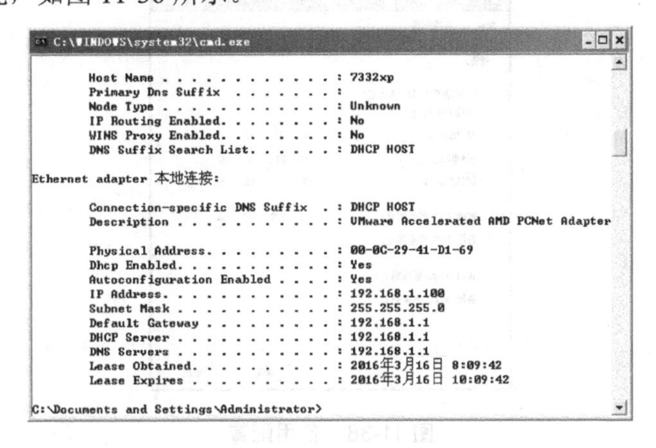

图 11-36　查看 DHCP 客户端的 IP 地址租约

(4) 在 DHCP 客户端，用户还可以通过 ipconfig /renew 命令来更新 IP 地址租约，通过 ipconfig /release 命令释放 IP 地址租约。

11.4.2　自动分配私有 IP 地址

对于使用 Windows 操作系统的 DHCP 客户端而言，如果无法从网络中的 DHCP 服务器自动获取 IP 地址，默认情况下，将随机使用自动私有地址(Automatic Private IP Address，APIPA，其范围是 169.254.0.0~169.254.255.254.16)中定义的未被其他客户端使用的 IP 地址作为自己的 IP 地址，子网掩码为 255.255.0.0，但是，不会配置默认网关和其他 TCP/IP 选项。图 11-37 所示为某个 DHCP 客户端没有租约 IP 地址的情况。此后，DHCP 客户端会每隔 5 分钟发送一次 DHCP DISCOVER 广播消息，直到从 DHCP 服务器获取了 IP 地址为止。

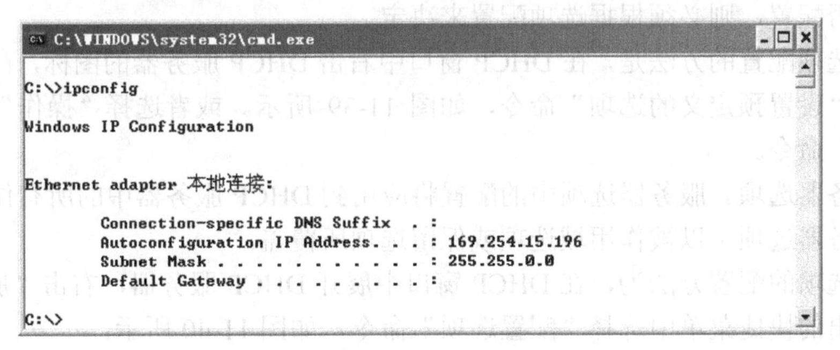

图 11-37　自动分配私有 IP 地址

11.4.3　为 DHCP 客户端配置备用 IP 地址

在 Windows XP/Vista/7、Windows Server 2003/2008 系统中，客户端计算机的 TCP/IP 选项中有一个备用配置选项，只有当客户端计算机配置为 DHCP 客户端(自动获取 IP 地址)

时，才有此备用配置。用户还可以通过备用配置，在无法联系DHCP服务器时为DHCP客户端指定静态IP地址，如图11-38所示。

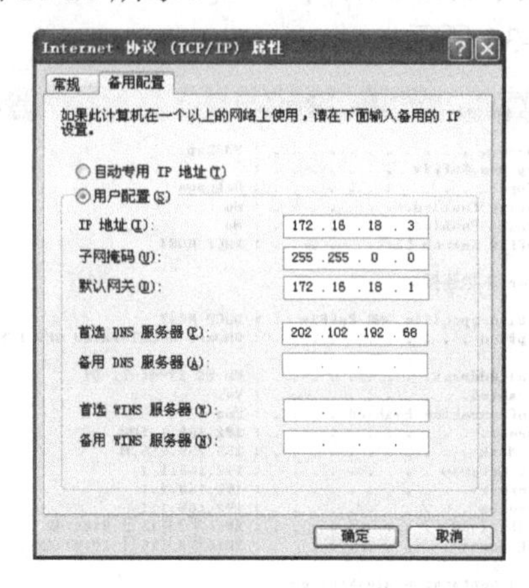

图 11-38　备用配置

11.5　配置DHCP选项

11.5.1　DHCP选项简介

1. 配置选项

在DHCP服务器中，用户可以在以下5个不同的级别管理DHCP选项。

(1)　预定义选项。在这一级中，用户只能定义DHCP服务器中的DHCP选项，从而让它们可以作为可用选项显示在任何一个通过DHCP窗口提供的选项配置对话框(如“服务器选项”、“作用域选项”或“保留选项”)中。用户可以根据需要，将选项添加到标准选项预定义列表中，或从该列表中将选项删除，但是，预定义选项只是让DHCP选项可以进行配置，而是否配置，则必须根据选项配置来决定。

预定义选项配置的方法是，在DHCP窗口中右击DHCP服务器的图标，在弹出的快捷菜单中选择“设置预定义的选项”命令，如图11-39所示。或者选择“操作”→“设置预定义的选项”命令。

(2)　服务器选项。服务器选项中的配置将应用到DHCP服务器中的所有作用域和客户端，不过服务器选项可以被作用域选项或保留选项所覆盖。

服务器选项的配置方法为，在DHCP窗口中展开DHCP服务器，右击“服务器选项”节点，在弹出的快捷菜单中选择“配置选项”命令，如图11-40所示。

(3)　作用域选项。作用域选项中的配置将应用到对应DHCP作用域的所有DHCP客户端，不过，作用域选项可以被保留选项所覆盖。

作用域选项的配置方法是，在DHCP窗口中展开对应的DHCP作用域，右击“作用域选项”节点，在弹出的快捷菜单中选择“配置选项”命令，如图11-41所示。

(4)　保留选项。保留选项仅为作用域中使用保留地址配置的单个DHCP客户端而设置。

保留选项的配置方法是，在DHCP窗口中展开对应DHCP作用域的“保留”节点，右击保留项节点，在弹出的快捷菜单中选择“配置选项”命令，如图 11-42 所示。

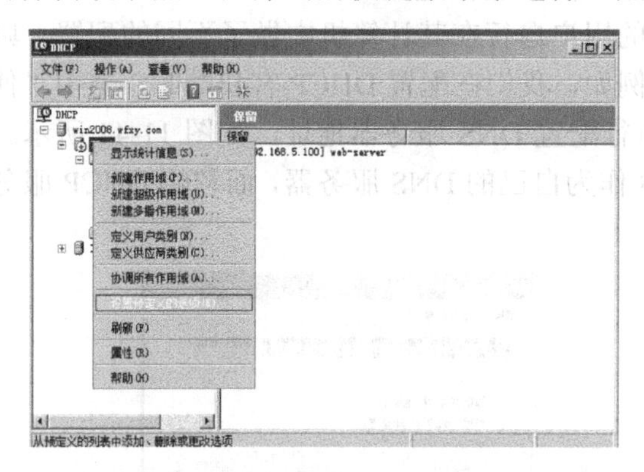

图 11-39　选择“设置预定义的选项”命令

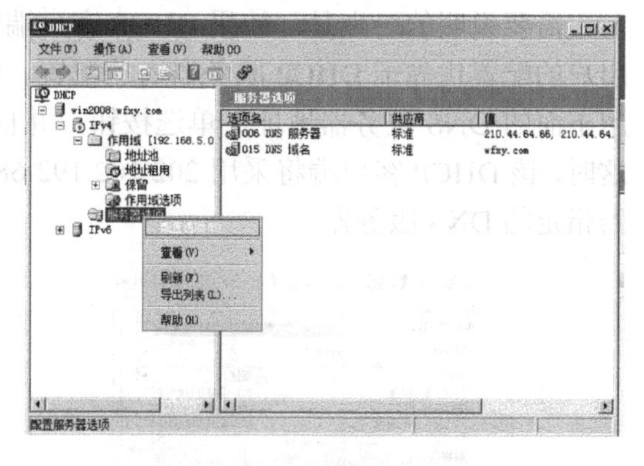

图 11-40　配置服务器选项

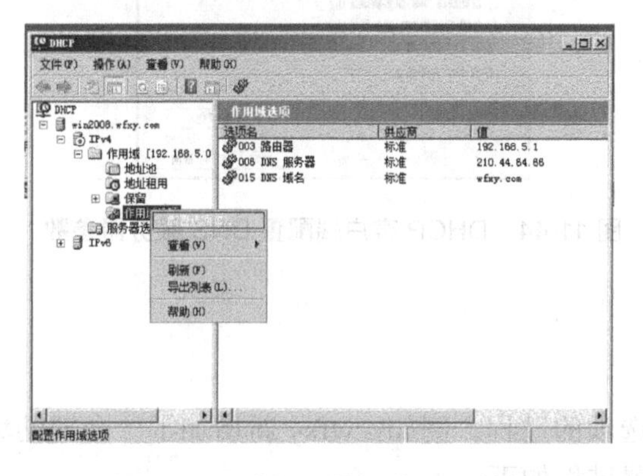

图 11-41　选择“配置选项”命令

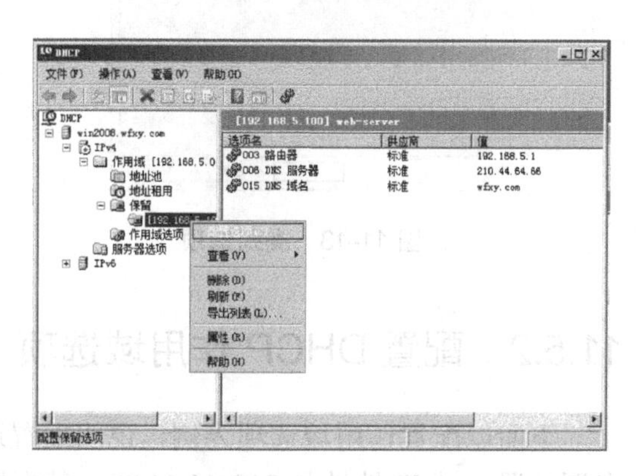

图 11-42　选择“配置选项”命令

(5) 类别选项。在使用任何选项配置对话框(如“服务器选项”、“作用域选项”或“保留选项”对话框)时，均可切换到“高级”选项卡，如图 11-43 所示，来配置和启用标识为指定用户或供应商类别的成员客户端的指派选项，只有那些标识自己属于此类别的 DHCP 客户端才能分配到用户为此类别明确配置的选项，否则为其使用“常规”选项卡中的定义。类别选项比常规选项具有更高的优先权，可以覆盖相同级别选项(如服务器选项、作用域选项或保留选项)中常规选项里指派和设置的值。

2. 配置选项的优先级

如果因为不同级别的 DHCP 选项内的配置不一致而出现冲突，DHCP 客户端应用 DHCP 选项的优先级顺序是，类别选项>保留选项>作用域选项>服务器选项>预定义选项。

例如，DHCP 服务器中创建了 wfxy-test 和 wfxy-test1 两个 IP 作用域，服务器选项中配置 DNS 服务器的 IP 地址为 210.44.64.66，而有 wfxy-test1 作用域选项配置的 DNS 服务器的 IP 地址为 210.44.64.77。对于 wfxy-test1 这个作用域来说，作用域选项配置优先。也就是说，从 wfxy-test IP 作用域中租用 IP 地址的 DHCP 客户端的 DNS 服务器地址是 210.44.64.66，而从 wfxy-test1 IP 作用域中租用 IP 地址的 DHCP 客户端的 DNS 服务器地址是 210.44.64.77。

由于不同级别的 DHCP 选项配置适用的范围和对象不同，因此，在考虑部署 DHCP 选

项时，应该根据不同级别的DHCP选项配置的特性来进行选择。

需要说明的一点是，如果DHCP客户端的用户自行在其计算机中做了不同的配置，则用户的配置优先于DHCP服务器内的配置。例如，我们在配置DHCP客户端时，选中“使用下面的DNS服务器地址”单选按钮，并自行配置DNS服务器地址，如图11-44所示。这时，该DHCP客户端将采用202.102.192.68作为自己的DNS服务器，而忽略DHCP服务器指定的DNS服务器。

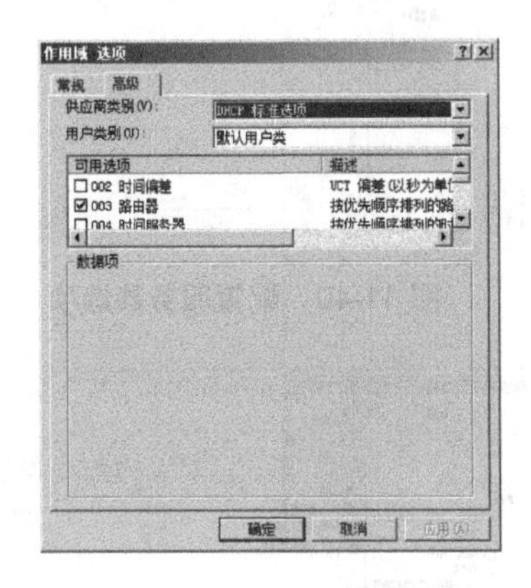

图 11-43　类别选项

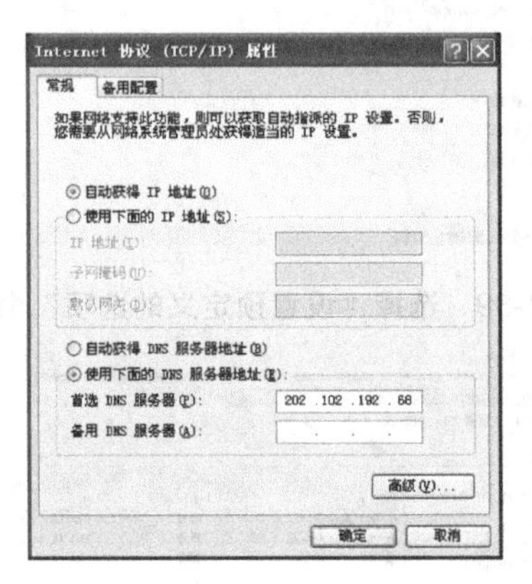

图 11-44　DHCP 客户端配置 DNS 服务器参数

11.5.2　配置 DHCP 作用域选项

下面以配置作用域选项为例，说明配置选项的过程。例如，wfxy新增加了一台辅助域名服务器，其IP地址是210.44.64.88，其配置过程如下。

(1) 打开DHCP窗口，右击“作用域选项”节点，从弹出的快捷菜单中选择“配置选项”命令，如图11-45所示。

(2) 在“作用域选项”对话框中，选中“006 DNS服务器”复选框，输入新增加的DNS服务器的IP地址，单击“添加”按钮。完成后，单击“确定”按钮，如图11-46所示。

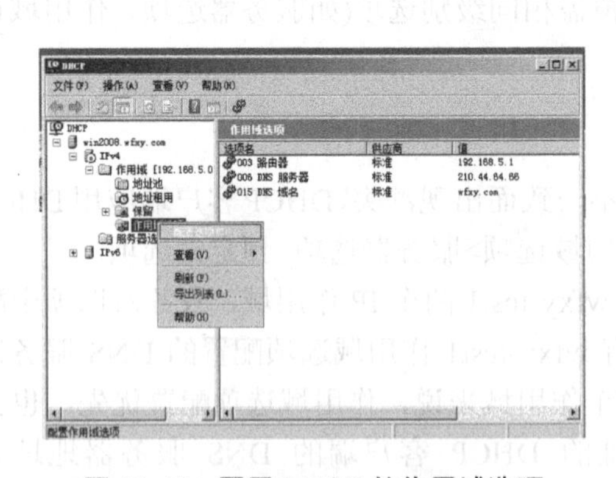

图 11-45　配置 DHCP 的作用域选项

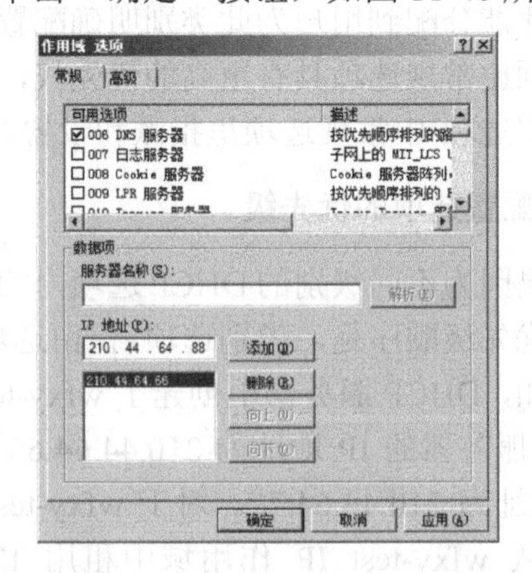

图 11-46　作用域选项-添加 DNS

(3) 在一个DHCP客户端中打开“命令提示符”窗口，在提示符后执行 ipconfig /renew 命令来更新IP地址租约，这样便可以看到新增加的域名服务器。

11.6　管理 DHCP 数据库

11.6.1　设置 DHCP 数据库的路径

在默认情况下，DHCP 服务器的数据库存放在%Systemroot%\System32\dhcp 文件夹内，如图 11-47 所示。其中 dhcp.mdb 是主数据库文件，其他文件都是一些辅助性文件。子文件夹 backup 是 DHCP 数据库的备份，默认情况下，DHCP 数据库每隔一小时会被自动备份一次。

用户可以修改 DHCP 数据库的存放路径和备份文件的路径，操作步骤如下。

(1) 打开 DHCP 窗口，右击 DHCP 服务器的图标，从快捷菜单中选择“属性”命令。

(2) 在服务器属性对话框中删除默认的数据库路径(例如 C:\windows\system32\dhcp)，然后输入所希望的路径，或单击“浏览”按钮来选择文件夹位置，如图 11-48 所示。

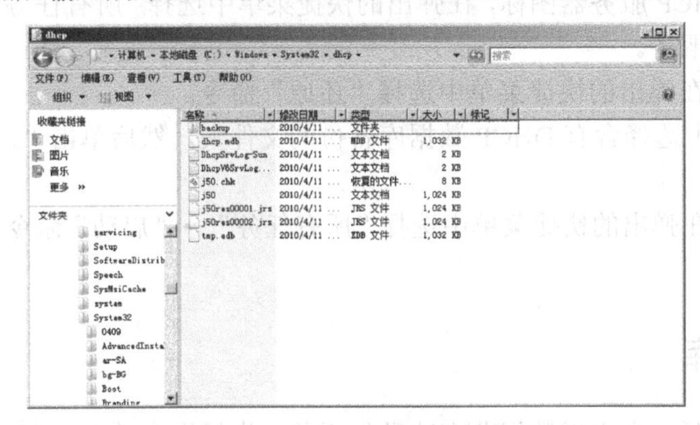

图 11-47　DHCP 数据库

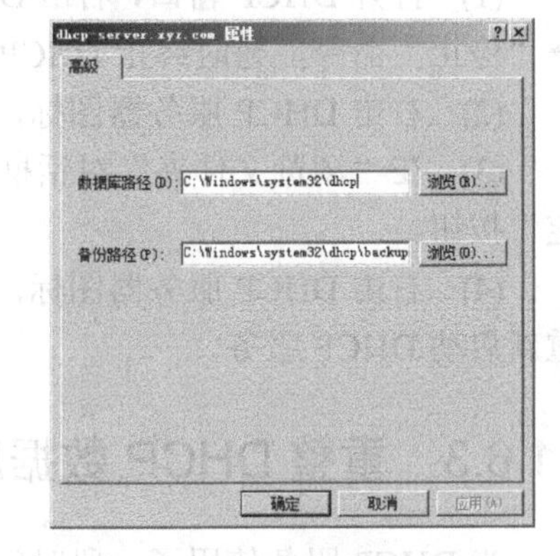

图 11-48　设置数据库路径

(3) 若要修改备份文件的路径，则删除默认的数据库备份路径(例如，C:\Windows\system32\dhcp\backup)，然后输入所希望的路径或单击“浏览”按钮来选择文件夹位置。

(4) 配置完成后，单击“确定”按钮，会打开一个“关闭和重新启动服务”的对话框，单击“确定”按钮后，DHCP 服务器就会自动恢复到最初的备份配置了。

注意： *更改了备份文件夹的位置后，不会自动备份数据库。*

11.6.2　备份和还原 DHCP 数据库

如果出现人为的误操作或其他一些因素，将会导致 DHCP 服务器的配置信息出错或丢失，如果没事先采取措施，需要进行重新设置，工作量较大，而且还可能会出现错误。因此，需要时常备份这些配置信息，一旦出现问题，进行还原即可。DHCP 服务器内置了备份和还原功能，而且操作非常简单。

1. 备份 DHCP 数据库

DHCP 服务在正常操作期间，默认每 60 分钟会自动创建 DHCP 数据库的备份，该数据库备份副本的默认存储位置是%Systemroot%\system32\dhcp\backup。用户也可手动备份

DHCP 数据库，操作步骤如下。

(1) 打开 DHCP 窗口，右击 DHCP 服务器图标，在快捷菜单中选择“备份”命令。

(2) 在“浏览文件夹”对话框中选择要用来存储 DHCP 数据库备份的文件夹，然后单击“确定”按钮。

注意： 如果将手动创建的 DHCP 数据库备份存储在与 DHCP 服务器每 60 分钟创建一次的同步备份相同的位置，则系统自动备份时，手动备份将被覆盖。

2. 还原 DHCP 数据库

DHCP 服务在启动和运行过程中，会自动检查 DHCP 数据库是否损坏。若损坏，会自动利用存储在%Systemroot%\system32\dhcp\backup 文件夹内的备份文件来还原数据库。如果用户已手动备份，也可以手动还原 DHCP 数据库，操作步骤如下。

(1) 打开 DHCP 窗口，右击 DHCP 服务器图标，在弹出的快捷菜单中选择“所有任务”→“停止”命令，暂时终止 DHCP 服务。

(2) 右击 DHCP 服务器图标，在弹出的快捷菜单中选择“还原”命令。

(3) 在“浏览文件夹”对话框中选择含有 DHCP 数据库备份的文件夹，然后单击“确定”按钮。

(4) 右击 DHCP 服务器图标，在弹出的快捷菜单中选择“所有任务”→“启动”命令，重新启动 DHCP 服务。

11.6.3 重整 DHCP 数据库

当 DHCP 服务使用了一段时间后，会出现数据分布凌乱的现象。为了提高效率，有必要重新整理 DHCP 数据库，这类似于定期整理硬盘碎片。

Windows Server 2008 系统会自动地定期在后台运行重整操作，不过也可以通过手动的方式重整数据库，其效率要比自动重整更高。

首先进入到%Systemroot%\system32\dhcp\目录下，停止 DHCP 服务器，接着运行 Jetpack.exe 程序，完成重整数据库的操作，最后重新运行 DHCP 服务器即可。其命令操作过程如图 11-49 所示。

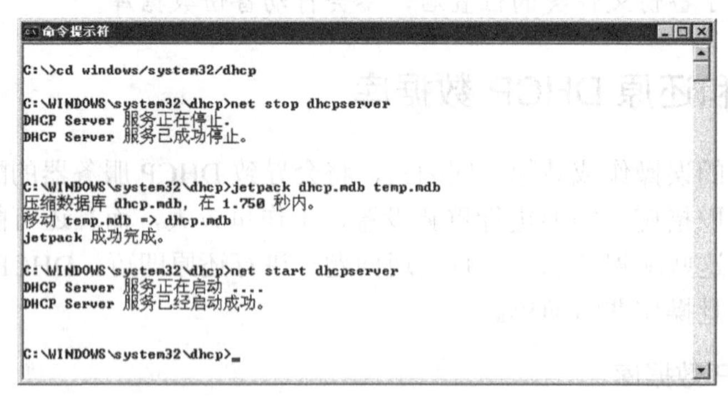

图 11-49 重整 DHCP 数据库

11.6.4　迁移 DHCP 服务器

在实际应用时，可能需要使用一台新 DHCP 服务器替换原有的 DHCP 服务器，如果重新创建，难以保证新 DHCP 服务器的配置完全正确。通常，管理员可以将原来的 DHCP 服务器中的数据库进行备份，然后迁移到新的 DHCP 服务器上，这样不仅操作简单，而且不容易出错。

将 DHCP 数据库从一台服务器计算机(源服务器)移动到另一台服务器计算机(目标服务器)中，总共分为以下两大步骤。

1. 在旧服务器上备份 DHCP 数据库

(1)　打开 DHCP 窗口，右击 DHCP 服务器图标，在弹出的快捷菜单中选择“备份”命令，备份 DHCP 数据库到指定的文件夹中。

(2)　右击 DHCP 服务器图标，在弹出的快捷菜单中选择“所有任务”→“停止”命令，暂时终止 DHCP 服务。此步骤的目的是防止 DHCP 服务器继续向客户端提供 IP 地址租约。

(3)　禁用或删除 DHCP 服务。禁用 DHCP 服务的方法是，选择“开始”→“管理工具”→“服务”命令，打开“服务”窗口。双击 DHCP Server，在弹出的对话框中，从“启动类型”下拉列表中选择“禁用”选项，然后单击“确定”按钮，结果如图 11-50 所示。此步骤的目的，是防止该计算机下次启动时自动启动 DHCP 服务而产生错误。

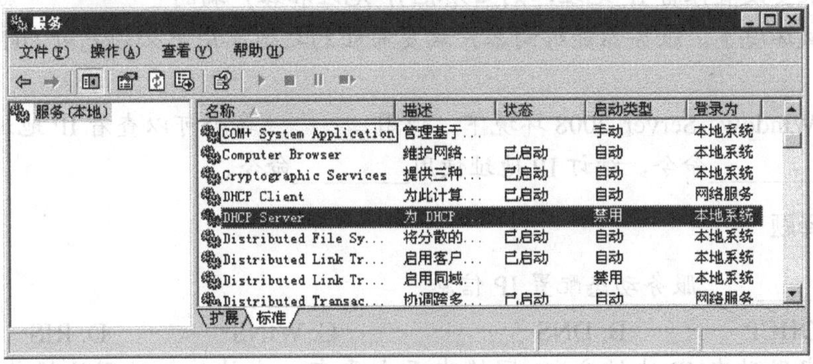

图 11-50　禁用 DHCP 服务

(4)　将包含 DHCP 数据库备份的文件夹复制到新的 DHCP 服务器计算机中。

2. 在新服务器上还原 DHCP 数据库

(1)　在新服务器上安装 Windows Server 2008 操作系统并安装 DHCP 服务角色，然后配置相关的网络参数。

(2)　打开 DHCP 窗口，右击 DHCP 服务器图标，在弹出的快捷菜单中选择“所有任务”→“停止”命令，暂时终止 DHCP 服务。

(3)　右击 DHCP 服务器图标，在弹出的快捷菜单中选择“还原”命令，还原从旧服务器上备份的 DHCP 数据库。

(4)　右击 DHCP 服务器图标，在弹出的快捷菜单中选择“所有任务”→“启动”命令，重新启动 DHCP 服务。

(5) 右击 DHCP 服务器图标，在弹出的快捷菜单中选择“协调所有的作用域”命令，使 DHCP 数据库中的作用域信息与注册表中的相关信息一致。

本章小结

本章主要介绍了 IP 地址的分配方式及 DHCP 的工作原理；介绍了 DHCP 服务的安装过程；介绍了 DHCP 作用域的创建过程及 DHCP 客户端的配置方法；介绍了 DHCP 服务器的配置选项的等级及配置方法；介绍了 DHCP 数据库的备份、还原及 DHCP 的迁移方法。

习题与实训

一、填空题

(1) 管理员为工作站分配 IP 地址的方式分为__________和__________。

(2) DHCP 服务为管理基于 TCP/IP 的网络提供的好处包括__________、__________和__________。

(3) 网络中的 DHCP 服务器的功能，可以看作是给其他服务器、工作站分配动态的__________。

(4) 如果要设置保留 IP 地址，则必须把 IP 地址和客户端的__________进行绑定。

(5) 在域环境下，服务器能够向客户端发布租约之前，用户必须先对 DHCP 服务器进行________。

(6) 在 Windows Server 2008 环境下，使用________命令可以查看 IP 地址配置，释放 IP 地址使用________命令，续订 IP 地址使用________命令。

二、选择题

(1) __________服务动态配置 IP 信息。

A. DHCP　　B. DNS　　C. WINS　　D. RIS

(2) 要实现动态 IP 地址分配，网络中至少要有一台计算机的网络操作系统中安装了__________。

A. DNS 服务器　　B. DHCP 服务器

C. IIS 服务器　　D. PDC 主域控制器

(3) 使用 DHCP 服务器功能的好处是__________。

A. 降低 TCP/IP 网络的配置工作量

B. 增强系统安全性与依赖性

C. 对那些经常变动位置的工作站而言，DHCP 能迅速更新位置信息

D. 以上都是

(4) 在安装 DHCP 服务器之前，必须保证这台计算机具有静态的__________。

A. 远程访问服务器的 IP 地址　　B. DNS 服务器的 IP 地址

C. WINS 服务器的 IP 地址　　D. IP 地址

(5) 设置 DHCP 选项时，不可以设置的是___________。

A. DNS 服务器　　B. DNS 域名　　C. WINS 服务器　　D. 计算机名

(6) 如果希望一台 DHCP 客户机总是获取一个固定的 IP 地址，那么，可以在 DHCP 服务器上为其设置___________。

A. IP 作用域　　B. IP 地址的保留　　C. DHCP 中继代理　　D. 子网掩码

(7) 在 Windows XP 操作系统的客户端中，可以通过___________命令查看 DHCP 服务器分配给本机的 IP 地址。

A. config　　B. ifconfig　　C. ipconfig　　D. route

(8) 对于使用 Windows XP 操作系统的 DHCP 客户机而言，如果启动时无法与 DHCP 服务器通信，它将___________。

A. 借用别人的 IP 地址　　B. 任意选取一个 IP 地址

C. 在特定网段中选取一个 IP 地址　　D. 不使用 IP 地址

(9) 一个用户向管理员报告，说他使用的 Windows Server 2008 无法连接到网络。管理员在用户的计算机上登录，并使用 ipconfig 命令，结果显示 IP 地址是 169.254.25.38。这是___________导致的。

A. 用户自行指定 IP 地址　　B. IP 地址冲突

C. 动态申请地址失败　　D. 以上都不正确

(10) IP 地址配置中，备用配置信息的用途是___________。

A. 在使用动态 IP 地址的网络中启用备用配置

B. 在使用静态 IP 地址的网络中启用备用配置

C. 当动态 IP 地址有冲突的时候，启用备用配置

D. 当静态 IP 地址有冲突的时候，启用备用配置

三、实训内容

(1) 安装 DHCP 服务器角色。

(2) 在 AD DS 中为 DHCP 服务器授权。

(3) 创建 DHCP 作用域。

(4) 配置和管理 DHCP 客户端。

(5) 保留特定 IP 地址给客户端。

(6) 迁移 DHCP 服务器。

第 12 章　DNS 服务器的配置

本章学习目标

本章主要介绍 DNS 服务的基本原理、架设主域名服务器的步骤、DNS 客户机的配置、监测 DNS 服务器、创建子域和委派域、架设辅助域名服务器等方面的内容。

通过本章的学习，应该实现如下目标：

- 掌握 DNS 域名系统的基本概念、域名解析的原理与模式。
- 熟悉 Windows Server 2008 环境下的 DNS 服务器的安装。
- 掌握主域名服务器的架设。
- 掌握 DNS 客户机的配置及域名服务器的测试方法。
- 了解子域和委派域的创建方法、辅助域名服务器的架设与区域传送。

12.1　DNS 的概述

IP 地址是因特网提供的统一寻址方式，直接使用 IP 地址，便可以访问因特网中的主机资源。但是，IP 地址只是一串数字，没有任何意义，对于用户来说，记忆起来十分困难。而有一定含义的主机名字都易于记忆。

域名系统(Domain Name System，DNS)用于实现 IP 地址与主机名之间的映射，它是 TCP/IP 协议族中的一种标准服务。

12.1.1　DNS 域名空间

Internet 的域名是具有一定层次的树状结构。它实际上是一个倒过来的树，树根在最上面。Internet 将所有联网的主机的域名空间划分为许多不同的域，树根下是最高一级域。每一个最高级的域又被分成一系列二级域、三级域和更低级域，如图 12-1 所示。

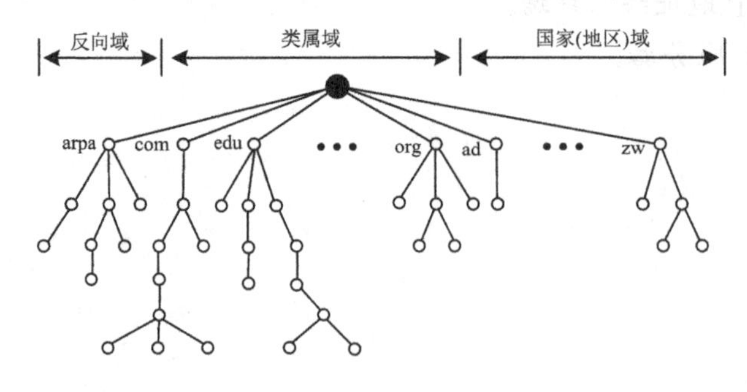

图 12-1　域名空间

域名是使用名字信息来管理的，它们存储在域名服务器的分布式数据库中。每一个域名服务器有一个数据库文件，其中包含了域名树中某个区域的记录信息。

域名空间的根由 Internet Network Center(InterNIC)管理，它分为类属域、国家(地区)域和反向域。

类属域代表申请该域名的组织类型。起初只有 7 种类属域，它们分别是 com(商业机构)、edu(教育机构)、gov(政府机构)、int(国际组织)、mil(军事组织)、net(网络支持组织)和 org(非营利组织)，后来又增加了几个类属域，分别是 arts(文化组织)、firm(企业或商行)、info(信息服务提供者)、nom(个人命名)、rec(消遣/娱乐组织)、shop(提供可购买物品的商店)以及 web(与万维网有关的组织)。

国家(地区)域的格式与类属域的格式一样，但使用 2 字符的国家(地区)缩写(如 cn 代表中国大陆地区)，而不是第一级的 3 字符的组织缩写。常用的国家(地区)域有 cn(中国内地)、us(美国)、jp(日本)、uk(英国)、tw(中国台湾)和 hk(中国香港)。

反向域用来将一个 IP 地址映射为域名。这类查询叫作反向解析或指针(PTR)查询。要处理指针查询，需要在域名空间中增加反向域，且第一级节点为 arpa(由于历史原因)，第二级也是一个单独节点，叫作 in-addr(表示反向地址)，域的其他部分定义 IP 地址。

12.1.2 域名解析

将域名映射为 IP 地址或将 IP 地址映射成域名，都称为域名解析。DNS 被设计为客户机/服务器模式。将域名映射与为 IP 地址或将 IP 地址映射成域名的主机需要调用 DNS 客户机，即解析程序。解析程序用一个映射请求找到最近的一个 DNS 服务器。若该服务器有这个信息，则满足解析程序的要求。否则，或者让解析程序找其他服务器，或者查询其他服务器来提供这个信息。

1. 域名解析方式

当 DNS 客户机向 DNS 服务器提出域名解析请求，或者一台 DNS 服务器(此时这台 DNS 服务器扮演着 DNS 客户机角色)向另外一台 DNS 服务器提出域名解析请求时，有两种解析方式。

第一种叫递归解析，要求域名服务器系统一次性完成全部域名和地址之间的映射。换句话说，解析程序期望服务器提供最终解答。若服务器是该域名的授权服务器，就检查其数据库并响应。若服务器不是该域名的授权服务器，则该服务器将请求发送给另一个服务器并等待响应，直到查找到该域名的授权服务器，并把响应的结果发送给请求的客户机。

第二种叫迭代解析(或称为反复解析)，每一次请求一个服务器，不行再请求别的服务器。换言之，若服务器是该域名的授权服务器，就检查其数据库并响应，从而完成解析。若服务器不是该域名的授权服务器，就返回认为可以解析这个查询的服务器的 IP 地址。客户机向第二个服务器重复查询，若新找到的服务器能解决这个问题，就响应并完成解析；否则，就向客户机返回一个新服务器的 IP 地址。客户机如此重复同样的查询，直到找到该域名的授权服务器。

在实际应用中，往往是将这两种解析方式结合起来使用，例如，图 12-2 所示为解析 www.abc.com 主机 IP 地址的全过程。

(1) 客户机的域名解析器向本地域名服务器发出 www.abc.com 域名解析请求。

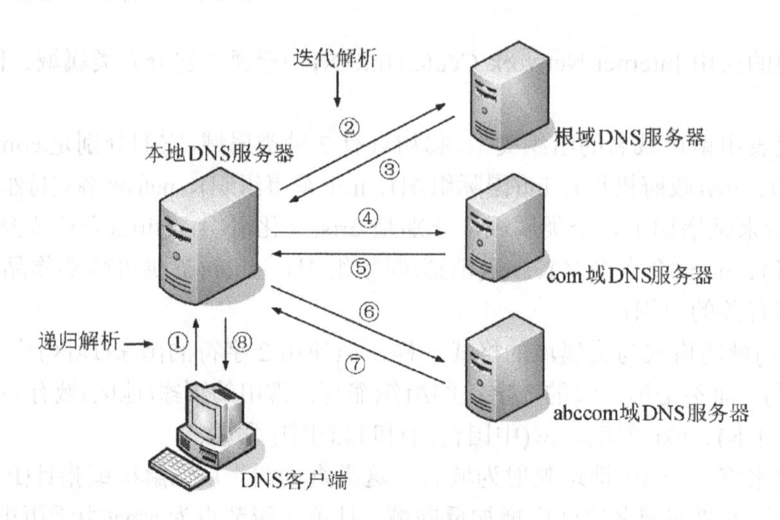

图 12-2　域名解析的过程

(2) 本地域名服务器未找到 www.abc.com 的对应地址，则向根域服务器发送 com 的域名解析请求。

(3) 根域服务器向本地域名服务器返回 com 域名服务器的地址。

(4) 本地域名服务器向 com 域名服务器提出 abc.com 域名解析请求。

(5) com 域名服务器向本地域名服务器返回 abc.com 域名服务器的地址。

(6) 本地域名服务器向 abc.com 域名服务器提出 www.abc.com 域名解析请求。

(7) abc.com 域名服务器向本地域名服务器返回 www.abc.com 主机的 IP 地址。

(8) 本地域名服务器将 www.abc.com 主机的 IP 地址返回给客户机。

2. 正向解析和反向解析

正向解析是将域名映射为 IP 地址。

例如，DNS 客户机可以查询主机名称为 www.pku.edu.cn 的 IP 地址。

要实现正向解析，必须在 DNS 服务器内创建一个正向解析区域。

反向解析是将 IP 地址映射为域名。要实现反向解析，必须在 DNS 服务器中创建反向解析区域。反向域名的顶级域名是 in-addr.arpa。

反向域名由两部分组成，域名前半段是其网络 ID 反向书写，而域名后半段必须是 in-addr.arpa。

如果要针对网络 ID 为 192.168.10.0 的 IP 地址来提供反向解析功能，则此反向域名必须是 10.168.192.in-addr.arpa。

12.1.3　域名服务器

互联网上的域名服务器用来存储域名的分布式数据库，并为 DNS 客户端提供域名解析。它们也是按照域名层次来安排的，每一个域名服务器都只对域名体系中的一部分进行管辖。

根据它们的用途，域名服务器有以下几种不同类型。

(1) 主域名服务器。负责维护这个区域的所有域名信息，是特定域的所有信息的权威信息源。也就是说，主域名服务器内所存储的是该区域的正本数据，系统管理员可以对它进行修改。

(2) 辅助域名服务器。当主域名服务器出现故障、关闭或负载过重时，辅助域名服务器作为备份服务，提供域名解析服务。辅助域名服务器中的区域文件内的数据是从另外一台域名服务器复制过来的，并不是直接输入的，也就是说，这个区域文件的数据只是一个副本，这里的数据是无法修改的。

(3) 缓存域名服务器。可运行域名服务器软件，但没有域名数据库。它从某个远程服务器取得每次域名服务器查询的回答，一旦取得一个答案，就将它放在高速缓存中，以后查询相同的信息时就用它予以回答。缓存域名服务器不是权威性服务器，因为它提供的所有信息都是间接信息。

(4) 转发域名服务器。负责所有非本地域名的本地查询。转发域名服务器接收到查询请求时，在其缓存中查找，如果找不到，就把请求依次转发到指定的域名服务器，直到查询到结果为止，否则返回无法映射的结果。

12.2 添加 DNS 服务

在配置 DNS 服务器时，首先需要确定计算机是否满足 DNS 服务器的最低需求；然后安装 DNS 服务器角色；接着，创建 DNS 区域，并在区域中创建资源记录；最后，配置 DNS 客户端并进行测试。

有时，还要根据实际需要来配置根 DNS 或 DNS 转发。

12.2.1 架设 DNS 服务器的需求和环境

DNS 服务器角色所花费的系统资源很少，任何一台能够运行 Windows Server 2008 的计算机都能配置成 DNS 服务器。如果是一台大型网络或 ISP 的 DNS 服务器，区域中要包含成千上万条资源记录，被访问的频率非常高，因此服务器内存大小和网卡速度就成为约束条件。

另外，每个客户机在配置时都要指定 DNS 服务器的 IP 地址，因此，DNS 服务器必须拥有静态的 IP 地址，不能采用 DHCP 动态获取。由于涉及客户机的配置问题，因此 DNS 服务器的 IP 地址一旦固定下来，就不可随意更改。

12.2.2 安装 DNS 服务器角色

Windows Server 2008 系统内置了 DNS 服务组件，但默认情况下并没有安装，需要管理员手动安装并配置，从而为网络提供域名解析服务。本书的 3.6.3 小节在介绍安装服务器角色的方法时，就是以 DNS 服务为例的，这里就不再重复介绍了。

DNS 服务安装完毕后，可以通过选择“开始”→“管理工具”→“DNS”命令，打开“DNS 管理器”窗口，通过“DNS 管理器”窗口，可以管理本地或远程的 DNS 服务器，如图 12-3 所示。

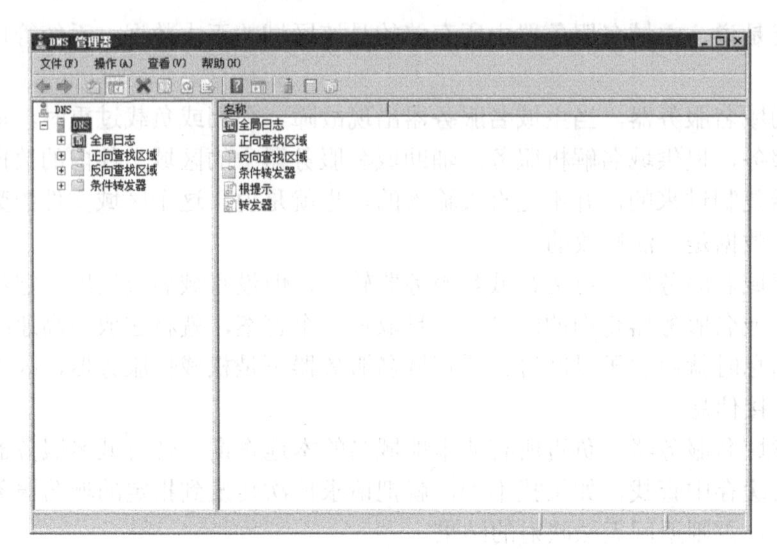

图 12-3　“DNS 管理器”窗口

12.3　配置 DNS 区域

12.3.1　DNS 区域类型

Windows Server 2008 支持的 DNS 区域类型包括主要区域、辅助区域和存根区域。

(1)　主要区域(Primary Zone)。主要区域保存的是该区域中所有主机数据记录的正本。当在 DNS 服务器内创建主要区域后，可直接在此区域内新建、修改和删除记录。区域内的记录可以存储在文件或是 Active Directory 数据库中。

①　如果 DNS 服务器是独立服务器或是成员服务器，则区域内的记录存储于区域文件中，该区域文件采用标准的 DNS 格式，文件名称默认是“区域名称.dns”。例如，区域名称为 abc.com，则区域文件名是 abc.com.dns。当在 DNS 服务器内创建了一个主要区域和区域文件后，这个 DNS 服务器就是这个区域的主要名称服务器。

②　如果 DNS 服务器是域控制器，则可将记录存储在区域文件或 Active Directory 数据库内。若将其存储到 Active Directory 数据库内，则此区域被称为“Active Directory 集成区域(Active Directory Integrated Zone)”，此区域内的记录会随着 Active Directory 数据库的复制而被复制到其他的域控制器中。

(2)　辅助区域(Secondary Zone)。辅助区域保存的是该区域内所有主机数据的复制文件(副本)，该副本文件是从主要区域传送过来的。保存此副本数据的文件也是一个标准的 DNS 格式的文本文件，而且是一个只读文件。当在 DNS 服务器内创建了一个辅助区域后，这个 DNS 服务器就是这个区域的辅助名称服务器。

(3)　存根区域(Stub Zone)。存根区域只保存名称服务器(Name Server，NS)、授权启动(Start Of Authority，SOA)及主机(Host)记录的区域副本，含有存根区域的服务器无权管理该区域的资源记录。

12.3.2　创建正向主要区域

在 DNS 客户机提出的 DNS 请求中，大部分是要求把主机名解析为 IP 地址，即正向解析。正向解析是由正向查找区域来处理的。创建正向查找区域的步骤如下。

(1)　选择“开始”→“管理工具”→“DNS”命令，打开“DNS 管理器”窗口。

(2)　右击控制树中的“正向查找区域”节点，在弹出的快捷菜单中选择“新建区域”命令，如图 12-4 所示。

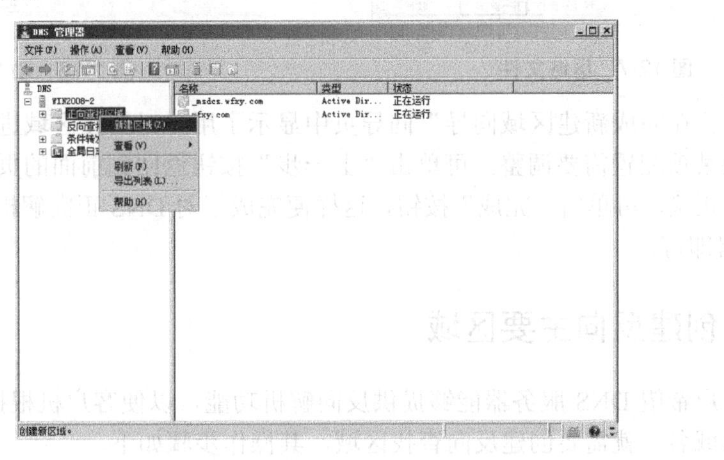

图 12-4　新建区域

(3)　在“欢迎使用新建区域向导”向导页中单击“下一步”按钮。

(4)　在“区域类型”向导页中选中“主要区域”单选按钮，然后单击“下一步”按钮，如图 12-5 所示。

(5)　在“区域名称”向导页中为此区域设置区域名称，然后单击“下一步”按钮，如图 12-6 所示。

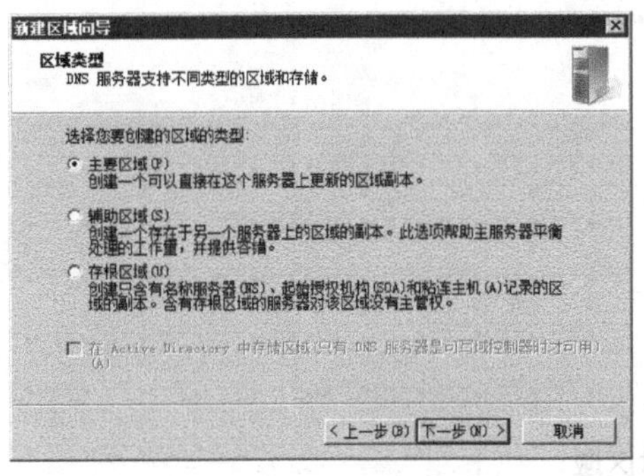

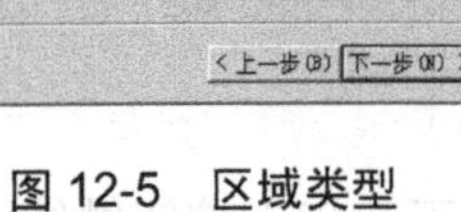

图 12-5　区域类型

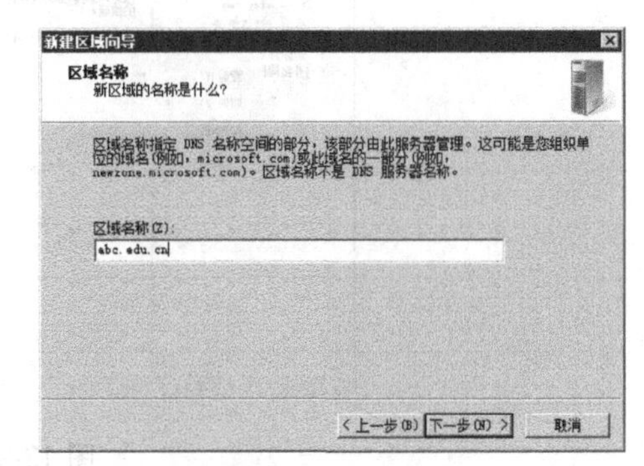

图 12-6　区域名称

(6)　在“区域文件”向导页中，选择区域文件。系统会自动在区域名称后加.dns 作为文件名，或者使用一个已有文件，操作完成后单击“下一步”按钮，如图 12-7 所示。

(7)　在“动态更新”向导页中指定这个 DNS 区域是否接受安全、不安全或动态更新。这里选中“不允许动态更新”单选按钮，操作完成后单击“下一步”按钮，如图 12-8 所示。

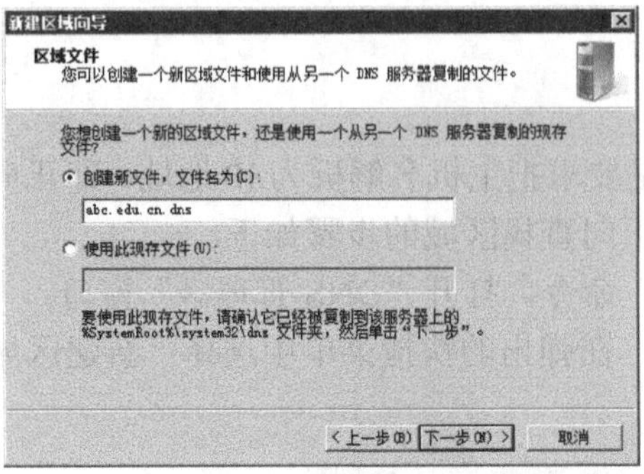

图 12-7　区域文件

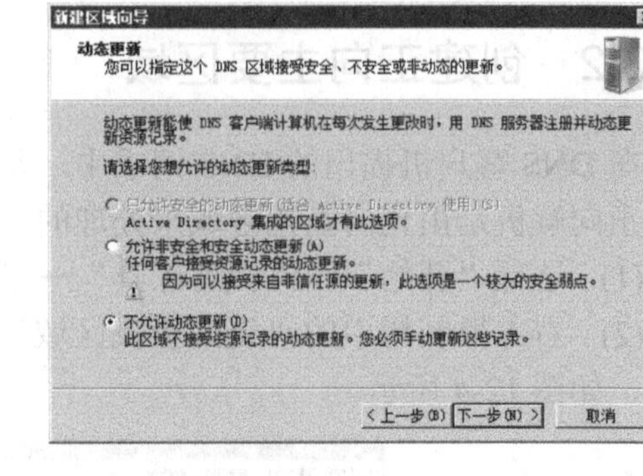

图 12-8　动态更新

(8)　“正在完成新建区域向导”向导页中显示了用户对新建区域进行配置的信息，如果用户认为某项配置需要调整，可单击“上一步”按钮返回到前面的页面中重新配置。如果确认配置正确，可单击“完成”按钮，这样便完成了对 DNS 正向解析区域的创建，返回 DNS 管理器即可。

12.3.3　创建反向主要区域

如果用户希望 DNS 服务器能够提供反向解析功能，以便客户机根据已知的 IP 地址来查询主机的域名，就需要创建反向查找区域，其操作步骤如下。

(1)　选择“开始”→“管理工具”→“DNS”命令，打开“DNS 管理器”窗口。

(2)　右击控制树中的“反向查找区域”节点，在弹出的快捷菜单中选择“新建区域”命令，如图 12-9 所示。

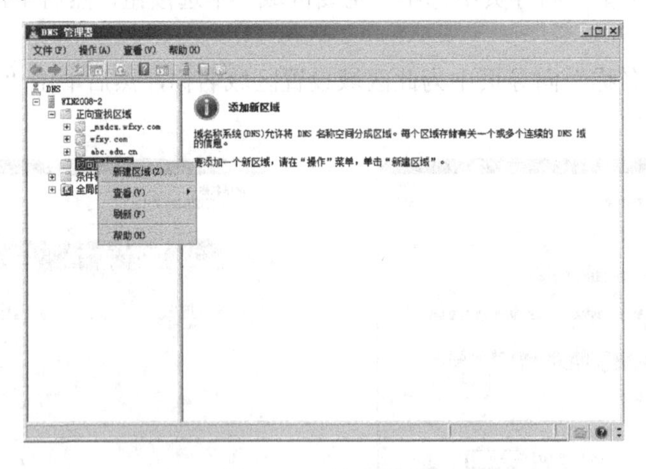

图 12-9　新建区域

(3)　出现“欢迎使用新建区域向导”向导页，单击“下一步”按钮继续。

(4)　在“区域类型”向导页中选中“主要区域”单选按钮，单击“下一步”按钮继续。

(5)　在“反向查找区域名称”向导页中选择为 IPv4 还是为 IPv6 创建反向查找区域。由于目前网络大多数使用 IPv4，因此，这里选中“IPv4 反向查找区域”单选按钮，并单击“下一步”按钮继续，如图 12-10 所示。

(6) 出现另一个“反向查找区域名称”向导页，在“网络 ID”文本框中输入此区域所支持的反向查询的网络 ID，系统会自动在“反向查找区域名称”文本框中设置区域名称。用户也可以直接在“反向查找区域名称”文本框中设置其区域名称。例如，该 DNS 服务器负责 IP 地址为 210.44.71.0 的网络的反向域名解析，可在“网络 ID”文本框中输入 210.44.71，则“反向查找区域名称”文本框中显示 71.44.210.in-addr.arpa。设置完毕后，单击“下一步”按钮继续，如图 12-11 所示。

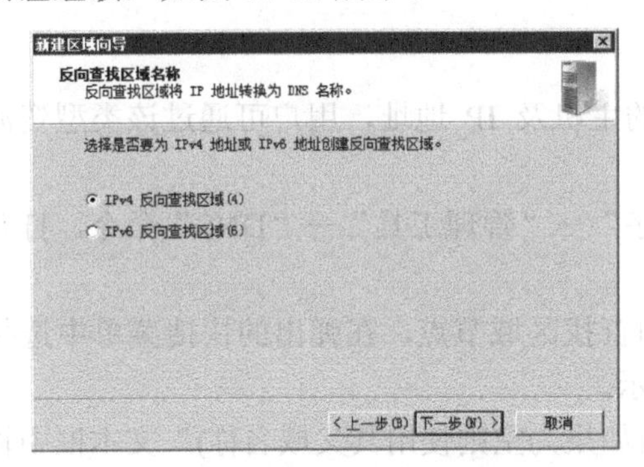

图 12-10　反向查找区域名称(1)

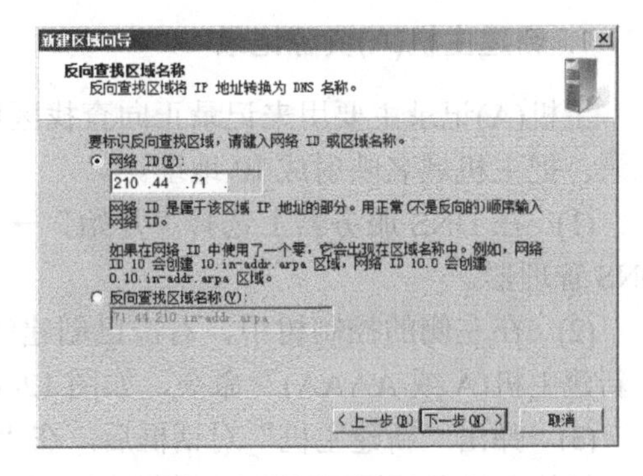

图 12-11　反向查找区域名称(2)

(7) 在“区域文件”向导页中，系统会自动在区域名称后加.dns 作为文件名，用户可以修改区域文件名，也可以使用一个已有文件。设置完毕后，单击“下一步”按钮继续，如图 12-12 所示。

(8) 在“动态更新”向导页中指定这个 DNS 区域是否接受安全、不安全或动态更新。这里选中“不允许动态更新”单选按钮，单击“下一步”按钮继续，如图 12-13 所示。

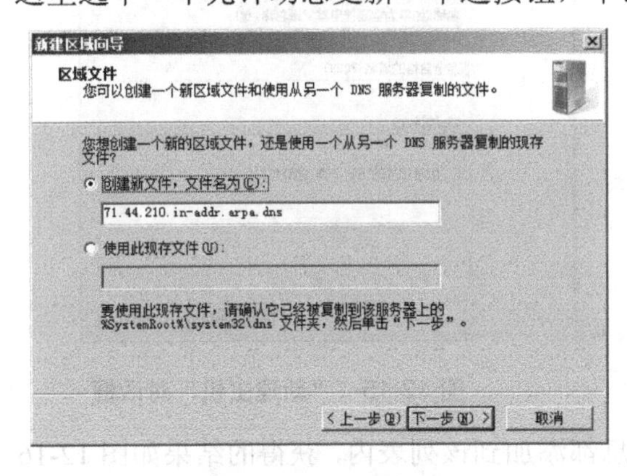

图 12-12　区域文件

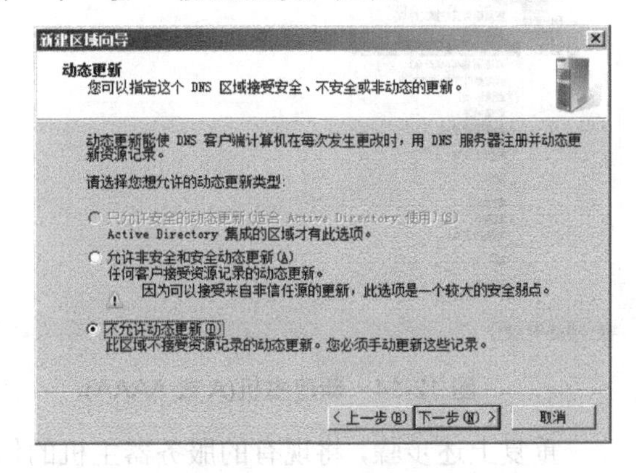

图 12-13　动态更新

(9) “正在完成新建区域向导”向导页中显示了用户对新建区域进行配置的信息，如果用户认为某项配置需要调整，可单击“上一步”按钮返回到前面的对话框中重新配置。如果确认配置正确，可单击“完成”按钮，这样便完成了对 DNS 反向解析区域的创建，返回 DNS 管理器，即可查看区域的状态。

(10) 如果这台 DNS 服务器负责为多个 IP 网段提供反向域名解析服务，可以按照上述步骤创建多个反向查找区域。

12.3.4 在区域中创建资源记录

新建完正向区域和反向区域后，就可以在区域内创建主机等相关数据了，这些数据被称为资源记录。DNS 服务器支持多种类型的资源记录，下面简单介绍几种常用的资源记录的作用和创建方法。

1. 新建主机(A)资源记录

主机(A)记录主要用来记录正向查找区域内的主机及 IP 地址，用户可通过该类型资源记录，把主机域名映射成 IP 地址。

(1) 在 DNS 服务器上选择“开始”→“程序”→“管理工具”→“DNS”命令，打开 DNS 管理器。

(2) 在左侧的控制树中，右击已创建的正向查找区域节点，在弹出的快捷菜单中选择“新建主机(A 或 AAAA)”命令，如图 12-14 所示。

(3) 弹出“新建主机”对话框后，在“名称(如果为空则使用其父域名称)”文本框中输入主机的主机名(不需要填写完整域名)。在“IP 地址”文本框中填写该主机对应的 IP 地址，然后单击“添加主机”按钮，如图 12-15 所示。新建的主机记录将会显示在主窗口右侧的列表中。

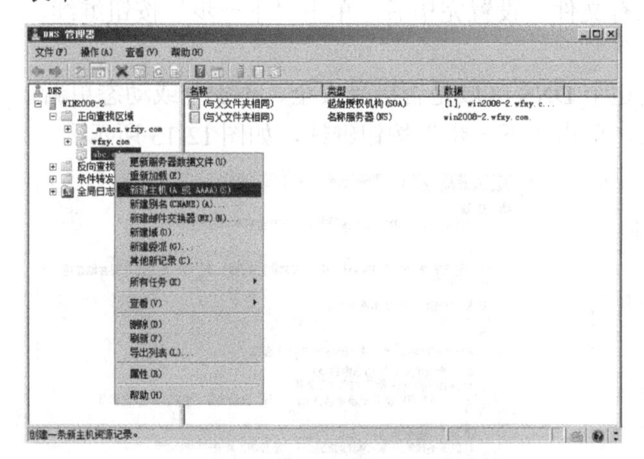

图 12-14 新建主机(A 或 AAAA)

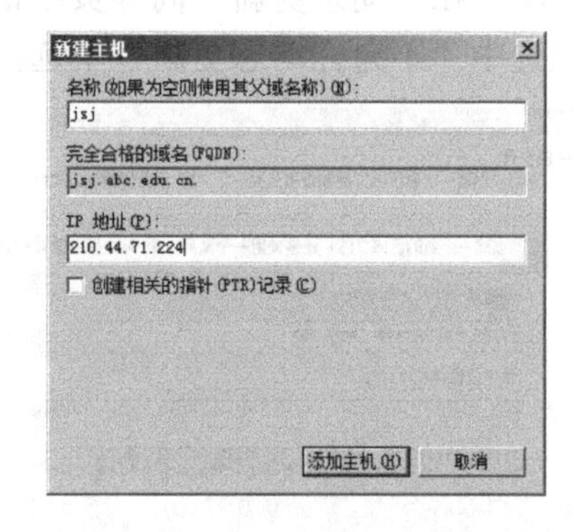

图 12-15 “新建主机”对话框

重复上述步骤，将现有的服务器主机的信息都添加到该列表内，获得的结果如图 12-16 所示。

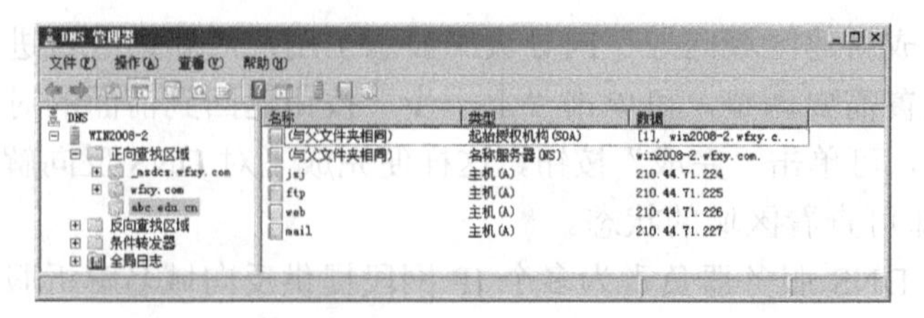

图 12-16 所有主机记录

2. 新建主机别名(CNAME)资源记录

在有些情况下，需要为区域内的一台主机创建多个主机名称。例如，在 ABC 学院中，Web 服务器的主机名是 web.abc.edu.cn，但人们更喜欢使用 www.abc.edu.cn 来该访问 Web 站点，这时，我们就要用到主机别名记录。新建主机别名资源记录的步骤如下。

(1) 在控制树中，右击已创建的正向查找区域节点，在弹出的快捷菜单中选择“新建别名(CNAME)”命令。

(2) 在“新建资源记录”对话框中输入主机的别名与目标主机的完全合格的域名，然后单击“确定”按钮，如图 12-17 所示。图 12-18 所示为别名记录创建后的界面，它表示 www.abc.edu.cn 是 web.abc.edu.cn 的别名。

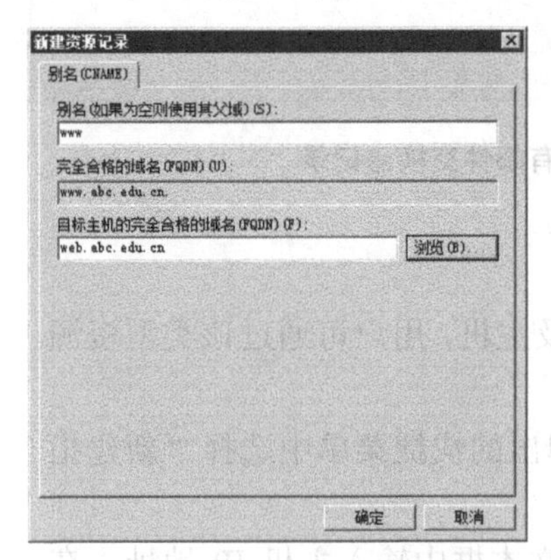

图 12-17　新建别名资源记录

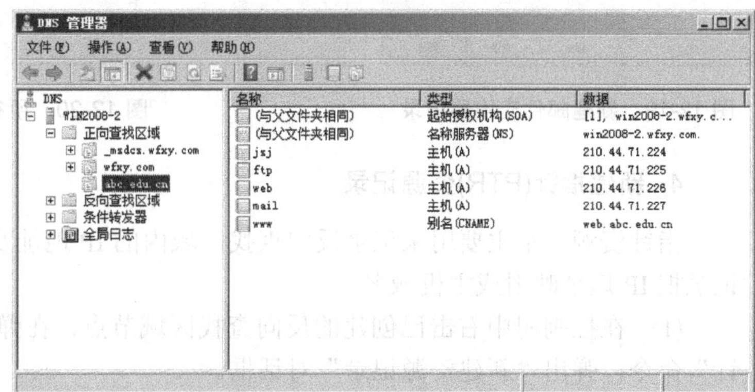

图 12-18　所有别名记录

3. 新建邮件交换器(MX)记录

邮件交换器记录是用来指定哪些主机负责接收该区域的电子邮件的。新建邮件交换器记录的步骤如下。

(1) 在控制树中，右击已创建的正向查找区域节点，在弹出的快捷菜单中选择“新建邮件交换器(MX)”命令。

(2) 在“新建资源记录”对话框中，分别输入“主机或子域”、“邮件服务器的完全合格的域名(FQDN)”和“邮件服务器优先级”，然后单击“确定”按钮，新建的邮件交换器记录将显示在主窗口右侧的列表中。

例如，在 ABC 学院中，主机名为 mail.abc.edu.cn 的这台服务器负责接收邮箱格式为 XXX@abc.edu.cn 的所有邮件，“主机或子域”文本框中可不填写任何内容，在“邮件服务器的完全合格的域名(FQDN)”文本框中填写 mail.abc.edu.cn，如图 12-19 所示。

再比如，在 ABC 学院中，mail2.abc.edu.cn 这台服务器负责接收所有邮箱格式为 XXX@student.abc.edu.cn 的邮件，可以在“主机或子域”文本框中填写 student，在“邮件服务器的完全合格的域名(FQDN)”文本框中填写 mail2.abc.edu.cn。图 12-20 所示为两条 MX 资源记录创建完成后的界面。

如果一个区域内有多个邮件交换器，那么可以创建多个 MX 资源记录，并通过邮件服务器优先级来区分，数字较低的优先级较高。如果其他邮件交换器向这个域内传送邮件，它首先会传送给优先级较高的邮件交换器，如果传送失败，再选择优先级较低的邮件交换器。如果所有的邮件交换器的优先级相同，则随机选择一台传送。

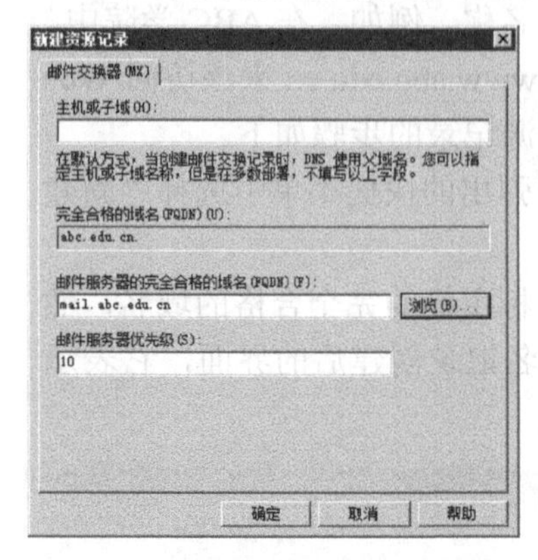

图 12-19　新建邮件交换器记录

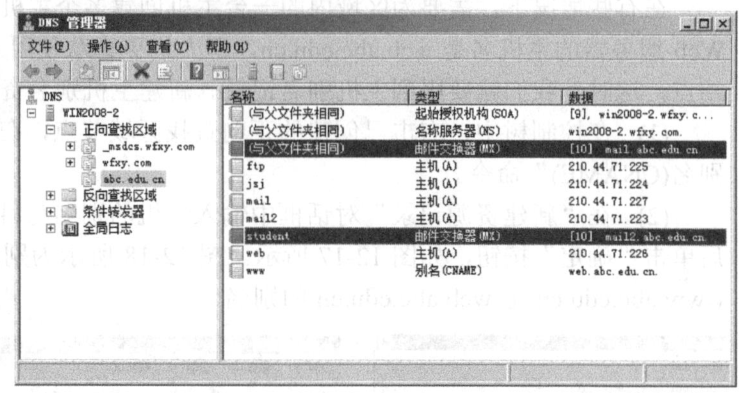

图 12-20　所有邮件交换器记录

4. 新建指针(PTR)资源记录

指针资源记录主要用来记录反向查找区域内的IP地址及主机，用户可通过该类型资源记录把IP地址映射成主机域名。

(1) 在控制树中右击已创建的反向查找区域节点，在弹出的快捷菜单中选择“新建指针”命令，弹出“新建资源记录”对话框。

(2) 在“新建资源记录”对话框中的“主机IP地址”文本框中输入主机IP地址，在“主机名”文本框中输入jsj主机的完全合格的域名(FQDN)。设置完毕后，单击“确定”按钮，如图12-21所示。

(3) 重复上述步骤，将现有的服务器主机的信息都输入到该区域内，其结果如图12-22所示。

说明： 在创建主机(A)资源记录时，也可以同时创建指针资源记录，只须在图12-15所示的对话框中选中“创建相关的指针(PTR)记录”复选框即可。

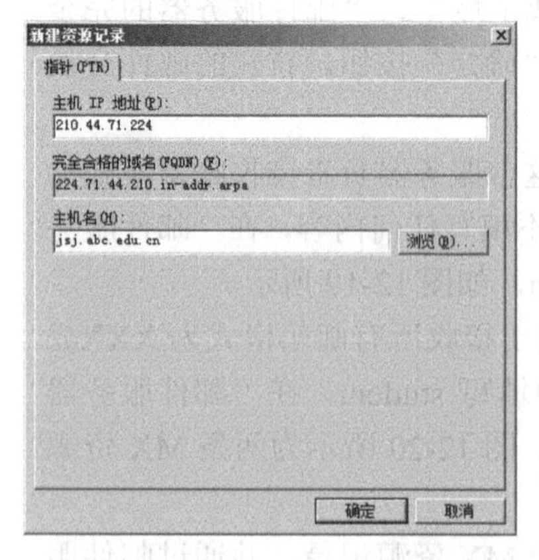

图 12-21　新建指针记录

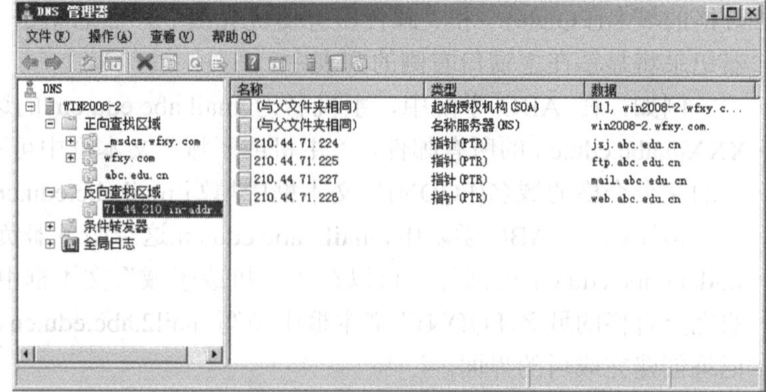

图 12-22　所有指针记录

12.4　DNS 客户端的配置和测试

为了验证 DNS 安装与配置是否正确，我们可以通过以下几种方式来监测 DNS 服务器的运行情况。

12.4.1　DNS 客户端的配置

要在 DNS 客户机上测试 DNS 服务器的配置情况，首先要配置 DNS 客户机的相关属性，操作步骤如下。

(1)　在 DNS 客户机上(以 Windows XP 为例)选择“开始”→“设置”→“控制面板”命令，在打开的窗口中双击“网络连接”，在打开的窗口中右击“本地连接”图标，在弹出的快捷菜单中选择“属性”命令。在属性对话框中选择“Internet 协议(TCP/IP)”选项，然后单击“属性”按钮，弹出“Internet 协议(TCP/IP)属性”对话框。

(2)　在“Internet 协议(TCP/IP)属性”对话框中，选中“使用下面的 DNS 服务器地址”单选按钮，在“首选 DNS 服务器”文本框中输入主域名 DNS 服务器的 IP 地址，如图 12-23 所示。如果网络中有第二台 DNS 服务器可提供服务，则在“备用 DNS 服务器”文本框中输入第二台 DNS 服务器的 IP 地址。

(3)　如果客户端要指定两台以上的 DNS 服务器，则在图 12-23 中单击“高级”按钮，打开“高级 TCP/IP 设置”对话框，切换到 DNS 选项卡，如图 12-24 所示。单击“DNS 服务器地址(按使用顺序排列)”列表框下方的“添加”按钮，以便输入更多 DNS 服务器的 IP 地址。DNS 客户端会按顺序从这些 DNS 服务器进行查找，设置完毕后，单击“确定”按钮，返回图 12-23 所示的窗口，再单击“确定”按钮，即完成了对 DNS 客户端的设置。

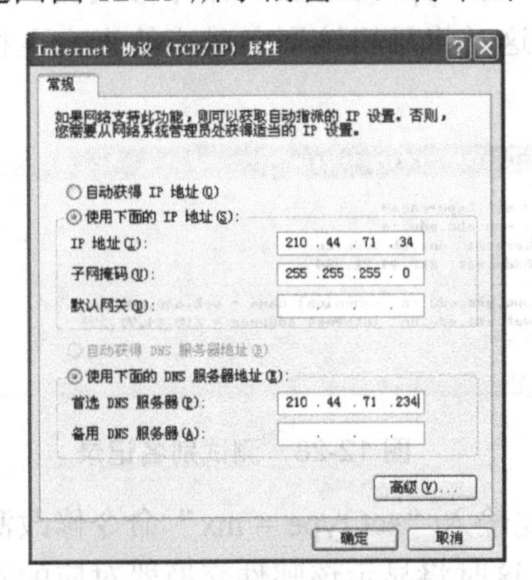

图 12-23　配置 DNS 客户端

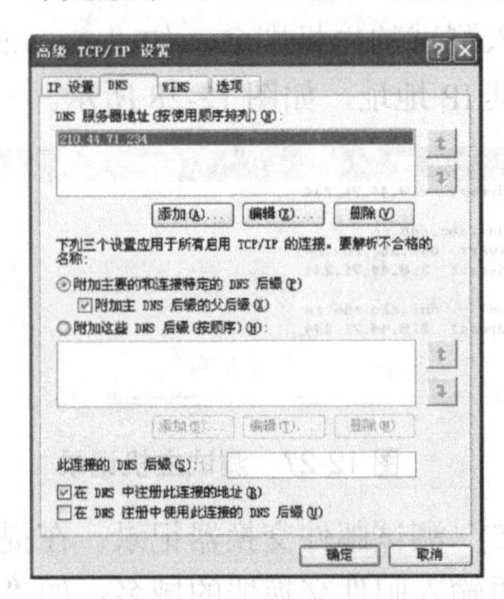

图 12-24　DNS 选项卡

12.4.2　使用 nslookup 命令测试

Windows 和 Linux 操作系统都提供了一个诊断工具，即 nslookup，利用它，可测试域

名服务器(DNS)的信息。它们的使用方法基本相同，这里介绍一下在 Windows XP 系统中进行测试的方法。

nslookup 有两种工作模式：交互式和非交互式。如果仅需要查找一块数据，可使用非交互式模式，直接在命令提示符窗口中输入“nslookup <要解析的域名或 IP 地址>”。如果需要查找多块数据，可以使用交互式模式，在命令提示符窗口中输入“nslookup”，就进入了交互模式。在 nslookup 提示符“>”后输入要解析的域名或 IP 地址，就可解析出对应的 IP 地址或域名。输入“help”命令，可以得到相关的帮助；输入“exit”命令，可以退出交互模式。

下述步骤是在一个配置正确的客户端对 DNS 服务器进行测试的过程。

(1) 选择“开始”→“运行”命令，弹出“运行”对话框，在“打开”文本框中输入“cmd”命令，然后单击“确定”按钮，如图 12-25 所示。

(2) 弹出命令提示符窗口，在 DOS 提示符后输入“nslookup”命令，然后按 Enter 键，如图 12-26 所示。

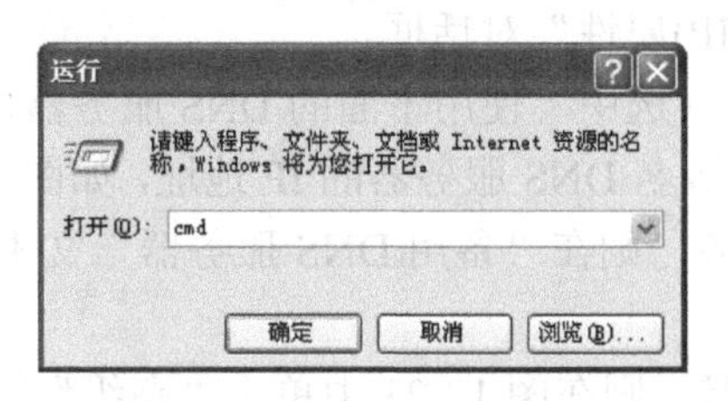

图 12-25 “运行”对话框

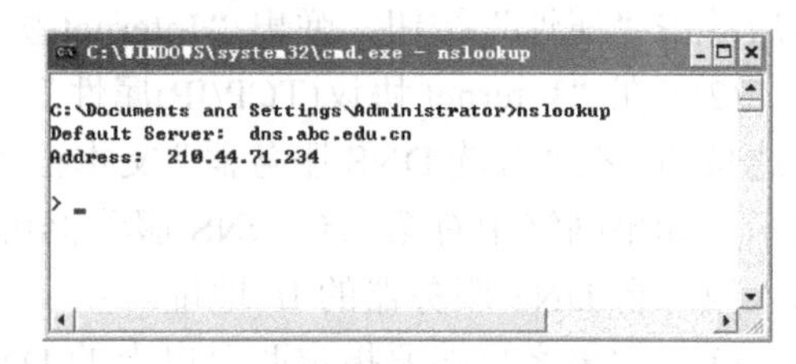

图 12-26 输入 nslookup 命令

(3) 测试主机记录。在提示符“>”后输入要测试的主机域名，如“dns.abc.edu.cn”，将显示该主机域名对应的 IP 地址，如图 12-27 所示。

(4) 测试别名记录。在提示符“>”后先输入“set type=cname”命令修改测试类型，再输入测试的主机别名，如“www.abc.edu.cn”，这时将显示该别名对应的真实主机的域名及其 IP 地址，如图 12-28 所示。

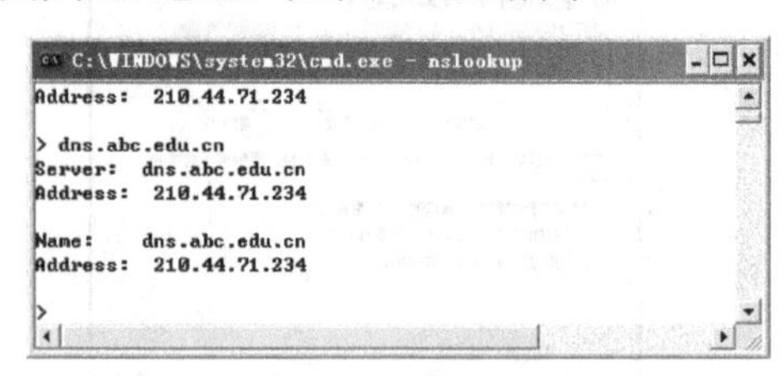

图 12-27 测试主机记录

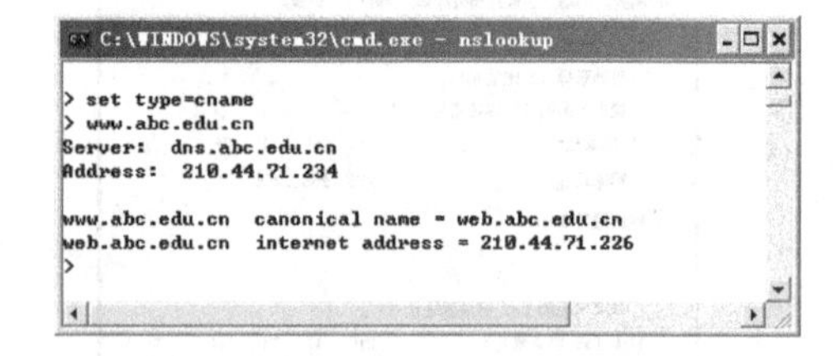

图 12-28 测试别名记录

(5) 测试邮件交换器记录。在提示符“>”后先输入“set type = mx”命令修改测试类型，再输入邮件交换器的域名，如“abc.edu.cn”，这时将显示该邮件交换器对应的真实主机的域名、IP 地址及其优先级，如图 12-29 所示。

(6) 测试指针记录。在提示符“>”后先输入“set type = ptr”命令修改测试类型，再输入主机的 IP 地址，如“210.44.71.225”，这时，将会显示该主机对应的域名，即 dns.abc.edu.cn，如图 12-30 所示。

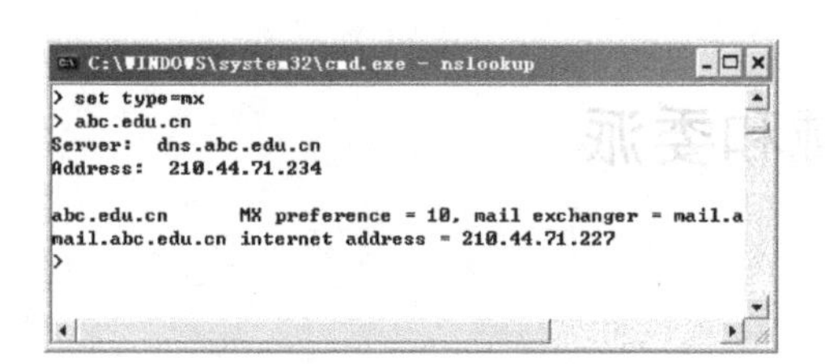

图 12-29　测试 MX 记录

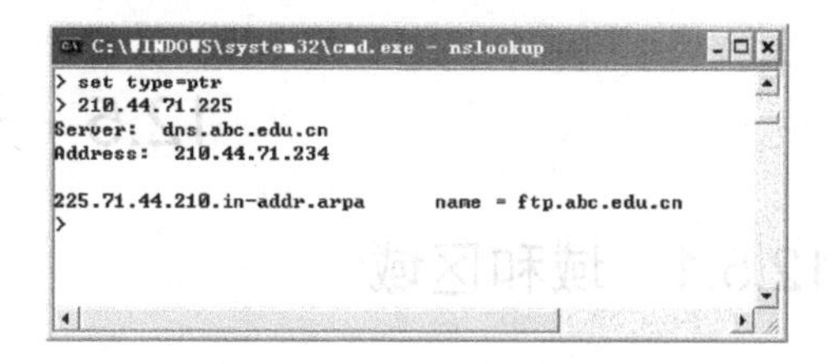

图 12-30　测试 PTR 记录

12.4.3　管理 DNS 缓存

有时候，DNS 服务器的配置与运行都正确，但 DNS 客户端还是无法利用 DNS 服务器实现域名解析。造成这个问题的原因，可能是 DNS 客户端或 DNS 服务器的缓存存在不正确或过时的信息，这时，我们需要清除 DNS 客户端或 DNS 服务器的缓存信息。清除方法如下。

对于 DNS 服务器的缓存的清除而言，可以在 DNS 管理器中右击 DNS 服务器图标，在弹出的快捷菜单中选择“清除缓存”命令，如图 12-31 所示。

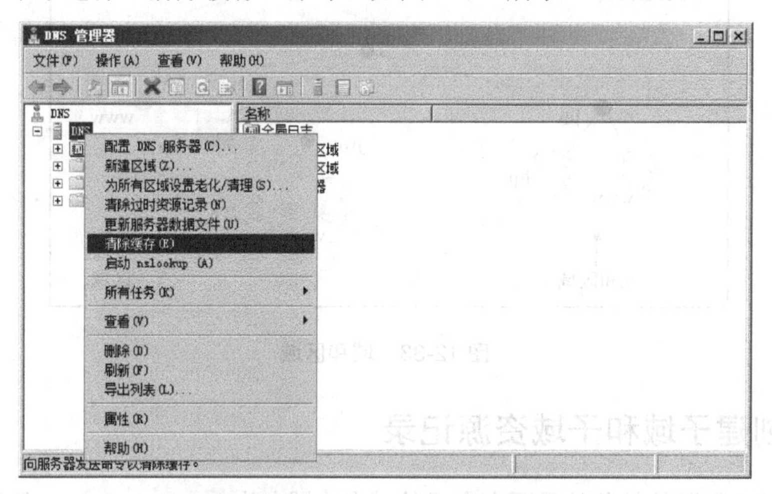

图 12-31　清除 DNS 服务器的缓存

对于 DNS 客户端的缓存的清除而言，可打开命令提示符窗口，在 DOS 提示符后执行“ipconfig /flushdns”命令，如图 12-32 所示。

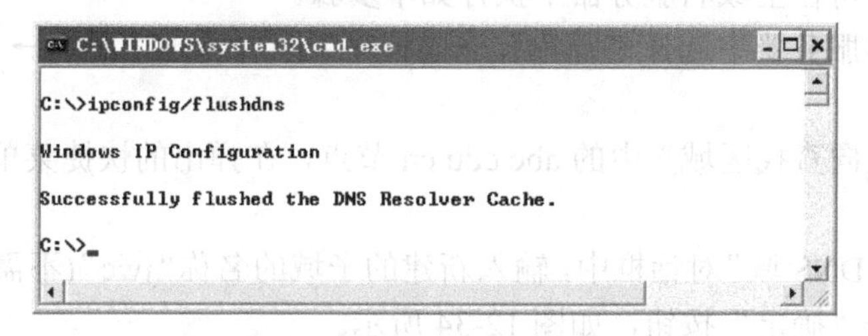

图 12-32　清除 DNS 客户端的缓存

12.5 子域和委派

12.5.1 域和区域

这里要注意域和区域的概念。互联网对外允许各个单位根据本单位的情况将本单位的域名划分为若干个域名服务器管辖区。也就是说，一个服务器所负责的或授权的范围叫作一个区域(Zone)。若一个服务器对一个域负责，而且这个域并没有被划分为一些更小的域，那么域和区域此时代表相同的意义。若服务器将域划分为一些子域，并将其部分授权委托给了其他服务器，那么域和区域就有了区别，如图 12-33 所示。

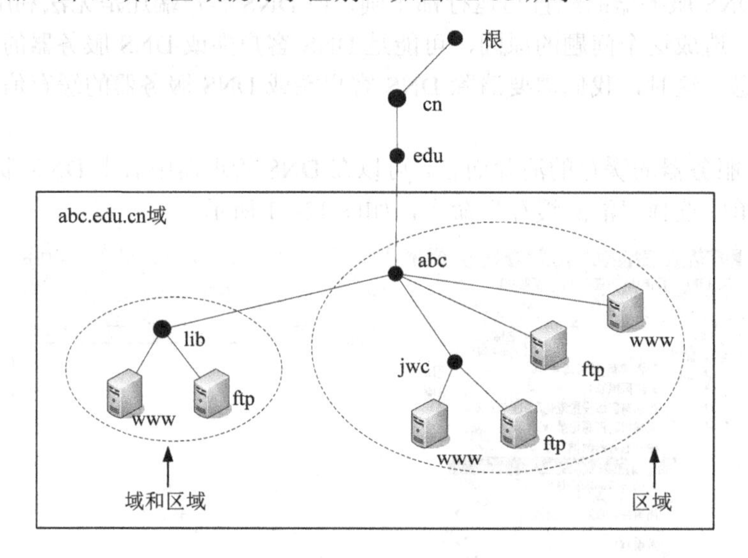

图 12-33　域和区域

12.5.2 创建子域和子域资源记录

例如，ABC 学院的教务处需要有自己的域名，域名为 jwc.abc.edu.cn，但该部又没有自己的域名服务器，这时就需要在 abc.edu.cn 区域下创建子域，然后在此子域内创建主机、别名或邮件交换器记录。需要注意的是，这些资源记录还是存储在 ABC 学院的域名服务器内。要创建子域，可在主域名服务器中执行如下步骤。

(1) 在主域名服务器中选择“开始”→“程序”→“管理工具”→“DNS”命令，打开 DNS 管理器。

(2) 右击“正向查找区域”中的 abc.edu.cn 节点，在弹出的快捷菜单中选择“新建域”命令。

(3) 在“新建 DNS 域”对话框中，输入新建的子域的名称“jwc”(不需要写全名 jwc.abc.edu.cn)，然后单击“确定”按钮，如图 12-34 所示。

(4) 在新建的子域 jwc.abc.edu.cn 内创建主机、别名或邮件交换器记录。例如，教务处有两台服务器，它们的主机名分别是 server1.jwc.abc.edu.cn 和 server2.jwc.abc.edu.cn，IP 地址分别是 210.44.64.40 和 210.44.64.41。这两台服务器分别用作教务处的 WWW 服务器和 FTP 服务器，其别名分别是 www.jwc.abc.edu.cn 和 ftp.jwc.abc.edu.cn，如图 12-35 所示。

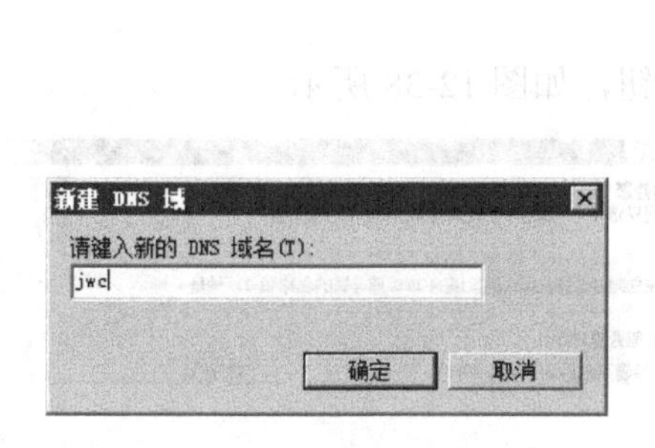

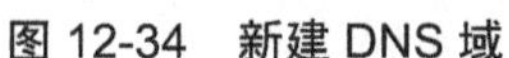

图 12-34　新建 DNS 域

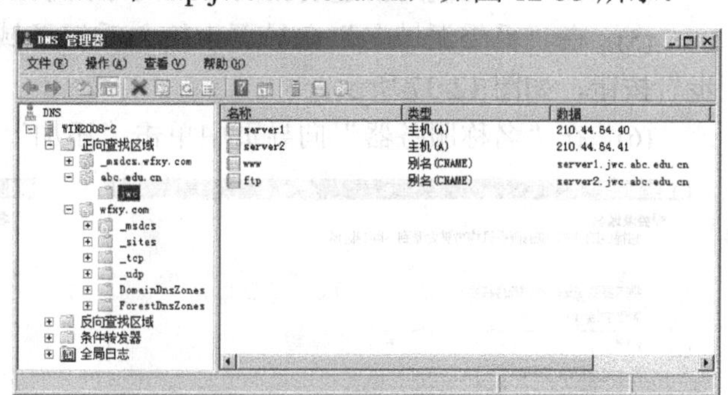

图 12-35　在子域内创建资源记录

12.5.3　委派区域给其他服务器

例如，ABC 学院的图书馆要求自己管理子域 lib.abc.edu.cn，这就需要在主域名服务器中创建一个子域(区域)lib，并将这个子域(区域)委派给图书馆的 DNS 服务器来管理。也就是说，ABC 学院图书馆的子域(区域)lib.abc.edu.cn 内的所有资源记录都是存储在图书馆的 DNS 服务器内。当 ABC 学院的 DNS 域名服务器收到 lib.abc.edu.cn 子域内的域名解析请求时，就会在图书馆的 DNS 服务器中查找(当解析模式是迭代查询方式时)。其配置过程如下。

(1)　在图书馆的 DNS 服务器(IP 地址为 210.44.64.131，主机名为 dns.lib.abc.edu.cn)中安装 DNS 服务，创建区域 lib.abc.edu.cn，并为其自身创建一个主机资源记录。假设图书馆的 DNS 服务器使用的也是 Windows Server 2008 操作系统，那么配置后的结果如图 12-36 所示。

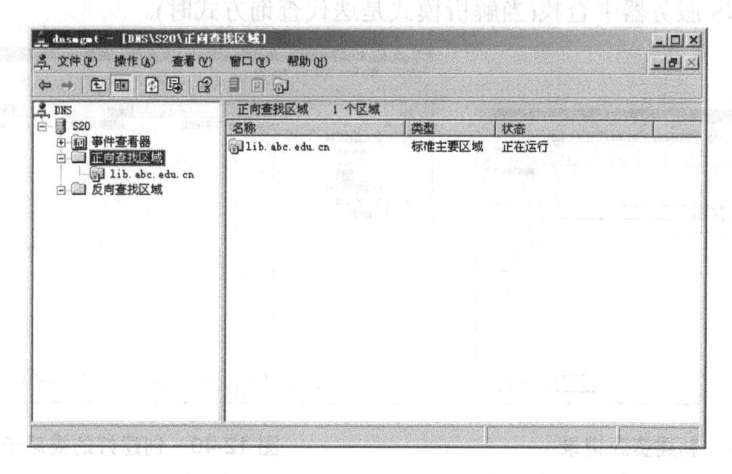

图 12-36　图书馆 DNS 服务器的配置

(2)　在主域名服务器(主机名为 dns.abc.edu.cn，IP 地址为 210.44.71.234)中选择“开始”→“程序”→“管理工具”→“DNS”命令，打开 DNS 管理器。

(3)　右击“正向查找区域”中的 abc.edu.cn 节点，在弹出的快捷菜单中选择“新建委

派”命令。

(4) 在“欢迎使用新建委派向导”向导页中单击“下一步”按钮。

(5) 在“受委派域名”向导页中输入委派子域(区域)的名称“lib”，然后单击“下一步”按钮，如图 12-37 所示。

(6) 在“名称服务器”向导页中单击“添加”按钮，如图 12-38 所示。

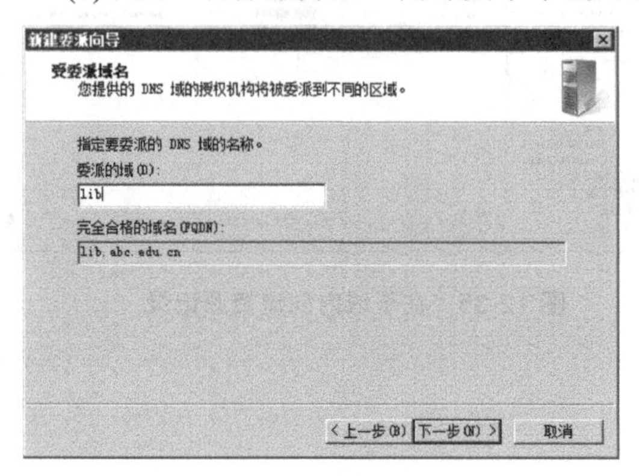

图 12-37 受委派域名

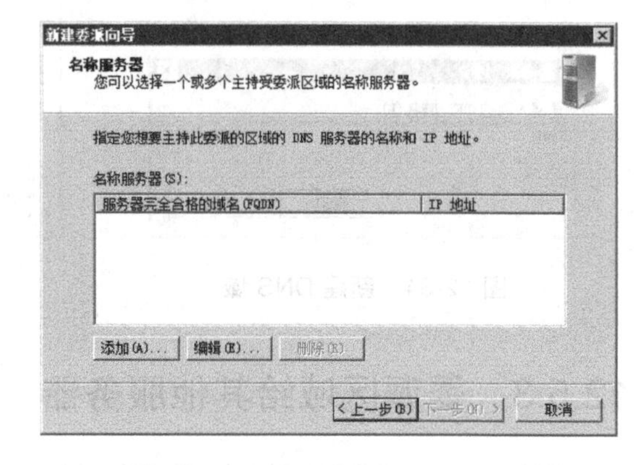

图 12-38 “名称服务器”向导页

(7) 在“新建名称服务器记录”对话框中输入委派子域(区域)的DNS服务器的FQDN(完全合格的域名)和 IP 地址。这里分别填写 dns.lib.abc.edu.cn 和 222.190.69.10，如图 12-39 所示。单击“确定”按钮后回到“名称服务器”向导页，然后单击“下一步”按钮。

(8) 在“完成新建委派向导”向导页中单击“完成”按钮。

图 12-40 所示为完成后的界面，图中的 lib 是刚才创建的委派子域，其内部只有一条NS(域名服务器)资源记录，它指明了子域 lib.abc.edu.cn 的 DNS 服务器的主机名和 IP 地址。这时，当 ABC 学院的 DNS 域名服务器收到 lib.abc.edu.cn 子域内的域名解析请求时，就会在图书馆的 DNS 服务器中查找(当解析模式是迭代查询方式时)。

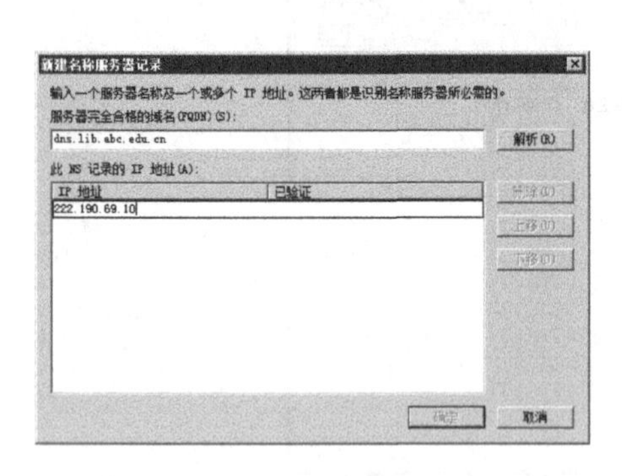

图 12-39 新建资源记录

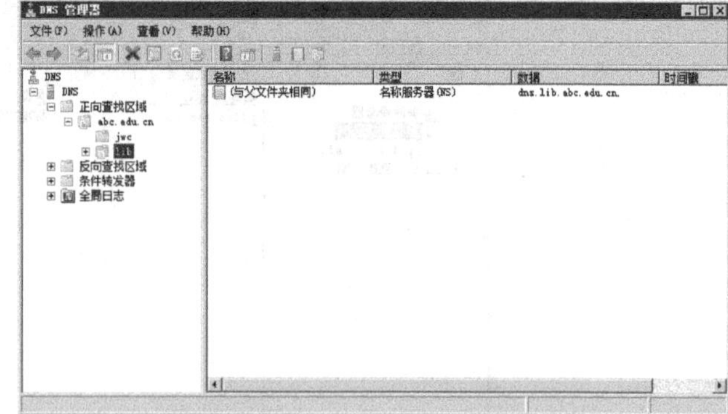

图 12-40 创建好的委派子域

12.6 配置辅助域名服务器

随着 ABC 学院上网人数的增加，管理员发现，现有的主域名服务器工作负担很重。为了提高 DNS 服务器的可用性，实现 DNS 解析的负载均衡，学院新购置一台服务器用作辅助域名服务器，安装好了 Windows Server 2008 操作系统，并设置主机名为 dns2.abc.edu.cn，IP 地址为 222.190.68.20。

12.6.1 配置辅助区域

以下说明如何在辅助域名服务器(主机名为 dns2.abc.edu.cn，IP 地址为 210.44.71.243)上新建一个提供正向查找服务器的辅助区域。

(1) 在主域名服务器(主机名为 dns.abc.edu.cn，IP 地址为 210.44.71.234)中，确认可以将 abc.edu.cn 区域传送到辅助 DNS 服务器中。右击主域名服务器中的 abc.edu.cn 节点，在弹出的快捷菜单中选择“属性”命令，在打开的对话框中切换到“区域传送”选项卡，如图 12-41 所示。选中“允许区域传送”复选框，选中“到所有服务器”单选按钮，或者选中“只允许到下列服务器”单选按钮，并输入备份服务器的 IP 地址。

(2) 在辅助域名服务器(主机名为 dns2.abc.edu.cn，IP 地址为 210.44.71.243)中安装 DNS 服务器。

(3) 在辅助域名服务器中打开 DNS 管理器，右击“正向查找区域”节点，在弹出的快捷菜单中选择“新建区域”命令。

(4) 弹出“欢迎使用新建区域向导”对话框，单击“下一步”按钮。

(5) 在“区域类型”向导页中选中“辅助区域”单选按钮，单击“下一步”按钮继续，如图 12-42 所示。

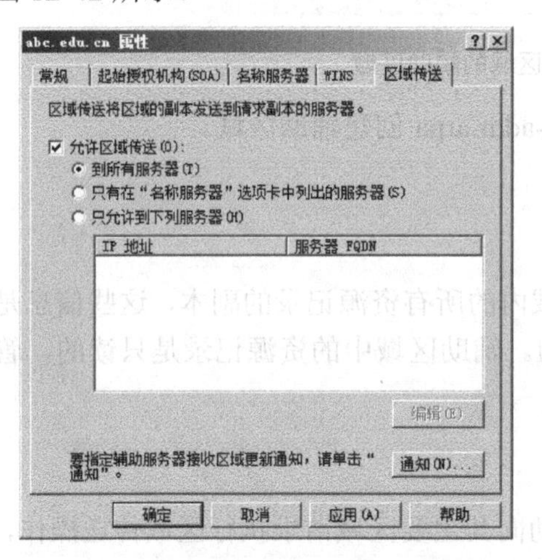

图 12-41 区域传送

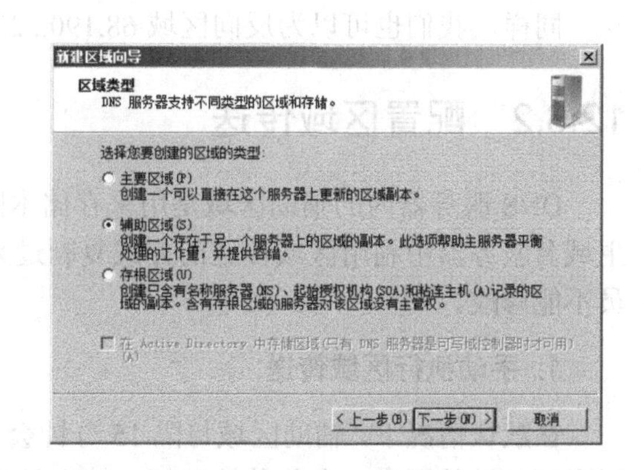

图 12-42 区域类型

(6) 出现“区域名称”向导页，将区域名称设置为与主域名的区域名称一致，即 abc.edu.cn，单击“下一步”按钮继续，如图 12-43 所示。

(7) 在“主 DNS 服务器”向导页中输入主域名服务器的 IP 地址(210.44.71.234)，然后单击“添加”按钮。完成后单击“下一步”按钮继续，如图 12-44 所示。

(8) 在“正在完成新建区域向导”向导页中单击“完成”按钮。

图 12-43　区域名称

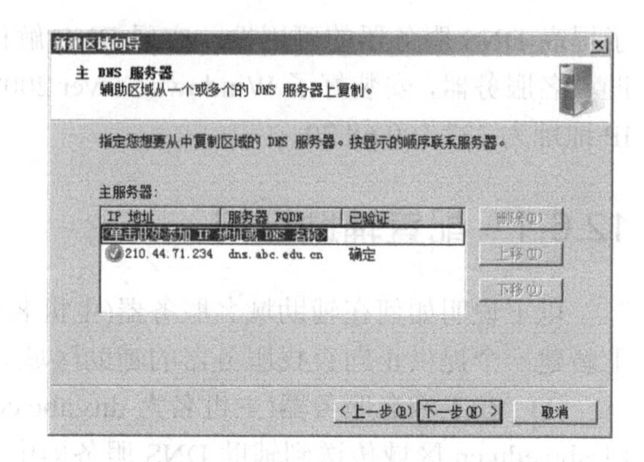

图 12-44　主 DNS 服务器

(9)　图 12-45 所示是为区域 abc.edu.cn 创建的辅助区域，它的内容是自动从主域名服务器中复制过来的。

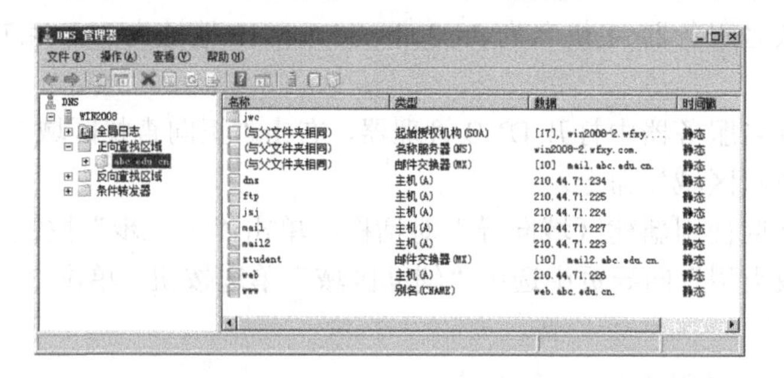

图 12-45　abc.edu.cn 区域的辅助区域

同样，我们也可以为反向区域 68.190.222.in-addr.arpa 创建辅助区域。

12.6.2　配置区域传送

DNS 服务器内的辅助区域是用来存储本区域内的所有资源记录的副本，这些信息是从主域名服务器中利用区域传送的方式复制过来的。辅助区域中的资源记录是只读的，管理员不能修改。

1. 手动执行区域传送

在默认情况下，辅助区域每隔 15 分钟会自动向其主要区域请求执行区域传送操作，实现资源记录的同步。在某种情况下，管理员也可以手动执行区域传送。

(1)　在辅助域名服务器中打开 DNS 管理器。

(2)　右击需要执行手动传送区域节点，在弹出的快捷菜单中选择“从主服务器传送”或“从主服务器重新加载”命令。

尽管上述两种方式都可以手动执行区域传送，但它们是有区别的。

(1)　从主服务器传送。根据记录的序列号来判断自上次区域传送后，主域名服务器是否更新过资源记录，并将这些更新过的记录传送过来。

(2)　从主服务器重新加载。不理会记录的序列号，直接将主域名服务器中所有的资源记录复制过来。

2. 配置起始授权机构(SOA)

DNS 服务器的主要区域会周期地执行区域传送操作，将资源记录复制到辅助区域的 DNS 服务器中。我们可以通过配置起始授权机构资源记录，来修改区域传送操作过程。起始授权机构资源记录指明区域的源名称，并包含作为区域信息主要来源的服务器的名称，同时，它还表示该区域的其他基本属性。

(1) 在主域名服务器中打开 DNS 管理器。

(2) 右击正向查找区域中的 abc.edu.cn 节点，在弹出的快捷菜单中选择“属性”命令，在打开的对话框中切换到“起始授权机构(SOA)”选项卡，如图 12-46 所示。我们可以修改 SOA 资源记录的各个字段值。修改完毕后，单击“确定”按钮保存设置。SOA 资源记录各个字段值包含的信息如表 12-1 所示。

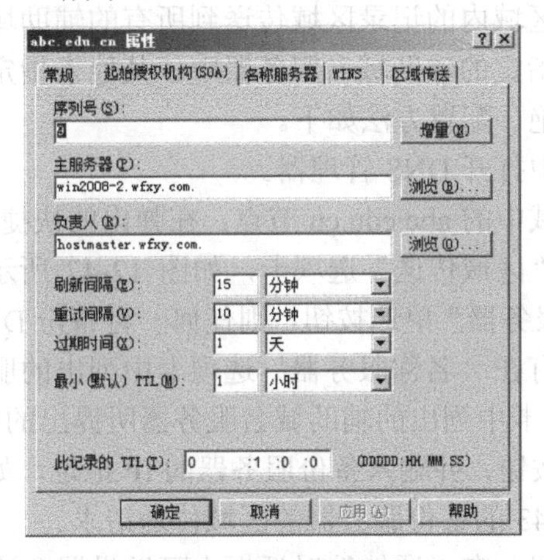

图 12-46　“起始授权机构(SOA)”选项卡

表 12-1　SOA 资源记录

字　段	描　述
序列号	该区域文件的修订版本号。每次区域中的资源记录改变时，这个数字便会增加。区域改变时，增加这个值非常重要，它使部分区域改动或完全修改的区域都可以在后续传输中复制到其他辅助服务器上
主服务器(所有者)	区域的主 DNS 服务器的主机名
负责人	管理区域的负责人的电子邮件地址。在该电子邮件名称中使用英文句点(.)代替 at 符号(@)
刷新间隔	以秒计算的时间，它是在查询区域的来源以进行区域更新之前辅助 DNS 服务器等待的时间。当刷新间隔到期时，辅助 DNS 服务器请求来自响应请求的源服务器的区域当前的 SOA 记录副本。然后，辅助 DNS 服务器将源服务器的当前 SOA 记录的序列号与其本地 SOA 记录的序列号做比较。如果二者不同，则辅助 DNS 服务器从主要 DNS 服务器请求区域传输。这个域的默认时间是 900 秒(15 分钟)

续表

字　段	描　述
重试间隔	以秒计算的时间，是辅助服务器在重试失败的区域传输之前等待的时间。通常，这个时间短于刷新间隔。该默认值为 600 秒(10 分钟)
过期时间	以秒计算的时间，是区域没有刷新或更新的已过去的刷新间隔之后、辅助服务器停止响应查询之前的时间。因为在这个时间到期，因此辅助服务器必须把它的本地数据当作不可靠数据。默认值是 86400 秒(24 小时)
最小(默认)TTL	区域的默认生存时间(TTL)和缓存否定应答名称查询的最大间隔。该默认值为 3600 秒(1 小时)

3. 选择与通知区域传送服务器

主域名服务器可以将区域内的记录区域传送到所有的辅助域名服务器中，也可以只将区域内的记录区域传送到指定的辅助域名服务器中。其他未指定的辅助域名服务器所提出的区域传送请求都会被拒绝。配置方法如下。

(1) 在主域名服务器中打开 DNS 管理器。

(2) 右击正向查找区域中的 abc.edu.cn 节点，在弹出的快捷菜单中选择“属性”命令，在打开的对话框中切换到“区域传送”选项卡，如图 12-47 所示。选中“允许区域传送”复选框。若选中“到所有服务器”单选按钮，则任何一台备份 DNS 服务器的区域传送请求都会被接受。若选中“只有在‘名称服务器’选项卡中列出的服务器”单选按钮，则表示只接受“名称服务器”选项卡中列出的辅助域名服务器所提出的区域传送请求。若选中“只允许到下列服务器”单选按钮，并输入备份服务器的 IP 地址，如 210.44.71.243，则表示只接受 IP 地址为 210.44.71.243 的备份服务器的区域传送请求。

(3) 单击“通知”按钮，在“通知”对话框中可以设置要通知的辅助域名服务器。这样，当主域名服务器区域内的记录有改动时，就会自动通知辅助域名服务器，而辅助域名服务器在接到通知后，就可以提出区域传送请求了，如图 12-48 所示。

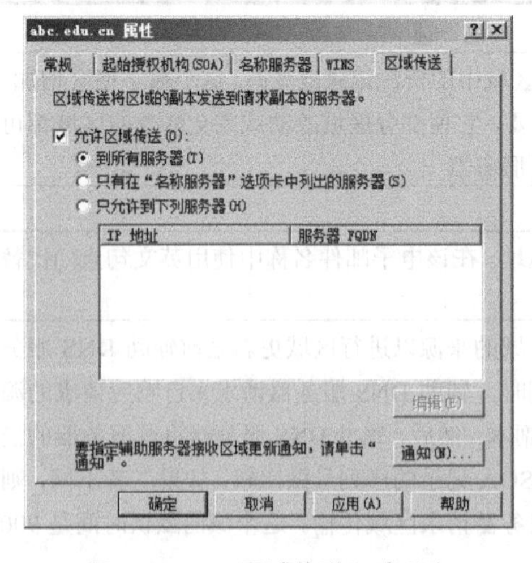

图 12-47　“区域传送”选项卡

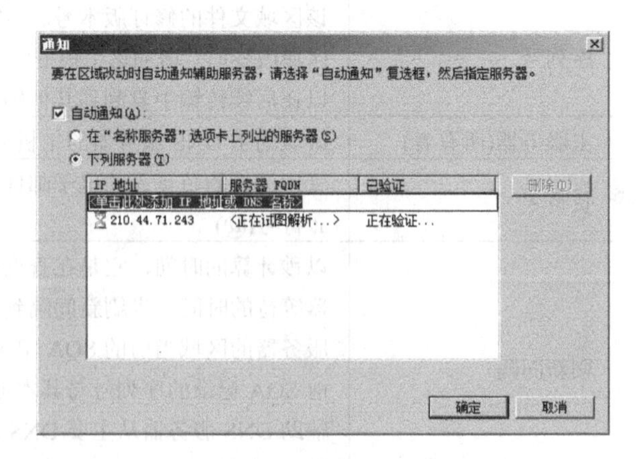

图 12-48　“通知”对话框

本章小结

本章主要介绍了与 DNS 服务器的安装和管理工作相关的内容，包括 Windows Server 2008 环境下 DNS 服务器的安装方法；主域名和辅助域名服务器的架设过程；DNS 客户端的配置及域名服务器的测试方法；子域和委派域的创建方法。

习题与实训

一、填空题

(1) DNS 是____________的简称。

(2) DNS 域名解析的方式有两种，即__________和____________。

(3) DNS 正向解析是指____________，反向解析是指______________。

(4) Windows Server 2008 系统支持 3 种类型的区域，即______________、____________和__________。

(5) 可以使用 Windows Server 2008 系统内含的________命令，测试 DNS 服务器是否能够完成解析工作。

(6) 为客户端自动分配 IP 地址应该安装________服务器，安装________服务器实现域名解析。

二、选择题

(1) 应用层 DNS 协议主要用于实现的网络服务功能是____________。

A. 网络设备名字到 IP 地址的映射　　B. 网络硬件地址到 IP 地址的映射

C. 进程地址到 IP 地址的映射　　D. 用户名到进程地址的映射

(2) 实现完全合格的域名的解析方法有____________。

A. DNS 服务　　B. 路由服务

C. DHCP 服务　　D. 远程访问服务

(3) DNS 提供了一个____________命名方案。

A. 分级　　B. 分层　　C. 多级　　D. 多层

(4) DNS 顶级域名中表示商业组织的是____________。

A. com　　B. gov　　C. mil　　D. org

(5) 对于域名 test.com 而言，DNS 服务器的查找顺序是____________。

A. 先查找 test 主机，再查找.com 域　　B. 先查找.com 域，再查找 test 主机

C. 随机查找　　D. 以上答案皆是

(6) 将 DNS 客户端请求的完全合格的域名解析为对应 IP 地址的过程称为__________查询。

A. 正向　　B. 反向　　C. 递归　　D. 迭代

(7) 将 DNS 客户端请求的 IP 地址解析为对应的完全合格的域名的过程称为__________查询。

A. 递归　　B. 反向　　C. 迭代　　D. 正向

(8) 当DNS服务器收到DNS客户端查询IP地址的请求后，如果自己无法解析，那么会把这个请求传送给____________，然后继续进行查询。

A. 邮件服务器　　B. DHCP服务器

C. 打印服务器　　D. Internet上的根DNS服务器

(9) 如果用户的计算机在查询本地解析程序缓存时没有解析成功，希望由DNS服务器为其进行完全合格的域名的解析，那么需要把这些用户的计算机配置为____________客户机。

A. DNS　　B. DHCP　　C. WINS　　D. 远程访问

(10) 在字符串 2112.36.123.107.in-addrr.arpa 中，我们要查找的主机的网络地址是____________。

A. 2112.36.123.0　　B. 107.123.0.0　　C. 107.123.46.0　　D. 107.0.0.0

(11) 某企业的网络工程师安装了一台基于Windows 2003的DNS服务器，用来提供域名解析。网络中的其他计算机都作为这台DNS服务器的客户端。他在服务器中创建了一个标准主要区域，在一个客户端使用nslookup工具查询一个主机名称，DNS服务器能够正确地将其IP地址解析出来。可是，当使用nslookup工具查询该IP地址时，DNS服务器却无法将其主机名称解析出来。应如何解决这个问题？____________

A. 在DNS服务器反向解析区域中为这条主机记录创建相应的PTR指针记录

B. 在DNS服务器区域属性上设置允许动态更新

C. 在要查询的这台客户机上运行命令ipconfig

D. 重新启动DNS服务器

(12) 下列说法正确的是____________。

A. 一台服务器可以管理一个域　　B. 一台服务器可以同时管理多个域

C. 一个域可以同时被多台服务器管理　　D. 以上答案皆是

(13) ____________表示别名的资源记录。

A. MX　　B. SOA　　C. CNAME　　D. PTR

(14) 常用的DNS测试的命令包括____________。

A. nslookup　　B. hosts　　C. debug　　D. trace

三、实训内容

(1) 安装DNS服务器角色。
(2) 创建主要正向查找区域和主要反向查找区域。
(3) 添加资源记录。
(4) 配置和测试DNS客户端。
(5) 创建子域。
(6) 创建委派域。
(7) 创建辅助正向查找区域和辅助反向查找区域。

第 13 章 Web 服务器的配置

本章学习目标

本章主要介绍 Web 服务的相关概念及 IIS 7.0 的主要特点，Web 服务器(IIS)角色的安装方法，配置和管理一个 Web 网站的方法和在同一服务器上创建多个 Web 网站的方法。

通过本章的学习，应该实现如下目标:

- 熟悉 Web 服务的工作原理，了解 IIS 7.0 的主要特点。
- 掌握 Windows Server 2008 的 Web 服务器(IIS)角色的安装方法。
- 掌握 Web 网站的主要参数和安装配置方法。
- 理解 Web 虚拟站点的实现原理。
- 掌握在同一服务器上创建多个 Web 网站的方法。

13.1 Web 概述

13.1.1 Web 服务器角色概述

1. Web 服务的工作原理

Web 服务采用客户机/服务器工作模式，它以超文本标记语言(Hyper Text Markup Language，HTML)与超文本传输协议(Hyper Text Transfer Protocol，HTTP)为基础，为用户提供界面一致的信息浏览系统。Web 服务器负责对各种信息进行组织，并以文件的形式存储在某一个指定目录中，Web 服务器利用超链接来链接各信息片段，这些信息片段既可集中地存储在同一台主机上，也可分布地放在不同地理位置的不同主机上。Web 客户机(浏览器)负责显示信息和向服务器发送请求。当客户机提出访问请求时，服务器负责响应客户的请求，并按用户的要求发送文件；当客户端收到文件后，解释该文件，并在屏幕上显示出来。图 13-1 所示为 Web 服务系统的工作原理。

(1) Web 的客户端。

客户端软件通常称为浏览器，其实它就是 HTML 的解释器。

在 Web 的 Client/Server 工作环境中，Web 浏览器起着控制的作用。Web 浏览器的任务是使用一个起始 URL 来获取一个 Web 服务器上的 Web 文档，解释这个 HTML 并将文档内容以用户环境所许可的效果最大限度地显示出来。当用户选择一个超文本链接时，这个过程重新开始，Web 浏览器通过与超文本链接相连的 URL 来请求获取文档，等待服务器发送文档，处理这个文档，并显示出来。

在众多的 Web 浏览器中，常见的有 Internet Explorer(IE)、傲游(Maxthon)、火狐(Mozilla Firefox)、世界之窗(The World)、360 安全浏览器(360SE)、腾讯 TT(Tencent Traveler)等。

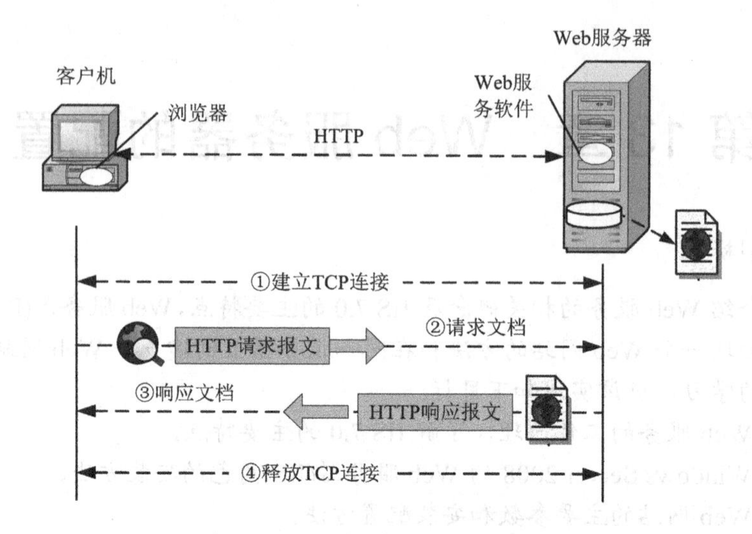

图 13-1　Web 服务系统的工作原理

(2)　Web 的服务器。

Web 服务器从硬件角度上看，是指在 Internet 上保存超文本和超媒体信息的计算机；从软件的角度看，是指提供上述 Web 功能的服务程序。Web 的服务器软件默认使用 TCP 80 端口监听，等待客户端浏览器发出的连接请求。连接建立后，客户端可以发出一定的命令，服务器给出相应的应答。

常见的 Web 服务器软件有微软公司的 IIS 和 Apache Web 服务器。

2. 超文本传输协议

超文本传输协议(HyperText Transfer Protocol，HTTP)是 Web 客户机与 Web 服务器之间的应用层传输协议，它可以传输普通文本、超文本、声音、图像以及其他在 Internet 上可以访问的任何信息。

HTTP 是一种面向事务的客户机/服务器协议，并使用 TCP 协议来保证传输的可靠性。HTTP 对每个事务的处理是独立的，通常情况下，HTTP 会为每个事务创建一个客户与服务器间的 TCP 连接，一旦事务处理结束，HTTP 就切断客户机与服务器间的连接，若客户需要获取下一个文件，则还要重新建立连接。这种做法虽然效率有时比较低，但好处是大大简化了服务器的程序设计，缩小了程序规模，从而提高了服务器的响应速度。与其他协议相比，HTTP 的通信速度要快得多。

HTTP 将一次请求/服务的全过程定义为一个简单事务处理，它由以下四个步骤组成。

(1)　连接：客户与服务器建立连接。

(2)　请求：客户向服务器提出请求，在请求中指明想要操作的页。

(3)　应答：如果请求被接受，服务器送回应答。

(4)　关闭：客户与服务器断开连接。

HTTP 是一种面向对象的协议，为了保证 Web 客户机与 Web 服务器之间的通信不会产生二义性，HTTP 精确定义了请求报文和响应报文的格式。

13.1.2 IIS 7.0 的主要特点

Windows Server 2008 为 Web 发布提供了统一的平台，此平台集成了 Internet 信息服务 7.0(IIS7)、ASP.NET、Windows Communication Foundation 和 Microsoft Windows SharePoint Services。对现有的 IIS Web 服务器而言，IIS7 有很大的进步，它在集成 Web 平台技术中担任核心角色。IIS7 的主要优点包括提供了更有效的管理功能、改进了安全性和降低了支持成本。这些功能有助于创建一个为 Web 解决方案提供单一、一致的开发和管理模型的统一平台。

13.2 安装 Web 服务

13.2.1 架设 Web 服务器的需求和环境

安装 Web 服务器(IIS)角色之前，用户需要做一些必要的准备工作。

(1) 为服务器配置一个静态 IP 地址，不能使用由 DHCP 动态分配的 IP 地址。

(2) 为了让用户能够使用域名来访问 Web 站点，建议在 DNS 服务器中为站点注册一个域名。

(3) 为了 Web 站点具有更高的安全性，建议用户把存放网站内容所在的驱动器格式化为 NTFS 文件系统。

13.2.2 安装 Web 服务器(IIS)角色

Web 服务是 Windows Server 2008 的重要角色之一，它包含在 IIS 7.0 中，用户可以通过“添加角色向导”来安装。在安装过程中，用户可以选择或取消 Web 服务组件(如安装或不安装 ASP 功能)，具体的安装过程如下。

(1) 选择“开始”→“管理工具”→“服务器管理器”命令，打开“服务器管理器”窗口后，选择左侧的“角色”节点，在右窗格的“角色摘要”部分中单击“添加角色”超链接，启动添加角色向导。

(2) 在“开始之前”向导页中，提示此向导可以完成的工作，以及操作之前应注意的相关事项，单击“下一步”按钮。

(3) 在“选择服务器角色”向导页中，显示所有可以安装的服务器角色，如图 13-2 所示，如果角色前面的复选框没有选中，表示该网络服务尚未安装，如果已选中，说明该服务已经安装。这里选中“Web 服务器(IIS)”复选框。

(4) 系统提示在安装 Web 服务器(IIS)角色时，必须安装 Windows 进程激活服务功能，否则无法安装 Web 服务器(IIS)角色，单击“添加必需的功能”按钮，如图 13-3 所示。

(5) 返回“选择服务器角色”向导页后，“Web 服务器(IIS)”复选框被选中，单击“下一步”按钮。

(6) 在“Web 服务器(IIS)简介”向导页中显示 Web 服务器的功能、注意事项和其他信

息，单击“下一步”按钮。

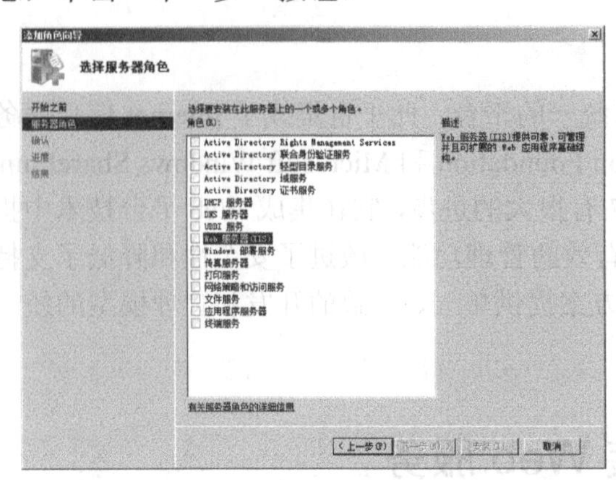

图 13-2 选择服务器角色

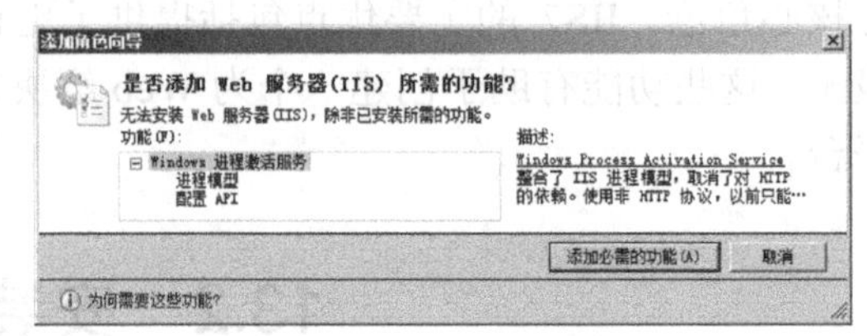

图 13-3 系统提示

(7) 在“选择角色服务”向导页中默认只选择安装 Web 服务所必需的组件，用户可根据实际需要选择安装的组件。例如，Web 服务器需要使用 APS.NET 或 ASP，则需要选中相应的复选框。选择完毕后，单击“下一步”按钮，如图 13-4 所示。

(8) 在“确认安装选择”向导页中显示前面所进行的设置，如果选择错误，用户可以单击“上一步”按钮返回。确认无误后，用户可以单击“安装”按钮开始安装 Web 服务器角色，如图 13-5 所示。

(9) 在“安装进度”向导页中显示服务器角色的安装过程。

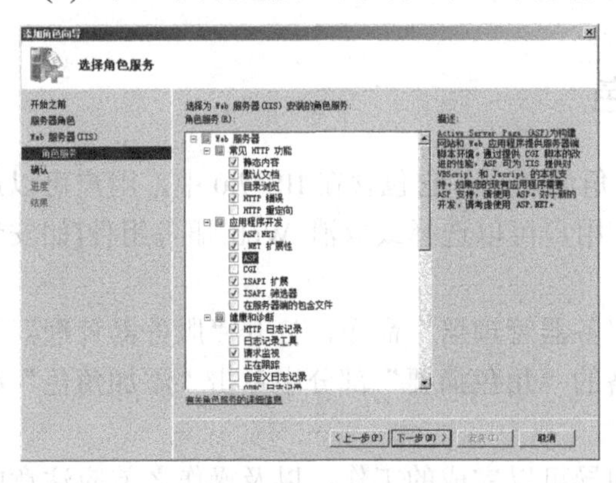

图 13-4 选择角色服务

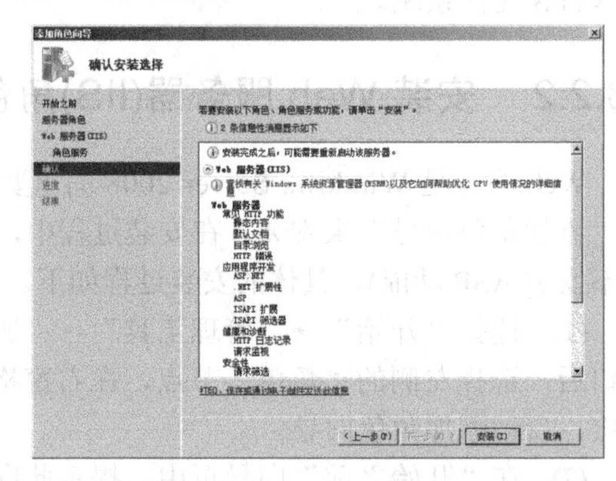

图 13-5 确认安装选择

(10) 在“安装结果”向导页中显示 Web 服务器(IIS)角色已经安装，并列出了已安装的角色服务。单击“完成”按钮关闭“添加角色向导”，这样就完成了 Web 服务器(IIS)角色的安装。

(11) 基于 IIS 的 Web 服务器安装成功后，用户可以通过“Internet 信息服务(IIS)管理器”窗口来管理 Web 站点。打开“Internet 信息服务(IIS)管理器”窗口的方法是选择“开始”→“管理工具”→“Internet 服务管理器”命令。图 13-6 所示为“Internet 信息服务(IIS)管理器”窗口，从图中可以看出，在安装 IIS 时已创建一个名为 Default Web Site 的 Web 网站。

(12) 在局域网中的另一台计算机(以 Windows XP 为例)上打开浏览器，在地址栏中输入“http://<服务器 IP 或域名>/”，若能看到如图 13-7 所示的界面，则说明 Web 服务器安装成功。

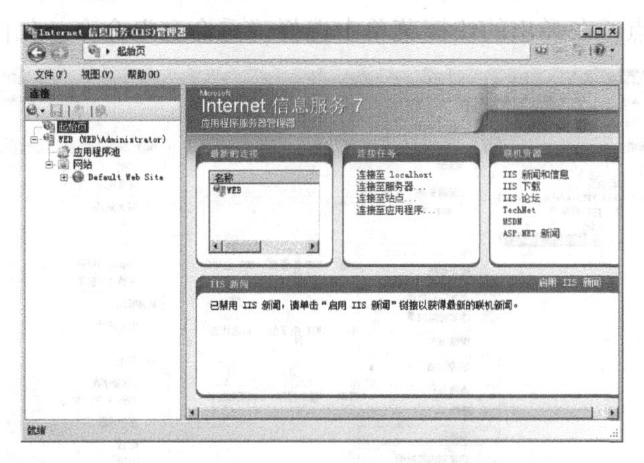

图 13-6 “Internet 信息服务(IIS)管理器”窗口

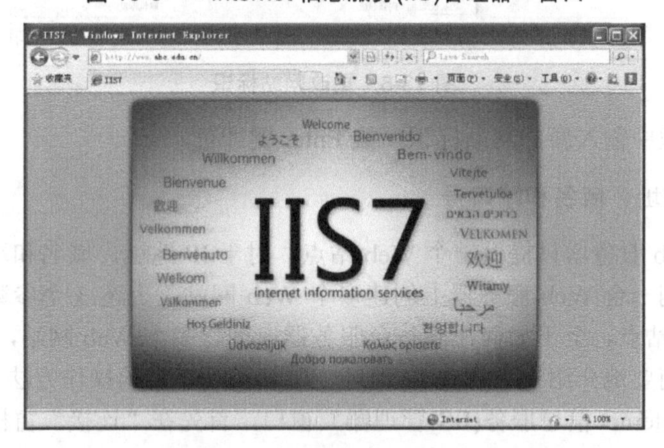

图 13-7 访问 Default Web Site

13.3 配置和管理 Web 网站

13.3.1 配置 Web 站点的属性

当 Web 服务器(IIS)角色成功安装之后，用户可以选择“开始”→“管理工具”→“Internet 服务管理器”命令打开“Internet 信息服务(IIS)管理器”窗口，在这个控制台窗口中，可实现对各类服务器的配置和管理。

对网站的配置与管理工作主要包括设置网站标识，绑定 IP 地址、域名和端口号，指定 Web 发布主目录，设置默认文档，创建虚拟目录，管理网站安全性等。

1. 更改网站标识

在安装 Web 服务器(IIS)角色时，角色安装向导已为我们创建了一个名为 Default Web Site 的 Web 网站，若一台服务器中配置了多个 Web 网站，这个默认名字就无法区分 Web

网站的用途，这时，最好还是改为一个有意义名称，其方法如下。

(1) 在“Internet 信息服务(IIS)管理器”窗口中展开“连接”窗格中的控制树，右击 Default Web Site 节点，在弹出的快捷菜单中选择“重命名”命令，如图 13-8 所示。

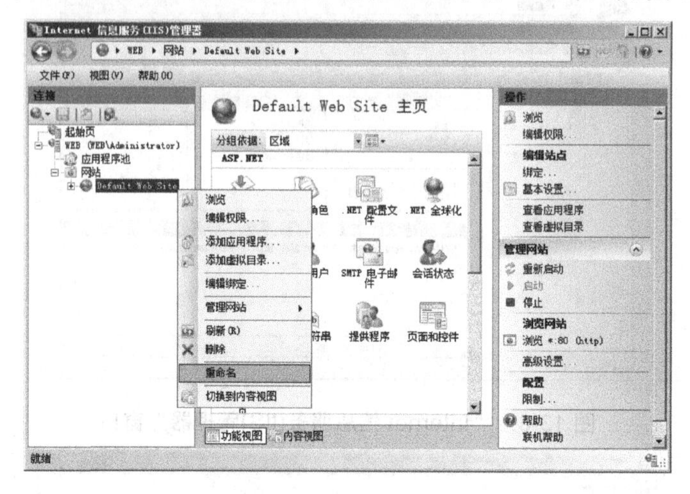

图 13-8 更改网站标识

(2) 在文本框中输入新的网站标识，按 Enter 键即可。

2. 绑定 IP 地址、域名和端口号

如果一台 Web 服务器只提供一个 Web 站点，对于 IP 地址、域名和端口号的绑定意义就不大。如果在同一台 Web 服务器上创建多个 Web 网站，上述 3 个参数必须修改一个，以区分不同 Web 站点。至于如何在同一台服务器上创建多个 Web 网站，将在 13.4 节中详细讨论，这里只简要地介绍一下绑定 IP 地址、域名和端口号的操作方法。

(1) 打开“Internet 信息服务(IIS)管理器”窗口，首先在“连接”窗格中的控制树中选中需要设置的 Web 站点，再单击“操作”窗格中的“绑定”超链接，如图 13-9 所示。

图 13-9 Web 站点配置主页

(2) 在打开的“网站绑定”对话框中显示了该站点的主机名、绑定的 IP 地址和端口等信息。默认情况下，在列表中会显示一条信息，用户可以编辑该条目。若一个 Web 网站有

多个域名或使用多个 IP 地址侦听，用户也可以单击“添加”按钮，添加一条新的绑定条目，如图 13-10 所示。

(3) 在列表中选择设置的条目，单击“编辑”按钮，打开“编辑网站绑定”对话框，在对话框中设置 Web 网站绑定的 IP 地址、主机名或端口，如图 13-11 所示。

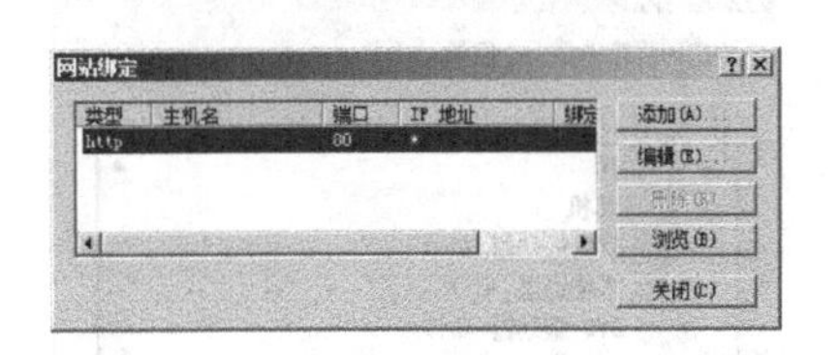

图 13-10 “网站绑定”对话框

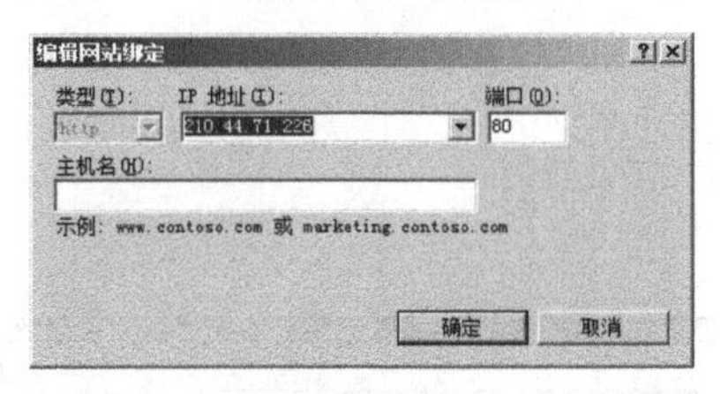

图 13-11 “编辑网站绑定”对话框

下面简要地介绍一下这 3 个选项的含义。

① IP 地址：Windows Server 2008 可安装多块网卡，每块网卡又可绑定多个 IP 地址，因此服务器可能会拥有多个 IP 地址。在默认情况下，用户可使用该服务器绑定的任何一个 IP 地址访问 Web 网站。如果要想让用户仅使用一个 IP 地址访问 Web 站点，可指定一个 IP 地址。在“IP 地址”下拉列表中指定该 Web 站点的唯一 IP 地址，默认值为“全部未分配”。

② 端口：在默认情况下，Web 服务的 TCP 端口号是 80。当使用默认端口号时，客户端直接使用 IP 地址或域名即可访问，地址形式为“http://<域名或 IP 地址>”(如 http://210.44.71.226 或 http://www.abc.edu.cn)。端口号更改后，客户端必须知道端口号才能连接到该 Web 服务器，地址形式为“http://<域名或 IP 地址>:端口号”，若端口号改为 8080，访问刚才的 Web 站点就应输入“http://210.44.71.226:8080”或“http://www.abc.edu.cn:8080”。一般情况下，如果是一个公用的 Web 服务器，端口号设置为默认值，如果是一个专用的 Web 服务器，只对少数人开放或者完成某些管理任务时，可以修改 TCP 端口号。

③ 主机名：在默认情况下，网络中用户访问 Web 站点时，既可以使用 IP 地址，也可以使用域名(如果域名服务器建立相应的记录)，若要限定用户只能使用域名访问该站点，可以设置“主机名”。这个设置主要用于一台 Web 服务器只有一个 IP 地址，但创建了多个 Web 站点的情况，此时需要使用“主机名”来区分不同的站点。

(4) 单击“确定”按钮完成站点的绑定设置。

3. 设置网站发布主目录

主目录也是网站的根目录，当用户访问网站时，服务器会先从主目录调取相应的文件。在安装 Web 服务器(IIS)角色时，角色安装向导会在 Windows Server 2008 系统分区中创建一个“%Systemdrive%\Intepub\wwwroot”文件夹，作为 Default Web Site 站点的主目录。但在实际应用中，通常不采用该默认文件夹，因为将数据文件和操作系统放在同一个磁盘中会失去安全保障，并且当保存大量的音视频文件时，可能会造成磁盘或分区的存储空间不足，所以最好将 Web 主目录保存在其他硬盘或非系统分区中。设置网站发布主目录的方法如下。

(1) 打开“Internet 信息服务(IIS)管理器”窗口，首先在“连接”窗格中的控制树中选中需要设置的 Web 站点，再单击“操作”窗格中的“基本设置”超链接。

(2) 打开“编辑网站”对话框后，在“物理路径”区域中单击浏览按钮，如图 13-12 所示。

(3) 在“浏览文件夹”对话框中选择一个合适的文件夹作为站点的主目录，如图 13-13 所示，返回“编辑网站”对话框后单击“确定”按钮即可。

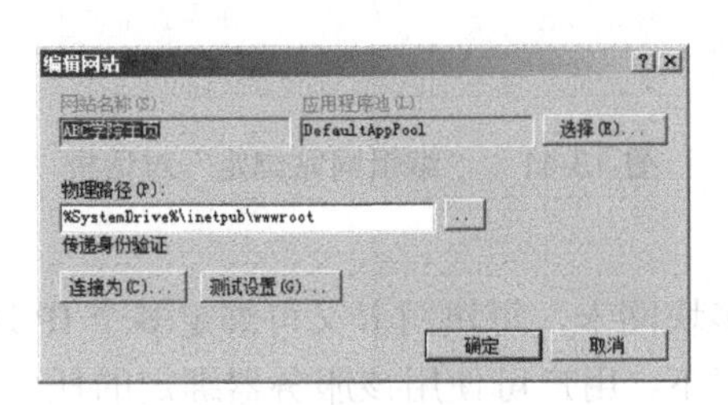

图 13-12 “编辑网站”对话框

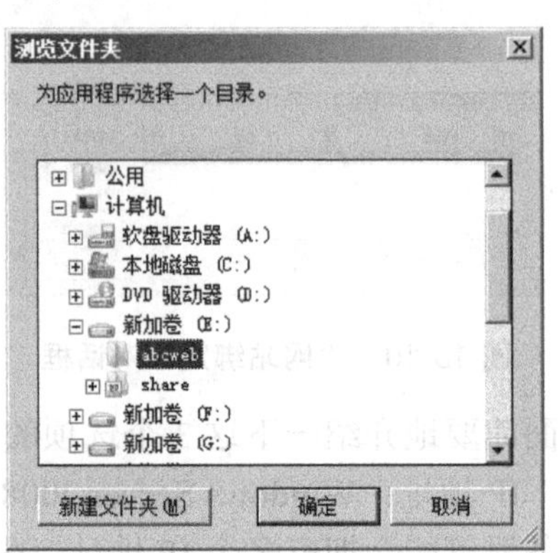

图 13-13 选择站点主目录

4. 设置主目录访问权限

对于一些比较重要的网站来说，主目录是不允许一般用户具有写入权限的。因此需要对网站主目录的访问权限进行设置。

(1) 打开“Internet 信息服务(IIS)管理器”窗口，首先在“连接”窗格中的控制树中选中需要设置的Web站点，再单击“操作”窗格中的“编辑权限”超链接。

(2) 弹出 Web 主目录文件夹的属性对话框后，切换到“安全”选项卡。在“组或用户名”列表中显示了允许读取和修改该文件夹的组和用户名，如图 13-14 所示。

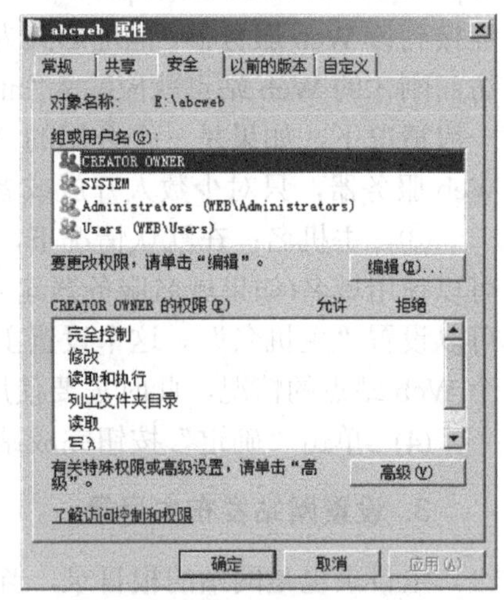

图 13-14 “安全”选项卡

(3) 对于一个公开的 Web 站点来讲，用户都是采用匿名方式访问 Web 服务器的。对于 Web 服务器来说，匿名的账户是 IIS_IUSRS。若 IIS_IUSRS 账户对 Web 站点主目录没有访问权限(读取、执行、列出文件夹目录或写入等)，则无法访问 Web 站点，因此一般都要把 Web 站点主目录的读取、执行、列出文件夹目录权限授予 IIS_IUSRS 账户。其授予的方法是，单击“编辑”按钮，打开文件夹的权限对话框后，在“组或用户名”列表框中可进行用户的添加和删除操作，此处，可添加用户账户 IIS_IUSRS，添加之后，如图 13-15 所示。若要修改某个用户的权限，可选中欲修改权限的用户，然后在下方根据需要修改即可。

(4) 图 13-16 所示是将 Web 站点主目录的读取、执行、列出文件夹目录权限授予了 IIS_IUSRS 账户。若是一个交互式的网站，有时还需要授予写入权限。

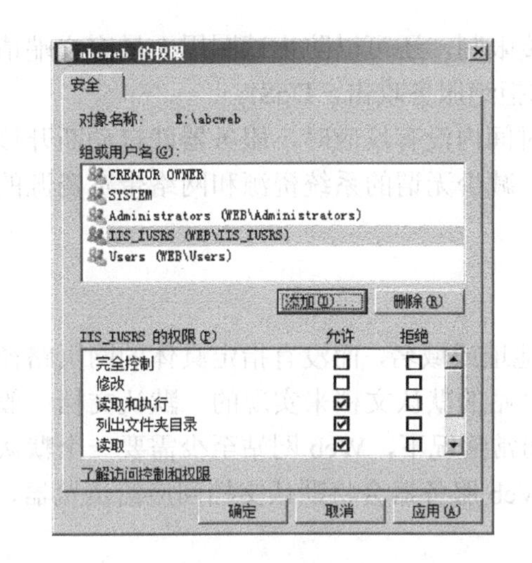

图 13-15 添加了用户账户 IIS_IUSRS

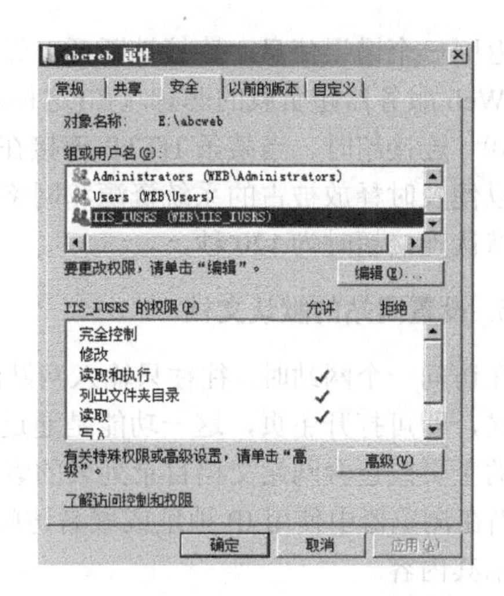

图 13-16 IIS_IUSRS 账户权限

5. 设置网络限制

无论 Web 服务器的性能多么强劲，网络带宽有多大，都有可能会因为并发连接的数量过多，致使服务器死机。因此，为了保证用户的正常访问，应对网站进行一定的限制，如限制带宽和连接限制等。

(1) 打开“Internet 信息服务(IIS)管理器”窗口，首先在“连接”窗格中的控制树中选中需要设置的 Web 站点，再单击“操作”窗格中的“限制”超链接。

(2) 在“编辑网站限制”对话框中设置“限制带宽使用”、“限制连接数”和“连接超时”选项，如图 13-17 所示。设置完成后，单击“确定”按钮保存设置。

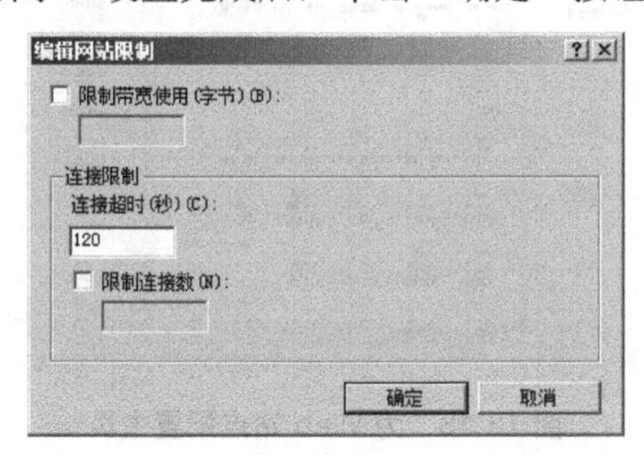

图 13-17 “编辑网站限制”对话框

下面简要介绍一下这 3 个选项的含义。

① 限制带宽使用。若不限制带宽，则当 Web 站点的访问量很大时，服务器的带宽可能全部被 Web 服务占用，这样，服务器中其他服务的带宽就无法保证。若 Web 服务器中还有其他服务或者有多个 Web 站点，这种选择是不可取的，这就需要限制一个 Web 站点带宽使用量。设置最大带宽值后，在控制 IIS 服务器向用户开放的网络带宽值的同时，也可能降低服务器的响应速度。

② 限制连接数。当一个 Web 站点并发连接数量过大时，可能使服务器资源被耗尽，从而引起死机。设置连接限制后，如果连接数量达到指定的最大值，以后所有的连接尝试

都会返回一个错误信息，连接被断开。设置连接限制，还可以防止试图用大量客户端请求造成 Web 服务器超负载的恶意攻击(这种攻击称拒绝服务攻击，DoS)。

③ 连接超时。当某条 HTTP 连接在一段时间内没有反应时，服务器就自动断开该连接，以便及时释放被占的系统资源和网络带宽，减少无谓的系统资源和网络带宽资源的浪费，默认连接超时为 120 秒。

6. 设置网站的默认文档

在访问一个网站时，往往只输入网站的 IP 地址或域名，而没有指定具体的网页路径和文件名，即可打开主页，这一功能是通过设置网站的默认文档来实现的。默认文档一般是目录的主页或包含网站文档目录列表的索引。通常情况下，Web 网站至少需要一个默认文档，当在浏览器中使用 IP 地址或域名访问时，Web 服务器会将默认文档回应给浏览器，从而显示其内容。

利用 IIS 7.0 搭建 Web 网站时，默认文档的文件名有 5 种，它们分别是 Default.htm、Default.asp、index.htm、index.html 和 iisstart.html，这些也是一般网站中最常用的主页名，当然，也可以由用户自定义默认网页文件。当用户访问网站时，系统会自动按顺序由上至下依次查找与之相对应的文件名，如果无法找到其中的任何一个，就会提示“Directory Listing Denied(目录列表被拒绝)”。设置网站默认文档的过程如下。

(1) 打开“Internet 信息服务(IIS)管理器”窗口，首先在“连接”窗格中从控制树选中需要设置的 Web 站点，进入网站的设置主页，如图 13-18 所示，双击“默认文档”图标。

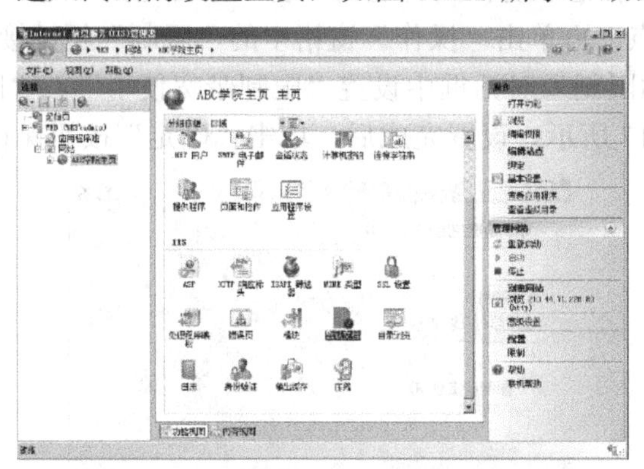

图 13-18 为 Web 站点配置主页

(2) 打开“默认文档”页后，在列表框中可定义多个默认文档，因为服务器搜索默认文档是按从上到下的顺序依次搜索的，所以最上面的文档将会被最先搜索到。通过“操作”窗格中的“上移”和“下移”按钮，可以调整各个默认文档的顺序，也可以通过“删除”按钮删除不需要的默认文档，如图 13-19 所示。

(3) 如果要添加一个新的默认文档，可在“操作”窗格中单击“添加”按钮，打开如图 13-20 所示的“添加默认文档”对话框。在该对话框中的“名称”文本框中，输入要添加的文档名称，例如 index.asp，单击“确定”按钮，即可将其添加到列表框中。新添加的默认文档会自动排列在列表框的最下方，用户可以通过“上移”和“下移”按钮调整它们的顺序。

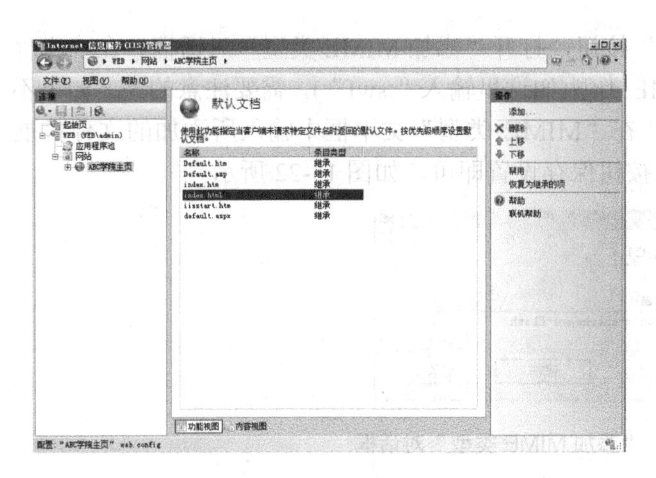

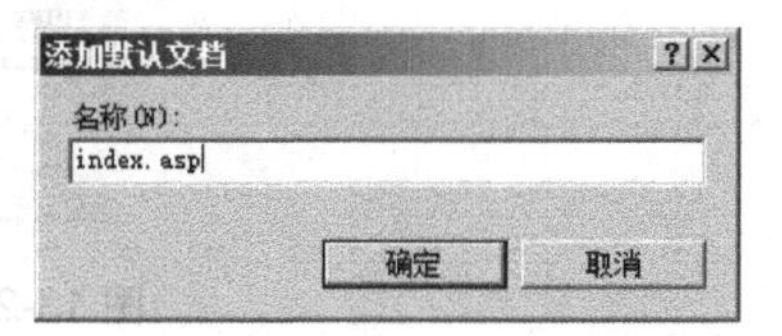

图 13-19　“默认文档”页

图 13-20　添加默认文档

7. MIME 设置

多功能 Internet 邮件扩充服务(Multipurpose Internet Mail Extensions，MIME)是一种保证非 ASCII 码文件在 Internet 上传播的标准，最早用于邮件系统传送非 ASCII 的内容，也可以传送图片等其他格式。随着网络的发展，浏览器也支持这种规范，目前，除了 HTML 文本格式外，还可以添加其他格式(如 PDF 等)。

(1) 打开“Internet 信息服务(IIS)管理器”窗口，首先在“连接”窗格中的控制树中选中需要设置的 Web 站点，如图 13-18 所示，进入网站的设置主页，然后双击“MIME 类型”图标。

(2) 打开“MIME 类型”页后，在列表框中显示可以管理被 Web 服务器用作静态文件的文件扩展名和关联的内容类型，如图 13-21 所示。用户可以通过“操作”窗格中的“编辑”按钮来修改文件扩展名与 MIME 类型的关联。

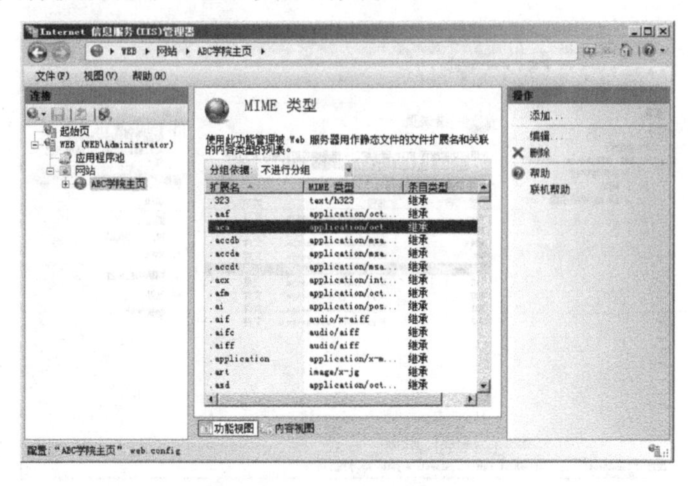

图 13-21　“MIME 类型”页

(3) 默认情况下，系统已经集成了很多 MIME 类型，基本上已经可以满足用户的要求，但有时，用户可能会有特殊的要求，需要用户手动添加 MIME 类型。添加 MIME 类型的方

法是，在“操作”窗格中单击“添加”按钮，打开“添加MIME类型”对话框。在“文件扩展名”文本框中输入欲添加的MIME类型(如这里输入“.swf”)，需要注意的是，如果不输入“.”，则系统会自动添加“.”。在“MIME类型”文本框中输入所添加的文件扩展名所属的类型。最后，单击“确定”按钮保存设置即可，如图13-22所示。

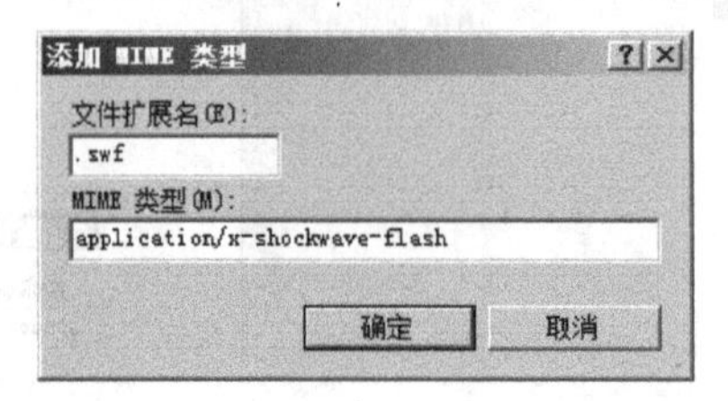

图13-22 “添加MIME类型”对话框

8. 自定义Web网站错误消息

有时可能由于网络或者Web服务器设置的原因，而出现用户无法正常访问Web页的情况。为了能够使用户清楚地了解不能访问的原因，在Web服务器上应设置相应的反馈给用户的错误页。错误页可以是自定义的，也可以是包含排除故障信息的详细错误信息。默认情况下，在IIS 7.0(中文版)中已经集成了一些常见的错误代码所对应的提示页，这些提示页都存放在Windows Server 2008系统分区的“\inetpub\custerr\zh-CN”文件夹下。

自定义Web网站错误消息的方法如下。

(1) 打开“Internet信息服务(IIS)管理器”窗口，首先在“连接”窗格中的控制树中选中需要设置的Web站点，进入网站的设置主页，如图13-18所示，双击“错误页”图标。

(2) 出现“错误页”窗口后，在错误代码列表中显示已配置的HTTP错误响应。如果要修改某错误代码的设置，就在错误代码列表中选择欲修改设置的错误代码，然后，在右侧的“操作”窗格中单击“更改状态代码”按钮，即可修改相应的错误代码，如图13-23所示。

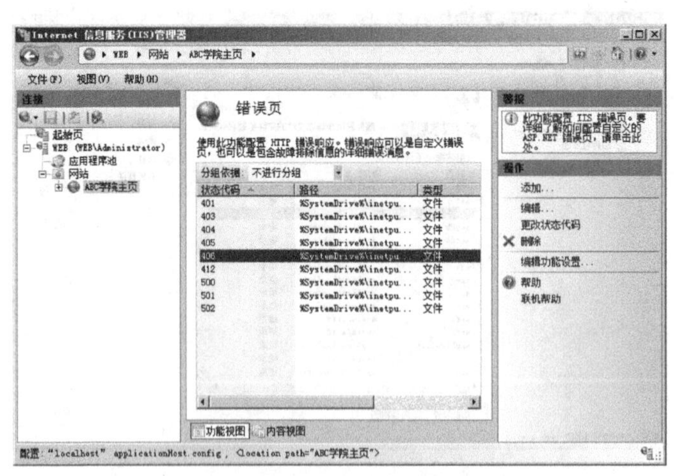

图13-23 “错误页”页

(3) 若要详细设置发生该错误时返回用户的信息或发生该错误时所执行的操作，可单击“编辑”按钮，然后在打开的“编辑自定义错误页”对话框中进行详细设置。设置完毕

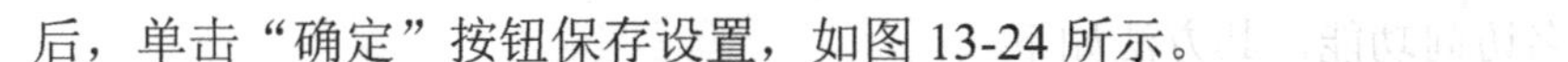

后，单击“确定”按钮保存设置，如图 13-24 所示。

下面简要地介绍“编辑自定义错误页”对话框中各选项的含义。

① 将静态文件中的内容插入错误响应中。在“文件路径”文本框中输入存储在本地计算机上的 Web 页的绝对路径，当发生该错误时，将该 Web 页返回给客户端。如果选中“尝试返回使用客户端语言的错误文件”复选框，可以根据客户端计算机所使用的语言不同，返回相应的错误页。

② 在此网站上执行 URL。在“URL(相对于网站根目录)”文本框中输入相对于网站根目录的相对路径中的错误页，例如“/ErrorPages/404.aspx”。

③ 以 302 重定向响应。在“绝对 URL”文本框中输入当发生该错误时重定向的网站 URL 地址。

(4) 如果在默认错误页中没有所需要的错误页代码，则需要管理员进行手动添加。在“错误页”页面中单击“添加”按钮，打开“添加自定义错误页”对话框，如图 13-25 所示。在“状态代码”文本框中输入添加的错误代码，根据需要在响应操作区域中设置相应的错误响应操作。设置完毕后，单击“确定”按钮保存设置。

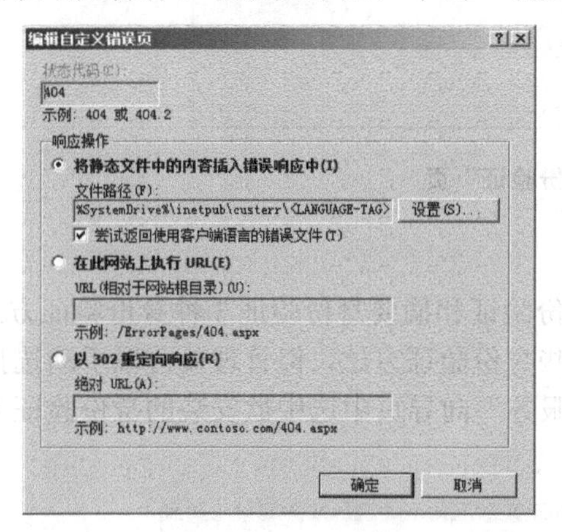

图 13-24　“编辑自定义错误页”对话框

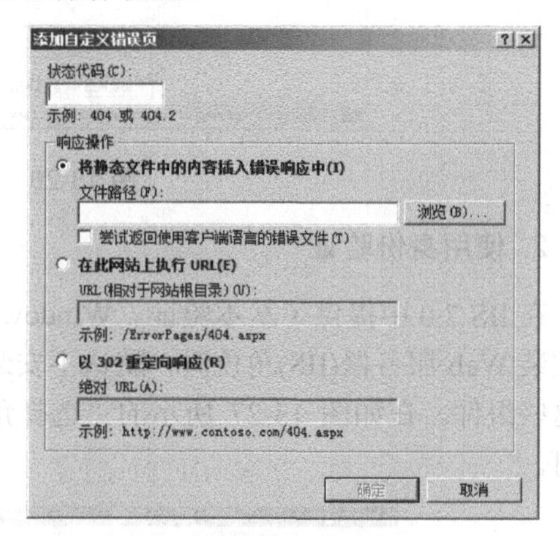

图 13-25　“添加自定义错误页”对话框

13.3.2　管理 Web 网络安全

在 IIS 建设的网站中，默认允许所有的用户连接，并且客户端访问时不需要使用用户名和密码。但如果是安全要求高的网站，或网站中有机密信息，这时就需要对用户进行身份验证，只有使用正确的用户名和密码才能进行访问。

1. 禁用匿名访问

默认情况下，Web 服务器启用匿名访问，网络中的用户无须输入用户名和密码即可访问 Web 网站的网页。其实，匿名访问也是需要身份验证的，当用户访问 Web 站点时，所有 Web 客户都使用 IIS_IUSRS 账号自动登录。如果 Web 站点的主目录允许 IIS_IUSRS 账号访问，就向用户返回网页页面；如果不允许访问，IIS 将尝试使用其他验证方法。

如果 Web 网站是一个专用的信息管理系统，只允许授权的用户才能访问，此时，用户

就要禁用 Web 网站匿名访问功能，其方法如下。

(1) 打开“Internet 信息服务(IIS)管理器”窗口，首先在“连接”窗格中的控制树中选择需要设置的 Web 站点，进入网站的设置主页，如图 13-18 所示，双击“身份验证”图标。

(2) 打开“身份验证”页后，在列表中选中“匿名身份验证”选项，然后在“操作”窗格中单击“禁用”按钮，即可禁用匿名访问，如图 13-26 所示。

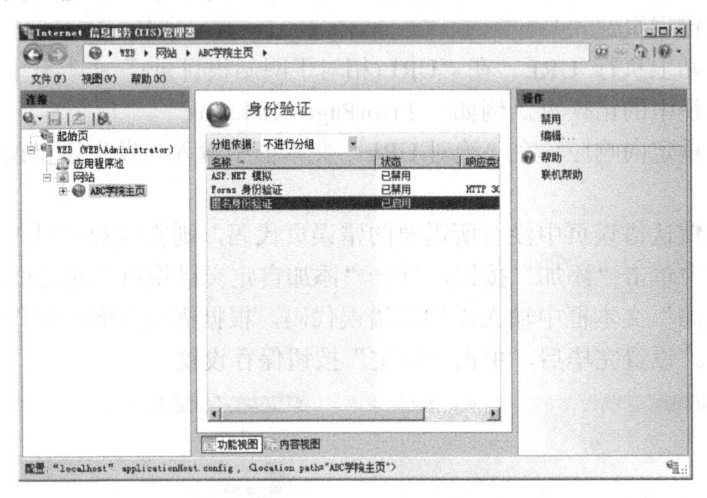

图 13-26 “身份验证”页

2. 使用身份验证

在 IIS 7.0 中提供了基本验证、Windows 身份验证和摘要身份验证 3 种身份验证方式。在安装 Web 服务器(IIS)角色时，默认不安装这些身份验证方法，但管理员可以手动选择安装这些组件。在如图 13-27 所示的“选择角色服务”向导页中选中欲安装的身份验证方式即可。

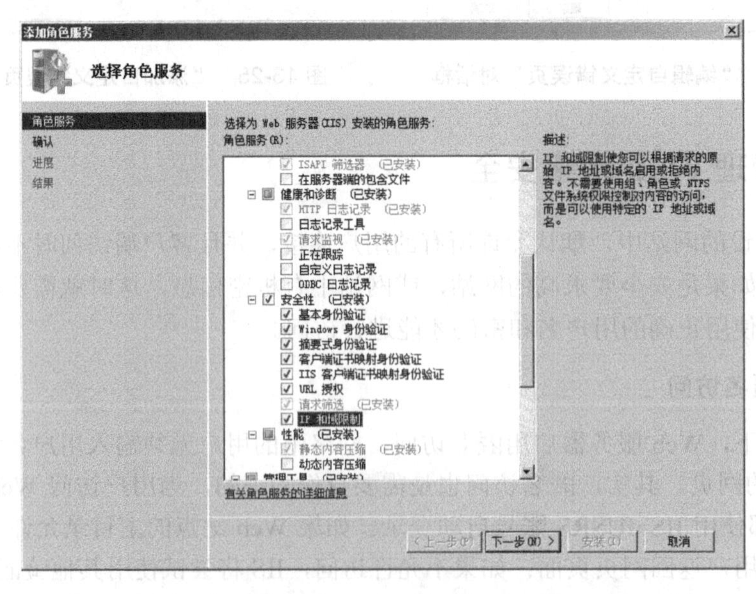

图 13-27 选择角色服务

(1) 打开“Internet 信息服务(IIS)管理器”窗口，首先在“连接”窗格里的控制树中选中需要设置的 Web 站点，进入网站的设置主页，双击“身份验证”图标，如图 13-28 所示。

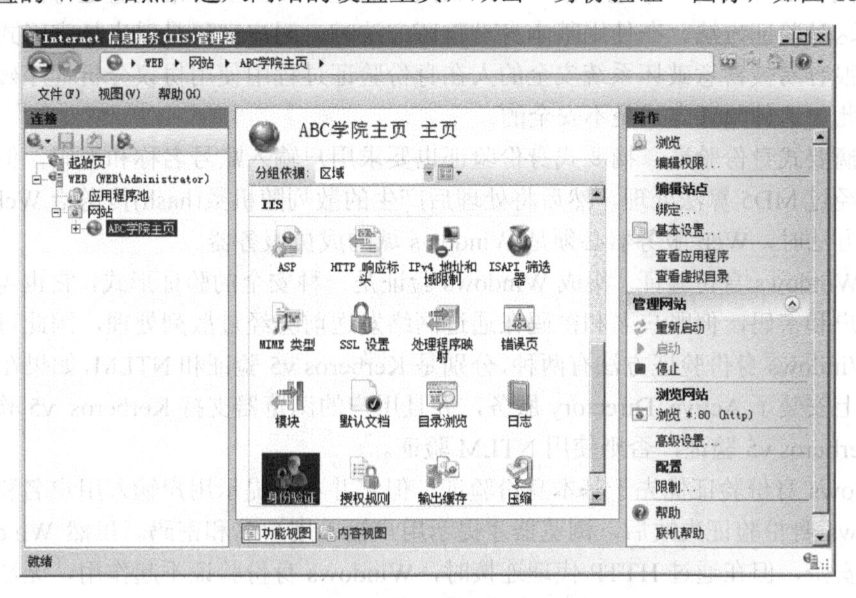

图 13-28　双击“身份验证”图标

(2) 出现“身份验证”页后，在列表中显示当前用户已经安装的身份验证方式。如果欲使用非匿名访问身份验证方式，则首先需禁用匿名身份验证方式。再在列表中选择要使用的身份验证方式，并在右侧“操作”窗格中单击“启动”，即可启动相应的身份验证方式，如图 13-29 所示。

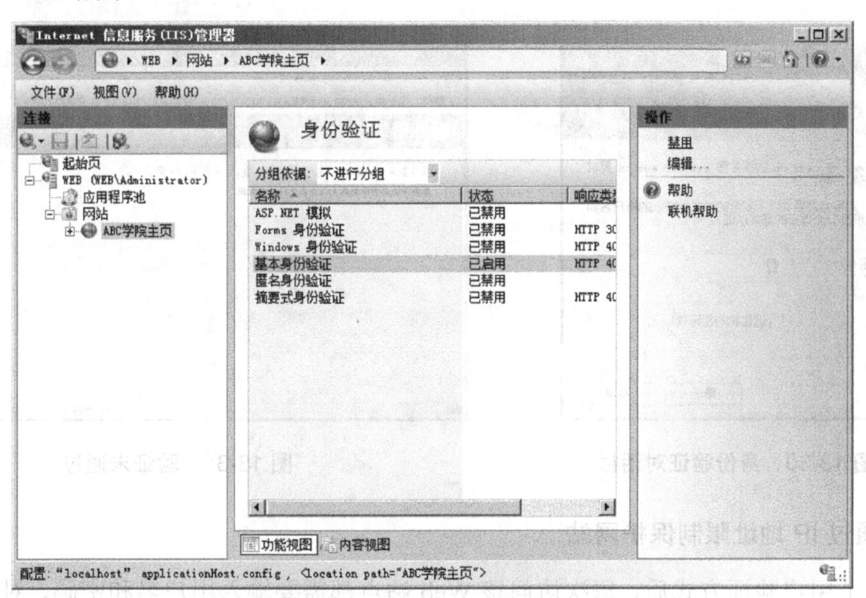

图 13-29　设置身份验证方式

下面简要地介绍一下 3 种身份验证的主要特点。

① 基本身份验证。用户使用基本身份验证访问 Web 站点时，系统会模仿为一个本地

用户(即能实际登录到 Web 服务器的用户)登录到 Web 服务器，因此，用于基本验证的 Windows 用户必须具有“本地登录”用户权限。它是一种工业标准的验证方法，大多数浏览器支持这种验证方法。在使用基本身份验证方法时，用户密码是以未加密形式在网络上传输的，很容易被蓄意破坏系统安全的人在身份验证过程中使用协议分析程序破译用户和密码，因此，这种验证方式是不安全的。

② 摘要式身份验证。摘要式身份验证也要求用户输入账号名称和密码，但账号名称和密码都经过 MD5 算法处理，然后将处理后产生的散列随机数(hash)传送给 Web 服务器。采用这种方法时，Web 服务器必须是 Windows 域的成员服务器。

③ Windows 身份验证。集成 Windows 验证是一种安全的验证形式，它也需要用户输入用户账户和密码，但账户名和密码在通过网络发送前会经过散列处理，因此可以确保其安全性。Windows 身份验证方法有两种，分别是 Kerberos v5 验证和 NTLM，如果在 Windows 域控制器上安装了 Active Directory 服务，并且用户的浏览器支持 Kerberos v5 验证协议，则使用 Kerberos v5 验证，否则使用 NTLM 验证。

Windows 身份验证优先于基本身份验证，但它并不先提示用户输入用户名和密码，只有 Windows 身份验证失败后，浏览器才提示用户输入用户名和密码。虽然 Windows 身份验证非常安全，但在通过 HTTP 代理连接时，Windows 身份验证不起作用，无法在代理服务器或其他防火墙应用程序后使用。因此，Windows 身份验证最适合企业 Intranet 环境。

(3) 例如，Web 服务器使用了基本身份验证，当客户端访问该网站时，就打开身份验证对话框，要求用户在“用户名”和“密码”文本框中输入合法的用户名及密码，单击“确定”按钮，如图 13-30 所示。

(4) 如果验证通过，即可打开网页，否则将返回错误页(错误代码为 401)，如图 13-31 所示。

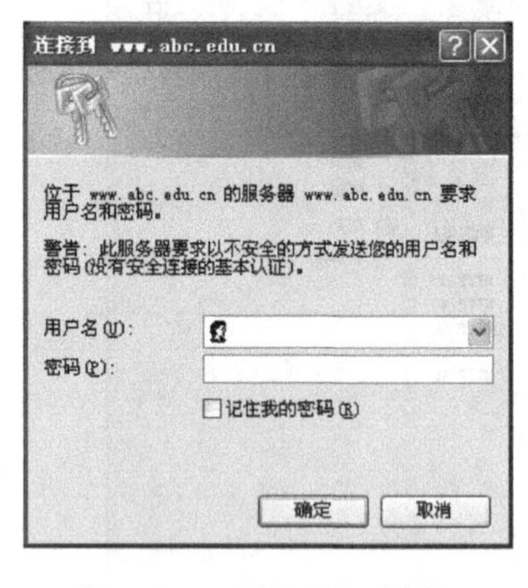

图 13-30 身份验证对话框

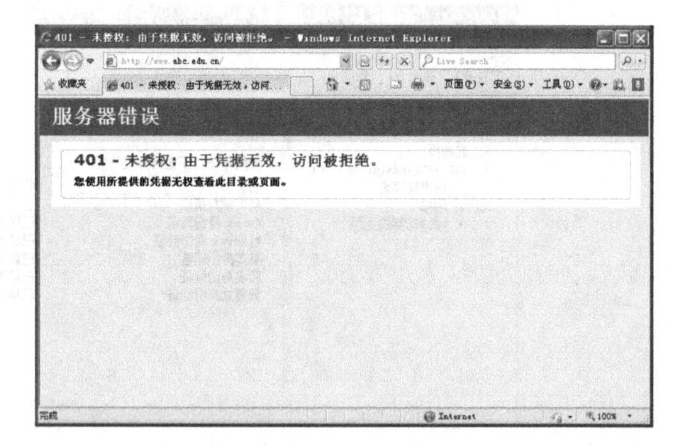

图 13-31 验证未通过

3. 通过 IP 地址限制保护网站

启用了用户验证方式后，每次访问该 Web 站点都需要输入用户名和密码，对于授权用户而言比较麻烦。由于 Web 服务器会检查每个来访者的 IP 地址，因此也可通过 IP 地址的访问来防止或允许某些特定的计算机、计算机组、域甚至整个网络访问 Web 站点，从而排除未知用户的访问。

默认情况下，在安装 Web 服务器(IIS)角色时不安装“IP 和域限制”组件，该组件需要用户进行手动安装。其安装方法是，在“选择角色服务”对话框中选中“IP 和域限制”复选框即可。通过 IP 地址限制保护网站的方法如下。

(1) 打开“Internet 信息服务(IIS)管理器”窗口，首先在“连接”窗格中的控制树中选中需要设置的 Web 站点，进入网站的设置主页，双击“IPv4 地址和域限制”图标，打开如图 13-32 所示的页面。

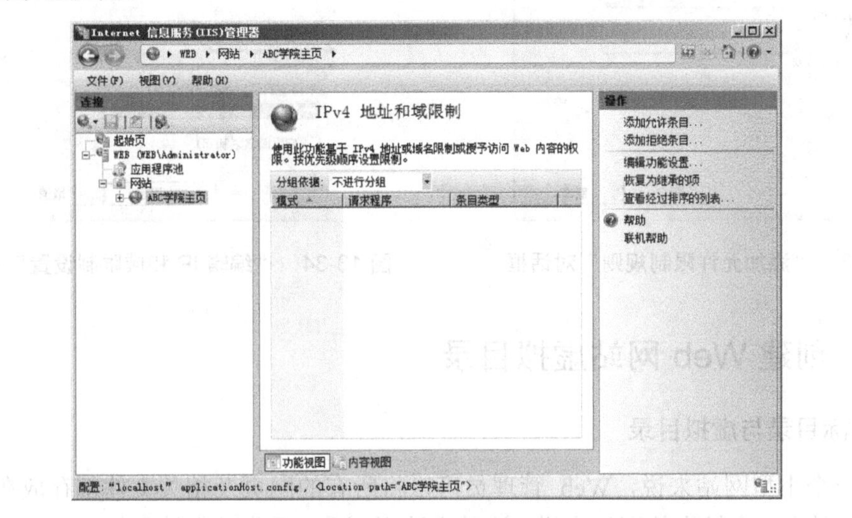

图 13-32　“IPv4 地址和域限制”页

(2) 在“操作”窗格中单击“添加允许条目”或“添加拒绝条目”链接，来设置 IP 地址限制。

下面简要地介绍一下添加允许条目、拒绝条目的含义及设置方法。

① 设置允许访问的计算机。在“操作”窗格中单击“添加允许条目”链接，打开“添加允许限制规则”对话框，如图 13-33 所示。如果要允许一台主机访问 Web 站点，可选中“特定 IPv4 地址”单选按钮，并在文本框中输入允许访问的主机的 IP 地址。如果是允许一组主机访问 Web 站点，可选中“IPv4 地址范围”单选按钮，通过这组主机的网络地址和子网掩码来标识。例如，图 13-33 所示的含义是只允许 222.190.68.0/24(IP 地址范围是 222.190.68.0~222.190.68.255)这个网络的主机访问该站点，其他主机不能访问该站点。设置完毕后，单击“确定”按钮保存即可。

② 设置拒绝访问的计算机。拒绝访问与允许访问正好相反。通过拒绝访问设置，将拒绝相关主机和域对该 Web 站点的访问。这种设置方法主要是用于给 Web 服务器加入“黑名单”。单击“添加拒绝条目”链接，在打开的“添加拒绝限制规则”对话框中，添加拒绝访问的计算机。其操作步骤与“添加允许条目”中的操作相同。

(3) 用户还可以根据域名来限制要访问的计算机。在“操作”窗格中单击“编辑功能设置”链接，打开“编辑 IP 和域限制设置”对话框，如图 13-34 所示。在“未指定的客户端的访问权”下拉列表中，可以设置除指定的 IP 地址外的客户端访问该网站时所进行的操作，用户可以根据需要，在下拉列表中选择“允许”或“拒绝”选项。若选中“启用域名限制”复选框，即可启用域名限制。

注意：通过域名限制访问，会要求DNS反向查找每一个连接，这将会严重影响服务器的性能，建议不要使用。

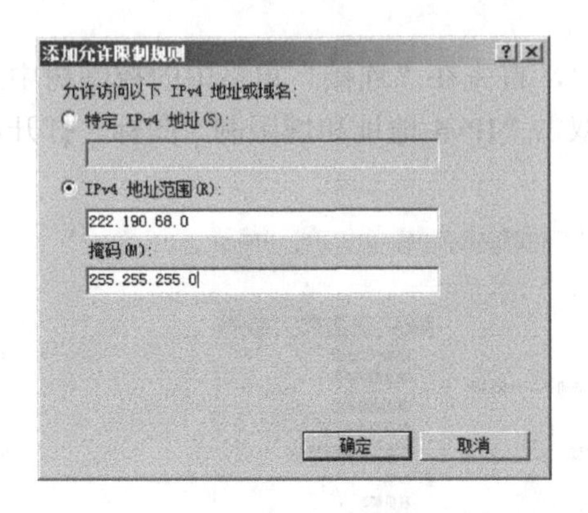

图 13-33 “添加允许限制规则”对话框

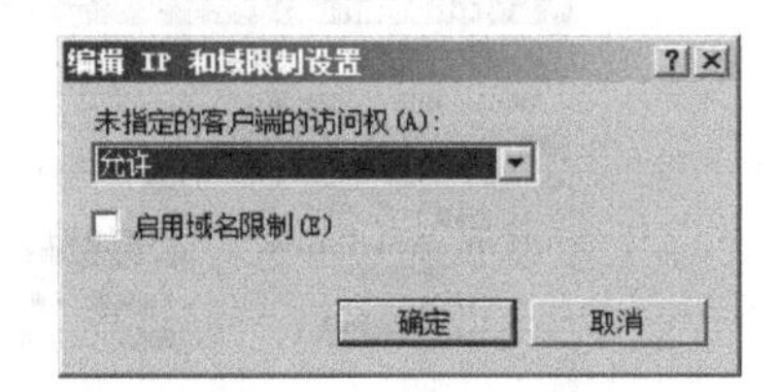

图 13-34 “编辑 IP 和域限制设置”对话框

13.3.3 创建Web网站虚拟目录

1. 实际目录与虚拟目录

对于一个小型网站来说，Web 管理员可以将所有的网页及相关文件都存放在网站的主目录下，而对于一个较大的网站来说，这种方法不可取。通常的做法是把网页及相关文件进行分类，分别放在主目录下的子文件夹中，这些子文件夹称为实际目录或者物理目录(Physical Directory)。

如果要通过主目录以外的其他文件夹发布网页，就必须创建虚拟目录(Virtual Directory)。虚拟目录不包含在主目录中，但在客户浏览器中浏览虚拟目录，会感觉虚拟目录就位于主目录中一样。虚拟目录有一个别名(alias)，Web 浏览器直接访问此别名即可。使用别名可以更方便地移动站点中的目录，若要更改目录的 URL，则只需更改别名与目录实际位置的映射即可。

为了说明实际目录与虚拟目录的区别，我们先创建一个实际目录，再创建一个虚拟目录并管理。

2. 创建实际目录

下面的操作是在一个 Web 站点的主目录下创建和访问一个实际目录的过程。

(1) 打开“Internet 信息服务(IIS)管理器”窗口，首先在“连接”窗格中的控制树中选中需要设置的 Web 站点，再单击“内容视图”超链接切换视图模式，此时，在列表框中显示网站主目录下所有的文件和文件夹，如图 13-35 所示。

(2) 单击“操作”窗格中的“浏览”超链接，打开网站的主目录，在该目录下创建一个名称为 music 文件夹，如图 13-36 所示。

(3) 在上述 music 文件夹中，创建一个名称为 index.htm 的测试网页文件，其文件内容如图 13-37 所示。

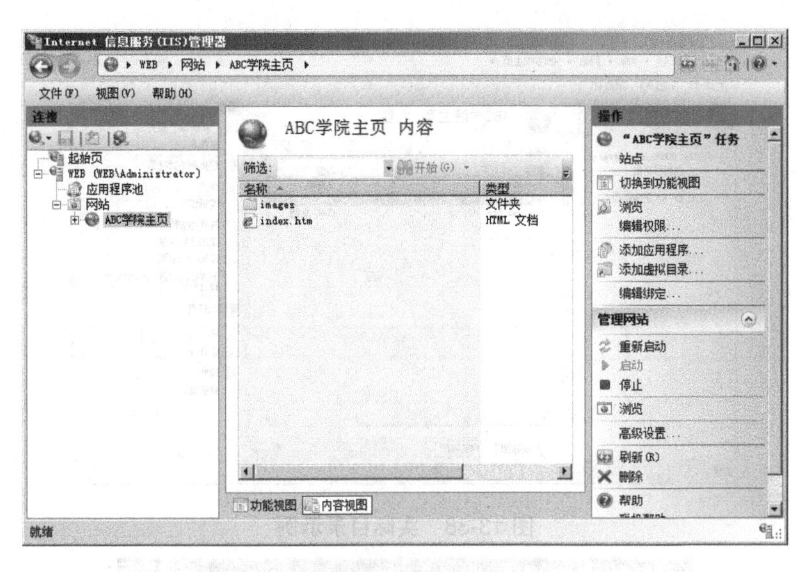

图 13-35　内容视图

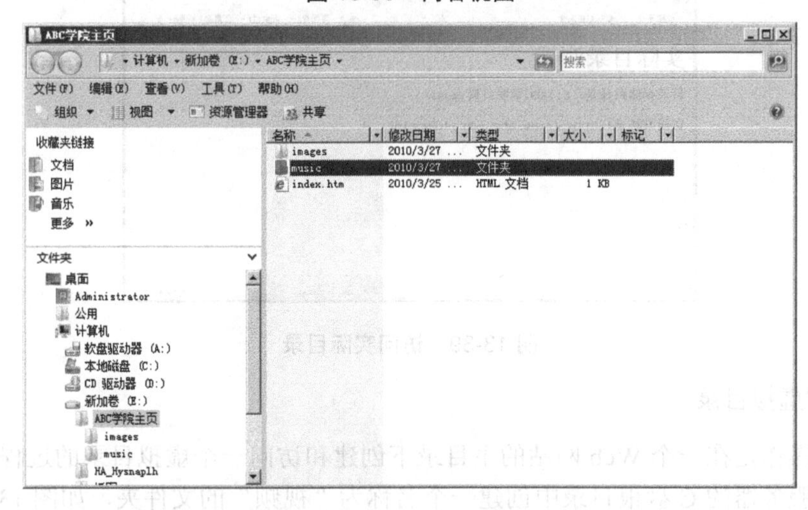

图 13-36　创建实际目录

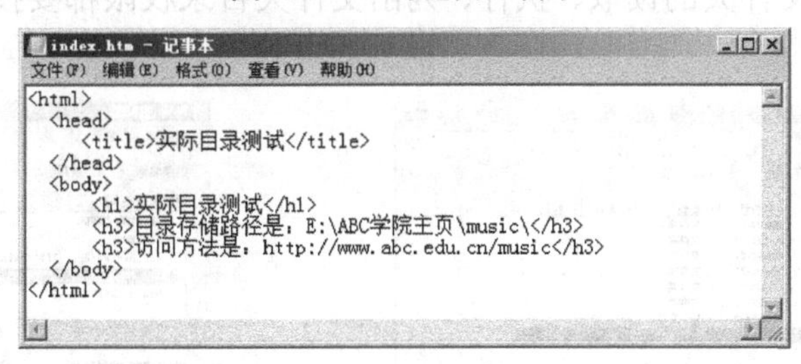

图 13-37　创建测试网页

(4) 实际目录创建后，单击“管理文件夹”窗格中“刷新”超链接，刷新内容视图，就可在内容视图中看到刚创建的实际目录 music，如图 13-38 所示。

(5) 打开浏览器，在地址栏中输入 http://www.abc.edu.cn/music/，即可看到刚才在 music 文件夹下创建的网页内容，如图 13-39 所示。

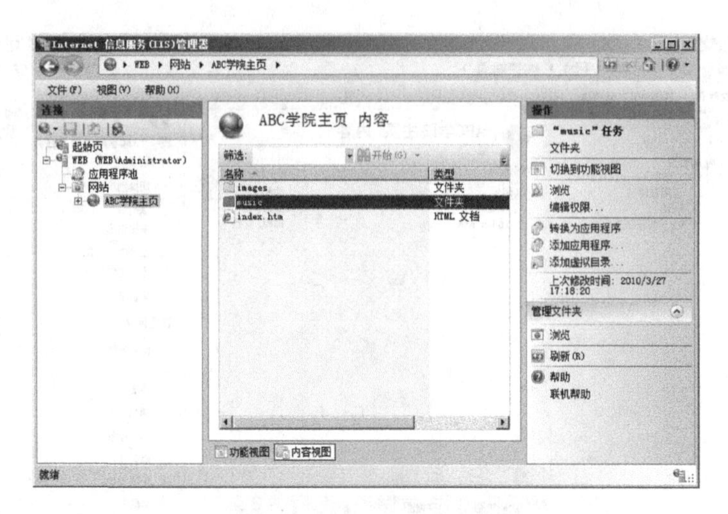

图 13-38　实际目录示例

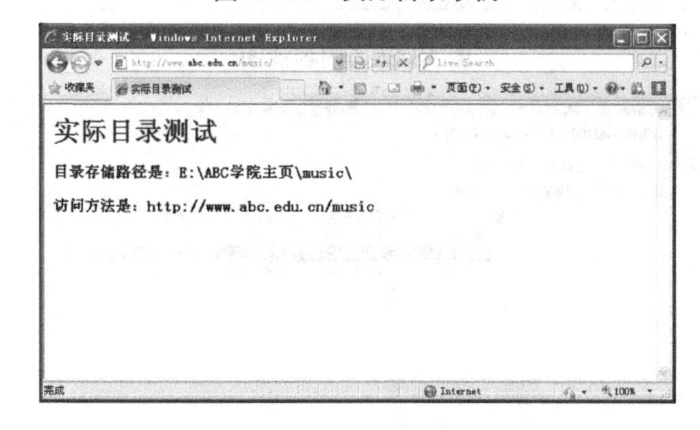

图 13-39　访问实际目录

3. 创建虚拟目录

下面的操作是在一个 Web 网站的主目录下创建和访问一个虚拟目录的过程。

(1)　在服务器的 C 盘根目录中创建一个名称为“视频”的文件夹，如图 13-40 所示。

(2)　将“视频”文件夹的读取、执行、列出文件夹目录权限都要授予 IIS_IUSRS 账户，如图 13-41 所示。

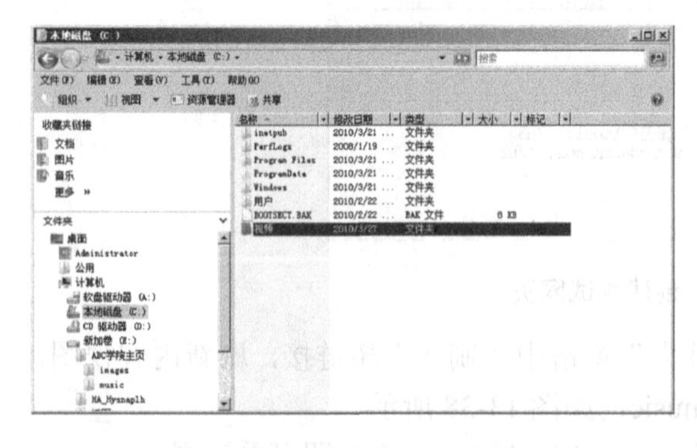

图 13-40　创建虚拟目录的存储目录

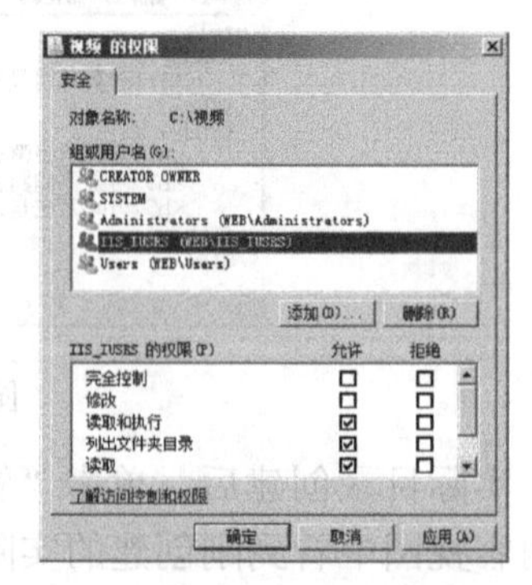

图 13-41　设置文件夹权限

(3) 在刚创建好的文件夹(C:\视频)中创建一个名称为 index.htm 的文件，其文件内容如图 13-42 所示。

(4) 在网站的内容视图(见图 13-35)中，单击“操作”窗格中的“添加虚拟目录”超链接，弹出“添加虚拟目录”对话框后，在“别名”文本框中输入“video”，在“物理路径”文本框中输入虚拟目录的实际路径(也可单击浏览按钮进行选择)。设置完毕后，单击“确定”按钮保存设置，如图 13-43 所示。

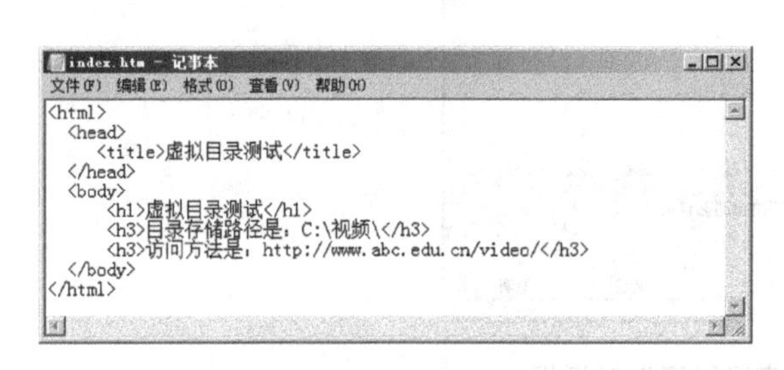

图 13-42　创建测试网页

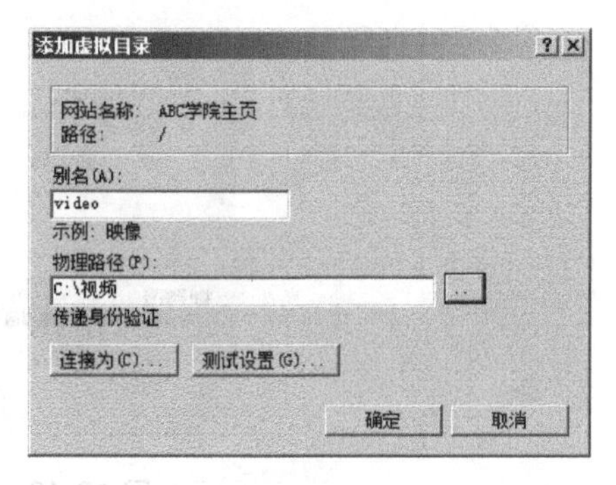

图 13-43　“添加虚拟目录”对话框

(5) 虚拟目录添加完成后，将在“内容视图”中显示新创建的虚拟目录，如图 13-44 所示。

(6) 打开浏览器，在地址栏中输入“http://www.abc.edu.cn/video/”，即可看到刚才在虚拟目录中创建的测试主页的内容，如图 13-45 所示。

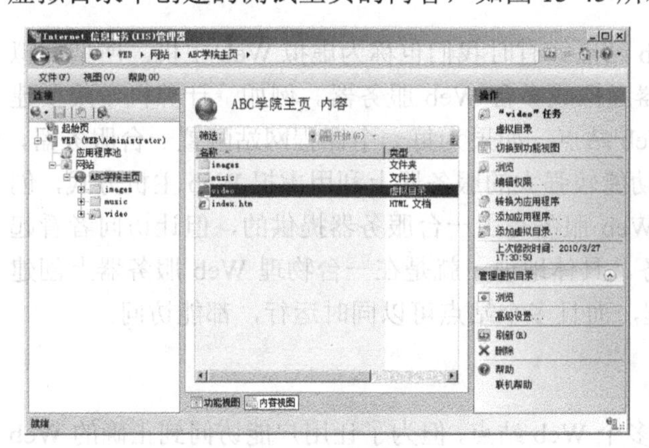

图 13-44　创建虚拟目录

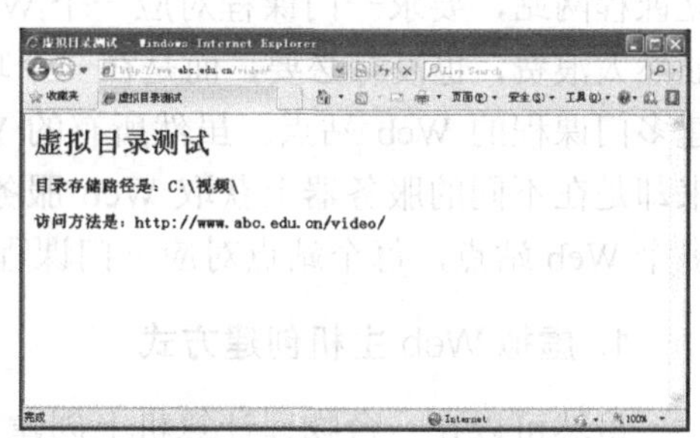

图 13-45　测试虚拟目录

4. 管理虚拟目录

虚拟目录创建后，可能因为物理路径的变更使虚拟目录不能正常使用，或者需要修改虚拟路径的名称，这时，就需要对虚拟目录进行配置了。

修改虚拟目录的方法是，选择相应的虚拟目录，单击“操作”窗格中的“高级设置”超链接，然后在打开的“高级设置”对话框中重新设置虚拟目录的物理路径或者进行修改虚拟路径等操作，如图 13-46 所示。

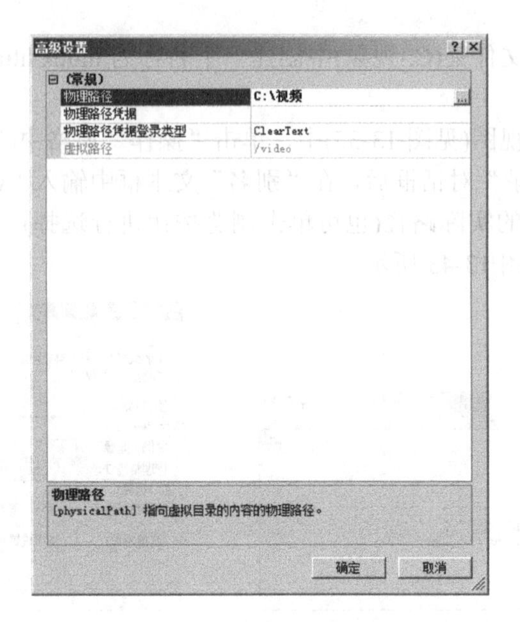

图 13-46 “高级设置”对话框

13.4 在同一 Web 服务器上创建多个 Web 站点

13.4.1 虚拟 Web 主机

在同一 Web 服务器上创建多个 Web 站点，有时我们也称为虚拟 Web 主机。所谓虚拟 Web 主机，是指将一台物理 Web 服务器虚拟成多台 Web 服务器。例如，计算机学院要建立课程网站，要求一门课程对应一个 Web 站点，如果为每一个课程网站配置一台服务器，显然太浪费，也没有必要，而是在一个功能较强大的服务器上利用虚拟 Web 主机方式，创建多门课程的 Web 站点。虽然所有的 Web 服务是由一台服务器提供的，但让访问者看起来却是在不同的服务器上获取 Web 服务。具体地说，就是在一台物理 Web 服务器上创建多个 Web 站点，每个站点对应一门课程，而且多个站点可以同时运行，都能访问。

1. 虚拟 Web 主机创建方式

虽然可以在一台物理计算机上创建多个 Web 站点，但为了让用户能访问到正确的 Web 站点，每个 Web 站点必须有一个唯一的辨识身份。用来辨识 Web 站点身份的识别信息包括主机头名称、IP 地址和 TCP 端口号。创建虚拟 Web 主机有如下 3 种方式。

(1) 基于 IP 的方式(IP-Based)：在 Web 服务器的网卡上绑定多个 IP 地址，每个 IP 地址对应一台虚拟主机。访问这些虚拟主机时，用户可以使用虚拟主机 IP 地址，也可以使用虚拟主机的域名(在域名服务器配置好的情况下)。

(2) 基于主机头名称的方式(Name-Based)：在 HTTP 1.1 标准中规定了在 Web 浏览器和 Web 服务器通信时，Web 服务器能跟踪 Web 浏览器请求的是哪个主机名字。采用基于主机头名称的方式创建虚拟主机时，服务器只需要一个 IP 地址，但对应着多个域名，每个域名对应一台虚拟主机，它已成为建立虚拟主机的最常用方式。访问虚拟主机时，只能使用虚拟主机域名来访问，而不能通过 IP 地址来访问。

(3) 基于 TCP 连接端口：Web 服务的默认的端口号是 80，通过修改 Web 服务的工作端口，使每个虚拟主机分别拥有一个唯一的 TCP 端口号，从而区分不同的虚拟主机。访问基于 TCP 连接端口创建的虚拟主机时，需要在 URL 的后面添加 TCP 端口号，如 http://www.abc.edu.cn:8080。

2. 虚拟 Web 主机的特点

虚拟 Web 主机有以下主要特点。

(1) 节约软硬件投资。使用 Web 虚拟主机，用户可以在运行 IIS 7.0 的服务器上创建和管理多个 Web 站点(即只需一台服务器和软件包)。虚拟 Web 主机在性能和表现上都与独立的 Web 服务器基本没有差别。

(2) 可管理。与真正的 Web 服务器相比，虚拟 Web 主机在管理上基本是相同的，例如服务的终止、启动和暂停等。同时，虚拟 Web 主机还可以用 Web 方式进行远程管理。

(3) 可配置。虚拟 Web 主机可以像真正的 Web 服务器一样进行各种功能的配置。

(4) 数据安全。利用虚拟 Web 主机，可以将数据敏感的信息分离开来，从信息内容到站点管理都相互隔离，从而提供了更高的数据安全性。

(5) 分级管理。不同的虚拟网站可以指定不同的管理人员，同一虚拟网站也可以指定若干管理人员，从而将 Web 站点层层委派给享有相应权限的人员进行管理，使每一个部门都有自己的虚拟服务器，并且能完全管理自己的站点。

(6) 性能和带宽调节。计算机上安装有若干个虚拟网站时，用户可以为每一个 Web 虚拟主机提供性能和带宽，以保证服务器能稳定运行，合理分配网络带宽和 CPU 处理能力。

13.4.2 使用不同的 IP 地址在一台服务器上创建多个 Web 网站

使用不同的 IP 地址在一台服务器上创建多个 Web 网站时，首先要为每个 Web 网站分配一个独立的 IP 地址，即每个 Web 网站都可以通过不同的 IP 地址进行访问，从而使 IP 地址成为网站的唯一标识。使用不同的 IP 地址标识时，所有 Web 网站都可以采用默认的 80 端口，并且可以在 DNS 中对不同的网站分别解析域名，从而便于用户访问。当然，由于每个网站都需要一个 IP 地址，因此，如果创建的虚拟网站很多，将会占用大量的 IP 地址。

使用不同 IP 地址在一台服务器上创建多个 Web 网站的过程如下。

(1) 为 Web 服务器的网卡绑定多个 IP 地址。在 Web 服务器上打开“Internet 协议(TCP/IP)属性”对话框，单击“高级”按钮。然后在“高级 TCP/IP 设置”对话框中单击“添加”按钮，为网卡再添加一个 IP 地址和子网掩码，如图 13-47 所示。

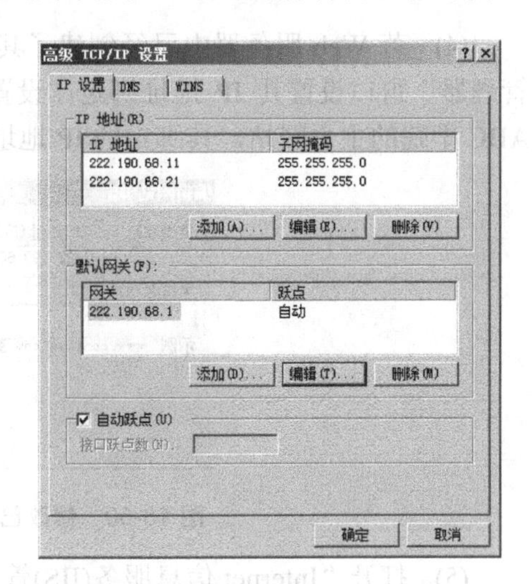

图 13-47　为网卡绑定多个 IP 地址

(2) 为站点创建 Web 发布主目录，并将它的读取、执行、列出文件夹目录权限授予 IIS_IUSRS 账户，如图 13-48 所示。

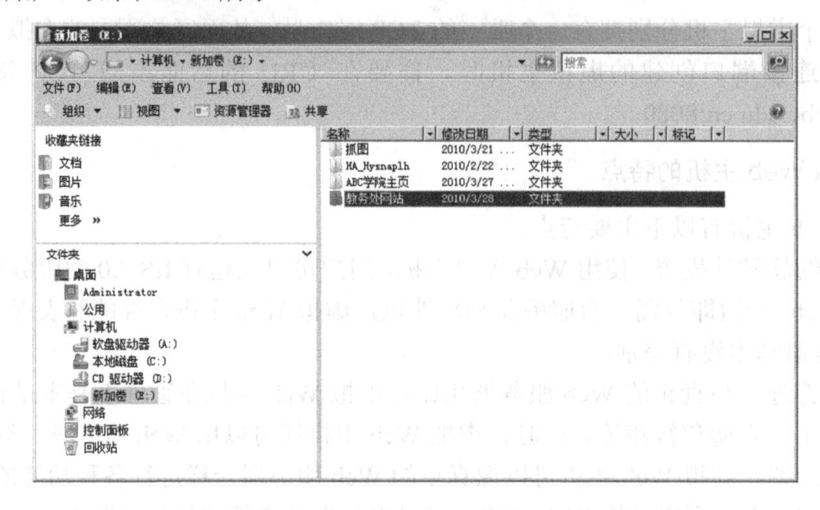

图 13-48　创建虚拟主机的主目录

(3) 为站点创建测试网页。在上述文件夹中创建一个 index.htm 文件，将其作为该 Web 网站的测试文件，如图 13-49 所示。

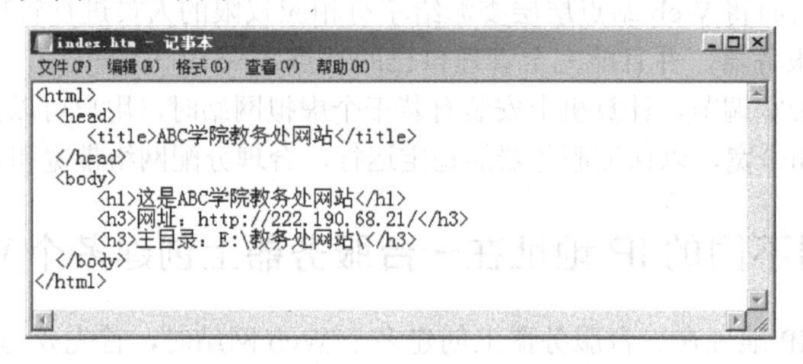

图 13-49　创建测试网页

(4) 若 Web 服务器中已经创建了其他 Web 站点，则需要通过“Internet 信息服务(IIS)管理器”窗口设置其 IP 地址绑定，设置方法参见 13.3.1 小节。例如，服务器中已创建了 ABC 学院的主页网站，其绑定的 IP 地址是 222.190.68.11，如图 13-50 所示。

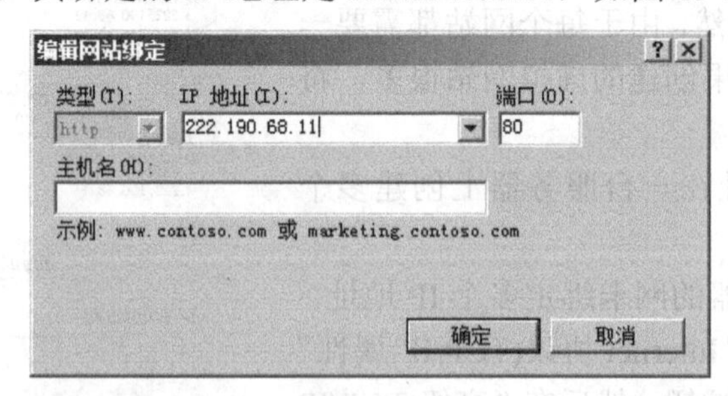

图 13-50　修改已创建 Web 站点的 IP 地址绑定

(5) 打开“Internet 信息服务(IIS)管理器”窗口，首先在“连接”窗格的控制树中选中“网站”节点，单击“操作”窗格中的“添加网站”超链接，如图 13-51 所示。

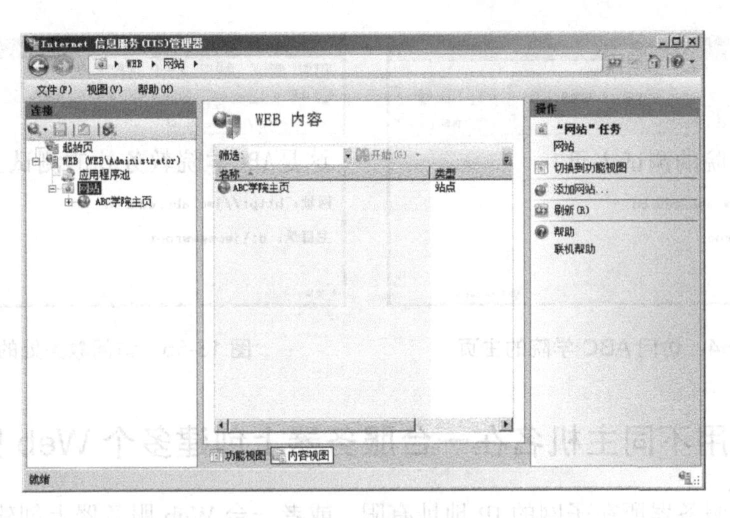

图 13-51　添加网站

(6) 在“添加网站”对话框中，将“网站名称”命名为“教务处”，以区别于 ABC 学院的主页站点，在“物理路径”文本框中输入或选择教务处网站的主目录，在“IP 地址”下拉列表框中输入教务处网站绑定的 IP 地址，其他参数保持不变。设置完毕后，单击“确定”按钮创建一个新网站，如图 13-52 所示。

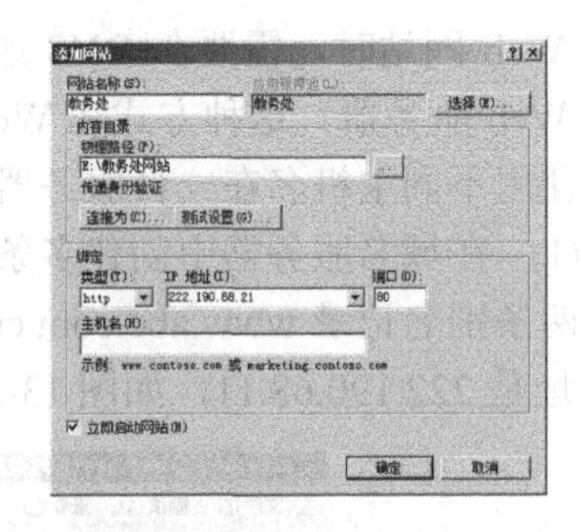

图 13-52　创建基于多个 IP 地址的虚拟主机

(7) 图 13-53 所示为两个站点创建完成后的界面。

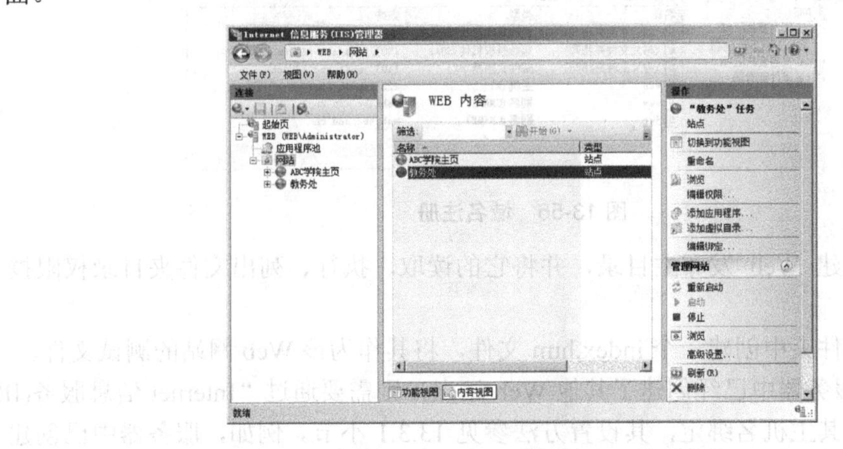

图 13-53　Internet 信息服务(IIS)管理器

(8) 打开浏览器，在地址栏中输入“http://222.190.68.11”，即可看到 ABC 学院的主页，如图 13-54 所示。

(9) 若在地址栏中输入“http://222.190.68.21”，即可看到 ABC 学院教务处的主页，如图 13-55 所示。

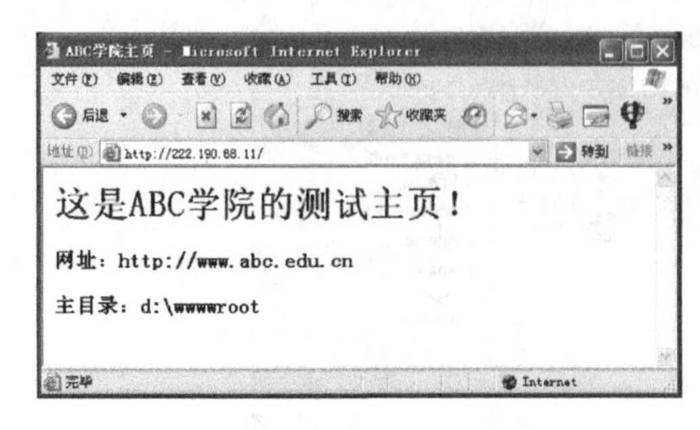

图 13-54　访问 ABC 学院的主页

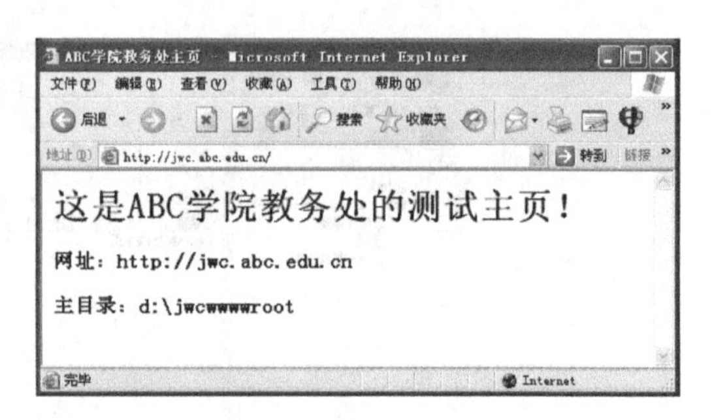

图 13-55　访问教务处的主页

13.4.3　使用不同主机名在一台服务器上创建多个 Web 网站

如果 Web 服务器所在子网的 IP 地址有限，或者一台 Web 服务器上创建了很多个 Web 网站，用户还可以使用不同主机名在一台服务器上创建多个 Web 网站。使用这种方法创建多个 Web 网站时，需要在 DNS 服务器中进行主机名的注册，即把多个主机名同时指向同一台 Web 服务器。这种方式在 Web 站点托管服务商中大量使用。

使用不同主机名在一台服务器上创建多个 Web 网站的过程如下。

(1)　在域名服务器中创建多条别名资源记录，都指向一台真实的 Web 服务器。例如，创建两条别名记录 www.abc.com.cn 和 jwc.abc.com.cn，其实现主机都指向 web.abc.edu.cn，IP 地址是 222.190.68.11，如图 13-56 所示。

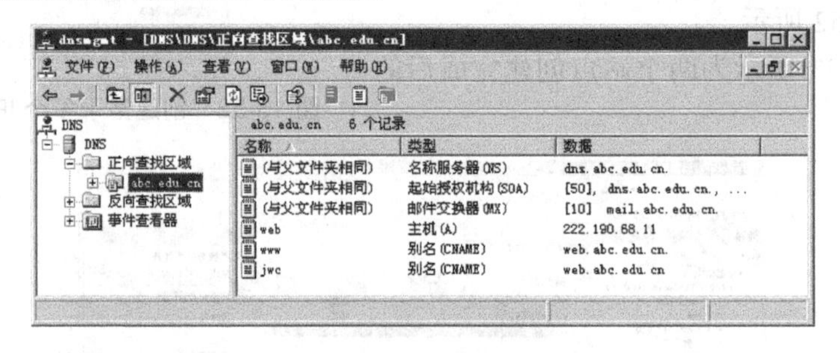

图 13-56　域名注册

(2)　为站点创建 Web 发布主目录，并将它的读取、执行、列出文件夹目录权限授予 IIS_IUSRS 账户。

(3)　在上述文件夹中创建一个 index.htm 文件，将其作为该 Web 网站的测试文件。

(4)　若 Web 服务器中已经创建了其他 Web 站点，则需要通过“Internet 信息服务(IIS)管理器”窗口设置其主机名绑定，其设置方法参见 13.3.1 小节。例如，服务器中已创建了 ABC 学院的主页网站，其绑定的主机名为 www.abc.edu.cn，如图 13-57 所示。

(5)　打开“Internet 信息服务(IIS)管理器”窗口，首先在“连接”窗格中的控制树中选中“网站”节点，然后单击“操作”窗格中的“添加网站”超链接。

(6)　弹出“添加网站”对话框后，在“网站名称”文本框中输入一个有含义的站点名称以示区别，在“物理路径”文本框中输入或选择新建网站的主目录，在“主机名”文本框中输入该网站绑定的主机名，其他参数保持不变。设置完毕后，单击“确定”按钮创建一个新网站，如图 13-58 所示。

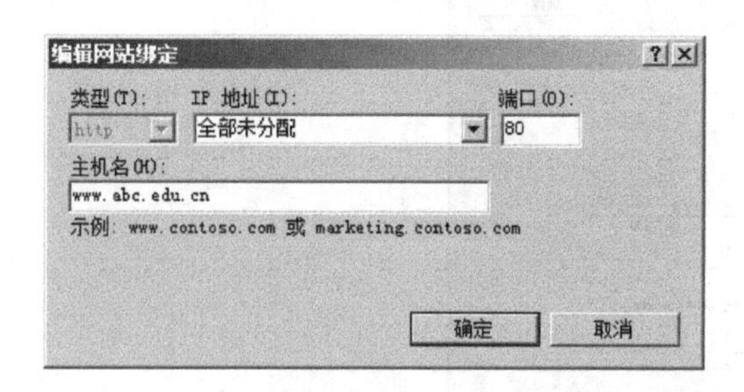

图 13-57　修改已创建 Web 站点的主机名绑定

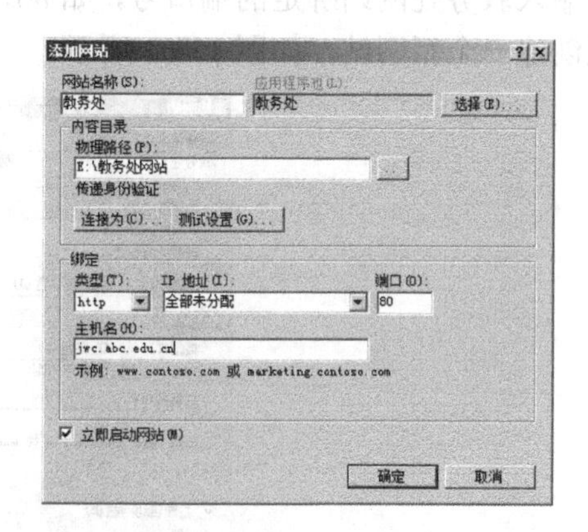

图 13-58　创建基于主机名的虚拟主机

(7)　在局域网中的另一台计算机上打开浏览器，在浏览器的地址栏中输入“http://www.abc.edu.cn/”，即可看到 ABC 学院的主页，如图 13-59 所示。

(8)　若在地址栏中输入“http://jwc.abc.edu.cn/”，即可看到 ABC 学院教务处的主页，如图 13-60 所示。

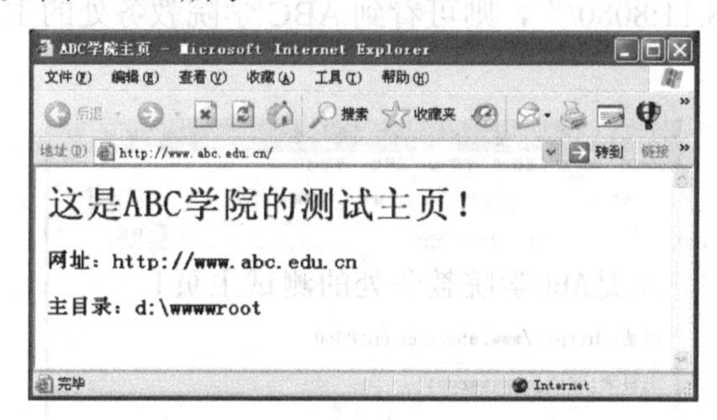

图 13-59　访问 ABC 学院的主页

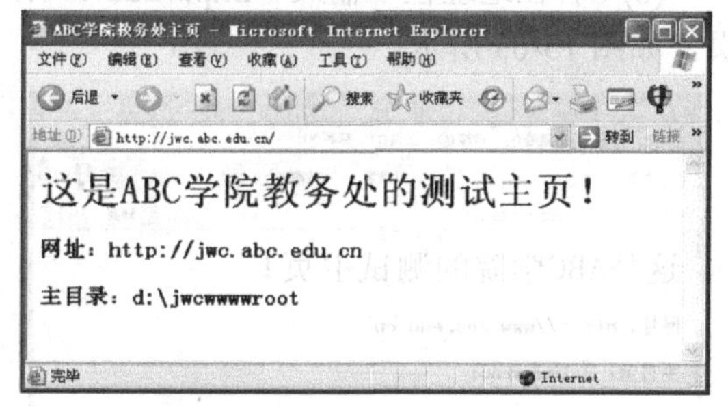

图 13-60　访问教务处的主页

13.4.4　使用不同的端口号在一台服务器上创建多个 Web 网站

同一台计算机、同一个 IP 地址，采用不同的 TCP 侦听端口号，也可以标识不同的 Web 网站。如果用户使用非标准的 TCP 端口号来标识网站，则用户无法通过标准名或 URL 来访问站点。

使用不同端口号在一台服务器上创建多个 Web 网站的过程如下。

(1)　为站点创建 Web 发布主目录，并将它的读取、执行、列出文件夹目录权限授予 IIS_IUSRS 账户。

(2)　在上述文件夹中创建 index.htm 文件，将其作为教务处的 Web 网站的测试文件。

(3)　打开“Internet 信息服务(IIS)管理器”窗口，首先在“连接”窗格里的控制树中选中“网站”节点，单击“操作”窗格中“添加网站”超链接。

(4)　在“添加网站”对话框中，将“网站名称”命名为“教务处”以区别于 ABC 学院的主页站点，在“物理路径”文本框中输入或选择教务处网站的主目录，在“端口”文本

框中输入教务处网站绑定的端口号，如 80，其他参数保持不变。设置完毕后，单击“确定”按钮创建一个新网站，如图 13-61 所示。

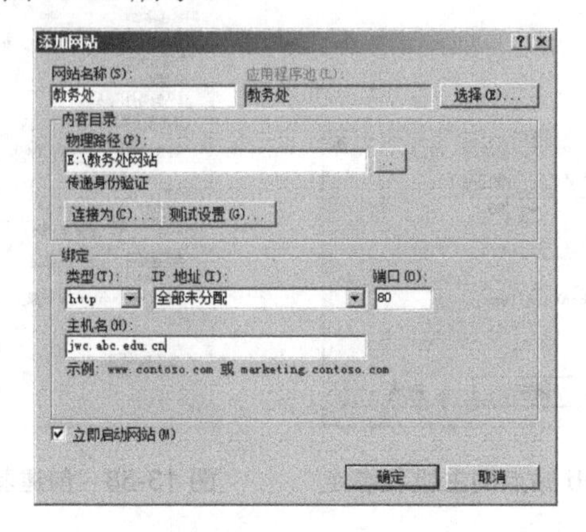

图 13-61　创建基于 TCP 端口号的虚拟主机

(5)　在局域网中的另一台计算机上打开浏览器，在地址栏中输入“http://222.190.68.11/”或“http://222.190.68.11:80/”，即可看到 ABC 学院的主页，如图 13-62 所示。

(6)　若在地址栏中输入“http://222.190.68.11:8080/”，则可看到 ABC 学院教务处的主页，如图 13-63 所示。

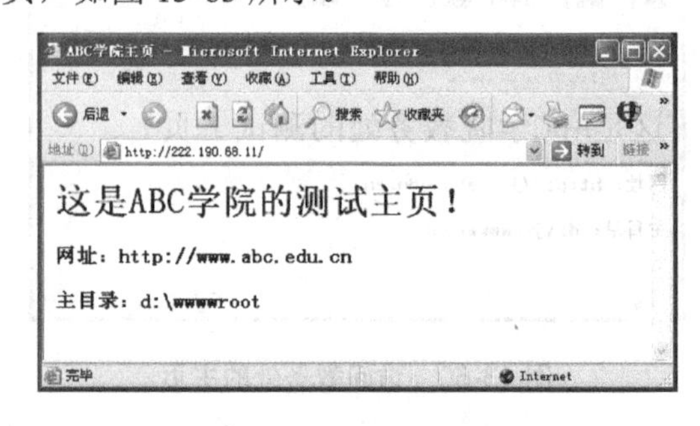

图 13-62　访问 ABC 学院的主页

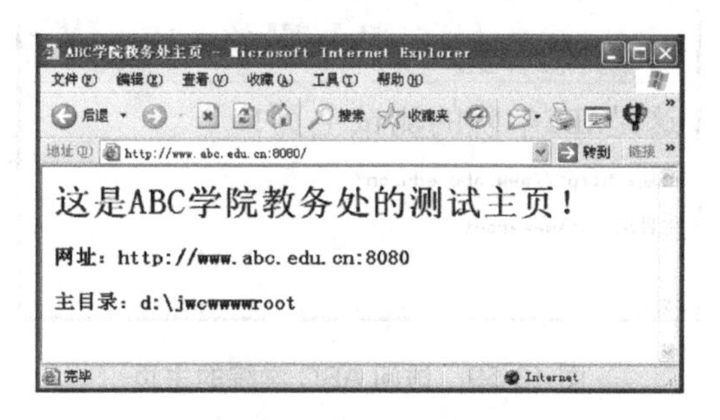

图 13-63　访问教务处的主页

本 章 小 结

本章主要介绍了 Windows Server 2008 的 Web 服务器(IIS)角色的安装方法、Web 网站的主要参数和安全配置方法，介绍了 Web 站点、虚拟目录的安装配置方法，最后还介绍了在一台物理 Web 服务器上安装多个 Web 站点的方法。

习题与实训

一、填空题

(1)　HTTP 协议是常用的应用层协议，它通过________协议提供服务，上下层协议默认时使用_______端口进行服务识别。HTTP 双方的一次会话与上次会话是________，即协议是无状态的，从交换信息的整体性说是__________。

(2) 在Windows Server 2008系统中架设Web站点，为了让Web站点具有更高的安全性，存放网站内容所在的驱动器应格式化为________文件系统。

(3) 在Windows Server 2008系统中架设Web站点，若启用匿名访问，则Web客户访问Web站点时，使用__________账号自动登录。

(4) 默认网站的名称为www.czc.net.cn，虚拟目录名为share，要访问虚拟目录share，应该在地址栏中输入________。

二、选择题

(1) 在Windows Server 2008操作系统中可以通过安装________组件来创建Web站点。

A. IIS　　B. IE　　C. WWW　　D. DNS

(2) 若Web站点的默认文档中依次有index.htm、default.htm、default.asp和ih.htm四个文档，则主页显示的是________的内容。

A. index.htm　　B. ih.htm　　C. default.htm　　D. default.asp

(3) 每个Web站点必须有一个主目录来发布信息，IIS 7.0默认的主目录为__________。

A. \website　　B. \Inetpub\wwwroot

C. \Internet　　D. \Internet\website

(4) 除了主目录以外，还可以采用__________作为发布目录。

A. 备份目录　　B. 副目录　　C. 虚拟目录　　D. 子目录

(5) 若Web站点的Internet域名是www.xyz.com，IP地址为192.168.1.21，现将TCP端口改为8080，则用户在IE浏览器的地址栏中输入__________后就可访问该网站。

A. http://192.168.1.21　　B. http://www. xyz.com

C. http://192.168.1.21:8080　　D. http://www. xyz.com/8080

(6) Web主目录的访问控制权限不包括__________。

A. 读取　　B. 更改　　C. 写入　　D. 目录浏览

(7) Web网站的默认端口为__________。

A. 8080　　B. 80　　C. 8000　　D. 8008

(8) 在配置IIS时，如果想禁止某些IP地址访问Web服务器，应在“默认Web站点”的属性对话框中的__________选项卡中进行配置。

A. 目录安全性　　B. 文档

C. 主目录　　D. ISAPI筛选器

三、实训内容

(1) 在Windows Server 2008 IIS中安装Web服务器(IIS)角色。

(2) 配置Web站点属性。

(3) 管理Web网络安全。

(4) 比较实际目录与虚拟目录。

(5) 在同一服务器上创建多个Web网站。

第14章　搭建FTP服务器

本章学习目标

本章主要介绍FTP的相关概念及FTP客户端软件的使用方法，介绍FTP服务的安装和FTP站点的配置和管理方法，介绍用户隔离模式FTP站点的创建方法。

通过本章的学习，应该实现如下目标：

- 熟悉FTP的工作原理。
- 掌握常用的FTP客户端软件及其使用方法。
- 掌握在Windows 2008 Server环境下FTP服务的安装及配置方法。
- 掌握利用用户隔离模式的FTP站点的创建方法。

14.1　FTP简介

14.1.1　什么是FTP

FTP(File Transfer Protocol，文件传输协议)是TCP/IP协议簇的应用协议之一，主要用来在计算机之间传输文件。通过TCP/IP协议连接在一起的任何两台计算机，如果安装了FTP协议和服务器软件，就可以通过FTP服务进行相互之间的文件传送。

14.1.2　FTP数据传输原理

1. FTP的工作原理

FTP在客户机/服务器模式下工作，一个FTP服务器可同时为多个客户提供服务。它要求用户使用客户端软件与服务器建立连接，然后才能从服务器上获取文件(称为文件下载，即Download)，或向服务器发送文件(称为文件上载，即Upload)，如图14-1所示。

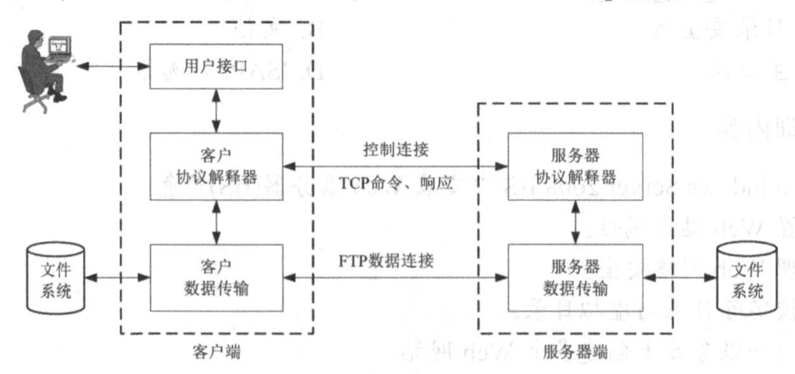

图14-1　FTP功能模块及FTP连接

一个完整的 FTP 文件传输需要建立两种类型的连接，一种为控制连接，另一种实现真正的文件传输，称为数据连接。当客户端希望与 FTP 服务器建立“上传/下载”的数据传输时，它首先向服务器的 TCP 21 端口发起一个建立连接的请求，FTP 服务器接收来自客户端的请求，完成连接的建立过程，这样的连接就称为 FTP 控制连接。这条连接主要用于传送控制信息(命令和响应)，默认情况下，服务器端控制连接的默认端口号为 21。FTP 控制连接建立之后，即可开始传输文件，传输文件的连接称为 FTP 数据连接。

2. FTP 服务的工作模式

FTP 数据连接就是 FTP 传输数据的过程，它有两种传输模式，分别是主动传输模式(Active)和被动传输模式(Passive)。

(1) 主动传输模式。如图 14-2(a)所示，当 FTP 的控制连接建立，客户提出目录列表、传输文件时，客户端在命令连接上用 PORT 命令告诉服务器“我打开了××××端口，你过来连接我”。于是，FTP 服务器使用一个标准端口 20 作为服务器端的数据连接端口(ftp-data)向客户端的××××端口发送连接请求，建立一条数据连接来传送数据。在主动传输模式下，FTP 的数据连接和控制连接方向相反，由服务器向客户端发起一个用于数据传输的连接。客户端的连接端口由服务器端和客户端通过协商确定。主动传输模式下，FTP 服务器使用 20 端口与客户端的暂时端口进行连接，并传输数据，客户端只是处于接收状态。当 FTP 默认端口修改后，数据连接端口也发生了改变，例如，若 FTP 的 TCP 端口配置为 600，则其数据端口为 599。

(2) 被动传输模式。如图 14-2(b)所示，当 FTP 的控制连接建立，客户提出目录列表、传输文件时，客户端发送 PASV 命令，使服务器处于被动传输模式，服务器在命令连接上用 PASV 命令告诉客户端“我打开了××××端口，你过来连接我”。于是，客户端向服务器的××××端口发送连接请求，建立一条数据连接来传送数据。在被动传输模式下，FTP 的数据连接和控制连接方向一致，由客户端向服务器发起一个用于数据传输的连接。客户端的连接端口是发起该数据连接请求时使用的端口。当 FTP 客户在防火墙之外访问 FTP 服务器时，需要使用被动传输模式。在被动传输模式下，FTP 服务器打开一个暂态端口等待客户端对其进行连接，并传输数据，而服务器并不参与数据的主动传输，只是被动接受。

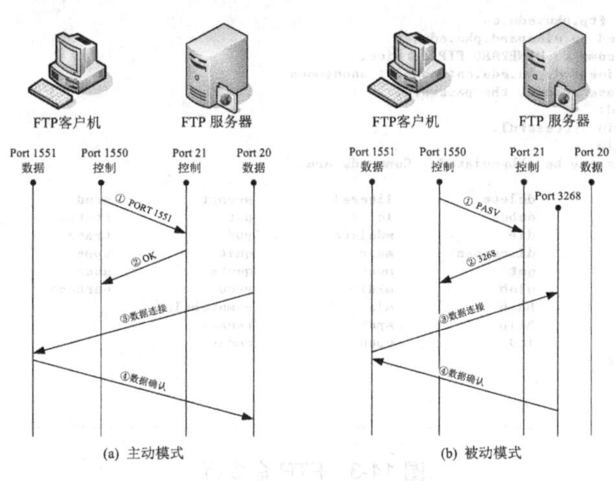

图 14-2　FTP 服务的工作模式

3. 匿名 FTP

访问 FTP 服务器有两种方式，一种是需要用户提供合法的用户名和口令，这种方式适用于在主机上有账户和口令的内部用户；另一种方式是用户使用公开的账户和口令登录，访问并下载文件，这种方式称为匿名 FTP 服务。

Internet 上有很多匿名 FTP 服务器(Anonymous FTP Servers)，可以提供公共的文件传送服务，它们提供的服务是免费的。匿名 FTP 服务器可以提供免费软件(Freeware)、共享软件(Shareware)以及测试版的应用软件等。

匿名 FTP 服务器的域名一般由 ftp 开头，如 ftp.ustc.edu.cn。匿名 FTP 服务器向用户提供了一种标准统一的匿名登录方法，即用户名为 Anonymous，口令为用户的电子邮件地址或其他任意字符。

一般来说，匿名 FTP 服务器的每个目录中都含有 readme 或 index 文件，这些文件含有该目录中所存储的有关信息。因此，用户在下载文件之前，最好先阅读它们。

14.1.3 FTP 客户端的使用

FTP 的客户端软件应具有远程登录、管理本地计算机和远程服务器的文件与目录以及相互传送文件的功能，并能根据文件类型自动选择正确的传送方式。一个好的 FTP 客户端软件还应支持记录传送断点和从断点位置继续传送、具有友好的用户界面等优点。互联网用户使用的 FTP 客户程序通常有 3 种类型，即传统的 FTP 命令行，浏览器和 FTP 客户端软件。

1. FTP 命令行

在 Unix 操作系统中，FTP 是系统的一个基本命令，用户可以通过命令行的方式使用。Windows 系统也带有可在 DOS 提示符下运行的 FTP.EXE 命令文件，图 14-3 所示为 Windows XP 系统下 FTP 命令的使用界面。

```
C:\WINDOWS\system32\cmd.exe

C:\>ftp ftp.pku.edu.cn
Connected to vineyard.pku.edu.cn.
220 Welcome to VINEYARD FTP service.
User (vineyard.pku.edu.cn:(none)): anonymous
331 Please specify the password.
Password:
230 Login successful.
ftp> help
Commands may be abbreviated.  Commands are:

!               delete          literal         prompt          send
?               debug           ls              put             status
append          dir             mdelete         pwd             trace
ascii           disconnect      mdir            quit            type
bell            get             mget            quote           user
binary          glob            mkdir           recv            verbose
bye             hash            mls             remotehelp
cd              help            mput            rename
close           lcd             open            rmdir
ftp> bye

C:\>
```

图 14-3　FTP 命令行

FTP 命令行的使用方法类似于 DOS 命令行的人机交互界面。在不同的操作系统中，FTP 命令行软件的形式和使用方法大致相同，表 14-1 所示为 Windows 系统下 FTP.EXE 命令的常用子命令。

表 14-1　FTP.EXE 命令的常用子命令

类　别	命　令	用　途	语　法
连接	open	与指定的 FTP 服务器连接	**open** *computer [port]*
	close	结束会话并返回命令解释程序	**close**
	quit	结束会话并退出 FTP	**quit**
	bye	结束并退出 FTP	**bye**
	disconnect	从远程计算机断开，保留 FTP 提示	**disconnect**
	user	指定远程计算机的用户	**user** *username [password] [account]*
	quote	修改用户密码	**quote** site pswd *old-password new-password*
目录操作	pwd	显示远程计算机上的当前目录	**pwd**
	cd	更改远程计算机上的工作目录	**cd** *remote-directory*
	dir	显示远程目录文件和子目录列表	**dir** *[remote-directory] [local-file]*
	lcd	更改本地计算机上的工作目录	**lcd** *[directory]*
	mkdir	创建远程目录	**mkdir** *directory*
	delete	删除远程计算机上的单个文件	**delete** *remote-file*
	mdelete	删除远程计算机上的多个文件	**mdelete** *remote-files [...]*
	mdir	显示远程目录文件和子目录列表	**mdir** *remote-files [...] local-file*
	ls	显示远程目录文件和子目录的缩写列表	**ls** *[remote-directory] [local-file]*
传输文件	get	使用当前文件转换类型将远程文件复制到本地计算机	**get** *remote-file [local-file]*
	mget	将多个远程文件复制到本地计算机	**mget** *remote-files [...]*
	put	将一个本地文件复制到远程计算机上	**put** *local-file [remote-file]*
	mput	将多个本地文件复制到远程计算机上	**mput** *local-files [...]*
设置选项	ascii	设置文件默认传送类型为 ASCII	**ascii**
	binary	设置文件默认传送类型为二进制	**binary**
帮助	Help/?	显示 FTP 命令说明，不带参数将显示所有子命令	**help** *[command]* **?** *[command]*
	!	临时退出到 Windows 命令行，用 exit 返回到 FTP 子系统	**!**

2. 浏览器或 Windows 资源管理器

大多数浏览器软件和 Windows 资源管理器都支持 FTP 文件传输协议。用户只须在地址栏中输入 URL 就可以下载文件，也可通过浏览器上载文件。如图 14-4 所示就是利用 Windows 资源管理器(IE)访问 FTP 站点。

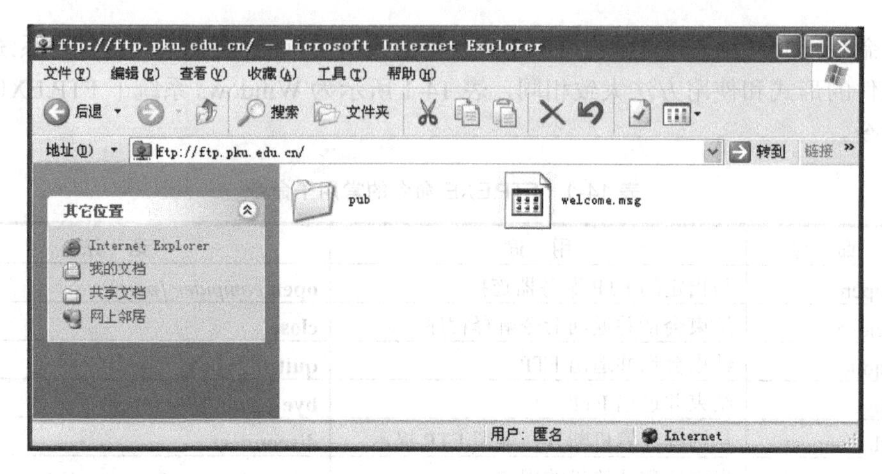

图 14-4　利用 IE 访问 FTP 站点

3. FTP 下载工具

目前，常见的是基于 Windows 环境的具有图形人机交互界面的 FTP 文件传送软件，如 Windows 环境下的 WS-FTP 和 CuteFTP 软件。

图 14-5 所示为 CuteFTP 的运行窗口。在“主机”文本框中输入待连接的远程主机的 IP 地址或域名。在“用户名”和“密码”文本框中分别输入远程主机合法的 FTP 用户名及其密码，若采用匿名登录，则用户使用的 Anonymous 密码一般为一个合法的电子邮件地址或其他任意字符(由服务器设定)。端口号的默认值是 21。

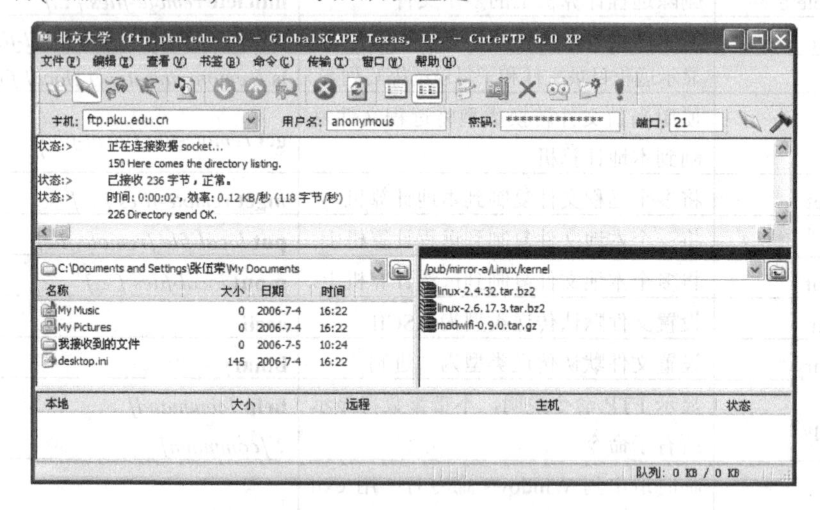

图 14-5　CuteFTP 的运行窗口

14.2　添加 FTP 服务

14.2.1　架设 FTP 服务器的需求和环境

安装 FTP 服务器之前，用户需要做一些必要的准备工作。

(1) 为服务器配置一个静态 IP 地址，不能使用由 DHCP 动态分配的 IP 地址。

(2) 为了使用户能使用域名访问 FTP 站点，建议在 DNS 服务器为站点注册一个域名。

(3) 为了使 FTP 站点具有更高的安全性，建议用户把存放 FTP 内容所在的驱动器格式化为 NTFS 文件系统。如果要限制用户上传文件的大小，还需要启动磁盘配额。

14.2.2　添加 FTP 发布服务所需的角色服务

如果要允许用户在网站中上载或下载文件，就需要在 Web 服务器(IIS)上安装 FTP 服务。默认情况下，FTP 服务不会安装在 IIS 7.0 上。若要设置 FTP 站点，则必须先通过“服务器管理器”安装 FTP 服务。其安装方法如下。

(1) 选择“开始”→“管理工具”→“服务器管理器”命令。在打开的“服务器管理器”窗口中选择左侧的“角色”节点，在右侧的“角色摘要”中单击“添加角色”超链接，启动添加角色向导。

(2) 在“开始之前”向导页中提示此向导可以完成的工作，以及操作之前应注意的相关事项，单击“下一步”按钮。

(3) 在“选择服务器角色”向导页中显示所有可以安装的服务器角色。如果角色前面的复选框没有选中，则表示该网络服务尚未安装。如果已选中，就说明该服务已经安装。这里选中“Web 服务器(IIS)”复选框。

(4) 返回“选择服务器角色”向导页后，“Web 服务器(IIS)”复选框已选中，单击“下一步”按钮。

(5) 在“Web 服务器(IIS)”向导页中对 Web 服务器的功能做简要介绍，并提供注意事项和其他信息，单击“下一步”按钮。

(6) 出现“选择角色服务”向导页，在“角色服务”列表框中选中“FTP 发布服务”复选框。此时，将会打开“是否添加 FTP 发布服务所需的角色服务”对话框，在其中提示必须安装所需的角色服务才能安装 FTP 发布服务，单击“添加必需的角色服务”按钮，如图 14-6 所示。

(7) 由于在安装 Web 服务器(IIS)角色服务时，系统会默认安装一些 Web 服务所必需的组件，如果所安装服务器仅作为 FTP 服务器而不提供 Web 服务，用户可取消选中“Web 服务器(IIS)”角色服务前的复选框。选择完毕后，单击“下一步”按钮。

(8) 在“确认安装选择”向导页中显示前面所进行的设置，如果选择错误，可以单击“上一步”按钮返回。确认正确后，单击“安装”按钮开始安装 FTP 角色服务，如图 14-7 所示。

(9) 在“安装进度”向导页中显示服务器角色的安装过程。

(10) 在“安装结果”向导页中显示 FTP 角色服务已经成功安装。然后单击“完成”按钮关闭“添加角色向导”对话框。

安装 FTP 服务时，系统会创建一个默认 FTP 站点，其主目录是%Systemdrive%\Inetpub\Ftproot。随后用户可以使用 IIS 6.0 管理器根据自己的需要来自定义该站点。

注意： ① 在 Windows Server 2008 系统中，FTP 服务由 IIS 6.0 提供，而不是 IIS 7.0 提供，因此 FTP 服务器完成以后，用户需要使用 IIS 6.0 管理器来配置和管理。

② 如果在添加FTP发布服务之前已经安装了Web服务器(IIS)角色，只是没有安装FTP发布服务，这种情况下就不能按照上面的步骤单击“角色摘要”中的“添加角色”，应该展开“Web服务器(IIS)”，选择其中的“添加角色服务”，之后的步骤就和上面安装方法第(6)步之后相同了。

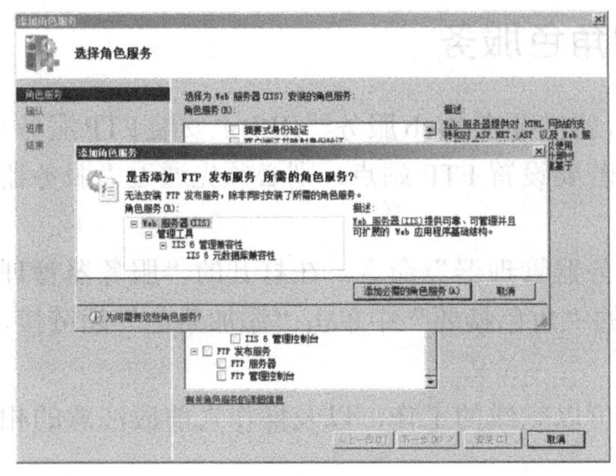

图 14-6 添加必需的角色服务

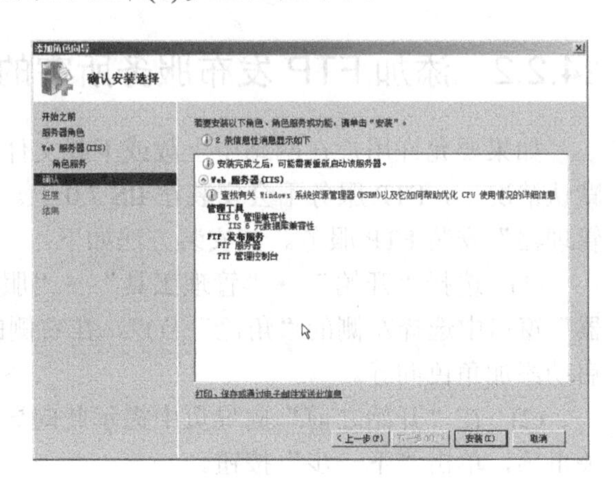

图 14-7 确认安装选择

14.2.3 FTP服务的启动和测试

FTP服务安装后，默认情况下不会启动该服务，用户需要手动启动。如果FTP服务之前已停止或暂停，可能也需要启动该服务。

1. 利用服务器管理器启动和停止FTP服务

(1) 选择“开始”→“管理工具”→“服务器管理器”命令，弹出“服务器管理器”窗口后，选择左侧的“角色”节点，在右侧的“角色摘要”中单击“Web服务器(IIS)”。

(2) 在右侧“Web服务器(IIS)”窗格中的“系统服务”栏目中单击“FTP发布服务(FTP Publishing Service)”项目，然后单击“启动”按钮，如图14-8所示。

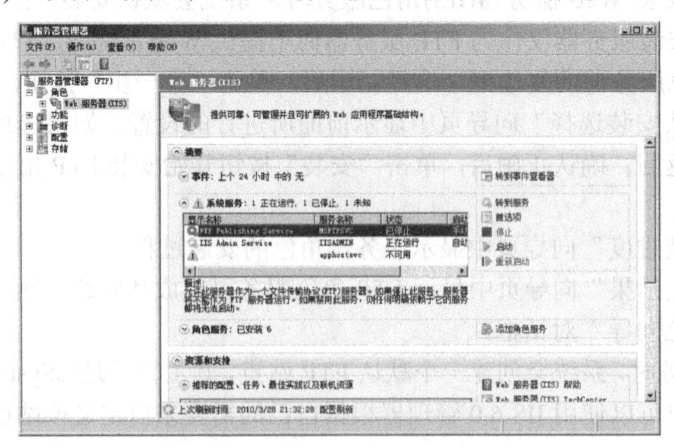

图 14-8 启动FTP服务

2. 利用服务管理控制台启动和停止 FTP 服务

(1) 选择“开始”→“管理工具”→“服务”命令，打开“服务”窗口，在右窗格中双击 FTP Publishing Service 选项，如图 14-9 所示。

(2) 在“FTP Publishing Service 的属性(本地计算机)”对话框中单击“启动”按钮，即可启动 FTP 服务。若要服务器启动后立即启动 FTP 服务，可在“启动类型”下拉列表中选择“自动”选项，然后单击“确定”按钮保存设置，如图 14-10 所示。

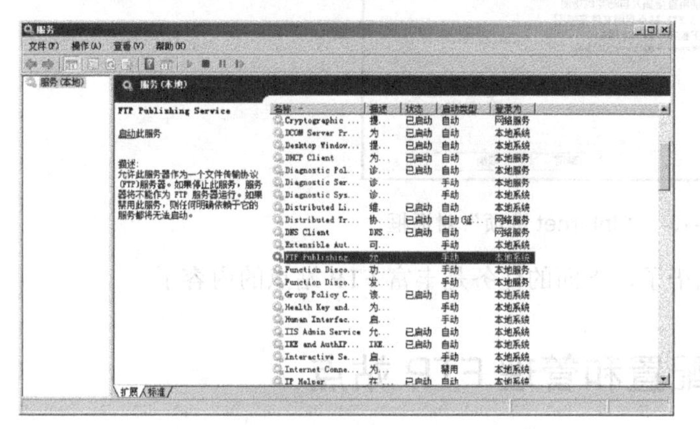

图 14-9　服务管理控制台

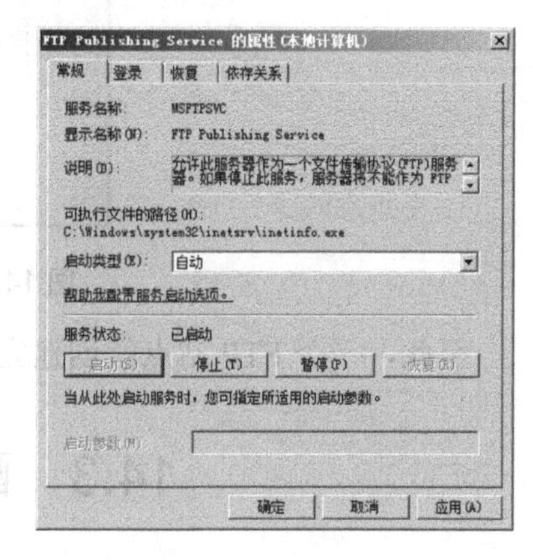

图 14-10　设置 FTP 服务开机后自动启动

3. 测试 FTP 服务

(1) 向%Systemdrive%\Inetpub\Ftproot 文件夹复制一些文件。

(2) 在局域网中的另一台计算机(以 Windows XP 为例)上打开浏览器，在地址栏中输入“ftp://<服务器 IP 或域名>/”，即可看到刚才复制到 FTP 服务根目录文件夹中的文件，如图 14-11 所示。

(3) 若看不到文件，并出现如图 14-12 所示的“FTP 文件夹错误”对话框，则有可能是客户端的 IE 属性配置不同造成的。

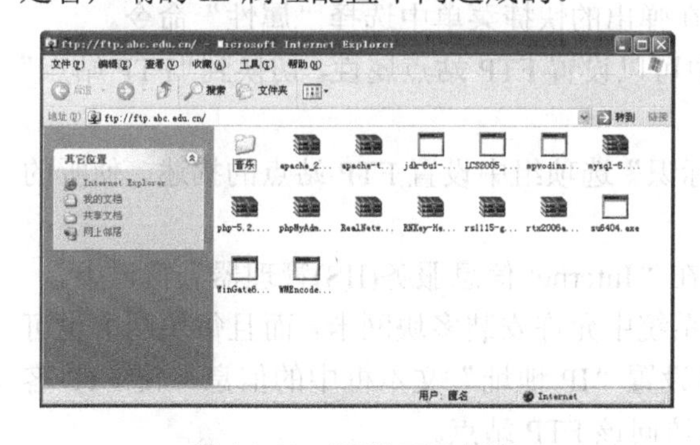

图 14-11　测试 FTP 服务

图 14-12　“FTP 文件夹错误”对话框

(4) 若要解决上述问题，可打开“Internet 选项”对话框，然后切换到“高级”选项卡，取消选中“使用被动 FTP(为防火墙和 DSL 调制解调器兼容性)”复选框，并单击“确定”按钮即可，如图 14-13 所示。

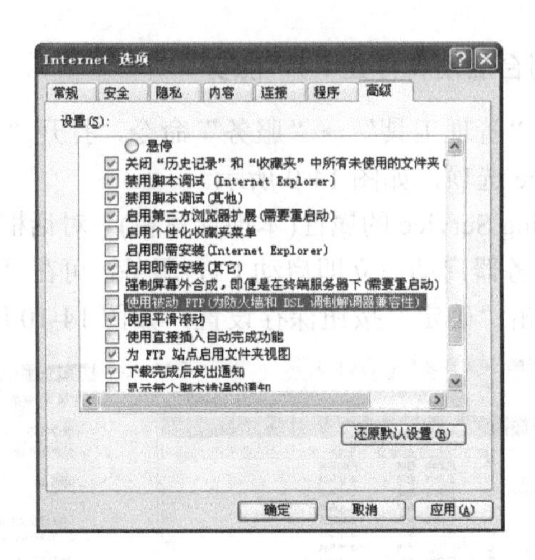

图 14-13　"Internet 选项"对话框

至此，一个 FTP 站点就创建完毕了，下面的任务是丰富 FTP 站点的内容了。

14.3　配置和管理 FTP 站点

14.3.1　配置 FTP 服务器的属性

为了更好地管理 FTP 服务器，用户需要对它进行适当的配置。

1. 设置 FTP 站点标识、连接限制、日志记录

一台安装 IIS 组件的计算机可以同时架设多个 FTP 站点，为了区分这些站点，用户需要给每个站点设置不同的标识信息。

(1) 打开"Internet 信息服务(IIS)6.0 管理器"窗口，如图 14-14 所示，展开左侧的"FTP 站点"控制树，选中 Default FTP Site 节点，这时可以利用工具栏中的按钮来启动、暂停或停止 FTP 站点。右击 Default FTP Site 节点，在弹出的快捷菜单中选择"属性"命令。

(2) 弹出 FTP 站点的属性对话框，在其中可以设置 FTP 站点属性。切换到"FTP 站点"选项卡，如图 14-15 所示。

(3) 设置 FTP 站点标识。在"FTP 站点标识"选项组中设置 FTP 站点的描述、侦听的 IP 地址和 TCP 端口号。

- 描述：作为 FTP 服务器的名称显示在"Internet 信息服务(IIS)管理器"窗口中。
- IP 地址：Windows Server 2008 操作系统中允许安装多块网卡，而且每块网卡也可以绑定多个 IP 地址。用户可以通过设置"IP 地址"文本框中的信息，使 FTP 客户端只能利用设置的这个 IP 地址来访问该 FTP 站点。
- TCP 端口：指定用户与 FTP 服务器进行连接并访问的端口号，默认的端口号为 21。服务器也可设置一个任意的 TCP 端口号，若更改了 TCP 端口号，客户端在访问 FTP 站点时需要在 URL 之后加上这个端口号，否则就无法进行 TCP 连接。

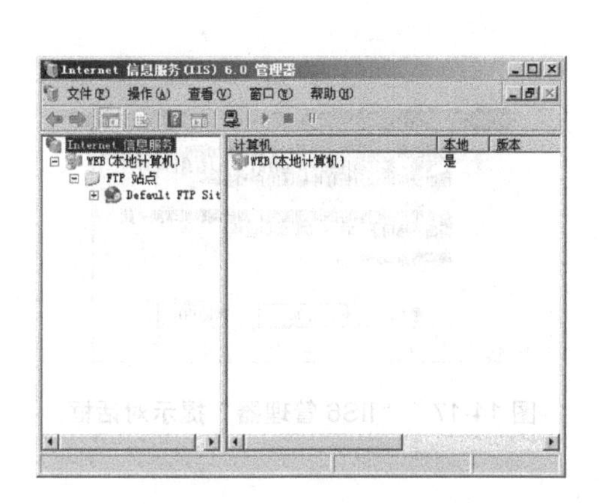

图 14-14　IIS 6.0 控制台

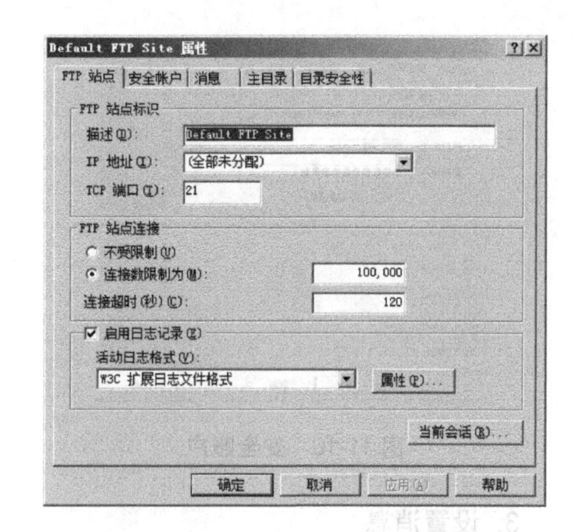

图 14-15　“FTP 站点”选项卡

(4) 设置 FTP 连接限制。由于服务器配置、性能等的差别，有些服务器不能满足大访问量的需要，往往造成超时甚至死机，因此需要设置连接限制。在“FTP 站点连接”选项组中有如下 3 个选项。

- 不受限制：该选项允许同时发生的连接数不受任何限制。
- 连接数限制为：该选项限制允许同时发生的连接数为某一个特定值，若超过这个特定值，则其他用户将无法连接 FTP 服务器。
- 连接超时(秒)：当某条 FTP 连接在一段时间内没有反应时，服务器就自动断开该连接，以便及时释放被占的系统资源和网络带宽，减少系统资源和网络带宽资源的浪费，默认连接超时为 120 秒。

(5) 设置完毕后，单击“确定”或“应用”按钮，即可保存设置。

2. 设置安全账户

FTP 站点有两种验证方式，分别是匿名 FTP 验证和基本 FTP 验证。在默认情况下，用户可以通过匿名账户(Anonymous)来登录 FTP 站点(密码是任意一个电子邮件地址)，也可以用正式的用户账户和密码登录 FTP 站点。

提示： 在 IIS 计算机中并没有一个名称为 Anonymous 的用户账户，实际上它使用的账户名称是 IUSR_计算机名，这个账户是在安装 IIS 时系统自动创建的。

如果站点安全性要求较高，只允许正式的用户账户登录，而禁止用户匿名登录 FTP 站点，其操作方法如下。

(1) 在 FTP 站点的属性对话框中切换到“安全账户”选项卡，如图 14-16 所示。

(2) 取消选中“允许匿名连接”复选框，将打开“IIS6 管理器”提示对话框，单击“是”按钮，如图 14-17 所示。

(3) 保存设置后，匿名账户(Anonymous)将无法登录 FTP 站点。在客户机重新访问该 FTP 站点时，将自动打开“登录身份”对话框。这时必须输入正确的用户名和密码才能访问该 FTP 站点。

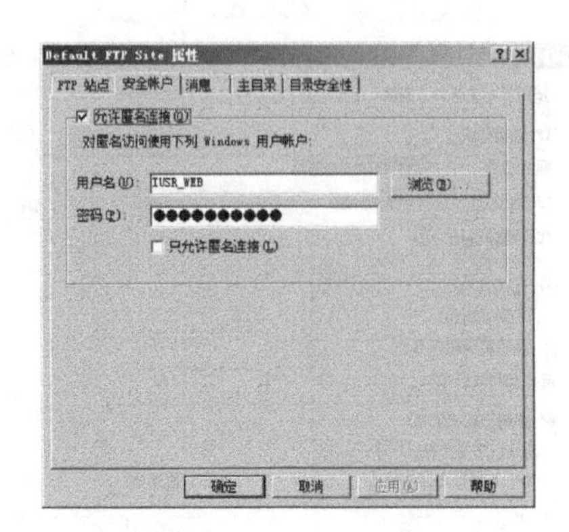

图 11-16　安全账户

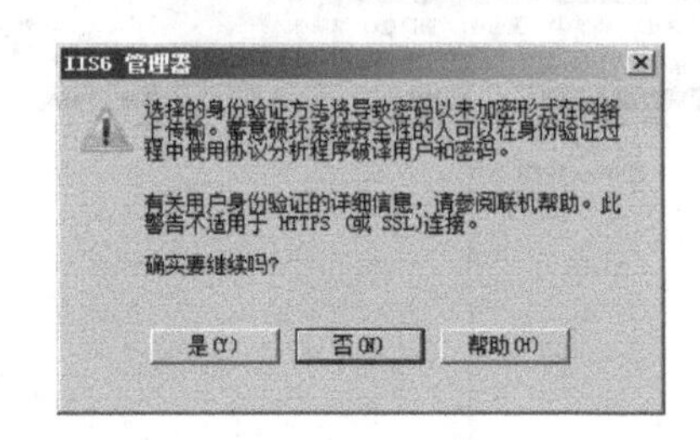

图 14-17　“IIS6 管理器”提示对话框

3. 设置消息

用户访问 Internet 中的 FTP 网站时，通常都会在登录后出现欢迎信息，退出时也会显示提示信息，使用这种方式既是一种对网站的宣传，也更显得富有人情味。

在 Windows Server 2008 的 FTP 服务器中也可以设置此消息。设置与测试“消息”的方法如下。

(1) 打开 FTP 站点的属性对话框，切换到“消息”选项卡，如图 14-18 所示。

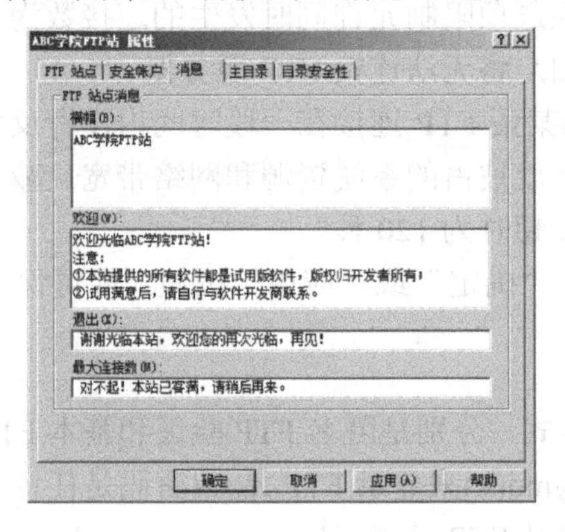

图 14-18　FTP 消息

(2) 在每个文本框中填写相应的内容，设置完毕后单击“确定”或“应用”按钮，即可保存设置。几种消息的含义如下。

- 横幅：用户访问 FTP 站点时，首先看到的文字，它通常是用来介绍 FTP 站点的名称和用途。
- 欢迎：用户登录成功后，看到的欢迎词，它通常包含用户致意，使用该 FTP 站点时应注意的事项、站点所有者或管理的信息或联系方式、上载或下载文件的规则说明等。
- 退出：用户退出时，看到的欢送词，它通常为表达欢迎用户再次光临、向用户表示感谢之类的内容。
- 最大连接数：如果在如图 14-15 所示的对话框中设置了 FTP 站点的最大连接数，当用户连接超过这个数目时，就会给提出连接请求的客户机发送一条错误信息。

(3) 如图 14-19 所示为利用 FTP 命令行访问 FTP 站点。

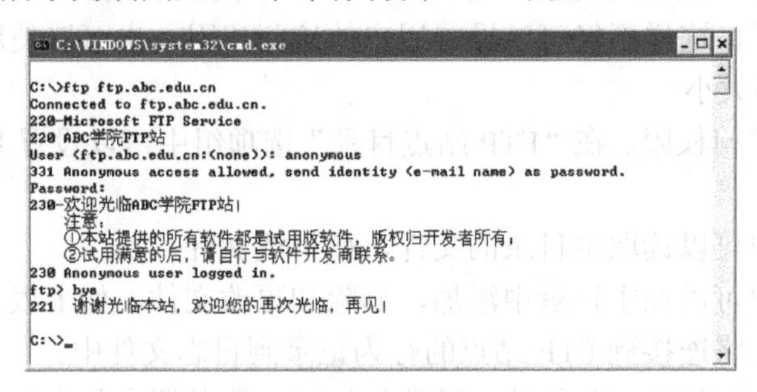

图 14-19　测试消息

(4) 当 FTP 站点的连接数目已经到达最大连接数时，若再有用户访问 FTP 站点，则出现如图 14-20 所示的出错信息。

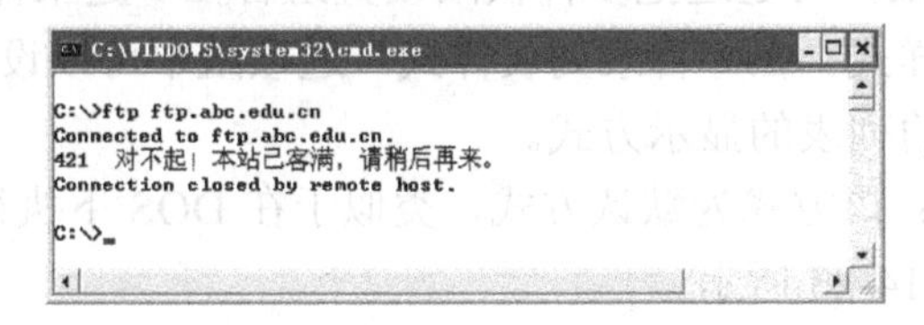

图 14-20　测试“最大连接数”消息

4. 设置主目录

在“主目录”选项卡中，用户可以设置 FTP 站点的主目录位置、访问权限和目录列表样式。

(1) 在 FTP 站点“属性”对话框中，切换到“主目录”选项卡，如图 14-21 所示。

(2) 设置主目录位置。FTP 站点的主目录可以在本地计算机中，也可以在其他计算机的共享文件夹中。

- 此计算机上的目录：在“本地路径”文本框中直接输入 FTP 站点主目录的路径，也可单击“浏览”按钮更改目录位置。
- 另一台计算机上的目录：将主目录指向另外一台计算机上的共享文件夹。这时需要在“网络共享”文本框中输入“\\计算机名\共享名目录名”，并指定一个有权访问该共享文件夹的用户名和密码，如图 14-22 所示。

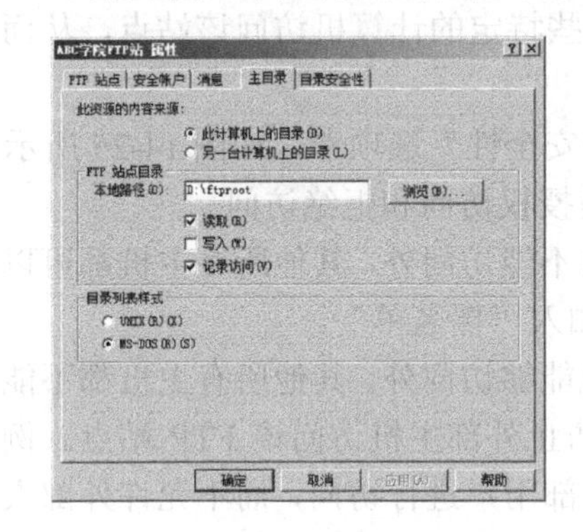

图 14-21　FTP 主目录

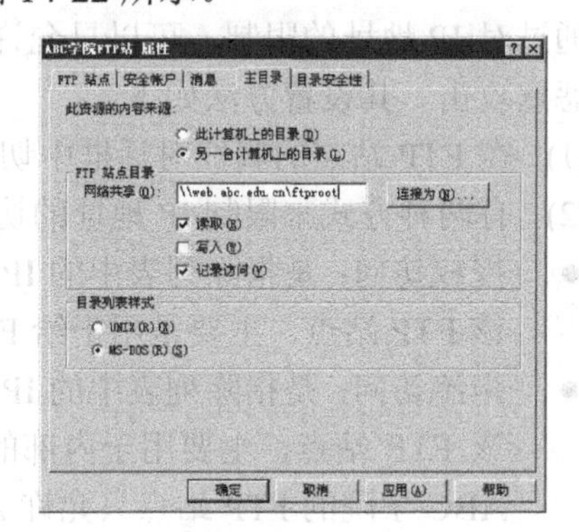

图 14-22　FTP 主目录放在另一台计算机上

为了保护FTP站点数据的安全，建议用户将FTP的发布根目录设置在非系统分区上，并且使用NTFS分区，这样不仅可以设置用户的访问权限，也可以使用磁盘配额功能限定用户使用磁盘空间的大小。

(3) 设置FTP访问权限。在“FTP站点目录”选项组中可以设置FTP客户端访问FTP站点的权限。

- 读取：用户可以读取主目录的文件，如下载文件。
- 写入：用户可以在主目录中添加、删除和更改文件，如上载本地文件。
- 记录访问：将连接到FTP站点的行为记录到日志文件中。

当赋予用户写入权限时，许多用户可能会向FTP服务器上传大量的文件，从而导致磁盘空间迅速被占用，为此，限制每个用户写入的数据量很有必要。如果FTP的主目录处于NTFS卷上，那么NTFS文件系统的磁盘限额功能可以较好地解决此问题。NTFS文件夹权限要优先于FTP站点权限，可通过把多种权限设置组合在一起来保证FTP服务器的安全。

(4) 设置目录列表样式。在“目录列表样式”选项组中可以设置利用FTP命令行访问FTP服务器时，主目录的列表的显示方式。

- MS-DOS方式：该方式为默认方式，类似于在DOS下执行dir命令显示文件列表的方式，如图14-23所示。
- Unix方式：类似于在Unix/Linux下执行ls命令显示文件列表的方式，如图14-24所示。

```
命令提示符 - ftp ftp.abc.edu.cn
C:\>ftp ftp.abc.edu.cn
Connected to ftp.abc.edu.cn.
220 Microsoft FTP Service
User (ftp.abc.edu.cn:(none)): anonymous
331 Anonymous access allowed, send identity (e-mail name) as password.
Password:
230 Anonymous user logged in.
ftp> dir
200 PORT command successful.
150 Opening ASCII mode data connection for /bin/ls.
08-10-07  05:04PM                    0 readme.txt
08-01-07  09:44AM                52736 sconinst.exe
08-01-07  09:44AM                52224 setup.exe
03-25-07  08:07PM              2155888 setup6freewb.exe
08-01-07  09:44AM                72192 su6404.exe
03-27-03  08:00PM               269304 termsrv.chm
01-09-07  06:27AM              2275787 ttpsetup.exe
06-15-07  09:16AM              5403186 winwebmail.exe
08-10-07  05:04PM       <DIR>          音乐
226 Transfer complete.
ftp: 467 bytes received in 0.00Seconds 467000.00Kbytes/sec.
ftp> _
```

图14-23　MS-DOS方式

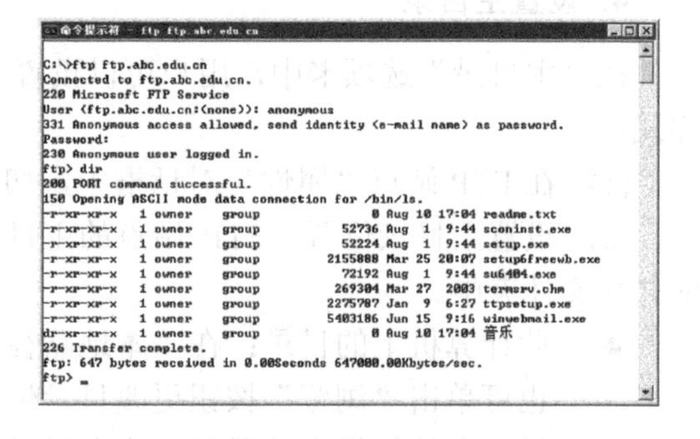

图14-24　Unix方式

5. 设置目录安全性

通过对IP地址的限制，可以只允许(或禁止)某些特定的计算机访问该站点，从而避免外界恶意攻击。其设置方法如下。

(1) 在FTP站点的属性对话框中切换到“目录安全性”选项卡，如图14-25所示。

(2) 有两种方式来限制IP地址的访问，分别是授权访问和拒绝访问。

- 授权访问：是指除列表中的IP地址的主机不能访问外，其他所有主机都可以访问该FTP站点，主要是用于给FTP服务器加入“黑名单”。
- 拒绝访问：是指除列表中的IP地址的主机能够访问外，其他所有主机都不能访问该FTP站点，主要用于内部的FTP，以防止外部主机访问该FTP站点。例如，ABC学院的FTP站点只允许ABC学院内部用户进行访问，而不允许外部人员访问。这时，可以选中“拒绝访问”单选按钮，单击“添加”按钮，然后在打开的

“授权访问”对话框中选中“一组计算机”单选按钮，然后设置“网络标识”和“子网掩码”选项。

如图 14-26 所示表示的是只允许 222.190.64.0/24 ~ 222.190.71.0/24 这 8 个 C 类网段中的计算机可以访问该 FTP 站点。

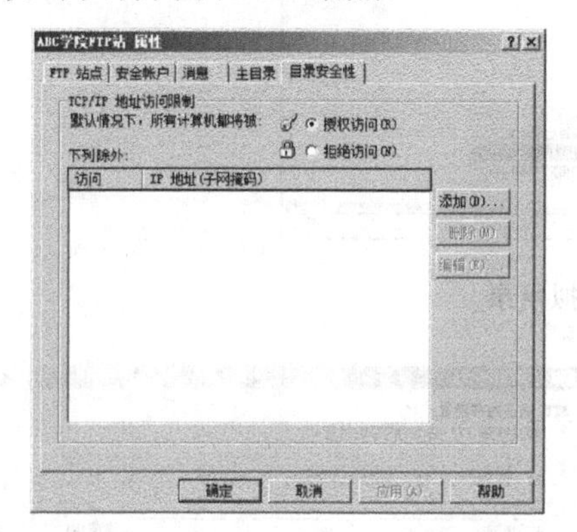

图 14-25　“目录安全性”选项卡

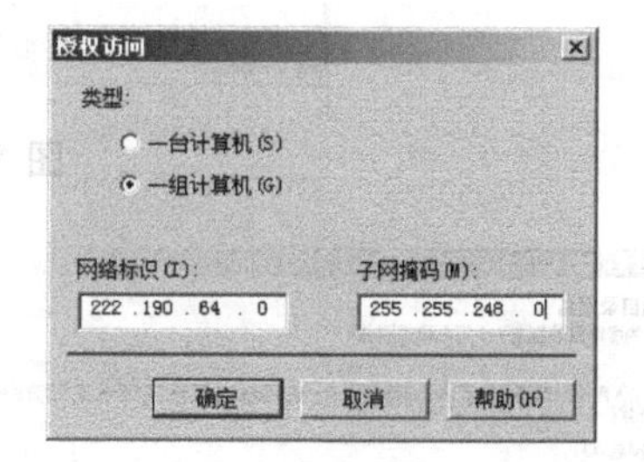

图 14-26　“授权访问”对话框

14.3.2　在 FTP 站点上创建虚拟目录

与 Web 站点一样，用户也可以为 FTP 站点添加虚拟目录。FTP 站点的虚拟目录不但可以解决磁盘空间不足的问题，也可以为 FTP 站点设置拥有不同访问权限的虚拟目录，从而更好地管理 FTP 站点。创建虚拟目录的操作步骤如下。

(1) 创建一个文件夹(如 C:\视频)，并向该文件夹中复制一些文件，如图 14-27 所示。

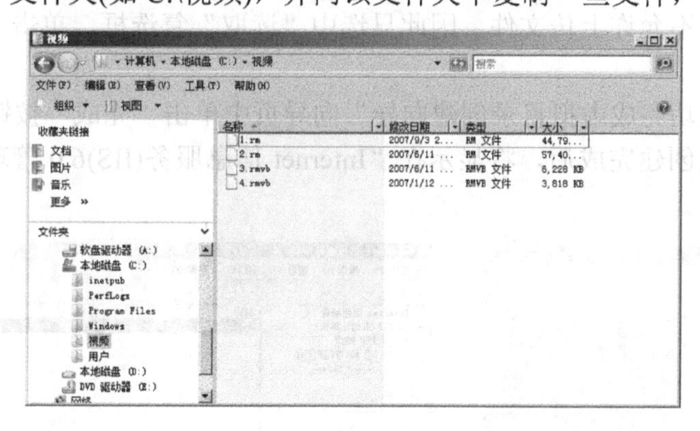

图 14-27　准备虚拟目录

(2) 打开 Internet 信息服务(IIS)6.0 管理器，选中左窗格中的 FTP 站点图标，在右窗格中的空白处右击，在弹出的快捷菜单中，选择“新建”→“虚拟目录”命令，如图 14-28 所示。

(3) 弹出虚拟目录创建向导的欢迎界面，单击“下一步”按钮。

(4) 在“虚拟目录别名”向导页中输入访问该目录时用的名字，如“video”，单击“下一步”按钮，如图 14-29 所示。

(5) 在“FTP 站点内容目录”向导页中设置虚拟目录所映射的真实路径，例如“C:\视

频”，单击“下一步”按钮，如图 14-30 所示。

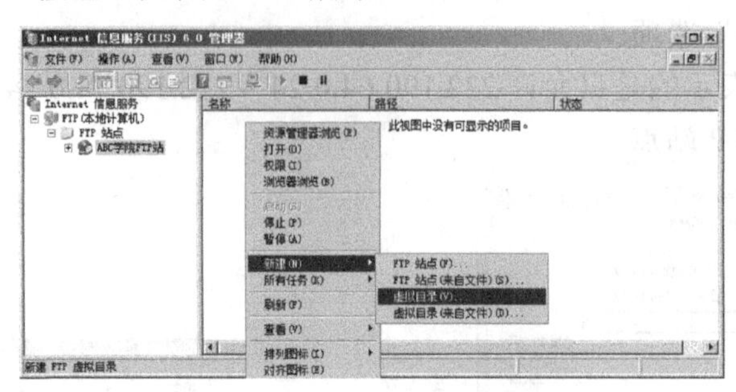

图 14-28　新建虚拟目录

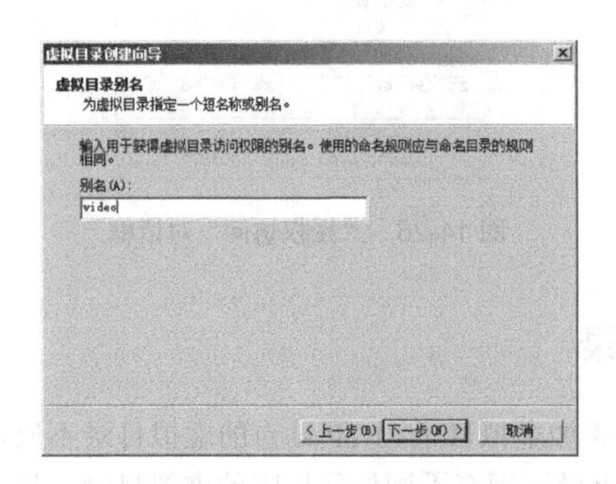

图 14-29　虚拟目录别名

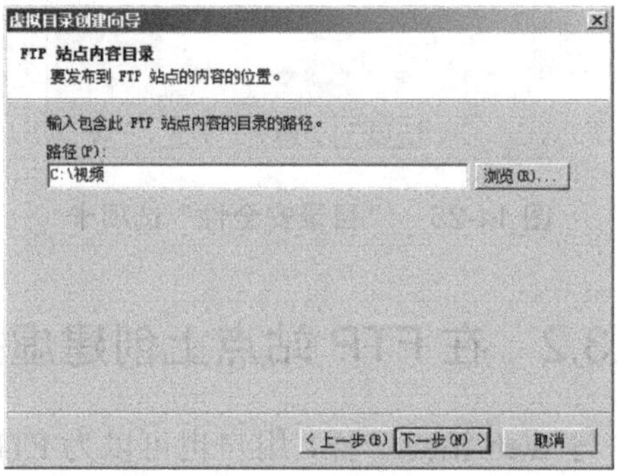

图 14-30　FTP 站点内容目录

(6) 在“虚拟目录访问权限”向导页中指定用户访问该虚拟目录的权限。这里，只允许用户下载文件，不允许上传文件，因此只选中“读取”复选框，单击“下一步”按钮，如图 14-31 所示。

(7) 在“已成功完成虚拟目录创建向导”向导页中单击“完成”按钮。

(8) 虚拟目录创建完成后，将显示在“Internet 信息服务(IIS)6.0 管理器”窗口中，如图 14-32 所示。

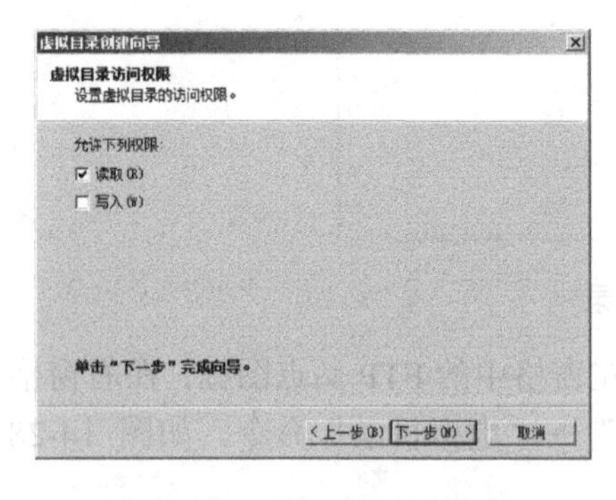

图 14-31　虚拟目录访问权限

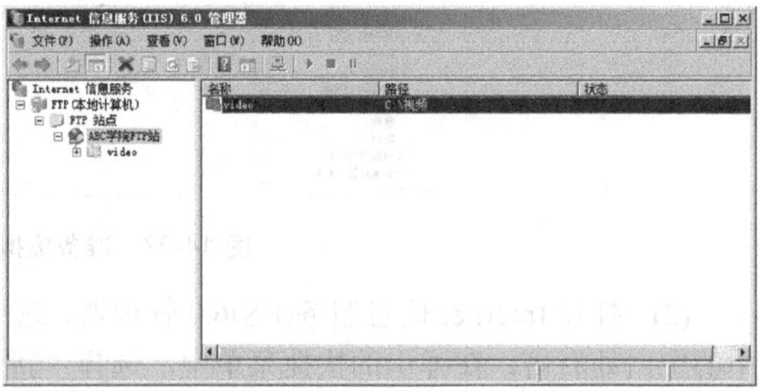

图 14-32　虚拟目录创建完成

(9) 在局域网中的另一台计算机(以 Windows XP 为例)上打开浏览器，并在地址栏中输入“ftp://<服务器 IP 或域名>/<虚拟目录名>”，即可看到虚拟目录中的文件，如图 14-33 所示。

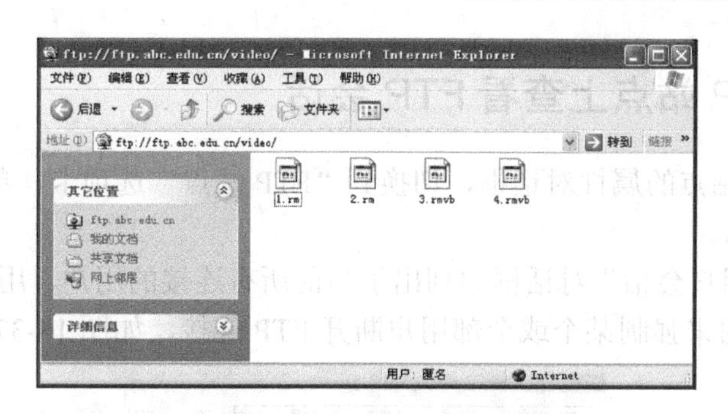

图 14-33　访问虚拟目录

14.3.3　查看 FTP 站点日志

查看 FTP 站点日志的操作步骤如下。

(1) 打开 FTP 站点的属性对话框，切换到“FTP 站点”选项卡，单击“属性”按钮，如图 14-34 所示。

(2) 如图 14-35 所示，在“日志记录属性”对话框中不仅可以设置日志轮换策略、日志存放的路径等参数，还可以切换到“高级”选项卡，在其中改变日志的记录格式。

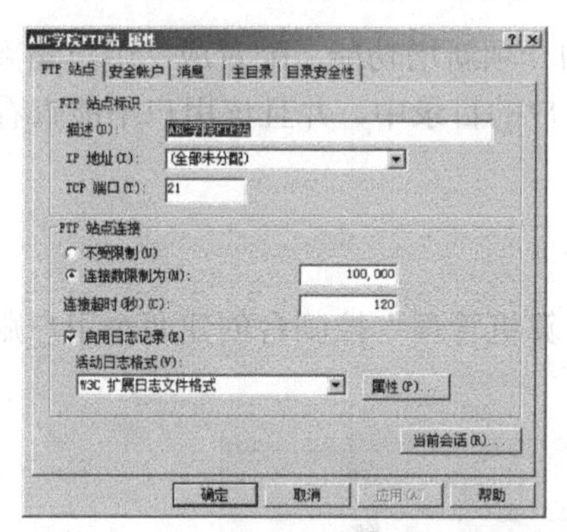

图 14-34　“FTP 站点”选项卡

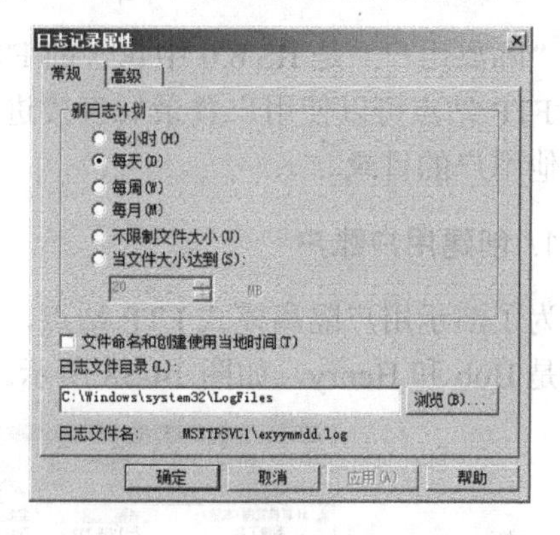

图 14-35　“日志记录属性”对话框

(3) 为了分析 FTP 的使用情况，或在出现安全事件时，用户可以打开 FTP 日志来进行分析。如图 14-36 所示是 FTP 的某天日志的内容。

```
ex100329.log - 记事本
#Software: Microsoft Internet Information Services 7.0
#Version: 1.0
#Date: 2010-03-29 09:17:38
#Fields: time c-ip cs-method cs-uri-stem sc-status sc-win32-status
09:17:38 222.190.68.3 [1]USER anonumoys 331 0
09:17:45 222.190.68.3 [1]PASS - 530 1326
09:17:52 222.190.68.3 [1]USER none 331 0
09:17:57 222.190.68.3 [1]PASS - 530 1326
09:18:59 222.190.68.3 [1]QUIT - 530 0
09:19:37 222.190.68.3 [2]USER anonymous 331 0
09:19:44 222.190.68.3 [2]PASS jojo@sohu.com 230 0
09:20:01 222.190.68.3 [3]USER anonymous 331 0
09:20:01 222.190.68.3 [3]PASS IEUser@sohu.com 230 0
09:20:01 222.190.68.3 [3]CWD / 250 0
09:20:14 222.190.68.3 [2]QUIT - 226 0
09:20:34 222.190.68.3 [4]USER anonymous 331 0
09:20:40 222.190.68.3 [4]PASS jojo@pbxy.mtn 230 0
09:21:25 222.190.68.3 [5]USER anonymous 331 0
09:21:25 222.190.68.3 [5]PASS IEUser@sohu.com 230 0
09:21:25 222.190.68.3 [5]CWD / 250 0
09:23:14 222.190.68.3 [4]closed - 421 121
09:24:14 222.190.68.3 [5]closed - 421 121
```

图 14-36　FTP 日志

14.3.4 在FTP站点上查看FTP会话

(1) 打开FTP站点的属性对话框，切换到“FTP站点”选项卡，单击“当前会话”按钮，如图14-15所示。

(2) 在“FTP用户会话”对话框中列出了当前所有连接的用户。用户可以单击“断开”或“全部断开”按钮来强制某个或全部用户断开FTP连接，如图14-37所示。

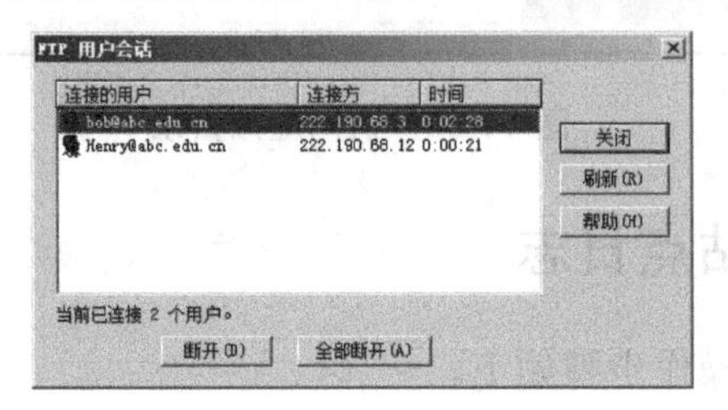

图 14-37 FTP用户会话

14.4 架设用户隔离模式FTP站点

“隔离用户”是IIS 6.0中包含的FTP组件中的一项新增功能。配置成“用户隔离”模式的FTP站点可以使用户登录后直接进入属于该用户的目录中，并且该用户不能查看或修改其他用户的目录。

1. 创建用户账户

为了演示用户隔离模式FTP站点，先利用“计算机管理”控制台创建两个用户账户，分别是Bob和Henry，如图14-38所示。

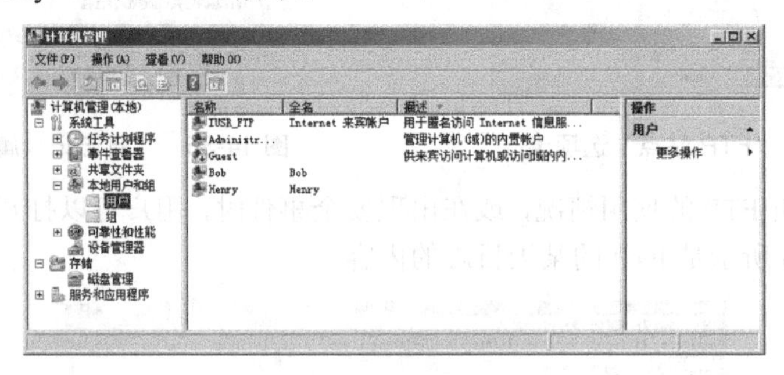

图 14-38 创建用户账户

2. 规划目录结构

隔离用户模式的FTP站点对目录的名称和结构有一定的要求，其创建过程如下。

(1) 在一个NTFS分区中创建一个文件夹作为FTP站点的主目录(如D:\ftproot)，然后在主目录中创建一个名为LocalUser的子文件夹。最后，在LocalUser文件夹下创建一个名为Public的文件夹作为匿名用户的主目录，创建若干个与Windows用户账户名称相一致的文件夹，这些文件夹分别作为相应用户的主目录，如图14-39所示。

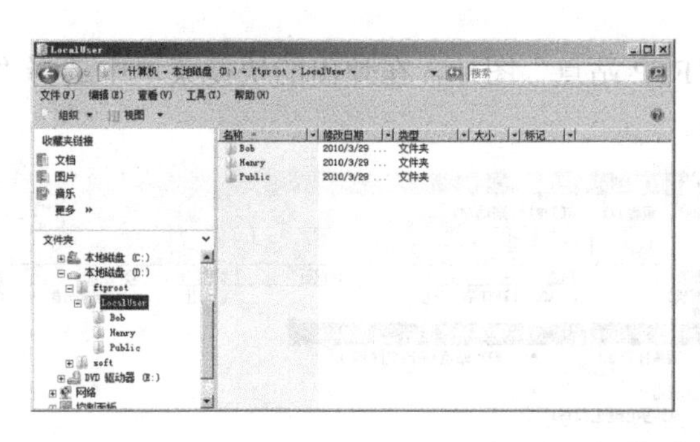

图 14-39　规划目录结构

(2) 修改与用户账户名称相一致的文件夹的安全属性，使该用户对文件夹具有“完全控制”权限。如图 14-40 所示为用户 Henry 对 D:\ftproot\LocalUser\Henry 文件夹具有“完全控制”权限。

(3) 在 Public 文件夹和每个用户的主目录文件夹中创建一些测试文件，以示区别，如图 14-41 所示。

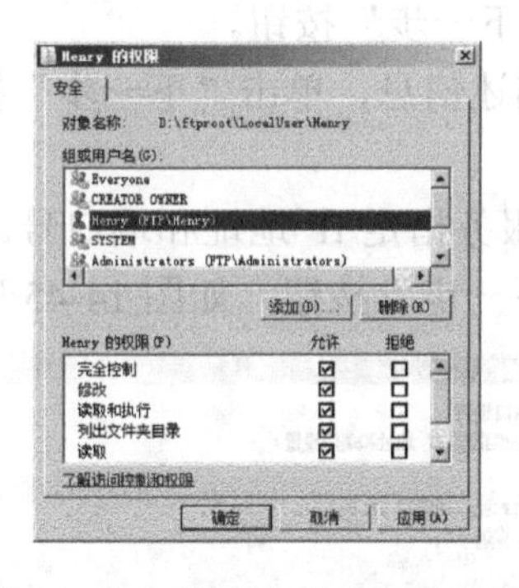

图 14-40　设置文件夹安全权限

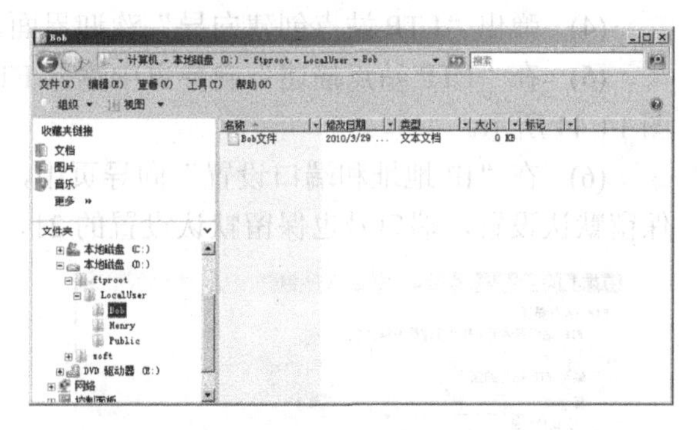

图 14-41　创建测试文件

3. 创建 FTP 站点

(1) 选择“开始”→“管理工具”→“Internet 服务(IIS 6.0)管理器”命令，打开 IIS 6.0 管理器，展开控制树中的“FTP 站点”。

(2) 创建新 FTP 站点前，一定要删除或停止“默认 FTP 站点”，否则新创建的 FTP 站点将无法正常启动。选择“默认 FTP 站点”节点，然后单击工具栏中×或■按钮，将已存在的 FTP 站点删除或停止，如图 14-42 所示。

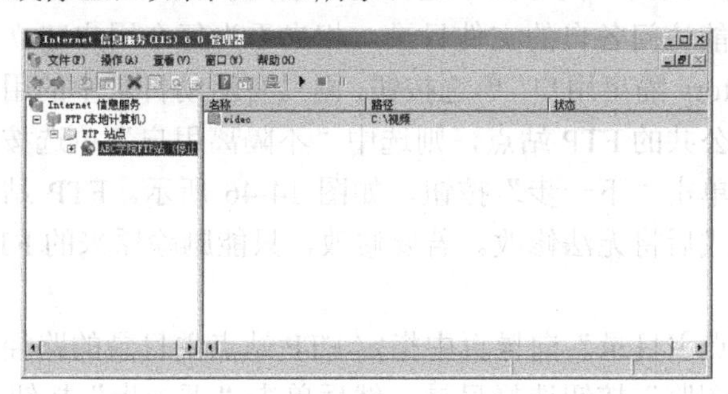

图 14-42　停止默认 FTP 站点

(3) 右击左侧的“FTP 站点”图标，在弹出的快捷菜单中选择“新建”→“FTP 站点”命令，如图 14-43 所示。

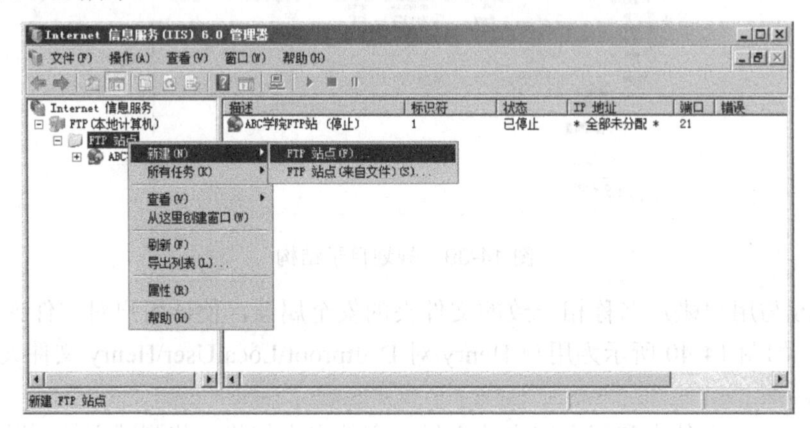

图 14-43 新建 FTP 站点

(4) 弹出“FTP 站点创建向导”欢迎界面，单击“下一步”按钮。

(5) 在“FTP 站点描述”向导页中输入 FTP 站点描述信息，单击“下一步”按钮，如图 14-44 所示。

(6) 在“IP 地址和端口设置”向导页中，为 FTP 服务指定 IP 地址和端口号。IP 地址保留默认设置，端口号也保留默认设置的 21，单击“下一步”按钮，如图 14-45 所示。

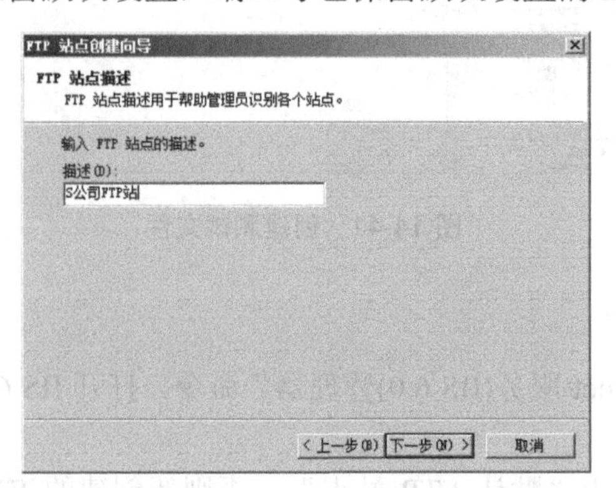

图 14-44 FTP 站点描述

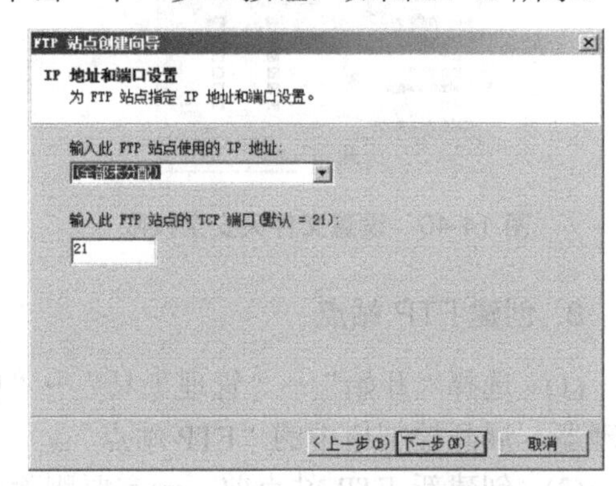

图 14-45 IP 地址和端口设置

(7) 在“FTP 用户隔离”向导页中选择用户隔离模式。如果选中“隔离用户”单选按钮，则每个用户都只能访问各自的文件目录，相当于为每个用户建立了一个网络硬盘。若选中“用 Active Directory 隔离用户”单选按钮，则只有活动目录中的用户才可以访问此 FTP 站点。若要创建一个公共的 FTP 站点，则选中“不隔离用户”单选按钮。这里选中“隔离用户”单选按钮后，单击“下一步”按钮，如图 14-46 所示。FTP 站点的隔离模式只能在创建时设置，创建完成后将无法修改。若要修改，只能删除原来的 FTP 站点，重新创建新的 FTP 站点。

(8) 在“FTP 站点主目录”向导页中指定 FTP 站点主目录的路径。可以在其文本框直接输入，也可单击“浏览”按钮选择目录，然后单击“下一步”按钮，如图 14-47 所示。

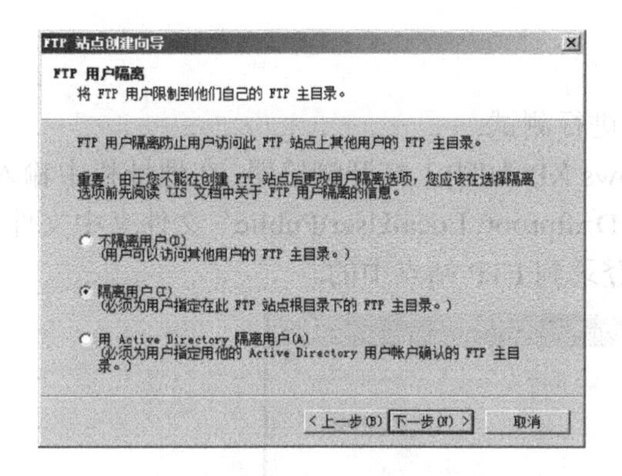

图 14-46　FTP 用户隔离

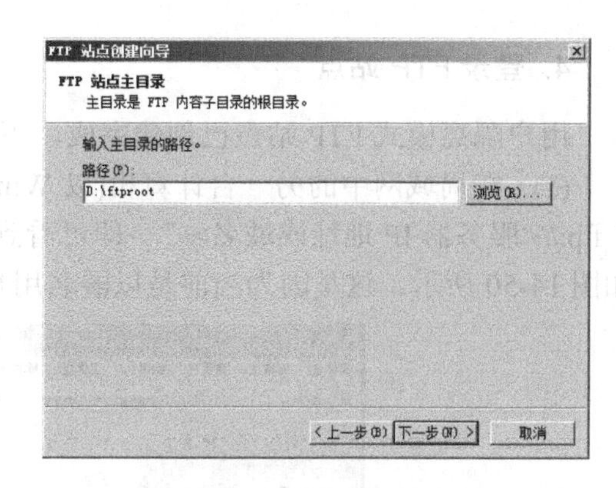

图 14-47　FTP 站点主目录

(9)　在“FTP 站点访问权限”向导页中选择用户访问 FTP 站点的权限。选中“读取”复选框表示用户可以下载文件，选中“写入”复选框表示用户可以上传文件。如果是一个公共 FTP 服务器，只允许用户下载文件，不允许上传文件，则只选中“读取”复选框。由于这里要允许每个用户都可以上传文件，因此选中“读取”和“写入”两个复选框，然后单击“下一步”按钮，如图 14-48 所示。

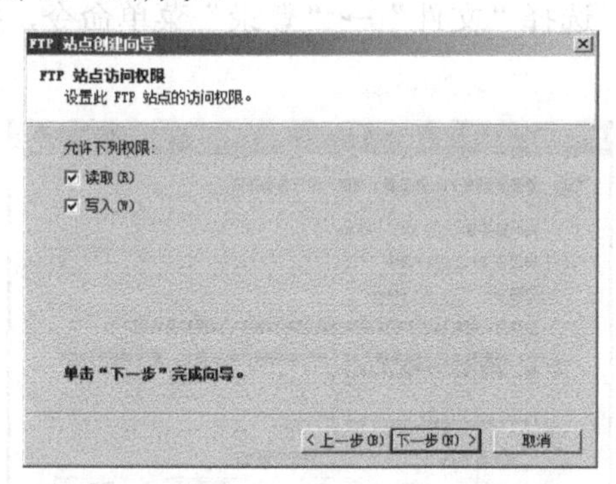

图 14-48　FTP 站点访问权限

(10) 在“已成功完成 FTP 站点创建向导”页中单击“完成”按钮，结束设置。

(11) FTP 站点创建完成后，将在“Internet 信息服务(IIS)6.0 管理器”控制台中显示该站点，如图 14-49 所示。

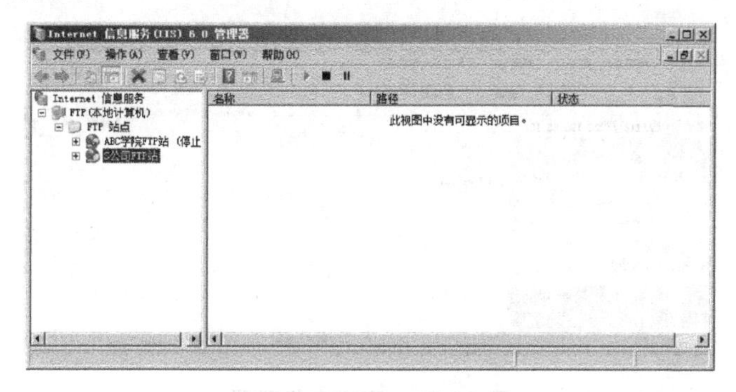

图 14-49　IIS 6.0 管理器

4. 登录 FTP 站点

用户隔离模式 FTP 站点已创建完成，下面进行测试。

(1) 在局域网中的另一台计算机(以 Windows XP 为例)上打开浏览器，在地址栏中输入“ftp://<服务器 IP 地址或域名>/”，即可看到“D:\ftproot\ LocalUser\Public”文件夹中文件，如图 14-50 所示。这是因为当前是以匿名用户登录到 FTP 站点中的。

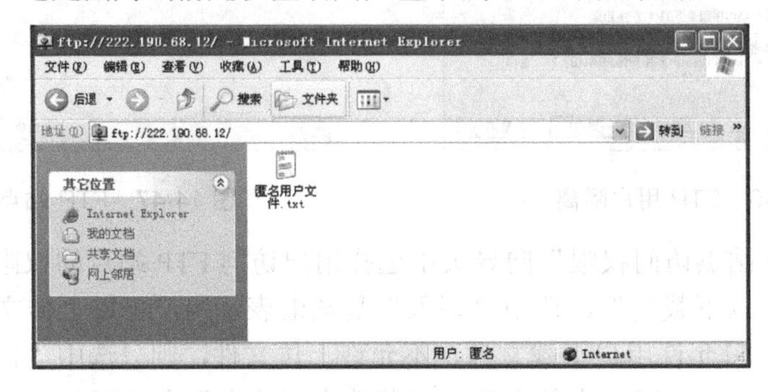

图 14-50　匿名用户登录

(2) 在浏览器窗口中，选择“文件”→“登录”菜单命令，打开“登录身份”对话框，如图 14-51 所示。

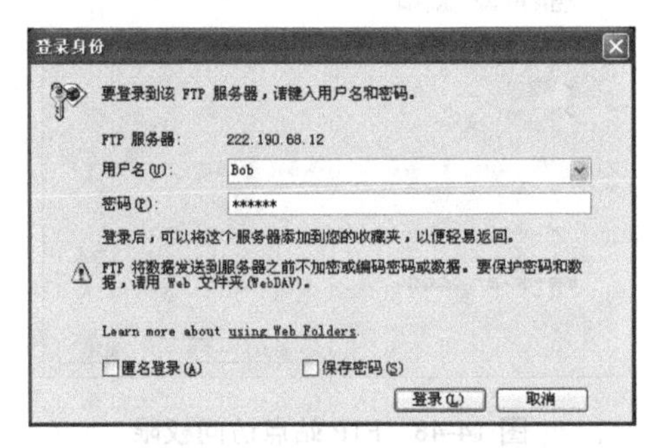

图 14-51　“登录身份”对话框

(3) 若在如图 14-51 所示的“登录身份”对话框中输入用户的用户名和密码，即可看到 D:\ftproot\LocalUser\Bob 文件夹中的内容，如图 14-52 所示。

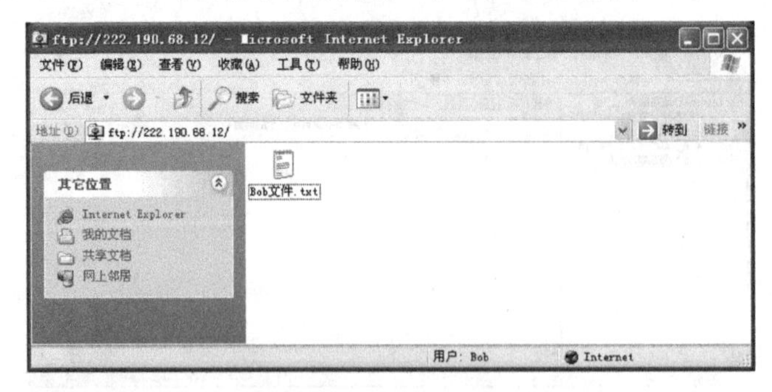

图 14-52　真实身份登录

注意： 用户登录分为以下 3 种情况。

① 如果以匿名用户的身份登录，则登录成功以后，只能在Public目录中进行读写操作。

② 如果是以某一个合法用户的身份登录且有自己的主目录，则该用户只能在属于自己的目录中进行读/写操作，而且无法看到其他用户的目录，以及Public目录。

③ 如果没有自己的主目录的合法用户，就不能使用其账户登录FTP站点，只能以匿名用户的身份登录。

本章小结

本章主要介绍了 FTP 的相关概念和客户端访问 FTP 站点的方法，介绍了 Windows Server 2008 中 FTP 服务器的安装、配置和管理方法及架设用户隔离模式 FTP 站点的方法。

习题与实训

一、填空题

(1) 在 FTP 服务器上，用户一般会建立两类连接，分别是________和________。

(2) WWW 网站的 TCP 端口默认为________，FTP 服务器的端口默认为________。

(3) Internet 信息服务(IIS)管理器中，设置 FTP 站点的访问权限有______和______。

二、选择题

(1) 匿名 FTP 访问通常使用_______作为用户名。

A. Guest　　B. E-mail 地址　　C. Anonymous　　D. 主机 ID

(2) 在 Windows 操作系统中，可以通过安装_______组件来创建 FTP 站点。

A. IIS　　B. IE　　C. POP3　　D. DNS

(3) 下面不能用作 FTP 客户端的软件是_______。

A. IE 浏览器　　B. Lead Ftp　　C. CuteFTP　　D. ServU

(4) 一次下载多个文件用_______命令。

A. mget　　B. get　　C. put　　D. send

(5) 关于匿名 FTP 服务，说法正确的是_______。

A. 登录用户名为 Anonymous

B. 登录用户名为 Guest

C. 用户有完全的上传/下载文件的权限

D. 可利用 Gopher 软件查找某个 FTP 服务器上的文件

(6) 下列选项中，哪个不属于 FTP 站点的安全设置？_______

A. 读取　　B. 写入　　C. 记录访问　　D. 脚本访问

(7) 在一台 Windows 2008 Server 计算机上实现 FTP 服务，在一个 NTFS 分区上创建了主目录，允许用户进行下载，并允许匿名访问。可是 FTP 的用户报告说他们不能下载服务

器上的文件，通过检查，发现这是由于没有设置FTP站点主目录的NTFS权限造成的，为了让用户能够下载这些文件并最大限度地实现安全性，应该如何设置FTP站点主目录的NTFS权限？________

A. 设置Everyone组具有完全控制的权限

B. 设置用户账户IUSR_Computername具有读取的权限

C. 设置用户账户IUSR_Computername具有完全控制的权限

D. 设置用户账户IWAM_Computername具有读取的权限

(8) 在一台Windows 2008 Server计算机上创建一个FTP站点，为用户提供文件下载服务。FTP的客户报告说，当他们访问FTP服务器进行下载时速度非常慢。通过监视，发现来自某一个IP地址的用户长时间访问服务器，决定暂时停止为该用户提供FTP服务以提高对其他用户的服务质量，应该如何做？________

A. 在FTP服务器上设置TCP/IP过滤此IP地址

B. 在FTP服务器上设置取消匿名用户访问

C. 在FTP服务器上设置另外一个端口提供FTP服务

D. 在FTP服务器属性的对话框中的目录安全性选项卡中设置拒绝此IP地址访问，然后重新启动FTP站点

(9) FTP服务使用的端口是________。

A. 21　　B. 23　　C. 25　　D. 53

三、实训内容

(1) 安装FTP发布服务角色服务。

(2) 配置和管理FTP站点属性。

(3) 在FTP站点上创建虚拟目录。

(4) 创建用户隔离模式FTP站点。

第15章 备份与灾难恢复

本章学习目标

本章主要介绍 Windows Server 2008 的数据备份与恢复功能，包括了解 Windows Server Backup 功能的特点、如何安装 Backup 功能组件、Windows Server Backup 备份功能和 Windows Server Backup 恢复功能；介绍备份还原 Windows Server 2008 域控制器的系统状态的方法；介绍服务器灾难恢复方法，包括 Windows Server 2008 高级启动选项的各项功能和使用 Windows Server 2008 安装光盘修复计算机的方法。

通过本章的学习，应该实现如下目标：

- 了解 Windows Server Backup 的功能特点。
- 掌握 Backup 功能组件的安装方法。
- 掌握 Windows Server Backup 的备份和恢复功能。
- 了解备份还原 Windows Server 2008 域控制器的系统状态的方法。
- 明确 Windows Server 2008 高级启动选项的各项功能。
- 掌握使用 Windows Server 2008 安装光盘修复计算机的方法。

Windows Server 2008 系统作为迄今为止安全级别最高的服务器系统，往往会被人们用来处理、存储一些安全要求非常高的重要数据，这些数据处理、保存不当的话，可能会给单位造成致命的损失；特别是在网络环境中，域控制器等服务器角色对网络的运行又起着举足轻重的作用。那么 Windows Server 2008 系统是如何保证重要数据安全的呢？

Windows Server 2008 系统贴心地为用户提供了与众不同的 Backup 功能组件，善于使用该功能，我们可以对重要数据信息进行随心所欲的备份、还原。本章除了对 Windows Server 2008 系统内置的 Backup 功能进行全方位、立体式的解析外，还将介绍几种主要的服务器灾难恢复措施。

15.1 数据备份与恢复

15.1.1 Windows Server Backup 功能的特点

传统服务器系统也支持数据备份、还原功能，那么，Windows Server 2008 系统中的 Backup 功能是不是以前数据备份功能的一次简单升级或改进呢？

事实上，Backup 功能是一种全新的、与众不同的备份还原功能，该功能组件是 Windows Server 2008 系统中一个可选的功能特性，在默认状态下，该功能并没有被自动安装。通过使用 Backup 功能，我们可以高效地对服务器系统中的重要数据信息进行备份存储，甚至还能对整个操作系统进行备份、还原。与传统的数据备份还原功能相比，Windows Server 2008 系统中的 Backup 功能有如下特点。

1. 备份速度更快

Windows Server 2008 系统中的 Backup 功能的操作对象是数据块或磁盘卷，该功能会自动地将待备份的内容处理成数据卷集，而每一个数据卷集又会被服务器系统当作一个独立的磁盘块，因此，在备份数据的过程中，Backup 功能当然是以磁盘块为基础进行数据传输，这种传输数据的方式，速度也是非常快的；而传统的数据备份、还原功能是以普通的数据文件作为操作对象的，在传输数据的时候也是一个文件一个文件地进行传输，这种备份数据的方式，速度自然不会快到哪里；很显然，Windows Server 2008 系统中的 Backup 功能备份数据的速度会更快一些，备份效率自然也就会更高一些。

2. 备份方式更为灵活

Windows Server 2008 系统中的 Backup 功能为我们提供了更为灵活的备份方式，它既允许我们进行完整备份，又允许我们采用增量备份，甚至还允许我们针对服务器系统中的某个特定磁盘卷，自定义选用合适的备份方式。默认状态下，Backup 功能会选用完整备份方式，这种方式适合对整个服务器操作系统进行备份存储，可以确保服务器系统日后遇到问题时能够在很短暂的时间内恢复正常工作状态，而且它不会影响整个系统的整体运行性能，不过，该备份方式会降低数据备份、还原的速度；如果待备份的重要数据信息频繁发生变化，我们可以考虑选用增量备份方式，因为该方式会智能地对前一次备份后发生变化的数据内容进行备份，这样的话，就能有效减少多个完整备份所带来的硬盘空间容量过度消耗的现象。在 Windows Server 2008 系统环境下，Backup 功能会根据待备份数据内容的性质，自动选用合适的备份方式，而传统的数据备份还原功能则需要用户进行手工设置，显然，Backup 功能的备份方式更加灵活。

3. 备份类型更为多样

在网络带宽容量不断增大的今天，Windows Server 2008 系统中的 Backup 功能也为备份用户提供了更为多样的备份存储类型，我们既可以将数据内容直接备份保存到本地硬盘的其他分区中，也可以通过网络传输通道将数据内容直接备份保存到网络文件夹中，理论上，甚至还能将其备份保存到 Internet 网络中的任何一个位置处。

此外，Windows Server 2008 系统中的 Backup 功能也增加了对 DVD 光盘备份的支持；由于现在待备份的数据内容容量越来越大，为了方便随身携带备份内容，Backup 功能允许用户直接将数据内容刻录备份到 DVD 光盘中，用户能够随心所欲地创建包含多个磁盘卷的数据备份集，到时候 Backup 功能可以智能地利用压缩功能将多个磁盘卷的数据备份集一次性写入到 DVD 光盘中，不过日后进行数据还原操作时，这些多个磁盘卷的数据备份集也会一次性地被还原出来。

4. 还原效率更加高效

Windows Server 2008 系统中的 Backup 功能在还原先前备份好的数据内容时，往往可以对目标备份内容进行智能识别，判断它是采用了完全备份方式还是增量备份方式，如果发现使用了完全备份方式，那么 Backup 功能会自动对所有的数据内容执行还原操作，如果发现使用了增量备份方式，那么 Backup 功能会自动对增量备份内容进行还原操作；而传统的数据备份功能在执行数据还原操作时，不具有智能识别备份方式的目的，因此在还原采用增量备份方式备份的数据信息时，只能逐步地还原，很明显，Backup 功能的数据还原效率更高。

15.1.2　安装 Backup 功能组件

前面曾经提到，Windows Server 2008 系统中的 Backup 功能仅仅是一种可选系统组件，该系统之所以在默认状态下没有安装该系统组件，主要是考虑到安全因素，毕竟开通的功能越多，系统遭遇安全攻击的可能性越大，而且 Backup 功能也不是平时操作中所必须使用的组件。

安装 Backup 功能的步骤如下。

(1) 打开 Windows Server 2008 系统的“开始”→“程序”→“管理工具”→“服务器管理器”选项，打开“服务器管理器”界面，选中“功能”节点分支，再单击目标分支下面的“添加功能”按钮，此时，系统屏幕上会弹出如图 15-1 所示的向导窗口。

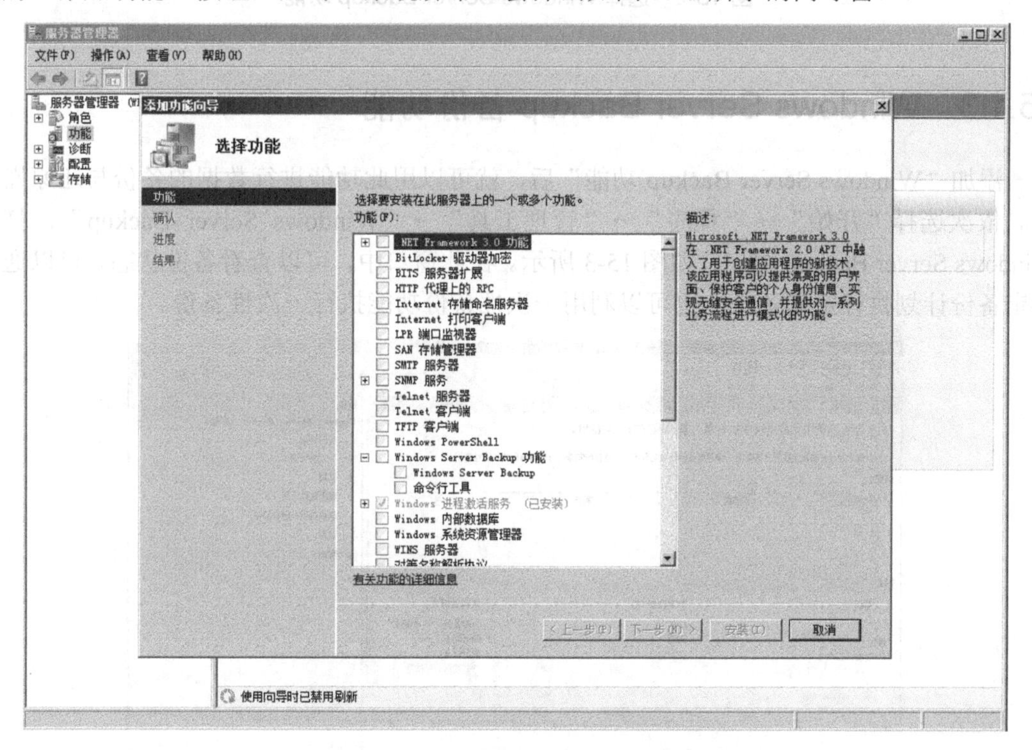

图 15-1　服务器管理器-添加功能向导

(2) 选择“Windows Server Backup 功能”下的“Windows Server Backup”和“命令行工具”两个选项，当选择“命令行工具”时，弹出“是否添加命令行工具所需的功能”窗口时，单击“添加必需的功能”按钮，则“Windows PowerShell”选项也被选中，单击“下一步”按钮，如图 15-2 所示。

(3) 在弹出的“确认选择”界面中，单击“安装”按钮启动安装过程。安装完成后，单击“关闭”按钮，完成“Windows Server Backup 功能”的安装。

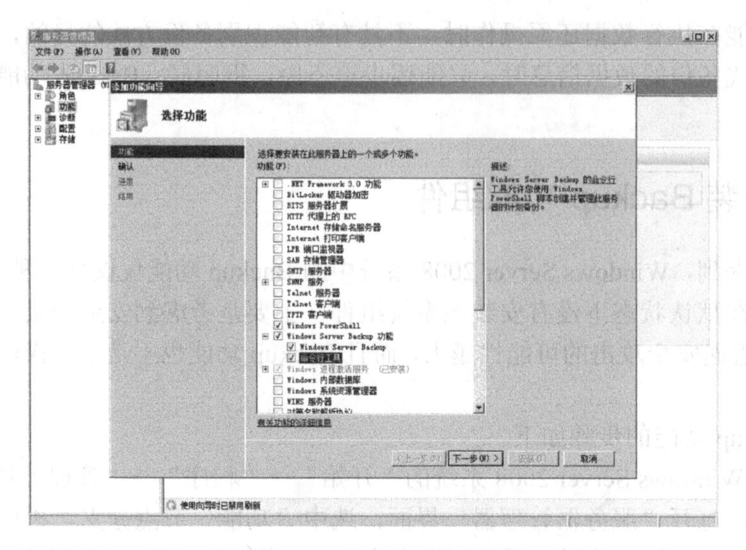

图 15-2　选择 Windows Server Backup 功能

15.1.3　Windows Server Backup 备份功能

添加“Windows Server Backup 功能”后，就可以用此功能进行数据的备份与还原操作了。依次选择“开始”→“程序”→“管理工具”→“Windows Server Backup”，打开 Windows Server Backup 窗口，如图 15-3 所示。在此窗口中，可以查看备份状态，可以通过制定备份计划执行定期备份，也可以利用一次性备份功能执行一次性备份。

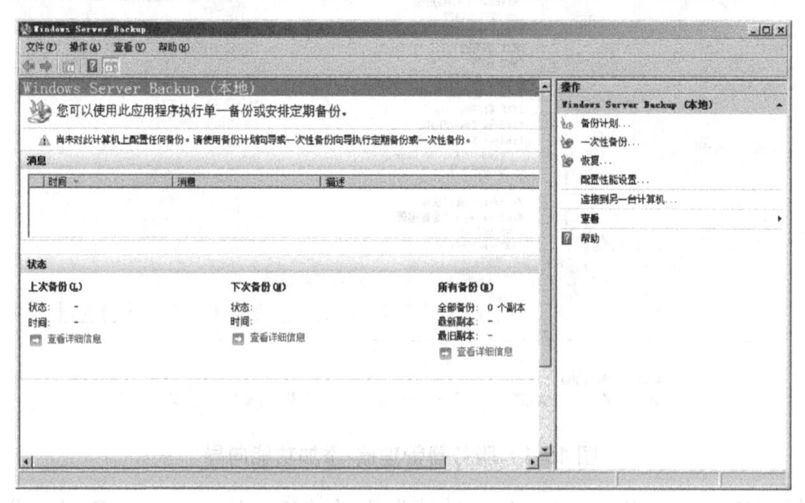

图 15-3　Windows Server Backup 窗口

1. 备份计划

利用“备份计划”功能，可以实现让服务器定期地将指定内容自动备份到指定的位置。过程如下。

(1) 打开如图 15-3 所示的 Windows Server Backup 窗口，单击右侧“操作”窗格中的“备份计划”链接，运行备份计划向导，如图 15-4 所示，单击“下一步”按钮。在备份计划之前，应该首先确定备份的内容(整个服务器还是仅某些卷)、备份的时间和频率、存储备份的位置。

(2) 在图 15-5 所示的“选择备份配置”界面中，选择是整个服务器还是自定义。备份整个服务器是备份服务器所有卷中的数据、应用程序和系统状态。此处选择“自定义”，单击“下一步”按钮。

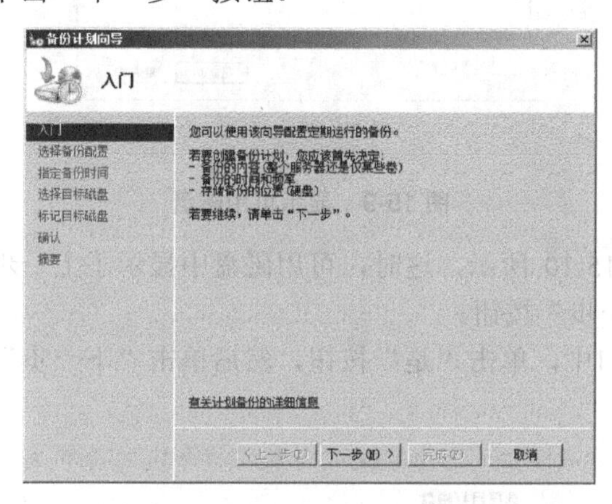

图 15-4　备份计划向导-入门

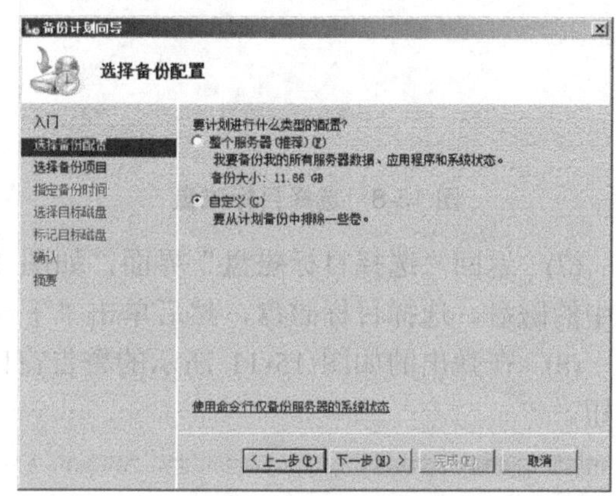

图 15-5　选择备份配置

(3) 在图 15-6 所示的“选择备份项目”界面中，选择需要备份的卷，例如 C:，单击“下一步”按钮。

(4) 在图 15-7 所示的“指定备份时间”界面中，选择备份时间及频率，一般来说，我们应该尽量将备份任务计划的执行时间设置在下班时间或计算机处于空闲状态的时间，单击“下一步”按钮。

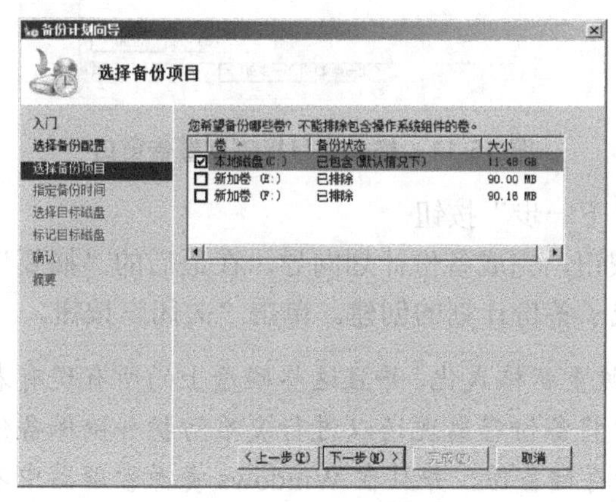

图 15-6　选择备份项目

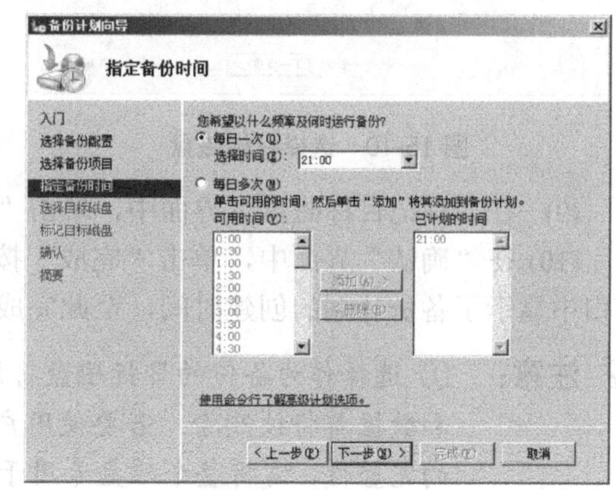

图 15-7　指定备份时间

(5) 在图 15-8 所示的“选择目标磁盘”界面中，单击“显示所有可用磁盘”按钮。

(6) 在图 15-9 所示的“显示所有可用磁盘”对话框中，选择对应的目标磁盘，单击“确定”按钮。

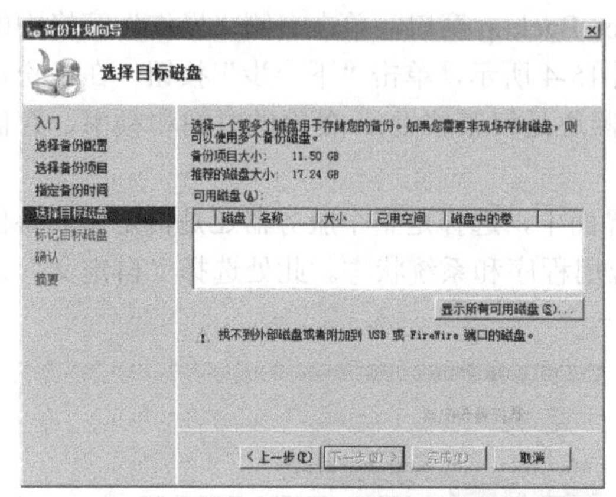

图 15-8　选择目标磁盘

图 15-9　显示可用磁盘

(7) 返回“选择目标磁盘”界面，如图 15-10 所示，这时，可用磁盘中显示了上一步选中的磁盘，选择目标磁盘，然后单击“下一步”按钮。

(8) 在弹出的如图 15-11 所示的警告窗口中，单击“是”按钮，然后单击“下一步”按钮。

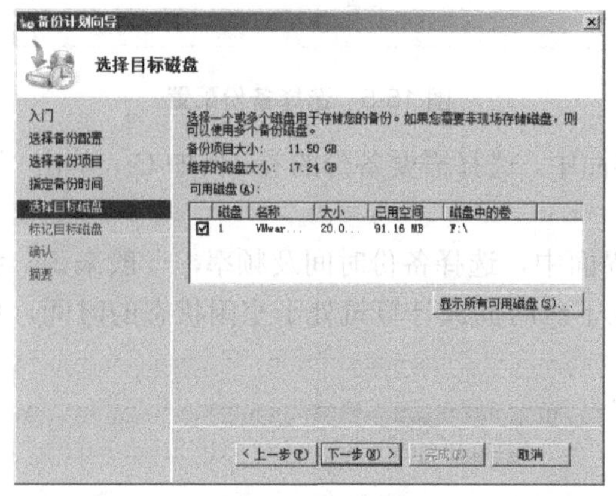

图 15-10　选择目标磁盘

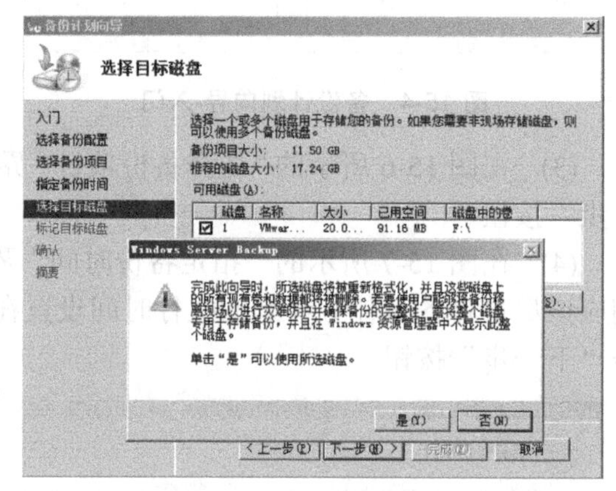

图 15-11　格式化目标磁盘警告窗口

(9) 在“标记目标磁盘”界面中，单击“下一步”按钮。

(10) 在“确认”界面中，单击“完成”按钮，完成备份计划向导。在最后的“摘要”窗口中显示了备份计划的创建时间，至此完成了备份计划的创建。单击“关闭”按钮。

注意： ① 选择作为备份的目标磁盘将被重新格式化，并且这些磁盘上的所有现有卷和数据都将被删除。若要使用户将备份移离现场以进行灾难防护并确保备份的完整性，需将整个磁盘专用于存储备份，并且在 Windows 资源管理器中不显示此磁盘。

② 以上备份计划配置完成后，系统会根据计划，按规定的时间和频率自动完成备份。默认情况下，以上备份执行的是完整备份，为了提高备份效率，还可以调整备份类型为增量备份方法。在图 15-3 所示的 Windows Server Backup 窗口中，选择“操作”窗格中的“配置性能设置”链接，打开如图 15-12 所

示的“优化备份性能”对话框，可以对备份类型进行调整，可以在完全备份和增量备份之间调整。

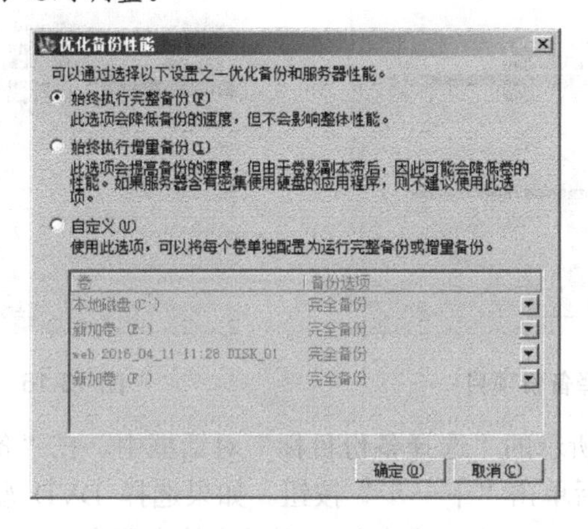

图 15-12　优化备份性能

2. 一次性备份

顾名思义，一次性备份就是一次性地手动备份指定内容到指定位置。

(1) 打开如图 15-3 所示的 Windows Server Backup 窗口，单击右侧“操作”窗格中的“一次性备份”链接，运行“一次性备份向导”，弹出如图 15-13 所示的“备份选项”界面，其中有两个选项：备份计划向导中用于计划备份的相同选项；不同选项。此处选择“不同选项”，单击“下一步”按钮。

(2) 在如图 15-14 所示的“选择备份配置”界面中，有两个选项：整个服务器；自定义。此处选择“自定义”，单击“下一步”按钮。

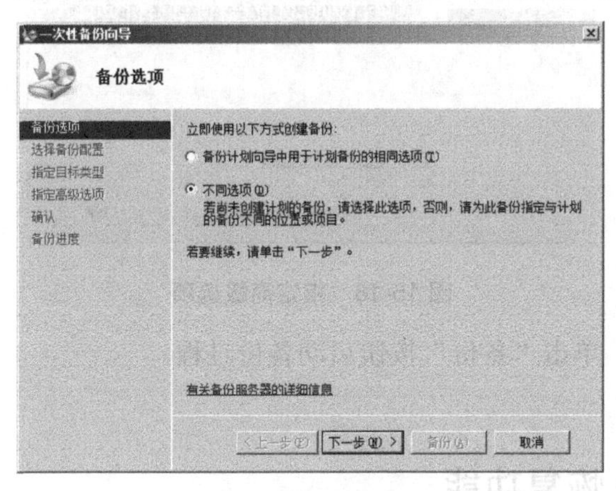

图 15-13　备份选项

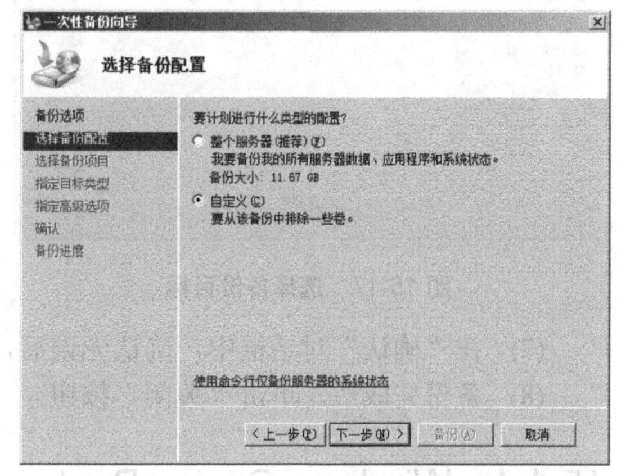

图 15-14　选择备份配置

(3) 在如图 15-15 所示的“选择备份项目”界面中，选择需要一次性备份的卷，单击“下一步”按钮。

(4) 在如图 15-16 所示的“指定目标类型”界面中，有两个选项：本地驱动器；远程共享文件夹。此处选择本地驱动器，单击“下一步”按钮。

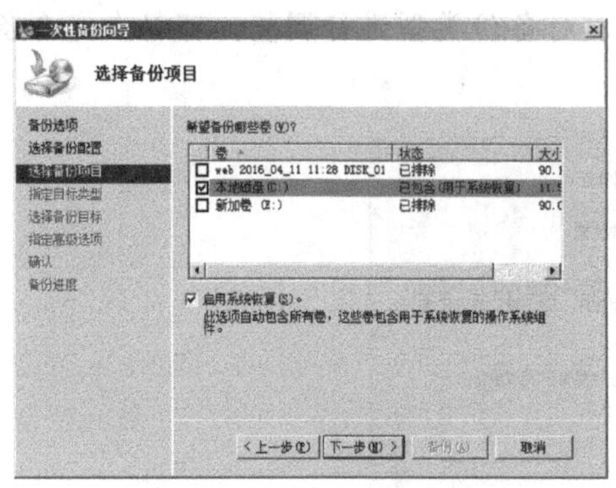

图 15-15　选择备份项目

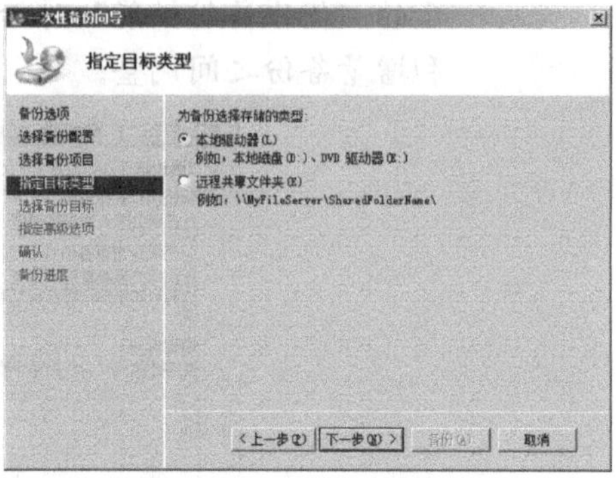

图 15-16　指定目标类型

(5) 在如图 15-17 所示的“选择备份目标”对话框中，在“备份目标”下拉列表框中选择存储备份的卷，然后单击“下一步”按钮。如果选择 DVD 驱动器，则必须已经安装了 DVD 刻录机，同时将 DVD 空白光盘放入到对应的光驱中，如果一张空白光盘的容量不够的话，Backup 功能能自动地将待备份的数据内容分割存储，确保服务器操作系统内容可以分别存储在多张不同的 DVD 光盘中。

(6) 在如图 15-18 所示的“指定高级选项”对话框中，有两个选项：VSS 副本备份(推荐)；VSS 完整备份。此处选择“VSS 副本备份(推荐)”，然后单击“下一步”按钮。

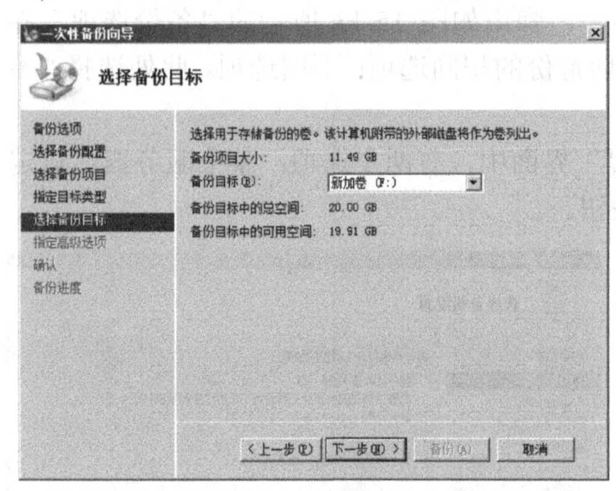

图 15-17　选择备份目标

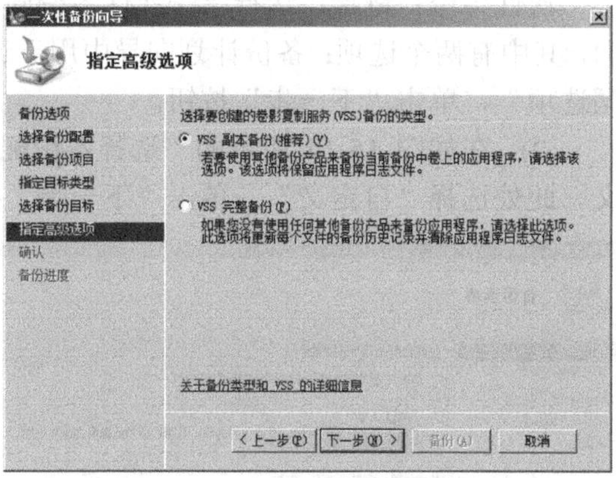

图 15-18　指定高级选项

(7) 在“确认”对话框中，确认无误后，单击“备份”按钮启动备份过程。

(8) 备份完成后，单击“关闭”按钮。

15.1.4　Windows Server Backup 恢复功能

Windows Server Backup 功能在还原数据文件时，智能化程度比较高，它能自动识别出目标备份文件使用了完全备份方式，还是增量备份方式；并根据备份方式的不同而进行不同方式的数据还原操作。恢复功能的操作过程如下。

(1) 在如图 15-3 所示的 Windows Server Backup 窗口中，单击“操作”窗格的“恢复”链接，启动恢复向导，如图 15-19 所示为向导的第一步“入门”界面，选择备份数据来源，有两个选项：此服务器；另一个服务器。此处选择“此服务器”，单击“下一步”按钮。

(2) 在如图 15-20 所示的“选择备份日期”界面中，显示出了最旧可用备份和最新可用备份的日期，根据需要进行选择，然后单击“下一步”按钮。

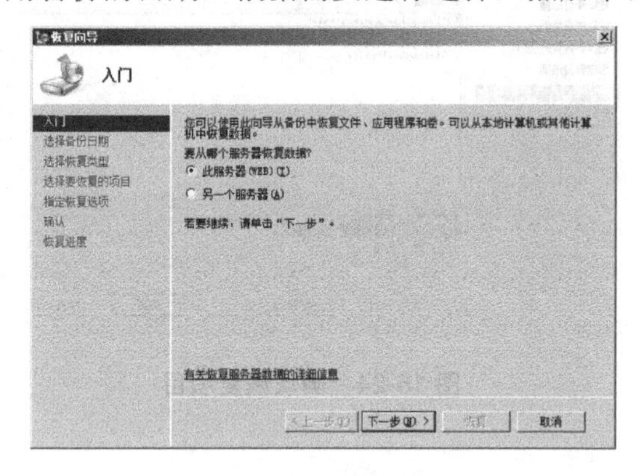

图 15-19　恢复向导入门

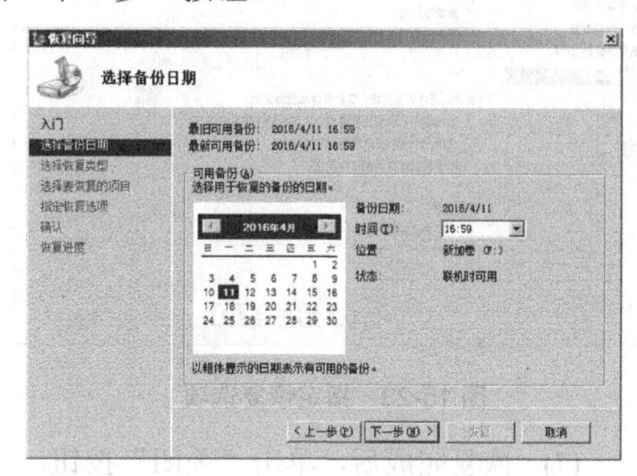

图 15-20　选择备份日期

(3) 在如图 15-21 所示的“选择恢复类型”界面中，可以选择要恢复的内容，有三个选项：文件和文件夹；应用程序；卷。此处以恢复文件和文件夹为例，选择第一个选项，然后单击“下一步”按钮。

(4) 在如图 15-22 所示的“选择要恢复的项目”界面中，选择要恢复的文件或文件夹，然后单击“下一步”按钮。

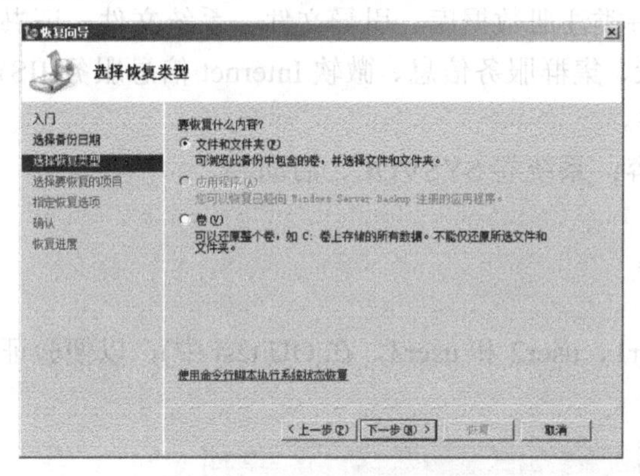

图 15-21　选择恢复类型

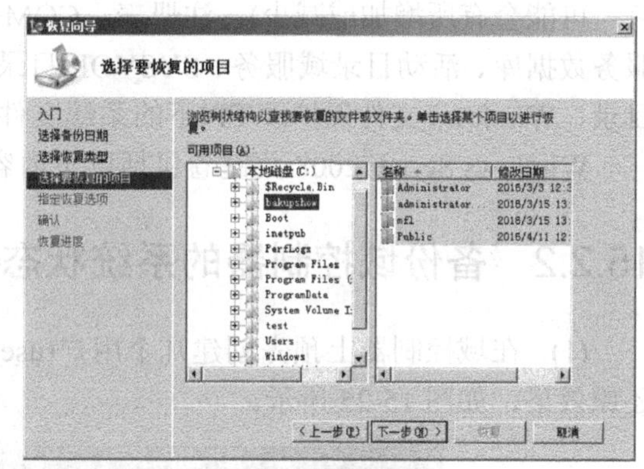

图 15-22　选择要恢复的项目

(5) 在如图 15-23 所示的“指定恢复选项”界面中，有如下几个选项。

① 恢复目标：有原始位置和另一个位置两个选择。

② 当该向导在恢复目标中查找文件和文件夹时：该子项有创建副本、覆盖现有文件、不恢复三个选择。

③ 安全设置：是否还原安全设置。

做好以上三个子项的选择后，单击“下一步”按钮。

(6) 在如图 15-24 所示的“确认”界面中，显示恢复的项目，确认无误后单击“恢复”按钮，启动恢复过程。

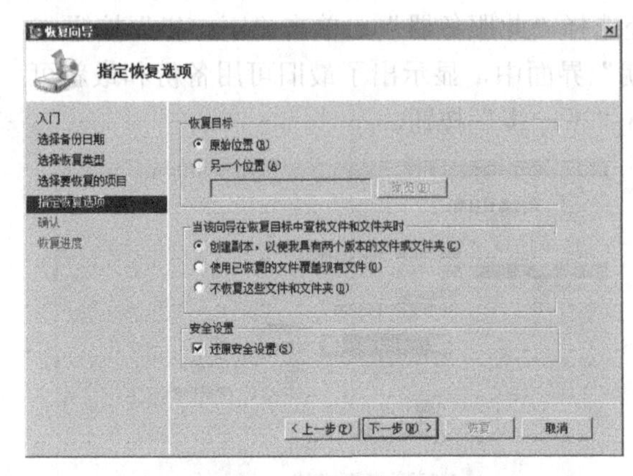

图 15-23　指定恢复选项

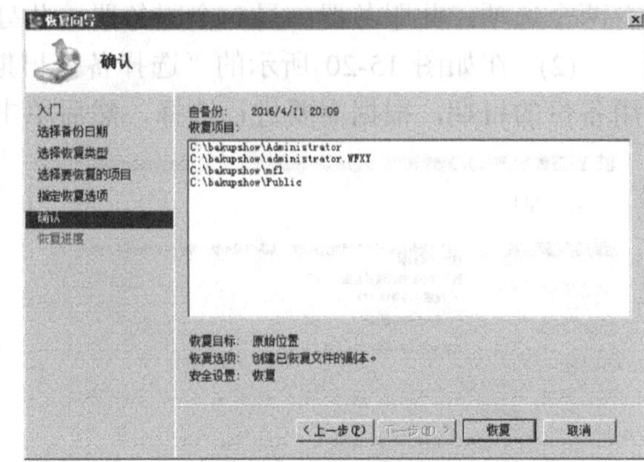

图 15-24　确认恢复项目

(7)　恢复完成后，单击“关闭”按钮。

15.2　备份还原域控制器的系统状态

15.2.1　Windows Server 2008 的系统状态

在 Windows Server 2008 中，系统状态数据一般包括下列数据(根据所安装的服务器角色，可能会有所增加或减少)：注册表、COM+类注册数据库、引导文件、系统文件、证书服务数据库、活动目录域服务、SYSVOL 目录、集群服务信息、微软 Internet 信息服务(IIS)目录、Windows 文件保护(WFP)下的系统文件。

Windows Server 2008 关键卷包括以下内容：系统卷 SYSVOL、启动卷。

15.2.2　备份域控制器的系统状态

(1)　在域控制器上预先创建几个用户(user1、user2 和 user3，在 OU test 中)，以便验证还原效果，如图 15-25 所示。

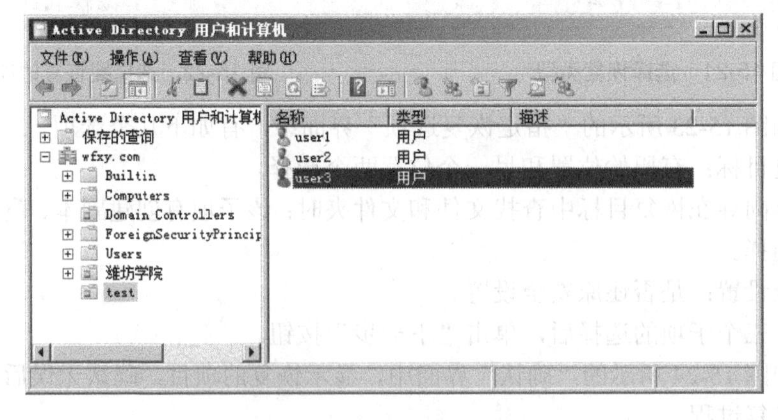

图 15-25　在域控制器上新建三个用户账户

(2) 在命令行模式下执行命令“wbadmin start systemstatebackup -backuptarget:e:”，询问是否开始备份时，输入“y”，开始备份。如图 15-26 所示。

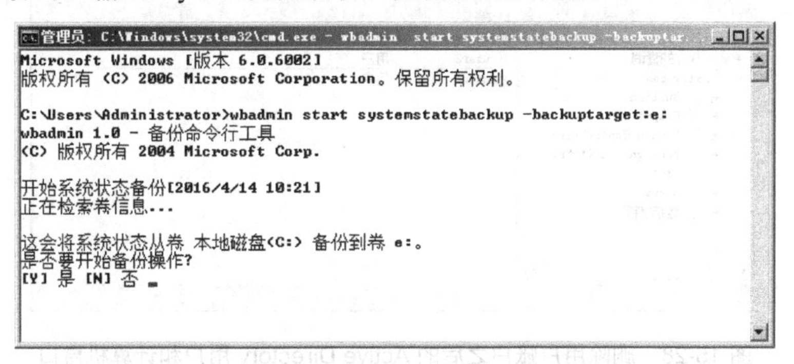

图 15-26　备份系统状态命令窗口

(3) 系统状态备份完成后的命令窗口如图 15-27 所示。

```
管理员: C:\Windows\system32\cmd.exe
总体进度 - 96% (当前正在备份由“System Writer”报告的文件)
总体进度 - 96% (当前正在备份由“System Writer”报告的文件)
总体进度 - 97% (当前正在备份由“System Writer”报告的文件)
总体进度 - 98% (当前正在备份由“System Writer”报告的文件)
总体进度 - 98% (当前正在备份由“System Writer”报告的文件)
备份由“System Writer”报告的文件已完成
总体进度 - 99% (当前正在备份由“Registry Writer”报告的文件)
备份由“Registry Writer”报告的文件已完成
备份由“DFS Replication service writer”报告的文件已完成
备份由“COM+ REGDB Writer”报告的文件已完成
备份由“NTDS”报告的文件已完成
备份由“WMI Writer”报告的文件已完成
总体进度 - 99% (当前正在备份附加系统状态文件)

备份摘要:
-------------------

系统状态备份成功完成[2016/4/14 12:12]

成功备份文件日志
“C:\Windows\Logs\WindowsServerBackup\SystemStateBackup 14-04-2016 11-34-47.log
”

C:\Users\Administrator>
```

图 15-27　系统状态备份成功后的命令窗口

15.2.3　非授权还原和授权还原

还原 Active Directory 目录服务数据时，必须在目录还原模式下启动域控制器，并且根据域环境使用非授权还原或授权还原方式之一。

使用哪种方式进行活动目录还原，是由系统中域控制器的数量和配置决定的。若企业域控制器不止一个，则必须执行授权还原，以确保将还原数据复制到所有服务器。如果需要在独立域控制器上还原 Active Directory 数据，则执行非授权还原。

15.2.4　非授权还原活动目录数据

(1) 删除先前新建的一个用户 user1，删除之后的 Active Directory 用户和计算机窗口如图 15-28 所示。

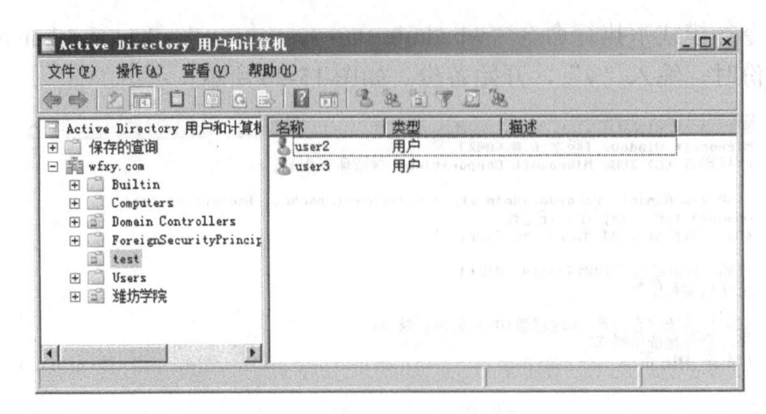

图 15-28　删除用户账户之后的 Active Directory 用户和计算机窗口

(2) 重新启动服务器，开机按 F8，选择“目录服务还原模式”，如图 15-29 所示。

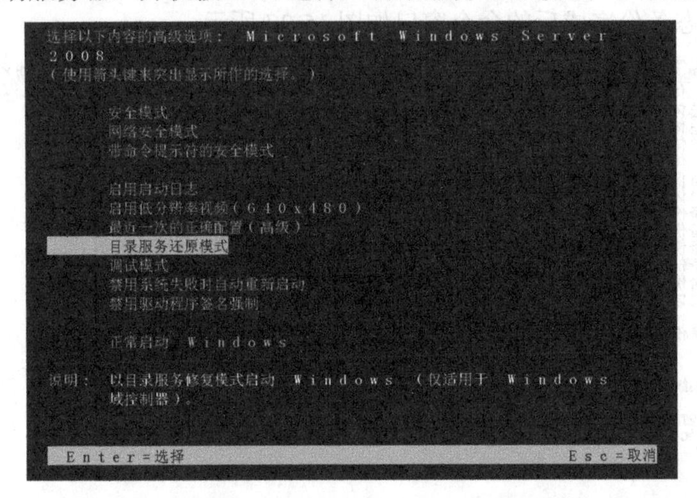

图 15-29　在启动高级选项中选择“目录服务还原模式”

(3) 输入管理员用户名，目录还原模式密码，在本地登录，如图 15-30 所示。

图 15-30　输入管理员用户名和还原模式密码在本地登录

(4) 登录到本地系统后，打开 MS DOS 窗口，在 DOS 命令窗口中输入“wbadmin get versions”，查看先前的备份集，如图 15-31 所示。

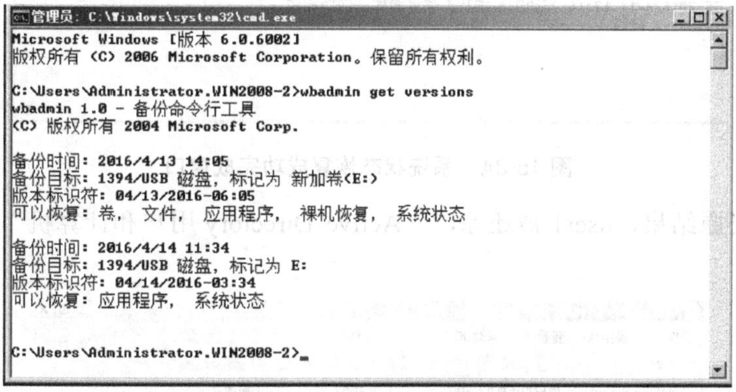

```
管理员: C:\Windows\system32\cmd.exe
Microsoft Windows [版本 6.0.6002]
版权所有 (C) 2006 Microsoft Corporation。保留所有权利。

C:\Users\Administrator.WIN2008-2>wbadmin get versions
wbadmin 1.0 - 备份命令行工具
(C) 版权所有 2004 Microsoft Corp.

备份时间: 2016/4/13 14:05
备份目标: 1394/USB 磁盘, 标记为 新加卷(E:)
版本标识符: 04/13/2016-06:05
可以恢复: 卷, 文件, 应用程序, 裸机恢复, 系统状态

备份时间: 2016/4/14 11:34
备份目标: 1394/USB 磁盘, 标记为 E:
版本标识符: 04/14/2016-03:34
可以恢复: 应用程序, 系统状态

C:\Users\Administrator.WIN2008-2>_
```

图 15-31　查看备份集命令窗口

(5) 输入命令“wbadmin start systemstaterecovery -version:<mm/dd/yyyy-hh:mm>”，使用上面的版本标识符：04/14/2016-03:34，进行还原，还原时间比较长，如图 15-32 所示。

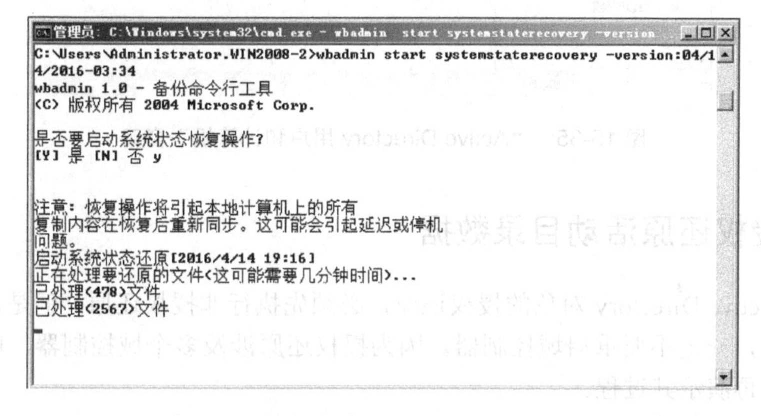

图 15-32　还原命令窗口

(6) 还原完成，如图 15-33 所示。重新启动服务器。

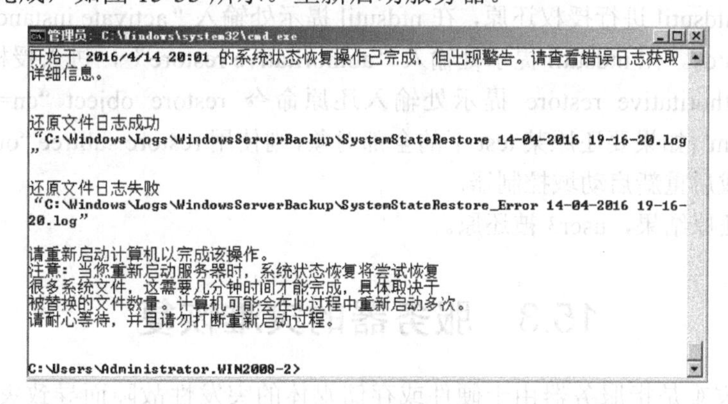

图 15-33　还原完成，系统重启前的命令窗口

(7) 重新启动后，进入桌面，显示还原完成，如图 15-34 所示。

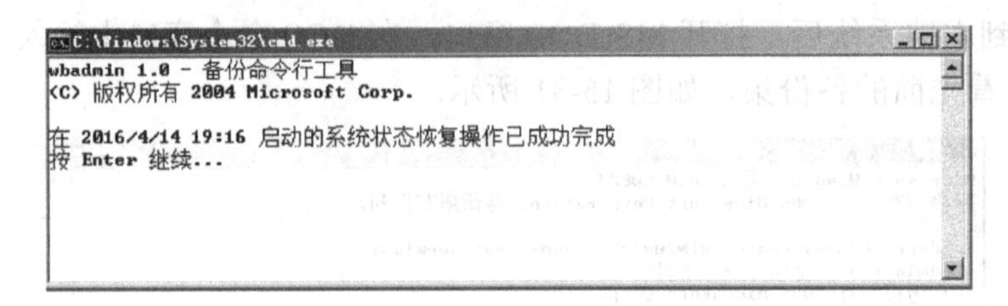

图 15-34　系统状态恢复成功完成窗口

(8) 验证还原结果，user1 被还原，"Active Directory 用户和计算机"窗口如图 15-35 所示。

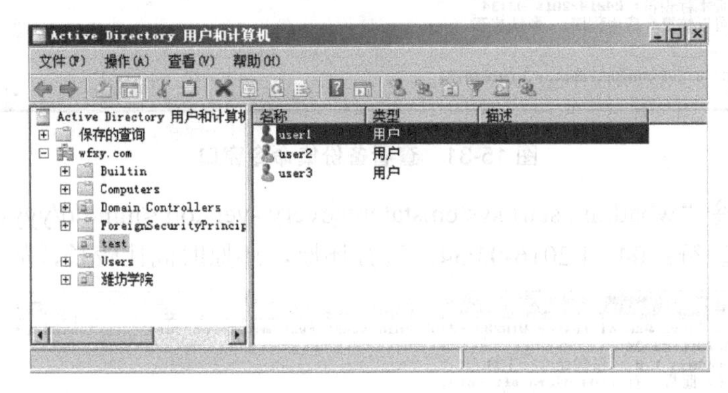

图 15-35　"Active Directory 用户和计算机"窗口

15.2.5　授权还原活动目录数据

要执行 Active Directory 对象的授权还原，必须先执行非授权还原，但是，在非经授权还原过程之后，一定不要重启域控制器。因为授权还原涉及多个域控制器，所以此处只做简单介绍，不再演示其过程。

(1) 删除先前新建的用户 user3。

(2) 执行非授权还原，完成后不要重新启动。

(3) 运行 ntdsutil 进行授权还原，在 ntdsutil 提示处输入"activate instance ntds"，将活动实例指定为 ntds。在 ntdsutil 提示处输入"authoritative restore"，进入授权还原。

(4) 在 authoritative restore 提示处输入还原命令 restore object "cn=user3, ou=test, dc=wfxy, dc=com"(如果要还原某 test 下的全部对象，则使用 restore subtree "ou=test, dc=wfxy, dc=com")，完成后重新启动域控制器。

(5) 验证还原结果，user3 被还原。

15.3　服务器的灾难恢复

服务器的灾难是指服务器由于硬件或存储媒体的突发性故障而导致灾难性的数据丢失。服务器的灾难恢复是指在灾难发生以后，系统管理员尽最大可能、快速恢复服务器的正常工作以及恢复丢失数据的过程。在恢复的过程中，要面对很多问题，如重新安装操作系统、从备份介质中恢复出有价值的数据，以及为了使服务器能够正常运行，重新安装所有需要的关键服务。

在服务器发生故障或数据丢失时，系统管理员可以使用以下方法恢复服务器系统：安全模式、最后一次正确的配置、修复计算机等。

15.3.1　使用 Windows 高级启动选项进行服务器恢复

服务器启动时按 F8 功能键，显示如图 15-36 所示的 Windows 高级启动选项。每一项的主要功能如下。

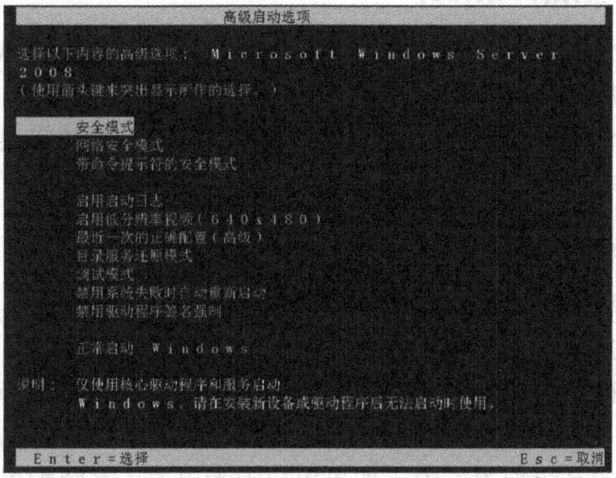

高级启动选项

选择以下内容的高级选项：Microsoft Windows Server 2008
（使用箭头键来突出显示所作的选择。）

安全模式
网络安全模式
带命令提示符的安全模式

启用启动日志
启用低分辨率视频（640x480）
最近一次的正确配置（高级）
目录服务还原模式
调试模式
禁用系统失败时自动重新启动
禁用驱动程序签名强制

正常启动 Windows

说明：仅使用核心驱动程序和服务启动 Windows。请在安装新设备或驱动程序后无法启动时使用。

Enter=选择　Esc=取消

图 15-36　Windows 高级启动选项

1. 安全模式

仅使用核心驱动程序和服务启动 Windows。一般在安装新设备或驱动程序后无法启动时使用。

选用安全模式启动 Windows 时，系统只调用一些最基本的文件和驱动程序，只使用少量设备，且不加载启动组中的任何内容；启动后不能与网络接通，许多设备也不能正常使用。这种模式有助于诊断系统产生的问题，如果新添加了设备或对驱动程序进行更改后系统有问题，就可以进入安全模式，将出现问题的设备删除，然后再安装。如果安全模式下不能解决问题，则多半需要重新使用安装光盘来修复系统。

2. 网络安全模式

这种模式使用基本文件和驱动程序。与“安全模式”相比，它还要加载网络驱动程序，它的主要作用与安全模式基本相同。用此模式可以发现一些在安全模式下隐藏的问题。

3. 带命令行提示的安全模式

当启动到“带命令行提示的安全模式”时，会看到操作系统装入的一系列文件，然后会出现图形化界面，运行在 640×480 模式。但是，Windows Server 2008 并不是装入桌面环境，而是使用命令行提示作为其命令外壳。

"带命令行提示的安全模式"是一种禁用了网络连接的 Windows Server 2008 安全模式，用 cmd.exe 代替了通常使用的 explorer.exe。使用此模式运行的 Windows Server 2008 系统时，可以对因为 explorer 出现故障而造成操作系统无法启动进行调试。在这种模式下，也可以运行 explorer，从而获得图形化的桌面。

4. 启用启动日志

创建 ntbtlog.txt，该文件会列出启动期间加载的所有驱动程序，包括发生故障前加载的最后一个文件。通过这个日志文件，可以分析系统启动时出现问题的根本原因。

5. 启用低分辨率视频(640x480)

设置可重置显示分辨率，在低分辨率显示模式(640×480)下启动 Windows。如果在安装了新的显示驱动程序后导致 Windows 出现错误，则可以进入该模式，然后将错误的驱动程序删除后，再安装其他驱动程序。该模式常用于解决因显卡驱动错误造成系统启动异常的问题。

6. 最后一次正确的配置

使用上次成功启动时的设置启动 Windows。

Windows Server 2008 中提供了两个"系统配置"来启动计算机，分别是"默认系统配置"和"最后一次正确的配置"。启动计算机时，如果用户没有选择"最后一次正确的配置"，则系统会利用"默认系统配置"启动 Windows Server 2008 系统，然后将"默认系统配置"复制到"当前的系统配置"中；如果用户因为更改了系统配置，造成下一次无法正常启动 Windows Server 2008 时，可以选用"最后一次正确的配置"正常启动系统，启动成功后，系统会将"最后一次正确的配置"复制到"当前的系统配置"中。但是选用"最后一次正确的配置"并不能解决由于驱动程序或文件被损坏或丢失所导致的问题。

当 Windows Server 2008 系统正常启动，用户也登录成功后，则系统就会将"当前的系统配置"存储到所谓的"最后一次正确的配置"中，而对系统配置的更改被存储到"当前的系统配置"中。当用户将计算机关闭或重新启动时，"当前的系统配置"中设置的值都会被复制到"默认系统配置"中，供下一次启动系统时用。

"最后一次正确的配置"之所以起作用，是因为以 Windows NT 为基础的操作系统采用了相应的配置信息维护方式。每次用户启动计算机并且登录进入的时候，本地计算机的配置信息都存储在 HKLM\System\Current control set 中。操作系统把这份信息的备份存储起来，并且为它指派了编号，以便于管理。这个备份可以在默认的配置信息中，也就是当前的信息集出错的时候或者无法使用的时候被启用。

"最后一次正确的配置"并不是所有情况下都起作用。只有当你没有使用新配置登录过的时候可以用，但此前曾经至少登录过一次，并且当时可以启动计算机，也就是说，有下列情况之一时则不适合使用。

(1) 用户从来没有登录过。

(2) 用户编辑了服务器的配置，重新启动，并且成功地登录了，而现在想要把系统恢复到更改之前的状态。

(3) 所发生的问题并不是跟系统配置有关。"最后一次正确的配置"可以用来解决与

系统配置有关的问题，例如，与接口设备驱动程序、服务设置有关的问题等。

(4) 系统根本无法启动。

7. 目录服务还原模式

以目录服务修复模式启动 Windows(仅适用于 Windows 域控制器)。该模式是用于还原域控制器上的 Sysvol 目录和 Active Directory(活动目录)服务的。它实际上也是安全模式的一种。

8. 调试模式

启用 Windows 内核调试程序。如果某些硬件使用了实模式驱动程序(如在 config.sys 和 autoexec.bat 中加载的某些驱动程序)并导致系统不能正常启动，就可以用调试模式来检查实模式驱动程序产生的冲突。在该模式下，系统会反复测试并确定要使用或取消 config.sys 或 autoexec.bat 中的驱动程序，以便发现引起系统配置问题的设备驱动程序。

9. 禁用系统失败时自动重新启动

阻止 Windows 在崩溃后自动重新启动。

通常情况下，在系统启动不起来的时候，都可以自动重启，以解决问题。如果禁用了，就可以让系统停止在蓝屏下，显示相关的代码，以确定问题所在。

10. 禁用驱动程序签名强制

允许加载包含不正确签名的驱动程序。

15.3.2 使用 Windows Server 2008 安装光盘修复计算机

当使用 Windows Server 2008 的高级启动选项不能修复系统的错误时，可以用系统安装光盘启动计算机，当显示如图 15-37 所示的“安装 Windows”对话框时，单击“修复计算机”，将打开如图 15-38 所示的“系统恢复选项”对话框，选择要修复的系统，单击“下一步”按钮，出现如图 15-39 所示的“选择恢复工具”界面。在此界面中可选择三个修复工具：Windows Complete PC 还原、Windows 内存诊断工具、命令提示符。

图 15-37 “安装 Windows”对话框

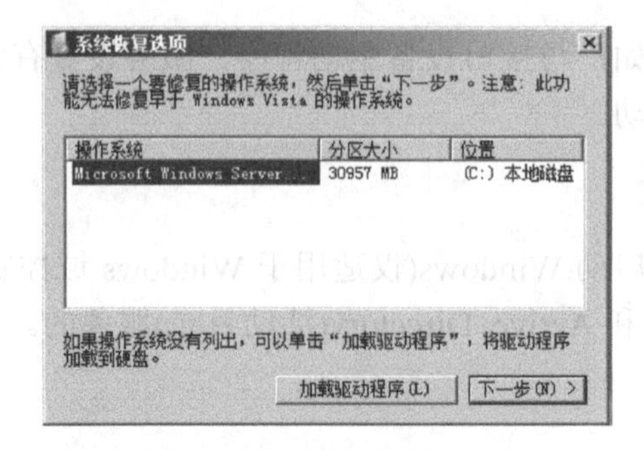

图 15-38　“系统恢复选项”对话框

图 15-39　“选择恢复工具”界面

1. Windows Complete PC 还原

本功能用于从硬盘备份映像中还原整个服务器。备份映像是前面利用“Windows Server Backup 备份”功能所做的系统的完整备份映像。

2. Windows 内存诊断工具

此功能用于检查计算机的内存硬件错误。运行此功能有两个选项：立即重新启动并检查问题(推荐)、下次启动计算机时检查问题。重新启动计算机后，系统将进行内存的检测，如图 15-40 所示。

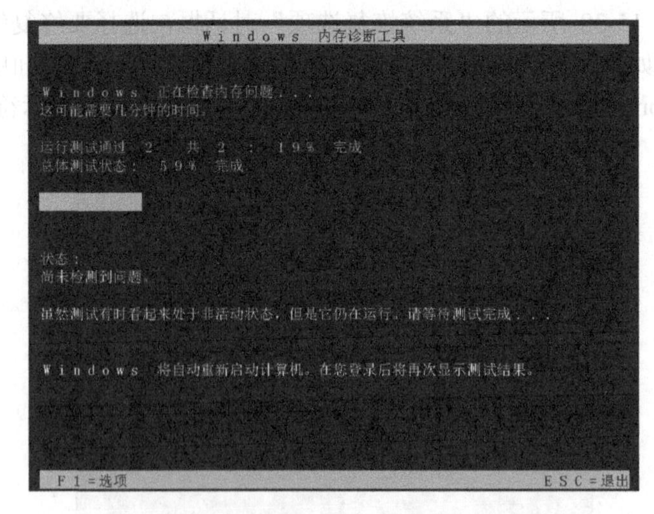

图 15-40　内存诊断工具

3. 命令提示符

运行此功能后，进入命令提示符窗口，如图 15-41 所示。进入该窗口后，可以在不进入系统的情况下，通过 DOS 命令浏览硬盘文件，运行 DOS 命令。

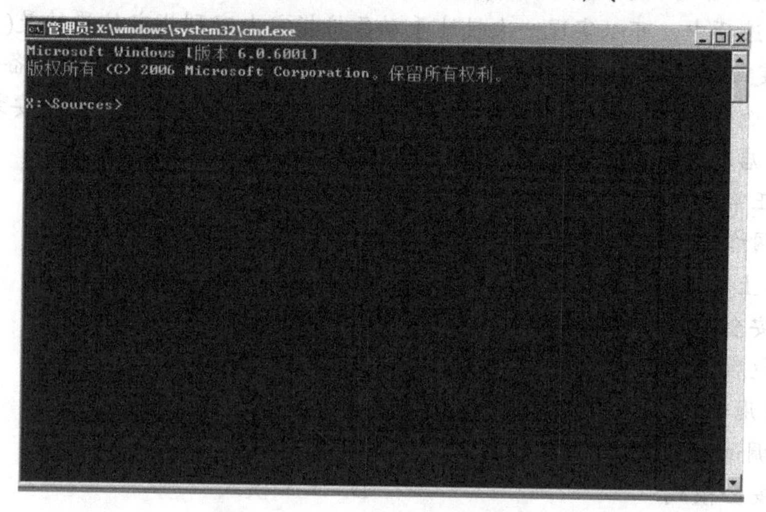

图 15-41　命令提示符窗口

本 章 小 结

本章主要介绍了 Windows Server 2008 的数据备份与恢复功能，包括 Windows Server Backup 功能特点、安装 Backup 功能组件的方法和步骤、Windows Server Backup 备份功能和 Windows Server Backup 恢复功能；通过实例介绍了备份还原 Windows Server 2008 域控制器的系统状态的方法；介绍了服务器灾难恢复方法，包括 Windows Server 2008 高级启动选项的各项功能和使用 Windows Server 2008 安装光盘修复计算机的方法。

习题与实训

一、填空题

(1) Windows Server Backup 有如下功能特点：备份速度更为快捷、________________、备份方式更为灵活、________________、________________________。

(2) Windows Server Backup 备份功能可以利用制定备份计划执行________，也可以利用一次性备份功能执行____________。

(3) Windows Server Backup 恢复功能的恢复类型包括文件和文件夹、________、卷。

(4) Windows Server 2008 关键卷包括以下内容：系统卷 SYSVOL、____________。

(5) 还原 Active Directory 目录服务数据时，必须在______________下启动域控制器。

(6) 使用 Windows Server 2008 安装光盘修复计算机，可选择如下三个修复工具，Windows Complete PC 还原、________________、______________。

二、选择题

(1) 以下选项中，可以实现服务器定期将指定内容自动备份到指定位置的是(　　)。

A. 定期备份　　B. 计划备份　　C. 备份计划　　D. 每日备份

(2) 以下选项中，可以实现一次性地手动备份指定内容到指定位置的是(　　)。

A. 定期备份　　B. 计划备份　　C. 备份计划　　D. 一次性备份

(3) 以下选项中，仅使用核心驱动程序和服务启动 Windows。一般在安装新设备或驱动程序后无法启动时使用的是(　　)。

A. 正常模式　　B. 安全模式

C. 网络安全模式　　D. 带命令行提示的安全模式

(4) 使用上次成功启动时的设置启动 Windows 的是(　　)。

A. 安全模式　　B. 正常模式

C. 最后一次正确的配置　　D. 默认系统配置

(5) 仅适用于 Windows 域控制器的模式是(　　)。

A. 调试模式　　B. 目录服务还原模式

C. 安全模式　　D. 正常模式

三、实训内容

(1) 在 Windows Server 2008 系统中安装 Backup 功能组件。

(2) Windows Server Backup 备份功能练习。

(3) Windows Server Backup 恢复功能练习。

参 考 文 献

[1] 刘永华，孟凡楼. Windows Server 2003 网络操作系统[M]. 2 版. 北京：清华大学出版社，2012.

[2] 张伍荣，朱胜强，陶安. Windows Server 2008 网络操作系统[M]. 北京：清华大学出版社，2011.

[3] Behrouz A. Forouzan，Sophia Chung Fegan. TCP/IP 协议族[M]. 2 版. 谢希仁 译. 北京：清华大学出版社，2005.

[4] 谢希仁. 计算机网络[M]. 4 版. 北京：电子工业出版社，2003.

[5] 戴有炜. Windows Server 2008 网络专业指南[M]. 北京：科学出版社，2009.

[6] 戴有炜. Windows Server 2008 安装与管理指南[M]. 北京：科学出版社，2009.

[7] 戴有炜. Windows Server 2003 用户管理指南[M]. 北京：清华大学出版社，2004.

[8] 雷震甲. 网络工程师教程[M]. 3 版. 北京：清华大学出版社，2009.

[9] 韩立刚，张辉. Windows Server 2008 系统管理之道[M]. 北京：清华大学出版社，2009.

[10] 刘晓辉，陈洪彬. Windows Server 2008 服务器配置及管理实战详解[M]. 北京：化学工业出版社，2009.

[11] 刘淑梅，等. Windows Server 2008 组网技术与应用详解[M]. 北京：电子工业出版社，2009.

[12] 张伍荣. Windows Server 2003 服务器架设与管理[M]. 北京：清华大学出版社，2008.

[13] 张伍荣，等. 应试捷径——典型考题解析与考点贯通(网络工程师考试下午科目)[M]. 北京：电子工业出版社，2006.

[14] 王达. 网管员必读——网络组建[M]. 2 版. 北京：电子工业出版社，2007.

[15] 王伟. Windows Server 2003 维护与管理技能教程[M]. 北京：北京大学出版社，2009.

[16] 鞠光明，刘勇. Windows 服务器维护与管理教程与实训[M]. 北京：北京大学出版社，2005.